ISBN 978-0-656-68753-4
PIBN 10473246

Botanisches Centralblatt.

Referirendes Organ

für das

Gesammtgebiet der Botanik des In- und Auslandes.

Herausgegeben

unter Mitwirkung zahlreicher Gelehrten

von

Dr. Oscar Uhlworm und **Dr. F. G. Kohl**

in Cassel in Marburg.

Einundzwanzigster Jahrgang. 1900.

IV. Quartal.

LXXXIV. Band.

Mit 4 Tafeln.

CASSEL.

Verlag von Gebrüder Gotthelft, Kgl. Hofbuchdruckerei.

1900.

Bd. LXXXIV. u. „Beihefte". Bd. IX. 1900. Heft 6 u. 7.*)

Systematisches Inhaltsverzeichniss.

I. Geschichte der Botanik.

II. Nomenclatur und Terminologie.

III. Kryptogamen im Allgemeinen:

IV. Algen:

*) Die auf die Beihefte bezüglichen Zahlen sind mit B versehen.

V. Pilze:

VI. Flechten:

VII. Muscineen:

VIII. Gefässkryptogamen:

IX. Physiologie, Biologie, Anatomie und Morphologie:

X. Systematik und Pflanzengeographie.

XI. Phaenologie.

XII. Palaeontologie:

XIII. Teratologie und Pflanzenkrankheiten:

XIV. Medicinisch-pharmaceutische Botanik.

XV. Techn., Handels-, Forst-, ökonom. und gärtnerische Botanik:

XVI. Wissenschaftliche Original-Mittheilungen:

XVII. Neue Litteratur:

Vergl. p. 29. 61. 93. 140. 171. 201. 235. 269. 298 329. 361. 393. 411.

XVIII. Sammlungen.

Vergl. p. 13. 122. 157.

XIX. Botanische Gärten und Institute:

XX. Instrumente, Präparations- und Conservations-Methoden etc.

XXI. Berichte Gelehrter Gesellschaften:

XXII. Botanische Ausstellungen und Congresse:

XXIII. Corrigendum:

XXIV. Personalnachrichten:

Zu diesem Bande gehören 4 Tafeln.

Taf. 1—3 zur Abhandlung Hering. Nr. 1—6.

„ 4 „ „ Lindberg. Nr. 11.

Ferner gehört 1 Tafel zum Beiheft 6 (Referat De Bruyker).

Autoren-Verzeichniss.*)

*) Die mit * versehenen Zahlen beziehen sich auf die Beihefte.

Band LXXXIV. No. 1. XXI. Jahrgang.

Botanisches Centralblatt.

REFERIRENDES ORGAN

für das Gesammtgebiet der Botanik des In- und Auslandes.

Herausgegeben unter Mitwirkung zahlreicher Gelehrten

von

Dr. Oscar Uhlworm und Dr. F. G. Kohl

in Cassel. in Marburg

Nr. 40. | Abonnement für das halbe Jahr (2 Bände) mit 14 M. durch alle Buchhandlungen und Postanstalten. | 1900.

Die Herren Mitarbeiter werden dringend ersucht, die Manuscripte immer nur auf *einer* Seite zu beschreiben und für *jedes* Referat besondere Blätter benutzen zu wollen. Die Redaction.

Wissenschaftliche Originalmittheilungen.*)

Zur Anatomie der monopodialen *Orchideen*.

Von

Ludwig Hering

in Cassel.

Mit 3 Tafeln.**)

Nachdem M. Weltz[1]) durch seine im Jahre 1897 erschienene Arbeit „Zur Anatomie der monandrischen sympodialen *Orchideen*" den ersten ausführlicheren Beitrag zur Stammanatomie einer grossen Anzahl Gattungen dieser Familie, ähnlich den Arbeiten von Möbius[2]), „Ueber den anatomischen Bau der *Orchideen*-Blätter und dessen Bedeutung für das System dieser Familie", sowie derjenigen von Meinecke[3]), „Beiträge zur Anatomie der Luft-

*) Für den Inhalt der Originalartikel sind die Herren Verfasser allein verantwortlich. Red.

**) Die Tafeln liegen dieser Nummer bei.

[1]) Weltz, Max, Zur Anatomie der monandrischen sympodialen *Orchideen*. Heidelberg 1897.

[2]) Möbius, Ueber den anatomischen Bau der *Orchideen*-Blätter und dessen Bedeutung für das System dieser Familie. Heidelberg 1877.

[3]) Meinecke, Beiträge zur Anatomie der Luftwurzeln der *Orchideen*. München 1894.

wurzeln der *Orchideen*" geliefert hat, sind Untersuchungen über die Stammanatomie der diandrischen *Orchideen*, also der *Apostasiineen* und *Cypripedilineen*, sowie der zweiten Abtheilung dieser Familie der „*Monopodiales*" nicht bekannt geworden.

Verfasser vorliegender Arbeit konnte sowohl in der älteren, wie in der neueren, nach der Weltz'schen Arbeit erschienenen Litteratur, keine grössere Abhandlung über die angeführten Abtheilungen der *Orchideen* antreffen.

Verfasser hat seine Untersuchungen auf die monopodialen *Orchideen* beschränkt, während die diandrischen sympodialen *Apostasiineen* und *Cypripedilineen* einer späteren Arbeit vorbehalten bleiben.

Die wenigen in Betracht kommenden Litteraturangaben sollen hier in chronologischer Reihenfolge angeführt werden.

Im Jahre 1877 bringt Pfitzer zwei Veröffentlichungen über monopodiale *Orchideen*. Die eine [1]) behandelt die eigenthümlichen Faserzellen im Gewebe von *Aerides*-Arten, während die zweite [2]) über das Vorkommen von Kieselscheiben bei epiphytischen *Orchideen* Angaben macht, sowie werthvolle Aufschlüsse über den Bau der Kieselkörper giebt.

Krüger's [3]) Untersuchungen von Blättern und Stammorganen der *Orchideen* erschienen im Jahre 1883. In diesen hat er nähere Angaben über die Stammanatomie der drei monopodialen *Orchideen* *Renanthera eximia* Reichb., *Vanda suavis* Lindl. und *Sarcanthus rostratus* Lindl., gemacht. Einen kleineren Beitrag zur Stammanatomie monopodialer *Orchideen* liefert Dixon [4]) durch seine im Jahre 1894 erschienenen Untersuchungen über die vegetativen Organe der *Vanda teres* Lindl.

Die in vorliegender Arbeit behandelte zweite Abtheilung der monandrischen *Orchideen*, die „*Monopodiales*", umfasst etwa 45 Gattungen. Es sind die Stämme oder Inflorescenzachsen von etwa 50 Arten in 17 Gattungen untersucht worden.

Die Reihenfolge der beschriebenen Gattungen ist diejenige Pfitzer's. [5])

Meine Aufgabe ist es, zunächst den allgemeinen Bau der einzelnen Species, insofern mehrere vorhanden waren, vergleichend zu beschreiben, sowie charakteristische Merkmale besonders hervorzuheben. Hierauf soll eine Uebersicht der Ergebnisse der Untersuchungen folgen.

---

[1]) Pfitzer, Ueber eigenthümliche Faserzellen im Gewebe von *Aerides*. (Flora. 1877. No. 16.)

[2]) Pfitzer, Ueber das Vorkommen von Kieselscheiben bei den *Orchideen*. (Flora. 1877. No. 16.)

[3]) Krüger, P., Die oberirdischen Vegetationsorgane der *Orchideen* in ihren Beziehungen zu Klima und Standort. (Flora. Jahrgang LXVI. 1883. No. 28, 29, 30, 32, 33.)

[4]) Dixon, H. H., On the vegetative organs of *Vanda teres*. (Proceedings of the Royal Irish Academy. Ser. III. Vol. III. 1894. p. 441—458.)

[5]) Pfitzer, S. Engler-Prantl, Natürliche Pflanzenfamilien. Bd. II. Abth. VI. p. 52.

Die Arbeit wurde im botanischen Institut zu Heidelberg auf Anregung und unter Leitung des Herrn Geh. Hofrath Professor Dr. Pfitzer ausgeführt.

Das frische Untersuchungsmaterial stammte aus dem Heidelberger botanischen Garten, während einige trockene Stämme einer kleinen Sammlung entnommen wurden, welche Reichenbach im Hamburger Garten hinterlassen hatte und welche Herr Professor Zacharias gütigst zur Verfügung stellte.

Gern entledigt sich Verfasser der angenehmen Pflicht, für die Uebermittlung des Materials, sowie die ihm zu Theil gewordene Unterstützung Herrn Geh. Hofrath Professor Dr. Pfitzer an dieser Stelle seinen verbindlichsten Dank auszusprechen.

Monandrae—Dichaeinae.

Aus dieser Gruppe wurde *Dichaea vaginata* Rchb. f. untersucht.

Die in tangentialer Richtung etwas verlängerten, rundlichen Epidermiszellen springen meist mit stumpfem Winkel in das folgende Gewebe ein. Sie werden bedeckt von einer deutlich sich abhebenden dünnen glatten Cuticula.

Die Endodermis zeichnet sich vor den folgenden Zelllagen durch eine in radialer Richtung wenig verlängerte Form ihrer Zellen aus. Die nächsten 1—3 Zelllagen haben trotz ihrer parenchymatischen Form keine Intercellularen. Das übrige aus denselben Elementen bestehende Grundgewebe des im Durchmesser etwa 3—4 mm starken Stammes hat viele Intercellularen.

Die ersten 6 bis 8 Zelllagen sind von Gefässbündeln noch frei. Erstere unterscheiden sich durch einen etwas geringeren Durchmesser, sowie die im Querschnitt polygonale isodiametrische Form ihrer Zellen von den mehr rundlichen des bündelführenden inneren Grundgewebes. Weitere Merkmale besitzt das hierdurch als Rinde aufzufassende äussere Grundgewebe in dem öfteren Vorhandensein von Zellen mit wenig verdickten Wänden, in denen sich meist Raphidenbündel angesammelt haben, deren Nadeln sich durch besondere Grösse auszeichnen. Sind diese Zellen auch durch ihren grösseren Durchmesser ausgezeichnet, so unterscheiden sie sich von den übrigen im Längsschnitt durch keine auffallende Form.

Die ersten Gefässbündel lagern sich dem Grundgewebe in einem unregelmässigen Kreise angeordnet ein. Die übrigen Bündel vertheilen sich ziemlich gleichmässig, jedoch ohne besondere Anordnung bis in das Centrum des Stammes, so dass ein Mark nicht gebildet wird. Zwei oder drei der ersten im Kreise angeordneten Bündel laufen vielfach vereint.

Eine bemerkenswerthe Erscheinung sind in nächster Umgebung der Xylemtheile der Bündel auftretende Zellen mit netzartigen Wandverdickungen (Fig. 1, Tafel 1). Dieselben sind den von Meinecke[1]) im Rindenparenchym der Wurzel von *Restrepia Falkenbergii* Rchb. gefundenen ähnlich.

[1]) Meinecke, Beiträge zur Anatomie der Luftwurzeln der *Orchideen.* München 1894. p. 29.

Die Grösse der Gefässbündel nimmt von aussen nach innen zu. Das Querschnittsbild entspricht hiernach dem ausgesprochenen Monokotylentypus, der bei den folgenden Gattungen in dieser Weise nicht wieder hervortritt.

Die Zellen der Epidermis sind im Längsschnitt mehrmals länger als breit und haben eine rechteckige Form. Diejenigen des Grundgewebes weichen durch ihre im Durchschnitt doppelt so grosse Länge wie Breite nicht von Normalem ab. Das innere Grundgewebe lässt öfters verholzte Zellen erkennen, die im Querschnitt nicht auffallen. Dieselben sind besonders merkwürdig durch fast gleichmässig grosse Poren, die in einreihiger Anordnung an den Berührungskanten der Zellen sich befinden. Dieselben erhalten hierdurch ein eigenartiges Aussehen. Im Bau des einzelnen Gefässbündels ist die wenig starke Entwicklung der mechanischen Elemente auffallend, indem die Sclerenchymscheiden, sowohl des Phloems wie Xylems, nur höchstens aus zwei Zelllagen bestehen. Auch die von Krüger „Brücke“ genannte Einschaltung einer oder mehrerer Sclerenchymfaserlagen zwischen Phloem und Xylem ist nicht ausgebildet. Die englumigen, im Querschnitt kleinzelligen Sclerenchymfasern der Phloemscheide unterscheiden sich von den weitlumigen grosszelligen der Xylemscheide. Kieselkörper sind in besonderen Zellen in der Umgebung der Gefässbündel enthalten. Ich habe dieselben bei fast allen untersuchten Arten gefunden, und zwar stets auf den äussersten Schichten der Gefässbündel. Sie zeigten immer die Form von fast gleichmässig grossen biconvexen Scheiben, wie solche Pfitzer[1]), ebenso wie ihren Ort des Vorkommens und die Umhüllung derselben, ausführlich beschrieben hat.

Entwicklungsgeschichtlich bemerkt Dixon[2]) bei *Vanda teres* Lindl. über die Kieselkörper und die umhüllenden Zellen, dass letztere schon in den ersten Stadien der Differenzirung in die einzelnen Bündelelemente als Kette von kleineren cubischen Zellen zu sehen seien, die längs der Oberfläche der Bündelscheide lägen. Diese Zellen hätten grosse Kerne, so dass sie von diesen ausgefüllt würden und seien im Charakter wohl unterschieden von denen der verlängerten Zellen der Scheide. Wenn sich die Bündelscheide so weit entwickelt habe, dass ihre Zellen sclerenchymatisch geworden seien, sähe man einen klaren Körper in das Protoplasma der cubischen Zellen eingebettet, dessen Lage sich seitwärts von dem Kern befände. Dieses sei der Ursprung der Kieselkörper. Diese Körper nähmen allmählich an Umfang zu, bis sie die Zellen vollkommen füllten und den Kern fast vollständig verdrängten, so dass derselbe zuletzt schwer zu sehen sei.

Die Kohl'sche[3]) Ansicht, wonach die *Orchideen* vornehmlich Kieselpflanzen seien, gewinnt durch das fast ausnahmslose Vor-

---

[1]) Pfitzer, Kieselscheiben bei *Orchideen.* (Flora 1877. No. 16.)

[2]) Dixon, On the vegetative organs of *Vanda teres.* Spec. structure of the stem. p. 452.

[3]) Kohl, Anatomisch-physiologische Untersuchungen der Kalksalze und Kieselsäure in den Pflanzen. XII. p. 199. Marburg (Elwert) 1889.

kommen von meist grossen Mengen von Kieselkörpern an Wahrscheinlichkeit.

Sarcanthinae—Aerideae.

Renanthera.

Von der zweiten dieser Gruppe angehörigen Gattung *Renanthera* gelangten die Species *coccinea* Lour. und *moschifera* Rchb. zur Untersuchung.

Die dicke, mehrschichtige, sich deutlich abhebende, nach aussen ebene, nach innen zwischen die Epidermiszellen mit stumpfem Winkel einspringende Cuticula von *Renanthera coccinea* unterscheidet sich sehr von derjenigen bei *R. moschifera*, indem diese sehr dünn ist, sich kaum von der Epidermis abhebt und über den nach aussen gewölbten Zellen der letzteren gleichmässig verläuft. Die Epidermiszellen sind bei beiden Arten wenig verschieden. Sie haben im Querschnitt eine in tangentialer Richtung gestreckte, elliptische Form. Abweichend von einander verhalten sich die Epidermiszellen beider Species durch ihre verschiedenartigen Verdickungen. Während die Wandungen bei *R. coccinea* (Fig. 2, Taf. I) so stark verdickt sind, dass nur noch ein enges Zelllumen vorhanden ist, zeichnen sich diejenigen von *R. moschifera* dadurch aus, dass namentlich die Tangentialwände verdickt sind, und zwar so, dass sie in der Mitte ihre grösste Stärke erreichen (Fig. 3, Taf. I). Ueber die von Krüger[1]) untersuchte *R. eximia* Rchb. f. schreibt derselbe: „Eine von sehr starker Cuticula bedeckte Epidermis schliesst das Ganze ab, deren Zellen bis zur äussersten Grenze verdickt sind, so dass von einem Lumen überhaupt nicht gesprochen werden kann." Die Aehnlichkeit zwischen dieser und *R. coccinea* wäre also bezüglich der Ausbildung von Cuticula und Epidermiszellen eine sehr grosse.

Sehr in die Augen fallend ist bei *R. coccinea* und *R. moschifera* die folgende eigenartig ausgebildete Endodermis. Bei *R. moschifera* macht dieselbe im Querschnitt durch ihren äusserst regelmässigen Bau den Eindruck von pallisadenartigem Gewebe. Die Zellen desselben haben im Querschnitt die Form eines mehr oder weniger breiten Rechteckes, dessen grössere Achse bei allen Zellen fast gleich lang ist und in radialer Richtung liegt.

Die Verdickung ist bei ein und derselben Zelle nicht gleichmässig ausgebildet. Erstere ist am schwächsten in der Mitte der radialen Wand, wird von da allmählich nach aussen und innen stärker und ist auf der Mitte der kurzen Tangentialwände am mächtigsten (Fig. 3, Taf. I).

Während die Endodermis bei *R. moschifera* eine Zelllage stark ist, sind bei *R. coccinea* zwei als solche ausgebildet. Besteht hierdurch schon ein Gegensatz zwischen

---

[1]) Krüger, P., Die oberirdischen Vegetationsorgane der *Orchideen* in ihren Beziehungen zu Klima und Standort. p. 474 und 475.

beiden, so wird derselbe noch grösser durch die hier äusserst unregelmässige Ausbildung der Zelllagen. Einen schwachen Vergleich kann noch die erste aus annähernd quadratischen Zellen gebildete Lage mit der pallisadenartigen bei *R. moschifera* aushalten, indem dieselbe durch die gleichmässige Begrenzung ihrer inneren Tangentialwände der ersteren nahe kommt.

Aeusserst unregelmässig wird jedoch das Bild nach aussen durch Einschiebung kleinerer Zellen, ähnlich denen der Epidermis, zwischen diese und die erste Zelllage. Die zweite vergrössert die Unregelmässigkeit durch ihre theilweise gebogenen Wandungen. Die Zellen beider Schichten erreichen auf den äusseren Wänden ihre stärkste Verdickung, die allmählich nach innen auf den Radialwänden abnimmt.

Krüger[1]) erwähnt bei *Renanthera eximia* eine ähnliche Zellschicht. Er sagt: „An das Grundgewebe lehnt sich ein mehrere Lagen enthaltendes sehr dünnwandiges Gewebe und diesem folgt eine Schicht sehr hochwandiger Zellen, deren Radialwandungen keilförmig verdickt sind."

Von ganz besonderem Interesse ist eine auffallende Erscheinung, welche sowohl im Quer- wie Längsschnitt auf den Wandungen der Endodermiszellen wahrgenommen wird. Dieselbe tritt stets an den Begrenzungsebenen zweier benachbarter Zellen auf und könnte daher als eine Eigenschaft der Mittellamelle angesehen werden (Fig. 3, Taf. I).

Betrachtet man nämlich dünne Schnitte in einem wasserfreien Medium, wie Xylol oder absolutem Alkohol, so nimmt man nichts Auffälliges wahr. Nach Zusatz von Wasser zu dem Alkohol tritt dann ein perlenschnurartiges Gebilde hervor, welches um so deutlicher wird, je mehr Wasser zugefügt wird. Besonders schnell erreicht man das Hervortreten durch Erwärmen des Objectes. Legt man das Präparat wieder in Alkohol, so verschwindet die Structur, jedoch nicht vollkommen. Man hat es hier augenscheinlich mit einer in Wasser quellungsfähigen Substanz zu thun, deren gequollener Zustand sich durch Behandeln mit Alkohol nicht ganz in den ursprünglichen zurückführen lässt.

Da nur angeschnittene Zellwände dieses Verhalten zeigten, namentlich auch auf der Fläche getroffene eine deutliche Streifung erkennen liessen, so ergiebt sich hieraus, dass erst durch den Schnitt die Quellung, also wohl der Wasserzutritt möglich wird.

Ebenfalls auf Quellung kleiner Membranstellen beruhen wohl die von Noack[2]) als Schleimranken bezeichneten Gebilde, die derselbe in den Intercellularen einiger *Orchideen* beobachtet hat. Noack hat diese Beobachtungen an den Wurzeln einiger einheimischer *Orchideen, Epipactis palustris* Crntz., *E. rubiginosa* Gaud., *E. latifolia* All. und *Cephalanthera rubra* Rich., gemacht.

---

1) Krüger, p. 474 und 475.

2) Noack, F., Ueber Schleimranken in den Wurzelintercellularen einiger *Orchideen*. (Berichte der Deutschen Botanischen Gesellschaft. Bd. X. 1892. p. 645—652.)

In den Intercellularen des Rindenparenchyms dieser Wurzeln findet Noack stäbchenförmige, vielfach perlenschnurartig angeschwollene, mehr oder weniger verzweigte, oft zu einem Netzwerk ausgebildete Fäden oder Ranken, die aus den benachbarten Zellwänden entspringen.

Als zuerst beobachtetes Entwicklungsstadium führt Verfasser kegelförmige Höcker oder Zäpfchen an, welche sich zu kleinen, bisweilen abgeplatteten oder an einer Seite eingedrückten Kugeln aufblähen. Die Fäden und Ranken bestehen, wie Noack glaubt, aus Schleimmassen, da erstens aus der verschiedenartigen Form der Fäden auf einen sehr plastischen Stoff zu schliessen sei und zweitens die Quellungsfähigkeit in Wasser darauf hinweise. Auch das Verhalten gegen Reagentien bestärkt Noack in der Annahme, dass hier Schleim vorliegt. Er vermuthet ferner, dass letzterer kein Zellsecret darstelle, sondern durch locale Umwandlung der direct unter der Mittellamelle liegenden Celluloseschicht entsteht. Zur Erklärung des Längenwachsthums nimmt er an, dass die Anfangs flüssige Masse durch Verdunstung alsbald härter wurde und dass an ihrem Grunde frisch entstehender Schleim sie dann weiter in den Intercellularraum verschiebe. Ein Process, der so lange fortdauere, bis die bis jetzt unaufgeklärte Ursache der Schleimbildung aufhöre zu wirken. Die Perlschnurform vieler Fäden entstände vielleicht dadurch, dass die Schleimbildung periodisch zu- und abnähme oder zeitweise ganz aufhöre. Auf dieselbe Art liessen sich auch die Verzweigungen erklären.

Durch entsprechende Reactionen wies ich Verholzung der Wände der Endodermiszellen nach. In vielen der nachfolgend untersuchten Stämme beobachtete ich dieselbe eigenthümliche Erscheinung auf der Grenze der Zellwände eigenartig gestalteter verholzter Gewebe der Rinde.

Bei weiterer Betrachtung des Stammquerschnittes von *R. moschifera* bietet eine auffallende Erscheinung das Auftreten sehr unregelmässig grosser Zellen, und zwar nur über den Sclerenchymscheiden einiger Bündel, welche der äussersten Peripherie des Bündelcylinders angehören. Die Wände dieser Zellen sind verholzt und ebenso wie die ganze direct an die Endodermis grenzende parenchymatische Rinde gleichmässig verdickt. Dieselbe weist bei *R. coccinea* zunächst Zellen von zartwandigem Parenchym auf, welche die äussere Hälfte der Rinde bilden, während die Zellen der inneren Hälfte dickwandig sind.

Im Längsschnitt tritt wieder der bedeutend regelmässigere Bau von *R. moschifera* nicht allein in den rechteckigen Zellen der Endodermis, sondern auch in dem übrigen Gewebe durch seine parallelwandige Zellform demjenigen von *R. coccinea* gegenüber. Das Grundgewebe letzterer Art ist mehr prosenchymatisch angeordnet.

In der Rinde von *R. moschifera* finden sich vereinzelt lange schmale Zellen mit steil aufsteigenden spiraligen Verdickungen.

Der Bau des Gefässbündelcylinders beider Arten stimmt im Wesentlichen überein. Die Gefässbündel liegen in nicht sehr grosser Anzahl ohne regelmässige Anordnung in dem aussen starkwandigen, nach dem Centrum des Stammes grosszelliger und dünnwandig werdenden Grundgewebe, das schliesslich ein von Gefässbündeln freies, ungefähr den halben Durchmesser des Cylinders einnehmendes dünnwandiges Mark bildet.

Sowohl die Zellen der Rinde, wie der übrigen Gewebe, sind von Intercellularen begleitet.

Die Gefässbündel haben vier bis sechs Zelllagen starke Sclerenchymscheiden, welche nur über dem wenigzelligen Phloem ausgebildet sind und sich hufeisenförmig bis zum Xylem erstrecken. Sie unterscheiden sich durch eine bei *R. moschifera* vorhandene Sclerenchymbrücke.

Krüger[1]) fand bei *Renanthera eximia* ähnliche Verhältnisse: „Die Gefässbündel treten namentlich an der Peripherie sehr zahlreich auf und besitzen enorme Bastbelege, welche sich hufeisenförmig bis zum Hadrom herunterziehen. Das Leptom ist nur winzig und durch eine Brücke starkwandiger Holzparenchymzellen vom Gefässtheil getrennt. Das Grundgewebe ist ebenfalls starkwandig und nach Art der Bastzellen langgestreckt und scharf zugespitzt. Jede dieser Zellen ist ausserdem durch mehrere Querwände gefächert. Im Centrum bleibt ein Marktheil, um welchen sich die grösseren Bündel gruppiren."

Von Inhaltskörpern findet sich Stärke in dem ganzen parenchymatischen Gewebe beider Arten, besonders reichlich in dem des Gefässbündelcylinders.

Chlorophyll kommt in dem dünnwandigen Rindengewebe von *R. coccinea* vor.

Die Epidermiszellen von *R. moschifera* führen vereinzelt Oktaeder von Kalkoxalat.

Hygrochilus Parishii Pfitz.

Ich untersuchte die Infloresenzachse.

Eine mittelstarke, nach aussen körnige, geschichtete Cuticula bedeckt die schwach verdickten Zellen der Epidermis. Diese sind fast quadratisch und besitzen nach aussen und innen schwach gewölbte Wände. Die folgenden 3—4 subepidermalen Zelllagen haben schwach verdickte, kleinere oder grössere rundliche isodiametrische Zellen, deren erste Lage mit mässigen collenchymatischen Verdickungen an die Oberhautzellen grenzt.

Das übrige Gewebe der Rinde setzt sich aus äusserst dünnwandigen, meist grosszelligen unregelmässigen Zellen zusammen, die erst in der Nähe des Bündelcylinders mässige Verdickung zeigen. Die das Rindengewebe begleitenden Intercellularen zeichnen sich durch ihre oft die kleineren Zellen an Umfang übertreffende Grösse aus.

---

[1]) Krüger, p. 474.

Der Gefässbündelcylinder setzt sich durch sein stark verdicktes und verholztes Grundgewebe scharf von der Rinde ab. Die 4—5 ersten Zelllagen desselben haben so kleine englumige Zellen, dass sie kaum von denjenigen der Sclerenchymscheiden des ersten sich anlegenden unregelmässigen Bündelkreises zu unterscheiden sind. Der zweite regelmässigere Kreis liegt von dem ersten durch 5—6 Zelllagen getrennt. Diese besitzen dünnwandige, nicht verholzte, im Durchmesser grosse Zellen und grenzen nach dem zweiten Gefässbündelkreis an zartwandiges, grosszelliges, den grössten centralen Theil des Bündelcylinders einnehmendes Mark.

Der Längsschnitt bietet ausser einigen Porenformen nichts Besonderes. Es kommen solche in dem dünnwandigen Parenchym der Rinde vor, wo sie sich auf der ganzen Fläche der Zellwände als äusserst kleine, runde oder ovale Stellen zeigen. Diese Form complicirt sich in dem verholzten Grundgewebe des Bündelcylinders anscheinend durch Combination mit den für Libriformfasern charakteristischen spaltenförmigen Poren, indem die rundlichen Poren hier in zwei schmale Spalten auslaufen.

Die einzelnen Bündel besitzen eine nicht sehr stark ausgebildete Scheide über dem Phloem. Das lang ausgezogene Xylem endigt schliesslich nach der Mitte des Stammes zu mit einem engen Gefäss. Bemerkenswerth ist hier das Auftreten von zartwandigen, zum Theil verbogenen siebröhrenartigen Zellen, welche die letzten Xylemelemente umgeben und so zwischen dieses und die oben beschriebenen Zellen des Grundgewebes eingelagert sind. Da jedoch Siebplatten nicht nachgewiesen werden konnten, so sind die Bündel nicht mit Sicherheit als bicollateral zu bezeichnen.

Eine Sclerenchymbrücke ist nicht vorhanden.

Die Zellen der Epidermis enthalten in braungelben Kügelchen eine gerbstoffähnliche Substanz.

Vereinzelt fanden sich Raphidenbündel in dem dünnwandigen Rindenparenchym.

Vandopsis.

Ich untersuchte aus dieser Gattung den Stamm von *Vandopsis lissochiloides* (Gaud.) Pfitz. und die Inflorescenzachse von *Vandopsis gigantea* (Ldl.) Pfitz.

Die fast quadratischen Epidermiszellen von *Vandopsis lissochiloides* werden von einer körnigen, nicht sehr dicken Cuticula bedeckt. Das folgende, etwa 12 Zelllagen breite Rindengewebe ist vollständig verholzt. Die ersten Lagen haben wenig verbogene Zellwände, während diejenigen der folgenden Schichten sehr unregelmässig zerdrückt erscheinen. Die letzteren lassen eine in radialer Richtung fortschreitende Grössenzunahme ihrer Zellen erkennen. Auch die Stärke der verholzten Membranen nimmt nach der Mitte des Stammes hin bei den einzelnen Zelllagen beständig zu, so dass dieselben schon bei der sechsten Lage ungewöhnliche Dimensionen erreicht. Die Verdickungen steigern sich in den letzten Lagen soweit, dass sie auf den Tangentialwänden die Stärke des Querschnittes mittlerer Epidermiszellen besitzen. Die Zellen dieser letzten Lagen haben die Form eines unregelmässigen U, dessen Basis der Epidermis zugekehrt ist. Die Verdickung nimmt von der Mitte dieser Basis, wo sie am stärksten ist, allmählich ab, und ist an den Enden der Radialwände am schwächsten. Bei sehr starker Vergrösserung ist eine äusserst feine Schichtung der verholzten Membran wahrzunehmen. Die quellungsfähige Membranlamelle ist hier nur undeutlich zu sehen.

Das verholzte Rindengewebe grenzt direct an das äussere Grundgewebe des Gefässbündelcylinders. Die parenchymatischen Zellen des letzteren haben verdickte Wandungen mit grossen Poren. Dieselben haben eine meist länglich runde Form und sind in so grosser Menge vorhanden, dass von den verdickten Membranen auf den Längswänden nur noch schmale Bänder übrig geblieben sind, welche von einer Längskante der Zelle zur anderen ausgespannt sind.

Die nicht in sehr grosser Zahl vorhandenen Bündel sind im Grundgewebe des Bündelcylinders gleichmässig vertheilt. In der Mitte des letzteren befindet sich ein bündelfreies Mark.

Die Bündel haben eine starke nierenförmige Sclerenchymscheide über dem Siebtheil, dagegen keine Xylemscheide und keine Sclerenchymbrücke.

Von Inhaltskörpern fand sich nur Kalkoxalat in Raphidenbündeln in den Rindenzellen.

Inflorescenzachse von *Vandopsis gigantea.*

Die schwach verdickten, rundlichen Epidermiszellen haben nach aussen stark gewölbte Wände. Dieselben bedeckt eine sehr eigenartig ausgebildete Cuticula. Sie zeigt im Querschnitt nach aussen viele unregelmässige Ausbuchtungen. Bei Betrachtung des Flächen- und Längsschnittes erklärt sich diese Erscheinung dadurch, dass die Cuticula über der Mitte einer jeden Epidermiszelle eine stumpfe kuppenförmige Erhöhung gebildet hat. Letztere zeigen eine körnige Structur (Fig. 4, Taf. I). Spaltöffnungen finden sich in geringer Menge auf der Epidermis. Die Zellen der folgenden 3—4 Lagen sind etwas stärker verdickt, als die der Epidermis und gehen allmählich in das grosszellige, dünnwandige, parenchymatische Rindengewebe über. Neben grossen Intercellularen treten in demselben vereinzelt in der Nähe der Peripherie stark verdickte grosslumige Elemente auf, die im Längsschnitt betrachtet oft 15 bis 18 mal so lang als breit sind. Die regelmässigen kreisrunden Zellen des Rindenparenchyms grenzen an das dickwandige, kleinzellige Grundgewebe des Bündelcylinders. Letzterem sind wenige unregelmässige Bündelkreise eingelagert.

Im Centrum bildet das Grundgewebe ein grosses Mark aus dünnwandigen Zellen. Die Gefässbündel haben einige Aehnlichkeit mit denen von *Hygrochilus Parishii.* Die Sclerenchymscheide des Phloems ist jedoch hier viel stärker ausgebildet (Fig. 5, Taf. I). Sie ist nach aussen bis 20, nach den Seiten nur 1 bis 2 Zelllagen stark und hängt zusammen mit einer 1 bis 2 Zellen starken Brücke zwischen Phloem und Xylem. Letzteres hat auch hier, wie bei *Hygrochilus Parishii*, die Form eines schmalen gleichschenklichen Dreiecks und ist ebenfalls beiderseits von einem phloemartigen Gewebe begleitet, in dem auch hier keine Siebplatten nachgewiesen werden konnten.

Auffallend ist für diese Achse, dass oft zwei oder drei Gefässbündel zusammen mehr oder weniger vereint verlaufen (Fig. 5, Tafel I).

In den langen, verdickten Elementen der Rinde finden sich Rhaphidenbündel, deren Nadeln ungewöhnlich lang und verhältnissmässig dick sind.

(Fortsetzung folgt.)

Original-Referate aus botan. Gärten und Instituten.

Aus dem botanischen Institut Innsbruck.

(Referent: Prof. **E. Heinricher.**)

Heinricher, E., Ueber die Arten des Vorkommens von Eiweiss-Krystallen bei *Lathraea* und die Verbreitung derselben in ihren Organen und deren Geweben. (Jahrbücher für wissenschaftliche Botanik. Band XXXV. Heft 1. 20 pp.)

Die Untersuchungen des Verf. beschränken sich wesentlich auf *Lathraea Squamaria*, nur gelegentlich werden auch *L. Clandestina* und *L. Rhodopea* herangezogen. Einem einleitenden Abschnitte folgt ein solcher über die Beschaffung des Materials, die Fixirungs- und Untersuchungsmethode. Die Labilität der Eiweisskrystalle ist besonders zu berücksichtigen; sie ist Ursache, dass die Zellkern-Eiweisskrystalle, die Radlkofer 1856 entdeckte, in neueren Arbeiten als nicht beobachtet angeführt werden. Diese Labilität ist bei Untersuchung der unterirdischen, so schwer zu gewinnenden Theile der Pflanze um so mehr in Rechnung zu ziehen. Das Material ist, soweit thunlich, am Standorte, in kleinen Stückchen in eine conc. kalte Lösung von Sublimat in Alkohol einzutragen. Die Schnitte wurden mittels Mikrotoms angefertigt, zur Tinction Säurefuchsin nach der von Zimmermann angegebenen Methode verwendet. Die Ergebnisse der Untersuchung sind wesentlich folgende:

Eiweisskrystalle kommen bei *Lathraea Squamaria* ausser in den Zellkernen, auch noch frei im Zellplasma und in den Leucoplasten vor. Die Fixirung letzterer scheint besondere Schwierigkeiten zu bereiten und genauere Studien über sie sind noch vorzunehmen.

Die Zellkern-Eiweisskrystalle sind nicht, wie Radlkofer meinte, auf die zur Blütenbildung gelangenden Achsen beschränkt, sondern konnten in allen Organen (nicht blühende Achsen, Wurzel, Haustorium) nachgewiesen werden.

Im Sprosse fehlen sie dem Urmeristem des Vegetationspunktes und den ersten, embryonalen Blattanlagen, treten aber schon 0,5 mm hinter dem Scheitel des Vegetationskegels auf, ebenso in den jugendlichen Blattanlagen, sobald die Differenzirung der bekannten Höhlen in diesen beginnt.

In jugendkräftigen Stammtheilen und Blättern sind sie allgemein nachzuweisen, schwieriger und spärlicher in alten und gar nicht in sehr alten.

In Wurzel und Haustorium gelang der Nachweis der Zellkern-Eiweisskrystalle nur je ein einzelnes Mal. Die Schwierigkeiten bei der Gewinnung des Materials und jene, welche sich der Fixirung entgegenstellen, werden dafür verantwortlich gemacht.

Schon in der Keimpflanze (ca. 1½ Monate alt) sind die Zellkern-Eiweisskrystalle in allen Organen nachzuweisen.

Das Auftreten dieser Krystalle im Zellkern, das Material, aus welchem sie aufgebaut sind, ihre Entstehung in nächster Nähe des Vegetationspunktes, ihr Vorhandensein in der jugendlichen Keimpflanze, sowie ihr stetes Vorkommen in den jüngeren und lebenskräftigen Achsentheilen und Blättern, scheint für eine wichtige Rolle zu sprechen, die den Zellkern-Eiweisskrystallen im Haushalte der Pflanze zufällt.

Sehr verbreitet sind bei *Lathraea Squamaria* frei im Zellplasma liegende Eiweisskrystalle, welche ob ihrer Kleinheit bisher übersehen wurden. Zu ihrer Beobachtung sind Vergrösserungen unter 1000 kaum verwendbar, ebenso ist ihre Hervorhebung durch Tinction Erforderniss. Diese Kryställchen sind dafür oft in grosser Zahl, bis zu hundert und darüber, in den Zellen vorhanden. Auch sie konnten in allen Organen, Achse, Blatt, Wurzel und Haustorium, nachgewiesen werden In letzteren beiden erreichen sie sogar relativ bedeutende Grösse. Auch die Plasma-Eiweisskrystalle werden besonders in jugendkräftigen Organen angetroffen, während sie in alten (Rhizomschuppen) fehlen, oder nur an bestimmten Stellen (in der cambialen Region sehr alter Rhizomstücke) angetroffen werden. Diese Verhältnisse scheinen auf ähnliche Beziehungen der Plasma-Eiweisskrystalle zum Stoffwechsel hinzuweisen, wie sie auch bezüglich der Zellkern-Eiweisskrystalle hervorgetreten sind.

Die Annahme, dass diese Kryställchen aus der Fixirung und Tinction hervorgehende Artefacte seien, ist zurückzuweisen. Gleiche Behandlung führt weder bei anderen beliebigen Pflanzen, noch bei den verwandten *Rhinanthaceen*, zum Auftreten solcher Kryställchen im Plasma. Ihre Existenz in der lebenden Zelle wird allerdings daraus erschlossen, dass sie nur dann zur Beobachtung gelangen, wenn die gleichen fixirenden Mittel, welche die Erhaltung der Zellkern-Eiweisskrystalle ermöglichen, angewendet werden. Letztere aber sind als Einschlüsse des Zellkerns in der lebenden Zelle beobachtbar, während die so kleinen Plasma-Eiweiskrystalle im

Leben der Zelle und ohne Tinction vielleicht gar nicht oder doch nur in besonders günstigen Fällen erkennbar sein werden.

In einer Fussnote theilt Verf. mit, dass er die Samen der *Lathraea Clandestina* zwischen dem Wurzelwerk verschiedener *Gramineen* und *Coniferen* zur Keimung gebracht hat.

Sammlungen.

Lutz, K. G., Herbarium. Kleine Ausgabe. Fol. 5 Bogen weisses Papier, 10 Bogen Strohpapier, 2 Bogen graues Pflanzenpapier. Nebst Pflanzen-Etiketten. qu. kl. 4°. 24 Blatt und kurzer Anleitung zum Sammeln und Bestimmen der Pflanzen sowie zur Einrichtung eines Herbariums. gr. 8°. 31 pp. Ravensburg (Otto Maier) 1900. In Mappe M. 2.50.

Niessen, J., 670 Pflanzenetiketten. Mit praktischen Ratschlägen zur Anlage eines Herbariums. 4. Aufl. Fol. IV pp. Text. Mettmann (Adolf Frickenhaus) 1900. M. 1.—, mit Herbariummappe M. 1.50.

Instrumente, Präparations- und Conservations-Methoden.

Cooke, M. C., One thousand objects for the microscope; with a few hints on mounting. New ed. Cr. 8°. $7^1/_2 \times 4^3/_4$. 192 pp. With 500 figures and numerous woodcuts. London (Warne) 1900. 2 sh. 6 d.

Referate.

Mac Callum, W. G., and **Hastings, T. W.,** On a hitherto undescribed peptonising diplococcus causing acute ulcerative endocarditis. (Preliminary Report Johns Hopkins Hospital Bulletin. No 94—95. 1899. Januar—Februar. Reprint. 4 pp.)

Die Verff. berichten über den Befund eines bis jetzt unbeschriebenen peptonisirenden *Diplococcus* bei ulcerativer Endocarditis. Der *Diplococcus* wuchs auf Culturen, welche 9 resp. 3 Tage vor dem Tode aus dem Blute angelegt wurden. Bei der Section wurde derselbe Microorganismus mikroskopisch resp. culturell in den fibrinösen Vegetationen der Aortenklappen, Milz- und Niereninfarcten, Herzblut und Lunge in Reincultur gefunden. Der „*Micrococcus zymogenes*", über dessen nähere Beschreibung im Original nachzusehen ist, ähnelt den *M. lanceolatus*, *M. intracellularis* und *Streptococcus* in seinem Wachsthum, obwohl derselbe sich wie *Staphylococcus pyog. aur.* auf Gelatine verhält.

Er unterscheidet sich von den genannten Microben durch seine Fähigkeit, Milch und coagulirtes Blutserum zu peptonisiren.

Weisse Mäuse sind empfindlich, indem sie bei subcutaner Impfung nach 2 bis 4 Tagen sterben. Kaninchen sind weniger empfindlich. Ein Hund, dessen Aortenklappen vorher lädirt worden waren, bekam vegetative Endocarditis in Folge von intravenöser Einspritzung des Micrococcus und bei der Section wurden Reinculturen desselben aus den Vegetationen, Herzblut und Organen gewonnen.

Nutall (Cambridge).

Briosi, G. und Cavara, F., I funghi parassiti delle piante coltivate od utili essiccati, delineati e descritti. Fasc. XIII e XIV. Pavia 1900.

Verff. setzen die Publication dieser Sammlung, die sie seit einigen Jahren eingestellt hatten, wieder fort und liefern hier 50 parasitische Arten, unter welchen folgende als neu beschrieben werden:

Ovularia medicaginis Br. et Cavr. — Hyphis fertilibus erectis, cylindraceis, 1—2 septatis, sparsis; conidiis oblongis vel ovalibus, levibus, hyalinis, 6—8 μ.

Hab. In foliis *Medicaginis*, prope Papiam.

Melogramma Henriquetii Br. et Cavr. — Stromatibus eximie erumpentibus, turbinatis, nigris, rugulosis; ostiolis conicis plus minus emergentibus; peritheciis spheroideis; ascis clavatis, membrana cito diffluente praeditis; sporidiis distichis vel conglomeratis, fusoideis, tetracellularibus, castaneo-fuscis, cellulis extimis pallidioribus, 48—58 ≍ 10 μ.

Hab. In ramis corticatis *Quercus suber*, ad Algeri.

Ramularia Vallisumbrosae Cavara. — Amphigena; maculis oblongis, initio flavo-ochraceis, pruina albida conspersis; hyphis fasciculatis, e stromate mycelico erumpente ortis, subtilibus, cylindraceis, simplicibus vel ramosis, septulatis, albidis; conidiis inaequalibus, cylindraceis, continuis vel 1—2 septatis, utrinque plus minus truncatis, intus granulosis, concoloribus, 14—44 ≍ 4 μ.

Hab. In foliis *Narcissi* sp., ad Vallumbrosam prope Florentiam.

Cercospora ariminensis Cavara. — Maculis initio circularibus, 2—3 mm diam., dein ovalibus vel ellipticis, 5—6 mm longis, fusco-castaneis, obscure zonatis, nigro marginatis; cespitulis amphigenis, griseis; hyphis fasciculatis, divergentibus, tortuosis vel geniculatis, simplicibus, spurie 1—3-septatis, fusco-olivaceis, apice pallidis, denticulatis rotundatisque, 53—85 ≍ 4—5 μ; conidiis obclavato-cylindraceis, leniter curvatis, 5—10 septatis, granuloso farctis, hylainis, 50—100 ≍ 3—4 μ.

Hab. In foliis *Hedysari Coronarii*, ad Forli.

Cercospora Helianthemi Br. et Cavr. — Maculis epiphyllis, minutis, orbicularibus, griseo-bruneis, non marginatis; hyphis dense fasciculatis, e nodulo mycelico subepidermico ortis, erectis, cylindricis, 2—3 septatis, olivaceo-fuscis, tipice monosporis; conidiis cylindraceis vel obclavatis, obtusiusculis, 1—3 septatis, pallidioribus.

Hab. In foliis *Helianthemi polifolii*, in Horto Botanico Ticinensi.

Cercospora hypophylla Cavara. — Maculis orbicularibus confluentibusque, rubro-ferrugineis, magnis, margine irregulariter dentato, flavo cintis; hyphis conidiferis hypophyllis, griseo-fuscis, e stomatibus, mycelio tumefactis prominuisve, dense congestis, vix egredientibus, 20—24 μ longis; conidiis cylindraceis, medio leniter incrassatis vel clavulatis, apice attenuatis obtusisque, basi truncatis, continuis vel 1-septatis, fuscidulis, 24—40 ≌ 3—3,5 μ.

Hab. In foliis *Rosae caninae*, ad Vallumbrosam prope Florentiam.

Cercospora ticinensis Br. et Cavr. — Maculis variis, griseo-fuscis, nervis secundariis limitatis, zonis transversis undulatis nigris praeditis; hyphis fertilibus hypophyllis, fasciculatis, continuis, dilute ochraceis, 40—45 μ longis, 4—5 μ latis; conidiis terminalibus, cylindraceis vel clavatis, chlorinis, 1—4 septatis, 20—85 ≌ 3—4 μ.

Hab. In foliis *Sambuci nigrae*, in Horto Botanico Ticinensi.

Ascochyta Polemonii Cavara. — Maculis arescendo ochraceis, primo sub-orbicularibus, dein vagis, flavo-marginatis; peritheciis gregariis, epiphyllis, vix prominulis, nigris, 65—95 μ diam.; sporulis e strato papilloso-prolifero orientibus, cylindraceis, acervulis utrinque obtusatis, ad septum parum constrictis, hyalinis, 12—14 ≌ 3 μ.

Hab. In foliis *Polemonii cerulei*, ad Vallombrosam prope Florentiam.

Leptothyrium Peronae Br. et Cavr. — Maculis orbicularibus vel vagis, fuscis, nigro-marginatis; peritheciis clypeatis, radiato-contextis, fibrillis eximie ramosis, medio perforatis; sporulis estrato basidiorum bacillarium ortis, perminutis, ellipticis vel ovalibus, levibus, hyalinis, 2—4 μ longis.

Hab. In foliis *Paeoniae*, ad Vallombrosam prope Florentiam.

Hinsichtlich der Abbildungen, die alle 50 Arten begleiten, verweisen wir auf die Referate in diesem Blatte, welche über die früher erschienenen Hefte des Werkes publicirt sind.

Montemartini (Pavia).

Bryhn, N., Enumerantur musci, quos in valle Norvegiae Saetersdalen observavit. (Separat-Abdruck aus Det Kongl. Norske Videnskaps Selskap Skrifter. 1899. No. 3. 54 pp.)

Das Thal Saetersdalen im Kreise Nedenaes Amt, vom Flusse Otteraaen, der im Thale einen See „Biglandsfjorden“ bildet, durchströmt, ist von Granit und Gneissfelsen begrenzt. Das Thal liegt in seinem tiefsten Theile 200—250 m über dem Meerespiegel, während seine Grenzberge in der Parochie Bygland bis zu 750 m, bei Bykle bis zu 1500 m aufsteigen. Stellenweise ist ewiger Schnee auf den Bergesgipfeln zu finden. Die Moosflora war bisher fast unbekannt. Vor dem Autor hat dort nur M. N. Blytt gelegentlich einige Moose gesammelt.

Der Autor hat 490 Species beobachtet.

Ganz besonders hervorragend sind nachstehende Funde:

Cesia andreaeoides Lindb., *Radula Lindbergii* Gott., *Frullania microphylla* (Gott.) Pears., *Dicranum strictum* Schl., *Desmatodon eucalyptratus* Lindb., *Grimmia norvegica* n. sp., *G. anomala* Hpe., *Orthotrichum Rogeri* Brid., *Tayloria serrata* (Hedw.) var. *flagellaris* (Brid.), *Bryum Limprichtii* Kaurin., *B. comense* Sch. c. fr., *Philonotis capillaris* Lindb. c. fr., *Ph. media* n. sp., *Catharinaea undulata* (L.) var. *rivularis* n. var., *Oligotrichum incurvum* Huds. var. *ambigua* n. var., *Ptychodium oligocladum* Limpr., *Pylaisia suecica* (Sch.) Lindb., *Brachythecium Geheebii* Milde, *Hypnum Rotae* Not., *H. ochraceum* Wils. c. fr.

Ausserdem sind noch hervorzuheben:

Riccia Leskuriana Aust., *Riccardia latifrons* Lindb., *R. major* Lindb., *Pallavicinia Blyttii* (Mörck.) Lindb., *Cesia obtusa* Lindb., *C. varians* Lindb., *C. crassifolia* (Carr.) Lindb., *Marsupella aemula* (Limpr.) Lindb., *M. ustulata* Spr., *M. Boeckii* (Aust.) Lindb., *M. sparsifolia* Lindb., *Nardia Breidleri*

(Limpr.) Lindb., *N. compressa* (Hook.) Gr. var. *rigida* Lindb., *Jungermania quadriloba* Lindb., *J. Kunzei* (Hüb.) Lindb. var. *plicata* (Hartm.), *J. polita* Nees, *J. guttulata* Arn. et Lindb., *J. saxicola* Schrad., *J. Reichhardtii* Gott., *Mylia Taylori* (Hook.) Gr. c. fr., *Cheiloscyphus viticulosus* (L.) Lindb., *Scapania compacta* (Roth) Lindb., *S. convexa* Scop., *Hygrobiella laxifolia* (Hook.) Spr., *Cephalozia grimsulana* Jack., *C. bifida* (Schreb.) Lindb., *C. Helleri* (Nees) Lindb., *C. Lammersiana* (Hüb.) Spr, *C. albescens* (Hook.) var. *islandica* (Nees), *Lepidozia Wulfsbergii* Lindb., *Sphagnum molle* Sull., *S. Gravetii* Russ., *S. obtusum* Warnst., *Andreaea nivalis* Hook., *A. crassinervia* Bruch var. *intermedia* Limpr., *A. Huntii* Limpr., *A. Blyttii* Sch., *A. obovata* Thed., *Dicranella curvata* (Hedw.) Sch., *Dicranum hyperboraeum* C. M., *D. arcticum* Sch., *D. elatum* Lindb., *D. neglectum* Jur., *D. brevifolium* Lindb., *D. groenlandicum* Brid., *Tortella fragilis* (Drumm.) Limpr., *Schistidium angustum* Hagen., *Grimmia incurva* Schwgr., *G. unicolor* Hook., *Racomitrium affine* Schl. var. *obtusum* Sw., *Orthotrichum urnigerum* Myr., *O. Schubarthianum* Lor., *Encalypta brevicolla* Bruch, *Oedipodium Griffithianum* Schwgr., *Dissodon Froelichianus* (Hedw.) Grev., *Plagiobryum Zierii* (Dicks.) Lindb., *Webera acuminata* (Hoppe et Horn.) Sch., *cucculata* (Schw.) Sch., *W. carinata* (Brid.) Limpr., *W. gracilis* (Schl.) Not., *Bryum Kunzei* Horn., *B. veronense* Not., *B. Stirtoni* Sch., *Mnium riparium* Mitt., *M. Blyttii* Br. eur., *Cinclidium subrotundum* Lindb., *Conostomum boreale* Sw., *Philonotis adpressa* Ferg., *Polytrichum sexangulare* Fl., *Fontinalis dalecarlica* L. f., *Neckera Besseri* Jur., *Ptychodium decipiens* Limpr., *Pt. Pfundtneri* Limpr., *Brachythecium glaciale* Br. eur., *B. turgidum* Hartm., *Plagiothecium piliferum* (Sw.), *Hypnum arcticum* Sommerf., *H. badium* Hartm., *H. callichroum* Brid.

Die ganze Arbeit ist in lateinischer Sprache verfasst und zeugt sowohl von dem Reichthum der Gegend als dem Fleisse des Autors.

Die neuen Arten sind sehr sorgfältig beschrieben.

Bauer (Smichow).

Lotsy, J. P., Localisation and formation of the alcaloid in *Cinchona succirubra* and *Ledgeriana*. (S'Lands Plantentuin. Bulletin de l'Institut Botanique de Buitenzorg. No. III. Buitenzorg 1900.)

Es verdient den wärmsten Dank, dass die bereits in holländischer Sprache 1898 resp. 1899 veröffentlichten Ergebnisse der Untersuchungen Lotsy's über Dislocation und Art der Bildung der Cinchona-Alkaloide jetzt auch in einer verbreiteteren und allgemeiner verstandenen Sprache publicirt sind.

Der erste Abschnitt behandelt die Fundstätten der China-Alkaloide. Frei davon sind die Siebröhren sowie die Speichergewebe der Samen. (In den Cotyledonen erscheinen die Alkaloide nach dem Ergrünen.) Die Meristemgewebe sind ebenfalls frei, so lange sie wenigstens lebhaft thätig sind. Dagegen führen die Parenchymzellen von Rinde, Holz, Blatt stets oder doch zu gewissen Zeiten Alkaloide, die beim Tode der Zellen auch gelegentlich angrenzende Zellenmembranen imbibiren können. Sonst aber sind die Alkaloide im Zellsaft der lebenden Zellen gelöst oder, wie in älteren Zellen der secundären Rinde, als amorphe feste Körper in der Zelle abgelagert. Häufig bilden sie eine Verbindung mit Gerbstoff; ob sie auch in Form eines anderen Salzes vorkommen, konnte nicht festgestellt werden. Oxalatzellen sind stets frei von Alkaloiden. Am reichsten ist die

Rinde daran, und hier ist die siebröhrenarme primäre Rinde entsprechend reicher als die siebröhrenreiche secundäre Rinde.

Zur Entscheidung der Frage, ob die Blätter die Bildungsstätten der China-Alkaloide sind, bediente Verf. sich der schönen Sachs'schen Methode, die Blätter unter Schonung der Mittelrippe zu halbiren und die zusammengehörigen Hälften zu vergleichen, die rippenlose sofort zu untersuchen, die andere nach Beendigung des Versuches. Zur Untersuchung auf Alkaloide wurden die Blatthälften zerkleinert und mit Alkohol, der 0,5% HCl. enthielt, ausgekocht. Der Extract wurde eingedampft, wieder mit Wasser gelöst, nach Zusatz von Kali mit Chloroform ausgeschüttelt und die Chloroformlösung der Alkaloide wieder zum Trocknen verdunstet. Der Rückstand wurde dann in 0,5 % HCl. enthaltendem Wasser gelöst und in dieser Lösung qualitativ der grössere oder geringere Alkaloidgehalt geprüft.. Zusammengehörige Blatthälften zeigten bei Controlversuchen immer übereinstimmenden Gehalt an Alkaloiden.

Durch eine Berechnung zeigt Verf. dann zunächst, dass, angenommen die Alkaloide der Blätter seien auswanderungsfähig und wanderten täglich in die Stammrinde hinab, der geringe factische Alkaloidgehalt der Blätter von *Cinchona succirubra* (0,1 % der Trockensubstanz) weit mehr als genügen würde, um den Reichthum der Stammrinde an Alkaloid zu erklären. Im conkreten Beispiel würde die Rinde absolut 700 g Alkaloid enthalten. Die 10000 Blätter des Baumes (à 0,5 g Trockengewicht) können dann 5 g täglich dem Stamme zuführen, im Jahre also ungefähr 2000 g, weit mehr als nöthig.

Verf. weist dann durch zahlreiche Versuche nach, dass Blätter, die am Nachmittag reich sind an Alkaloiden, unter günstigen Umständen 12 Stunden später nichts mehr davon enthalten, dass aber die äusseren Verhältnisse (Witterung) darauf, ebenso wie auf die nächtliche Auswanderung der Stärke, von grossem Einfluss sind. Dieses nächtliche Verschwinden des Alkaloidgehaltes tritt aber nur ein an Blättern, die mit dem Stamm in Verbindung stehen, nicht an abgeschnittenen Blättern, selbst bei bis 36 tägiger Verdunkelung. Es handelt sich also wirklich um eine Auswanderung der Alkaloide.

Verf. zeigt dann weiter, dass während der Tagesperiode in den Blättern eine stetige Neubildung und in Folge dessen Anreicherung an Alkaloiden statt hat. Diese Neubildung findet nun auch an abgeschnittenen Blättern statt, die in eine verdünnte Ammonsalzlösung mit dem Stiel eintauchen.

Aus all diesen Versuchen ergiebt sich ohne Weiteres der Schluss, dass die Blätter der Cinchonen die Bildungsstätten der China-Alkaloide sind, dass die letzteren stetig aus den Blättern in den Stamm hinunterwandern und dort entweder in ihrer ursprünglichen Form oder nach Umwandlung in ein anderes Alkaloid gespeichert werden. Verf. stellt sich, wohl mit Recht, vor, dass die China-Alkaloide nicht als Zerfallproducte von Proteinkörpern entstehen, sondern durch directe Synthese, etwa durch Reaction der in *Cinchona*-Arten verbreiteten Chinasäure mit Ammoniak oder einem Ammoniakderivat und weitere Condensation. Analoga bietet die künstliche Synthese des Pyridins und selbst des Chinolins, von dem die Cinchona-Alkaloide sich ableiten.

Behrens (Karlsruhe).

Pitard, A., Recherches sur l'anatomie comparée des pédicelles floraux et fructifères. [Thèse de Paris.] 8°. 369 pp. 5 planch. Bordeaux 1899.

Im ersten Theil der umfassenden Arbeit bearbeitet Verf. die Mehrzahl der Typen, welche beim Bau der Blüten- wie Fruchtstengel vorzukommen vermag, wobei er fast sämmtliche Familien der *Dialypetalen* und *Gamopetalen* in den Bereich seiner Untersuchungen zieht.

Weiterhin beschäftigt er sich mit den Umwandlungen des Stengels, welche von der Zeit des Blühens nach der Fruchtreife hin vor sich gehen, welche Anpassungen an die Rolle des Stützens oder die der Fortleitung der verschiedenen wandernden Stoffe stattfinden.

Im dritten Abschnitt beschäftigt sich Verf. mit den verschiedensten Einflüssen auf den Stiel.

Bei den durch die Cultur dedublirten Blüten zeigen die gewöhnlichen Sclerenchympartien eine im Innern stärkere und öfters frühzeitiger eintretende Verholzung. Wenn die Familie istolirte Gefässe aufweist, so werden sie in demselben Falle stärker und zahlreicher; wenn sie sonst in einem Ring zusammengepresst auftreten, werden sie ebenfalls dicker und voluminöser.

Die Fruchtreife zeigt im Grossen und Ganzen nur einen Einfluss, bedingt durch die Function als Träger. Ist die Frucht fleischig und schwer, so finden wir das parenchymatische Gewebe stärker entwickelt, als wenn sie leicht und trocken ist. Das Gewicht der Frucht bedingt eine Vermehrung des Stereoms je nach ihrer Schwere. Diese Verstärkung vollzieht sich in jeder Familie nach gewissen feststehenden Regeln.

Ist die Frucht klein, so entwickelt sich der Fruchtknoten schnell und die Verschiedenheiten im Bau der Stengelgefässe sind gering oder so gut wie gar nicht vorhanden. Im Gegensatz dazu erfahren die Leit- wie mechanischen Elemente beträchtliche Abänderungen bei einer starken Carpellausdehnung; immerhin sind die einzelnen Abänderungen typisch für jede Familie.

Steht die Blüte achselständig und aufrecht, so ist das Markparenchym im Stiel stark ausgebildet, die einzelnen Gefässe haben eine centrifugale Stellung und die Rindenentwicklung tritt nur schwach auf. Steht die Blüte dagegen lateral, so wird die Markentwicklung schwächer und die Gefässe weisen eine centripetale Stellung in mehr oder minder hohem Grade auf u. s. w.

Auch muss jedenfalls hervorgehoben werden, dass fast jede Familie einen bestimmten Charakter für seine Stiele zeigt, worauf bereits manche Autoren hingewiesen haben.

Der vierte Theil behandelt den Polymorphismus und die Dissymmetrie der Stiele. Vielfach treten dabei Verschiebungen mit dem Alter auf.

Sind wir bisher nur kurz auf den Inhalt der einzelnen Abschnitte eingegangen, so geschah es, weil wir die Uebersicht des Verfs. wiedergeben wollten:

I. Le pédicelle fructifère offre des faisceaux de liber périmédullaire.
- α. Poches sécrétrices. *Myrtacées.*
- β. Enormes lacunes corticales et péricycle continue sclérifié. *Utriculariées.*
- γ. Laticifères. *Convolvulacées, Asclepiadées, Apocynées.*
- δ. Cristaux pulvérulents d'oxalate de chaux { fibres péricycliques en petits groupes. *Nolacées, Solanacées.* / fibres péricycliques souvent en gros paquets. *Cordiacées.*
- ε. Cristaux mâclés d'oxalate de chaux. *Melastomacées, Lythrariées, Gentianées, Vochysiacées.*
- ζ. Pas de cristaux ou raphides. *Onagrariées.*
- η. Pas de cristaux ou très rares? *Cucurbitacées, Combrétacées, Loganiacées.*

II. Le pédicelle fructifère offre un système sécréteur.
- α. Poches sécrétrices { avec mucilage. *Malvacées, Tiliacées, Bombacées.* / avec gomme. *Rhamnées.* / avec oléo-résine ou essence. *Rutacées, Aurantiacées, Myrtacées, Myoporinées.*
- β. Canaux sécréteurs { dans le liber. *Anacardiacées, Burséracées.* / dans la zone périmédullaire. *Diptérocarpées.* / contre le liber. *Pittosporées, Araliacées, Ombellifères.* / de situations diverses. *Bixinées, Hypéricinées, Guttifères, Sterculiacées, Ternstroemiacées, Simaroubées.*
- γ. Lactifères { faisceaux libéro-ligneux toujours séparés. *Papavéracées.* / „ „ „ exceptionnellement disjoints. *Lobéliacées, Campanulacées, Sapotacées.*
- δ. Appareil sécréteur mono-cellulaire interne { à mucilage. *Malvacées.* / à oléorésine ou essence. *Calycanthacées, Canellacées, Magnoliacées, Myrtacées, Anonacées.*

III. Le pédicelle comprend des faisceaux supplémentaires ou anormaux.
- α. Corticaux. *Paeoniées, Sterculiacées, Calycanthacées.*
- β. Médullaires, inversés ou non *Mélastomacées, Araliacées, Campanulacées.*

IV. Le pédicelle présente un nombre fie de faisceaux affectant une disposition spéciale.
- α. 10 faisceaux *Borraginées* (bien nets au stade floral).
- β. 6 „ *Tropaeolées.*
- γ. 5 „ *Geraniacées* et quelques *Oxalidées.*
- δ. 4 „ *Violariées* (*Viola*).
- ε. 3 „ *Parnassiées.*

V. Le pédicelle offre des faisceaux nombreux, disséminés au milieu d'un parenchyme très-lacuneuse.
- α. Cristaux mâclés. *Nélombées.*
- β. Pas de cristaux mâclés. *Nymphéacées.*

VI. Le pédicelle renforme des formes cristallines spéciales (raphides ou cristaux pulvérulentes).
- α. Raphides diverses. *Dillenicées, Ampélidées, Onagrariées, Ternstroemiacées, Rubiacées.*
- β. Cristaux prismatiques pulvérulents. *Caprifoliacées [Sambucus], Cornées [Aucuba], Cordiacées, Nolacées, Solanacées,* quelques *Rubiacées* et *Verbénacées.*

VII. Le pédicelle contient des cristaux prismatiques ou mâclés plus ou moins abondants.
- α. Faisceaux isolés. *Violariées, Caryophyllées* [sauf *Dianthus, Velezia, Tunica* et *Saponaria*], *Limnanthées, Pomacées, Rosées, Rubées, Bégoniacées, Malpighiacées* [auf *Malpighia, Hiroea* et *Banisteria*].

β. Faisceaux soudés. *Capparidées, Résédacées, Linées* [à part quelques *Linum*], *Simabourées, Méliacées, Ampélidées, Rhamnées, Acérinées, Hippocastanées, Sapindacées* (à part *Cardiospermum* et *Serjania*], *Staphyléacées, Légumineuses, Rhizophoracées.*

VIII. Le pédicelle ne renforme aucune formation cristalline.

α. Faisceaux séparés. *Rénonculacées, Berbéridées, Ménispermées, Fumariacées, Légumineuses,* quelques *Caryophyllées, Saxifragées, Droséracées, Primulacées, Orobanchées, Hydrophyllées, Labiées* [à part divers *Teucrium, Sideritis, Phlomis, Melittis*].

β. Faisceaux soudés. *Crucifères* [sauf *Inospidium, Kernera, Draba, Dentaria* etc.], *Verbascées, Ericacées, Pyrolacées, Oléacées, Phacéliées, Légumineuses, Polemoniacées* [sauf *Phlox*], *Scrophulariacées* [sauf *Torenia, Lindernia, Vandellia*].

Die fünf Tafeln enthalten 30 · Abbildungen.

E. Roth (Halle a. S.).

Polak, Johann Maria, Untersuchungen über die Staminodien der *Scrophulariaceen*. [Arbeiten des botanischen Institutes der k. k. deutschen Universität in Prag. XXXVIII.] (Oesterreichische botanische Zeitschrift. Jahrgang L. 1900. No. 2, 3, 4, 5. Mit 2 Tafeln.)

Der Bau des Androeceums spielte eine wichtige Rolle beim Aufbau der bisherigen *Scrophulariaceen* - Systeme. Dabei fand natürlich auch die verschiedene Reduction des ursprünglichen fünfgliedrigen Androeceums eine volle Beachtung. Des Verf. Abhandlung stellt eine Vorarbeit zu einer folgenden Arbeit vor, in der er den Grad der Reduction resp. das Vorhanden eines vollständigen des 5. (obersten) Staubblattes oder das gänzliche Fehlen desselben systematisch in noch höherem Maasse zu verwerthen gedenkt, als es bisher geschehen ist. — Im ersten Abschnitte befasst sich Verf. mit einer Revision aller Gatungen (im Sinne von Wettstein's Monographie in Engler u. Prantl's Natürliche Pflanzenfamilien) der *Scrophulariaceen* auf das Fehlen resp. auf den verschiedenen Grad der Reduction dieses 5. Stamens hin. Bei dem Verf. nicht zugänglichen Gattungen wird der Bau des Androeceums nach Wettstein und anderen Forschern angeführt. Bei der Revision wurde das Hauptgewicht auf das Vorhandensein eines Gefässbündels in dem Staminod (wenn ein solches vorhanden) gelegt, wodurch das letztere als solches bestimmt wird. Auf zwei Tafeln sehen wir eine grössere Anzahl von Abbildungen, welche uns aufgeschlitzte Blütencorollen und die Lage und Gestalt des Staminodiums klarlegen, theils sehen wir da Staminodien vergrössert gezeichnet, u. s. w. — Der zweite Abschnitt handelt über die Verwendbarkeit des Vorkommens und Fehlens von Staminodien (namentlich des 5. Stamens) für das System der *Scrophulariaceen.*

Es werden einige Fragen früher beantwortet:

1. Ist das Vorkommen oder das Fehlen eines Staminodiums bei Blüten desselben Individuums constant? Bei einer grösseren Zahl von Species, die ein Staminod besitzen, war dasselbe stets vorhanden und zeigte nur kleine Verschiedenheiten. Bei *Gratiola officinalis* hat aber schon Heinricher (1894) gezeigt, dass in

manchen Blüten desselben Exemplares die Staminodien fehlen. Es existiren also Fälle, in welchen ein Staminod bei Blüten derselben Pflanze fehlen oder vorkommen kann. 2. In wieweit ist das Vorkommen oder Fehlen eines Staminodiums bei verschiedenen Individuen derselben Art constant? Wie Ascherson und Heinricher bei *Gratiola officinalis*, so hat auch Verf. bei *Antirrhinum maius* eine sehr grosse Variabilität in der Ausbildung des Staminods nachgewiesen. 3. Sind die Staminodien innerhalb der Gattungen und Gattungs-Sectionen constant? Die Arten der Gattungen z. B. *Diascia*, *Scrophularia* verhalten sich bezüglich des Baues des obersten (5.) Staminods sehr verschieden; bei letzterem Genus besitzen die Arten der Section *Venilia* kein Staminod, die der Section *Scorodonia* und *Tomiophyllum* dagegen ein schuppiges, glattgedrücktes. Andererseits giebt es mehrere Gattungen, die sich durch ein constantes Verhalten charakterisiren, z. B. besitzen die Gattungen *Linaria*, *Penstemon* stets ein Staminod, *Mimulus* und *Digitalis* entbehren stets eines solchen. In den ersteren Fällen sind aber die Arten mit und jene ohne Staminod durch soviele morphologische Merkmale miteinander verbunden, dass eine Auflösung in mehrere Gattungen ganz unnatürlich und unzweckmässig wäre. Von den drei grossen Unterfamilien der *Scrophulariaceae* erscheint die dritte, die der *Rhinantoideae*, auch bezüglich des Verhaltens des Androeceums als eine durchaus homogene; Verf. konnte nirgends eine Andeutung des 5. Staubgefässes finden, das hier vollständig zur Unterdrückung kam. Man führte im System daher diese Unterfamilie mit Recht zuletzt an. Innerhalb der 1. Unterfamilie, der der *Pseudosolaneae*, finden sich dreierlei Abstufungen: a) *Verbascum* hat das 5. Stamen fertil, b) bei drei Gattungen (*Aptosimeae*) ist dasselbe rudimentär, c) bei mehreren Gattungen ist es ganz weggefallen. In der 2. Unterfamilie, der der *Antirrhinoideae*, finden wir das 5. Staubblatt staminodial erhalten, manchmal aber ganz ausgefallen. Einzelne Gruppen innerhalb dieser Unterfamilien erscheinen auch durch Eigenthümlichkeiten in Bezug auf das oberste Stamen gut gekennzeichnet, z. B. die *Manuleae*, *Limosellineae*, *Selagineae* durch das stets spurlose Ausfallen desselben, die *Antirrhineae*, *Cheloneae* z. B. durch das nahezu constante Auftreten derselben. — Eine Ueberprüfung der diesbezüglich auffallenden abweichenden Gattungen (*Colpias*, *Nemesia*, *Diclis*) unter den *Antirrhineae*, *Leucocarpus*, *Dermatocalyx*, *Teedia*, *Wightia*, *Brandisia*, *Paulownia* unter den *Cheloneae* bezüglich ihrer systematischen Stellung ist sicher dankbar, ist aber vom Verf. in dieser Abhandlung nicht in Angriff genommen worden, ebenso wurden vom Verf. Erläuterungen bezüglich der Systematik der systematisch schwierigsten Gruppen innerhalb der *Antirrhinoideae*, nämlich der *Mimulineae*, *Stemodineae* und *Hupestistidineae*, die auch bezüglich der Ausbildung des Stamens die verschiedensten Verhältnisse aufweisen, vorläufig noch nicht gegeben.

Matouschek (Ung. Hradisch, Mähren).

Goiran, A., Addenda et emendanda in flora Veronensi. Contributio IV. Specim. 3 et 4. (Bullettino della Società Botanica Italiana. Firenze 1899. p. 273—278; p. 285—292.)

Zu den 67 *Gramineen*-Arten, die in den beiden vorangehenden Mittheilungen (vergl. Beiheft z. Bot. Centr.-Bl., Bd. VII., p. 452) Erwähnung fanden, werden im Vorliegenden weitere 48 Arten, kritisch gesichtet, mit ihren verschiedenen Varietäten und Formen nebst genauen Standortsangaben hinzugefügt; so dass die Zahl sich auf 115 beläuft, worunter 66 Arten nicht aufgenommen sind, die innerhalb der Provinz Verona als specifische Bürger ihrer Flora auftreten.

Zunächst werden 7 *Festuca*-Arten, nach Hackel's Monographie, mit deren vielen Formen aufgezählt. — Darunter wird zu *F. ovina L. glauca* eine fa. *vivipara* erwähnt, welche ein einziges Mal am M. Baldo gefunden wurde. Von derselben Art, *genuina*, von M. Baldo sind drei Formen zu unterscheiden: *F. sulcata* Hack. var. *tenuifolia* (bei den Spiazzi), var. *longearistata* (*F. rupicola* Heuff., ? Ref.), bei Pravazar, und subvar. *laevifolia* am Artillon. Sehr gemein auf Felsen und auf Weideplätzen ist *F. valesiaca* Kch., von der Ebene bis auf die Höhe der Berge.

Von *F. elatior* L. (*arundinacea*) *genuina* kommt in der niederen Ebene eine begrannte Form vor. *F. oryzetorum* Poll. in Fl. ver. I., fig. 2, tab. I dürfte der typischen var. *Fenas* der genannten Art (= *F. Fenas* Lag.) entsprechen; bestimmt lässt sich dieses nicht annehmen, da das einzige bezügliche Exemplar im Herbare Pollini's gar zu schlecht erhalten ist.

F. gigantea Vill. ist in Bergwäldern, jedoch selten.

Ueberall häufig auf Felsen und Weideplätzen ist dagegen *F. varia* Hke., von welcher zuweilen eine fa. *subcolorata* gefunden wird. Nicht selten erscheint diese Pflanze in einer Missgestaltung der Blütenstände, welche von einem Insekten hervorgerufen wird. Von ihrer subsp. *pumila* kommen auf dem Baldo zwei sehr seltene Varietäten vor, nämlich: 1. *genuina* (*F. pumila* Vill.) am Altissimo di Nago und 2. *rigidior* Mut. (*F. pumila β Negri* Goir.) auf den Felsen von Valgrande.

Von den weiteren Gräserarten sind einige ihres Auftretens wegen interessant. So: *Vulpia ligustica* Lnk., südlich der Chiusa d'Adige, längs des Schienenstranges, wahrscheinlich nur vorübergehend. *V. pseudomyuros* Soy. in mageren Formen auf trockenem steinigem Boden, welche Verf. als *β pseudonardurus* bezeichnet. *V. myuros* Rch. tritt neben der typischen Form in Gestalten auf, die Verf. als *β panicula spiciformi contracta* und *γ pumila* bezeichnet.

Bromus sterilis bei Pollini umfasst nicht allein die typische Linné'sche Art, sondern auch *B. mamixus* Dsf., *B. Gussonei* Parl. und *B. rigidus* Rothe. *B. tectorum* L. ist selten im Gebiete; *B. erectus* Hds. tritt sehr häufig auf, zugleich mit seinen beiden Varietäten *lasianthos* und *leianthos*.

Von *Serrafalcus secalinus* Bab. nennt Verf. unter anderen Formen, eine *submuticus* auf dem Bahnhofe von Pa. Vescovo.

S. commutatus Bab., von Pollini wahrscheinlich mit der erstgenannten Art vereinigt, wächst gemein auf Weideplätzen und Wiesen. *S. racemosus* Parl. ist in der typischen Form selten; eine Varietät β *depauperatus* F. Gér. kommt am Fusse des M. Pastello vor.

Von *Lolium perenne* L. ist die Varietät γ *cristatum* (Pers.) selten, die Varietät ε, *furcatum* Bill. ein einziges Mal bei Spredino (Grezzana) gefunden worden. Zu *L. italicum* Al. Br. nennt Verf. die var. β *muticum*, δ *ramosum*, γ *cristatum*, ferner eine Varietät γ *microstachyum* Hack. in litt., welche mit und ohne Grannen ziemlich verbreitet auftritt. An grasreichen Stellen findet man oft *L. rigidum* Gaud. und eine Varietät *aristatum* desselben.

Selten, doch hin und wieder unter den Saaten der Hügelregion, sowie an dürren Stellen im Squaranto Thale findet man *Nardurus unilateralis* Boiss. β *aristatus* Parl.

Auf dem M. Baldo eine seltene schmalblättrige Form des *Brachypodium pinnatum* P. B., welche Verf. als var. δ *angustifolium* bezeichnet. *B. distachyon* P. et S. (von Pollini citirt) kommt auf dem Hügel von Soave veronese gar nicht vor.

Gaudinia fragilis P. B. wurde nur einmal bei Caprino veronese gesammelt.

Von *Agropyrum caninum* R. et S. und *A. repens* P. B. unterscheidet Verf. wieder mehrere Varietäten.

Triticum villosum P. B. ist heutzutage im Veronesischen nicht mehr zu finden.

Psilurus nardoides Trin. β *erythrostachyos* Goir. tritt selten im Sandgebiete der Etsch auf.

Solla (Triest).

Williams, Frederic N., *Caryophyllaceae* of the Chinese Province of Sze-chuen. (Journal of Linnean Society. XXXIV. p. 426 ff.)

Die Provinzen Sze-chuen und Yun-nan bilden die westlichsten Theile des eigentlichen China; die Kenntniss der Flora dieser Gebiete ist noch eine recht dürftige; um so dankenswerther waren daher vorliegende Mittheilungen, die sich auf eine Reihe von Collectionen stützen.

Abbé Perny's Sammlung (1858), im Herb. Mus. Paris; die Collectionen des Abbé Delavay (1882—1885), ferner von Lajos Lóczy, dem Sammler der Gräflich Béla Széchenyischen Expedition, der auch Pflanzen aus Kan-su und Yun-nan mitbrachte (1879/80); Abbé David's Aufsammlungen, die von Franchet im zweiten Bande seiner „Plantae Davidianae“ (1888) bearbeitet wurden; G. N. Potanin's (1885) Pflanzen, die vom Petersburger botanischen Garten ausgetheilt wurden und aus Kan-su und dem nördlichen Sze chuen stammen; dann die 1890 von A. E. Pratt in der Nähe von Tachien-lu gemachten Sammlungen aus einer Höhe von 2700—4000 m; die neuen Arten wurden von Hemsley in Journ. Linn. Soc. Vol. XXIX. beschrieben; gleichfalls vom Jahre 1890 stammt die kleine Collection des Prinzen Heinrich von Orleans; Dr. A. Henry sammelte 1889 im westlichen Hu-peh und in den Wushan-Districten von Sze-chuen; Rev. E. Faber botanisirte auf dem über 3300 m hohen Mt. Omei und erforschte das Yang-tse-Thal in Sze-chuen; Abbé Soulié, dessen Sammlungen theilweise von Franchet bearbeitet wurden, sammelte sehr sorgfältig in Tachien-lu und Tongo-lo, sowie in Kiala (1893); schliesslich brachte Abbé Piccoli (1896) eine kleine Sammlung von Shen-si und Nord-Sze-chuen mit. Die Grenzen des Gebietes sind nach der Bretschneider'schen Karte von China angenommen.

Es werden 31 Arten genannt; die gesperrt gedruckten sind neu:

Dianthus superbus L.; *D. szechuensis* n. sp., vom Habitus des *D. superbus* L. und aus der nämlichen Section; *Cucubalus baccifer* L.; *Silene szechuensis* n. sp. (Subg. *Eusilene*, sect. *Dichasiosilene*, ser. *Brachyanthae*), verwandt mit *S. Tatarinowii* Regel und *S. rupestris* L., habituell dem *Melandryum adenanthum* Williams (*Silene adenantha* Franch.) ähnlich; *Silene* (*Botryosilene*) *tenuis* Willd., eine Art, die in verschiedenen Formen im nördlichen und arktischen Asien verbreitet im westlichen Himalaya in Höhen von 8—12000' vorkommt; aus dem östlichen Himalaya wird sie von Edgeworth und Hook. f. in der Flora Brit. Ind. nicht erwähnt; *S. Fortunei* Vis., eine sehr schöne in Bot. Mag. tb. 7649 abgebildete Art, die nach Hook. f. in China gemein ist, auch auf Formosa vorkommt und ihre nächsten Verwandten in *S. italica* haben soll. *Melandryum* (*Gastrolychnis*) *Souliei* n. sp., dem in Tibet und der Mongolei wachsenden *Mel. brachypetalum* Fenzl. nahe stehend; *Mel. glandulosum* Williams (*Lychnis gland.* Maxim. Fl. Tangut. p. 83. t. 29. [1889.]); *Mel.* (*Elisanthe*) *caespitosa* Bur. und Franch. in Journ. de Bot. 1891. p. 22 (non *Steven*); *Mel. platypetalum* Williams (*Sil. platypetala* Bur. und Franch. l. c.); *Mel. kialense* n. sp., dem vorigen nahestehend; *Hedona Davidi* Williams (*Lychnis Davidi* Franch. Pl. David. II. p. 22 [1888]. *Cerastium szechuense* n. sp., dem *C. Duriaei* nahe stehend; *Cer. Fischerianum* Ser.; *Stellaria wushanensis* n. sp. (**Petiolares* Fenzl); *St. media* Vill.; *St. nutans* n. sp. (** *Insignes* Fenzl.); *St. Souliei* n. sp. und *St. Henryi* n. sp., beide aus der Section *Holosteae* Fenzl.; *St. dichasioides* n. sp., *St. uliginosa* Murray und *St. uda* n. sp., alle drei aus der Sect. *Larbreae* Fenzl. *Krascheninikowia Davidi* Franch.; *Arenaria* (*Euarenaria*) *napuligera* Franch.; *Ar. serpyllifolia* L.; *Ar.* (*Eremogoneastrum*) *kansuensis* Max., *Ar. polytrichoides* Edgew., eine zuerst von J. D. Hooker in der tibetanischen Region des Sikkim-Himalaya bei 14—17000' Meereshöhe gesammelte Pflanze; *Ar.* (*Odontostemma*) *yunnanensis* Franch.; *Ar. Delavayi* Franch. *Ar. quadridentata* Williams (*Lepyrodiclis quadridentata* Max. in Fl. Tangut. p. 84 [1889]) und *Ar.* (*Macrogyne*) *szechuensis* n. sp.

Eine Bestätigung der Bestimmungen, namentlich der kritischen Arten, bleibt — bekanntlich sehr aus Gründen — abzuwarten.

Wagner (Wien).

Lopriore, Giuseppe, *Amarantaceae Africanae.* (Beiträge zur Flora von Afrika. XVIII. — Engler's botanische Jahrbücher. Vol. XXVII. 1899. p. 37 sqq.)

Auf Veranlassung Engler's bearbeitete Verf. die afrikanischen *Amarantaceen* des Berliner Herbars und des Herbariums Schweinfurth's, abgesehen von den durch die italienischen Afrikareisenden Ruspoli und Robecchi-Brichetti gesammelten Arten. Mehrere Gattungen mussten revidirt werden, namentlich diejenigen aus der Verwandtschaft von *Sericocoma*. Der folgende Gattungsschlüssel orientirt kurz über die neu aufgestellten Gattungen.

A. Androeceum ohne Pseudostaminodien.
  a) Fruchtknoten kahl. *Sericorema* (Hook.) Lopr.
  b) Fruchtknoten behaart.
    α. Partialblütenstände mit fertilen und sterilen Blüten. *Marcellia* Baill.
    β. Partialblütenstände nur mit fertilen Blüten. *Leucosphaera* Gilg.

B. Androeceum mit Pseudostaminodien.
  a) Pseudostaminodien in Form quadratischer, gewimperter Lappen. Fruchtknoten kahl oder behaart. *Sericocomopsis* Schinz.
  b) Pseudostaminodien in Form schmaler papillenartiger Zipfel. Fruchtknoten behaart.
    α. Fruchtknoten mit einem Horn versehen. *Cyphocarpha* (Fenzl.) Lopr.
    β. Fruchtknoten ohne Horn. *Sericocoma* Fenzl.

Sericorema (Hook.) Lopr. umfasst 2 Arten, die vorher unter *Sericocoma* beschrieben waren, nämlich: *S. sericea* (Schinz.) Lopr. (cfr. Schinz in Engl. Jahrb. XXI. p. 181) und *S. remotiflora* (Hook. f.) Lopr. (cfr. Hook. f. in Benth. und Hook. f. Genera plantarum. Vol. III. p. 30.) *Marcellia* Baill. wurde 1886 im Bull. Soc. Lin. Paris. p. 625 auf eine von Welwitsch in Angola gesammelte Pflanze gegründet, die Baillon *Marcellia mirabilis* nennt, die aber früher schon als *Sericocoma Welwitschii* Hook. f. (cfr. Genera plantae. III. p. 30) bezeichnet wurde, sie erhält daher den Namen *Marcellia Welwitschii* (Hook. t.) Lopr. Verf. beschreibt sie kurz. Die andere Art war von Hook. f. als *Sericocoma denudata* beschrieben worden. *Leucosphaera* wurde von Gilg in den Nachträgen zu den Nat. Pflanzenf. p. 152 aufgestellt, und zwar auf die in Deutsch-Südwestafrika vorkommende von Hook. f. (l. c. p. 31) als *Sericocoma Bainesii* zuerst beschriebene, dann von Schinz (in Engler's Jahrb. Vol. XXI. p. 183) zu *Sericocomopsis* gebracht, jetzt als *Leucosphera Bainesii* (Hook. fil.) Gilg bezeichnete Pflanze; die zweite Art gleicher Heimath ist *L. Pfeilii* Gilg. *Sericocomopsis* wurde von Schinz in Engler's Jahrb. XXI, p. 184 aufgestellt und umfasst 4 Arten, die mit einer Ausnahme alle früher zu *Sericocoma* gebracht wurden, nämlich: *S. Welwitschii* (Bak.) Lopr. (cfr. Kew. Bull. 1897. p. 278), *S. quadrangula* (Engl.) Lopr. (cfr. Engl. Jahrb. X. p. 7), *S. pallida* (Moore) Schinz (cfr. Journ. Bot. XV. p. 70) und *S. Hildebrandtii* Schinz (Engl. Jahrb. XXL p. 184). *Cyphocarpa* (Fenzl.) Lopr. (*Sericocoma* Sect. *Kyphocarpa* Fenzl. in Linnaea, XVII, p. 323 umfast jetzt 6 Arten, wovon die Hälfte neu sind: *C. trichinoides* (Fenzl.) Lopr. (cfr. Linnaea. XVII. p. 324), *C. Zeyheri* (Moq.) Lopr. (cfr. DC. Prodr. XIII. p. 296 als *Trichinium Zepheri* Mog.), *C. angustifolia* Hook. f.) Lopr. (cf. Gen. plant. III. p. 30 als *Sericocoma*), *C. Wilmii* Lopr. n. sp. und *C. resedoides* Lopr.. sp. aus Transvaal, *C. Petersii* Lopr. n. sp. vom Sambesi. *Sericocoma* Fenzl. umfasst jetzt 6 Arten: *S. heterochiton* Lopr. n. sp. aus Damaraland, *S. avola* Fenzl.,

S. squarrosa Schinz (Engler's Jahrb. XXI. p. 182). *S. chrysurus* Meissn., *S. leucoclada* Lopr. n. sp. aus dem Hantam-Gebirge in Namaland, aus *S pungens*. *Centema* Hook. f. umfasst 9 Arten, ausser den von Hook. f. in den Gen. plant. III. p. 31 (*C. angolensis*, *C. subfusca* und *C. Kirkii*) und von Schinz in Engl. Jahrb. XXI. p. 183 und im Bull. Herb. Boiss. IV. p. 419 beschriebenen Arten (*C biflora*, *C cruciata*, *C. alternifolia*) noch drei neue, nämlich *C. polygonoides* Lopr. n. sp. und *C. glomerata* Lopr. aus Huilla, sowie *C. rubra* Lopr. n. sp. von den Alhi-Plains im Massaihochland.

Neuaufgestellt wird die Gattung *Sericostachys* Gilg & Lopr.

Flores hermaphroditi, tribractenti, Tepala 5 glabra, ovato-lanceolata, basi crassa. Stamina 5, tepalis opposita; filamenta attenuato-triangularia. Pseudostaminodia 5 interjecta plana, apice denticulata, linearia, inderdum parva et integra. Antherae biloculares, oblongiusculae. Ovarium uniloculare, uniovulatum. Stylus elongatus. Stigma simplex, capitatum. — Frutices caule scandente, lignoso; foliis breviter petiolatis, ovatis, acutis, pinnatinervis, Flores sessiles in spicas laxifloras subternatium congesti; specae iterum decussatae in paniculam amplam floribundam dispositae, flore intermedio fertili, lateralibus 2 sterilibus et in aristulas plures villoso-plumosas unitatis, interdum jam binis lamellulis interpositis comitatis, quae forsan florem sterilem tertium repraesentant.

Die Gattung umfasst 2 Arten: *S. scandens* Gilg & Lopr. n. sp. aus Kamerun und *S. tomentosa* Lopr. n. sp. von Runssoro.

Ferner werden folgende neue Arten beschrieben:

Dasysphaera Robecchii Lopr. n. sp., ein der *D. tomentosa* Vlks. nahe stehender Strauch aus dem Somaliland; *Cyathula albida* Lopr. n. sp. aus Huilla (Benguella), der *C. cylindrica* Moq. etwas ähnlich; *C. spathulifolia* Lopr. aus Natal; *Pupalia Robechii* Lopr. n. sp., ein Strauch aus dem Somaliland; *Achyranthes viridis* Lopr. n. sp. ein ♃ Kraut aus Usambara, *A. pedicellata* Lopr. n. sp., ein Halbstrauch aus dem Seengebiet, *A. rubro-lutea* Lopr. n. sp., ein einjähriges Kraut vom oberen Congogebiet; *Aerua Ruspolii* Lopr. n. sp. ist *Aerua javanica* (Bl.) Juss. etwas ähnlich, unterscheidet sich aber von derselben durch den höchst ausgesprochenen Charakter einer Steppenpflanze und den dichten, filzigen, gelblichen Ueberzug. *Celosia falcata* Lopr. n. sp. aus Benguella, der *C. linearis* Schinz (in Nat. Pflanzenfam., III. Theil, 1. Abth. a, p. 100, *Hermbstaedtia linearis* Schinz in Verb. d. bot. Prov. Brandenburg 1889, p. 210) ähnlich; *Psilotrichum Ruspolii* Lopr. n. sp., dem *Ps. africanum* etwas ähnlich, *Ps. villosiflorum* Lopr. n. sp. und des *Ps. Robecchii* Lopr. n. sp., welches dem *Ps. Schimperi* Engl. ähnlich ist, alle drei aus dem Somaliland.

Die erwähnten neuen Arten sind sämmtlich in lateinischen Diagnosen nebst deutschen Bemerkungen mitgetheilt. Bemerkenswerth sind die zahlreichen morphologischen Angaben. Auf der der Abhandlung beigegebenen Tafel sind Einzelheiten von folgenden Pflanzen abgebildet: *Dasysphaera Robecchii* (Lopr.) Habitusbild), *Sericorema remotiflora* (Hook. f.) Lopr., *Marcellia*

Welwitschii (Hook. f.) Lopr., *Leucosphaera Pfeilii* Gilg, *Sericocomopsis Wetwitschii* (Bck.) Lopr., *Cyphocarpa Wilmsii* Lopr., *Sericocoma avolans* Fenzl. und *Centema glomerata* Lopr. (Diagramm einer Partialinflorescenz.)

Den Schluss der Abhandlung bildet ein Capitel über den „Antheil der *Amarantaceen* an der Zusammensetzung der Vegetationsformen in Afrika". Dieselben sind in Afrika specifische Steppenpflanzen. „Wenn wir sie in anderen Formationen antreffen, so sind sie dort fast stets nur als Eindringlinge zu bebetrachten. Verf. in biologischer Hinsicht 4 Haupttypen.

„Dem ersten Typus gehören jene Arten an, welche schnell emporschiessen, bald einen niedrigen, bald einen beträchtlichen umfangreichen Wuchs zeigen und vergängliche, oberirdische Organe besitzen, welche die Früchte reifen, bevor die Trockenheit herannaht. Der Stengel ist krautig oder wenig verholzt und mit langen Internodien versehen. Die wenigen Blätter sind meist linear, häufig decussirt gestellt; gestauchte Sprosse aus den Achseln erwecken manchmal den Anschein von Blattwirbeln. Dieser Typus ist besonders durch die Arten der Gattungen *Nothosaerua*, *Mechowia*, *Centema*, *Digera* vertreten, welche gleich nach der Regenzeit mit ihren dünnen starren Stengeln bis zu Meterhöhe emporschiessen und mit ihren bunten, gelben bis purpurrothen Aehren den zu neueren Leben erwachenden Steppen einen sehr schönen Anblick verleihen.

Dem zweiten Typus gehören jene in der Trockenzeit ausdauernden *Amarantaceen* zu, welche durch einen dicken unterirdischen Wurzelstock und einen sparrigen, holzigen oder nur an der Basis verholzten und oben krautartigen Stock ausgezeichnet sind. Dieser Typus ist wohl nur durch einige wenige Arten (z. B. *Sericocoma Chrysurus* Meissn., *Cyphocarpa Zepheri* (Moq.) Lopr. und *Dasysphaera Robecchii* Lopr.) vertreten, welche kleine Halbsträucher mit aufsteigenden, kahlen oder filzigen Zweigen und kleineren oft filzigen Blättern darstellen. Diese Pflanzen sind befähigt, die Trockenzeit zu überstehen, in Folge der grossen Wassermenge, die sie im Wurzelstock ansammeln können, und häufig auch wegen des geringen Wasserverlustes, welchem sie in Folge ihrer filzigen Blätter ausgesetzt sind. Aus diesem Grunde können die genannten Pflanzen ihre kleinen Samen oder ihre kugeligen kleinen Fruchtstände während der Fruchtzeit reifen, welche dann durch Thiere verbreitet werden.

Dem dritten Typus gehören Sträucher mit sehr dichter Wollbekleidung an, welche dadurch vor Vertrocknung geschützt sind. Hier treffen wir verschiedene *Aerua*-Arten, welche mit einem förmlichen Wollkleide versehen sind und so ihre kleinen Samen noch während der Trockenzeit reifen können, ferner *Cyathula Lindaviana* Vlks. und *Sericocomopsis pallida* (S. Moore) Schinz.

Dem vierten Typus gehören Pflanzen an mit fleischigen und zum Theil behaarten Blättern, welche Reservoire für die Trockenheit darstellen, ohne jedoch vermuthlicherweise die Pflanzen zu befähigen, die ganze trockene Periode ungefährdet zu überdauern. Dieser Typus ist nur durch wenige *Psilotrichum*-Arten, z. B. *Ps. Robecchii* Lopr. und *Kentrosphaera prostrata* Vlks., vertreten, welche ausser den fleischigen Blättern noch dicke Wurzeln besitzen, aus welchen gleich nach der Regenzeit ziemlich kräftige, mit wenigen Blättern versehene Triebe hervorsprossen."

Verf. geht dann zu den wenigen typischen Wüstenpflanzen über, von denen *Aerua javanica* (Bl.) Juss. horizontal wie vertical die grösste Verbreitung hat, sie geht nämlich bis zu 2000 m Höhe; ausserdem wären *Aerua Ruspolii* Lopr. im Somaliland und *Arthraerua Leubnitziae* (Kunze) Schinz in Deutsch-Südwestafrika und die nur bei Aden gefundene *Saltia papposa* (Forsk.) Moq. zu erwähnen. Am Meeresstrand leben *Alternanthera maritima* St. Hil. (Kamerun), *Alt. sessilis* (L.) R. Br. (Strandebene auf den Komoren), *Pupalia lappacea* (L.) Moq. (Strandebene in Mossambik), *Celopia trigyna* L. (Komoren), *Iresine vermicularis* (L.) Moq.

(Westafrika). Als Ruderalpflanzen treten auf *Amarantus caudatus* L., *A. Alopecurus* Hochst., *A. gangeticus* L., *A. graecizans* L., *Celosia argentea* L., *Achyranthes aspera* L. und *Alternanthera sessilis* R. Br. In der Nähe von Dörfern treten auf Brachäckern in Usambara und Abyssinien bis zu 200 m Höhe *Cyathula cylindrica* (Boj.) Moq. und *C. orthacantha* (Hochst.) Schinz auf, Unkräuter sind *Celosia trigyna* L., *Aerua lanata* (Sansibar, Abyssinien und Comoren), *Aerua javanica* (Bl.) Juss. (Tuitaberge), *Hermbstaedtia glauca* (Namaland), die sehr weit verbreitete *Pupalia lappacea* Moq. betheiligt sich an fast allen Formationen. Einige Arten kommen als Sumpf- und Bachuferpflanzen vor, so *Alternanthera sessilis* R. Br. (Congo, Zambesi, Abyssinien, Sansibar, Comoren) und namentlich deren var. *nodiflora* (am weissen Nil, in Gallabat, bei Kairo, in Nubien und Abyssinien); echte Wasserpflanze ist *Achyranthes aquatica* R. Br. (Abyssinien); ferner kommen in Betracht *Celosia populifolia* Moq. (Abyssinien), *C. Madagascariensis* Poit. (Centralmadagaskar), *Iresine vermicularis* (L.) Moq. (Damaraland), *Amarantus Alopecurus* (Abyssinien) und *Cel. argenteiformis* Schinz (Südwestafrika). Gebüschpflanzen sind *Cyathula globulifera* (Bojer) Moq. (Madagaskar, Südafrika und Abyssinien, bis 2000 m Höhe), *C. orthacantha* (Hochst.) Schinz (Abyssinien), *C. prostrata* (L.) Bl. Abyssinien, Angola, Kamerun, *Pupalia lappacea* (L.) Moq., *Celosia laxa* Schum. und Thonn., *C. Schweinfurthiana* Schinz, *C. trigyna* L., *C. argentea* L., auch gelegentlich *Aerua lanata* (L.) Juss. In Gebirgsgehölzen wachsen *Chionothrix somalensis* (Moore) Hook. f. und *Ch. latifolia*, beides holzige Sträucher im Somaliland, *Calicorema capitata* Hook. f., *Leucosphaera Bainesii* (Hook. f.) Gilg und *L. Pfeilii* Gilg; mehr gelegentlich *Cel. argentea* L., *C. anthelminthica* Aschers. (Abyssinien bis 3000 m), *C. Schweinfurthiana* Schinz (Usambara), *Altern. sessilis* (L.) R. Br. und deren var. *nodiflora* (in Abyssinien bis 3000 m, wie auch *Pupalia lappacea* (L.) Moq. und *Cyathula Schimperiana* (Hochst.) Moq.). *Cyath. cylindrica* (Boj.) Moq. geht am Kilimandscharo bis 2000 m.

Als ausschliessliche Bewohner des feuchten Regenwaldes sind nur *Sericostachys scandens* Gilg & Lopr. und *S. tomentosa* Lopr., zwei Spreizklimmer aus Kamerun zu nennen. Nur gelegentlich betheiligt sich am Unterwuchs *Achyranthes aspera* L., *Celosia populifolia* Moq. und *C. trigyna* L.

Bezüglich der zahlreichen Einzelheiten muss auf die Arbeit selbst verwiesen werden.

Wagner (Wien).

Schinz, Hans und **Junod, Henri,** Zur Kenntniss der Pflanzenwelt der Delagoa-Bay. (Mittheilungen aus dem botanischen Museum und Universität Zürich. Bd. IX. 1899. p. 1—76.)

Die Pflanzen wurden von Junod gesammelt, zum grössten Theil in der nächsten Umgebung der Delagoa-Bay, zum kleineren bei Rikatla, einer nunmehr verlassenen Missionsstation, etwa 24 km nördlich von Lourenço Marquis.

Als die höchste Temperatur während des Verlaufs von 7 Jahren wurde 44,5° constatirt, die tiefste betrug 6,7°. Die grösste Differenz zwischen Maximum und Minimum innerhab 24 Stunden betrug 25,5°. Das Jahr theilt sich in zwei durch häufige Niederschläge bezw. Trockenheit charakterisirte Jahreszeiten. Das Regenminimum weist der Juni mit 5 mm auf, das Maximum der Januar mit 214 mm.

Die Flora der Delagoabai ist mit der Natals, namentlich des Tieflandes dieser Colonie, sehr übereinstimmend, wenn wir auch von den rings um die Delagoabai herumliegenden tropischen und subtropischen Gebieten nur sehr wenig bis jetzt wissen.

Als neu beschrieben finden sich:

Apalatoa delagoensis vielleicht mit *A. senegalensis* Taub. verwandt, *Turraea Junodii*, wodurch die Zahl im Gebiete auf 4 steigt; *Triumfetta Junodii, Casearia Junodii, Striga Junodii* zeigt viel Aehnlichkeit mit *Str. lutea; Oldenlandia delagoensis, Old. Junodii, Old. sphaerocephala; Chomelia Junodii* erinnert an *Tarenna Mechoviana* Vatke; *Empogona Junodii* zu *E. Kirkii* Hook. zu stellen; *Tricalysia delagoensis* der *Tr. Galpinii* Schinz nahestehend; *Vangueria Junodii; Plectronia discolor; Lobelia chilawana; Cineraria pinnata* O. Hoffm.; *Senecio Junodianus* O. Hoffm.

E. Roth (Halle a. S.).

Neue Litteratur.*)

Geschichte der Botanik:

Boudier, Emile, Notice sur le Dr. L. Quélet. (Bulletin de la Société botanique de France. Sér. III. Tome VI. No. 8. p. 414—417.)

D'Arbaumont, Jules, Notices sur MM. Emery et Viallanes. (Bulletin de la Société botanique de France. Sér. III. Tome VI. No. 8. p. 381—387.)

Flahault, Ch., Henry Lévêque de Vilmorin. (Bulletin de la Société botanique de France. Sér. III. Tome VI. No. 8. p. 353—378. Avec portrait.)

Nomenclatur, Pflanzennamen, Terminologie etc.:

Lévy, Isidore, Sur quelques noms sémitiques de plantes en Grèce et en Egypte. (Revue archéologique. 1900.) 8°. 11 pp. Paris (Leroux) 1900.

Algen:

Collins, F. S., The New England species of Dictyosiphon. (Rhodora. Vol. II. 1900. No. 20. p. 162—166.)

Pilze:

Clos, D., Les tuberculoïdes des Légumineuses d'après Charles Naudin. (Bulletin de la Société botanique de France. Sér. III. Tome VI. 1899. No. 8. p. 396—403.)

Freeman, E. M., A preliminary list of Minnesota Erysipheae. (Minnesota Botanical Studies. Ser. II. 1900. Part IV. p. 423—430.)

---

*) Der ergebenst Unterzeichnete bittet dringend die Herren Autoren um gefällige Uebersendung von Separat-Abdrücken oder wenigstens um Angabe der Titel ihrer neuen Veröffentlichungen, damit in der „Neuen Litteratur" möglichste Vollständigkeit erreicht wird. Die Redactionen anderer Zeitschriften werden ersucht, den Inhalt jeder einzelnen Nummer gefälligst mittheilen zu wollen, damit derselbe ebenfalls schnell berücksichtigt werden kann.

Dr. Uhlworm,
Humboldtstrasse Nr. 22.

Webster, H., Boleti collected at Alstead, N. H. (Rhodora. Vol. II. 1900. No. 20. p. 173—179.)

Flechten:

Olivier, H., l'abbé, Exposé systématique et description des Lichens de l'Ouest et du Nord-Ouest de la France. [Suite.] (Bulletin de l'Association française de Botanique. Année III. 1900. No. 32/33. p. 157—176.)

Physiologie, Biologie, Anatomie und Morphologie:

Bourquelot, Em. et Hérissey, H., Les hydrates de carbone de réserve des graines de luzerne et de fenugrec. (Journal de Pharmacie et de Chimie. 1900. Juillet.)

Gallardo, Angel, A propos des figures karyokinétiques. (Comptes rendus hebdomadaires de la Société de biologie. 1900. 28 Juillet.)

Ramaley, Francis, The seed and seedling of the western larkspur (Delphinium occidentale Wats). (Minnesota Botanical Studies. Ser. II. 1900. Part IV. p. 417—421. Pl. XXVIII.)

Systematik und Pflanzengeographie:

Andrews, Le Roy, A., Orchids of Mt. Greylock, Massachusetts. (Rhodora. Vol. II. 1900. No. 20. p. 179—180.)

Bacon, Alice E., Some Orchids of eastern Vermont. (Rhodora. Vol. II. 1900. No. 20. p. 171—172.)

Becker, W., Bemerkungen zu den Violae exsiccatae. (Deutsche botanische Monatsschrift. Jahrg. XVIII. 1900. Heft 8. p. 126—128.)

Dutt, W. A., Norfolk; with special articles on bird life, b o t a n y , entomology, geology, fishing, shooting etc., of the county, by Rev. **R. C. Nightingale** and others. Illus. by **J. A. Symington.** 12 mo. $6^{3}/_{4} \times 4^{1}/_{4}$. 358 pp. London (Dent) 1900. 4 sh. 6 d.

Eaton, Alvan A., A few additions to the New Hampshire flora. (Rhodora. Vol. II. 1900. No. 20. p. 167—168.)

Eggleston, W. W., New or rare plants from Pownal, Vermont. (Rhodora. Vol. II. 1900. No. 20. p. 171.)

Fliche, Lettre à M. M a l i n v a u d (sur le Goodyera repens dans l'Yonne). (Bulletin de la Société botanique de France. Sér. III. Tome VI. 1899. No. 8. p. 394—395.)

Gagnepain, F., Sur un nouvel hybride artificiel: Onothera suaveolens × biennis. (Bulletin de l'Association française de Botanique. Année III. 1900. No. 32/33. p. 145—150.)

Gandoger, Michel, Note sur la flore du mont Kosciusko, Australie méridionale. (Bulletin de la Société botanique de France. Sér. III. Tome VI. 1899. No 8. p. 391—394.)

Gandoger, Michel, Note sur quelques plantes nouvelles de l'Himalaya occidental. (Bulletin de la Société botanique de France. Sér. III. Tome VI. 1899. No. 8. p. 417—421.)

Jeanpert, Le Carex punctata Gaud aux environs de Paris. (Bulletin de la Société botanique de France. Sér. III. Tome VI. 1899. No. 8. p. 431—432.)

Keeler, Harriet L., Our native trees, and how to identify them: Popular study of their habits etc. 12 mo. Illus. London 1900. 10 sh. 6 d.

Planchon, Louis, Sur le polymorphisme des Alternaria. (Bulletin de la Société botanique de France. Sér. III. Tome VI. 1899. No. 8. p. 404—413. Avec 11 fig.)

Sudre, H., Excursions batologiques dans les Pyrénées. [Suite.] (Bulletin de l'Association française de Botanique. Année III. 1900. No. 32/33. p. 150—153.)

Vilmorin, Maurice de, Sur un Chêne hybride, Quercus Phellos × rubra. (Bulletin de la Société botanique de France. Sér. III. Tome VI. 1899. No. 8. p. 390—391.)

Vilmorin, Maurice de, Decaisnea Fargesii Franchet. (Bulletin de la Société botanique de France. Sér. III. Tome VI. 1899. No. 8. p. 432—433.)

Wheeler, W. A., A contribution to the knowledge of the flora of southeastern Minnesota. (Minnesota Botanical Studies. Ser. II. 1900. Part IV. p. 353—416. Pl. XXI—XXVII.)

Wild, Levi, Baptisia australis in Vermont. (Rhodora. Vol. II. 1900. No. 20. p. 172—173.)

Palaeontologie:

White, David, Fossil flora of the lower coal measures of Missouri. (Monographs of the United States Geological Survey. Vol. XXXVII.) XI, 467 pp. 73 planches.

Teratologie und Pflanzenkrankheiten:

Geisenhayner, L., Abnorme Orchideenblüten. (Deutsche botanische Monatsschrift. Jahrg. XVIII. 1900. Heft 8. p. 117—122.)

Paddock, W., European apple tree canker in America. (Science. New Series. Vol. XII. 1900. No. 295. p. 297—299. Mit 1 Figur.)

Teschendorff, Victor, Die Obstbaumblätter und deren Schädlinge. (Mittheilungen der k. k. Gartenbau-Gesellschaft in Steiermark. 1900. No. 9. p. 131—136.)

Van Bambeke, Ch., Sur une monstruosité du Boletus luteus L (Bulletin de la Société Royale de botanique de Belgique. Tome XXXIX. 1900. Fasc. 3. p. 7—21. Planche I.)

Medicinisch-pharmaceutische Botanik:

B.

Coyon, A., Flore microbienne de l'estomac; fermentations gastriques. [Thèse.] 8°. 130 pp. Paris (Carré & Naud) 1900.

Lépine et **Boulud,** Influence favorisante de la lymphe du canal thoracique, après l'excitation des nerfs du pancréas, sur la fermentation alcoolique d'une solution sucrée. (Comptes rendus hebdomadaires de la Société de biologie. 1900. 28 Juillet.)

Nobécourt, P., Action in vitro des levures sur les microbes. (Comptes rendus hebdomadaires de la Société de biologie. 1900. 28 Juillet.)

Tusini, Gius., Sopra l'actinomicosi del piede (Istituto di clinica chirurgica della r. università di Pisa). 8°. 53 pp. Pisa (tip. F. Mariotti) 1900.

Technische, Forst-, ökonomische und gärtnerische Botanik:

Cavazza, D., L'alinite alla prova. (Annali e ragguagli dell' ufficio provinciale per l'agricoltura, del r. laboratorio chimico-agrario e del comizio agrario di Bologna. Anno VI degli Annali, anno XXVIII dei Ragguagli. 1898/99.)

Cavazza, D., I mercati delle uve di Bazzano e Castel S. Pietro nel 1898. (Annali e ragguagli dell' ufficio provinciale per l'agricoltura, del r. laboratorio chimico-agrario e del comizio agrario di Bologno. Anno VI degli Annali, anno XXVIII dei Ragguagli. 1898/99.)

Da Ponte, M., Distillazione delle vinaccie e frutta fermentate. Fabricazione razionale del cognac, estrazione del cremore di tartaro e utilizzazione di tutti i residui della distillazione. 2a ediz. interamente rifatta, con la legge Italiana sugli spiriti e la legge Austro-Ungarica. (Manuali Hoepli) 16°. 388 pp. fig. Milano (U. Hoepli) 1900. 3.50.

De l'Epine, Henry, Note sur l'ensilage des fourrages verts. 18°. 21 pp. Gedinne (impr. E. Hauburain) 1900. Fr. 0.25

Leoni, A. M., Studio sulla natura mineralogica e chimica di alcune terre coltivabili dei colli bolognesi. (Annali e ragguagli dell' ufficio provinciale per l'agricoltura, del r. laboratorio chimico-agrario e del comizio agrario di Bologna. Anno VI degli Annali. anno XXVIII dei Ragguagli. 1898/99.)

Notizie sulla agricoltura in Italia. Illustrazione delle mostre agrarie inviate dal ministero di agricoltura alla esposizione universale di Parigi nell'anno 1900. (Ministero di agricoltura, industria e commercio.) 8°. VII, 436 pp. Roma (tip. Nazionale di G. Bertero) 1900.

La **reconstitution** des vignobles dans le canton de Cadillac. Rapports adressés à MM. les membres du jury des classes 36, 38 et 60 de l'Exposition universelle de 1900 sur les travaux du comice de 1884 à 1900. Grand in 8°. 95 pp. Avec 1 carte et 12 gravures, d'après les photographies de **M. U. Vergeron.** Bordeaux (Gounouilhou) 1900.

Roda, Fratelli, Coltivazione naturale e forzata degli sparagi. Quarta edizione complementare riveduta ed ampliata da **Giuseppe Roda.** 16°. 78 pp. fig. Torino (Unione tipografico-editrice) 1900. L. 1.—

Scaniglia, Arturo, L'industria vinicola in Palestina. Rapporto. (Ministero di agricoltura, industria e commercio: divisione industria e commercio.) 8°. 22 pp. Roma (tip. Nazionale di G. Bertero) 1900.

Smets, G., L'azote en agriculture. Quatrième édition. 8°. 36 pp. figg. Maeseyck (impr. Vanderdonk-Robyns) 1900. Fr. —.50.

Smets, G., La potasse en agriculture. Deuxième édition. 8°. 44 pp. figg. Maeseyck (impr. Vanderdonck-Robyns) 1900. Fr. —.50.

Tocchi, Dom., Su i varî sistemi di coltivazione della vite nel circondario di Perugia. 8°. 46, 12 pp. Pisa (tip. di F. Mariotti) 1900.

Vilmorin, Henry L'Eveque, Selection. (The Gardeners Chronicle. Ser. III. Vol. XXVIII. 1900. No. 714. p. 163—165.)

Wehmer, C., Chemische Leistungen der Mikroorganismen im Gewerbe. [Vortrag.] (Sep.-Abdr. aus Zeitschrift für angewandte Chemie. 1900. Heft 32.) 4°. 2 pp.

Wiesner, Julius, Die Rohstoffe des Pflanzenreiches. Versuch einer technischen Rohstofflehre des Pflanzenreiches. 2. Aufl. Lief. 5. gr. 8°. XI, p. 641—795. Mit Figuren. Leipzig (Wilhelm Engelmann) 1900. M. 5.—

Inhalt.

Ausgegeben: 26. September 1900.

Druck und Verlag von Gebr. Gotthelft, Kgl. Hofbuchdruckerei in Cassel.

Band LXXXIV. No. 2. XXI. Jahrgang.

Botanisches Centralblatt.

REFERIRENDES ORGAN

für das Gesammtgebiet der Botanik des In- und Auslandes

Herausgegeben unter Mitwirkung zahlreicher Gelehrten

von

Dr. Oscar Uhlworm und Dr. F. G. Kohl

in Cassel in Marburg

Nr. 41.	Abonnement für das halbe Jahr (2 Bände) mit 14 M. durch alle Buchhandlungen und Postanstalten.	1900.

Die Herren Mitarbeiter werden dringend ersucht, die Manuscripte immer nur auf *einer* Seite zu beschreiben und für *jedes* Referat besondere Blätter benutzen zu wollen. Die Redaction.

Wissenschaftliche Originalmittheilungen.*)

Ueber das angebliche Vorkommen von violetten Chromatophoren.

Von

Karl Kroemer.

Tschirch giebt in der Schweizer Wochenschrift für Chemie und Pharmacie. 1898. p. 452 an, dass die Violettfärbung der Kaffeefrüchte nicht durch einen im Zellsaft gelösten Farbstoff, sondern durch „tiefviolette, fast blauschwarze Chromatophoren" verursacht werde. Diese Mittheilung musste von vornherein auffallend erscheinen, da bisher nirgends in der Litteratur der sichere Nachweis blauer oder violetter Chromatophoren erbracht, vielmehr wiederholt auf das Irrthümliche aller Angaben über blaue Chromatophoren hingewiesen worden ist. Vergl. hierzu A. Meyer, Das Chlorophyllkorn, 1883 und A. F. W. Schimper, Ueber die Entwicklung der Chlorophyllkörner und Farbkörper. (Botanische Zeitung. 1883. p. 127 und 145.)

Ich hielt es daher für nützlich, die Beobachtungen Tschirch's, um die es sich hier handelt, an lebendem Material, welches mir in diesem Jahre zur Verfügung stand, nachzuprüfen.

*) Für den Inhalt der Originalartikel sind die Herren Verfasser allein verantwortlich. Red.

Meine Untersuchungen zeigten, dass Tschirch wahrscheinlich Krystallaggregate eines vermuthlich zuvor im Zellsaft gelösten Farbstoffes für Chromatophoren gehalten hat.

Die Chromatophoren der Fleischschicht des Pericarps von *Coffea* sind normale, etwa 2 μ grosse rundliche Chlorophyllkörner. In den gewöhnlichen Epidermiszellen sind sie hellgrün und liegen hier meist in der Umgebung des Zellkerns. In den Schliesszellen der Spaltöffnungen sind sie in relativ grosser Zahl vorhanden und kräftiger grün gefärbt. Im „Anatomischen Atlas der Pharmacognosie und Nahrungsmittelkunde von Tschirch-Oesterle, 1893. p. 68“ sind diese Chloroplasten der Kaffeefrucht übrigens erwähnt und Hanauseck, Die Entwicklungsgeschichte der Frucht und des Samens von *Coffea arabica* L. (Zeitschrift für Nahrungsmitteluntersuchung und Hygiene. Jahrg. V. 1891. p. 190) giebt an, dass er noch im achten Monat der Entwicklung der Kaffeefrucht Chlorophyllkörner in den äusseren Parenchymzellen des Pericarps von *Coffea* beobachtet habe.

Die Gebilde, welche Tschirch für violette Chromatophoren gehalten haben wird, liegen im Zellsaft der grossen centralen Vacuole der Zellen, welcher in sehr vielen Hypodermis- und fast allen Epidermiszellen mit Ausnahme der Schliesszellen kirschroth gefärbt ist. Sie stellen entweder tiefviolette, aus feinen Krystallen zusammengesetzte, meist 5 μ grosse rundliche Massen dar, die sich oft zu mehreren aneinanderreihen, wie dies gewöhnlich in der Epidermis der Fall ist, oder sie bilden 5—6 μ grosse stachelige Drusen mit weit hervorstehenden Krystallnadeln. Die letztgenannten Formen kommen namentlich in der Hypodermis und hier am reichlichsten in der subepidermalen Zellschicht vor. Bei meinem Untersuchungsmaterial waren die geschilderten Farbstoffausscheidungen fast nur in den mit rothem Zellsaft erfüllten Zellen aufzufinden. Neben den violetten Farbstoffmassen beobachtete ich im rothen Zellsaft — vorzugsweise in der Epidermis — kleinere und grössere, gewöhnlich nicht über 5 μ grosse, in lebhafter Molekularbewegung befindliche Kügelchen (Tropfen?), die sich vom Zellsaft durch eine intensiver dunkelrothe Färbung unterschieden.

Die violetten Farbstoffkrystalle lösen sich in 25% Salzsäure sofort, langsamer in Eisessig, zu einer dem rothen Zellsaft gleich gefärbten Flüssigkeit, die bei etwas längerer Einwirkung der Säuren, ebenso wie der Zellsaft, ihre Färbung verliert. Schwefelsäure führt die violetten Krystallaggregate unter Entfärbung des Zellsaftes zunächst in rothbraune, anscheinend amorphe Massen über, die sich in der Schwefelsäure nach und nach lösen und entfärben. In 10% Kalilauge, welche den rothen Zellsaft grün färbt, zerfliessen die violetten Farbstoffkrystalle sofort zu einer spangrünen Flüssigkeit.

Chloralhydrat (5 : 2) löst die violetten Farbstoffkrystalle zu einer röthlichen Flüssigkeit, deren Färbung bald verschwindet.

Aehnliche Reactionen wie die violetten Krystallmassen geben mit Salzsäure, Kalilauge, Ammoniak, Chloralhydrat die vorhin erwähnten tiefrothen Kügelchen, die öfters in dem rothen Zellsaft der Epidermis und Hypodermis aufzufinden sind.

Im Allgemeinen zeichnen sich also der rothe Zellsaft, die von ihm gesonderten rothen Kügelchen und die violetten Krystalle durch dieselben Reactionen aus und es ist daher wohl möglich, dass die angeblichen violetten Chromatophoren krystallinische Ausscheidungen, desselben Farbstoffes, der die Röthung des Zellsaftes in der Fleischschicht der Kaffeefrucht verursacht, oder doch eines Abkömmlings desselben, darstellen.

Neben den angeführten Inhaltsstoffen kommen in den Zellen des Fruchtfleisches von *Coffea* einige Einschlüsse des Protoplasten vor, die ich noch kurz erwähnen will. Im Cytoplasma der Epidermis- und Hypodermiszellen liegen bis 6 μ grosse, farblose, stark lichtbrechende, kugelige Körper, die in absolutem Alkohol allein schwer, nach vorausgegangener Einwirkung von Chloralhydrat (5 : 2) in Alkohol leichter löslich, in kalter Kalilauge, Chloralhydrat (5 : 2), Salzsäure, Eisessig, Schwefelsäure (von welcher sie gebräunt werden) unlöslich sind.

Sie färben sich mit frischbereiteter Alcannatinktur (1 : 10 mit 80% Alkohol) leuchtend roth, mit alkoholischer Sudanlösung (1 : 200) schwach roth, mit Jodjodkaliumlösung allmählich dunkelbraun. In den Epidermiszellen des Pericarps von *Coffea* findet man fast immer einen kleinen prismatischen Krystall von Kalkoxalat; bekanntermassen ist dasselbe ausserdem reichlich in einzelnen Zellen des Fruchtfleisches von *Coffea* in Form von Krystallsand vertreten.

Zur Anatomie der monopodialen *Orchideen*.

Von

Ludwig Hering

in Cassel.

Mit 3 Tafeln.

(Fortsetzung.)

Phalaenopsis.

Ich untersuchte aus dieser Gattung den Stamm von *Phalaenopsis grandiflora* Lindl. und die Infloreszenzachse von *Phalaenopsis antennifera* Reichb.

Der Stamm von *Phalaenopsis grandiflora* bot im Querschnitt nicht viel Auffälliges. Da mir nur Stücke eines älteren, unteren Stammtheiles zur Verfügung standen, so war die Epidermis entweder nicht mehr vorhanden oder so stark desorganisirt, dass eine Untersuchung nicht mehr möglich war.

Die Zellen der noch vorhandenen Rinde waren sämmtlich verholzt. Dieselben zeigten ausser den zwei oder drei äusseren Lagen durch ihre verbogenen Wände ein unregelmässiges Aussehen und lagen zum Theil in mehr oder weniger deutlichen tangentialen Reihen.

Die Gefässbündel liegen ohne regelmässige Anordnung in dem aussen kleinzelligen, dickwandigen Grundgewebe, das nach innen allmählich grosszelliger und dünnwandiger wird und in der Mitte des Stammes ein kleines bündelfreies Mark bildet. Die in ziemlich grosser Anzahl vorhandenen Bündel haben über dem Phloem eine starke Sclerenchymscheide, dagegen keine Brücke.

Die Epidermis der Inflorescenzachse von *Phalaenopsis antennifera* Reichb. besitzt nach aussen gewölbte, schwach verdickte Zellen, welche eine mässig starke Cuticula bedeckt In der Nähe der Blütenstielinsertionen werden vereinzelt Spaltöffnungen wahrgenommen.

Die Endodermis hat Zellen mit collenchymatischen Verdickungen.

Die Zellen der übrigen Rinde bilden ein zartwandiges, parenchymatisches Gewebe mit zuweilen sehr grossen Intercellularen. Häufig fallen in diesem Gewebe grosse, verdickte Zellen auf, welche, im Längsschnitt betrachtet, etwa 10 bis 15 Mal länger als breit sind. Dieselben besitzen keine Poren und sind nicht verholzt.

Der Gefässbündelcylinder ist nach aussen durch einen geschlossenen Ring von drei bis vier Zelllagen englumiger Sclerenchymfasern begrenzt. Das innen angrenzende, sehr dickwandige, grosszellige Grundgewebe wird nach der Mitte des Stammes zu allmählich dünnwandiger und bildet hier ein zartwandiges, bündelfreies Mark.

Die Gefässbündel stehen in zwei concentrischen Kreisen, von denen der äussere unregelmässig ist und sich an den Sclerenchymring anlegt. Der zweite, regelmässige Kreis unterscheidet sich weiter von dem ersten durch seine grösseren Bündel.

Der Bau der letzteren ist ähnlich dem der beiden früher untersuchten Blütenschäfte.

Eine nicht sehr grosse Sclerenchymscheide ist nur über dem Phloem ausgebildet. In diesem finden sich auffallender Weise ab und zu dickwandige Elemente. Eine Brücke ist nicht ausgebildet, dagegen beobachtet man mitunter in den Bündeln des inneren Kreises zwischen Xylem und Phloem Zellen mit collenchymatischen Verdickungen. Das zartwandige, anscheinend phloemartige Gewebe war auch hier vorhanden.

Von Inhaltskörpern findet sich ein im Zellsaft gelöster ponceaurother Farbstoff in Zellen unter der Epidermis, in der Gegend von Blütenstielinsertionen.

Raphidenbündel von Kalkoxalat kommen in einzelnen Zellen der Rinde vor.

Sarcanthus.

Zur Untersuchung gelangten aus dieser Gattung *Sarcanthus rostratus* Lindl., *S. sarcophyllus* H. B. G. und *S. tricolor* Reichb.

Schon bei oberflächlicher Betrachtung der Querschnitte fällt derjenige von *Sarcanthus rostratus* durch seinen einfachen Bau.

auf, während das Aussehen der beiden anderen complicirter ist und viele übereinstimmende Merkmale aufweist.

Die Epidermiszellen sind bei allen drei Arten dünnwandig und klein, dabei nach aussen und innen gewölbt. Auch die Structur der Cuticula ist bei den drei Arten übereinstimmend, indem sie bei allen geschichtet ist und rundliche oder längliche lutterfüllte Lücken besitzt, die oft in bogenförmigen Reihen in der Mitte der Cuticula über jeder Oberhautzelle angeordnet sind. Im äusseren Bau ist die Cuticula von *Sarcanthus rostratus* derjenigen von *S. sarcophyllus* durch die gleichmässige, starke Verdickung ähnlich. Die stark verdickte Cuticula von *S. tricolor* ist dagegen aussen eben und springt nach innen zwischen die Oberhautzellen ein.

Das Grundgewebe der Rinde besteht bei *S. rostratus* aus grosszelligen, dünnwandigen, rundlichen, parenchymatischen Elementen. Durch grossen Durchmesser besonders ausgezeichnete Zellen fallen hier vereinzelt auf.

Das Rindengewebe der beiden anderen Arten ist theils verholzt und unregelmässig, theils dickwandig, nicht verholzt und parenchymatisch. Im ersteren Falle ist die Anordnung des verholzten Gewebes verschieden. Bei *S. tricolor* tritt dasselbe stets direct unter den Epidermiszellen auf und setzt sich meist bis etwa in die Mitte der Rinde fort. Bei *S. sarcophyllus* wurde entweder dieselbe Anordnung beobachtet, in welchem Falle auch die Epidermiszellen verholzt waren, oder die Verholzung erstreckte sich auf eine schmälere oder breitere, bis an den Bündelcylinder reichende Zone.

Dieser letztere ist bei *S. sarcophyllus* durch einen nicht vollkommen geschlossenen Sclerenchymring geschützt. Sein Grundgewebe besteht bei allen drei Arten aus verdickten parenchymatischen Elementen. In der Mitte des Stammes bildet dasselbe ein kleines bündelfreies Mark.

Die Bündel sind bei *S. sarcophyllus* dem Ring angelagert, bei *S. tricolor* und *S. rostratus* im Grundgewebe zerstreut.

Eine stark ausgebildete Sclerenchymscheide über dem Siebtheil haben alle drei Species. Eine Brücke ist bei *S. rostratus* und bei *S. tricolor* vorhanden.

Krüger[1]) hat *S. rostratus* untersucht und bemerkt darüber „*Sarcanthus rostratus* schliesst sich den beiden vorhergehenden Pflanzen (*Renanthera eximia* und *Vanda suavis*) namentlich hinsichtlich der Gefässbündel eng an. Wir sehen dieselben hufeisenförmigen enormen Bastbelege, die sich an manchen Stellen so nähern, dass sie zu zweien oder mehreren mit einander verschmelzen. Ist dieses nicht der Fall, so befindet sich ein starkwandiges Parenchym zwischen den Bündeln. Die Epidermiszellen sind klein und zart; sie tragen eine sehr starke Cuticula. Das grüne peripherische Gewebe wird aus rundlichen Zellen gebildet und enthält vielfach Raphiden."

---

[1]) Krüger, p. 475 und 476.

Solche finden sich in Bündeln in der Rinde bei allen drei Arten.

Echioglossum.

Aus dieser Gattung untersuchte ich die Infloresccnzachse von *Echioglossum striatum* Reichb.

Die schwach gewölbten Epidermiszellen bedeckt eine dicke, nach aussen ebene, glatte, nach innen im Winkel einspringende Cuticula. Die Endodermis hat schwach collenchymatische Verdickungen.

Das in grosser Breite vorhandene Rindengewebe besteht aus zwei verschiedenen Zellelementen. Die einen sind mässig grosse Intercellularen frei lassende, zartwandige, rundliche, parenchymatische Zellen, die anderen, in etwa gleicher Menge vorhanden, sind dickwandig, mehrmals länger als breit, haben einen grossen Durchmesser und keine Poren.

Das Grundgewebe des Bündelcylinders ist ebenso zusammengesetzt, mit dem Unterschied, dass hier die kleinzelligen Elemente dickwandiger sind.

Die Bündel stehen zerstreut in dem Cylinder, ohne die Mitte frei zu lassen. Jedes hat eine starke sclerenchymatische Phloemscheide und eine schwächere Xylemscheide. Eine Brücke ist nicht überall vorhanden. Bei einigen Gefässbündeln beobachtete ich dieselbe nur zum Theil ausgebildet, bei anderen regelmässig eine Zelllage, bei wieder anderen zwei Zelllagen stark. Das anscheinend phloemartige Gewebe jenseits des Xylemtheils der Bündel war auch hier vorhanden, wenngleich sehr mässig entwickelt.

Die Gefässbündel laufen oft vereint.

Raphidenbündel sind in grosser Menge vorwiegend in den dünnwandigen Rindenzellen vorhanden.

Saccolabium.

Ich bearbeitete aus dieser Gattung die Stämme von *Saccolabium ampullaceum* Lindl., *S. giganteum* Lindl., *S. micranthum* Lindl. und *S. Witteanum* Reichb., von letzterem auch den Blütenschaft. Die Stämme waren im ausgebildeten Zustande von sehr verschiedener Stärke. *S. giganteum* erreicht bei einem Durchmesser von 11—12 mm die grösste Dicke. Es folgen *S. ampullaceum* mit 8—10 mm, *S. Witteanum* mit 4—5 mm und *S. micranthum* mit 3 mm.

Mit Ausnahme der Cuticula von *S. micranthum*, welche nach aussen eben, nach innen zwischen die Epidermiszellen einspringt, ist dieselbe übereinstimmend ausgebildet. Sie bedeckt bei gleichmässiger Stärke die gewölbten Epidermiszellen. Die Verdickung der Cuticula ist bei den vier Arten mässig stark. Ueberall lassen sich an den unteren, älteren Stammtheilen entweder unregelmässig begrenzte oder rundliche, in radialer Richtung verlängerte Lücken in der Cuticula wahrnehmen.

Alle vier Arten besitzen eine verhältnissmässig breite Rinde, welche mehr oder weniger verholzt ist. Bei *S. micranthum* und

S. Witteanum erreicht die verholzte Gewebezone durchschnittlich nur eine Breite von 3—4 Zelllagen, während *S. giganteum* eine solche bis zu 12 und *S. ampullaceum* bis zu 16 aufweist.

Die verholzten Membranen sind bei *S. Witteanum* und *S. micranthum* dünngeblieben und die einzelnen Zellschichten äusserst unregelmässig ausgebildet. *S. ampullaceum* und *S. giganteum* folgen dagegen mehr dem Typus von *Vanda concolor* Bl.

Das dem Bündelcylinder angrenzende übrige Gewebe der Rinde besteht bei allen vier Arten aus dünnwandigem Parenchym, welches bei *S. micranthum* oft bis zum Verschwinden der Zelllumina zusammengedrückt ist. Ausser bei *S. giganteum* ist dieses Gewebe von mehr oder weniger dickwandigen Elementen durchsetzt, die durch ihren grossen Durchmesser und ihre Länge auffallen. Sie haben schräg ansteigende, spaltenförmige Poren und nicht verholzte Membranen. Analoge Zellen finden sich in der Rinde von *S. giganteum*. Dieselben sind hier aber nicht verdickt und ist die Länge bedeutender, als bei den übrigen Arten. Bei *S. giganteum* kommen ausserdem in der Nähe der verholzten Schichten vereinzelt grosse Zellen mit dünne , breiten, meist in etwas schräger Richtung verlaufenden Faserleisten vor.

Die Ausbildung des Gefässbündelcylinders der vier Arten ist eine wenig übereinstimmende.

Die geringste Abweichung zeigen *S. ampullaceum* und *S. giganteum*. Bei beiden grenzt sich das Grundgewebe des Gefässbündelcylinders durch seine verdickten Zellen gegen die dünnwandige Rinde deutlich ab. Das Cylindergrundgewebe ist bei *S. giganteum* bis aussen hin mit Bündeln durchsetzt, während *S. ampullaceum* ein etwa 5—6 Zelllagen starkes äusseres bündelfreies Gewebe hat.

Bei *S. Witteanum* ist keine deutliche Grenze zwischen dem Rindenparenchym und dem Bündelcylinder wahrzunehmen, da die verdickten Grundgewebszellen des letzteren nach aussen allmählich dünnwandiger werden. Zum Unterschied von den übrigen Arten finden sich hier ab und zu grössere oder kleinere Complexe von Sclerenchymfasern, welche die Anfänge eines Ringes zu bilden scheinen.

Das Cylindergrundgewebe des dünnen Stammes von *S. micranthum* setzt sich durch seine stark verdickten Zellwände scharf von der Rinde ab.

Anordnung der Bündel in Kreise lässt sich nirgends wahrnehmen. Auch ist die Vertheilung der Bündel, ausser bei *S. micranthum*, eine sehr ungleichmässige.

Bei letzterem wird das Aussehen des Querschnittes, sowohl durch die gleichmässige Vertheilung der Bündel, als auch durch die schwache Entwicklung einer aus grosslumigen Elementen bestehenden Sclerenchymscheide und die fast gleiche Grösse der Bündel, sehr einförmig.

Ein grosszelliges, dünnwandiges Mark findet sich, ausser bei *S. micranthum*, bei allen anderen Arten. *S. ampullaceum*, *S. giganteum* und *S. Witteanum* haben eine stark ausgebildete Sclerenchymscheide über dem Siebtheil. Eine solche über dem Gefässtheil ist nur bei einigen Bündeln an der Peripherie des Cylinders von *S. ampullaceum* und *S. giganteum* beobachtet worden. Bei letzterem fielen einige Sclerenchymfasern durch ihre stark lichtbrechenden Verdickungslamellen auf, welche mitunter das Zelllumen ganz ausfüllten.

Eine Brücke ist bei *S. Witteanum* stets, bei *S. ampullaceum* nicht immer oder nicht vollständig ausgebildet. Sie fehlt bei *S. micranthum* und *S. giganteum*. Die Siebtheile des ersteren fallen durch geringe Anzahl ihrer Zellen auf, welche 12 nicht übersteigt.

Die parenchymatische Rinde von *S. giganteum* ist zum Theil mit Tropfen eines hellgelben, mit Wasserdampf flüchtigen Oeles angefüllt, welches meist das Zelllumen vollständig ausfüllt.

Raphidenbündel finden sich überall in der Rinde, und zwar vornehmlich in den durch ihre Grösse ausgezeichneten Zellen.

Stärke führen die dünnwandigen Rindenzellen von *S. giganteum*, sowie vereinzelt die Zellen des Gefässbündelcylindergrundgewebes von *S. ampullaceum*.

Der Blütenschaft von *S. Witteanum* zeigt im Querschnitt ein den früher beschriebenen Inflorescenzachsen sehr ähnliches Aussehen.

Die Ausbildung der Cuticula ist hier ganz analog derjenigen von *Vandopsis gigantea*. Die kuppenartigen Verdickungen über der Mitte der Epidermiszellen sind aber noch stärker. Die Endodermis weist wieder collenchymatische Verdickungen auf.

Das übrige Gewebe des Stammes ist, im Querschnitt betrachtet, in drei fast gleich breite Zonen gesondert. Die erste ist die Rinde. Dieselbe besteht aus dünnwandigem Parenchym, dessen Zellen rundlich oder polygonal isodiametrisch sind und oft grosse Intercellularen frei lassen. Auch hier kommen Elemente vor, die durch ihre Breite und Länge auffallen. Stärkere Wandverdickungen besitzen dieselben nicht.

Der Gefässbündelcylinder nimmt die zweite Zone ein. Das Grundgewebe desselben ist namentlich an der Peripherie sehr dickwandig. Die Bündel sind in zwei Kreise angeordnet. Der äussere unregelmässigere liegt an der Peripherie des Cylinders, der innere regelmässige begrenzt denselben gegen das Mark, welches sich als dritte Zone durch grosse zartwandige Zellen auszeichnet.

Eine mässig starke Sclerenchymscheide befindet sich über dem Phloem der Bündel.

Die einzelnen Fasern sind nicht stark verdickt, so dass sie sich im Querschnitt von dem Grundgewebe nicht sehr abheben. Das vielzellige Phloem ist nicht durch eine Brücke vom Xylem getrennt. Letzteres ist namentlich bei den Bündeln des inneren Kreises in radialer Richtung lang gedehnt und liegen demselben wieder zartwandige phloemähnliche Elemente beiderseits an.

Die Rindenzellen enthalten in grosser Menge Raphidenbündel, deren Nadeln eine ungewöhnliche Grösse haben.

In demselben Gewebe finden sich grosse, stark lichtbrechende, stärkeähnliche Körper, deren Schichtung jedoch sehr undeutlich war. Die Behandlung mit Jod ergab eine schwach röthliche Färbung.

Acampe.

Aus dieser Gattung standen mir Stämme von *Acampe multiflora* Lindl. und *A. papillosa* Lindl. zur Verfügung, von letzterer ausserdem die Inflorescenzachse.

Eine mässig verdickte, glatte mehrschichtige Cuticula zeigen beide Arten. Dieselbe legt sich an die nach aussen gewölbten Wandungen der rundlichen, etwas tangential verlängerten Epidermiszellen an.

Letztere grenzen bei *A. multiflora* an wenige, aus rundlichen, dünnwandige Zellen bestehende Schichten. Die Zellen des folgenden etwas breiteren Gewebes sind verholzt und durch die verbogenen Wände unregelmässig gestaltet.

Bei *A. papillosa* folgt eine schmale Zone aus verholzten Zellen gleich auf die Epidermis. Die letzte Zelllage der ersteren hat sehr grosse unregelmässig rechteckige oder trapezförmige, radial gestreckte Zellen. Die Verdickung derselben ist auf den äusseren Tangentialwänden am stärksten und nimmt allmählich auf den Radial- und inneren Tangentialwänden ab.

Die Form der übrigen verholzten Zellen ist ähnlich, wird aber durch die vielfach verbogenen Wände sehr unregelmässig. Diesem verholzten Theile der Rinde folgt ein parenchymatisches Gewebe aus dünnwandigen, rundlichen oder etwas tangential verlängerten Zellen von etwa derselben Breite.

Der Bau des Bündelcylinders ist bei beiden Arten sehr übereinstimmend und bietet nicht viel Neues.

Die Bündel lassen an der Peripherie des Cylinders eine schmale unregelmässige Zone des verdickten Grundgewebes frei. Sie legen sich dann mit ihren starken Sclerenchymscheiden so dicht an einander, dass ein nicht immer geschlossener Ring gebildet wird.

Die Bündel sind bei beiden Arten im Grundgewebe zerstreut. Sie gehen bei *A. papillosa* bis in das Centrum des Stammes, lassen dagegen bei *A. multiflora* ein grosses Mark frei.

Die Sclerenchymscheiden erstrecken sich zuweilen bis zur Hälfte des Gefässtheiles der Bündel. Eine Sclerenchymbrücke ist vorhanden.

Nadeln von Kalkoxalat führen die Rindenzellen beider Arten.

Die mittelstarke Cuticula des Blütenschaftes von *A. papillosa* ist mit ihren kuppenartigen Verdickungen ähnlich wie bei früher untersuchten Blütenschäften gebaut.

Die Zellen der Epidermis bieten nichts Auffälliges, sie grenzen mit schwach collenchymatischen Verdickungen an die Endodermis und haben vereinzelt Spaltöffnungen.

Das folgende dünnwandige Rindenparenchym nimmt den grössten Theil des Querschnittes ein, so dass der Radius des centralen Bündelcylinders etwa den vierten oder fünften Theil des Gesammtradius beträgt.

Die in den ersten Lagen kleinen rundlichen bis polygonalen Zellen der Rinde haben weiter nach innen eine in radialer Richtung gestreckte Form. Sie nehmen nach der Mitte der Rinde hin bei gleichbleibender Form an Umfang zu und von da nach dem Bündelcylinder wieder ab. Hier haben sie wieder die Zellform der ersten Schichten.

Die Rinde ist von breiten, nicht sehr langen Zellen durchsetzt, deren verdickte Wandungen keine Poren haben.

Die Hauptmasse der Rindenzellen besitzt sehr flach links aufsteigende Spaltporen, und zwar oft in sehr grosser Anzahl.

Der kleine centrale Bündelcylinder setzt sich mit seinem an der Peripherie sehr starkwandigen Grundgewebe gegen die Rinde scharf ab. Das erstere geht nach der Mitte allmählich in dünnwandiges, grosszelliges Mark über.

Die nicht sehr grossen Bündel stehen im Cylinder zerstreut.

Innerhalb des Siebtheiles, welcher eine grosslumige nicht sehr vielzellige Scheide besitzt, treten oft dickwandige Elemente auf.

Phloemähnliche Elemente in der Umgebung des Xylems sind nicht oder sehr undeutlich zu sehen.

Eine Sclerenchymbrücke ist in einer Stärke von einer bis zwei unregelmässigen Zelllagen vorhanden.

Von Inhaltskörpern finden sich Chlorophyll, Stärke und Raphidenbündel in den Rindenzellen.

Vanda.

Zur Untersuchung gelangten die Stämme von *Vanda Bensoni* Batem., *V. coerulescens* Griff., *V. concolor* Blume, *V. Denisoniana* Benson, *V. furva* Lindl., *V. Hookeriana* Reichb., *V. teres* Lindl., *V. tricolor* Lindl. und die Inflorescenzachse von *V. lamellata* Lindl.

Sämmtliche Stämme zeigten die schon früher oft beobachtete Neigung der Zellen des Rindengewebes zur Verholzung.

Die genannten acht Arten lassen sich anatomisch in zwei Gruppen theilen. Zu der ersten gehören *V. Bensoni*, *V. coerulescens*, *V. concolor*, *V. Denisoniana*, *V. furva* und *V. tricolor*. Die zweite Gruppe würden *V. Hookeriana* und *V. teres* bilden.

Diese letzteren unterscheiden sich auch äusserlich durch die viel dünneren Stämme und die drehrunden Blätter.

Von den sechs Arten der ersten Gruppe lassen sich wieder *V. Bensoni* und *V. coerulescens* in nähere Beziehung bringen. Von beiden sind ältere Stämme untersucht worden und besitzen dieselben eine dünne, glatte, geschichtete, gleichmässig starke Cuticula, welche sich den wenig gewölbten Epidermiszellen anlegt. Auf diese relativ sehr kleinen Zellen folgt in einer Stärke von 6—10 Zelllagen das vollständig verholzte Rindengewebe. Dasselbe setzt sich aus gleichmässig aussehenden Zellen mit verbogenen Wänden zusammen. Die Tangentialwände haben die stärkste Verdickung und sind nach aussen gewölbt.

Durch das gleiche Aussehen der Zellen selbst, sowie durch die wenn auch mitunter etwas unregelmässige Anordnung derselben in tangentiale Reihen wird das Aussehen der ganzen verholzten Rinde ziemlich gleichförmig. Wie schon früher beobachtet, grenzt auch dieser verholzte Theil mit besonders grossen unregelmässig rechteckigen, in radialer Richtung gestreckten Zellen an diejenigen des folgenden äusseren Grundgewebes des Bündelcylinders.

Das charakteristische perlschnurartige Aussehen der mittleren Membranlamellen der Rindenzellen ist bei beiden Arten sehr deutlich.

An den Uebergangsstellen des Rindengewebes in das äussere parenchymatische Grundgewebe des Bündelcylinders, sowie vereinzelt in diesem selbst, treten in grosser Zahl Zellen auf, die im Querschnitt durch die eigenthümliche Struktur der starken Verdickung, sowie durch grossen Durchmesser auffallen. Der Längsschnitt zeigt uns, dass sämmtliche Wände der Zellen zum kleineren Theil schräg links aufsteigende spaltenförmige, zum grössten Theil leiterartige Poren haben. Zwischen den verholzten Zellen der Rinde finden sich zuweile ähnliche Elemente mit Spaltporen.

Das Grundgewebe des Gefässbündelcylinders besteht bei beiden Arten aus rundlichen oder polygonalen isodiametrischen Zellen mit kleinem Durchmesser, welcher nach der Stammmitte an Grösse zunimmt.

Die Zellmembranen sind mässig verdickt, zum Theil verholzt und haben viele rundliche Poren. Im Längsschnitt ist das Gewebe prosenchymatisch.

Die Bündel liegen ohne bestimmte Anordnung im Grundgewebe gleichmässig vertheilt und lassen einen kleinen Theil der Stammmitte als Mark frei. An der Peripherie des Cylinders ist bei *V. Bensoni* eine etwa 8—15, bei *V. coerulescens* eine etwa 4—8 Zelllagen breite Zone des Grundgewebes nicht von Bündeln durchsetzt.

Die einzelnen Bündel haben eine stark ausgebildete, englumige Sclerenchymscheide über dem Siebtheil. Dieselbe ist bei *V. coerulescens* mächtiger als bei *V. Bensoni*. Die Bündel der Blattspurstränge haben bei *V. coerulescens* nur eine schmale einzellige Xylemscheide. Eine Brücke ist nur bei letzterer Art vorhanden.

Raphidenbündel sind in den verdickten grossen Zellen der Rinde enthalten.

Die übrigen vier Arten der ersten Gruppe unterscheiden sich von den ersten beiden wesentlich nur in der Ausbildung der Cuticula, in geringerem Maasse im Bau der Rinde. Unter sich haben dieselben jedoch viele übereinstimmende Merkmale, womit sie ihre Zusammengehörigkeit beweisen.

Die relativ kleinen Epidermiszellen werden bei *V. Denisoniana* von einer sehr dünnen, bei *V. concolor* von einer mässig verdickten, bei *V. furva* und *V. tricolor* von einer sehr starken Cuticula bedeckt. Dieselbe ist bei allen vier Arten nach aussen eben und glatt, nach innen springt sie mit stumpfem Winkel zwischen die Oberhautzellen ein.

Das Rindengewebe ist, bis auf 3—4 Zelllagen bei *V. Denisoniana*, bei den übrigen Arten vollständig verholzt. Bei *V. Denisoniana* ist die verholzte Schicht 25 Zellen stark, bei *V. tricolor* 12, bei *V. concolor* bis zu 10, bei *V. furva* bis zu 9.

Der allgemeine Bau der verholzten Rinde weicht nur wenig von demjenigen der beiden zuerst beschriebenen Arten ab. Der Unterschied besteht namentlich darin, dass die nach dem Centrum des Stammes hin auf einander folgenden Schichten durch fortschreitende Grössenzunahme ihrer Zellen nicht mehr unter einander gleich sind.

Besonders deutlich treten diese Verhältnisse bei *V. Concolor* und *V. Denisoniana* hervor.

In der verholzten Rinde, sowie namentlich in der Umgebung des Bündelcylinders bemerkt man bei allen vier Arten in grosser Menge Elemente mit schräg aufsteigenden Spaltporen, ähnlich denen bei *V. Bensoni* und *V. coerulescens*. Dieselben sind hier im Querschnitt sehr dickwandig, rundlich oder polygonal, in tangentialer Richtung gedehnt und erreichen meist eine bedeutende Länge. In der unverholzten Rindenschicht von *V. Denisoniana* sind diese Elemente auch vorhanden.

Das Grundgewebe des Bündelcylinders sondert sich bei allen vier Arten in einen schmalen, peripherischen, gefässbündelfreien äusseren und einen mit Bündeln durchsetzten inneren Theil.

Die Zellen des Cylindergrundgewebes sind stark verdickt, relativ lang und prosenchymatisch.

Die Bündel sind im Cylinder ungleichmässig vertheilt. Die äusseren legen sich mit den starken Sclerenchymscheiden vielfach aneinander und bilden so einen nicht geschlossenen Ring. Die Bündel sind in grosser Anzahl vorhanden und nimmt die Grösse derselben von innen nach aussen ab. Bei *V. concolor* finden sich, abweichend von der normalen Anordnung des Sieb- und Gefässtheiles, Bündel, deren Siebtheil nebst Scheide nach innen, deren Xylemtheil nach aussen orientirt ist. Das nicht sehr grosszellige Mark fehlt bei *V. furva*. Bei derselben Art beobachtete ich an Querschnitten eines älteren Stammes, dass der Bündelcylinder durch markstrahlenartig aussehende Zellcomplexe des Grundgewebes in vier gleiche Theile getheilt war.

Die einzelnen Bündel haben bei allen vier Arten eine nierenförmige, englumige Sclerenchymscheide über dem Phloem. Die Xylemscheide ist weitlumig und einschichtig. Eine Brücke ist bei allen vorhanden und kann bei *V. concolor* ebenso wie die Xylemscheide bis zu zwei oder drei Schichten verstärkt sein.

Raphidenbündel enthält das Rindengewebe sämmtlicher Arten.

Krüger[1]) hat in seinen Veröffentlichungen über die Anatomie von *V. suavis* Lindl. nichts von verholzten Rindenzellen erwähnt. Abweichend von meinen Beobachtungen findet er hier ein kurz-

---

[1]) Krüger, p. 475.

zelliges Cylindergrundgewebe. Im Uebrigen hat der Bau dieser *Vanda*-Art viel Aehnlichkeit mit den von mir untersuchten.

(Fortsetzung folgt.)

Botanische Gärten und Institute.

Avetta, Car., Sunti delle lezioni di botanica, [dettate nella] r. università di Parma nell' anno accademico 1899/1900, e raccolti per cura del dott. **Michele Giordani.** Disp. 33—55. 8°. p. 225—391. Con otto tavole. Parma (lit. Zafferri) 1900.

Hay, G. U., Notes of a wild garden. (Rhodora. Vol. II. 1900. No. 20. p. 159—161.)

Mengeot, Albert, De la création à Bordeaux d'un musée commercial et colonial; Musées étrangers et français; Offices de renseignement; Organisation d'un bureau régional d'informations. (Extr. du Bulletin de la Société de géographie commerciale de Bordeaux.) 8°. 56 pp. Bordeaux (impr. Gounouilhou) 1900.

Nicotra, S., Enumerazione delle piante esistenti nell' hortus messanensis di A. Arrosto. (CCCL Anniversario della università di Messina. 1900.)

Notizblatt des königl. botanischen Gartens und Museums zu Berlin. Bd. III. No. 23. gr. 8°. p. 45—64. Mit Abbildungen. Leipzig (Wilhelm Engelmann) 1900. M. —.60.

Sammlungen.

Jaczewski, Komarov, Tranzschel, Fungi Rossiae exsiccati. Fasc. VI. No. 251—300 und Fasc. VII. No. 301—350. St. Petersburg 1899.

Diese Fascikel bringen uns wieder wichtigste Beiträge zur Kenntniss der Pilzflora des Russischen Reiches, so namentlich auch der am Amur gelegenen Provinz und der Mandschurei, wo Komarov viele wichtige und interessante Pilze gesammelt hat.

So bringt uns das sechste Fascikel den Cystopus Bliti (Biv.) De Bary auf Amarantus Blitum von Amur; die Plasmopara australis (Speg.) Swingle, die bisher nur aus Amerika bekannt war, auf Schizopepon bryoniifolium Maxim. aus der russischen Mandschurei. Peronospora Linariae Fckl. ist auf Linaria vulgaris Mill. aus der Moskauer Provinz ausgegeben; Per. parasitica (Pers.) Tul. auf Dentaria macrophylla W. vom nördlichen Korea. Aus Novgorod liegt Ustilago bromivora Fisch. v. Wald. auf Bromus secalinus L. vor; aus der chinesischen Mandschurei Ustilago Hydropiperis (Schum.) Schroet. (= Sphacelotheca Hydropiperis De By.) auf Polygonum senticosum Fr. et Sav. Tuburcinia Clintoniae Komar. n. sp. ist mit genauer Beschreibung der neuen Art auf Clintoniae udensis Trautv. et Mey. aus der Provinz Amur ausgegeben, Puccinia Calthae Lk. auf Caltha palustris L. aus Petersburg und der chinesischen Mandschurei; Pucc. Dioscoreae Komar. n. sp. mit genauer Beschreibung auf Dioscorea quinqueloba Thunb. aus der Provinz Amur, der russischen und der chinesischen Mandschurei; Ochropsora Sorbi (Oud.) Diet. auf Sorbus aucuparia L. von Petersburg; Coleosporium Senecionis (Pers.) Fr. auf Senecio argunensis Turcz. aus der Mandschurei; Col. Perillae Komar. n. sp. mit genauer Beschreibung auf Perilla ocymoïdes L. aus der Mandschurei; Col. Phellodendri Komar. n. sp. mit genauer Beschreibung auf Phellodendron amurense Rupr. aus der Mandschurei; Pucciniastrum Coryli Komar. n. sp. mit genauer Beschreibung auf Corylus heterophylla Turcz. aus der chinesischen Mandschurei; Triphragmium clavellosum Berk. f. asiatica Kom. n. f. mit Beschreibung auf Aralia Mandschurica aus der Mandschurei; Uredinopsis Pteridis Diet. et Holw. auf Pteridium aquilinum vom Amur; Uredinopsis Adianti Komar. n. sp. in Teleutosporen mit Beschreibung aus der Mandschurei. Pucciniostele Tranzschel et Komarov ist eine neue auf Xerodochus Clarkianus Barklay gegründete Gattung, die Aecidien und zweierlei Teleutosporen haben soll, nämlich sowohl neben den der Peridien entbehrenden Aecidien hervorbrechende kettenweis abgeschnürte zweizellige Teleutosporen, deren Sori anfangs gelatinös, später pulverig sind, als andere Teleutosporen, die keulenförmig cylindrisch und durch grade oder oft schief geneigte Querwände 6 —12 zellig sind; diese sämmtlichen Fruchtformen dieser sehr merkwürdigen Gattung sind ausgegeben. Die Art tritt auf Astilbe chinensis (Maxim.) Fr. et Savat. in der chinesischen Mandschurei auf. Ferner liegen vor: Microstroma Juglandis (Béreng.) Sacc. auf Juglans mandschurica Maxim aus der chinesischen Mandschurei, Exobasidium Vaccinii Woron. auf Vaccinium uliginosum aus der Provinz Amur und auf Vacc. oxycoccos aus der Provinz Novgorod, Stereum ochroleucum Fr. auf Abies aus der Mandschurei; Rhytisma punctatum (Pers.) Fr. auf Acer Ginnala Maxim. von der Provinz Amur, Dothidella Ulmi (Duv.) Wint. in Pykniden auf Ulmus campestris aus der Mandschurei; Phyllachora Physocarpi Jacz. sp. nov. auf Physocarpus amurensis Maxim aus der Prov. Amur; Rhabdospora Lonicerae (C. et Ell.) Sacc. auf lebenden Zweigen von Lonicera tatarica L. mit genauer Beschreibung von Tranzschel.

Das siebente Fascikel bringt uns sogleich einen sehr interessanten Cystopus, den Jaczewski auf Grund der übereinstimmden Oosporen und Conidien zu Cystopus Tragopogonis (Pers.) Schroet. stellt und als Form desselben bezeichnet; die neue Form wurde in der Prov. Amur von Komarov gesammelt. Hervorgehoben seien ferner Plasmopara obducens Schroet. mit Oosporen in den Stengeln von Impatiens noli-tangere L. aus der Provinz Smolensk, Peronospora Myosotidis dBy. auf Echinospermum deflexum Wahlbrg. vom nördlichen Korea, Per. violacea Beck. in den Blumenkronen von Knautia arvensis Coult. aus den Provinzen Smolensk und Jaroslavl, Bremia Lactucae Regel auf Lappa tomentosa Lk. aus Smolensk; Ustilago Reiliana Kühn auf Zea Mays aus der Mandschurei; Tilletia Calamagrostidis Fckl. auf Calamagrostis Epigeios L. von Moskau; Uromyces appendiculatus (Pers.) Lk. auf Phaseolus nanus vom nördlichen Korea; Uromyces Solidaginis

(Sommerf.) Niessl auf Solidago virga aurea aus der Mandschurei; Puccinia Chrysosplenii Grev. auf Chrysosplenium alternifolium L. in der f. persistens Diet.*) aus der Provinz Novgorod und der f. fragilipes Diet.*) aus der Provinz Amur und der Mandschurei; Puccinia Cynodontis Dsm. auf Cynodon Dactylon aus Cherson; das Aecidium von Puccinia paludosa auf Pedicularis palustris L. aus der Provinz Novgorod; Gymnoconia interstitialis (Schlecht.) Lagerh. auf Rubus arcticus L. aus der Provinz Amur und Korea; Phragmidium Potentillae (Pers.) Karst. auf Potentilla multifida L. vom Altaï, Chrysomyxa Rhododendri (DC.) dBy. in Uredo- und Teleutosporen auf Rhododendron dahuricum Pall. aus der Provinz Amur und von Korea; Melampsora Alni Thm. auf Alnus incana DC. aus der Provinz Amur; Pucciniastrum Potentillae Komar. sp. nov. mit genauer Beschreibung auf Potentilla fragarioïdes L. aus der Mandschurei; Thecopsora Rubiae Komar. sp. n. mit genauer Beschreibung auf Rubia cordifolia L. aus der Mandschurei; Aecidium Atractylidis Dietel auf Atractylis ovata Thunb. aus der südussurischen Provinz; Uredo Iridis (Thüm.) Plowr. auf Iris dichotoma L. fil. aus der Mandschurei; Pseudopeziza radians (Rob. et Desm.) Sacc. auf den Blättern von Adenophora remotiflora aus der Mandschurei und auf Campanula punctata Lam. aus der Prov. Amur; Pseudopeziza Komarovii Jacz. sp. nov. mit genauer Beschreibung auf den lebenden Blättern von Rubia cordifolia aus der Mandschurei; Sphaerella asteroma (Fr.) Karst. auf Polygonatum humile Fisch. aus der Mandschurei und auf Polygonatum officinale L. aus der Provinz Amur; Septoria Trollii Sacc. et Wint. auf Trollius Chinensis Bge. aus der Mandschurei; Melasmia Lonicerae Jacz. sp. nov. mit genauer Beschreibung auf Lonicera Maximoviczii Rupr. aus der Provinz Amur und auf Lonicera Maackii Rupr. aus der chinesischen Mandschurei; Didymaria Chelidonii Jacz. sp. nov. mit genauer Beschreibung auf Chelidonium uniflorum Sieb. et Zucc. aus der Provinz Amur; Cercospora Cladrastidis Jacz. sp. nov. mit Beschreibung auf Cladrastis amurensis (Rupr.) Benth. aus der Provinz Amur und der Mandschurei.

Ich habe hier hauptsächlich die aus den asiatischen Districten stammenden Arten genannt, die alle von Komarov gesammelt worden sind und unsere Kenntnisse der asiatischen Pilze wesentlich bereichern. Ich hätte noch viele Arten aus dem europäischen Russland nennen können. Diese sind ausser von den drei Herausgebern von den Herren Kalikovsky, Serebriannikov, Fedosejev, Elenkin, Serbinov, Sjusev, Beletzki und Woronin gesammelt. Sämmtliche Exemplare sind ausgesuchte Stücke. Auf den Zetteln finden sich öfter noch Angaben, die sich auf den Bau oder systematische Verwandtschaft der Art beziehen.

Mein am Anfange dieses Berichtes gegebenes Urtheil wird daher jeder Fachmann voll bestätigen.

P. Magnus (Berlin).

---

*) Müsste Körn. heissen. (P. M.)

Referate.

Pitzorno, M., Di alcuni antichi professori di botanica dell' Ateneo Sassarese. (Malpighia. Ann. XIII. 1899. p. 151—153.)

In der ersten Hälfte des XVI. Jahrhunderts gründete die Gemeinde Sassari auf eigene Kosten einen botanischen Garten, welcher später mit der 1558 gestifteten Universität vereinigt wurde, als nämlich letztere (1611) auch eine medicinische Facultät bekam. Aus Mangel an Erhaltungsmitteln ging der Garten in der Folge ein. 1765 wurde aber die Universität restaurirt, und damals lehrte Felix Tabasso, ein piemontesischer Arzt, bis wahrscheinlich 1797, neben Anatomie und Pharmaceutik auch Botanik. — 1798 wurde Gavino Pittalis (1757 zu Sassari geboren) an die Stelle gesetzt, an welcher er bis zu seinem Tode (1826) verblieb. Er befleissigte sich des Studiums der Vegetation des nördlichen Sardiniens und beschrieb bei 2000 Arten in seiner Flora Turritana, welche er nur als Handschrift hinterliess und die zerrissen wurde, während sein Herbar kein besseres Schicksal genoss. — Noch zur Zeit, als Pittalis Botanik docirte, wurde die Leitung des botanischen Gartens 1804 dem Turiner Arzte Alois Rolando (geboren 1773, gestorben 1831 zu Turin) übertragen, welcher nebenbei theoretisch-praktische Medicin lehrte. Er machte sich durch seine Untersuchungen über das Nervensystem berühmt, schrieb aber auch über die Bildung der Gewebe bei Pflanzen und Thieren (1831) und über die Ursache des Lebens der organischen Wesen (1807).

Solla (Triest).

Raciborski, M., Parasitische Algen und Pilze Javas. I. Theil. (Herausgegeben vom botanischen Institut zu Buitenzorg.) Batavia 1900.

Raciborski zählt in der vorliegenden ersten Mittheilung nicht weniger als 50 parasitische Algen (1) und Pilze (49) Javas auf und beschreibt den grössten Theil derselben sowie die von ihnen hervorgerufenen Krankheitserscheinungen kurz. Darunter sind nicht weniger als 37 neue Arten und 5 neue Gattungen.

Neu der Gattung wie der Art nach ist die auf Blättern von *Shorea Dyerii* im botanischen Garten zu Buitenzorg subcuticular lebende parasitische Alge *Veneda purpurea* Rac., mit *Cephaleuros* verwandt, aber verschieden durch die fest miteinander verbundenen Zellen der runden Thallusscheiben und die seitlich verwachsenen, aus einer 5 bis 17zelligen Zellreihe bestehenden, in ein unregelmässig kugliges, dickwandiges Sporangium endenden Sporangienträger.

Die neue *Ascomyceten*-Gattung *Elsinoe* Rac. steht der Gattung *Magnusiella* nahe. Ihre Hyphen bilden eine dünne pseudoparenchymatische Lage zwischen Epidermis und Mesophyll der befallenen Blätter, an denen sie Geschwülste verursachen. In dieser Schicht bilden sich ganz unregelmässig vertheilt die Asci, bald einzeln, bald zu mehreren in Gruppen vereinigt neben oder sogar untereinander. Jeder Ascus enthält 8 längliche, 3 bis 4zellige Sporen. Es werden drei Arten beschrieben und nach den respectiven Nährpflanzen benannt: *E. Canavalliae*, *Antidesmae* und *Menispermacearum* (an *Tinospora*-Arten).

Telimena Erythrinae nov. gen et spec. ist ein Blattflecken erzeugender Pyrenomycet, dessen Perithecien ins Blattgewebe eingesenkt sind und meist in radial geordneten schwarzen Strichen stehen. Die Sporen, die zu 8 in den farblosen Asci entstehen, sind farblos und vierzellig mit zwei ganz kleinen mittleren und zwei grossen apikalen Zellen.

Aldona stella nigra nov. gen. et spec. ist ein Blattflecken erzeugender Discomycet, der subepidermale pseudoparenchymatische Lager und in diesen radiär lineare, oft verzweigte Fruchtscheiben bildet, die von einem russschwarzen Gehäuse bedeckt sind. Letzteres öffnet sich mit einer Längsspalte. Die Sporen sind farblos und 8zellig. Der schöne Pilz bildet grosse schwarze sternartig angeordnete Fruchtkörper auf hellen runden Flecken der sonst grünen Blätter von *Pterocarpus indicus* auf Sumatra und Java.

Die neue Gattung *Hemileiopsis* stellt Raciborski auf für eine *Uridinee*, welche die Blätter von *Strophanthus dichotomus* befällt (*H. Strophanti)*. Sie bildet an der Blattunterseite gelbe Uredo- und später weissliche Teleutosporenlager. Die Uredosporen gleichen denen von *Hemileia*, die Teleutosporen erinnern an *Ravenelia*. Die Entstehung der Uredo- wie Teleutosporenlager und der Sporen und die Keimung derselben wird eingehend beschrieben. Auf *Wrightia*-Arten kommt ein anderer Vertreter desselben Genus, *Hemileiopsis Wrightiae* Rac., vor. Aecidien und Spermogonien fehlen beiden.

Auch unter den anderen Pilzen finden sich viele interessante Formen. *Rhizopus Artocarpi* Rac. zerstört und deformirt die männlichen Blütenstände von *Artocarpus incisa* und wird dadurch unter Umständen sehr schädlich. *Aecidium Cinnamomi* kann den Zimmtpflanzen sehr schädlich werden. Eine Aufzählung der Pilze und Algen, sowie eine solche der Nährpflanzen mit ihren Parasiten macht den Beschluss.

Interessant ist die Angabe Raciborski's, dass seiner Meinung nach die Zahl der Parasiten auf Java im Verhältniss zur Zahl der Nährpflanzen eine weit geringere ist als in Europa.

Behrens (Karlsruhe).

Lütkemüller, J., *Desmidiaceen* aus der Umgebung des Millstättersees in Kärnten. (Verhandlungen der zoolog.-botan. Gesellschaft in Wien. Bd. L. 1900. Heft 2/3. p. 60—84. Mit Textabbildungen und 1 Tafel.)

Sehr erfreulich ist es, dass Verf. auch weiterhin sein Augenmerk der Durchforschung der *Desmidiaceen* in alpinen Seen und Mooren zuwendet. Mit vorliegender Arbeit beglückt er uns mit einer Studie der *Desmidiaceen*-Flora der um den Millstätter See gelegenen Torfe und Moore, welche ebenso gelungen ist, wie seine früheren Arbeiten, z. B. die Bearbeitung dieser Algengruppe vom Attersee. — Es ist unmöglich, alle die interessanten Anmerkungen bei den einzelnen schon bekannten Arten namhaft zu machen. Dieselben beziehen sich theils auf morphologische und anatomische Details, theils auf die Ergänzung bestehender Diagnosen (genau durchgeführte mikroskopische Messungen der Formen und Beschaffenheit der Zoosporen), theils auf litterarhistorische Daten und auf Nomenclatur, theils auch auf die geographische Verbreitung der Species. Nicht zu unterschätzen sind auch die Abbildungen schon bekannter Species, welche vom Verf. selbst sehr schön auf der beigehefteten Tafel angefertigt wurden. Ausser 216 schon bekannten Arten resp. Varietäten und Formen werden noch neu beschrieben und in verschiedenen Ansichten und Details abgebildet:

Closterium carniolicum, *Cosmarium prominulum* Rac. var. *subundulatum* West forma *ornata*, *Cosm. pseudopyramidatum* Lund var. *carniolicum*, *Cosm. trachypolum* West forma aequaliter (isthmo excepto) granulata, *Arthrodesmus hexagonus* Boldt forma, *Euastrum crassangulatum* Börges var. *carniolicum*, *Eu. intermedium* Cleve var. *validum* West forma *scrobiculata*, *Staurastrum aristiferum* Ralfs var. *gracile*, *St. bifasciatum*, *St. brachiatum* Ralfs forma *minor*, *St. brevispina* Bréb. forma *minima*, *St. hystrix* Ralfs var. *pannonicum*, *St. margaritaceum* (Ehrbg.) Menegh var. *formosum*, *St. subcruciatum* C. et W. forma *nana*, *St. teliferum* var. *horridum*.

Die Diagnosen sind in lateinischer Sprache verfasst. — Von *Staurastrum controversum* Bréb. forma Schmidle (in Alpin. Algenflora Tab. 17) giebt der Verfasser 16 sorgfältige Abbildungen, von fünf Exemplaren herrührend, im Texte.

Matouschek (Ung. Hradisch).

Steuer, Das Zooplankton der „alten Donau“ bei Wien. (Biologisches Centralblatt. Bd. XX. 1900. p. 25—32. Mit 2 Textfiguren.)

Auf diese Arbeit mag deshalb hingewiesen sein, weil sie verschiedene Bemerkungen über das Phytoplankton enthält. Im Uebrigen ist dieselbe nur der Vorläufer einer nächstens erscheinenden ausführlicheren Arbeit.

Als Untersuchungsgebiet dienten zwei an der Strasse von Wien nach Kagran liegende Theile des alten Donaubettes, das Brücken- und das Karpfenwasser, von denen ersteres — wie Brunnthaler, der Mitarbeiter des Autors, nachwies — ein *Chroococcaceen*-See, letzteres ein *Dinobryon*-See ist.

Bei Gelegenheit von nach der Rohvolumenmethode vorgenommenen quantitativen Forschungen ergab sich für die Zeit vom Juni 1898 bis 1899, dass in der Zeit von Juni bis December 1898 der *Chroococcaceen*-See, von da ab bis Juni 1899 der *Dinobryon*-See reicher an Plankton war. Die Maxima werden im ersteren Falle durch das Auftreten von *Clathrocystis* im Herbst, im letzteren Falle durch die reiche Entwickelung von *Rotatorien* im Frühling bedingt.

Die Untersuchungen nach der Hensen-Apstein'schen Zähl methode erstrecken sich nur auf das Zooplankton.

Auch über die täglichen Wanderungen des Planktons wurden Beobachtungen gemacht, welche erwiesen, dass die Nachtfänge fast stets quantitativ und qualitativ reicher sind als die Tagfänge.

Zum Schlusse folgen einige Bemerkungen über die Begriffe Potamo- und Heleo-Plankton.

Es wäre zu wünschen, dass nunmehr auch eine Arbeit speciell über das Phytoplankton der alten Donau erscheine.

Keissler (Wien).

Morgan, A. P., The *Myxomycetes* of the Miami Valley Ohio. Parts 4 and 5. (The Journal of the Cincinnati Society of Natural History. August 1899. p. 73—110. pl. XIII—XV and p. 111—130.)

Der vierte Theil dieser Arbeit behandelt die Familie der *Physaraceae*. Verf. verfolgt im Allgemeinen das System, welches er in den vorhergehenden Theilen begonnen hat. Zehn Gattungen werden angegeben: *Angioridium*, *Cienkowskia*, *Leocarpus*, *Physarella*, *Cytidium*, *Craterium*, *Physatium*, *Fuligo*, *Badhamia*, *Geyphium*. Die fünfte ist neu. Jeder Gattung und jeder Art ist eine äusserst ausführliche Beschreibung beigegeben. Auf drei Tafeln hat Verf. eine ganze Anzahl Arten abgebildet.

Der fünfte Theil hat den Titel „Systeme der *Myxomyceten*-Classification“. Verf. bespricht auf eingehende Weise die verschiedenen Versuche, welche von Zeit zu Zeit gemacht worden sind, um die *Myxomyceten* auf rationelle Weise zu classificiren. Er beginnt mit Ray (1696), führt darauf Ruppins, Marchand und Micheli u. s. w. an und giebt viele der Systeme wieder.

Das System von Rostafinski kommt zuletzt, und schliesst Verf. mit seinem 7 Seiten langen Schlüssel zur Bestimmung der amerikanischen Gattungen.

v. Schrenk (St. Louis).

Tassi, F., Bartalinia, nuovo genere di *Sphaeropsidaceae*. (Bullettino del Laboratorio Botanico di Siena. Vol. III. 1900. p. 1—3. Mit 1 Tafel.)

Auf faulendem Laube von *Callistemon speciosus* DC. bemerkte Verf., und zwar auf jeder der beiden Blattflächen, schwarze, abgeplattet kugelige, mit feiner Oeffnung versehene Perithecien. Im Innern dieser waren zahlreiche längliche, gerade oder schwach gekrümmte Sporen, die von vier Querwänden durchzogen waren; die vier unteren Kammern waren hyalin-grünlich, die oberste farblos, und diese trug drei dünne farblose Wimpern.

Der Pilz erscheint dem Verf. als Vertreter einer neuen Gattung aus der Unterabtheilung der *Trichosporae*, verwandt mit *Robillarda* Sacc. und in nächster Nähe von *Kellermannia* Ell. et Ev. gehörend. Für denselben stellt er den neuen Gattungsnamen *Bartalinia* mit folgender Diagnose auf:

„Perithecia globoso-depressa, poro centrali pertusae, primo epidermide velata, dein erumpentia, membranacea; sporulae oblongae, 4-septatae, chlorinohyalinae, apice setulas ternas hyalinas gerentes, basidiis filiformibus brevibus suffultae."

Der bis jetzt einzige Vertreter dieser Gattung ist die neue Gattung *B. robillardoides* Fl. Tass.

„peritheciis sparsis, amphigenis, primo tectis, dein erumpentibus, epidermide lacerata cinctis, globoso depressis, poro pertusis, nigris, 200—250 μ diam., contextu parenchymatico fuligineo; sporulis oblongo-cylindraceis, rectis vel lenissime curvulis, 4-septatis, hyalino-chlorinis, loculo supero parvulo, hyalino, setis tribus, 16—20 μ longis, coronato, loculo penultimo majore, 22—24 ≍ 4 μ, basidiis filiformibus, gracilibus, 5,5—6,5 μ, suffultis."

Die Gattung ist nach B. Bartalini, einem senensischen Naturforscher aus der zweiten Hälfte des XVIII. Jahrhunderts, benannt.

Solla (Triest).

Bauer, E., Bryologischer Bericht aus dem Erzgebirge. (Leimbach's deutsche botanische Monatsschrift. 1900. No. 3.)

Das Schriftchen enthält eine Anzahl neuer Varietäten, welche vom Verf. in seiner Bryotheca bohemica II. Cent. ausgegeben wurde, mit deutschen Diagnosen, und zwar: *Philonotis fontana* var. *Schiffneri* (Gottesgab), *Brachythecium rivulare* var. *Schmiedlianum* mit den Formen *simplex*, *stricta* und *crispula* (Gottesgab und Silbersgrün) und *Chiloscyphus polyanthus* var. *erectus* Schiffn. in schedis (Joachimsthal). — Ausserdem dürften für das Erzgebirge neu sein: *Barbula unguiculata*, *Webera commutata* var. *filum*, *Pterigynandrum filiforme*, *Camptothecium nitens*, *Pellia epiphylla* var. *undulata*. Neu für Böhmen ist *Sphagnum fallax* Klinggr. (Joachimsthal und Mader im Böhmerwald). Diese Art rechnet C. Warnstorf zu *Sphag. recurvum* P. B. — Im Ganzen werden 29 Arten resp. Varietäten namhaft gemacht.

Matouschek (Ung. Hradisch).

Evans, A. W., A new genus from the Hawaiian Islands. (Bulletin of the Torrey Botonical Club. XXVII. 1900. p. 97—104. Mit einer Tafel.)

Bereits von Austin (Bot. Gazette. I. 32. 1875) als *Mastigobryum? integrifolium* und vom Verf. (Trans. Conn. Acad. VIII. 1892. 225) als *Bazzania? integrifolia* unterschieden, wird dieses Lebermoos nunmehr zum neuen Genus *Acromastigum* mit folgender Diagnose erhoben:

Plants medium-sized, scattered among other hepatics, yellowish-green, becoming brownish with age: stems stiff and wiry, mostly ascending or erect, sparingly branched: vegetative branches of three kinds: Terminal branches from the lateral segments, terminal from the postical segments (flagella) intercalary branches axillary to the underleaves (very unusual): rhizoids not abundant: leaves distant or subimbricated, transversely inserted, undivided: underleaves a little smaller than the leaves, undivided: leaf-cells with thickened walls: sexual branches intercallary, arising singly in the axils of the underleaves: ♀ branch very short, its leaves reduced to the three to five rows of bracts; perianth long and slender, hypogonianthous, the three keels distinct except at the cylindrical base, separated by grooves; unfertilized archegonia borne at the base of calyptra; ♂ spike oblong; bracts in several pairs, strongly concave; antheridia occurring singly; paraphyses wanting; bracteoles similar to the underleaves but smaller: sporophyte not seen.

Es folgt nun die ausführliche englische Beschreibung der einzigen bis jetzt bekannten Art: *A. integrifolium* (Aust.), welche mit anderen Lebermoosen auf West Maui 1875 von Baldwin und 1899 in Konahuanui, Oahu von Cooke gesammelt wurde. Auf der beigegebenen Tafel wird die Pflanze in ihren einzelnen Theilen abgebildet.

Warnstorf (Neuruppin).

Eaton, A. A., Two new *Isoëtes*. (The Fern Bulletin. Vol. VIII. No. 1. p. 12 sqq. Binghamton, N. Y. 1900.)

Unter zahlreichen *Isoëtes*-Arten, die Verf. von J. Macoun erhielt, fanden sich 2 neue, eine submerse und eine terrestrische. Die anatomischen Verhältnisse weisen abgesehen von der Art des Vorkommens darauf hin, dass *Isoëtes Macounii* n. sp. durchaus untergetaucht lebt; eine Pflanze vom Habitus des *Isoëtes lacustris* L., gesammelt von Macoun auf der Expedition der British Behringschen Commission in Sümpfen am Abhange eines erloschenen Vulkans auf der Insel Atka, nahe der Westgrenze der Aleuten. Die andere Art, *Is. Orcutti* n. sp. von C. R. Orcutt gesammelt, wächst bei San Diego in Californien auf sogenannten Mesas; sie wird nur in nassen Jahrgängen gefunden, wenn genügend Regen fällt, um die flachen Einsenkungen auf den Mesas zu füllen. Da nun oft trockene Jahrgänge auf einander folgen, muss die Pflanze befähigt sein, solche zu überdauern; sie steht übrigens in dieser Hinsicht nicht einzig da, denn es hat sich herausgestellt, dass *Isoëtes Eatoni* und *Is. Boottii* noch wachsen, nachdem sie ein halbes Jahr und noch mehr im Herbarium gelegen sind. Die Blätter von *Is. Orcutti* Eaton verdanken ihre Starrheit nicht etwa dem Vorhandensein von Bastbündeln, sondern den mit starken Aussenwänden versehenen Epidermiszellen. Merkwürdigerweise konnte Verf. keine Stomata finden, die doch sonst bei den terrestrischen Arten allgemein vorhanden sind.

Es ist die einzige nordamerikanische Art mit aschenfarbenen Sporen; dunkelbraune Sporen besitzt *Is. melanospora*. Bei den meisten Arten sind die Sporen weiss, doch finden sich gefärbte Sporen bei verschiedenen Arten. In Tasmanien findet sich *Is. Gunnii, Stuartii* und *Hookeri* mit glauken oder aschfarbenen Sporen, in Australien *I. Mülleri* mit ebensolchen und *I. tripus* mit braunen; die südamerikanische *Is. Gardneriana* hat schwärzliche und die centralafrikanischen *I. nigrilana* und *I. Welwitschii* haben glauke Sporen.

Wagner (Wien).

Laurent, J., Absorption des hydrates de carbone par les racines. (Comptes rendus hebdomadaires des séances de l'académie des sciences de Paris. T. CXXVII. No. 20. p. 786.)

Schon früher hatte Verf. darüber berichtet, dass Maiswurzeln Glucose und Invertzucker zum Aufbau der Pflanze aus Lösungen absorbiren können.

In sterilisirten Nährsalzlösungen mit Glucose wächst Mais normal in einer (soweit es möglich) kohlensäurefreien Atmosphäre. Die Assimilationsthätigkeit des Chlorophylls kann dann nur auf Kosten der von der Pflanze selbst producirten Kohlensäure stattfinden.

Wenn die Pflanze auch selbst im Dunkeln bei Anwesenheit von Glucose eine Gewichtszunahme zeigt, so wird doch in diesem Falle ihr Wachsthum bald sistirt, woraus Verf. sich zu schliessen gestattet, dass die Lichtstrahlen ausser zur Kohlenstoffassimilation noch zu andern Dingen nothwendig sein müssen.

Rohrzucker wird von den Wurzeln verschiedener Versuchspflanzen unabhängig von der Beleuchtung über das Aufnahmevermögen hinaus invertirt.

Dextrin und Stärke werden von Maiswurzeln langsamer absorbirt als Zucker.

Es wurde ermittelt, dass die Glucose, welche von den Wurzeln absorbirt wird, bei den Stärke als Reservestoff führenden Pflanzen wirklich in diese letztere umgewandelt wird.

Für die Mehrzahl der grünen Pflanzen giebt es wahrscheinlich zwei Arten der Kohlenstoffgewinnung: 1. durch Chlorophyllthätigkeit, 2. durch Aufnahme gewisser organischer Verbindungen Seitens der Wurzeln und ihre entsprechende Umsetzung. Danach wäre die Ernährungsweise der chlorophylllosen Pflanzen nur ein besonderer Fall derjenigen der grünen Gewächse.

Bitter (Berlin).

Seelhorst, von, Neuer Beitrag zur Frage des Einflusses des Wassergehaltes des Bodens auf die Entwickelung der Pflanzen. (Journal für Landwirthschaft. Bd. XLVIII. Heft 2. p. 163 ff.)

Die vorliegende Arbeit liefert einen werthvollen Beitrag zur Klärung der Frage, wie in den verschiedenen Vegetationsstadien verschiedener Wassergehalt auf die Formen und die Zusammensetzung der Pflanzen einwirkt. Durchgeführt sind die Untersuchungen mit Hafer und Sommerweizen in Gefässen mit etwa 11 Kilo Erde. Die Aussaat, je 5 Körner, erfolgte am 29. März, das Erscheinen der Pflanzen am 8. April. Bis zum 16. April wurden die Pflanzen gleich feucht gehalten, alsdann wurde der Boden der einen Hälfte der 16 Gefässe auf 47,4%, der anderen auf 84,1% Wassergehalt von der absolut aufnehmbaren Menge gebracht. Am 25. Mai, bei Beginn des Schossens, trat weitere Differenzirung des Wassergehaltes in der Weise ein, dass 4 Gefässe der trockenen Hälfte auf den hohen und vier der feucht gehaltenen Hälfte auf den niedrigen Wassergehalt gebracht wurden.

Von den erhaltenen Resultaten seien als wichtigste hier kurz hervorgehoben:

1. Vom Hafer:

Die Zahl der Internodien des Halms wird in der Hauptsache durch den Turgor in der ersten Vegetationszeit bestimmt, während die Stärke der Halme, sowie die Halmlänge hauptsächlich vom Wassergehalt des Bodens zur Zeit des Schossens abhängt.

Die Länge der Rispe wird hauptsächlich durch den Wassergehalt des Bodens in der Zeit des Schossens bedingt, während für die Zahl der Stufen der Rispe und ebenso die der Aehren an der Rispe der Wassergehalt des Bodens in der ersten Vegetationszeit von Bedeutung ist. Auf die Ausbildung der Zahl der Blütchen in einem Aehrchen ist ebenfalls der Wassergehalt zur Zeit des Schossens von Wichtigkeit. Letzterer beeinflusst aber auch die Menge der gar nicht zur Entwickelung kommenden Aehrchen*). Ist der Wassergehalt in dieser Zeit gering, so ist die Zahl der tauben Aehrchen absolut etwas und relativ viel grösser, als wenn er zu dieser Zeit gross ist. Viel Wasser zur Zeit des Schossens vermehrt nicht einseitig die Stroherntе, sondern steigert die Kornerte wenigstens in dem gleichen, wenn nicht höherem Maasse.

2. Sommerweizen:

Letzterer verhielt sich vielfach ebenso oder ähnlich wie der Hafer. Die Länge der Aehre wird jedoch hauptsächlich durch den Wassergehalt des Bodens in der ersten Vegetationszeit bedingt.

Betreffs der sonstigen Resultate, sowohl der mit Hafer wie mit Sommerweizen angestellten Versuche, sei auf das Original verwiesen.

Krüger (Berlin).

De Vries, Hugo, On biastrepsis in its relation to cultivation. (Annals of Botany. Vol. XIII. September 1899. No. 51.)

Der auf dem Gebiete der experimentellen Morphologie rühmlich bekannte Verf. liefert in der vorliegenden Abhandlung eine zusammenfassende Uebersicht über seine und anderer Forscher (Le Monnier) bisherige Erfahrungen betreffs des Einflusses der Culturbedingungen auf die Ausbildung der Zwangsdrehung. Wir müssen uns hier mit einer Aufzählung seiner Schlussfolgerungen begnügen, zumal der Autor selbst im Botanischen Centralblatt. Bd. LXXVII. über einige hier wieder berührte Fragen ausführlich berichtet hat. Versuchsobject: *Dipsacus silvestris* in der zwangsgedrehten Rasse.

Die Samen des *D. silvestris torsus* ergeben unter angemessenen Culturbedingungen eine Nachkommenschaft, von der ungefähr $^1/_3$ gedrehte Stengel besitzt. Dies Verhältniss wurde zuerst in der vierten Generation erreicht und seitdem hat es sich im Ganzen eher gehoben als vermindert.

---

*) Es ist dies für den Pflanzenpathologen von besonderem Interesse, denn die frühere Annahme, dass die „Taubblütigkeit" des Hafers stets durch Thrips verursacht sei, ist bereits in jüngster Zeit als irrig erkannt, ohne dass man jedoch für die genannte Erscheinung eine genügende andere Erklärung hatte geben können. Ref.

Die Entwickelung der Zwangsdrehung, d. h. der Uebergang von der decussirten zur spiraligen Blattstellung, hängt nicht allein von den individuellen erblichen Eigenschaften ab, die in dem Samen schlummern, sondern auch sehr von den äusseren Bedingungen, unter denen sich das Individuum entwickelt.

Je günstiger die Lebensbedingungen und je kräftiger in Folge dessen das Wachsthum der Exemplare, um so zahlreicher sind die Individuen, welche Zwangsdrehung zeigen und um so ausgeprägter ist diese Erscheinung an den betreffenden Pflanzen.

Die wichtigste Bedingung ist genügender Raum für jedes Individuum, sie dürfen sich nicht gegenseitig im Wachsthum behindern, 20—25 Pflanzen auf einen Quadratmeter sind schon zu viel, am besten ist es, nur 10—15 Individuen auf diesem Raum zu belassen. Bei zu dichter Cultur sind die Individuen mit Zwangsdrehung bezeichnender Weise auf die Ränder der Culturbeete beschränkt.

Ferner ist die Zeit der Aussaat zu beachten. Sommer- oder Frühherbstsaaten sind für die Gewinnung zahlreicher Zwangsdrehungen nicht zu empfehlen, die Pflanzen haben dann eine zu kurze Lebensperiode. Werden dagegen die Samen im Spätherbst gelegt, so gelangen sie im nächsten Jahre nicht über das Rosettenstadium hinaus, können sich in Folge dessen kräftiger entwickeln. Hier ist die Zahl der Zwangsdrehungen wohl noch grösser als bei den gewöhnlichen Frühlingsaussaaten. Letztere lassen sich von März bis Anfang Mai ohne erhebliche Unterschiede für die spätere Entwickelung machen. Es empfiehlt sich aus Zweckmässigkeitsgründen, sie in Schalen im Gewächshaus vorzunehmen und erst später auszupflanzen. Aus diesen Erfahrungen geht hervor, dass je länger die Vegetationsperiode bis zum Emportreiben des Stengels aus der Rosette ist, um so mehr die Aussicht auf zahlreiche Zwangsdrehungen vorhanden ist.

Guter lockerer Boden mit reichlicher Stickstoff-Düngung ist erforderlich. Ungedüngter Sandboden liefert von der besten Aussaat keine Zwangsdrehungen.

Man kann bei sofortiger Aussaat der reifen Samen und unter günstigen äusseren Bedingungen auch in einem Jahre Zwangsdrehungen erzielen. Durch Auslese liesse sich vielleicht eine einjährige zwangsgedrehte Rasse gewinnen. Doch scheint es nach den bisherigen Erfahrungen von De Vries, dass die Einjährigkeit sich auf Kosten der Zwangsdrehung entwickelt, denn einjährige Pflanzen zeigen diese Erscheinung noch seltener und nur in geringem Maasse.

Verschiedene, vom Verf. studirte Monstrositäten anderer Pflanzen bedürfen zu ihrer Entwickelung ebenfalls besonders günstiger Culturbedingungen.

Bitter (Berlin).

De Dalla Torre, C. G. et **Harms, H.**, Genera Siphonogamarum ad systema Englerianum conscripta. Fasciculus I. (Signatura 1—10.) 4⁰. 80 pp. Lipsiae (sumptibus Guilelmi Engelmann) 1900.

Geheftet 4 Mk., Subscriptionspreis 3 Mk.; für das ganze Werk etwa 40 Mk. bezw. 30 Mk.

Vorliegendes Werk enthält eine Uebersicht über die gesammten, in Engler-Prantl's natürlichen Pflanzenfamilien abgehandelten lebenden und fossilen *Siphonogamen*-Gattungen nebst ihren übergeordneten Abtheilungen, sowie nebst ihren Untergattungen und Sectionen. Die erste Lieferung reicht bis zu den *Iridaceen.* In der Nomenclatur werden die von den Beamten des botanischen Museums in Berlin vereinbarten Regeln befolgt.*) Von dem Index Durand's, der bekanntlich sich auf Bentham-Hooker's Genera plantarum stützt, weichen die Verff. dadurch in sehr vortheilhafter Weise ab, dass sie jeden Namen mit Citates und Synonymen versehen. Ein Beispiel möge die Anlage den Werkes veranschaulichen:

Subser. *Commelinineae.*
Engl. in Engler et Prantl, Pflzfam., Nachtr. (1897) 343.
Fam. *Commelinaceae.*
Reichb., Consp. (1828) 57 pp.; Lindl., Nat. Syst. ed. 2. (1836) 354 pp.; C. B. Clarke in De Candolle, Monogr. Phaner. III. 1881) 113.
Commelynaceae Endl., Gen. (1836) 124.
893. 1. *Pollia* Thunb., Nov. gen. pl. I (1781) 11. — Endl. G. n. 1029. — B. H. III. 846. — E. P. II. 4 62. — Sp. ad 14. Austral., Archip. malay.. Asia or. usque ad Chinam et Japoniam.
Sect. 1. *Lamprocarpus* Benth. in Bentham et Hooker f. Gen. III. (1883) 846.
Lamprocarpus Blume ex Schultes f., Syst. VII. 2. (1830) 1615 et 1726.
Sect. 2. *Aclisia* C. B. Clarke in De Candolle, Monogr. Phaner. III. (1881) 126.
Aclisia E. Mey. in C. Presl, Rel. Haenk. I. (1830) 137. t. 25.
Sect. 3. *Phaeocarpa* C. B. Clarke in De Candolle, Monogr. Phaner. III. (1881) 129.

Hieraus geht hervor, dass das Werk nicht blos als ein Auszug aus Engler-Prantl angesehen werden darf, sondern durch die Angabe der Citate und der Synonyme eine wesentliche Ergänzung dazu darstellt, welche einerseits für die Ordnung von Herbarien grosse Bequemlichkeit gewährt, andererseits für systematische Studien unentbehrlich ist.

Eine fernere Ergänzung wird darin liegen, dass die Nachträge zu Engler-Prantl, sowie möglichst vollständig die seither erst beschriebenen neuen Gattungen an der gehörigen Stelle mit eingefügt werden sollen. Dass auch betreffs der Anführung der Sectionen Neues geboten werden wird, wird dadurch verbürgt, dass verschiedene Herren von ihnen bearbeitete Familien revidiren

---

*) Durch die Angabe der Jahreszahlen bei den Synonymen ist jeder, der diese Regeln nicht glaubt befolgen zu können, in die Lage versetzt, sich seine eigene Ansicht über die Berechtigung der Gattungsnamen zu bilden.

werden. Eine vollständige Ergänzung der Sectionsübersichten auf Grund neuerer Arbeiten wird allerdings leider wohl ausser dem Bereich der Möglichkeit liegen, da die Auffindung neu aufgestellter Sectionen in der Litteratur mit den grössten Schwierigkeiten verknüpft ist.

Dem systematischen Theil wird ein alphabetisches Register folgen, welches für jedes Synonym und jede Section die Gattung und für jede giltige Gattung die Familie angeben, auch für jeden Gattungs- und Sectionsnamen, mit Ausnahme der adjectivischen, die Nummer der Gattung citiren wird, unter welcher der Name im systematischen Theile zu finden ist.

In der Ankündigung der Verlagshandlung vom December 1898 wird hervorgehoben, dass der systematische Theil bereits im Manuskript vorliege. Demnach ist auf schnellen Fortgang im Erscheinen des Werkes zu rechnen.

Koehne (Berlin)

Cockerell, T. D. A., Notes on Southwestern plants. (Bulletin of the Torrey Botanical Club. Vol. XXVII. 1900. p. 87.)

Verf. stellt zunächst eine kleinblütige Varietät der *Kallstroemia grandiflora* *) auf, die er als var. *Arizonica* bezeichnet. Des weiteren berichtet er über ein Exemplar der merkwürdigen *Simarubacee Holacantha Emoryi* Gray („Frutex orgyalis aphyllus, spinis validis, horridus", A. Gray, Plantae novae Thurberianae. p. 310), das an einem feuchten Standorte zahlreiche Blätter getrieben hatte; übrigens hat auch Pringle die Pflanze in solchem Zustande gesammelt. Die weiteren Mittheilungen betreffen das Vorkommen von *Malvastrum dissectum* (Nutt) und *M. coccineum* A. Gr. in Neu-Mexico und Colorado und die Unterschiede zwischen *Malvastrum* und *Sphaeralcea;* dann wird die Varietät *perpallida* n. var. der *Sphaeralcea lobata* beschrieben, ebenso eine Varietät des *Delphinium camporum* Greene. Von blütenbiologischem Interesse ist eine Mittheilung über die Bestäubung von *Verbena Macdougalii* Heller; dieselbe wird durch eine Anzahl von Bienenarten vermittelt, die aufgezählt werden. Zum Schlusse wird mitgetheilt, dass *Uromyces compactus* Peck, als dessen Nährpflanze eine unbestimmte *Composite* angegeben war, auf *Aster spinosus* Bth. vorkommt.

Wagner (Wien).

Dewey, Lister H., A new weed on Western Ranges. (Erythea. Vol. VII. 1899. p. 10 ff.)

Etwa im Jahre 1894 wurde die aus dem westlichen Asien stammende, bisweilen in amerikanischen Gärten unter dem Namen Shell Flower oder Shell Ballm cultivirte *Moluccella laevis* L. nach Mittheilungen H. H. Chapman's in Ashland, Oregon, zuerst beobachtet. Im Laufe von 4 Jahren hat die Pflanze ausser-

---

*) *Kallstroemia grandiflora* Torr. = *Tribulus grandiflorus* Bth. et Hook.

ordentlich um sich gegriffen und occupirte bis Juli 1898 etwa 100 acres; sie breitet sich noch mehr aus, da sie vom Hornvieh nicht gefressen wird und unbehindert ihre Samen erzeugt.

Ausserdem wurde sie an das U. S. Department of Agriculture in Washington aus dem östlichen Oregon, vom Oracle, sowie vom Nordabhange der Santa Catalina-Berge in Arizona eingesandt; es lässt sich wohl erwarten, dass sie sich auch anderwärts ausbreiten wird.

Wagner (Wien).

Salfeld, Einiges über die *Leguminosen* in der Fruchtfolge. (Deutsche Landwirthschaftliche Presse. Jahrg. XXVI. 1899. No. 24.)

Bezugnehmend auf eine von einem Praktiker wiedergegebene Beobachtung über das Missrathen von Klee und spanischer Waldplatterbse, legt Verf. klar, dass die Misserfolge vor allem auf eine falsche Fruchtfolge zurückzuführen sind. Eingehend auf die Versuche Nobbe's über die verschiedenen physiologischen Abweichungen der Knöllchenbakterien, citirt Verf. einige Aussprachen Nobbe's und geht schliesslich auf den Fruchtwechsel im speciellen ein. Derselbe war für ein cultivirtes Hochmoor (stickstoffarmer Boden) folgender:

1. Hafer mit Kleegras, Kunstdünger, keine Impfung.
2. Kleegras, Kunstdünger.
3. Kleegras bis Johanni, Kunstdünger, dann Brache.
4. Winterroggen, halbe Stallmistdüngung und Kunstdünger.
5. Pferdebohnen mit Impferde.
6. Winterroggen mit Kunstdünger, theilweise Serradella-Untersaat.

Die Früchte waren durchweg gut. Dort, wo zu Serradella nicht geimpft wurde, missrieth diese.

Auf einem anderen neu cultivirten Hochmoor, das ebenfalls stickstoffarm war, wurde folgende Fruchtfolge als geeignet angesehen:

1. Hafer oder Winterroggen mit Kleeuntersaat.
2. Kleegras.
3. Kleegras bis Johanni, dann Brachebearbeitung.
4. Winterroggen.
5. Pferdebohnen und Erbsen.
6. Winterroggen mit Serradella-Untersaat.
7. Kartoffeln mit Gründüngung.
8. Winterroggen mit Serradella-Untersaat.
9. Kartoffeln mit Gründüngung.

Verf. legt die Umstände klar, welche bei einer Missernte von *Leguminosen* mitwirken, stets auf die Bakterien zurückgreifend und giebt praktische Rathschläge zur Vermeidung solcher Missstände. Schliesslich räth er, durch Versuche im Kleinen erst festzustellen, ob die für die Pflanze geeigneten Bakterien bereits im Boden vorhanden sind, oder ob diese durch Impfung demselben zugeführt werden müssen.

Thiele (Visselhövede).

Bois, D., Le *Dioscorea Fargesii* Franch., nouvelle igname alimentaire. (Bulletin de la Société botanique de France. Vol. XLVII. p. 49. sqq.)

Die *Dioscorea Fargesii* wurde 1896 in der Revue Horticole p. 540 von Franchet auf Grund von Herbarexemplaren beschrieben, die der französische Missionär R. P. Farges in der westchinesischen Provinz Su-tchuen (wohl identisch mit Sze-chuen der englischen Geographie) gesammelt und nach Paris geschickt hatte. Zur selben Zeit sandte Farges Brutknospen an Maurice de Vilmorin. Die in Frage stehende Art gehört einer kleinen Gruppe an, welche dadurch charakterisirt ist, dass an Stelle der sonst ganzrandigen oder gelappten Lamina hier 3—5 fingerförmig angeordnete Foliola treten, wie bei der nahe verwandten *D. pentaphylla* L.

Was diese neue Yamswurzel vom Standpunkte des praktischen Gebrauches aus interessant macht, ist das Vorkommen der kugelförmigen Knollen in einer geringen Tiefe unter dem Boden. Die *Dioscorea Batatas* L. hat den grossen Uebelstand, dass die Knollen einen Meter tief und sogar noch tiefer in der Erde stecken, was deren Erntung schwierig und theuer macht; dazu sind die Knollen noch so brüchig, und so können sie nur mit einer Reihe von Vorsichtsmassregeln gesammelt werden. Um die Cultur der von manchen Leuten geschätzten Yamswurzel zu erleichtern, wurde versucht, auf dem Wege der Selection und der Bastardirung eine Race zu ziehen mit kurzen Knollen in mehr oberflächlicher Lage; Dr. Heckel und Chapellier hatten in den letzten Jahren einige Erfolge in dieser Richtung.

Die *Diosc. Fargesii* Franch. hat nun einige der bei *D. Batatas* vermissten Eigenschaften. Die Pflanze hat in den paar Jahren die sie in Paris in Cultur ist, in keiner Weise unter dem Klima gelitten; die Knolle, die sich sehr leicht einsammeln lässt, ist von guter Qualität, wenn sie auch hinter der chinesischen Yamswurzel zurücksteht. Endlich producirt sie eine grosse Menge Brutknospen, die ihre Vermehrung erleichtern. Leider ist nun die Knolle nur von geringer Grösse — die schönsten etwa 2 Jahre alten waren kaum so kräftig wie eine grosse Orange und ihr Gewicht überschritt 120 g nicht — was um so bedauerlicher ist, als sie gleich der *D. Batatas* mindestens drei Jahre brauchen wird, um ihre maximale Entwickelung zu erreichen.

Verf. giebt sich der Hoffnung hin, dass die *D. Fargesii* Franch. sich zu Kreuzungen mit dem erstrebten Resultat eignen wird, falls es nicht gelingen sollte, auf anderem Wege eine Culturrace mit grösseren und womöglich raschwüchsigen Knollen zu ziehen.

Wagner (Wien).

Neue Litteratur.*)

Geschichte der Botanik:

Burtez, Alexandre, L'oeuvre botanique de Louis Gérard (1733—1819). [Thèse.] 8°. 48 pp. Montpellier (imp. Delord-Boehm & Martial) 1900.

Kalkowsky, Ernst, Hanns Bruno Geinitz †. Die Arbeit seines Lebens. (Sitzungsberichte und Abhandlungen der Naturwissenschaftlichen Gesellschaft Isis in Dresden. Jahrg. 1900. Januar bis Juni. p. V—XIII.)

Nomenclatur, Pflanzennamen, Terminologie etc.:

Hallier, Hans, Das proliferierende persönliche und das sachliche, konservative Prioritätsprinzip in der botanischen Nomenklatur. (Sep.-Abdr. aus **Hans Hallier,** Ueber Kautschuklianen und andere Apocyneen nebst Bemerkungen über Hevea und einem Versuch zur Lösung der Nomenklaturfrage. (Aus dem Jahrbuch der Hamburgischen Wissenschaftlichen Anstalten. XVII. 1899. 3. Beiheft: Arbeiten des Botanischen Museums. p. 55—64.) Hamburg 1900.

Kuntze, Otto, Exposé sur les congrès pour la nomenclature botanique et six propositions pour le congrès de Paris en 1900. 8°. 15 pp. Genève (impr. Romet) 1900.

Algen:

Heydrich, F., Weiterer Ausbau des Corallineensystems. Vorläufige Mittheilung. (Berichte der deutschen botanischen Gesellschaft. Bd. XVIII. 1900. Heft 7. p 310—317.)

Lemmermann, E., Beiträge zur Kenntniss der Planktonalgen. (Berichte der deutschen botanischen Gesellschaft. Bd. XVIII. 1900. Heft 7. p. 306—310.)

Winkler, Hans, Ueber den Einfluss äusserer Factoren auf die Theilung der Eier von Cystosira barbata. (Berichte der deutschen botanischen Gesellschaft. Bd. XVIII. 1900. Heft 7. p. 297—305. Mit 1 Holzschnitt.)

Pilze:

Oudemans, C. A. J. A., Contributions to the knowledge of some undescribed or imperfectly known Fungi. Part I. (Reprinted from Proceedings of the meeting of saturdy, June 30. 1900, Koninklijke Akad. van Wetenschappen te Amsterdam.) 4°. 17 pp. Pl. I—III.)

Flechten:

Monguillon, E., Catalogue des Lichens du département de la Sarthe. [Suite.] (Bulletin de l'Académie Internationale de Géographie Botanique. Année IX. Sér. III. 1900. No. 129/130. p. 199—208.)

Muscineen:

Mansion, Arthur, Supplément à la florule bryologique d'Ath et des environs. (Bulletin du cercle des naturalistes hutois. 1899. p. 73—78.)

Physiologie, Biologie, Anatomie und Morphologie:

Errera, Léo, Essais de philosophie botanique. (Revue de l'Université de Bruxelles. T. V. 1900. p. 545—561.)

Gaidukov, N., Ueber das Chrysochrom. (Berichte der deutschen botanischen Gesellschaft. Bd. XVIII. 1900. Heft 7. p. 331—335. Mit Tafel XI.)

Mac Farlane, W. D., Beiträge zur Anatomie und Entwickelung von Zea Mays. [Dissert.] gr. 8°. 78 pp. Göttingen (Vanderhoeck & Ruprecht) 1900. M. 1.90.

---

*) Der ergebenst Unterzeichnete bittet dringend die Herren Autoren um gefällige Uebersendung von Separat-Abdrücken oder wenigstens um Angabe der Titel ihrer neuen Publicationen, damit in der „Neuen Litteratur" möglichste Vollständigkeit erreicht wird. Die Redactionen anderer Zeitschriften werden ersucht, den Inhalt jeder einzelnen Nummer gefälligst mittheilen zu wollen, damit derselbe ebenfalls schnell berücksichtigt werden kann.

Dr. Uhlworm,
Humboldtstrasse Nr. 22.

Petitmengin, Marcel, Sur l'adaptation aux sols calcaires des plantes silicicoles. (Bulletin de l'Académie Internationale de Géographie Botanique. Année IX. Sér. III. 1900. No. 129/130. p. 194—195.)

Tschirch, A. und **Polacco, R.,** Ueber die Früchte von Rhamnus cathartica. (Archiv der Pharmazie. Bd. CCXXXVIII. 1900. Heft 6. p. 459—477.)

Tschirch, A. und **Weigel, G.,** Ueber den Harzbalsam von Larix decidua. (Lärchenterpentin.) [Schluss.] (Archiv der Pharmazie. Bd. CCXXXVIII. 1900. Heft 6. p. 401—410.)

Tschirch, A. und **Weigel, G.,** Ueber den Harzbalsam von Abies pectinata. (Strassburger Terpentin.) (Archiv der Pharmazie. Bd. CCXXXVIII. 1900. Heft 6. p. 411—427.)

Systematik und Pflanzengeographie:

Aléman, Jesús, Apuntes sobre la Tronadora, Tecoma mollis ó Bignonia stans. (Anales del Instituto Médico Nacional, Mexico. Tomo IV. 1899. No. 11. p. 197—203.)

Baum, H., Reiseberichte über die Runene-Sambasi-Expedition. (Der Tropenpflanzer. Jahrg. IV. 1900. No. 9. p. 447—458. Mit 3 Figuren.)

Daveau, Jules, Les Nélambos. (Extr. des Annales de la Société d'horticulture et d'histoire naturelle de l'Hérault.) 8°. 8 pp. Montpellier (imp. Hamelin frères) 1900.

Drude, O., Vorläufige Bemerkungen über die floristische Kartographie von Sachsen. (Abhandlungen der Naturwissenschaftlichen Gesellschaft Isis in Dresden. Jahrg. 1900. Januar bis Juni. p. 26—31.)

Jouve, J., Florule de Montmurat (Cantal). (Bulletin de l'Académie Internationale de Géographie Botanique. Année IX. Sér. III. 1900. No. 129/130. p. 187—194.)

Magnin, Ant., Archives de la flore jurassienne. No. 4 (juin 1900), No. 5 (juillet 1900), No. 6 (août 1900). (Université de Besançon. Institut Botanique. 1900. No. 7. p. 33—60.)

Preuss, P., Reiseberichte aus Centralamerika. (Der Tropenpflanzer. Jahrg. IV. 1900. No. 9. p. 444—447.)

Spalikovski, Ed., Encore le Gui. (Bulletin de l'Académie Internationale de Géographie Botanique. Année IX. Sér. III. 1900. No. 129/130. p. 180—181.)

Ule, E., Ueber weitere neue und interessante Bromeliaceen. (Berichte der deutschen botanischen Gesellschaft. Bd. XVIII. 1900. Heft 7. p. 318—327. Mit Tafel X.)

Teratologie und Pflanzenkrankheiten:

Capoduro, Marius, De la concrescence en botanique et en tératologie végétale. [Suite et fin.] (Bulletin de l'Académie Internationale de Géographie Botanique. Année IX. Sér. III. 1900. No. 129/130. p. 181—187. 3 fig.)

Castel-Delétrez, Georges, Destruction des chardons et des sanves par la sulfate d'ammoniaque. (Journal de la Société royale agric. de l'est de la Belgique. 1900. p. 112. — Bulletin hortic., agric. et apic. 1900. p. 130.)

Chevalier, Charles, Préparation de la boullie bordelaise. (Belgique hortic. et agric. 1900. p. 162—163.)

Dumont, R., Essais de destruction des moutardes ou sanves par les solutions ferriques et cupriques. (Coopération agric. 1900. No. 21.)

N. D. R., Schadelijke insecten in de dennenbosschen. (Landbode. 1900. p. 409—410.)

Parmentier, Paul, Sur la maladie des Sapins d'Arc-sous-Cicon (Doubs). (Université de Besançon. Institut Botanique. 1900. No. 7. p. 1—7.)

Medicinisch-pharmaceutische Botanik:

A.

Cicero, Ricardo E., Reglas á que debe sujetarse el estudio de las plantas nacionales reputados útiles por el vulgo para el tratamiento local de las enfermedades cutáneas. (Anales del Instituto Médico Nacional, Mexico Tomo IV. 1899. No. 11. p. 193—197.)

La Materia Médica Mexicana. — Tercera parte. (Anales del Instituto Médico Nacional. T. IV. 1899. No 11. p. 214.)

Nestler, A., Zur Kenntniss der hautreizenden Wirkung der Primula obconica Hance. (Berichte der deutschen botanischen Gesellschaft. Bd. XVIII. 1900. Heft 7. p. 327—331.)

Peyotes. — Datos para su estudio. (Anales del Instituto Médico Nacional, Mexico. T. IV. 1899. No. 11. p. 203—214. Lám. V—IX.)

Southall, Organic materia medica: Handbook treating of some of the more important animal and vegetable drugs made use of in medicine, incl. those contained in British Pharmacopoeia, for teachers, pharmaceutical and medical students, chemists, druggists, etc. 6th ed enl. by **John Barclay.** 8°. 8⁵/₈×5¹/₂. 364 pp London (Churchill) 1900. 7 sh. 6 d.

Tschirch, A. und **Hiepe, F.,** Beiträge zur Kenntniss der Senna. (Archiv der Pharmazie. Bd. CCXXXVIII. 1900. Heft 6. p. 427—449.)

Technische, Forst-, ökonomische und gärtnerische Botanik:

Abeille, M., La récolte de l'orge. (Petit journal du brasseur. 1900. p. 315—317.)

Arpin, Michel, Le riz dans la farine de froment. (Meunier. 1900. p. 52—53.)

Bauer, L., De la fumure spéciale de l'orge de brasserie. (Coopération agric. 1900. No. 9, 10)

Bauer, L., De la valeur culturale des différentes sortes de trèfles américains. (Coopération agric. 1900. No. 6, 7.)

Blin, Henri, Culture du maïs-fourrage dans la région du centre. (Agronome. 1900. p. 168—169, 195—196.)

Blumenau, H., Der Mangababaum (Hancornia speciosa Gomes) und dessen Kautschuk. (Der Tropenpflanzer. Jahrg. IV. 1900. No. 9. p. 440—444.)

Burvenich, Fréd., Sodanitraat voor boomteelt. (Tijdschrift over boomteelt. 1900 p. 114—117.)

Castanet et **Léveillé,** Les plantes utiles de la Mayenne. [Suite.] (Bulletin de l'Académie Internationale de Géographie Botanique. Année IX. Sér. III. 1900. No. 129/130. p. 195—198.)

Dammer, Udo, Zur Weinbaufrage in den deutschen Kolonien. (Der Tropenpflanzer. Jahrg. IV 1900. No. 9. p. 437—440.)

Daszewski, A. v., Der Einfluss des Wassers und der Düngung auf die Zusammensetzung der Asche der Kartoffelpflanze. [Dissert.] gr. 8°. 43 pp. Göttingen (Vanderhoeck & Ruprecht) 1900. M. 1.10.

De Caluwe, P., Nieuwe onderzoekingen over den invloed der perchloraten op den groei der gewassen. (Landbode. 1900. p. 383—386, 403—407.)

De Campine, Les maïs fourragers. (Belgique,hortic. et agric. 1900. p 166.)

De Nobele, L., Quelques mots sur l'échenillage. (Bulletin d'arboricult. et de floricult. potagère. 1900. p. 105—109.)

De Nobele, Composition chimique et valeur nutritive des principaux fruits. (Bulletin d'arboricult. et de floricult. potagère. 1900. p. 134—136.)

De Kerchove de Denterghem, Les engrais et les arbres fruitiers. (Bulletin d'arboricult. et de floricult. potagère. 1900. p. 130—134.)

Grandeau, L., La distribution des engrais phosphatés et la culture de la betterave. (Journal de la Société agricole du Brabant-Hainaut. 1900. p. 459—461.)

Huberty, Jules, Le nitrate de soude en sylviculture. (Bulletin de la Société centrale forest. de Belgique. 1900. p. 193—210, 295—304.)

Kümpel, J., Das Fermentieren und Waschen des Kaffees. (Der Tropenpflanzer. Jahrg. IV. 1900. No. 9. p. 435—436.)

Lauenstein, D., Der deutsche Garten des Mittelalters bis um das Jahr 1400. [Dissert.] gr. 8°. 51 pp. Göttingen (Vanderhoeck & Ruprecht) 1900. M. 1.20.

Malpeaux, Les meilleurs orges de printemps. (Coopération agric. 1900. No. 12, 13.)

Mellier, E., Les engrais complets sur blé en couverture. (Coopération agric. 1900. No. 18.)

Morvillez, A., Culture du maïs-fourrage; un bon fourrage que l'on peut utiliser, en totalité ou partiellement comme engrais vert. (Coopération agric. 1900. No. 20.)

Pipers, P., Pour avoir des fruits. (Agronome. 1900. p. 195. — Union. 1900. p. 280.)
Preyer, Axel, Die Kautschukkultur auf den Pamanukan- und Tjiasem-Landen in Java. (Der Tropenpflanzer. Jahrg. IV. 1900. No. 9. p. 428—435. Mit 2 Figuren.)
Rousse, Numa, Le superphosphate azoté. (Coopération agric. 1900. No. 14.)
Smets, G., Het gebruik der scheikundige meststoffen in België. (Landman. 1900. No. 23.)
Statistische **Tabellen** über Production, Handel, Consum, Preise, Frachtsätze und Kündigungen. (Das Getreide im Weltverkehr. Vom k. k. Ackerbauministerium vorbereitete Materialien für die Enquête über den börsenmässigen Terminhandel mit landwirtschaftlichen Producten. Teil 1.) Fol. XXIII, 859 pp. Wien (Wilh. Frick in Komm.) 1900.
Thoms, H., Analyse der Früchte des Mkomavibaumes (Carapa) aus dem Rufidji-Delta in Deutsch-Ostafrika. (Der Tropenpflanzer. Jahrg. IV. 1900. No. 9. p. 436—437.)
Van den Berck, L., La culture de l'avoine. (Coopération agric. 1900. No. 9.)
Van Romburgh, P., Caoutchouc en Getah-Pertja in Nederlandsch-Indië. (Mededeelingen uit 'S Lands Plantentuin. XXXIX.) 4°. 209 pp. Batavia (G. Kolff & Co.) 1900.
Wagner, La fumure des arbres fruitiers. (Belgique hortic. et agric. 1900. p. 147—148.)

Personalnachrichten.

Prof. Dr. **Oskar Loew** in Washington hat zum zweiten Male einen Ruf als Professor der Agriculturchemie an die Universität Tokio erhalten und die Berufung angenommen.

Gestorben: Prof. Dr. **Albert Bernhard Frank**, Kaiserl. Geh. Regierungsrath und Vorsteher der biologischen Abtheilung im Kaiserl. Gesundheitsamte zu Berlin, am 27. September, im 62. Lebensjahre.

Inhalt.

Ausgegeben: 3. October 1900.

Druck und Verlag von Gebr. Gotthelft, Kgl. Hofbuchdruckerei in Cassel.

Band LXXXIV. No. 3. XXI. Jahrgang.

Botanisches Centralblatt.

REFERIRENDES ORGAN

für das Gesammtgebiet der Botanik des In- und Auslandes.

Herausgegeben unter Mitwirkung zahlreicher Gelehrten

von

Dr. Oscar Uhlworm und **Dr. F. G. Kohl**

in Cassel in Marburg

Nr. 42. | Abonnement für das halbe Jahr (2 Bände) mit 14 M. durch alle Buchhandlungen und Postanstalten. | 1900.

Die Herren Mitarbeiter werden dringend ersucht, die Manuscripte immer nur auf *einer* Seite zu beschreiben und für *jedes* Referat besondere Blätter benutzen zu wollen. Die Redaction.

Wissenschaftliche Originalmittheilungen.*)

Ueber Bastardirungsexperimente zwischen einigen *Hepatica*-Arten.

Von

Prof. **Friedrich Hildebrand**,

Freiburg i. Br.

Schon im Jahre 1890 begann ich Bestäubungen zwischen einigen Arten der Gattung *Hepatica* vorzunehmen, um zu erkunden, ob hier die Bastardirung möglich sei, und welche Eigenschaften die etwa sich ergebenden Bastarde zeigen würden. Solche kamen nun auch wirklich in mehreren Fällen zu Stande, sie wuchsen aber meist sehr langsam, so dass der Abschluss der Experimente und Beobachtungen sich sehr in die Länge zog. Schliesslich ergab es sich, dass die Resultate die viele langjährige Mühe nicht sonderlich lohnten, so dass ich fast Anstand nahm, dieselben mitzutheilen, ich möchte aber doch meine Beobachtungen nicht ganz umsonst gemacht haben, welche vielleicht doch für manchen von einigem Interesse sind.

Zu den Experimenten wurden benutzt unsere *Hepatica triloba* mit blauen und mit weissen Blüten, die blaublütige *Hepatica angulosa* und die weissblütige *Hepatica acutiloba* (*americana*).

---

*) Für den Inhalt der Originalartikel sind die Herren Verfasser allein verantwortlich. Red.

Sowohl an den Blättern, als auch an den Blüten sind diese drei Arten leicht von einander zu unterscheiden:

Bei *Hepatica triloba* sind die Blätter dreilappig, und die Lappen sind nach ihrem Ende zu etwas abgerundet, während bei *Hepatica acutiloba* die drei Lappen spitz zulaufen und sehr oft einer oder beide untere Lappen nach dem Blattstiele zu noch einen kleinen Lappen zeigen. Die Blattlappen sind bei beiden Arten ganzrandig, während sie bei *Hepatica angulosa* mit tiefen, regelmässig gestellten Kerben versehen sind, was diesen Blättern ein sehr charakteristisches Aussehen giebt, während die Blätter von *Hepatica triloba* und *acutiloba* sich nicht ganz so auffällig von einander unterscheiden. Bei *Hepatica triloba* und *acutiloba* ist die Oberseite der Blätter manchmal hell und dunkel marmorirt, was bei *Hepatica angulosa* sich niemals beobachten liess.

An den Blüten zeigen die Vorblätter nicht sehr auffällige Verschiedenheiten, nur ist hier zu bemerken, dass bei *Hepatica acutiloba* manchmal sich deren 4 oder 5 finden, anstatt der sonstigen 3 der beiden anderen Arten.

Die Anzahl der Kelchblätter ist bei *Hepatica angulosa* grösser, als bei *Hepatica triloba* und *acutiloba*, dafür sind diese zahlreicheren Kelchblätter aber schmäler und länger. Genauere Zahlenverhältnisse anzugeben und Mittel aus den Messungen zu ziehen, unterlasse ich, da dies nicht von wesentlicher Bedeutung ist.

Hauptsächlich ist es die Farbe, welche bei den Kelchblättern der drei Arten verschieden ist: bei *Hepatica triloba* — welche auch manchmal in den Gärten mit weisslichen Blüten vorkommt — ist das Blau dunkler, als bei *Hepatica angulosa*, während das für *Hepatica acutiloba* charakteristische Weiss theils ganz rein ist, theils einen verschieden starken rosa Anflug hat.

Die Wachsthumsverhältnisse der drei Arten sind vollständig gleich.

Die verschiedenen Vereinigungen der genannten drei Arten ergaben nun folgende Resultate:

Mit der Bestäubung von *Hepatica triloba* mit dem Pollen von *Hepatica angulosa* wurde zuerst im März und April 1890 angefangen, und da dieselbe von Erfolg war, so wurden in demselben und in den folgenden Jahren weitere Kreuzungen vorgenommen. Da alle *Hepatica*-Arten protogynisch sind, so war es nicht schwierig, die Bestäubungen anzustellen, und da die Insecten zur Blütezeit der Pflanzen im Gewächshause noch nicht vorhanden waren, so wurde es nicht nöthig, die Blüten von der freien Luft abzuschliessen, was sonst vielfach dem Fruchtansatz nachtheilig ist.

Nach der Bestäubung der *Hepatica triloba* mit dem Pollen von *Hepatica angulosa* zeigte sich bald nach dem Abfallen der Kelchblätter ein Umbiegen der Blütenstiele, während bei unbestäubten Blüten die Stiele bis zum Welken aufrecht blieben. Es folgte nun ein ziemlich starker Fruchtansatz, und Anfangs Mai reiften die Früchte in den fünf bestäubten Blüten zu 10, 18, 12,

16, 9. Sie wurden sogleich gesäet, worauf im Frühjahr 1891 die Keimlinge mit zwei länglichen Kotyledonen über der Erde erschienen, an welche sich, wie bei allen *Hepatica*-Arten, in der ersten Wachsthumsperiode keine Laubblätter anschlossen, sondern nur einige, den Gipfel der Pflanze schützende Knospenschuppen. Als dann im Frühjahr 1892 die ersten Laubblätter auftraten, zeigte es sich, dass die Bastardirung gelungen war, und der Pollen von *Hepatica angulosa* von Einfluss gewesen, denn die drei Lappen dieser Laubblätter waren nicht ganzrandig, wie bei *Hepatica triloba*, sondern hatten jeder 1—2 Einkerbungen, neigten also zu den mehrfach gekerbten Blattlappen der *Hepatica angulosa*.

Erst im Frühjahr 1895 waren die Sämlinge durch die Assimilation der jährlich sich weiter bildenden Mittelstufen der Blätter so weit erstarkt, dass sie zum Blühen kamen. An den Blüten standen die Kelchblätter in Bezug auf die Länge im Mittel zwischen den beiden Eltern, in Bezug auf die Breite neigten sie mehr zu *Hepatica angulosa*. Ihre Zahl schwankte zwischen 6 und 9, meistens waren es 7 oder 8, also mehr als bei *Hepatica triloba*, weniger als bei *Hepatica angulosa*.

Die blaue Farbe der Kelchblätter stand meist ungefähr in der Mitte zwischen dem helleren Blau der *Hepatica angulosa* und dem dunkleren der *Hepatica triloba*. Einer der Sämlinge bildete hiervon eine interessante Ausnahme, indem er nicht eine Mittelnüance des Blau zeigte, sondern es wechselten hellere und dunklere Streifen auf den Kelchblättern ab; in den einen Blättern war das Hellblau der *Hepatica angulosa*, in anderen das dunklere Blau der *Hepatica triloba* mehr vorwiegend. Besonders interessant war es nun aber, dass an diesem gleichen Bestand im nachfolgenden Jahre, 1896, die Kelchblätter nicht gestreift waren, sondern ganz gleichmässig hellblau gefärbt, ungefähr in der Nüance von *Hepatica angulosa*, was auch im Jahre 1897 der Fall war. Darauf trug im Frühjahr 1898 dieselbe Pflanze sehr viele Blüten, bei denen allen die Kelchblätter viel heller blau waren als bei *Hepatica angulosa*, was auch im Frühjahr 1900 der Fall war. Es zeigte sich hier also ein interessanter Farbenwechsel der Blüten an einem und demselben Bastard im Laufe der verschiedenen aufeinander folgenden Vegetationsperioden.

Ein anderer Bastard brachte einstweilen nur wenige Blüten, deren Kelchblätter im Jahre 1896 am Rande hellblau waren, wie bei *Heptica angulosa* und in der Mitte einen dunkelblauen Streifen hatten, von der Nüance der *Hepatica triloba*. In den folgenden Jahren trat dann der dunkler blaue Mittelstreifen weniger stark hervor.

In Bezug auf die Schönheit der Blüten muss gesagt werden, dass alle diese Bastarde beide Eltern in derselben übertrafen.

Auch wenn die *Hepatica triloba flore albo* mit dem Pollen der *Hepatica angulosa* bestäubt wurde, was im Frühjahr 1890 geschah, gab es einen reichen Fruchtansatz; es bildeten sich nämlich aus 4 Blüten 15, 15, 17, 10 Früchtchen, und die aus diesen erwachsenden Sämlinge zeigten ein besonders starkes Wachsthum. Im Jahre 1892 bildeten sich viele Blätter, welche in der Form denen von *Hepatica angulosa* fast vollständig glichen, in der Farbe aber dadurch abwichen, dass sie auf der Oberseite hellere Flecken zeigten, welche ja bei der *Hepatica triloba* öfter vorkommen, bei *Hepatica angulosa* aber nie beobachtet wurden. Trotz ihrer Kräftigkeit kamen die Bastarde erst im Frühjahr 1897 zum Blühen. Die Blüten zeichneten sich nun durch besondere Schönheit vor allen anderen, bei den Experimenten erzogenen Pflanzen aus. Alle hatten blaue Kelchblätter, 6 – 9 an Zahl, von verschiedenen Nüancen des Blau; theils waren sie noch heller blau als bei *Hepatica angulosa,* dabei mit Seidenglanz, theils noch dunkler blau, als bei *Hepatica triloba*, andere zeigten verschiedene Nüancen zwischen dem helleren Blau der *Hepatica angulosa* und dem dunkleren Blau der *Hepatica triloba.* Keiner der Sämlinge zeigte die abnorme weisse Farbe der mütterlichen Blüten, welche durch die Bastardirung ganz unterdrückt war. Breite und Länge der Kelchblätter lag im Mittel zwischen den betreffenden Verhältnissen der beiden Eltern, wodurch die Blüten besonders ansehnlich wurden. Man hätte kaum erwartet, dass die unscheinbare weissblütige *Hepatica triloba* so schönblütige Sämlinge geben würde.

Es wurde nun weiter im Frühjahr 1890 die zu den zuerst besprochenen Bastardirungen in umgekehrtem Verhältniss stehenden vorgenommen, nämlich Pollen von *Hepatica triloba* auf die Narben von *Hepatica angulosa* gebracht, was aber von sehr geringem Erfolg war. Die Narben der bestäubten Blüten schwärzten sich zwar bald, es schwollen aber nur in einem Falle einige Fruchtknoten an, und Ende April kamen nur 2, scheinbar gute Früchtchen zur Reife, welche aber, obgleich sie sogleich gesät wurden, im nächsten Frühjahr nicht aufgingen. In diesem, 1891, wiederholte, gleichartige Bestäubungen waren von nicht viel besserem Erfolge; in den 10 bestäubten Blüten bildeten sich 0, 0, 0, 0, 0, 1, 1, 2, 2, 2 Früchtchen, aus denen im Frühjahr 1892 (wo die gleichen Bestäubungen ohne allen Erfolg blieben) nur 3 schwache Pflanzen aufgingen, von denen sehr bald 2 verdarben, so dass also nach allen Bestäubungen nur 1 Sämling erzogen werden konnte. Dieser entwickelte in der Folgezeit Blätter, welche an ihren 3 Lappen verschiedene Kerbungen zeigten, aber nicht so viele, wie bei *Hepatica angulosa*, so dass also der Einfluss des Pollens von *Hepatica triloba* zu erkennen war. Die Pflanze kam erst 1897 zum Blühen, und die einzige Blüte stand in Beziehung auf Form und Anzahl der Kelchblätter im Mittel zwischen den beiden Eltern. Die Farbe der Kelchblätter war hellblau, wie bei *Hepatica angulosa*, aber nach der Basis hin etwas dunkler. Im Jahre 1898 zeigten sich weitere Blüten, deren Kelchblätter gleichmässig blau gefärbt waren, und zwar heller, als die von *Hepatica angulosa.* Im Frühjahr 1900 brachte dieselbe Pflanze nur drei Blüten von der früheren Farbe.

Hieraus ergiebt sich, dass zwischen *Hepatica triloba* und *angulosa* nur dann erfolgreiche Bestäubungen sich vornehmen liessen, wenn der Pollen von *Hepatica angulosa* auf die Narbe von *Hepatica triloba* gebracht wurde, während die umgekehrte Kreuzung meist ganz erfolglos war, und aus ihr nur ein schwächlicher Bastard erzogen werden konnte.

Während nun die Bestäubung von *Hepatica angulosa* mit der gewöhnlichen blauen *Hepatica triloba* doch wenigstens einen kleinen Erfolg hatte, so war ein solcher gar nicht vorhanden, wenn der Pollen der weissblütigen *Hepatica triloba* auf die Narbe von *Hepatica angulosa* gebracht wurde, was dreimal, nämlich in den Jahren 1890, 1891 und 1893, bewerkstelligt wurde. Nach diesen vergeblichen Versuchen erschien es unnöthig, weitere neue anzustellen.

Als hingegen der Pollen von *Hepatica triloba fl. alb.* auf die Narbe der gewöhnlichen blauen *Hepatica triloba* gebracht wurde, was in zwei verschiedenen Jahren, nämlich 1890 und 1893, geschah, so zeigte es sich, dass in einigen Fällen dieser Pollen wirksam war, wenn sich auch nur verhältnissmässig wenig Früchte ausbildeten. Aus diesen wurden 15 Pflanzen erzogen, welche sich nun alle im Laufe der Zeit blaublütig zeigten; das Blau hatte aber die verschiedensten Nuancen, was wohl anzeigt, dass hier nicht etwa eine Selbstbestäubung der blauen *Hepatica triloba* vorgefallen war.

Kein einziger Sämling war weissblütig, so dass also in dieser Beziehung der Pollen des weissblütigen Vaters keinen durchschlagenden Einfluss geübt hatte.

Weiter wurden im Frühjahr 1891 Blüten von *Hepatica triloba* mit dem Pollen von *Hepatica acutiloba* bestäubt, was die Bildung von 20 Früchtchen zur Folge hatte. Obgleich diese nun sogleich nach der Reife gesät wurden, so gingen dieselben merkwürdiger Weise im nächsten Frühjahr noch nicht auf, sondern erst im Frühjahr 1893, was wohl mit durch die ungewöhnliche Bestäubung hervorgebracht war. Dabei war es interessant, dass an mehreren der aufgehenden Sämlinge sich sogleich ein erstes Laubblatt an die Kotyledonen anschloss, gleichsam als Ersatz dafur, dass die Früchtchen so lange geruht hatten.

Bei gleicher, im Frühjahr 1892 vorgenommener Bestäubung der blauen *Hepatica triloba* mit dem Pollen der weissen *Hepatica acutiloba* wurden von 3 Blüten 15 Früchtchen geerntet, welche nun aber, im Gegensatz zu den im Jahre 1891 erzielten, sogleich im Frühjahr 1893 aufgingen, jedoch nun, ausser den beiden Kotyledonen, in der ersten Vegetationsperiode kein Laubblatt bildeten. Leider wurden die meisten Keimlinge von Schnecken abgefressen. Die übrig gebliebenen zeigten nun in der Folgezeit in ihren Blättern sehr deutlich die stattgehabte Bastardirung, und zwar derartig, dass man die Pflanzen für reine *Hepatica acutiloba* hätte halten können. Diese Blätter übertrafen an Grösse meist diejenigen der *Hepatica acutiloba*, in Gestalt waren sie diesen, wie gesagt, ganz gleich; einzelne der Exemplare hatten aber nur

Blätter mit 3 ganzrandigen, zugespitzten Lappen, während bei anderen sich ausser solchen Blättern andere bildeten, deren seitliche Lappen — entweder beide oder nur der eine — zweilappig waren, ein Verhältniss, wie es sich auch an der reinen *Hepatica acutiloba* findet, wo zwar die meisten Blätter 3, nur ganzrandige Lappen haben, aber auch hier und da sich solche mit einem oder zwei gelappten Seitenlappen finden.

Während nun die Blätter der Bastarde sich kaum von denen des Vaters, der *Hepatica acutiloba,* unterschieden — abgesehen von der starken Grösse — so waren die Blüten denen der Mutter, der *Hepatica triloba,* fast ganz gleich. Nur selten zeigten sich an ihnen anstatt der 3 Vorblätter der *Hepatica triloba* deren 4, wie dies manchmal bei *Hepatica acutiloba* der Fall ist; die Farbe der Kelchblätter war aber überall ebenso blau, wie bei *Hepatica triloba,* so dass man diese Pflanzen, wenn sie nur erst die Blüten hatten, im Frühjahr für reine *Hepatica triloba* hätte halten können, während sie nachher in den Blättern mit *Hepatica acutiloba* hätten verwechselt werden können.

Es liegt hier also eines der Beispiele vor, wo bei Bastardirungen die Bastarde in den Blättern vorwiegend dem einen Elter vollständig gleichen, in den Blüten aber vollständig dem anderen.

Die zu der vorstehenden Bastardirung in Bezug auf die Eltern in umgekehrtem Verhältniss stehende brachte fast ganz gleiche Resultate. Es wurde im Frühjahr 1892 die *Hepatica acutiloba* mit dem Pollen von *Hepatica triloba* bestäubt, und die aus dieser Bestäubung sich bildenden 16 und 13 Früchtchen sogleich nach der Reife gesät. Dieselben gingen im März 1893 auf, und es kamen nun 12 Sämlinge zu näherer Beobachtung. Diese verhielten sich in den Blättern ganz ähnlich denen von *Hepatica acutiloba,* auch in der Grösse, wichen also in letzterer von den soeben beschriebenen Bastarden ab, nur einige Exemplare hatten kleinere, andere etwas grössere Blätter, in Form waren sie diesen ganz gleich, theils mit nur drei spitzen ungetheilten Lappen, theils waren die seitlichen Lappen beide oder nur einer wieder gelappt.

Die Blüten erschienen an den Exemplaren von 1894 ab und zeigten auch nur die blaue Farbe in den Kelchblättern, niemals die weisse oder röthliche der *Hepatica acutiloba,* so dass die Pflanzen im Frühjahr vor dem Erscheinen der Blätter aussahen, als ob sie reine *Hepatica triloba* seien, während sie später nach dem Erscheinen der Blätter von *Hepatica acutiloba* nicht zu unterscheiden waren.

Anders verhielten sich nun in der Blütenfarbe solche Bastarde zwischen *Hepatica triloba* und *acutiloba,* bei deren Entstehung nicht die gewöhnliche blaue, sondern die weissblütige *Hepatica triloba* mitgewirkt hatte. Die Blätter verhielten sich ganz ähnlich, wie bei den soeben beschriebenen Bastardreihen, die Blüten waren hingegen alle ausnahmslos weiss, mit mehr oder weniger starkem rosa Anflug.

Die Bestäubung der *Hepatica triloba flore albo* mit *Hepatica acutiloba*, welche im Frühjahr 1892 vorgenommen wurde, ergab aus den 4 bestäubten Blüten 8, 11, 7, 12 Früchtchen, aus denen im Frühjahr 1893 viele Keimlinge aufgingen, deren Blätter in der Folgezeit denen von *Hepatica acutiloba* sehr ähnlich waren; doch waren hier nur in höchst seltenen Fällen einzelne der beiden seitlichen Lappen zweilappig. Die Blüten waren bei allen sehr klein und unansehnlich, die Farbe der kleinen Kelchblätter meist rein weiss, selten aussen rosa angehaucht.

Nach umgekehrter Bestäubung, d. h. Belegung der Narbe von *Hepatica acutiloba* mit dem Pollen der *Hepatica triloba flore albo*, entstanden ganz ähnliche Bastarde. Es ergaben sich nach dieser Bestäubung im Frühjahr 1893 aus 9 Blüten 10, 11, 8, 8, 10, 5, 12, 6, 8 Früchtchen, und die zus ihnen erzogenen Sämlinge hatten Blätter, welche denen der vorher beschriebenen Bastarde ganz gleich waren, auch hier war von den drei zugespitzten Lappen sehr selten einer zweilappig. Die kleinen Blüten hatten entweder rein weisse Kelchblätter, oder diese waren aussen, manchmal auch innen, mehr oder weniger rosa angehaucht.

An diesen beiden Reihen von Bastarden zeigt sich die Eigenthümlichkeit, dass die weisse oder röthlich angehauchte Farbe der beiden Eltern in den Bastarden allein auftrat und kein Rückschlag zu Blau sich zeigte, während bei der Bestäubung zwischen der *Hepatica acutiloba* und der normalen blauen *Hepatica triloba* die Farbe der letzteren allein in den Bastarden zum Vorschein kam und die weisse oder röthliche der *Hepatica acutiloba* ganz unterdrückt war.

Es bleiben nun noch die Bastardirungen zu besprechen, bei denen *Hepatica angulosa* in Mitwirkung kam, abgesehen von den schon oben angeführten, zwischen *Hepatica triloba* und *angulosa* vorgenommenen.

Im Frühjahr 1893 wurden 5 Blüten von *Hepatica angulosa* mit dem Pollen von *Hepatica acutiloba* bestäubt, der Erfolg war aber nur ein sehr geringer, indem sich in den einzelnen Blüten nur 0, 0, 2, 4, 3 Früchtchen ausbildeten, von diesen 9 Früchtchen wurden nur 2 Keimlinge gross, deren Blätter denen von *Hepatica angulosa* ganz gleich waren, so dass man hätte glauben können, es sei hier keine Bastardirung eingetreten, sondern Selbstbestäubung der *Hepatica angulosa*; jedoch waren in den Blüten die Kelchblätter etwas breiter und kürzer, als bei *Hepatica angulosa*, auch dunkler blau, als diese und dazu schwach marmorirt. Die gleichen, schon im Jahre 1892 vorgenommenen Bestäubungen von 3 Blüten der *Hepatica angulosa* mit dem Pollen von *Hepatica acutiloba* hatten gar keine keimfähigen Früchte geliefert, so dass eine derartige Vereinigung nur schwer möglich zu sein scheint.

Die im Frühjahr 1891 und 1892 vorgenommenen Bestäubungen der *Hepatica acutiloba* mit dem Pollen von *Hepatica angulosa* waren nun zwar von besserem Erfolge, als die soeben angegebenen, denn es bildeten sich in 4 Blüten 16, 15, 8, 9 Früchtchen aus, von denen auch ein Theil aufging, leider aber durch Schnecken zerstört wurde, so dass nur ein schwacher Sämling übrig geblieben ist, dessen Blätter denen von *Hepatica angulosa* sehr ähnlich sind.

Bei einem Rückblick auf das Vorstehende erscheint es überflüssig, anzugeben, welche Bastardirungen zwischen den drei genannten Arten der Gattung *Hepatica* und in wie starkem Grade gelangen und welche nicht, da dies leicht aus dem mit Absicht kurz gehaltenen Bericht über die Experimente ersichtlich ist; hingegen sei auf einige andere Punkte hier noch aufmerksam gemacht.

Das Vorwiegen, der hervortretendere, stärkere Einfluss der einzelnen Arten bei ihrer Vereinigung, war ein sehr verschiedenes. In Bezug auf die Blattform hatte *Hepatica angulosa* den stärksten Einfluss, denn überall traten seine Blätter dort auf, wo sie einer der beiden Eltern gewesen war. Erst in zweiter Linie machte sich der Einfluss von *Hepatica acutiloba* geltend, während der Einfluss von *Hepatica triloba* auf die Blattform in keiner seiner Vereinigungen sich bemerklich machte.

Anders war es mit der Blütenfarbe, indem das Weiss der *Hepatica acutiloba* bei den Vereinigungen mit den blaublütigen Arten immer unterdrückt wurde und nur in dem Falle blieb, wo eine Vereinigung mit der *Hepatica triloba fl. alb.* stattgefunden hatte, während das Weiss nicht zur Geltung kam, wenn eine Vereinigung mit der normalen blaublütigen *Hepatica triloba* vorgenommen war.

Die Bastarde wurden mehrere Jahre hintereinander beobachtet, ihre Eigenschaften registrirt und Blätter sowohl wie Blüten von ihnen zur späteren Vergleichung eingelegt, welche Vorkehrungen jetzt ergeben haben, dass kier keine Veränderung am Individuum im Laufe der Zeiten stattgefunden hat, nur mit Ausnahme des oben p. 67 erwähnten Falles, wo ein Bastard von *Hepatica angulosa* × *triloba* im ersten Jahre Blüten hatte, deren Kelchblätter dunkel und hellblau gestreift waren, während in den folgenden Jahren das Blau ein gleichmässiges war, und zwar heller, als das von *Hepatica angulosa*, so dass hier nun eine Farbe aufgetreten war, welche keiner der beiden Eltern hatte.

Wie eine abnorme Blütenfarbe dadurch in den Nachkommen verschwindet, wenn eine Vereinigung der betreffenden Pflanze mit einer anderen, deren Farbe normal ist, stattfindet, zeigen die angegebenen Beispiele der Vereinigung der normal blaublütigen *Hepatica triloba* mit der abnorm weissblütigen.

Verzeichniss der vorgenommenen Bastardirungen:

Hepatica triloba,
bestäubt mit *H. angulosa* S. 66.
" " *acutiloba* S. 69.
" " *triloba fl. alb.* S. 69.
Hepatica triloba fl. alb.
bestäubt mit *H. triloba* (siehe Nachtrag, S. 96).
" " *angulosa* S. 67.
" " *acutiloba* S. 71.

Hepatica angulosa
bestäubt mit *H. triloba* S. 68.
" " *H. triloba fl. alb.* S. 69.
" " *H. acutiloba* S. 71.
Hepatica acutiloba,
bestäubt mit *H. triloba* S. 70.
" " *H. triloba fl. alb.* S. 71.
" " *H. angulosa* S. 71.

12. Juli 1900.

Zur Anatomie der monopodialen *Orchideen.*

Von
Ludwig Hering
in Cassel.

Mit 3 Tafeln.

(Fortsetzung.)

Bei *V. Hookeriana* und *V. teres*, den beiden Vertretern der zweiten Gruppe, ist das Aussehen des Querschnittes sehr übereinstimmend. Der einzige stark hervortretende Unterschied besteht in dem verschiedenartigen Bau der Cuticula.

Dieselbe ist bei *V. Hookeriana* dünn, nach aussen glatt oder meist runzlig, nach innen springt sie mit dünnen keilförmigen Zapfen weit zwischen die rundlichen, etwas tangential verlängerten Oberhautzellen ein. Vereinzelt finden sich Spaltöffnungen. Die Cuticula von *V. teres* ist dick und verläuft über den nach aussen ziemlich stark gewölbten Epidermiszellen. Sie hat über der Mitte der letzteren eine sich plötzlich erhebende Kuppe ausgebildet (Fig. 1, Taf. II). Nach innen springt sie auch mit keilförmigen Zapfen zwischen die Oberhautzellen ein. Bemerkenswerth ist die innere Struktur der Cuticula. Letztere ist mit äusserst kleinen, unter sich fast gleich grossen Lücken versehen, welche meist in grosser Zahl auftreten und vielfach in einer oder zwei Reihen angeordnet sind. Diese verlaufen etwa in der Mitte der Cuticula parallel zu der äusseren tangentialen Epidermiszellwand. Aehnliche Lücken treten auch mit mehr radial gestreckten Formen in der Kuppe auf. Sie liegen bis zu fünf in einer Reihe neben einander. Der Flächen und Längsschnitt lässt erkennen, dass diese Höhlungen nach allen drei Dimensionen fast gleich ausgebildet sind.

Die Membranen der Epidermiszellen sind bei beiden Arten in so hohem Grade durch Holzlamellen verdickt, dass von einem Zelllumen meist nichts mehr wahrzunehmen ist. In einzelnen Fällen war ein Theil der verholzten Membran desorganisirt, so dass nur noch einzelne Bogen, aus mehreren verholzten Membranlamellen bestehend, von einer Radialwand zur anderen verliefen (Fig. 1, Taf. II).

Entsprechend der bei *V. Hookeriana* bis zu 6, bei *V. teres* bis zu 12 Zelllagen breiten unverholzten Rinde hat die erstere Art bis zu 2, die zweite bis zu 5 verholzte Schichten.

Bei *V. teres* wird von der dritten Schicht ab das Lumen der Zellen allmählich grösser, die bis dahin stark verbogenen Radialwände werden gerader, und die letzte Schicht hat schliesslich die von früher bekannte Form.

Bei *Hookeriana* schliesst sich die zweite Schicht ohne Uebergänge an die letzte an.

Sämmtliche verholzten Membranen zeigen bei starker Vergrösserung eine feine Schichtung.

Die ursprüngliche Wand der Epidermiszellen ist ohne Hülfsmittel, oder besser durch Färben mit Methylgrün zu sehen.

Durch Schwefelsäure konnte diese Wand isolirt werden, während die verholzten Membranen gelöst wurden.

Bemerkenswerth sind bei *Vanda teres* die in der Cuticula reihenweise erscheinenden kleinerer Höhlungen, zwischen denen dünne kurze Bänder nach dem Zellraum hin verlaufen (Fig. 1. Taf. II).

Das an die verholzten Zellen angrenzende Rindengewebe ist bei beiden Arten dünnwandig, parenchymatisch, oft sehr platt gedrückt, lässt Intercellularen frei und liegt in nicht ganz regelmässigen tangentialen Reihen.

Durch Wandverdickung oder Grösse auffallende Elemente sind nicht vorhanden.

Die Zellen des äusseren parenchymatischen Bündelcylindergrundgewebes sind verdickt und grenzen an einen geschlossenen Ring aus stark dickwandigem, verholztem parenchymatischem Gewebe. Dieser Ring ist etwa 8 bis 10 Zelllagen stark und grenzt nach innen an dickwandiges nicht verholztes Grundgewebe. Letzteres geht nach der Mitte allmählich in dünnwandiges und schliesslich in zartwandiges grosszelliges Markgewebe über. Im Querschnitt sind die Zellen des Grundgewebes rundlich oder polygonal isodiametrisch, dabei Intercellularen freilassend. Im Längsschnitt fallen die Zellen ausser denen des Markes durch ihre Länge und parallele Begrenzung auf.

Die zahlreichen Bündel sind bei beiden Arten fast sämmtlich auf den breiten Ring beschränkt und ziemlich regelmässig vertheilt.

Ausserhalb des Ringes treten die Bündel nur spärlich auf, bei *V. Hookeriana* das Mark und das äussere Gewebe ganz freilassend. Bei *V. teres* finden sich vereinzelt Bündel in dem dünnwandigen Rindengewebe, sowie wenige im Mark.

Die einzelnen Bündel der beiden Arten haben mit Ausnahme der nicht ringständigen bei *V. teres* stark ausgebildete Sklerenchymscheiden, die nur den Siebtheil bedecken.

Der Xylemtheil ist namentlich bei *V. Hookeriana* durch ein auffallend grosses, im Querschnitt polygonales Gefäss ausgezeichnet. Sclerenchymbrücken sind bei beiden Arten nicht vorhanden.

Etwa in der Mitte des Bündelcylinders sieht man Bündel, die durch ihre wenigzellige Sclerenchymscheide und die radial verlängerte Form, namentlich des Gefässtheiles, auffallen.

Dixon[1]) hat sehr eingehende Untersuchungen über den Verlauf der Blattspurstränge, sowie dei Bündel, welche aus Seitenwurzeln und Axelknospen in den Stamm bei *Vanda teres* eintreten, gemacht. Ueber den Ursprung der auffallenden Bündel in der Mitte des Ringes bemerkt er Folgendes: [2])

„Die Anordnung des Holzes (Xylems) der drei grossen Blattspuren bleibt in dem ersten Internodium mehr oder weniger unterschieden. Die Gefässe, drei oder vier an der Zahl, sind längs eines Radius angeordnet; die grössten sind dabei der Peripherie zugewendet. Auf jeder Seite der radialen Wände der Gefässe ist gewöhnlich eine einzige Lage von Holzparenchym. Der Bast dieser Bündel besteht aus wenigen Siebröhren und Begleitzellen. Auf der Aussenseite der Bündel befindet sich eine relativ kleine Sclerenchymscheide und in dieser Hinsicht erscheinen sie sehr verschieden von einigen Gefässbündeln in den äusseren Theilen, welche, ebenfalls aus nur einer oder zwei Siebröhren und wenigen Tracheen zusammengesetzt, Scheiden haben, die viel grösser sind, als diejenigen der Bündel. Die Fasern, welche diese Sclerenchymscheide bilden, haben besonders dicke Wände."

Die Untersuchungen über den allgemeinen Bau des Stammes von *V. teres* haben bei Dixon dieselben Resultate ergeben, wie ich sie gefunden habe. Er bemerkt darüber: [3])

„Wenn man den Querschnitt eines gut entwickelten Internodiums untersucht, sieht man, dass die Bündel in einem ringförmigen Raume liegen, welcher von der Epidermis durch ein weitzelliges Parenchym von mehreren Lagen getrennt ist und einen centralen Raum parenchymatisches Gewebe einschliesst. Die ringförmige Gewebezone, in welcher sich die Bündel befinden, ist verholzt. Diese Differenzirung in „Rinden"-, „Holz"- und „Mark"-Zonen wird indessen in der Hauptaxe einer Inflorescenz noch deutlicher beobachtet, Die Elemente dieses Holzcylinders bewahren ihren zelligen Charakter und ist Stärke in ihnen aufgespeichert."

Die in der Dixon'schen Arbeit nun folgenden Untersuchungen über die auch von mir beobachteten rinden- und markständigen Bündel ergeben, dass letztere die medianen Bündel der Blätter sind, während erstere die kleineren der etwa 17 in zwei verschiedenen Grössen aus einem Blatt in den Stamm eintretenden Bündel vorstellen.

Die eigenartige Ausbildung der Cuticula, sowie der verholzten Epidermis und Rindenzellen habe ich in der Dixon'schen Arbeit nirgends erwähnt gefunden.

---

[1]) Dixon, On the vegetative organs of *Vanda teres*. p. 441—458

[2]) Dixon, p. 451.

[3]) Dixon, p. 448.

[3]) Ders., p. 449—450.

Von Inhaltskörpern finden sich bei *V. Hookerinaa* und *V. teres* Raphidenbündel im dünnwandigen Rindengewebe, Stärke in oft sehr grossen Körnern habe ich nur bei *V. Hookeriana* im Grundgewebe des Bündelcylinders beobachtet, Chlorophyll bei beiden Arten in der nicht verholzten Rinde.

Inflorescenzaxe von *Vanda lamellata* Lindl.

Eine gleichmässig dicke, mehrschichtige Cuticula legt sich den schwach gewölbten Aussenwänden der Epidermiszellen an. Letztere haben eine fast quadratische Form und sind allseitig etwas weniger verdickt als die Cuticula.

Die Epidermis hat vereinzelt Spaltöffnungen.

Das Grundgewebe der Rinde hat dünnwandige parenchymatische Zellen und ist von vielen enorm langen, im Querschnitt polygonalen Zellen mit grossem Durchmesser durchsetzt. Dieselben sind mitunter 25 Mal länger als breit und werden in den verschiedensten Stadien ihrer Wandverdickung angetroffen. Zum Unterschied von früher untersuchten Blütenschäften ist das Rindengewebe hier theilweise verholzt. Etwa in der Mitte der letzteren finden sich Anfänge einer verholzten Zone, indem hier die grossen radial gestreckten Zellen mit verbogenen Wänden auftreten, welche stets als innerste Schicht breiterer verholzter Gewebezonen zu sehen waren. Die Zellen sind hier noch weniger verdickt und zeigen schwache Holzreaktion. Zwischen denselben finden sich einzelne der langen verdickten Elemente, welche seitlich stark eingedrückt waren.

Der Bau des Bündelcylinders hat viel Aehnlichkeit mit dem der früher beschriebenen Blütenschäfte. In den älteren Theilen hat derselbe einen geschlossenen, etwa 5 Zelllagen starken Sclerenchymring, welcher die Peripherie bildet. Nach innen grenzt derselbe an dickwandiges Grundgewebe, das nach der Stammmitte in sehr grosszelliges zartwandiges Mark übergeht. Letzteres lässt Intercellularen von oft bedeutender Grösse frei und macht etwa die Hälfte des Bündelcylinders aus.

Die Zellen des Sclerenchymringes sind im Querschnitt relativ klein, polygonal isodiametrisch und haben ein ziemlich weites Lumen.

Die äusseren Bündel sind bei gleichmässiger Vertheilung dem Ring theils an-, theils eingelagert. Die innersten stehen in einem mehr oder weniger regelmässigen Kreise und grenzen mit ihren Xylemtheilen an das bündelfreie Mark.

Eine Sclerenchymscheide über dem Siebtheil der einzelnen Bündel ist nur schwach ausgebildet. Phloem und Xylem sind sehr vielzellig. Die am meisten nach der Mitte zu liegenden Bündel fallen durch die radial lang gezogene Form auf. Der Xylemtheil derselben hat auch hier wieder die phloemähnlichen Elemente zu beiden Seiten.

Eine Brücke fehlt.

Kalkoxalat in Raphidenbündeln findet sich in der Rinde, auch in den langen Elementen. Stärke führen die Grundgewebszellen in der Umgebung der Bündel.

Kieselkörper sind hier nicht beobachtet worden.

Angrecum.

Aus dieser Gattung standen mir *Angraceum armeniacum* Lindl., *A. superbum* Thou. und eine unbekannte von J. Braun auf Madagaskar gesammelte Species, die im Heidelberger Garten cultivirt wird, zur Verfügung.

Der Durchmesser des Stammes von *A. superbum* erreicht mit 22—25 mm die von allen untersuchten monopodialen *Orchideen* mächtigste Ausbildung. *A. armeniacum* mit 5—6 und *A.* spec. mit etwa 4 mm sind dagegen dünn zu nennen.

Die Untersuchungen sind bei *A. superbum* an den untersten ältesten bei *A. armeniacum* und *A.* spec., sowohl an der unteren, als an den oberen jüngeren Stammtheilen vorgenommen worden.

Die relativ kleinen, nach aussen gewölbten, nach innen eben begrenzten oder mit Winkeln zwischen die folgenden Zellen einspringenden Epidermiszellen sind bei *A. superbum* und *A.* spec. übereinstimmend, bei *A. armeniacum* sind dieselben stärker tangential verlängert. Sie werden bei *A. superbum* und *A. armeniacum* von einer dünnen, nach aussen ebenen, nach innen mit stumpfem Winkel einspringenden Cuticula bedeckt. Uebereinstimmend ist ferner die innere Struktur derselben durch die gleichen sehr kleinen Lücken. An den oberen jüngeren Stammtheilen von *A. armeniacum* ist an deren Stelle eine schwache Schichtung der Cuticula zu sehen. Letzteres gilt auch von der Cuticula bei *A.* spec., welche im Uebrigen bei gleichmässiger Dicke, von geringen keilförmigen Lappen, die zwischen die Epidermiszellen einspringen, abgesehen, über den gewölbten Aussenwänden der eįtzteren verläuft.

Die Ausbildung der Rinde wie des Bündelcylinders ist bei den drei Arten ziemlich verschieden.

A. superbum zeigt den normalen Monokotylentypus.

Ein einheitliches dünnwandiges Gewebe bildet die Hauptmasse des Stammes. Dasselbe differenzirt sich in eine äussere breite Zone mit etwas tangential gestreckten Zellen und den inneren bündelführenden Cylinder.

Die Sonderung der Gewebe in Rinde und Bündelcylinder ist bei *A. armeniacum* und *A.* spec. eine viel deutlichere durch die verschiedenartige Ausbildung der beiden Grundgewebe, sowie das Vorkommen eines Sclerenchymringes bei *A.* spec. Eine grosse Veränderung erfährt die Rinde von *A. armeniacum* und *A.* spec. durch ihre Neigung, einen grossen Theil des Gewebes zu verholzen, während diese Eigenschaft sich bei *A. superbum* nur bei wenigen Zellcomplexen an der Peripherie des Stammes oder in vielen Fällen gar nicht bemerkbar macht.

A. armeniacum und *A.* spec. weichen durch die Art der Verdickung, sowie die Anordnung der verholzten Zellen in der

Weise von einander ab, dass bei ersterem auf die Epidermiszellen eine 3—4 Zellen starke Zone nicht verholzter Zellen folgt, welche, wie die Oberhautzellen, tangential verlängert sind und meist verbogene Radialwände haben. Im Tangentialschnitt kann man auf den Wänden dieser Zellen eine feine, schräg verlaufende Streifung bemerken. Der angrenzende verholzte Theil der Rinde ist in einer Stärke von etwa drei Zelllagen dem Typus von *Vandopsis lissochiloides* nicht unähnlich. Die verholzten Membranen erreichen aber nicht so beträchtliche Dicke und sind die mehr cubischen Zellen, wie die tangentiale Reihenlage regelmässiger.

Die verholzten Theile erreichen in der Rinde bei *Angraecum spec.* eine Stärke von etwa sechs Zellschichten und erinnern an die analogen Gewebe bei *Vanda tricolor*.

Die verholzten Zellen grenzen nicht, wie bei *A. armeniacum*, direct an den Bündelcylinder, sondern sind von diesem durch eine Zone dünnwandigen, parenchymatischen Gewebes getrennt. Dasselbe besteht aus rundlichen, in tangentialer Richtung gedehnten Zellen, welche mit dickwandigen Elementen gemischt sind.

Im Längsschnitt fällt der äusserst regelmässige Bau der verholzten Zellen von *A. armeniacum* auf. Dieselben sind hier etwa doppelt so lang wie breit, haben eine rechteckige Form und liegen in Längsreihen. *A. superbum* und *A.* spec. bietet dagegen nichts Bemerkenswerthes.

Das dünnwandige Rindengewebe von *A. superbum* zeigt grosse Neigung, einzelne Zellen zu verdicken. Diese verdickten Zellen sind entweder in der Rinde zerstreut oder auf einzelne peripherische Zonen beschränkt.

Neben diesen finden sich oft parenchymatische Elemente mit mässiger Wandverdickung und vielen runden Poren vereinzelt vor. Auch das dünnwandige Grundgewebe des bündelführenden inneren Theiles des Stammes ist von solchen Zellen vielfach durchsetzt.

Die Vertheilung der bei *A. superbum* in grosser Menge auftretenden Bündel ist ziemlich regelmässig.

Das Grundgewebe des Bündelcylinders von *A. armeniacum* sondert sich in einen äusseren bündelfreien und einen inneren bündelführenden Theil. Ersterer besteht bei einer Stärke von etwa 12 Zelllagen aus ziemlich dickwandigen, parenchymatischen Zellen, welche im Querschnitt rundlich und meist tangential verlängert sind. Die Zellen des inneren Grundgewebes sind im Querschnitt rundlich oder polygonal isodiametrisch. Der Längsschnitt zeigt eine mehrmal längere als breite parallelwandige Form. Auffallend ist hier ausser runden Poren eine schräge Streifung der Membran. Dieselbe nimmt nach der Stammmitte an Deutlichkeit ab und ist nur selten auf den Wänden der kurzen, sehr dünnwandigen Zellen des grossen Markes zu sehen.

Der Bündelcylinder von *A.* sp. weicht durch die Ausbildung des breiten englumigen Sclerenchymringes von den anderen Arten wesentlich ab. Letzterer ist nicht vollkommen geschlossen, sondern ab und zu von einem schmalen Keile aus Zellen des Grundgewebes durchbrochen. Letztere sind prosenchymatisch angeordnet, haben eine ziemliche Länge und sind im Querschnitt gleichförmig rundlich oder polygonal isodiametrisch.

Die Vertheilung der nicht sehr zahlreichen Bündel ist bei *A. armeniacum* weniger gleichmässig als bei *A. superbum* und *A.* spec. Bei letzterer sind dieselben in grosser Zahl dem Ring ein- und angelagert. Auch im Grundgewebe sind sie sehr häufig und bilden schliesslich in einer Anzahl von 10—12 einen fast geschlossenen Kreis, in dessen Mitte sich ein kaum vom Grundgewebe des Cylinders verschiedenes Mark befindet.

Die Bündel haben bei allen drei Arten eine Sclerenchymscheide über dem Siebtheil. Dieselbe erreicht bei *A. superbum* grosse Dimensionen, ist abgerundet und grenzt sich scharf gegen das übrige Gewebe ab.

Das Phloem ist bei *A. armeniacum* und *A.* spec. sehr vielzellig und hat eine nierenförmige Gestalt. Bei *A. superbum* ist dasselbe wenigzellig und dreieckig.

Eine oft bis zu drei Zelllagen starke Sclerenchymbrücke ist bei *A. superbum* vorhanden.

Das Xylem ist bei den drei Arten etwas radial verlängert, am deutlichsten bei den inneren Bündeln.

Ein dunkelgelbes ätherisches Oel ist in mitunter sehr grossen Tropfen in den Zellen des inneren und äusseren Grundgewebes von *A. superbum* enthalten. Bei derselben Art sind die Membranen der äussersten Rindenzellen vielfach mit einem rothvioletten Farbstoff intensiv gefärbt.

Kalkoxalat wird in grosser Menge bei *A.* spec. und *A. superbum* angetroffen. Dasselbe kommt bei letzterem sowohl in der Rinde, wie in den inneren Stammtheilen als Raphidenbündel vor, deren Nadeln eine sehr geringe Grösse haben. *A. spec.* hat Kalkoxalat in Raphiden und in Drusenform.

Stärke in geringer Menge führen die Grundgewebszellen des Bündelcylinders von *A. armeniacum* und *A. spec.*

Macroplectrum.

Aus dieser Gattung untersuchte ich *Macroplectrum sesquipedale* (Thou) Pfitz. Ausser dem Stamm wurde auch die Inflorescenzachse berücksichtigt.

Der Stamm erreicht einen ungefähren Durchmesser von 8—9 mm.

Eine dünne Cuticula bedeckt die kleinen elliptischen Epidermiszellen. Sie ist schwach geschichtet, hat theilweise kleine rundliche Lücken und ist gleichmässig stark.

Sowohl die Zellen der Epidermis, wie die einer als Endodermis zu bezeichnenden einzelligen Schicht konnten nur in wenigen Fällen als solche erkannt werden, da sie stark desorganisirt waren. Fig. 5, Taf. II ist dem Querschnitte eines theilweise desorganisirten Stammstückes entsprechend.

Die Form der Endodermiszellen ist rechteckig, in radialer Richtung gestreckt.

Die sehr breite Rinde ist in verschiedener Hinsicht auffallend.

Der in einer Stärke von etwa 10—14 Zellen auftretende verholzte Theil der Rinde ähnelt sehr dem Aussehen der verholzten Rinde von *Vandopsis lissochiloides.* Die verholzten Membranen der einzelnen Zellen nehmen jedoch hier bei etwa 4—5 Lagen durch grosse Zahl und Dicke ihrer Lamellen so auffallend mächtige Dimensionen an, dass die Zelllumina oft fast vollständig ausgefüllt sind (Fig. 5, Taf. II). Die starke Verdickung ist fast gleichmässig bei allen Zellen der 4 oder 5 Schichten ausgebildet. Sie erreicht bei einzelnen Zellen eine Stärke von 0,056 mm. Die Zellen der innersten Schicht haben wieder die mehr radial gestreckte unregelmässig rechteckige Form und grenzen an den 12—24 Zellen breiten, dünnwandigen unveränderten Theil der Rinde. In demselben finden sich zahlreiche Bündel, die sowohl durch ihre kreisrunde Form, wie durch die äusserst stark entwickelte Sclerenchymscheide auffallen.

Die sehr zahlreichen an der Peripherie des Bündelcylinders auftretenden Bündel legen sich mit ihren äusserst stark entwickelten Sclerenchymscheiden eng aneinander, so dass ein Ring gebildet wird, der in ziemlich regelmässiger Weise von anderen Bündeln durchbrochen wird. Die Durchbrechungsstelle wird markstrahlähnlich durch Grundgewebe des Cylinders erfüllt. Letzteres ist dickwandig, parenchymatisch und sind die Zellen desselben durch gleichmässige Grösse bis in's Centrum des Stammes ausgezeichnet.

Die Bündel sind im Grundgewebe zerstreut und nehmen nach der Mitte an Grösse zu, an Zahl ab.

Die mechanischen Elemente sind bei allen Bündeln stark ausgebildet. Sie haben sämmtlich eine vielzellige, englumige Phloemscheide. Bei den an der Peripherie des Cylinders stehenden Bündeln umfasst dieselbe ganz oder theilweise das Xylem.

Bei den äusseren Bündeln ist eine 2 bis 3 Zellen starke Sclerenchymbrücke vorhanden.

Die Zellmembranen der vier bis fünf stark verdickten und verholzten Rindenschichten sind theilweise mit einem rothvioletten Farbstoff sehr intensiv imprägnirt, ebenso die Sclerenchymscheiden der rindenständigen Bündel.

Raphidenbündel führen vielfach die Zellen der parenchymatischen Rinde, sowie einzelne Zellen der oben erwähnten markstrahlähnlichen Keile. In der unveränderten parenchymatischen Rinde sind kleinere und grössere Tropfen eines gelben ätherischen Oeles in grosser Menge enthalten. Dasselbe verflüchtigt sich erst bei etwa 100 ° C.

Bei der Infloreseenzachse von *Macroplectrum sesquipedale* bedeckt eine mässig dicke, körnige, meist höckerig begrenzte Cuticula die kleineren oder grösseren im Querschnitt elliptischen oder rundlichen Zellen der Epidermis. Letztere hat vereinzelte Spaltöffnungen. Im Flächenschnitt sind Poren auf den äusseren Tangentialwänden deutlich zu sehen. Die Zellen der Epidermis und der angrenzenden Endodermis haben collenchymatische Verdickungen. Dieselben sind bei letzterer im Querschnitt fast quadratisch mit abgerundeten Ecken. Verschiedene Endodermiszellen fallen durch ihre Grösse, sowie die stark lichtbrechende Beschaffenheit der Wandverdickungen auf. Letztere ist sehr bedeutend und hat im Querschnitt die Form eines U, dessen Basis an die Epidermis grenzt (Fig. 2, Taf. II). Im Längsschnitt sind diese Zellen durch ihre hervorragende Länge und den unregelmässigen Verlauf der dicken Aussenwand, sowie durch die schrägen Radialwände ausgezeichnet. Auf letzteren nimmt die Verdickung allmählich ab (Fig. 3, Taf. II). Das merkwürdigste Bild bietet sich im Tangentialschnitt durch die unregelmässig zickzackförmigen Wände (Fig. 4, Taf. II).

Das kleinzellige, an die Endodermis grenzende dünnwandige parenchymatische Rindengewebe lässt Intercellularen frei und wird nach der Mitte des Stammes hin allmählich grosszellig. Es hat eine Breite von etwa 12 Zellen und finden sich hier nicht selten Elemente von bedeutender Breite und Länge, mit mässiger Wandverdickung und schräg aufsteigenden Spaltporen. Im Querschnitt haben diese Zellen dieselbe rundliche oder polygonale, meist isodiametrische Form, wie die übrigen Grundgewebszellen.

Das äussere parenchymatische Grundgewebe des Bündelcylinders hat an der Peripherie Zellen mit sehr grossem Durchmesser. An dasselbe grenzt ein etwa sechs Zellschichten breiter, aus dickwandigen, kleinzelligen Elementen gebildeter Ring. Das folgende innere Grundgewebe hat Anfangs etwas verdickte Zellen, welche nach der Stammmitte in dünnwandigeres und grosszelliges Gewebe übergehen und hier ein bündelfreies Mark bilden. Diese Zellen sind sämmtlich vielmal länger als breit und haben im Querschnitt dieselbe Form, wie die der Rinde. Intercellularräume sind oft in ansehnlicher Grösse vorhanden.

Die Bündel sind im Cylinder auf mehrere unregelmässige, nicht ganz concentrische Kreise vertheilt. Der erste ist dem Ring angelagert, die übrigen zwei bis drei liegen in dem inneren Grundgewebe. Die Bündel der einzelnen Kreise unterscheiden sich durch die Ausbildung des Phloem- und Xylemtheiles. Letzterer wird um so vielzelliger, je weiter das Bündel nach der Mitte des Stammes hin liegt. Auch die aus grosslumigen, wenig verdickten Elementen bestehenden Phloemscheiden sind nach der Mitte zu stärker ausgebildet.

Das Phloem ist im Querschnitt durch die einspringende Scheide nierenförmig. Der Xylemtheil hat auch hier wieder die charakteristische, radial gestreckte, meist in ein Gefäss auslaufende Gestalt mit beiderseits phloemähnlichen Elementen. Trotz des zur Untersuchung äusserst günstigen Materials konnten keine Siebplatten nachgewiesen werden.

Von Inhaltskörpern findet sich oxalsaurer Kalk in theilweise sehr schön ausgebildeten Oktaedern, in Drusen und in Raphiden. Erstere beiden Formen kommen nur in den Epidermis- und Endodermiszellen vor, letztere im übrigen Rindengewebe. In diesem ist durchgängig Chlorophyll anzutreffen

Kieselkörper konnten nur selten beobachtet werden.

(Fortsetzung folgt.)

Instrumente, Präparations- und Conservations-Methoden.

Overton, E., Studien über die Aufnahme der Anilinfarben durch die lebende Zelle. (Jahrbücher für wissenschaftliche Botanik. Bd. XXXIV. 1900. Heft 4. p. 669—701.)

In einer früheren Arbeit war Verf. zu der Ueberzeugung gelangt, dass die basischen Anilinfarbstoffe, wie z. B. Methylviolett, Methylenblau, Nigrosin, Vesuvin, nicht als solche in die lebende Zelle eindringen, sondern in Form der freien Base. Nach eingehenderen Studien des Verf.'s, besonders nach der chemischen Seite hin, zeigte sich aber, dass diese Ansicht nicht haltbar war, wiewohl sie für einige Fälle zutreffen könnte.

Für seine zweite Behauptung dagegen, dass das leichte Eindringen der basischen und die hohe Impermeabilität für saure Anilinfarbstoffe (Säurefuchsin, Kongoroth, Indigkarmin etc.) mit dem Gehalt des Protoplasmas an Cholesterin und Lecithin in Verbindung gebracht werden muss, werden neue Beweise erbracht. „Ueberhaupt, heisst es p. 691, ist ein soweitgehender Parallelismus zwischen der Schnelligkeit der Aufnahme aller von mir untersuchten organischen Farbstoffe durch lebende Pflanzen- und Thierzellen und der Leichtigkeit, mit welcher diese Farbstoffe durch Lösungen von Cholesterin, Lecithin, Protagon und Cerebrin aufgelöst werden, resp. zwischen der Schnelligkeit der Speicherung dieser Farbstoffe aus wässerigen Lösungen durch suspendirtes Lecithin, Protagon etc., dass bei Berücksichtigung des Umstandes, dass Lecithin und Cholesterin thatsächlich in allen lebenden Pflanzen- und Thierzellen vorzukommen scheinen, dieser Parallelismus allein genügen würde, um die grosse Wahrscheinlichkeit der Abhängigkeit der osmotischen Eigenschaften der Zelle von dem Lecithin- und Cholesteringehalt zu begründen.‘

Kolkwitz (Berlin).

Councler, C., Ueber Cellulosebestimmungen. (Chemiker-Zeitung. 1900. p. 368.)

Verf. hat Fichtenhölzer (von *Picea excelsa* Lk.) nach der Methode Hugo Müller untersucht. Zwei Gramm Substanz werden nach dem Trocknen erst mit Alkohol und Benzol, dann mit heissem Wasser extrahirt. Die Substanz wird dann mit Wasser zerquetscht, in ein Stöpselglas gebracht und 100 ccm Wasser zugefügt. Man setzt nun 10 ccm Bromwasser zu und schüttelt um. Man setzt nun so lange immer wieder 10 ccm Bromwasser zu, bis kein Brom mehr absorbirt wird. Alsdann wird abfiltrirt, mit Ammoniak bis zum Sieden erhitzt, wieder filtrirt und der Rückstand in das Stöpselglas gebracht, in welchem wieder mit Bromwasser behandelt wird. Nach Müller soll eine viermalige solche Behandlung genügen, um reine Cellulose zu erhalten. Verf. hat jedoch bis zu

20 Mal behandeln müssen. Die erhaltene Cellulose ist schneeweiss, giebt bei der Elementaranalyse gut auf n. ($C_6 H_{10} O_5$) stimmende Zahlen und bei der Nitrirung reichlich und blendend weisses Trinitrat.

Verf. versuchte Müller's Verfahren zu modificiren. Zwei Gramm lufttrocknes Holz werden im zugeschmolzenen Rohr mit 25 ccm Lösung von Calciumbisulfit 4—8 Stunden auf 110—140° erhitzt. Nach dem Erkalten und Oeffnen des Rohres wird der Inhalt nach Müller mit Brom etc. behandelt. Die Methode ist jedoch nicht brauchbar, weil sie den Cellulosegehalt immer zu niedrig finden lässt.

Nach Lange erhitzt man 10 g Substanz mit 30—40 g Aetzkali und Wasser im Oelbad eine Stunde lang auf 188°. Nach dem Erkalten wird die Cellulose durch Schwefelsäure gefällt. Die Resultate sind jedoch zu niedrig und das, was die Schwefelsäure fällt, ist nicht Cellulose.

Von den besprochenen Methoden scheinen die nach Lange und die, bei welcher mit Calciumbisulfitlösung behandelt wird, kaum brauchbar, weil sie zu niedrige Resultate ergeben. Die Methode von H. Müller scheint bessere Resultate zu geben, ist aber zu umständlich und zeitraubend. Bis jetzt existirt eine exacte und bequeme Methode der Cellulosebestimmung nicht.

Haeusler (Kaiserslautern).

Dreyer, Georges, Bakterienfärbung in gleichzeitig nach van Gieson's Methode behandelten Schnitten. (Centralblatt für Bakteriologie, Parasitenkunde und Infectionskrankheiten. Abth. I. Bd. XXVII. No. 14/15. p. 534—535.)

Verf. hat gefunden, dass alle Bakterien, die sich nach der Gram'schen Methode, nach der Weigert'schen Fibrinfärbung und nach der Claudius'schen Methode färben lassen, ihre intensive Färbung auch dann beibehalten, wenn der Schnitt gleichzeitig nach der van Gieson'schen Methode behandelt wird. Die besten Resultate zeigte die Behandlung nach der Claudius-schen Methode. Danach würde sich die Färbung folgendermassen vollziehen:

1. Wässeriges Methylviolett oder Gentianaviolett 3—5 Minuten; 2. Abspülen; 3. concentrirte wässerige Pikrinsäurelösung 3—4 Minuten; 4. Abdrücken mit Filtrirpapier; 5. Anilinöl, dem 1°/oo Pikrinsäure zugesetzt ist, bis der Schnitt complett graugelb ist und keine violette Farbe mehr abgiebt; 6. andauerndes Abspülen; 7. Delafield's Hämatoxylin 5—8 Minuten; 8. Abspülen etwa 5 Minuten; 9. essigsaures Pikrinfuchsin (Hansen'sche Lösung) 3—5 Minuten; 10. Abspülen und Entwässern in abs. Alc. 1/2—1 Minute, nicht länger; 11. Xylol — Xylol-Damar.

Die so gefärbten Präparate zeigen eine vierfache Färbung. Bakterien tief dunkelblau, Kerne braun bis braun-violett, Protoplasma und rothe Blutkörperchen hellgelb, Bindegewebe roth.

Appel (Charlottenburg)

Referate.

Matsumura and **Miyoshi**, Cryptogamae Japonicae iconibus illustratae. Vol. I. No. 5. Tokyo, October 1899.

Vorliegendes Heft enthält der Reihe nach je einen Beitrag von J. Matsumura, M. Miyoshi, K. Okamura, M. Shirai und A. Yasuda, und zwar:

Pl. XXI: *Pogonatum Otaruense* Besch. in Ann. Sciences Natur. XVII. p. 352 (*Polytricheae*); Pl. XXII: *Sticta Miyoshiana* Müll. Arg. in Lichenol. Beiträge. XXXIV. No. 1596 (*Parmelieae*); Pl. XXIII: *Digenea simplex* Ag. in Spec. Algar. II. p. 845 (Hauck, Meeresalgen p. 215. fig. 93, *Digenea Wulfeni* Kütz. Phyc. gener. tab. 50 II. l. c. Sp. Alg. No. 841, *Rhodomelaceae*); Pl. XXIV: *Lactarius Hatsudake* N. Tanaka in Bot. Mag. Tokyo. IV. 1890. p. 393. tab. XV. (*Agaricineae*); Pl. XXV: *Isaria arachnophila* Dilm. in Sturm, Deutschlands Flora. tab. 55 (*Gymnoascaceae*).

Wagner (Wien).

Matsumura and **Miyoshi**, Cryptogamae Japonicae iconibus illustratae. Vol. I. Heft 5. Tokyo, October 1899.

An dieser Nummer betheiligen sich M. Miyoshi, J. Matsumura, A. Yasuda, H. Hattori und K. Okamura mit je einem Beitrag. Sie zeigt:

Pl. XXVI: Die auch bei uns verbreitete *Peltidea aphthosa* Ach. in Medh. p. 287 (*Peltigereae*); Pl. XXIII: *Pogonatum alpinum* Brid. in Bryol. Univ. II. p. 129 (*Polytricheae*); Pl. XXVIII: *Ithyphallus rugulosus* Ed. Fischer in Ann. Jard. Bot. Buitenzorg. 1886. VI. p. 35. tab. V. fig. 32—34 (*Phallaceae*); Pl. XXIX: *Asterionella gracillima* Heib. in Consp. p. 61 (*Asterionella Formosa* var. *gracillima* Grun. in V. H. Syn. p. 155; *Diatoma gracillimum* Hantzsch in Rabenhorst, Alg. n. 1104 cum icone, Krypt.-Fl. von Sachsen. p. 32, zu den *Fragilarieae* gehörend); Pl. XXX: *Codium tomentosum* Harv. in Phyc. Austr. tab. 41; J. Ag. Till. Alg. Syst. VIII. p. 39; De Toni, Syll. Alg. I. p. 491; Okam., Alg. Jap. exsicc. Fasc. I. No. 49 (*Spongodiaceae*).

Wagner (Wien).

Matsumura, J. and **Miyoshi, M.**, Cryptogamae Japonicae iconibus illustratae. Vol. I. No. 6. Tokyo, November 1899.

In dieser Nummer werden folgende Arten abgebildet und in japanesischer Sprache beschrieben:

Pl. XXVI: *Peltidea aphthosa* Ach. (Miyoshi und Ogawa); Pl. XXVII: *Pogonatum alpinum* Brid. (Matsumura und Makino); Pl. XXVIII: *Ithyphallus rugulosus* Ed. Fisch. in Annales du Jardin botan. de Buitenzorg. 1886. VI. p. 35. Tab. V. (Yasuda); Pl. XXIX: *Asterionella gracillima* Heib.; Pl. XXX: *Codium mamillosum* Harv.

Wagner (Wien).

Matsumura, J. and **Miyoshi, M.**, Cryptogamae Japonicae iconibus illustratae. Vol. I. No. 7. Tokyo, December 1899.

Auf je einer Tafel abgebildet und in japanesischem Texte beschrieben werden:

Pl. XXXI: *Ramalina inflata* Müll. Arg. var. *gracilis* Müll. Arg. in Lich. Miyosh. n. 35 (Miyoshi und Ogawa); Pl. XXXII: *Pogonatum grandi-*

folium Mitt. in Trans. Linn. Soc. III. p. 192; Besch. in Ann. Sc. Nat. XVII. p. 355 (*Polytrichum grandifolium* Lindb. in Contrib. Fl. Cryptogam. As. bor.-orient. p. 264, Brotherus in Hedw. XXXVIII. p. 224), mit lateinischer Diagnose von Matsumura bearbeitet und von Makino gezeichnet; Pl. XXXIII: *Scytosiphon lomentarius* Ag. (Okamura); Pl. XXXIV: *Bacillus typhi* Gaffky (Hattori); Pl. XXXIV: *Makinoa crispata* Miyake in Bot. Mag. Tokyo. XIII. 1899. p. 23. tab. III. (*Pellia crispata* Steph. in Bull. Herb. Boiss. V. 1897. p. 183 (Miyake).

Wagner (Wien).

Trybom, Filip, Sjön Nömmen i Jönköpings län. (Meddelelser från Kgl. Landtbruksstyrelsen. No. 2. år 1899. [No. 50]). 51 pp. und 1 Karte. Stockholm 1899.

Die grösste Tiefe des Sees Nömmen in Schweden ist 19 m, gewöhnlich aber unter 5 m. Am Ufer wachsen *Phragmites communis*, *Scirpus lacustris*, *Typha latifolia*, *Equisetum fluviatile*, *Ranunculus Flammula* v. *reptans*, auf $^3/_4$—3 m: *Chara fragilis* und *Nitella apaca*, *Isoetes lacustris*, *Myriophyllum alterniflorum*, *Potamogeton perfoliatus*. Unter den von Dr. O. Borge bestimmten Algen werden erwähnt: *Clathrocystis aeruginosa*, *Spirogyra fluviatilis*, *Desmidium Swartzii*, *Cosmarium granatum*, *C. Meneghinii* v. *Reinschii*, *C. crenatum*, *Euastrum elegans*. Die in dem Bodenschlamm vorkommenden 34 von Prof P. T. Cleve bestimmten *Diatomeen* lassen vermuthen, dass das Klima früher wärmer war. *Cololeis obtusa*, eine boreale Art, stammte wohl aus einem tieferen, älteren Lager her.

Nordstedt (Lund).

Neger, F. W., Beitrag zur Kenntniss der Gattung *Phyllactinia* (nebst einigen neuen argentinischen *Erysipheen*). (Berichte der Deutschen botanischen Gesellschaft. XVII. Generalversammlungsheft. II. Theil. pp. [235—242] und Tafel XXIII.)

Gelegentlich der Untersuchung einer neuen *Phyllactinia*, *Ph. clavariaeformis*, machte Verf. sehr interessante Beobachtungen über die Pinselzellen dieser Gattung, deren Function bisher noch nicht genügend erklärt und deren Bedeutung als Artenmerkmal noch nicht berücksichtigt worden ist. Diese Pinselzellen sind gestreckte Zellen der Perithecien und sind nicht nur bei den einzelnen Arten durch ihre Grösse, sondern vor allem auch durch die Art ihrer Verzweigung verschieden. In dem constanten Vorkommen dieser Pinzelzellen bei der Gattung *Phyllactinia* und dem völligen Fehlen derselben bei den anderen *Erysipheen* sieht Verf. eine weitere Stütze der von Palla vorgeschlagenen Eintheilung der Familie der *Erysiphaceen* in die Unterfamilien der *Erysipheen* und *Phyllactinieen*.

Ueber die biologische Bedeutung dieser Pinzelzellen hat Verf. eine grosse Anzahl von Beobachtungen angestellt, deren Resultat folgendes ist: Die jüngeren Perithecien sitzen nicht sehr fest auf ihrer Oberseite; sie lösen sich beim Reifen ab, werden vom Luftzuge verweht und fliegen an andere Blätter an, auf denen sie dann vermittelst der Pinzelzellen festgehalten werden. Die Phyllactinien-

Anhängsel biegen sich, wie das schon Tulasne beobachtete, bei der Reife nach unten und fördern dabei einerseits das Loslösen der Perithecien, andererseits verhindern sie, dass die Perithecien beim Anfliegen an ein fremdes Substrat mit einer anderen Seite als der mit Pinzelfäden versehenen nach unten zu liegen kommen.

Neu werden in der Arbeit folgende Arten beschrieben:

Phyllactinia clavariaeformis. *Ph. hypophylla* mycelio latissimo per totam matricem effuso, peritheciis numerosis, laxe confertis, globoso-depressis, 100—122 μ altis, 200—220 μ latis, verrucosis, atro-opacis, 6—9 appendicibus suffultis; appendicibus 180—350 μ longis (plerumque 200—250 μ), media longitudine interdum subincrassatis; ascis 8—12 in quoque perithecio, ellipticis vel ovatis, apice truncatis, 62—75 μ longis, crasse stipitatis (stipite 12 μ longo, curvato), 2—4 sporis; sporis ellipticis continuis, grosse guttulatis.

Auf Blättern von *Ribes* (*glandulosa* R. et P.?), *Embothrium coccineum* Forst. und *Adesmia* in Argentinien.

Erysiphe Fricki. *E. amphigena*, praecipue epiphylla, mycelio, dense intertexto, latissime effuso, cinereo-albo; peritheciis gregariis, globosis, depressis, atris, 150—180 μ diam. in parte infera appendicibus numerosis, simplicibus, plus minus flexuosis, continuis, valde inaequalibus, usque 400—500 μ longis, hyalinis suffultis. Ascis 6—9 obovatis, subobtusis, pedicello brevissimo crasso instructis, 55—65 × 28—35 μ, 4 sporis ellipticis hyalinis laevibus continuis, plerumque guttulatis.

Auf *Geum chilense* Balb. in den Cordilleren.

Microsphaera Myoschili. *M. amphigena*, praecipue epiphylla; mycelio arachnoideo, albido matrici arctissime adpresso. Peritheciis, numerosis, gregariis, globosis, suberne convexis, subtus depressis, atris, brunneo-pellucidis, 80—120 μ diam., appendicibus 9—13, continuis, hyalinis, 150—230 μ longis, in orbem insertis, 6—7 dichotomis (rarius 4—5 dich.) ramulis patentissimis, thecis 5—9; obovatis, brevissime pedicellatis, subcurvatis, apice truncatis vel rotundatis, 40—50 μ longis (incluso pedicello), 30—40 μ latis; eparaphysatis, 4—6 sporis; sporis ellipticis hyalinis, continuis, 12—15 μ longis.

Auf Blüten von *Myoschilos oblongus* in Argentinien.

Appel (Charlottenburg).

Neger, F. W., *Uredineae* et *Ustilagineae* Fuegianae a P. Dusén collectae. (Öfversigt af kongl. Vetenskaps-Academiens Förhandlingar. 1899. No. 7. p. 745—750.)

Die von P. Dusén gelegentlich der schwedischen Feuerland-expedition 1895/96 gesammelten *Uredineen* und *Ustilagineen*, sind grösstentheils aus Chile oder Argentinien bekannt gewordene Arten:

Uromyces clavatus Diet., auf *Lathyrus multiceps* Clos. (?) und *L. magellanicus* Lam., sowie *Vicia patagonica* Hook. f.; *Uromyces Limonii* DC., auf *Armeria* sp.; *Uromyces Mulini* Schroet. var. *magellanica* Neger, auf *Azorella caespitosa*, Hook. f. (?); *Puccinia Philippii* Diet. et Neg., auf *Osmorrhiza*

Berterii DC., *Pucc. Violae* (Schum.), auf *Viola fimbriata* Steud., *Pucc. Caricis* (Schum.), auf *Carex Andersoni* Boot., *Pucc. rubigo vera* (DC.), auf *Elymus* sp., *Pucc. Meyeri Alberti* Magn., auf *Berberis buxifolia* Lam.; *Uropyxis Naumanniana* Magn., auf *Berberis buxifolia* Lam.; *Aecidium Jacobsthalii Henrici* Magn., auf *Berberis buxifolia* Lam., *Aec. Negerianum* Diet., auf *Ranunculus peduncularis* Sm., *Aec. Grossulariae* DC., auf *Ribes magellanicum* Poir., *Aec. hualtatinum* Speg., auf *Senecio hualtata* Bert.; *Uredo Gnaphalii* Speg. (?), auf *Gnaphalium spicatum* Lam.; *Ustilago Avenae* (Pers.), auf *Avena sativa* L., *Ust. vinosa* (Berk.), auf *Rumex crispus* L.; *Entyloma Calendulae* (Oudem.), auf *Aster Vahlii* Hook. et Arn. (?).

Neu sind:

Uromyces Nordenskjöldii Diet., auf *Vicia* sp., *Aecidium Senecionis acanthifolii* Diet, auf *Senecio acanthifolius* Hombr. et Jacq.

Neger (München).

Jaap, O., Beiträge zur Moosflora der Umgegend von Hamburg. (Verhandlungen des Naturwissenschaftlichen Vereins in Hamburg. 1899. 3. Folge VII. 42 pp.)

Verf. legt in der vorliegenden Arbeit die von ihm seit dem Jahre 1890 in der näheren und weiteren Umgegend von Hamburg gemachten bryologischen Beobachtungen nieder und bemerkt in der kurzen Einleitung, dass seine ursprünglich bestandene Absicht, noch vor Ablauf dieses Jahrhunderts eine Moosflora von Hamburg zu schreiben, um deswillen nicht zur Ausführung gekommen sei, weil die überraschenden Funde der letzten Jahre noch manches seltene, bisher übersehene oder nicht erkannte Moos erwarten lassen.

Als neu für das bezeichnete Gebiet werden folgende Arten und Formen angegeben:

A. Lebermoose:

Riccia Lescuriana Aust., *R. Warnstorffii* Limpr., *R. bifurca* (Hoffm.) Lindenb., *R. sorocarpa* Bisch, *R. Hübeneriana* Lindenb., *Alicularia minor* Limpr., *Aplozia crenulata* Dum. var. *gracillima* (Sm), *Lophocolea cuspidata* Limpr., *Geocalyx graveolens* (Schrad.) Nees, *Cephalozia Lammersiana* (Hüben.) Spr., *C. Francisci* (Hook.) Dum., *C. fluitans* (Nees) Spr., *Madotheca laevigata* (Schrad.) Dum.

Erwähnenswerth ist noch, dass *Trichocolea tomentella* (Ehrh.) Dum. vom Verf. in einer Waldschlucht an einem Bache bei Reinbeck mit Sporogonen aufgefunden worden ist.

B. Torfmoose.

Sphagnum platyphyllum (Sulliv.) Warnst., *Sph. inundatum* (Russ. ex p.) Warnst., *Sph. Gravetii* (Russ ex p.) Warnst., *Sph. crassicladum* Warnst., *Sph. turfaceum* Warnst., *Sph. Russowii* Warnst.

Die Varietäten *semisquarrosum* und *subsquarrosum* von *Sph. squarrosum* sind identisch.

C. Laubmoose:

Sporledera palustris Hpe., *Dicranum fuscescens* Turn. var. *falcifolium* Braithw., *D. montanum* Hedw, *D. flagellare* Hedw. var. *falcatum* Warnst., *Campylopus fragilis* Br. eur., *C. brevipilus* Br. eur. var. *epilosus* Limpr., *Fissidens decipiens* De Not., *Ceratodon purpureus* Brid. var. *gracilis* Grav., *Pottia rufescens* Schultz, *Didymodon rubellus* Br. eur. var. *viridis* Schlieph., *Barbula fallax* Hedw. var. *brevicaulis* Br. eur. et var. *brevifolia* Schultz, *Tortula subulata* Hedw. var. *angustata* (Wils.), *Racomitrium heterostichum* Brid. var. *alopecurum* Limpr., *Philonotis Arnellii* Husn., *Ph. fontana* Brid. var. *falcata* Brid. et var. *polyclada* Warnst., *Ph. capillaris* Lindb., *Ph. caespitosa* Wils., *Ph. rivularis* Warnst., *Ph. lusatica* Warnst., *Catharinaea undulata* W. et M. var. *polycarpa* Jaap, *Pogonatum aloides* P. B. var. *minimum* (Crome), *Fontinalis heterophylla* Warnst., *Neckera complanata* Hüben. var. *secunda* Grav., *Thuidium Philiberti* Limpr. mit var. *pseudo-tamarisci* Limpr., *Platygyrium repens* Br. eur., *Brachythecium populeum* Br. eur. var. *majus* Br. eur., *Br. rutabulum* Br. eur. var. *robustum* Br. eur. et var. *turgescens* Limpr.?, *Eurhynchium Stokesii* Br. eur. var. *densum* Warnst. et var. *gracilescens* Warnst., *Plagiothecium Roeseanum* Br. eur. var. *gracile* Breidl. et f. *propagulifera* Ruthe, *Pl succulentum* Lindb., *Pl. curvifolium* Schlieph., *Pl. Ruthei* Limpr., *Amblystegium filicinum* De Not. var. *trichodes* Steudel, *A rigescens* Limpr., *A. riparium* Br eur. var. *angustifolium* Warnst., *Hypnum stellatum* Schrb. var. *gracilescens* Warnst., *H. polygamum* Wils. var. *fallaciosum* Milde, *H. aduncum* Hedw. var. *intermedium* Schpr, *H. Kneiffii* Schpr. var. *pungens* H. Müll., *H. polycarpum* Bland. var. *tenue* (Schpr) et var. *gracilescens* (Br eur.), *H. fluitans* L. var. *serratum* Lindb. et var. *submersum* Schpr., *H. crista-castrensis* L. var. *gracilescens* Jaap, *H. cupressiforme* L. var. *pinnatum* Warnst., *H. scorpioides* L. var. *gracilescens* Schultze, *H. cuspidatum* L. var. *reptans* Warnst. et f. *tenella* Warnst., *H. stramineum* Dicks. var *squarrosum* Warnst. in Verh. des Botan. Ver. Braudenb. XXVII. p. 83 (1885), *Hylocomium squarrosum* Br. eur. var. *subsimplex* Warnst.

Warnstorf (Neuruppin).

Demoussy, Oxydation des ammoniaques composées par les ferments du sol. (Annales agronomiques. T. XXV. 1899. p. 232.)

Von den humösen Bestandtheilen des Bodens geht der Stickstoff nur äusserst langsam in anorganische Form (Ammoniak, Nitrit und Nitrat) über. Um der Frage näher zu treten, warum der Humusstickstoff von den Mikroorganismen so schwierig angegegriffen wird, hat der Verf. die Nitrification einiger bekannten organischen Verbindungen untersucht, und zwar verschiedener Amine, indem er eine nahe Verwandtschaft zwischen diesen und den Humusstoffen annimmt. Er findet eine gewisse Beziehung zwischen der Nitrification und der Zusammensetzung der Molekeln; je einfacher diese aufgebaut sind, desto leichter werden sie nitrificirt; danach ordnen sich die untersuchten Verbindungen in folgende Reihe: Monomethylamin, Trimethylamin, Anilin, Pyridin und Chinolin.

Ob die Schwierigkeit, womit die humösen Stoffe nitrificirt werden, von einer chemischen Verwandtschaft mit den Aminen herrührt, wie der Verf. aus seinen Untersuchungen ableiten will, ist wohl etwas zweifelhaft, namentlich da die Giftigkeit dieser Stoffe, wie der Verf. auch selbst anführt, in derselben Reihenfolge steigt. Von den untersuchten Aminen wird keines direct nitrificirt; aus allen wird erst Ammoniak gebildet und dieses nachher in Nitrit und Nitrat verwandelt.

Da der Experimentator als Impfmaterial keine Reinculturen, sondern Erde gebraucht hat, scheint es ziemlich überflüssig, dass er mit grösster Sorgfalt die verschiedenen Nährlösungen, sowie auch die zugesetzten Nährsalze im Autoclaven sterilisirt hat.

Jensen (Karlsruhe).

Simons, Elizabeth A., Comparative studies on the rate of circumnutation of some flowering plants. (Publications of the University of Pennsylvania. New series. No. 5. — Contributions from the Botanical Laboratory. Vol. II. No. 1. p. 66—79.)

Im Anschluss an Beobachtungen von Macfarlane führte Verf. für fünf von Darwin untersuchte Blütenpflanzen vergleichende Studien über die Dauer ihrer Circumnutation aus. Als Versuchspflanzen dienten *Convolvulus Sepium*, *Phaseolus vulgaris*. *Lonicera brachypoda* (*L. japonica*), *Wistaria chinensis* und *Humulus Lupulus*. Die Beobachtungen erstreckten sich auf einen Zeitraum von mehr als sechs Monaten. Verf. konnte eine gewisse Abhängigkeit der Nutationslänge von der Intensität des Lichtes und der relativen Feuchtigkeit der Atmosphäre nachweisen. Die im Durchschnitt höhere Sommertemperatur an dem Beobachtungsorte der Verfasserin war wohl der Hauptgrund für die gefundene Beschleunigung der Bewegungen im Vergleich zu den Beobachtungen Darwin's. So fand für *Phaseolus* Darwin 1 Stunde 55 Minuten, Verf. 1 Stunde 20 Minuten bis 1 Stunde Umdrehungszeit; für *Humulus* sind die entsprechenden Zahlen 2 Stunden 8 Minuten und 1 Stunde 5 Minuten, für *Convolvulus* 1 Stunde 42 Minuten und 57 Minuten, für *Lonicera* 7 Stunden 30 Minuten und 2 Stunden 48 Minuten bis 1 Stunde 43 Minuten, für *Wistaria* 2 Stunden 5 Minuten und 2 Stunden.

Weisse (Zehlendorf bei Berlin).

Ule, Ernst, Ein bodenblütiger Baum Brasiliens und über unterirdische Blüten überhaupt. (Die Natur. Jahrgang XLIX. 1900. No. 23. p. 270 und 273. Mit 5 Figuren.)

Anona rhizantha wurde von G. Peckolt in etwa einem Dutzend Exemplaren in einem Bergwald bei Rio de Janeiro entdeckt und von Eichler in den Jahrbüchern des Königlichen Botanischenn Gartens zu Berlin beschrieben und abgebildet, wurde aber durch Pflanzungen völlig vernichtet, so dass er jetzt wohl als ausgestorben betrachtet werden kann. Die zu den *Anonaceen* gehörige Art mit kleinen lorbeerähnlichen Blättern bildete Bäumchen bis zu 6 m Höhe, an denen man nie Blüten und Früchte fand, da sie unterirdisch entwickelt werden. Kam man zu geeigneter Zeit in den Wald, so fand man den Boden um den Stamm der Bäumche wie besäet mit purpurrothen Blüten, die aus 3 inneren und 3 äusseren spitzen fleischigen Blumenblättern bestehen und einem Stern von der Grösse fast eines Thalers gleichen. Sie entwickelten sich auf rutenförmigen, langen dünnen Zweigen, die dicht am Stamme unter oder über dem Boden entstanden und sich weit über dem Boden, theils von Humus, theils von trockenem Laube verdeckt, hinstrecken. Die daraus entstehenden Früchte von der Grösse eines kleinen Apfels waren dem Geschmack des Menschen nicht zusagend, wurden aber gierig von Thieren gefressen, meist, ehe sie noch volle Reife hatten. Die Blütensprosse sind von entfernt stehenden zahnförmigen Laubblättern besetzt, neben den offenen Blüten tragen sie mehr oder weniger geschlossene kleistogame Blüten.

Offenbar handelt es sich um eine Arbeitstheilung, indem der Baum so „seine ganzen Kräfte zur Entwicklung der Zweige und

Entfaltung seines Laubes an dem von grösseren Bäumen umgebenen Standorte entwickeln kann, woselbst er aber auf dem Boden für die Blüten (die Einrichtungen für den Besuch von ganz bestimmten Insecten aufzuweisen scheinen) freien Raum hat; denn grosse Felsblöcke, die dort zerstreut herumliegen, nehmen daselbst den übrigen Waldpflanzen das nothdürftige Licht zum Gedeihen". Die übrigen Bemerkungen beziehen sich auf andere bodenblütige Pflanzen, wie *Arachis procumbens*, *A. hypogaea*, *Cardamine chenopodifolia*. Diese Pflanzen wachsen an Stellen, wo leicht, wenn nicht die ganzen Pflanzen, so doch die Samen von starken Regengüssen fortgeschwemmt werden können, wenn sie nicht unterirdische Entwicklung hatten.

Ludwig (Greiz).

Pittier, H., Primitiae florae Costaricensis. Tom. II. Fascic. 4. Ord. *Acanthaceae*, auctore G. **Lindau.** (Extr. d. Anales del Instituto Fisico-Geográfico Nacional. Tome VIII. p. 299 - 317. San José de Costa Rica, A. C. 1900.

Es werden im Ganzen 44 Arten aufgezählt, von denen 14 hier als neu beschrieben sind, darunter auch eine neue Gattung der *Isoglossinae*. Im Folgenden seien nur die Gattungen genannt, die nach dieser Aufzählung in Costa Rica vorkommen, wobei die in Klammern beigefügten Ziffern die Anzahl der sie vertretenden Arten andeuten sollen.

Dies sind:

Elytraria (1), *Nelsonia* (1), *Thunbergia* (1), *Hygrophila* (1), *Blechum* (1), *Ruellia* (7, davon *R. tetrastichantha*, *R. Biolleyi* und *R. Tonduzii* neu), *Eranthemum* (1), *Lepidagathis* (1), *Barleria* (1), *Aphelandra* (4), *Chamaeranthemum* (1, *Ch. Tonduzii* Lind. spec. nov.), *Pseuderanthemum* (1), *Tetramerium* (1), *Dicliptera* (1, *D. iopus* Lind. sp. nov.), *Odontonema* (3), *Streblacanthus* (1, *St. macrophyllus* Lind. sp. nov.), *Poikilacanthus* (1), *Habracanthus* (1), *Kolobochilus* Lind. nov. gen. (mit den beiden Arten *K. leiorhachis* Lind. und *K. blepharorhachis* Lind.), *Justicia* (8, davon *J. asymetrica*, *J. metallica*, *J. Pittieri* und *J. Tonduzii* neu), *Jacobinia* (3), *Beloperone* mit zwei neuen Arten *B. variegata* Lind. und *B. urophylla* Lind.

Die neuen Arten sind mit ausführlichen Diagnosen und Beschreibungen versehen. Leider haben sich dabei einige Druckfehler eingeschlichen, wie es ja oft vorkommt, wenn bei Arbeiten, die in überseeischen Ländern gedruckt werden, der Verfasser keine Gelegenheit hat, selbst die Correctur zu lesen.

Loesener (Schöneberg).

Durand, Th. et **De Wildeman, Ém.,** Matériaux pour la flore du Congo. Septième fascicule. (Bulletin de la Société Royale de Botanique de Belgique. Vol. XXXIX. 1900. p. 24 sqq.)

In diesem Hefte werden die von C. B. Clarke, Ad. Engler und O. Hoffmann gelieferten Beschreibungen veröffentlicht, davon Ersterer eine neue Varietät der *Bulbostylis trichodorsis* C. B. Clarke, Engler die *Loranthus*-Arten und Hoffmann die Compositen bearbeitete.

Loranthaceae: *Loranthus* (§ *Cupulati*) *Descampsii* Engl. in Nat. Pflanzenfamilien. Nachtr. 132. (nomen tantum); *L.* (§ *Cupulati*) *Laurentii*

Engl. l. c., *L.* (§ *Rufescentes*) *discolor* Engl., *L.* (§ *Inflati*) *Durandii* Engl., der sich dem *L. zizyphifolius* Engl. nähert; *L.* (§ *Stephaniscus*) *micrantherus* Engl. mit *L. gabonensis* verwandt; *L.* (§ *Purpureiflori*) *Demensii* Engl., *L.* (§ *Constrictiflori*) *polygonifolius* Engl., *L.* (§ *Constrictiflori*) *crassicaulis* Engl.

Compositae: *Elephantopus multisetus* O. Hoffm., der Beschreibung nach dem *E. Senegalensis* Oliv. et Hiern. sehr nahestehend; *Aspilia Dewèvrei* O. Hoffm., *Jaumea congensis* O. Hoffm., *Pleiotaxis Dewèvrei* O. Hoffm., verwandt mit *Pl. pulcherrima* Steetz und *Pl. Newtoni*; *Senecio Dewèvrei* O. Hoffm.

Cyperaceae: *Bulbostylis trichodorsis* C. B. Clke. in Th. Dur. et Schinz, Consp. Fl. Afr. 5 (1895). p. 616 var. *uniseriata* C. B. Clke., die vielleicht auch eine eigene Art sein könnte.

Im nächsten Hefte sollen einige dreissig neue Arten aus den älteren Aufsammlungen von Alfr. Dewèvre, Laurent und Descamps, sowie aus den neuen Collectionen von Luja und Gillet mitgetheilt werden.

Wagner (Wien).

Molliard, Marin, Sur les modifications histologiques produites dans les tiges par l'action des *Phytoptus*. (Comptes rendus des séances de l'académie des sciences. Tom. CXXIX. No. 21. p. 841-844.)

Bei den *Phytoptus*-Gallen bleiben meist die Thiere auf der Epidermis der Pflanze, während sich diese, manchmal auch noch einige darunter liegende Zellschichten, durch den von jenen ausgehenden Reiz umwandeln. Eine Ausnahme davon machen die Cecidien von *Phytoptus piri*, die Sorauer eingehend beschrieben hat, und einige Rindengallen. Verf. studirte die Rindengallen der Kiefer und fand dabei, dass das Gallengewebe ähnlich wie Rindenparenchym sich entwickelt, aber ausgezeichnet ist durch seinen Mangel an Stärke. Unter dem directen Einflusse der *Phytopten* nehmen die Zellen, die sich sonst zu verschiedenen Gewebetheilen differenziren, die gleiche Gestalt an und bilden ein homogenes Nährgewebe. Die Thiere selbst dringen nicht tiefer ein als die Rinde sich erstreckt, wohl aber ist ein Einfluss bemerkbar, insofern das Holz sich auf der Gallenseite stärker entwickelt und sowohl die Zahl der Holzzellen zunimmt, als auch die Wände sich verdicken. Wir haben also auch bei dieser Galle ein Beispiel dafür, dass der Reiz auf eine gewisse Entfernung wirkt.

Ausser den Gallen, deren Erreger nur die Rinde bewohnen, beschreibt Verf. noch eine neue von ihm auf *Obione pedunculata* in salzigen Sümpfen bei Pouliguen gefundene Art. Es sind Anschwellungen der Blütenstiele, die ihren Anfang in den Knospen nehmen. Die von dem Reiz getroffenen, noch nicht differenzirten Gewebepartien, verwandeln sich in ein homogenes Gewebe, ganz gleich, welche Bestimmung sie eigentlich hatten. Die schon differenzirten Gefässbündel finden sich nicht mehr zusammenhängend, sondern unregelmässig zerstreut im Gallengewebe.

Appel (Charlottenburg).

Tattka, Fr., Versuche mit Beizung der Saatkartoffeln und Bespritzung des Kartoffelkrautes. (Deutsche Landwirthschaftliche Presse. Jahrg. XXVI. 1899. No. 25.)

Verf. hat die von Frank angeregten Versuche mit Kartoffelbeize ausgeführt und ist zu folgenden Resultaten gelangt: Eine 4 procentige Kupferbrühe bewies sich als schädlich, dagegen waren die Ergebnisse mit 2 procentiger Kupferlösung befriedigend, wenn die Beizung nicht kurz vor dem Auslegen vorgenommen wurde. Sobald die Kartoffelknollen ausgetrieben hatten, war ein Beizen stets schädlich. Das einfache Abwaschen der Kartoffeln bewies sich als irrelevant.

Die Kartoffeln wurden bereits alle in 2 procentiger Lösung am 18. März gebeizt, und zwar 24 Stunden lang, danach getrocknet und bis zum Auslegen aufbewahrt.

Mit den Versuchen waren zugleich Bespritzungsversuche vorgenommen.

Die Parzellen der gebeizten Knollen zeigten keine Fehlstellen und waren mit normal aufgegangenen Kartoffeln besetzt. Die Triebe der gebeizten Knollen zeigten ein intensiveres Grün, stärkeres Wachsthum und eine üppigere Entwickelung.

Schwarzbeinigkeit der Stauden und *Phytophthora* traten nicht auf. Das Laub der bespritzten Pflanzen blieb, wie ja alle Versuche bestätigen, länger grün.

Die Erträge wurden durch das Beizen erhöht, durch Bespritzen merkwürdiger Weise herabgedrückt. Der Stärkegehalt war ungleich.

Im Uebrigen sei auf die Arbeit selbst verwiesen.

Thiele (Visselhövede).

Aweng, Beiträge zur Kenntniss der wirksamen Bestandtheile von Cortex *Frangulae,* Radix *Rhei* und Folia *Sennae.* (Schweizerische Wochenschrift für Chemie und Pharmacie. XXXVI. No. 40.)

Cortex *Frangulae.* Die wirksamen Bestandtheile zerfallen in solche, die sich in Wasser leicht und solche, die sich schwer lösen. Zur Darstellung und Trennung wird die gepulverte Rinde mit 60 procentigem Alkohol perkolirt, die Kolatur auf dem Wasserbade eingeengt, der Rückstand mit kaltem Wasser aufgenommen und die wässerige Lösung filtrirt. Auf dem Filter bleiben die schwer löslichen wirksamen Bestandtheile zurück; das Filtrat enthält die leicht löslichen.

Beide Gruppen bestehen aus mehreren Glykosiden; die leicht löslichen Glykoside sind die primären Körper, die schwer löslichen die secundären. Bei der Hydrolyse liefern beide Gruppen dieselben Spaltungsproducte, nämlich Chrysophansäure, Emodin, einen dem Rhamnetin ähnlichen Körper, den Verf. „Frangularhamnetin" nennt und Eisenemodin.

Die Wirkung der Glykoside ist eine völlig schmerzlose; zu flüssigen Präparaten eignen sich besonders die primären Glykoside. Es werden verschiedene Darstellungsmethoden für Präparate gegeben.

Radix *Rhei* enthält ebenfalls leicht und schwerlösliche Glykoside, welche bei der Spaltung Chrysophansäure, Emodin, Eisenemodin und ein dem Frangularhamnetin ähnliches Product geben. Die Mengen der Glykoside variiren je nach den Handelssorten.

Folia *Sennae* enthalten wenig secundäre Glykoside neben viel primären. Die Hydrolyse ergiebt einen Körper, der nicht Chrysophansäure, sondern wahrscheinlich Emodin ist, sowie einen dem Frangularhamnetin sehr ähnlichen Stoff.

Aus allen drei Drogen stellte der Verf. glycerinhaltige Fluidextracte als Basis für andere Präparate dar.

Siedler (Berlin).

Schimmel & Co., (Fabrik ätherischer Oele.) Bericht, October 1898.

Caparrapi-Oel, das Oel einer im Volksmunde „Canelo" genannten columbischen *Laurinee Nectandra caparrapi.* Am Fusse des Stammes wird ein breiter und tiefer Einschnitt gemacht, aus welchem das Oel fliesst. Es wird als Ersatz des Copaivabalsams angewendet. — Citronell-Oel. Es wird ein ausführlicher Bericht über die Cultur des Citronellgrases auf Ceylon gebracht. — Oel von *Eucalyptus rostrata*, den besseren *E.*-Oelen ebenbürtig. Ein neues australisches *E.*-Oel stammt von *E. punctata* D. C., ein neues westaustralisches von *E. toxophleba.* — Sandelholzöl. Das australische stammt von *Santalum cygnorum* Mig. das ostindische von *S. album* L. — Wintergreen-Oel. Das Vorkommen von Methylsalicylat in diesem Oel ist nicht von Koehler, sondern von de Vrij zuerst angegeben worden.

Siedler (Berlin).

Neue Litteratur.*)

Algen:

Dangeard, P. A., Les zoochlorelles du Paramoecium bursaria. (Le Botaniste. Sér. VII. 1900. Fasc. 3/4. p. 161—191. 3 fig.)

Dangeard, P. A., Observations sur le développement du Pandorina Morum. (Le Botaniste. Sér. VII. 1900. Fasc. 3/4. p. 192—211. Planche V.)

Golenkin, M., Algologische Mittheilungen. [Ueber die Befruchtung bei Sphaeroplea annulina und über die Structur der Zellkerne bei einigen grünen Algen.] 8°. 19 pp. Mit 1 Tafel. Moskau 1900.

Pilze:

Dangeard, P. A., La reproduction sexuelle des champignons. — Étude critique. (Le Botaniste. Sér. VII. 1900. Fasc. 3/4. p. 89—130.)

---

*) Der ergebenst Unterzeichnete bittet dringend die Herren Autoren um gefällige Uebersendung von Separat-Abdrücken oder wenigstens um Angabe der Titel ihrer neuen Veröffentlichungen, damit in der „Neuen Litteratur" möglichste Vollständigkeit erreicht wird. Die Redactionen anderer Zeitschriften werden ersucht, den Inhalt jeder einzelnen Nummer gefälligst mittheilen zu wollen, damit derselbe ebenfalls schnell berücksichtigt werden kann.

Dr. Uhlworm,
Humboldtstrasse Nr. 22.

Hiratsuka, N., Notes on some Melampsorae of Japan. III. Japanese species of Phacopsora. (The Botanical Magazine, Tokyo. Vol. XIV. 1900. No. 161. p. 87—94. With pl. III.)

Oudemans, C. A. J. A., Contributions à la flore mycologique des Pays-Bas. XVII. (Overdr. Ned. Kruidk. Archief. Ser. III. T. II. 1900. Stuk 1. p. 170 —353. Pl. I—II.)

Scalia, G., I funghi della Sicilia orientale e principalmente della regione Etnea. Prima serie. (Dagli Atti dell' Accademia Gioenia di Scienze Naturali in Catania. Ser. IV. Vol. XIII. 1900.) 4°. 55 pp.

Shear, C. L., Our Puffballs. III. (The Asa Gray Bulletin. Vol. VIII. 1900. No. 3. p. 49—54. Plate III.)

Tassi, Fl., Di una nuova Rhizoctonia. (Bullettino del Laboratorio ed Orto Botanico di Siena. Vol. III. 1900. Fasc. 2. p. 49—51. Con 1 tav.)

Tassi, Fl., Novae Micromycetum species descriptae et iconibus illustratae. [Continuat.] (Bullettino del Laboratorio ed Orto Botanico di Siena. Vol. III. 1900. Fasc. 2. p. 52—57. Con 2 tav.)

Tassi, Fl., Micologia della Provincia Senese. 9a pubblicazione. (Bullettino del Laboratorio ed Orto Botanico di Siena. Vol. III. 1900. Fasc. 2. p. 58 —65.)

Flechten:

Britzelmayr, Max, Die Lichenen der Algäuer Alpen. (Sep.-Abdr. aus dem 34. Bericht des Naturwissenschaftlichen Vereins für Schwaben und Neuburg in Augsburg. 1900. p. 73—139.)

Wilson, F. R. M., Lichenes Kerguelenses. (Mémoires de l'Herbier Boissier. 1900. No. 18. p. 87—88.)

Muscineen:

Amann, Jules, Étude de la flore bryologique du Valais. [Thèse.] 8°. 47 pp. Lausanne (Impr. Georges Bridel & Cie.) 1900.

Dixon, H. N., New and rare Mosses from Ben Lawers. (The Journal of Botany British and foreign. Vol. XXXVIII. 1900. No. 453. p. 330—335.)

Horrell, E. Charles, The European Sphagnaceae (after Warnstorf). [Continued.] (The Journal of Botany British and foreign. Vol. XXXVIII. 1900. No. 453. p. 338—335.)

Lett, H. W. and **Waddell, C. H.**, Hypnum rugosum and Catoscopium nigritum in Ireland. (The Journal of Botany British and foreign. Vol. XXXVIII. 1900. No. 453. p. 359.)

Meylan, Charles, Contributions à la flore bryologique du Jura. (Mémoires de l'Herbier Boissier. 1900. No. 18. p. 103—108.)

Salmon, Ernest S., Bryum (Rhodobryum) formosum Mitt. (The Journal of Botany British and foreign. Vol. XXXVIII. 1900. No. 453. p. 329—330. Plate 413.)

Physiologie, Biologie, Anatomie und Morphologie:

Bernátsky, J., A gombalakta gyökerekröl. [Ueber Mykorhizengebilde.] (Természetrajzi Füzetik. Vol. XXIII. 1900. Partes III/IV. p. 291—309. Mit 7 Figuren.)

Dangeard, P. A., Etude de la kariokinèse chez la Vampyrella Vorax CNK. (Le Botaniste. Sér. VII. 1900. Fasc. 3/4. p. 131—158. Planche IV.)

Gallardo, Angel, Los nuevos estudios sobre la fecundación de las fanérogamas. (Anales de la Sociedad Científica Argentina. Tomo XLIX. 1900. Entrega VI. p. 241—255.)

Godlewski, E., Ueber die Kernvermehrung in den quergestreiften Muskelfasern der Wirbelthiere. (Anzeiger der Akademie der Wissenschaften in Krakau. 1900. No. 4. p. 128—136. Mit 12 Figuren.)

Magnus, Werner, Studien an der endotrophen Mycorrhiza von Neottia Nidus avis L. (Sep.-Abdr. aus Jahrbücher für wissenschaftliche Botanik. Bd. XXXV. 1900. Heft 2.) 8°. 68 pp. Mit Tafel IV—VI. Leipzig (Gebr. Bornträger) 1900.

Marchlewski, L. und **Schunck, C. A.**, Die Reindarstellung des Chlorophylls, sein Spectrum und dasjenige eines anderen, in Blätterextracten vorhandenen, grünen Farbstoffs. (Anzeiger der Akademie der Wissenschaften in Krakau. 1899. No. 4. p. 155—156.)

Palladin, W., Einfluss der Nahrung mit verschiedenen organischen Substanzen auf die Athmung der Pflanzen. (Sep.-Abdr. aus Nachrichten der Warschauer Universität. 1900.) 8°. 31 pp. Warschau 1900. [Russisch.]

Schott, Peter Carl, Der anatomische Bau der Blätter der Gattung Quercus in Beziehung zu ihrer systematischen Gruppierung und ihrer geographischen Verbreitung. [Inaug.-Dissert. Heidelberg.] 8°. 53 pp. Mit 3 Tafeln. Breslau (typ. Grass, Barth & Co.) 1900.

Systematik und Pflanzengeographie:

Bates, J. M., The flora of a neglected dooryard. (The Asa Gray Bulletin. Vol. VIII. 1900. No. 3. p. 58—63.)

Boulger, G. S., Some manuscript notes by **Plukenet.** (The Journal of Botany British and foreign. Vol. XXXVIII. 1900. No. 453. p. 336—338.)

Conti, Cascal, Les espèces du genre Matthiola. Préface par **R. Chodat.** (Mémoires de l'Herbier Boissier. 1900. No. 18. p. 1—86. Avec un portrait.)

Davey, Fred. Hamilton, Notes on Cornish plants. (The Journal of Botany British and foreign. Vol. XXXVIII. 1900. No. 453. p. 354—355.)

Dusén, P., Die Gefässpflanzen der Magellansländer nebst einem Beitrag zur Flora der Ostküste von Patagonien. (Sep.-Abdr. aus „Wissenschaftliche Ergebnisse der Schwedischen Expedition nach den Magellansländern unter Leitung von Otto Nordenskjöld". p. 77—266. Mit Tafel IV—XIV.) Stockholm 1900.

Matsumura, J., Notulae ad plantas asiaticas orientales. [Continued.] (The Botanical Magazine, Tokyo. Vol. XIV. 1900. No. 161. p. 83—85.)

Nagano, K., On the distribution of plants in the central part of the Province of Chikuzen. [Continued.] (The Botanical Magazine, Tokyo. Vol. XIV. 1900. No. 161. p. 153—163.) [Japanisch.]

Post, Georges E., Plantae Postianae. (Mémoires de l'Herbier Boissier. 1900. No. 18. p. 89—102.)

Potts, Edward, Durham introductions. (The Journal of Botany British and foreign. Vol. XXXVIII. 1900. No. 453. p. 359.)

Tassi, Fl., Piante nuove per la flora Senese. (Bullettino del Laboratorio ed Orto Botanico di Siena. Vol. III. 1900. Fasc. 2. p. 76.)

Teratologie und Pflanzenkrankheiten:

Bubák, Franz, Ueber Milben in Rübenwurzelkröpfen. (Sep.-Abdr. aus Zeitschrift für das Landwirthschaftliche Versuchswesen in Oesterreich. Jahrg. III. 1900. Heft 6.) 8°. 15 pp. Mit 1 Tafel. Wien 1900.

Eriksson, Jacob, Tabellarische Uebersicht der in Schweden auftretenden Getreiderostpilzformen. (Zeitschrift für Pflanzenkrankheiten. Bd. X. 1900. Heft 3/4. p. 142—146.)

Jacky, Ernst, Der Chrysanthemum-Rost. (Zeitschrift für Pflanzenkrankheiten. Bd. X. 1900. Heft 3/4. p. 132—142. Mit 6 Figuren.)

Reh, Forstschädliche Insekten im Nordwesten der Vereinigten Staaten von Nordamerika. (Zeitschrift für Pflanzenkrankheiten. Bd. X. 1900. Heft 3/4. p. 157—159.)

Solla, In Italien beobachtete Krankheiten. (Zeitschrift für Pflanzenkrankheiten. Bd. X. 1900. Heft 3/4. p. 154—157.)

Sorauer, Paul, Erkrankungsfälle durch Monilia. [Fortsetzung.] (Zeitschrift für Pflanzenkrankheiten. Bd. X. 1900. Heft 3/4. p. 148—154. Mit Figur 2 und 3.)

Technische, Forst-, ökonomische und gärtnerische Botanik:

De Smet, Aug., Le malt germé court. (Bulletin prat. du brasseur. 1900. p. 430.)

Enfer, V., Plantation du céleri à côtes. (Bulletin hortic., agric. et apic. 1900. p. 124.)

Johnson, George M., Autour de la question du maïs. (Petit journal du brasseur. 1900. p. 303.)

Van den Berck, L., Fumure de la betterave; application tardive des sels potassiques. (Journal de la Société agricole du Brabant-Hainaut. 1900. p. 333. — Journal de la Société royale agric. de l'Est de la Belgique. 1900. p. 85. — Coopération agric. 1900. No. 14.)

Webber, Herbert J. and **Bessey, Ernst A.,** Progress of plant breeding in the United States. (Reprint from Yearbook of Department of Agriculture for 1899. p. 465—490. Plate XXVI—XXVIII. Fig. 22, 23.)

Personalnachrichten.

Ernannt: Dr. **P. Beveridge Kennedy** zum Associate Professor der Botanik an der Universität in Newada.

Nachtrag zu F. Hildebrand's Aufsatz:

Ueber Bastardirungsexperimente zwischen einigen *Hepatica*-Arten.

Einen sehr starken Fruchtansatz gab im Jahre 1890 die Bestäubung der *Hepatica triloba* fl. alb. mit dem Pollen der gewöhnlichen blaublühenden *Hepatica triloba*; es war hier der grösste von allen bei den Experimenten erzielten, indem sich in den so bestäubten 5 Blüten 19, 17, 13, 16, 13 Früchtchen bildeten, aus denen zahlreiche Keimlinge erwuchsen, welche schon im Frühjahr 1893 fast alle zur Blüte kamen. Diese und auch alle später zum Blühen kommenden Exemplaren hatten ebenso blaue Blüten, wie die normale blaublütige *Hepatica triloba*, kein einziges war weissblütig wie die Mutter. Es liegt hier also ein interessanter Fall vor, welcher zeigt, dass die Sämlinge einer Pflanze, deren Blüten abweichend von den sonstigen der Species gefärbt sind, zu der normalen Farbe der Species zurückkehren, wenn sie durch Bestäubung mit normalblütigen Pflanzen erzeugt werden. Diese Sämlinge der weissblütigen *Hepatica triloba* liessen sich in keiner Weise von den normalen blaublütigen Exemplaren unterscheiden.

Inhalt.

Ausgegeben: 10. October 1900.

Druck und Verlag von Gebr. Gotthelft, Kgl. Hofbuchdruckerei in Cassel.

Band LXXXIV. No. 4. XXI. Jahrgang.

Botanisches Centralblatt.

REFERIRENDES ORGAN

für das Gesammtgebiet der Botanik des In- und Auslandes

Herausgegeben unter Mitwirkung zahlreicher Gelehrten

von

Dr. Oscar Uhlworm und Dr. F. G. Kohl

in Cassel in Marburg

Nr. 43. | Abonnement für das halbe Jahr (2 Bände) mit 14 M. durch alle Buchhandlungen und Postanstalten. | 1900.

Wissenschaftliche Originalmittheilungen.*)

Ueber Levkojenbastarde.

Zur Kenntnis der Grenzen der Mendel'schen Regeln.

Von

Prof. Dr. **C. Correns**

in Tübingen.

In einer vorläufigen Mittheilung: „G. Mendel's Regel über das Verhalten der Nachkommenschaft der Rassenbastarde"[1]) habe ich sofort nach dem Erscheinen der ersten Veröffentlichung de Vries' über das Spaltungsgesetz der Bastarde[2]) darauf hingewiesen, dass die von Mendel entdeckten Regeln, die auch ich bei meinen Versuchen mit Erbsen- und Maisrassen bestätigt fände, durchaus nicht jene allgemeine Gültigkeit besässen, die ihnen de Vries zuschreibe. Dasselbe habe ich seitdem noch einmal in

*) Für den Inhalt der Originalartikel sind die Herren Verfasser allein verantwortlich. Red.

[1]) Berichte d. Deutsch. bot. Gesellsch. XVIII. 1900. p. 158.

[2]) Sur la loi de disjonction des hybrides. (Compt. rend. de l'Acad. d. scienc. de Paris. 1900. 26. mars.)

Etwas ausführlicher ist eine spätere Mittheilung: Das Spaltungsgesetz der Bastarde Vorläufige Mittheilung. (Berichte d. Deutsch. bot. Gesellsch. XVIII. 1900. p. 83.)

einem Sammelreferat[1]) ausgeführt. Dabei habe ich mich theils auf Angaben in der Litteratur, so vor allem auf Beobachtungen von Mendel selbst, theils auf eigene, noch unveröffentlichte Untersuchungen gestützt. Von diesen will ich die, die ich mit Levkojen-Sippen[2]) angestellt habe, hier kurz besprechen. Zunächst erlaube ich mir aber, die beiden Mendel'schen Regeln, um deren allgemeine Gültigkeit sich ja das Folgende in erster Linie dreht, ganz kurz anzuführen.

I. Die erste Regel, die „Praevalenzregel", lässt sich so formuliren: Der Bastard gleicht in den Punkten, in denen sich seine Eltern unterscheiden, immer nur dem einen oder dem andern Elter, nie beiden zugleich. — Von den Merkmalen, die die beiden Elternsippen unterscheiden, gehören immer zwei correspondirende — auf denselben Punkt, z. B. die Blütenfarbe, die Samenfarbe, bezügliche — zu einem Merkmalspaar zusammen. Von jedem solchen Paar zeigt sich dann im Bastard nur der Paarling des einen Elters, er „dominirt", der des anderen nicht, er bleibt latent, ist „recessiv". Je nach der Vertheilung der dominirenden Paarlinge auf die Elternsippen vereinigt der Bastard Merkmale von beiden oder gleicht ganz dem einen oder dem andern Elter.[3])

Mendel nennt ein Merkmal dann dominirend, wenn das correspondirende im Bastard „der Beobachtung ganz entschwindet oder in ihm nicht sicher erkannt werden kann". Hierin liegt das Charakteristische, an dem festgehalten werden muss. De Vries nennt offenbar ein Merkmal auch dann noch dominirend, wenn sich das der andern Sippe auf's Allerdeutlichste, unter einer Abschwächung des einen, zeigt (*Melandryum album* + *rubrum*, vergl. später, p. 109), und kann dann freilich eher eine allgemeine Gültigkeit der Prävalenzregel behaupten.

II. Die zweite Regel, die „Spaltungsregel", lautet: Der Bastard bildet Sexualkerne, die in allen möglichen Combinationen die Anlagen für die einzelnen differirenden Merkmale der Eltern vereinigen, von jedem Merkmalspaar aber immer nur je **eine**; jede Combination wird gleich oft gebildet. — Unterscheiden sich die Elternsippen in einem Punkt, in einem Merkmalspaar (oder fasst man nur einen ins Auge), so bildet der Bastard zweierlei

---

[1]) Gregor Mendel's „Versuche über Pflanzenhybriden" und die Bestätigung ihrer Ergebnisse durch die neuesten Untersuchungen. (Botan. Ztg. 1900. Abth. II. Sp. 229.)

[2]) Ich gebrauche hier und im Folgenden mit Nägeli das Wort „Sippe" dann, wenn es unentschieden bleiben soll, ob es sich bei einer „systematischen Einheit" um eine Art, eine Varietät, eine Rasse etc. handelt.

[3]) Bastarde, die sich so verhalten, entsprechen annähernd dem „gemengten" und dem „decidirten" Typus Gärtner's, gegenüber dessen „gemischtem" Typus. Zu Anfang des Jahrhunderts hatte Sageret bereits behauptet, dass die Aehnlichkeit des Bastardes mit seinen Eltern auf der Mengung der unveränderten Charaktere der Eltern beruhe.

männliche und weibliche Sexualkerne: Die Hälfte besitzt nur mehr die Anlage für den dominirenden Paarling, die Hälfte nur mehr die für den recessiven. Unterscheiden sie sich in zwei Punkten, zwei Merkmalspaaren (A, a; B, b), so entstehen viererlei Sexualkerne (Ab, AB, Ba, ab), von jeder Sorte gleichviel, also 25% der Gesammtzahl; unterscheiden sie sich in n Merkmalspaaren, so entstehen 2^n erlei. — Die Regel ist abgeleitet aus dem Verhalten der Bastarde in der durch Selbstbefruchtung entstandenen zweiten Generation.

Aus diesen zwei Regeln lassen sich einige Consequenzen ziehen, die man dort, wo jene wirklich gelten, ebenfalls realisirt findet. So, dass bei der Bestäubung des Bastardes mit dem Pollen einer Elternsippe oder, umgekehrt, bei der Bestäubung dieser mit dem Pollen des Bastardes qualitativ, dem Aussehen nach, nichts anderes entsteht, als bei der Selbstbestäubung des Bastardes, und dass nur das Zahlenverhältniss der verschiedenen durch Combination entstehenden Formen ein anderes wird, event. Formen wegfallen.

Wir wenden uns jetzt zu unseren Levkojenbastarden.

Es liegen ziemlich zahlreiche Angaben über solche in der Litteratur vor, von Koelreuter[1]) an bis herab zu Nobbe, Schmidt, Hiltner und Richter[2]); doch finde ich gerade über das Verhalten der Bastarde in der zweiten Generation, das uns hier besonders beschäftigen wird, nichts.

Meine ersten Levkojenbastardirungen wurden im Jahre 1896 ausgeführt, um eine Angabe von M. Trevor Clarke[3]), nach der hier etwas wie Xenienbildung vorkommen sollte, zu controlliren. Dadurch wurde auch die Wahl der verwendeten Sippen bestimmt. Nur von einer Versuchsreihe wurden die Bastarde aufgezogen; sie blühten 1898, wo sie zu Rückkreuzungsversuchen mit den Elternsippen benutzt wurden. Gleichzeitig wurde der einfache Bastard nochmals, auf beide Weisen, hergestellt. Von all' den hieraus gezogenen Pflanzen blühten zwar einige schon im verflossenen Jahr (1899), die gewisse Schlüsse zu ziehen erlaubten; im folgenden Winter gingen sie aber fast sämmtlich zu Grunde. So musste ich dieses Frühjahr mit dem noch übrigen Material neue Aussaaten machen, konnte das aber, Dank dem liebenswürdigen Entgegenkommen von Herrn Prof. Dr. Vöchting, in grösserem Maassstabe als früher thun. Soweit die Pflanzen schon

---

[1]) Vorläufige Nachricht von einigen, das Geschlecht der Pflanzen betreffenden Versuchen und Beobachtungen. I. Fortsetzung (1763), p. 45, II. Fortsetzung (1764), p. 128, und III. Fortsetzung (1766), p. 116.

[2]) Untersuchungen über den Einfluss der Kreuzbefruchtung auf die Nachkommenschaft. (Mittheil. a. d. pflanzenphys. Versuchsstation zu Tharand. — Landw. Vers.-Stat. Bd. XXXV. 1888. p. 149) (Bd. XXXIV enthält auf p. 459 ein ganz kurzes Referat.) Die versprochene Fortsetzung ist leider ausgeblieben.

[3]) On a certain phenomenon of hybridism observed in the genus *Matthiola*. (The Gardeners Chronicle. June 23. 1866. p. 588.)

heuer blühten, verhielten sie sich ganz so, wie es nach den Erfahrungen der vorigen Jahre zu erwarten war. Da mein definitiver Bericht frühestens in Jahresfrist erscheinen kann, vorausgesetzt, dass die Culturen das Ueberwintern diesmal aushalten, fand ich es bei den Erfahrungen, die ich in den letzten Monaten machen musste, für geboten, schon jetzt, wo die Hauptpunkte festgestellt sind, eine Mittheilung zu machen.

Die für die Versuche benutzten Levkojen-Sippen.

Von den beiden für die Versuche verwendeten Sippen fand ich die eine, A, im hiesigen botanischen Garten cultivirt vor, als „*Matthiola annua*", die andere, B, wurde von Haage und Schmidt in Erfurt als „beste englische Sommerlevkoje, schwefelgelb mit Lackblatt", bezogen. Die eine, A, soll im Folgenden als *Matthiola incana* DC. bezeichnet werden, die andere, B, als *Matthiola glabra* DC.[1]). Sie unterscheiden sich in folgenden acht Punkten:

	Sippe A. („*Matthiola incana* DC.")	Sippe B. („*Matthiola glabra* DC.")
1.	Zweijährig (oder ausdauernd), immer erst im zweiten Jahre blühend.	Zweijährig (oder ausdauernd?), schon im ersten Jahre blühend.
2.	Wuchs relativ hoch.	Wuchs niedrig, mehr buschig.
3.	Grüne Theile grauhaarig.	Grüne Theile völlig kahl, glänzend.
4.	Blumenblätter violett.	Blumenblätter gelblichweiss.
5.	Samen breit geflügelt.	Samen schmal geflügelt.
6.	Samenschale mit brauner Pigmentschicht.	Samenschale mit hellgelber Pigmentschicht.
7.	Freie Epidermis des (gelben) Embryo mehr oder weniger blau (durch blaue Aleuronkörner).[2])	Epidermis des gelben Embryo nicht abweichend gefärbt.
8.	Stets einfach blühend.	Zum Theil gefüllt blühend.

I.

Die erste Generation des Bastardes.

a. Die Samen mit den Bastardembryonen.

Von den beiden möglichen Verbindungen wurde die eine, *glabra* ♀ + *incana* ♂, zweimal (1896 und 1898), die andere, *incana* ♀ + *glabra* ♂, einmal (1898) ausgeführt; stets wurden

[1]) Bestimmt nach DC. Prodromus. Vol. I. p. 133, und dem Systema naturale. Vol. II. p. 133 u. f.

[2]) Sie sind schon von Hartig (Pflanzenkeim, p. 109, „*Cheiranthus annuus*") und Trécul (Ann. d. sc. natur. Sér. IV. T. X. p. 354) gesehen worden.

mehrere Blüten castrirt nnd bestäubt, nicht immer mit Erfolg, weil die Castration sehr früh geschehen muss, will man ihrer sicher sein, und dann leicht Beschädigungen eintreten.

Die auf diese Weise entstandenen Samen sahen sehr verschieden aus, je nachdem sie aus der einen oder anderen Verbindung hervorgegangen waren. Die aus der Verbindung *incana* ♀ + *glabra* ♂ waren kaum von denen der reinen Sippe *incana* zu unterscheiden, die aus der Verbindung *glabra* ♀ + *incana* ♂ wichen von denen der reinen Sippe *glabra* dadurch ab, dass sie, durch den durchscheinenden Bastardembryo, mehr oder weniger blau waren. Wurden die Keime herausgeschält, so dass alle durch die Schale bedingten, nothwendig vorhandenen Differenzen wegfielen, so blieb ein geringer, aber ganz deutlicher Unterschied übrig, den auch Alle, denen ich sie zeigte, constatirten: Bei den Keimen, die aus der Verbindung *glabra* ♀ + *incana* ♂ hervorgegangen waren, schwankte die Farbe zwischen einem wenigstens annähernd reinen Gelb und einem tiefen Blau, während bei den Keimen, die der Verbindung *incana* ♀ + *glabra* ♂ entsprungen waren, annähernd rein gelbe Keime nicht vorkamen, und dunkelblaue entschieden häufiger waren.

Die Keime glichen in der Farbe also im Durchschnitt mehr der jeweiligen Mutter als dem Vater.

Nach der herrschenden Anschauung soll der Bastard A ♀ + B ♂ dem Bastard B ♀ + A ♂ gleich sein, das Geschlecht also auf das Aussehen des Bastardes ohne Einfluss sein. Ich glaube, dass sich die eben constatirte, scheinbar direct widersprechende Thatsache mit diesem Satze vereinigen lässt, sobald man ihn so erweitert: Das Product der beiden möglichen Verbindungen (A ♀ + B ♂ und B ♀ + A ♂) ist in den **Anlagen** gleich (virtuell gleich.) Da die Embryonen alle zu ihrer Entwicklung nöthigen Stoffe von der Mutterpflanze erhalten, kann man zur Erklärung der Ungleichheit annehmen, dass die Bastardembryonen, die auf der gelblichweissblühenden, gelbe Keime producirenden Pflanze reifen, die zur Ausbildung des blauen Farbstoffes nöthigen Stoffe nicht in derselben Menge geliefert bekommen, als die, die auf der violettblühenden, blaue Keime bildenden Pflanze reifen. — Der Anlage nach ist A ♀ + B ♂ und B ♂ + A ♀ völlig gleich, im einen Fall kann die Anlage nicht so gut zum Merkmal werden, wie im anderen.[1])

Dass diese Erklärung nur da gelten kann, wo die Mutter

[1]) Auf die gleiche Weise könnte man auch die Differenz in der Färbung der Endosperm-Bastarde zwischen Maisrassen erklären, je nachdem die Verbindung A ♀ + B ♂ oder B ♀ + A ♂ vorliegt, statt durch die Annahme ungleich grosser Erbmassen, unter Berücksichtigung der Zahl der sich vereinigenden Kerne. (Vergl.: Unters. ü. d. Xenien bei *Zea Mays*. Ber. d. Deutsch. botan. Gesellsch. 1899. p. 416.) Die Entscheidung ist hier schwer zu bringen, weil einerseits ja vom Endosperm keine zweite Generation zu erhalten ist, und andererseits Propfungen nicht angeführt werden können.

den stärkeren Einfluss besitzt, ist selbstverständlich;[1]) ihre experimentelle Prüfung habe ich bereits begonnen.

Die Thatsache, dass die beiden Verbindungen etwas verschiedene Keime geben, genügt schon, um zu zeigen, dass die Prävalenzregel hier nicht gelten kann.

Nach dem Ausgeführten ist es kaum noch nöthig, zu betonen, dass die theilweise Blaufärbung der Samen, die bei gelbsamigen Levkojenrassen durch die Bestäubung mit dem Pollen blausamiger Rassen auftritt und von Gaertner[2]) und Trevor Clarke (l. c.) beobachtet worden ist, nicht als Xenienbildung betrachtet werden darf, da sie auf der Färbung des Bastardembryo beruht.

b. Die Bastardpflanzen.

Von der Verbindung *glabra* ♀ + *incana* ♂ wurden aus 1896 erhaltenen Samen 1897 10 und 1900 25 Pflanzen gezogen, aus 1898 erhaltenen Samen 1899 9 und 1900 25, zusammen 69 Pflanzen, von der Verbindung *incana* ♀ + *glabra* ♂ 1899 9 und 1900 33, zusammen 42 Pflanzen, im Ganzen also 111. Stark blaue und fast rein gelbe Samen der ersten Verbindung gaben genau die gleichen Pflanzen.[3])

In einigen Punkten waren die Bastarde unter sich alle völlig gleich: Die grünen Theile waren grau behaart,[4]) die Samen breit geflügelt, ihre Pigmentschicht braun, die Blüten einfach.

Sie entsprachen darin ganz oder doch ganz annähernd der Sippe *incana*.[5]) In der Tracht glichen sie alle auch mehr der *incana*, die sie in der Grösse noch übertrafen. Nur in der Färbung der Blüten und im Beginn des Blühens zeigten sie untereinander und gegen *incana* einige Differenzen. Gewöhnlich waren die Blumenblätter violett, von der Nuance der

[1]) Ich hebe das hervor, weil Nobbe angiebt, dass in der Form der Blütentraube, in der Gesammthöhe, dem Trockengewicht und vor allem in der Füllung das männliche Stammprincip zum vorherrschenden Ausdruck kommt. So weit meine Beobachtungen reichen, gilt das für meine Bastarde nicht.

[2]) Bastarderzeugung, p. 87.

[3]) Von drei Samen, die keine Spur von Blau zeigten, gaben zwei den Bastard, der dritte reine *glabra*; er war sicherlich durch Afterbefruchtung während der Castration entstanden.

[4]) Wenn Trevor Clarke bei der Kreuzung von *M. graeca* (little annual glabrous-leaved stock) mit *M. incana* (large red flowerd biennial Garden Stock) die Hälfte der Sämlinge behaart, die Hälfte kahl kommen sah, so sind die kahlen, trotz der gegentheiligen Behauptung, reine *graeca* gewesen und durch Afterbefruchtung entstanden.

[5]) So muss einstweilen unentschieden bleiben, ob die Behaarung beim Bastard wirklich etwas schwächer ist, als bei der Sippe *incana*, wie ich (G. Mendel's Regel etc., p. 160) angegeben habe. Sicher ist, dass er etwas weniger grau aussieht; bei dem mastigen Wuchs kann das aber, bei gleicher Zahl der Haare, durch die Vergrösserung der tragenden Fläche bedingt sein. Die Thatsache, dass bei der Rückkreuzung des Bastardes mit der Sippe *glabra* die Behaarung der Individuen, die überhaupt Haare zeigen, nicht merklich weiter abnimmt, spricht für diese letzte Annahme.

incana, aber mehr oder weniger deutlich heller violett gefleckt; einige Male fehlten aber im ersten Jahr die Flecken völlig; die Blumenblätter des Bastardes waren dann zunächst von denen der *incana* nicht zu unterscheiden Es blühte ferner nur ein relativ geringer Theil der Bastarde im ersten Jahr, die Mehrzahl erst im zweiten. Von den im Jahre 1896 gemachten Bastardpflanzen *glabra* ♀ + *incana* ♂ blühten weder 1897 noch 1900 welche im ersten Jahr, von den 1898 gemachten 1899 vier, = 44%, und 1900 elf, = 37%, zusammen fünfzehn, = 38,5%. Von dem Bastard *incana* ♀ + *glabra* ♂ blühten 1899 vier Individuen, = 44%, und 1900 drei, = 9%, zusammen sieben, = 17%. Dabei waren die äusseren Bedingungen für alle Culturen so ähnlich als möglich.

Die einzelnen Individuen des Bastardes können also merklich verschieden sein; daraus folgt schon, dass die Prävalenzregel nicht in allen Punkten gelten kann. Geht man die einzelnen Merkmalspaare durch, die die Elternsippen unterscheiden, so findet man, dass sie für fünf gilt: für den Wuchs und die Grösse (2), die Bekleidung der grünen Theile (3), den Flügelrand des Samens (4) und die Farbe der Pigmentschicht in der Samenschale (5), endlich für die Beschaffenheit der Blüte (gefüllt oder einfach) (8), für drei nicht: für den Beginn des Blühens (1), die Farbe der Blumenblätter (4) und die der Epidermis des Embryo (7). Hier sind die beiden Paarlinge nebeneinander zu erkennen, sich abschwächend; der eine tritt freilich vor dem anderen zurück, bald in der Stärke, in der er sich überhaupt manifestirt, bald in der Zahl der Individuen, bei denen er sich zeigt (Paar 4 und 7 einerseits, Paar 1 andererseits).[1] Der dominirende Paarling im ersten, der stärkere im zweiten Fall wird stets von derselben Sippe, von *incana*, geliefert.

Der Bequemlichkeit wegen werde ich im Folgenden Merkmalspaare mit einem dominirenden Paarling **heterodyname** nennen, solche ohne einen derartigen Paarling **homodyname** (von ὁμοῦ = zusammen, zugleich).

II.

Die zweite Generation des Bastardes.

a. Die Samen mit den Bastardembryonen.

Der Bastard ist völlig fruchtbar, sein Pollen so gut ausgebildet, wie der der Elternsippen. Sich selbst überlassen, setzt er reichlich Samen an, ganz überwiegend durch Selbstbefruchtung.

---

[1]) Nach den Angaben in der Litteratur tritt bei anderen Levkojenbastarden die mittlere Blütenfarbe noch viel deutlicher hervor. Koelreuter erhielt aus weiss ♀ und roth ♂ („Kermesin-roth") weisslich violett; nach Nobbe kommen hierin „beide Elternpflanzen ziemlich gleichmässig zum Ausdruck". „Es ist sogar sehr schwierig, einen Unterschied in der Farbe der Kreuzungsproducte von Karmin und Weiss gegenüber Dunkelblau oder Violett und Weiss zu erkennen."

Um sicher zu gehen, habe ich aber auch noch Blüten theils einfach vor dem Zutritt von Insecten geschützt, theils castrirt und mit dem Pollen einer anderen Bastardpflanze bestäubt. Das Resultat war das gleiche.

Die Samen liessen sich nach der Farbe der Embryonen in drei Klassen bringen. Die erste enthielt solche mit ausgesprochen blauem Keim, die zweite solche mit blassblauem bis fast gelbem Keim, die dritte solche mit rein gelbem Keim. Die Unterscheidung war durch die braune Pigmentschicht der Samenschale erschwert; zwischen der ersten und zweiten Klasse war gar keine scharfe Grenze zu ziehen, zwischen der zweiten und dritten sind wirkliche Uebergänge zum mindesten sehr selten.

Ich habe die Samen von fünf Bastardpflanzen sortirt und gezählt, die jeder Schotenhälfte für sich, und dabei folgendes Resultat erhalten:

Pflanze	Classe I, Samen blau		Classe II, Samen mittel		Classe III, Samen gelb		Classe I u. II, Samen blau u. mittel		Classe III, Samen gelb	
		%		%		%		%		%
I	221	**54,6**	110	**27,2**	74	**18,2**	331	**81,7**	74	**18,2**
II	129	**55,8**	56	**24,2**	46	**19,9**	185	**80,1**	46	**19,9**
III	212	**45,7**	132	**28,5**	120	**25,8**	344	**74,2**	120	**25,8**
IV	292	**46,4**	177	**28,3**	157	**25,1**	469	**74,9**	157	**25,1**
V	49	**52,7**	20	**21,5**	24	**25,8**	69	**74,2**	24	**25,8**
I-V	903	**49,6**	495	**27,2**	421	**23,2**	1398	**76,8**	421	**23,2**

Es enthalten daher etwa 25 % der Samen einen gelben Keim, wie die der Sippe *glabra*, und etwa 75 % einen mehr oder weniger blauen, ähnlich wie die der Sippe *incana*, wenngleich die Intensität der Blaufärbung durchschnittlich geringer ist [1]). Für dieses Merkmalspaar (7) gilt also die Spaltungsregel, während die Prävalenzregel nicht gelten kann, obschon sich der eine Paarling stärker zeigt, als der andere, genau wie in der ersten Generation. (Nach der Spaltungsregel erhalten 50 % der Sexualkerne des Bastardes die Anlage für Blau, 50 % nicht. Bringt der Zufall sie bei der Zeugung zusammen, so kommt, wie die Wahrscheinlichkeitsrechnung lehrt, in der Hälfte der Fälle Gleiches

[1]) Genau genommen, kann man nach der Procentzahl der Samen mit gelbem Keim zweierlei Bastardtypen unterscheiden, einen mit ca. 20 % (genau 18,9 %, maximale Abweichung 1,03 %) und einen mit ca. 25 % (genau 25,4 %, maximale Abweichung 0,4 %):

Pflanze	Samen: blau		mittel		gelb	
		%		%		%
I, II	350	**55**	166	**24,9**	120	**18,9**
III, IV, V	553	**46,8**	329	**27,8**	301	**25,4**

Vielleicht liegt dem nur ein Zufall zu Grund.

zusammen, entweder Blau und Blau oder Nichtblau und Nichtblau, beides gleich oft, also in 100 Fällen 25 mal, in der Hälfte der Fälle Ungleiches, Blau und Nichtblau, also in 100 Fällen 50 mal. Wir haben dann: 25 mal Blau + Blau, 50 mal Blau + Nichtblau, 25 mal Nichtblau und Nichtblau, das Resultat wird sein: 25 mal entschieden Blau, 50 mal mehr weniger Blau, 25 mal Nichtblau. Würde die Prävalenzregel gelten, so erhielten wir 75 mal entschieden Blau und 25 mal Nichtblau.)

Um die Vertheilung der verschiedenen Samen in den Schoten zu zeigen, gebe ich im Folgenden noch einige beliebig herausgegriffene Aufnahmen; mit b (= blau), m (= mittel) und g (= gelb) sind die Samen der einzelnen Schotenhälften (a, b) in basipetaler Folge bezeichnet.

I. a) b, b, b, b, b, g, b, b, m, g, b, b, b, b, b, b, b, b, b, b, m, m, b, m, m, b, b.
b) g, b, b, b, b, b, b, b, m, m, m, b, b, b, b, g, b, b, b, b, g, b, b, m, g.

II. a) b, b, m, m, b, m, m, b, b, b, m, b, b, b, b, b, b, b, b, b, g, m, b, b, b, b.
b) b, m, g, b, m, g, g, m, g, m, b, b, b, g, b, m, m, b, g, m, m, b, m, b, g, g, b.

b. Die Bastardpflanzen.

Von diesen eben geschilderten Samen wurden 1899 15 von einem Individuum stammende, 1900 525 von den fünf für die Zählungen benutzten Pflanzen herrührende ausgesät. Im Weiteren halte ich mich an diese zweite Aussaat.

Unter den 525 Samen waren 175 ausgesprochen blaue, 175 mittlere und 175 rein gelbe. Fast jeder Same keimte. Als die Keimlinge das erste Laubblattpaar gebildet hatten, zeigte sich, dass **alle** rein gelben Samen ganz kahle Pflanzen gaben, **alle** ausgesprochen blauen oder mittleren Samen graubehaarte. Nach der Spaltungsregel hätten auch 25 % der blauen und mittleren und nur 25 % der gelben Samen kahle Pflanzen geben müssen; die Spaltungsregel konnte also unmöglich gelten, wenigstens nicht in der von Mendel gegebenen und von de Vries angenommenen Form.

Aus äusseren Gründen konnten nicht alle Keimlinge bis zum Blühen herangezogen werden; es wurde aber doch eine grosse Zahl, zu 3 und 4, in grosse Töpfe piquirt. Von diesen gingen noch einige ein, so dass schliesslich nur 118 kahle aus gelben Samen, 95 behaarte aus mittleren und 98 behaarte aus tiefblauen Samen vorhanden waren. Davon blühten Anfangs August: von den 118 kahlen 102, = **86,44** %, und von den 193 behaarten 57, = **29,53** %. Hierin zeigte sich wieder, dass das Spaltungsgesetz nicht galt: Es hätten nur 25 % oder ganze 75 % der Individuen, der behaarten wie der unbehaarten, blühen dürfen.

Von den 102 blühenden kahlen Pflanzen hatten 78, = **76,47** %, **weisse** Blüten, und nur 24, = **23,53** %, **gelbliche** (wie die Sippe *glabra*); von den 57 blühenden behaarten Pflanzen hatten 26, = 45,63 %, **rosa** Blüten und 31, = 54,38 %, **violette** (genau wie die Sippe *incana*). Uebergänge fehlten vollständig; das Violett war homogen, doch ist nicht ausgeschlossen, dass sich nächstes Jahr Blüten mit helleren Flecken zeigen.

Es waren also neben den Farben der Elternsippen, Gelblich und Violett, zwei **neue Farben** aufgetreten, Reinweiss und Tiefrosa, von denen die eine entschieden dem Gelblichweiss, die andere entschieden dem Violett näher stand. Keine der kahlen Pflanzen blühte violett oder rosa, keine der behaarten weiss oder gelblich; nach der Spaltungsregel hätten 75 % von beiden violett oder rosa, 25 % weiss oder gelblich blühen müssen, die Regel galt also auch hier nicht.

Von den 95 aus mittleren Samen entstandenen Pflanzen blühten 29, also 30,5 %, von den 98 aus tiefblauen Samen hervorgegangenen 28, also 28,6 %, d. h. etwa gleichviel. Dagegen waren alle 26 rosa blühenden Pflanzen aus mittleren Samen entstanden, von den 31 violett blühenden weitaus die meisten, 28, = 90 %, aus tiefblauen, nur 3, = 10 %, aus mittleren. Es ist gut möglich, dass diese drei aus nicht richtig classificirten Samen entstanden sind, doch bleibt es mir zweifelhaft, ob sich in allen Fällen aus dem Grade der Blaufärbung des Keimes voraussagen lassen wird, welche von den zwei Farben die Blumenblätter zeigen werden.

Wie die Pflanzen der zweiten Generation zu den beiden, den Elternsippen (wenigstens scheinbar) fehlenden Farben — Rosa und Reinweiss — kamen, soll einstweilen nicht erörtert werden. Zur Beantwortung dieser Frage müssen noch verschiedene Punkte klar gestellt werden; es muss vor allem ihre Nachkommenschaft, die dritte Generation, besser bekannt sein, als sie es mir heute ist, es muss auch das Zahlenverhältniss zwischen den violett und den rosa blühenden Individuen genauer festgestellt sein. Nach den jetzt vorliegenden Zahlen verhielte sich violett : rosa : weiss : gelblich wie 8 : 4 : 3 : 1; das ist aber vielleicht zu corrigiren, etwa in 7 : 5 : 3 : 1.

In dem Wuchs und der Grösse entsprachen die kahlen Pflanzen der Sippe *glabra*, die behaarten der Sippe *incana*; die Spaltungsregel galt also auch hier nicht. Und ebenso wenig that sie das für die Farbe der Pigmentschicht der Samenschale; die kahlen Pflanzen brachten Samen mit hellgelber, alle behaarten solche mit brauner. Doch habe ich 1899 nur von wenigen reife Schoten erhalten. Das ist auch der Grund, warum ich einstweilen über das letzte der von uns in's Auge gefassten Merkmalspaare, die Breite des Samenflügels, keine genügenden Angaben machen kann; doch ist es nach dem schon jetzt Beobachteten sehr unwahrscheinlich, dass die Regel hier angewandt werden kann.

Gefüllte Blüten zeigten sich in der zweiten Generation so wenig wie in der ersten.

Würde die Spaltungsregel gelten, so würden Pflanzen, die den Elternsippen glichen, ungleich viel seltener sein, als sie es wirklich sind. Wegen der 8 Merkmalpaare hätte der Bastard $2^8 = 256$ gerlei Sexualkerne zu bilden, und ein Paar Pflanzen, die den Elternsippen völlig gleich wären, wäre erst unter $4^8 =$ **65 536** Individuen zu erwarten, während wir es unter **16** oder, wenn wir die weissblühenden Pflanzen zu den gelblichblühenden, die rosablühenden zu den violettblühenden rechnen, unter **4** finden. — Das thatsächliche Verhalten verlangt zwar auch die Annahme, dass eine Spaltung eintritt, und dass die Producte in gleicher Anzahl entstehen, es zeigt aber, dass, statt 256erlei, nur **zweierlei** Sexualkerne entstehen, die einen mit **allen** Anlagen für die Merkmale der *incana*-Sippe, die andern mit **allen** Anlagen für die der *glabra*-Sippe. Die einzelnen von einer Elternsippe stammenden Anlagen sind also nicht getrennt worden, sie sind als Gesammtheit wieder abgespalten worden, so, wie sie bei dem Sexualakt mit den Anlagen der anderen Sippe zusammentraten.

Die verschiedenen Merkmale der Eltern scheinen mir nun nicht unter sich gleichwerthig zu sein, gerade was ihre Trennbarkeit anbetrifft. Das Verhältniss zwischen der Keimfarbe und der Blütenfarbe scheint mir ein anderes zu sein, als das zwischen der Blütenfarbe und der Behaarung oder dem Wuchs der Pflanze. Ich möchte zweierlei Sorten unterscheiden:

Im ersten der concreten Fälle handelt es sich um denselben Process — Anthocyanbildung —, der aber an verschiedenen Stellen (und quantitativ verschieden) vor sich geht; denkt man sich den Ort (und den Grad) irgendwie sonst normirt, so genügt die Ueberlieferung einer Anlage — der zur Anthocyanbildung — um beide Merkmale auftreten zu lassen. In der That giebt es meines Wissens keine Levkojensorte mit rein gelben Keimen, die violett blühen würde, und keine mit blauen Keimen, die weiss oder gelblich blühte. Solche Merkmale, die eine gemeinsame Anlage besitzen, möchte ich **halbidentisch** (oder hemiidentisch, wenn man lieber will) nennen[1]). Bei den Erbsenrassen scheinen z. B die rothe Blütenfarbe und die rothen Flecke in den Blattachseln halbidentische Merkmale zu sein[2]).

Im anderen Fall lässt sich schlechterdings kein in der Natur der Anlagen der Merkmale selbst liegender Grund für ihre mangelnde Spaltbarkeit einsehen, und dem entsprechend sind sie auch nur in dem vorliegenden, bestimmten Fall unspaltbar; sonst

---

[1]) Um kein Missverständniss aufkommen zu lassen, will ich hier noch betonen, dass diese eine gemeinsame Anlage nicht die einzige ist, von der ich das Auftreten des Merkmales abhängig denke.

[2]) Schon Mendel giebt an, dass „die graue, graubraune oder lederbraune Farbe der Samenschale in Verbindung mit violettrother Blüte und röthlichem Makel in den Blattachseln“ ein dominirendes Merkmal bilden; doch erhielt ich auch Bastarde mit bräunlicher Samenschale, weisser Blüte und fehlendem rothem Flecken, und dem entspricht, dass die braune Farbe der Samenschale nach meinen Versuchen gar kein dominirendes Merkmal ist.

können sie getrennt vorkommen, wie es ja bekanntlich z. B. glattblättrige Levkojen mit violetten Blüten und behaarte Levkojen mit weissen oder gelblichen giebt[1]). Solche nur in einem bestimmten Fall nicht spaltbare Merkmale möchte ich **„conjugirte“** oder, wie ich schon früher that, „gekoppelte“ Merkmale nennen. Einem zweiten Fall gekoppelter Merkmale in ganz anderem Verwandtschaftskreise bin ich bereits auf der Spur.

Dass für die hemiidentischen Merkmale die Spaltungsregel nicht gilt, lässt sich leicht aus unserer Annahme verstehen; dass es auch conjugirte Merkmale giebt, ist der beste Beweis dafür, dass „das Bild der Art gegenüber seiner Zusammensetzung aus selbstständigen Factoren“ zumindestens nicht immer „in den Hintergrund tritt“, wie de Vries meint[2]).

Meine Beobachtungen über die dritte Generation und über die Rückkreuzungen zu den Stammeltern sollen später mitgetheilt werden. Hier will ich nur noch erwähnen, dass bei den Merkmalen, die nicht wirklich dominiren oder recessiv sind, also bei der Blütenfarbe und der Blütenzeit — aber auch nur bei diesen —, durch die Bestäubung mit dem Pollen der Stammeltern eine gewisse Annäherung an diese erzielt wurde, die z B. bei der Behaarung ausblieb.

Zusammenfassung.

1. Ein Theil der Merkmalspaare, durch die sich die Elternsippen — *Matthiola incana* und *M. glabra* — unterscheiden, besitzt einen dominirenden Paarling (ist heterodynam), ein Theil nicht (ist homodynam) (p. 103).

Mendel's Praevalenzregel gilt also nur zum Theil.

2. a) Der Bastard bildet nur zweierlei Sexual(zellen resp.)-kerne, solche mit allen Eigenschaften des einen Elters und solche mit allen Eigenschaften des andern Elters, beide in gleich grosser Zahl und durcheinander (p. 107).

Eine Trennung der Anlagen tritt wohl ein, und bei allen Paaren, aber nur zwischen den Componenten desselben Merkmal- resp. Anlagenpaares, nicht auch zwischen denen verschiedener Paare. Die von jedem Elter gelieferten Anlagen bleiben stets beisammen. — Es geschieht also nur ein Theil des nach der „Spaltungsregel“ zu Erwartenden.

b) Es liegt nahe, anzunehmen, dass die Spaltung überall, wo sie eintritt, in derselben Weise geschieht, und es von der Anordnung der Anlagen vor ihrem Beginn abhängt, was dabei herauskommt. Diese wäre dann das wirklich Entscheidende.

---

[1]) Eine Kreuzung zwischen diesen habe ich bereits ausgeführt.

[2]) Beide Fälle, der der hemiidentischen und der der conjugirten Merkmalspaare, stellen nur einen Theil dessen dar, was man unter „Correlation“ der erblichen Charaktere zusammengefasst hat.

Bis das aber bewiesen ist, sind zweierlei Spaltungen zu unterscheiden, die, welche die Componenten der Merkmalspaare spaltet, die **zygolyte,** und die, welche die Erbmasse einer Sippe in ihre einzelnen Anlagen zerlegt, die **seirolyte.** Bei den Erbsen, dem Mais etc. finden wir beide, bei *Matthiola* nur die zygolyte.

c) Dieser Beschränkung der Spaltungsregel steht ihre vollkommene Ungültigkeit (die z. B. Mendel selbst für *Hieracium* feststellte) schroff gegenüber.

3. Die nicht getrennten Merkmale sind von zweierlei Art: Es giebt hemiidentische, die (unter anderen auch) eine identische Anlage besitzen und überhaupt nicht trennbar sein dürften (Beispiel: die Färbung der Embryonen und die der Blumenblätter), und conjugirte (gekoppelte) mit lauter besonderen, nur im bestimmten Fall nicht trennbaren Anlagen (Beispiel: die Färbung der Embryonen oder die der Blumenblätter und die Behaarung der grünen Theile) (p. 107).

4. Aus Satz 1 und 2, zusammengenommen, folgt, dass die Spaltungsregel für ein Merkmalpaar gelten kann, für das die Prävalenzregel nicht gilt (das homodynam ist), dass also die den beiden Regeln zu Grund liegenden Verhältnisse nichts mit einander zu thun haben[1]).

5. Das Geschlecht hat auf die Farbe der Bastardembryonen einen unzweifelhaften Einfluss: Sie sehen stets der Mutter ähnlicher. Wahrscheinlich ist trotzdem das Product der Verbindung A ♀ + B ♂ dem der Verbindung B ♀ + A ♂ in den Anlagen gleich und beruht die Differenz auf einer ungleichen Entfaltung der Merkmale, in Folge ungleicher Versorgung mit den nöthigen Stoffen (p. 101).

6. Die Angaben über das Vorkommen von Xenien bei *Matthiola* beruhen auf einem Irrthum (p. 102).

7. In der zweiten Generation treten neben den Blütenfarben der Eltern (gelblichweiss und violett) zwei neue Farben auf (weiss und rosa). Die Pflanzen mit rosa Blüten entstehen nur aus Samen mit schwachblauem Embryo (p. 105).

Zusatz.

Inzwischen hat mir ein Aufenthalt in den Alpen Gelegenheit gegeben, eine Anzahl von Bastarden zwischen unzweifelhaften Arten zu untersuchen (*Cirsium palustre* + *spinosissimum*, *Cirsium heterophyllum* + *spinosissimum* und eine Rückkreuzung zu *C. spinosissimum*, *Achillea moschata* + *nana*, *Achillea macrophylla* + *moschata*, *Carex echinata* + *foetida*, ferner *Melandryum album* + *rubrum*, hier eine vollkommene gleitende Reihe von

---

[1]) Gilt die Spaltungsregel für ein Merkmalspaar, für das die Prävalenzregel nicht gilt (das homodynam ist), so tritt die zweite Generation in dreierlei äusserlich verschiedenen Individuen auf (statt in zweierlei), je 25 % mit dem Paarling des einen und des anderen Elters, und 50 mit den beiden (falls die Eltern nur in diesem Paar differiren).

einer Art zur andern). Dabei ist mir zweifelhaft geblieben, ob auch nur bei einem e i n z i g e n dieser Bastarde in einem e i n z i g e n Merkmalspaar ein wirkliches D o m i n i r e n vorkommt, g a n z s i c h e r i s t, d a s s i n f a s t a l l e n P u n k t e n, i n d e n e n d i e E l t e r n d i f f e r i r e n, d e r B a s t a r d d i e M e r k m a l e **beider** E l t e r n z e i g t, j e d e s **abgeschwächt,** w e n n a u c h i n v e r s c h i e d e n e m G r a d e.

Ich will hierfür einstweilen nur e i n Beispiel anführen, bei dem die Z a h l e n sprechen können. Bei *Cirsium palustre* laufen bekanntlich die Blätter am Stengel hinab, und zwar so, dass der vom anodischen Rand herablaufende Flügel bei oder in der Achsel des zweituntersten Blattes, der vom kathodischen Rand herablaufende bei oder in der Achsel des drittuntersten verschwindet. Bei *C. spinosissimum* dagegen laufen die Blätter gar nicht herab. Der Bastard endlich hat Blätter, die stets herablaufen, aber n i e s o w e i t wie bei *C. palustre.* Wie weit sie es thun, lässt sich direct messen, ebenso, wie weit sie thun könnten und müssten, falls in diesem Punkte *C. palustre* „dominiren" würde; das Verhältniss der beiden Zahlen giebt an, wie stark die Anlage von *C. palustre* durch die von *C. spinosissimum* an der Entfaltung gehindert wurde. Nachstehende Tabelle bringt die Messungen für zwei Stengel desselben Bastard-Individuum, in Decimalen umgerechnet; die Blätter sind in basipetaler Ordnung mit Buchstaben bezeichnet, der Flügel vom anodischen Rand geht voran.

Die Blattflügel laufen herab bei:

Cirsium palustre.	*Cirsium palustre + spinosissimum.*	*Cirsium spinosissimum.*
1,000.	Stengel I. a) 0,093; 0,042. b) 0,118; 0,106. c) 0,130; 0,163. d) 0,283; 0,497. e) 0,389; 0,219. f) 0,565; 0,280. g) 0,761; 0,146. h) 0,500. Mittel: 0,286. Stengel II. a) 0,079; 0,167. b) 0,241; 0,227. c) 0,426; 0,200. d) 0,225; 0,154. e) 0,370. Mittel: 0,232. Mittel aus I und II.: **0,266 = c. 1/4.** Achselspross aus Blatt b von Stengel II. a) 0,055; 0,017. b) 0,144; 0,111. c) 0,355; 0,177.	0,000.

Gilt die Prävalenzregel für einen Bastard, und wird er, statt mit eigenem Pollen, mit dem einer der Elternsippen bestäubt, so entstehen, wie wir sahen (p. 99), keine anderen Nachkommen, als bei Selbstbestäubung auch, nur entstehen sie in anderen Zahlenverhältnissen, eventuell fallen gewisse Formen weg.

Die Rückkreuzungen aber, die ich diesen Sommer in der Natur beobachten konnte, zeigten umgekehrt das Merkmal des einen Elters, das schon im primären Bastard herabgesetzt war, (z. B. bei *Cirsium heterophyllum* + *spinosissimum* die spinnwebigfilzige Behaarung der Blattunterseite, die von *C. heterophyllum* herstammt), noch weiter zurückgedrängt durch das des anderen Elters.

All' das zeigt — wie die experimentellen Untersuchungen über Bastarde bei Erbsen, Mais und Levkojen —, dass es eben zwei Arten von Merkmalspaaren giebt, homodyname und heterodyname.

Ob sich ein Merkmalspaar so oder so verhält, das kann nicht in der Natur des Merkmales an sich liegen. So dominirt z. B. bei *Epilobium angustifolium typicum* (*rubrum*) + *album* die Anlage für die Anthocyanbildung in den Blumenblättern, bei *Cirsium palustre* + *spinosissimum* oder *Melandryum album* + *rubrum* dagegen nicht; bei den *Matthiola*-Bastarten bildet die dichte Bekleidung der grünen Theile mit Haaren ein dominirendes Merkmal, bei *Achillea nana* + *moschata* oder bei *Cirsium heterophyllum* + *spinosissimum* nicht. Ja, es ist mir fraglich, ob es überhaupt ein heterodynames Paar giebt, zu dem sich nicht ein correspondirendes homodynames Paar finden liesse; eher ist das Gegentheil der Fall, doch beruht auch das vielleicht nur auf unseren mangelhaften Erfahrungen.

Es können sogar in demselben Verwandtschaftskreis Eigenschaften, die nur graduell verschieden sind, dominiren oder nicht dominiren. So thun das bei den Erbsen nach Mendels, auch von Tschermak bestätigten Angaben die glatten Cotyledonen den stark runzligen (etwa denen der Markerbsen) gegenüber, was ich[1]) für die „grüne späte Erfurter Folger-Erbse“, der „Paalerbse mit purpurrothen Hülsen“ und schwachfaltigen Cotyledonen gegenüber, nicht finden konnte.

Es muss also für dasselbe Merkmal (oder ganz ähnliche Merkmale) bei verschiedenen Sippen verschiedene Arten von Anlagen geben, und eine Zusammenstellung dessen, was wir einstweilen wissen, zeigt, dass das Dominiren des einen Merkmales fast ausnahmslos bei Rassenbastarden vorkommt, während sich umgekehrt bei Bastarden zwischen guten (oder schlechten) Arten die Merkmale desselben Paares gleichzeitig geltend zu machen, sich gegenseitig mehr oder weniger abzuschwächen pflegen.[2]) Das soll nicht heissen, dass alle

[1]) G. Mendel's Regel etc p. 167.

[2]) Unter den Bastarden, die de Vries nach seiner vorläufigen Mittheilung untersucht hat, ist nur einer, den man als Bastard zwischen zwei — immerhin naheverwandten — Arten gelten lassen muss: *Melandryum album* + *rubrum*. Während aber de Vries in seiner Blütenfarbe das Roth des *M. rubrum* sieht, also hierin diese Art dominiren lässt, finde ich es sowohl bei Gartenexemplaren als nach zu wiederholten Malen im Freien (in

Merkmalpaare, in denen sich Rassen unterscheiden, heterodynam seien, es giebt auch hier homodyname Paare, so bei Erbsen und Mais; dagegen sind mir typische Rassen ohne heterodyname Paare nicht bekannt. — Wie man sich diese Mischung der Merkmale von verschiedenen Typus zurechtlegen könnte, will ich hier nicht ausführen.

Die nächstliegende Idee, das verschiedene Verhalten der Merkmalspaare zu erklären, ist natürlich die, es mit dem phylogenetischen Alter der Merkmale in Zusammenhang zu bringen. Das neu aufgetretene Merkmal wäre dem alten gegenüber, von dem es sich abgezweigt hat, recessiv; sie bilden zusammen ein heterodynames Paar. Später würde daraus ein homodynames; endlich könnte sich das Verhältniss umdrehen und unter Platzwechsel wieder ein heterodynames Paar resultiren.

Für und gegen diese Ansicht lassen sich Beobachtungen anführen. Sie stempelt aber die „Rassen" zu Entwicklungstufen der „Arten", etwas, dem ich mich, mit Nägeli, nicht anschliessen kann. Rassen nenne ich Abänderungen von der Art, wie sie unsere Cultur- und Zierpflanzen zeigen, die man aber auch im Freien findet, neben den Vorstufen der Arten, den „Varietäten" im engeren Sinn. Mit Nägeli halte ich es für unzulässig, Schlüsse aus der Entstehung der Rassen auf die der Arten zu ziehen, wie es in neuester Zeit wieder versucht wird. Das Auftreten von zweierlei Sorten von Abänderungen, beide bei der Cultur constant, lässt sich z. B. in manchen Sippen der Gattung *Cerastium* (z. B. beim Typ. *vulgatum*, Typ. *alpinum*, Typ. *arvense* und Typ. *carinthiacum*) sehr gut verfolgen. Die einen sind die Artanfänge und die Bindeglieder zwischen den Arten, oft räumlich getrennt vorkommend und schwer charakterisirbar. Die anderen ähneln wenigstens den Rassen; leicht charakterisirbar, kommen sie auf ergiebigen Standorten gewöhnlich durcheinander vor. Eine scharfe Grenze beider Categorien will ich damit nicht behauptet haben. Ich hoffe über meine einschlägigen, seit vielen Jahren durch Culturversuche und Beobachtungen im Freien fortgesetzten Untersuchungen in nicht zu ferner Zeit in einer Monographie der europäischen Arten dieser Gattung berichten zu können.

Noch schwieriger als die Frage nach der Tragweite der Prävalenzregel ist die, wie weit die Spaltungsregel gilt. Für deren Beantwortung haben wir einstweilen nicht viel Anhaltspunkte. Dass ihr Areal grösser ist, ist sicher, ebenso sicher aber auch, dass sie, auch bei allen Emendationen, nicht allgemein gelten kann. (Vgl. p. 109, Satz 2, c.).

Für die Anschauungen, die de Vries über die Natur der Anlagen entwickelt hat, ist diese Frage besonders wichtig. Ich

---

Tirol und Graubündten) gefundenen Individuen des Bastardes viel heller als bei *M. rubrum*, unter den gleichen äusseren Bedingungen, so dass ich also auch hier ein homodynames Merkmalspaar und damit das Verhalten von Arten finde.

finde es dagegen gleichgültig, ob ein Merkmalspaar homodynam oder heterodynam ist; es können, wie meine Versuche mit den Levkojen zeigen, die Merkmale eines Paares sich gemischt zeigen und sich doch reinlich spalten, also getrenntbleibende Anlagen besitzen. Etwas anderes aber ist es, wenn auch die Spaltung nicht möglich ist, wie bei *Hieracium*. Hier dürfte es um die Selbstständigkeit der Anlagen schlecht bestellt sein. Solche Fälle scheinen wieder ausschliesslich (oder fast so) bei Artbastarden aufzutreten.

Die Aufdeckung der Mendel'schen Regeln wird also kaum dazu beitragen, dass von jetzt ab Speciesbastarde und Rassenbastarde in einen Topf geworfen werden, und man statt dessen nur von Mono-Di-etc.-Polyhybriden sprechen wird; sie wird im Gegentheil wohl der Anfang für eine schärfere Trennung der beiden sein.

Zur Anatomie der monopodialen *Orchideen.*

Von

Ludwig Hering

in Cassel.

Mit 3 Tafeln.

(Fortsetzung.)

Listrostachys.

Aus dieser Gattung gelangten *Listrostachys odoratissima* Reichb. und *L. subulata* Reichb. zur Untersuchung, von ersterer auch die Inflorescenzachse.

Die Stämme haben sehr ungleichen Durchmesser. Während *L. odoratissima* eine Stärke von mindestens 5 mm erreicht, sind die ältesten Theile von *L. subulata* höchstens 1,5 mm dick. Auch im inneren Bau des Stammes ergeben sich durch die Untersuchung viele Verschiedenheiten.

Die relativ kleinen Epidermiszellen beider Arten sind im Querschnitt rundlich oder tangential gestreckt. Ihre Wände sind schwach verdickt und haben sämmtlich Poren.

L. odoratissima hat eine mittelmässig verstärkte Cuticula, dagegen ist diejenige von *L. subulata* durch ihre Dicke bemerkenswerth. Dieselbe übertrifft an Breite den Querschnittsdurchmesser einer grossen rundlichen Epidermiszelle. Der Verlauf ist bei beiden Arten gleich. Nach aussen ist die Cuticula eben, bei *L. odoratissima* mitunter etwas gewölbt, nach innen zwischen die Oberhautzellen einspringend. Eine körnige innere Struktur ist bei beiden Arten vorhanden. Bei *L. odoratissima* treten in der Cuticula älterer Stammtheile Lücken derselben Art auf, wie sie bei *Vanda teres* beobachtet wurden.

Bei *L. subulata* kommen vereinzelt, namentlich an den jüngeren Stammtheilen, Spaltöffnungen vor, welche durch die starke Ausbildung der Cuticula eine auffallende Form erhalten haben. Die von der dicken Cuticula auf den Schliesszellen gebildeten Leisten sind zu einem Ring geschlossen, dessen semmelförmige Oeffnung sich mit der in die Athemhöhle führenden Spalte unter rechtem Winkel schneidet. Der Ring erhebt sich etwas über das Niveau der umgebenden Cuticula, während die Schliesszellen etwa in gleicher Höhe oder tiefer als die Epidermiszellen liegen (Fig. 1, 2, 3. Taf. III.)

Möbius*) fand ähnliche Spaltöffnungen an den Blättern von *Laelia superbiens* Lindl., *Epidendrum ciliare* Lindl., *Cattleya intermedia* Grah., *Sarcanthus rostratus* Lindl. und *Bolbophyllum coriaceum* Hort.

Die Rinde von *Lystrostachys odoratissima* ist relativ breit und nimmt oft die Hälfte des Stammdurchmessers ein.

Die Verholzung der Rindenzellen tritt hier besonders deutlich und in hohem Grade auf. Es soll deshalb an dieser Art der Versuch gemacht werden, der Entstehung der verholzten Zellen durch Beobachtung ihrer Entwicklung etwas näher zu kommen. Zu diesem Zwecke wurden grössere Stammstücke in Paraffin eingebettet und die Untersuchung an Mikrotom-Schnittserien vorgenommen.

In den ersten Schnitten der Serien, in denen man das Auftreten der charakteristischen Zellen beobachten kann, sind dieselben stets zu mehreren in einem Complex vereinigt. Schon in diesem jüngsten Stadium, welches auf den verschiedensten Höhen des Internodiums seinen Anfang nimmt, treten die Zellen sowohl durch ihre Grösse, als namentlich durch die unregelmässige Form zu den umgebenden Zellen in scharfen Gegensatz. In den folgenden Schnitten beobachtete ich, neben allmählicher Zunahme der Zellen an Grösse und Wandverdickung, eine Differenzirung des Zellcomplexes in eine einzellige innere und eine vielzellige äussere Schicht. Die Zellen der ersteren fallen durch ihren grösseren Radialdurchmesser auf. Sie stellen die Anfänge der früher öfter erwähnten einzelligen Schicht mit auffallend radial gestreckter Form dar. Diese Schicht ist immer die innerste, auch in den ältesten verholzten Zonen und grenzt nach der Stammmitte zu stets an unverändertes Gewebe. Sie rückt dabei bisweilen bis an die Epidermis heran, insofern man die bei der Gattung *Renanthera* erwähnte Endodermis als eine solche verholzte Schicht ansehen muss, zumal dieselbe die zwischen verholzten Membranen so häufig auftretende quellungsfähige Lamelle deutlich zeigt.

In den jüngsten Stadien bestehen die Membranen dieser charakteristischen Zellen aus Cellulose. Erst die älteren, stärker verdickten Wände geben mit Phloroglucin oder schwefelsaurem Anilin deutliche Holzreaktionen. Da die Wände dieser Zellen in allen Stadien meist stark verbogen sind, so ist anzunehmen, dass sie einen Druck erlitten haben.

---

*) Möbius, Ueber den anatomischen Bau der *Orchideen*-Blätter und dessen Bedeutung für das System dieser Familie. p. 15.

Im Folgenden sollen einzelne diesbezügliche Beobachtungen mitgetheilt werden.

Der Druck kann entweder von innen oder aussen stattgefunden haben. In ersterem Falle übt meist der durch eine eng anliegende Blattscheide an seinem Wachsthum behinderte Gefässbündelcylinder den Druck aus. Die eingedrückten Zellen treten dann als mehr oder weniger geschlossener Ring in der Rinde auf. Es kann aber auch Aufhören des Epidermiswachsthums das Dickenwachsthum des inneren Cylinders bewirken. In Form weniger Zellcomplexe finden sich die Zellen bei unregelmässigem Wachsthum des Bündelcylinders. Bei der Abzweigung eines Seitensprosses sind die charakteristischen Zellen in dem gegenüberliegenden Rindengewebe des Stammes zu beobachten.

Bei einem verletzten Blatte, welches noch ziemlich dicht dem Stamme anlag, waren die verbogenen Zellen sowohl auf der Innenseite resp. Oberseite dieses Blattes, als auch in der Rinde des darunter befindlichen Stammes zu sehen. Es hatte sich demnach ein die Verletzung des Blattes herbeiführender äusserer mechanischer Druck auf den Stamm fortgesetzt.

In den jüngeren Stammtheilen von *Listrostachys odoratissima* beschränken sich die verholzten Complexe auf kleinere Theile der Rinde, in älteren greift die Verholzung weiter um sich und nimmt in den ältesten Theilen etwa $^2/_3$ der gesammten Rinde ein.

Die äusseren 3—4 Zelllagen der Rinde bilden bei *L. odoratissima* eine desorganisirte Masse zwischen der Epidermis uud dem verholzten Theil. Dieser hat durch die stark verbogenen und verholzten, nicht sehr dickwandigen Zellen ein vollkommen verändertes wirres Aussehen bekommen. Nur durch die bogenförmig nach aussen gewölbten Tangentialwände tritt einige Regelmässigkeit hervor. (Fig. 4. Taf. III.)

Die Rinde ist ausserdem in ziemlicher Menge von Zellen durchsetzt, die schon im Querschnitt durch ihre eigenthümlichen Wandverdickungen auffallen. Im Längsschnitt sieht man, dass schräg aufsteigende ringförmige Verdickungsleisten vorhanden sind, die sehr schön ausgebildet sind und im Querschnitt die Form eines stumpfen, flachen Kegels haben, dessen Basis der Zellwandung ansitzt

Das unveränderte, dünnwandige, parenchymatische Rindengewebe von *L. subulata* lässt grosse Intercellularen frei. Im Uebrigen ist es nicht bemerkenswerth.

In jüngeren, noch nicht in Rinde und Bündelcylinder differenzirten Theilen treten kürzere verdickte Elemente sehr häufig in dem zartwandigen Gewebe auf. Aus diesen gehen später die dickwandigen Grundgewebezellen des Bündelcylinders hervor.

Ein Bündelkreis findet sich in den jüngeren Stammtheilen wenige Zelllagen unter der Epidermis. Der Schutz für die einzelnen Bündel wird sowohl durch eine Sclerenchymscheide über dem Phloem, als auch durch Kieselkörper hergestellt, die sich in grosser Menge an der Peripherie der Scheide vorfinden.

Bei *L. odoratissima* wird durch die dicht aneinander gedrückten, meist sehr stark entwickelten englumigen Sclerenchymscheiden der Bündel ein Ring gebildet. Derselbe ist vielfach von Grundgewebeelementen durchbrochen. Bei *L. subulata* findet sich ein geschlossener, aus nicht sehr englumigen Sclerenchymfasern bestehender Ring.

Das Grundgewebe des Bündelcylinders von *L. odoratissima* ist stark verdickt, das von *L. subulata* fast dünnwandig.

Die Vertheilung der Bündel im Cylinder ist bei beiden Arten ziemlich regelmässig.

Bei *L. odoratissima* stehen die äusseren Bündel in grosser Anzahl an der Peripherie des Cylinders, die inneren sind spärlicher.

Die wenigen Bündel von *L. subulata* sind dem Ring theils an-, theils eingelagert. Bei beiden Arten gehen die Bündel bis in das Centrum des Stammes.

Die Bündel von *L. odoratissima* haben stark entwickelte Sclerenchymscheiden, während dieselben bei *L. subulata* höchstens zwei Zelllagen stark werden. Eine Xylemscheide ist nur bei ersterer Art vorhanden.

Kalkoxalatkrystalle treten bei *L. subulata* in verschiedenen Formen auf. Zunächst als Raphiden nur in den jüngeren Stammtheilen. Neben diesen findet man, ebenso wie in den älteren Theilen, Oktaeder oder seltener Combinationen mit vierkantigen Prismen von bedeutender Grösse. *L. odoratissima* hat nur Raphidenbündel in grosser Zahl im dünnwandigen Rindengewebe.

Grosse Stärkemengen finden sich im Grundgewebe des Bündelcylinders bei *L. odoratissima.*

Weniger häufig und fast nur auf das Rindengewebe beschränkt, ist dieselbe bei *L. subulata.*

Chlorophyll kommt bei beiden Arten in der Rinde vor.

Bei *L. odoratissima* ist in den äusseren meist desorganisirten Zellmassen eine dunkelbraune Substanz in Tropfen enthalten, welche Gerbstoffreaktion zeigt.

L. subulata hat geringe Mengen eines rothen Farbstoffes in den jüngsten Stammtheilen.

An der Inflorescenzaxe von *Listrostachys odoratissima* bedeckt eine mässig dicke, geschichtete glatte Cuticula die nach aussen gewölbten, relativ kleinen dünnwandigen Epidermiszellen.

Der Flächenschnitt zeigt Spaltöffnungen.

Das in einer Breite von etwa zwei Drittel des Stammradius vorhandene Rindengewebe besteht aus sehr grossen, im Querschnitt rundlichen, meist in radialer Richtung etwas gestreckten Parenchymzellen. Dieselben lassen Intercellularen von oft bedeutender Grösse frei. Im Längsschnitt bemerkt man vereinzelt Elemente mit ringförmigen, im Querschnitt flache Kegelform zeigende Verdickungsleisten, ähnlich den im Stamm gefundenen.

Der kleine centrale Gefässbündelcylinder grenzt sich mit sehr langen, mässig verdickten, im Querschnitt polygonalen Grundgewebszellen gegen die dünnwandige kurzzellige Rinde deutlich ab.

Die Bündel sind im Grundgewebe auf einen äusseren, peripherischen unregelmässigen Kreis und einen inneren regelmässigen vertheilt.

Die nur über dem Phloem der Bündel vorhandene Scheide setzt sich aus verholzten, ziemlich langen Elementen zusammen, welche nur etwas stärkere Wandverdickungen als das umgebende Grundgewebe.

Die Scheiden treten deshalb wenig hervor.

Die Scheidenzellen der Bündel des inneren Kreises sind bedeutend kleiner. Letzterer umschliesst ein kleines Mark, welches aus grosszelligen dünnwandigen Intercellularen freilassenden Zellen besteht.

Die Bündel des äusseren Kreises haben wenigzellige Phloem- und Xylemtheile, während letztere bei den Bündeln des inneren Kreises vielzellig sind. Ausserdem ist bei diesen ein meist undeutlich ausgebildeter phloemähnlicher Zellcomplex in der Umgebung der innersten Gefässe vorhanden.

Die Epidermiszellen führen Kalkoxalat in undeutlichen Krystallcombinationen von vierkantigen Prismen mit Oktaedern.

Die Rinde hat Kalkoxalat in Raphidenbündeln, ferner Chlorophyll und Stärke in kleinen Körnern.

Mystacidium.

Ich untersuchte *Mystacidium distichum* (Ldl.) Pfitz.

Der ausgewachsene Stamm ist sehr dünn, er erreicht nur einen Durchmesser von etwa 1,5 mm.

Eine dicke, geschichtete, nach aussen ebene, glatte Cuticula legt sich den im Querschnitt elliptischen Epidermiszellen an.

Die zartwandige parenchymatische, etwa ein Drittel des Stammradius breite Rinde ist von sehr vielen, theils kurzen, theils sehr langen, dickwandigen, im Querschnitt meist rundlichen oder polygonalen Elementen durchsetzt. Dieselben haben sehr schräg aufsteigende oder quer gestellte Spaltporen.

In der Rinde trifft man wieder vielfach verholzte Zellen an. Dieselben treten, ähnlich wie bei *Listrostachys odoratissima*, an den verschiedensten Stellen auf. So beginnen dieselben beispielsweise häufig in der ersten Rindenschicht. Es finden sich auch die grossen quadratischen oder rechteckigen Zellen, welche nach der Mitte des Stammes die verholzte Zone abschliessen. Dieselben sind hier zum Theil besonders regelmässig gebaut und zeigen sehr deutlich die perlenschnurartige Folge quellungsfähiger Stellen zwischen den äusseren Zellgrenzen.

Der Querschnitt des Bündelcylinders sieht ziemlich gleichförmig aus. Das Grundgewebe des Cylinders ist nämlich äusserst starkwandig und nur auf geringe Stellen zwischen den in grosser Anzahl vorhandenen Bündeln beschränkt. Durch die eng aneinander liegenden sclerenchymatischen Bündelscheiden wird an der Cylinderperipherie ein Ring gebildet, der öfter durch Grundgewebe durchbrochen ist.

Die Bündel sind klein, namentlich ist das Phloem wenigzellig. Die unregelmässig über letzterem ausgebildete Sclerenchymscheide ist nicht sehr stark, ihre Elemente jedoch oft so sehr verdickt, dass das Lumen fast vollständig verschwunden ist. Eine einschichtige Sclerenchymscheide ist auch über dem Xylemtheil vorhanden. Die Elemente des Bündelcylinders haben alle einen grossen Längsdurchmesser.

Chlorophyll findet sich in den äusseren Zelllagen der Rinde. Raphidenbündel sind durch die ganze Rinde vertheilt.

Bemerkenswerth ist das häufige Vorkommen eines fetten Oeles in den Rindenzellen.

Aerides.

Es gelangten aus dieser Gattung die Stämme von *Aerides suavissimum* Lindl., *A. virens* Lindl., *A. Vandarum* Reichb., *A. Warneri* und einer unbestimmten *A.* sp. zur Untersuchung, ausserdem die Inflorescenzaxen von *Aerides crispum* Lindl. und von *Aerides Filldingii* Lodd.

Die nach aussen mehr oder weniger gewölbten Epidermiszellen sind bei allen Arten dünnwandig mit nach innen meist geraden Tangentialwänden. Poren finden sich auf allen Wänden.

Die Epidermiszellen werden von einer Cuticula bedeckt, welche bei *A. virens* eine mittlere Stärke hat, bei *A. Vandarum* sehr dick ist und bei beiden Arten nach innen zwischen die Oberhautzellen einspringt. Bei den drei anderen Arten ist die Cuticula gleichmässig schwach verdickt. Theils ist schwache Schichtung erkennbar, theils sind lückenartige Höhlungen vorhanden. Letztere treten besonders deutlich bei *A. suavissimum* und *A. Vandarum* hervor, weniger bei *A. Warneri* und *A. spec.* Da *A. virens*, von der obere Stammstücke zur Verfügung standen, diese Eigenthümlichkeit überhaupt nicht zeigt, sowie die ersteren Arten nur an einzelnen Schnitten, so lag die Vermuthung nahe, dass die Lücken nur an bestimmten Theilen des Stammes vorhanden seien. Die speciellere Untersuchung von *A. suavissimum*, *A. vandarum* und *A.* spec., von denen grössere Stammstücke vorhanden waren, ergab, dass nur die untersten Theile des Stammes die Erscheinung wahrnehmen lassen.

Bei *A. suavissimum* wurde an besonders dünnen Querschnitten beobachtet, dass die Lücken nach aussen geöffnet sind.

Das Rindengewebe ist bei allen Arten stark verholzt. Die breiteste Zone verholzter Zellen mit 10 bis 16 Schichten hat *A. Warneri.* Dann folgen *A. suavissimum* mit 8 bis 10, *A. Vandarum* mit 8, *A. virens* mit 3 bis 4 und *A.* spec. mit drei Schichten.

Die Zellen der 3—4 subepidermalen Schichten sind bei allen Arten, ausser *A. Vandarum*, unverändert. Bei letzterer Art beginnt die verholzte Zone direct unter der Epidermis und erstreckt sich etwa bis in die Mitte der Rinde. Das Ausehen der ersteren ist dem bei *Vanda teres* beschriebenen Typus ähnlich (Fig. 1. Taf. II.), indem etwa bei der sechsten der verholzten Schichten die Radialwände so stark eingedrückt sind, dass die dicken Tangentialwände fast aneinander liegen und so von einem Zelllumen wenig oder nichts zu sehen ist. Auch die Epidermiszellen sind in dieser Weise verändert. Die an den Bündelcylinder grenzende zweite Hälfte der Rinde besteht aus ziemlich dickwandigen parenchymatischen Elementen und hat Intercellularen.

Die verholzten Zellen der anderen Arten haben wenig verdickte oder meist dünne Wände und kommen dem bei *Vanda concolor* (p. 52) beschriebenen Aussehen nahe.

Die von Pfitzer[1]) in den Blättern und Luftwurzeln von *A. odoratum* Lour. und *A. quinquevulnerum* Lindl. beobachteten Zellen mit Faserleisten finden sich ausser bei *A. Vandarum* in sämmtlichen untersuchten Stämmen und zeigen hier dieselben Verhältnisse, wie sie dort ausführlich beschrieben sind.

Bei *A. suavissimum* sind die Idioblasten in das verholzte Rindengewebe eingesprengt und haben entweder einen bedeutend grösseren Längs als Querdurchmesser, dabei mit der Längsrichtung parallel verlaufende Leisten, oder es sind kürzere Zellen mit dicht aneinander liegenden spiraligen Leisten.

Der Querschnitt der einzelnen Faserleiste ist rhombisch. Letztere legt sich mit einer Kante den Wandungen an.

Bei *A.* spec. finden sich vorwiegend lange, an beiden Enden zugespitzte Idioblasten, deren Faserleisten in mehr oder minder steilen Spiralen ansteigen. *A. virens* hat dieselbe Form mit nur steil aufsteigenden Spiralen, während bei *A. Warneri* wieder längere und kürzere Idioblasten vorhanden sind. Bei den letzteren beiden Arten sieht man dieselben auch in der verholzten Rinde.

A. Vandarum macht wieder durch das gänzliche Fehlen dieser Idioblasten eine Ausnahme.

Die bedeutende Länge der nicht veränderten parenchymatischen Rindenzellen ist hier auffallend.

Die verholzten Zellen der Rinde haben bei allen Arten im Längsschnitt dasselbe Aussehen wie im Querschnitt.

Das äussere Grundgewebe hat im Querschnitt tangential gestreckte Zellen.

Der Bau des Gefässbündelcylinders der 5 Arten ist mit Ausnahme von *A. Vandarum* wenig bemerkenswerth.

Das Grundgewebe des Cylinders besteht bei allen Arten aus mehr oder weniger verdickten Elementen, welche an der Peripherie des Cylinders ein äusseres gefässbündelfreies Gewebe und ein inneres bildet, dem die Bündel oft in sehr bedeutender Zahl eingelagert sind. Letzteres ist der Fall bei *A. virens* und *A. Vandarum.*

Die Bündel stehen namentlich bei letzterer Art sehr dicht zusammen, so dass sie mit ihren Sclerenchymscheiden einen nicht

[1]) Pfitzer, Flora 1877. No. 16.

vollkommen geschlossenen Ring bilden. Das innere Grundgewebe hat im Querschnitt anfangs kleinere, allmählich nech der Stammmitte grösser werdende rundliche oder polygonal isodiametrische Zellen und Intercellularen.

Die im Längsschnitt betrachteten Grundgewebezellen sind wenig übereinstimmend.

Sehr abweichend verhält sich *A. Vandarum* mit parallelwandigen, fast quadratischen, in Längsreihen liegenden Zellen. Ihm folgt *Aerides suavissimum* mit unregelmässigen Längsreihen, nicht immer parallel laufenden Wänden und mehrmals längeren als breiten Zellen. Dieselben Zellen hat *A. virens* mit mehr prosenchymatischer Anordnung. Letztere ist sehr deutlich bei den Grundgewebszellen von *A. spec.* und *A. Warneri.*

Die Vertheilung der Bündel im Cylinder ist unregelmässig. Sie lassen in den meisten Fällen ein grösseres oder kleineres Mark frei.

Die einzelnen Bündel haben bei allen Arten eine Sclerenchymscheide über dem Siebtheil ausgebildet. Dieselbe ist am stärksten bei *A.* spec., *A. suavissimum* und *A. virens. A. Warneri* hat kleine Bündel mit schwacher Scheide. Bei *A. Vandarum* ist nur über den äussersten Bündeln eine starke Scheide vorhanden.

Eine Brücke ist bei *A. suavissimum* stets, bei *A. Vandarum* nicht immer ausgebildet. Sie fehlt bei *A. spec.*, *A. virens* und *A. Warneri.*

Besonders bemerkenswerth sind die Sclerenchymfasern der Scheiden der äusseren Bündel von *A. Vandarum* durch die starken Verdickungen der Wände. Letztere haben oft sehr breite, nach der Mittellamelle sich erweiternde Poren, die zum Theil in die Intercellularen zu münden scheinen.

Das Vorkommen der letzteren in Sclerenchymgewebe ist als seltene Erscheinung hervorzuheben.

Die Zellen des parenchymatischen unveränderten Rindengewebes, sowie des Cylindergrundgewebes von *A. Vandarum* sind theilweise vollgepfropft mit oft sehr grossen, fast kreisrunden stärkeähnlichen Körnern, die keine Schichtung zeigen. Dieselben lösen sich in Salzsäure und quellen in Kalilauge auf. Mit Jod geben sie keine blaue, sondern gelbbraune bis dunkelbraune Färbung.

Beim Blütenschaft von *Aerides crispum* bedeckt eine gleichmässig dicke, glatte Cuticula die dünnwandigen, nach aussen gewölbten Epidermiszellen. Letztere sind im Querschnitt rundlich oder tangential gestreckt und grenzen an die schmale etwa zehn Zelllagen breite Rinde, deren Grundgewebe aus äusserst zartwandigen parenchymatischen Elementen gebildet ist. In demselben finden sich Idioblasten in grosser Menge. Dieselben erreichen oft eine das Zwanzigfache des Durchmessers übersteigende Länge. Die dicken Faserleisten sind den Wänden in so grosser Zahl angelegt, dass nur geringe Zwischenräume vorhanden sind. Die Leisten verlaufen entweder parallel der Axe, oder sie steigen spiralig, mehr oder weniger steil an.

Der Bündelcylinder ist nach aussen durch einen äusseren, grosszelligen, weitlumigen, nach der Mitte bald englumig und kleinzelliger werdenden Sclerenchymring abgegrenzt. Derselbe hat eine Breite von etwa 6—8 Zellen. Es folgt nach innen zunächst ein dünnwandiges parenchymatisches Grundgewebe, dann dünnwandigeres, grosszelliges und schliesslich ein zartwandiges kleines Mark.

Die nicht sehr zahlreichen Bündel siud im Cylinder ungleichmässig vertheilt.

Die äussersten sind dem Ring meist angelagert.

Die Bündel haben eine Sclerenchymscheide über dem Siebtheil und eine Brücke.

Die inneren Bündel haben wieder ein radial gestrecktes Xylem mit beiderseitigen phloemähnlichen Zellen.

Ausser braunem Farbstoff in den Oberhautzellen konnten keine Inhaltskörper gefunden werden. Auch Kieselkörper sind nicht beobachtet worden.

Im Querschnitt des Blütenschaftes von *Aerides Fieldingii* Lodd. haben die Epidermiszellen eine fast gleichmässige, in radialer Richtung doppelt so lange wie breite Form. Die Aussenwände sind etwas gewölbt, nach innen springen die Zellen entweder mit stumpfem Winkel zwischen die Endodermiszellen ein oder die Wände sind auch mässig gewölbt. Eine glatte gleichmässig schwach verdickte Cuticula bedeckt die Epidermiszellen. Letztere haben ebenso wie die Endodermiszellen schwach collenchymatische Verdickungen.

In der Nähe der Blütenstielinsertionen finden sich häufig Spaltöffnungen.

Das Grundgewebe der etwa einen halben Stammradius breiten Rinde besteht aus zartwandigem Parenchym, welches von sehr vielen dickwandigen, bis 6 mm langen, im Querschnitt sehr breiten Faserzellen durchsetzt ist. Dieselben haben dicht aneinander liegende mehr oder weniger steil aufsteigende spiralige Faserleisten, deren rundlicher Querschnitt oft elliptisch wird, wenn dieselben einem seitlichen Druck ausgesetzt waren.

Die Leisten sind vielfach von der Wand der Zelle losgelöst.

Die Rinde grenzt nach innen an den schmalen geschlossenen 4—5 Zellen starken Sclerenchymring des Bündelcylinders. Auf denselben folgt dickwandiges parenchymatisches Grundgewebe, welches nach der Stammmitte zu allmählich dünnwandiger wird und schliesslich zartwandiges grosszelliges Mark bildet. Dasselbe hat einen Durchmesser von etwa $^1/_3$ Stammquerschnitt.

Die Bündel sind in zwei Kreise angeordnet. Diejenigen des äusseren sind dem Sclerenchymring ein- oder angelagert. Der innere, regelmässige Kreis grenzt mit den Xylemtheilen der Bündel an das Mark. Die charakteristische radial langgestreckte Form des Xylemtheiles mit beiderseitigen phloemähnlichen Gruppen ist bei den Bündeln des inneren Kreises sehr deutlich, während diejenigen des äusseren Kreises rundlich sind und zartwandige Elemente hinter dem Xylemtheil haben.

Der Siebtheil der einzelnen Bündel ist sehr vielzellig.

Die Sclerenchymbrücke ist meist ein-, seltener zweischichtig.

Chlorophyll findet sich in den äusseren Rindentheilen.

(Fortsetzung folgt.)

Botanische Gärten und Institute.

Matzdorff, Forschungen der New York Agricultural Experiment Station. (Zeitschrift für Pflanzenkrankheiten. Bd. X. 1900. Heft 3/4. p. 159.)

Murray, George, Report of Department of Botany, British Museum, 1899. (The Journal of Botany British and foreign. Vol. XXXVIII. 1900. No. 453. p 356—358.)

Nannizzi, A., Piante grasse coltivate nell' Orto Botanico di Siena. (Bullettino del Laboratorio ed Orto Botanico di Siena. Vol. III. 1900. Fasc. 2. p. 70—76.)

Tassi, A., L'Orto e il Gabinetto botanico nel secondo trimestre 1900. (Biblioteca-doni-erbari-visitatori-gabinetto). (Bullettino del Laboratorio ed Orto Botanico di Siena. Vol. III. 1900. Fasc. 2. p. 77—80.)

Whitten, J. C., Gardening by the Columbia, Missouri, public schools. (The Asa Gray Bulletin. Vol. VIII. 1900. No. 3. p. 54—58.)

Sammlungen.

Tassi, Fl., Illustrazione dell' erbario del Prof. Biagio Bartalini „1776". [Continuaz.] (Bullettino del Laboratorio ed Orto Botanico di Siena. Vol. III. 1900. Fasc. 2. p. 66—69.)

Instrumente, Präparations- und Conservations-Methoden etc.

Certes, A., Colorabilité élective des filaments sporifères du *Spirobacillus gigas* vivant par le bleu de Methylène. (Comptes rendus hebdomadaires de l'Académie des Sciences. Paris. T. CXXXI. 1900. p. 75.)

Der vom Verf. in den Cisternen von Aden gefundene *Spirobacillus gigas* erwies seiner Grösse wegen sich geeignet als Untersuchungsobject für intravitale Färbungen.

Verf. konnte an ihm seine frühere Vermuthung bestätigt finden, dass die im Zellenleib der Bakterien vertheilte, farbstoffspeichernde Substanz zur Zeit der Sporenbildung sich in der Spore anhäuft.

Der genannte *Spirobacillus* lässt 20, 40 ja bis 100 und 140 Windungen von je 4—6 μ Breite unterscheiden. Seine Länge beträgt bis 400 μ. — In unserem Klima ist seine künstliche Cultur nur in Sommermonaten möglich.

Küster (Halle a. S.).

Hilbert, Paul, Ueber den Werth der Hankin'schen Methode zum Nachweis von Typhusbacillen im Wasser. (Centralblatt für Bakteriologie, Parasitenkunde und Infectionskrankheiten. Abth. I. Bd. XXVII. No. 14/15. p. 526—532.)

Die Differentialdiagnose zwischen *Bacterium typhi* und *Bact. coli* ist schon lange ein Schmerzenskind der Mediciner und es ist daher nicht zu verwundern, wenn immer wieder neue Methoden zur Ausführung derselben auftauchen. Leider werden dieselben fast stets durch Nachuntersuchungen eingeschränkt. So ist es auch mit der Hankin'schen Methode. Hilbert fand nämlich bei seinen Untersuchungen, dass diese Methode sehr gute Dienste leistete, solange *Bact. coli* nicht anwesend ist. In diesem Falle lassen sich selbst ganz vereinzelte Typhuskeime im Wasser nachweisen. Ist dagegen *Bact. coli* gleichzeitig mit *Bact. typhi* anwesend, so gelingt der Nachweis des letzteren nicht, selbst wenn eine grosse Anzahl von Typhuskeimen vorhanden ist. Wohl mit Recht erklärt dies Verf. damit, dass das *Bact. coli* in Folge grösserer Lebens- und Widerstandsfähigkeit in der Vorcultur so sehr überhand nimmt, dass das *Bact. typhi* zu Grunde geht.

Appel (Charlottenburg).

Schimper, A. F. W., Anleitung zur mikroskopischen Untersuchung der vegetabilischen Nahrungs- und Genussmittel. 2. Aufl. gr. 8°. VIII, 158 pp. Mit 134 Abbildungen. Jena (Gustav Fischer) 1900. M. 4.—, geb. M. 5.—

Referate.

Petkoff, St., Zweiter Beitrag zur Erforschung der Süsswasser-Algen Bulgariens. (Arbeiten des Bulgarischen Naturforscher Vereins zu Sofia. Bd. I. 1900. p. 1—22.) Sofia 1900. [Bulgarisch.]

In einer früheren Arbeit*) hat Verf. 122 Arten bulgarischer Süsswasser-Algen aus der Gruppe der *Desmidiaceae*, *Palmellaceae* und *Botrydiaceae* beschrieben, welche aus den Gewässern des Rila-, Rhodope- und Vitoschgebirges herstammten (von 544 bis 2789 m Seehöhe). In dem vorliegenden Aufsatz wird neues Material angeführt, hauptsächlich aus dem nordwestlichen Balkangebirge. Die Fundorte waren Teiche in der Umgegend des Dorfes Vrschetz, welche theils in der Ebene (390 m), theils im Gebirge (1738 m) gelegen sind. Von den gefundenen Arten — die wichtigsten, welche ganz neu für die bulgarische Flora sind — seien folgende angeführt:

Desmodium quadrangulatum Ralfs, *Gonatozygon Ralfsii* De Bary, *Closterium lineatum* Ehrb., *Pleurotaenium trabecula* (Ehrb.) Näg., *Pleurotaeniopsis turgida* Lund., *Cosmarium undulatum* var. *obtusatum* Schmidle, *Cosmarium conspernum* Ralfs, *C. subprotumidum* Nordst. (forma), *C. Turpinii* Bréb., *Micrasterias papillifera* Bréb. (forma) u. A.

---

*) Siehe Periodičesko Spisanié. No. 57, 58 und 59.

Am Ende führt Verf. noch einige neue Arten aus früher von ihm bereisten Orten (Rila- und Vitoschgebirge) an, von welchen:

Cosmarium homaloderum Nordst., *C. crenatum* Ralfs, *Staurastrum teliferum* Ralfs, *S. amoenum* Hilse, *Pleurotaeniopsis* De Bary (Arch.) Lund.

zum ersten Male publicirt werden.

Kosaroff (Sofia).

Plenge, Henrique, Ueber die Verbindungen zwischen Geissel und Kern bei den Schwärmerzellen der Mycetozoën und bei den Flagellaten und über die an Metazoën aufgefundenen Beziehungen der Flimmerapparate zum Protoplasma und Kern. (Verhandlungen des naturhistorisch-medicinischen Vereins Heidelberg. N. F. Bd. VI. 1899. p. 217—275.)

Bei der Untersuchung von Myxomycetenschwärmern entdeckte Verf. unmittelbar unter der Geisselbasis, die durch ein kleines Körnchen bezeichnet ist, ein helleres „Bläschen" im Zellenkörper, das nach der Geisselbasis zu in eine Spitze ausgezogen, nach der anderen Seite zu birnenähnlich gerundet ist. Im tiefsten, breitesten Theil des Bläschens liegt ein grosser, stark lichtbrechender, kugliger Körper, der Kern. Wichtig erscheint bei dieser Beobachtung, dass vom Kern zur Geissel ein Verbindungsstück führt.

Aehnliche Beobachtungen sammelte Verf. an Flagellaten. — Die in der Litteratur vorliegenden Mittheilungen über geisseltragende Organismen und Zellen, deren Besprechung ein Theil der Arbeit gewidmet ist, machen es wahrscheinlich, dass die hellen Structuren, die Verf. vornehmlich an Myxomycetenschwärmern studirte, auch bei anderen Organismen wiederkehren.

Küster (Halle a. S.).

Naumann, F., Farnpflanzen (*Pteridophyten*) der Umgegend von Gera mit Berücksichtigung des Reussischen Oberlandes. (39—42. Jahresbericht der Gesellschaft von Freunden der naturwissenschaft in Gera [Reuss]. 1896—1899. 14 pp. Mit 1 color. Tafel.)

Verf. führt die folgenden Arten und Formen auf, welche im Gebiet gefunden worden sind:

Athyrium filix femina Roth. mit den Formen: 1. *dentatum* Milde, dazu *confluens* Moore (in Deutschland zuerst vom Ref. um Greiz beobachtet), 2. *fissidens* Milde, 3. *multidentatum* Milde.

Cystopteris fragilis Bernhardi, *A. eufragilis* Aschers. Syn. Formen: 1. *dentata* Hook., 2. *anthriscifolia* Hook., 3. *cynapifolia* Koch, 4. *acutidentata* Döll.

Aspidium dryopteris Baumg.

A. Robertianum Luerssen.

A. Phegopteris Baumg., dazu *obtusidentatum* Warnstorf.

A. thelypteris Sw.

A. montanum Aschers.

A. filix mas Sw. Formen: 1. *subintegrum* Döll, 2. *crenatum* Milde, 3. *deorsolobatum* Moore, 4. *affine* Aschers., 5. *heleopteris* Milde (*monstr. erosum* Döll, *monstros. furcatum* Kaulfuss, *monstros. dichotomum* Kaulfuss).

A. cristatum Sw. (?)
A. spinulosum Sw., *A. euspinulosum* Aschers.: 1. *exaltatum* Lasch, 2. *elevatum* A. Br.
B. dilatatum Sm.: 1. *oblongum* Milde, 2. *deltoideum* Milde, 3. v. *dumetorum* Milde, *monstr. erosa.*
A. aculeatum Döll., *A. lobatum* Sm.: 1. *genuinum*, 2. *umbraticum* Kunze, 3. *auriculatum* Luerssen.
Onoclea struthiopteris Hoffm.
Woodsia ilvensis Bab., *A. rufidula* Aschers. Syn.
Blechnum spicant Withering.
Asplenium Ceterach L.
A. trichomanes L.: 1. *typicum* Luerssen, 2. Zwergformen.
A. viride Huds. (?)
A. septentrionale Hoffm.
A. septentrionale × *trichomanes* Aschers. (*A. germanicum* Weiss): 1. *alpestre* Milde, 2. *montanum* Milde.
A. ruta muraria L. Formen: 1. *Brunfelsii* Heufler, 2. *pseudogermanicum* Heufl., 3. *leptophyllum* Wallr., 4. *elatum* Lang.
A. adiantum nigrum L., *A. nigrum* Heufler: 1. *lancifolium* Heufl., 2. *versus argutum* Heufl.
Pteridium aquilinum Kuhn: 2. *lanuginosum* Luerssen.
Polypodium vulgare L.: 1. *rotundatum* Milde, 2. *commune* Milde, 3. *attenuatum* Milde, 4. *pygmaeum* Schur., 5. *angustum* Milde, 6. *auritum* Wallr., 7. Uebergänge zu *pinnatifidum* Wallr., *monstr. furcatum* Milde und *bifidum* Woll. und *versus daedalum* Milde.
Osmunda regalis L. (?)
Ophioglossum vulgatum L.
Botrychium Lunaria Sw., 2. *subincisum* Roeper, 3. *incisum* Milde.
B. rutaceum Schkuhr, *B. matricariaefolium* A. Br. (vom Ref. auch im Greizer Wald gefunden).
B. Matricariae Spr.
B. simplex Hitchcok.
Equisetum silvaticum L.: A. fertile: 1. *praecox* Milde, B. sterile: 1. *vulgare* Klinge, 2. *capillare* Milde, 3. eine Hungerform.
E. pratense Ehrh. in der Nähe des Gebietes.
E. maximum Lam.: I. fertile: A. *typicum* F. Wirtgen: a) *legitimum* F. Wirtgen; B. *minus* Lange: a) *legitimum* F. Wirtgen, b) *frondescens* A. Br., c) *humile* Milde.
II. sterile: A. *typicum* F. Wirtgen: a) *genuinum* F. Wirtgen; B. *minus* Lange: a) *genuinum* F. Wirtgen, 2. *ramulosum* Milde, b) *densum* F. Wirtgen: 1. *simplex* F. Wirtgen, 2. *ramulosum* F. Wirtgen, 3. *multicaule* F. Wirtgen, 4. *gracile* F. Wirtgen.
III. *serotinum:* A. *typicum* F. Wirtgen. a) *serotinum* A. Br.: 1. *intermedium* Luerssen; B. *minus* Lange, *serotinum* A. Br.: 1. *microstachyum* Milde, 2. *normale* Dörfler mit *vulgare* F. Wirtgen, 3. *intermedium* Luerssen, 4. *macrostachyum* Milde.
Monstrositäten: *E. maximum minus serotinum: Macrostachyum digitatum* Milde, *microstachyum proliferum* Milde.
E. arvense L.: I. fertile, II. sterile: 1. *agreste* Klinge, 2. *ramulosum* Rupr., 3. *nemorosum* A. Br., 4. *pseudosilvaticum* Milde.
E. palustre L.: A. *verticillatum* Milde: 1. *breviramosum* Klinge, 2. *longiramosum* Klinge, 3. *pauciramosum* Bolle, 4. *fallax* Milde, 5. *decumbens* Klinge, 6. *polystachyum* Weigel; B. *simplicissimum* A. Br.
E. heleocharis Ehrh.: A. *fluviatile* Aschers.: 1. *brachycladon* Aschers., 2. *attenuatum* Klinge; B. *limosum* Aschers.: 1. *virgatum* Sanio, 2. *uliginosum* Aschers.
E. hiemale L.
E. genuinum A. Br.
Lycopodium Selago L.
L. annotinum L.
L. clavatum L.
L. inundatum L.
L. complanatum L.: A. *anceps* Wallr.; B. *Chamaecyparissus* A. Br.

Die colorirte Tafel stellt das *Asplenium ruta muraria* L., *Botrychium Lunaria* Sw., *Botr. ramosum* Aschers., *Lycopodium inundatum* L. dar.

Ludwig (Greiz).

Loew, O., A new enzym of general occurence, with special reference to the tabacco plant. (U. S. Department of Agriculture. Bulletin No. 3. Washington 1900.)

Mehrere Beobachtungen bei Untersuchung grüner Tabaksblätter auf Enzyme erweckten beim Verf. Zweifel an der Richtigkeit der jetzt allgemein angenommenen Ansicht, die Eigenschaft, Wasserstoffsuperoxyd zu zersetzen, komme allen Enzymen zu. So gab der klar filtrirte Saft frischer grüner Tabaksblätter, obwohl reich an Oxydase und Peroxydase, nur Spuren von Sauerstoffentwicklung auf Zusatz von Wasserstoffsuperoxyd, während der unfiltrirte trübe Saft eine sehr energische Wirkung ausübte. Nun wurde eine Anzahl käuflicher Enzympräparate auf ihr Verhalten zu Wasserstoffsuperoxyd geprüft und gefunden, dass manche derselben, obwohl kräftig in ihrer specifischen Wirkung, doch gar nicht Wasserstoffsuperoxyd katalysirten. Bei weiteren Prüfungen wurde dann gefunden, dass „fermentirte" Tabaksblätter, welche 6 Jahre aufbewahrt gewesen waren, die katalysirende Eigenschaft noch in hohem Maasse besassen und doch keine Spur eines anderen Fermentes, selbst nicht von der ziemlich resistenten Peroxydase, enthielten.

Die weiteren Studien haben nun ergeben, dass die Eigenschaft, Wasserstoffsuperoxyd zu katalysiren, einem speciellen Ferment zukommt, welches gelegentlich als Verunreinigung anderer Enzyme auftritt. Dieses Enzym, Katalase vom Verf. genannt, kommt in einer löslichen Form als Albumose und in einer unlöslichen Form als Verbindung dieser Albumose mit einem Nucleoproteid vor. Jene, die β-Katalase, kann aus dieser oder α-Katalase durch längeres vorsichtiges Erwärmen mit Wasser oder 0,5 procentiger Sodalösung erhalten werden. Jene kann man durch Aussalzen mit Ammoniumsulfat, Wegdialysiren des Salzes und Fällen mit Alkohol gewinnen. Kalt bereitete Auszüge fermentirter Tabaksblätter liefern so ein kräftig wirkendes, allerdings braun gefärbtes Rohenzym.

Es ist bemerkenswerth, dass beim „Fermentiren" der Tabaksblätter ein theilweiser Uebergang von unlöslichem in lösliches Enzym vor sich geht, wahrscheinlich in Folge der Bildung von kohlensaurem Ammoniak während des sogenannten Fermentirens. Verf. stellte rohe β-Katalase aus verschiedenen Objecten dar, so aus Kartoffelsaft, Mohnsamen, Muskelfleisch, Niere, Pancreas etc., doch zeigte sie in einzelnen Fällen einen Gehalt an Peroxydase.

Die Wirksamkeit der Katalase ist selbst bei sehr grosser Verdünnung derselben zu beobachten. So wurde 1 cc. einer einprocentigen Lösung von roher β-Katalase aus „fermentirten" Tabaksblättern mit 500 cc. destillirtem Wasser verdünnt; zu dieser Lösung wurden 5 cc. einer dreiprocentigen Lösung von Wasserstoffsuperoxyd gesetzt und wiederholt herausgenommene Proben mittelst Jodkaliumstärke und Spur Eisenvitriol auf Wasserstoffsuperoxyd geprüft. Nach 50 Minuten hatte das rohe Enzym bei jener Verdünnung von 1 : 50 000 jede nachweisbare Spur Wasserstoffsuperoxyd zersetzt. Beim Controlversuch mit vorher gekochtem Enzym war keine Abnahme von Wasserstoffsuperoxyd zu bemerken.

Während die Katalase zersetzend auf Wasserstoffsuperoxyd wirkt, wirkt dieses umgekehrt auch zerstörend auf Katalase, so dass die Wirksamkeit bald aufhört, wenn grössere Mengen Wasserstoffsuperoxyd damit in Berührung kommen. Sehr rasch findet diese Zersörung bei 50° statt, während bei 40° noch eine Beschleunigung der Enzymwirkung — wenigstens für kurze Zeit und bei mässigen Mengen Wasserstoffsuperoxyd — stattfindet.

Die Tödtungstemperatur für Katalase in wässeriger Lösung liegt bei 72—75° C. Die Dauer der Einwirkung beeinflusst diesen Punkt; auch die Reaction der Lösung und Anwesenheit von Salzen.

Die Wirksamkeit wird durch schwach alkalische Reaction bedeutend beschleunigt. Manche selbst neutral reagirende Salze üben, ohne das Enzym selbst zu schädigen, einen bedeutend verzögernden Einfluss auf die Wirksamkeit aus, besonders Kalium- und Ammoniumnitrat*). Aetznatron sowohl als starke Mineralsäuren tödten in 1 procentiger Lösung das Enzym fast momentan. Verdünntere Säuren wirken langsamer; selbst eine 0,1 procentige Oxalsäure wirkt langsam zerstörend ein. Sehr schädlich wirkt Quecksilberchlorid selbst in 0,1 procentiger Lösung.

In absolutem Alkohol ist das Enzym unlöslich, wohl aber löst 50 procentiger eine geringe Menge davon auf. Absoluter Alkohol zerstört sogar beim Kochen das Enzym nicht sofort, sondern erst nach kurzer Zeit, was wohl darauf beruht, dass das Enzym zuerst durch ihn ausgetrocknet wird und im trockenen Zustande die Enzyme eine grössere Resistenz gegen Wärme etc. besitzen. Verdünnter Formaldehyd (4—5 Procent) zerstört das Enzym sehr rasch, auch salpetrige Säure und Blausäure wirken — wenigstens auf die lösliche Form der Katalase — bald sehr schädlich ein. Nach Entfernung der Blausäure kehrt die Wirksamkeit hier nicht wieder, wie das bei manchen anderen Enzymen der Fall ist. Eine 5 procentige Lösung von salzsaurem Hydroxylamin, neutralisirt mit kohlensaurem Natron (also freies Hydroxylamin enthaltend), tödtete die lösliche Katalase in 18 Stunden und schädigte die unlösliche Form derselben. Auch Phenylhydrazin übte einen schädigenden Einfluss aus. Auffallend langsam wird α-Katalase durch Schwefelwasserstoff geschädigt; denn selbst nach einen Tag langer Ein-

*) Gewisse Salze wirken aber nur dadurch schädlich auf die katalytische Thätigkeit ein, dass sie durch das zugesetzte H_2O_2 in sauer reagirende Producte verwandelt werden. So liefert Schwefelcyankalium mit H_2O_2 saures schwefelsaures Kali und Blausäure.

wirkung von gesättigtem Schwefelwasserstoffwasser war noch ziemlich viel Ferment unversehrt*).

Das Vorkommen der Katalase im Pflanzen- und Thierreich ist ein ganz allgemeines; ja es scheint kein Organ, keine Zelle frei davon zu sein. In den grünen Blättern herrscht meistens die unlösliche Form vor. Verschiedene Objecte wurden im Bezug auf die Menge Sauerstoff verglichen, welche das kalt bereitete Extract und das Unlösliche in einer gewissen Zeit entwickeln. Fettreiche Samen enthalten meist mehr vom Enzym als stärkereiche, Fruchtfleisch von saurer Reaction enthält nur wenig. Sehr reich daran sind Pilze. So liefert 0,5 Gramm eines getrockneten *Penicillium*-Rasens in 41 Minuten volle 800 cc. Sauerstoff, und zwar nachdem die lösliche Form der Katalase vorher aus dem vorsichtig getrockneten Rasen entfernt war.

Dass Katalase zu den oxydirenden Enzymen gehört, geht daraus hervor, dass sie Hydrochinon zu Chinon oxydirt. Auf Ferrocyankalium, Alkohol, Indigcarmin, Cyanin wirkt sie bei gewöhnlicher Temperatur nicht ein, auch nicht auf Glucose in wässeriger Lösung (bei Gegenwart von 1 pCt. Phenol als Antisepticum); doch scheint bei 50—60° und Gegenwart einer porösen Oberfläche eine wenn auch sehr langsame Einwirkung stattzufinden. Mit Guaiac liefert sie keine Blaufärbung.

Eine der physiologischen Functionen der Katalase besteht nach Verf. darin, dass sie jede Spur des schädlichen Wasserstoffsuperoxyds sofort zerstört, wenn dieses als Nebenproduct im Verlauf der energischen cellulären Respiration entstehen sollte. Neuere Untersuchungen (Eugen Bamberger, Manchot) lassen keinen Zweifel darüber aufkommen, dass wenn organische Körper mit labilen Wasserstoffatomen der Autoxydation unterliegen, Wasserstoffsuperoxyd (in gewissen Fällen auch organische Superoxyde, wie Engler nachwies) gebildet wird. Nun werden aber nach Verf. die Thermogene im Protoplasma durch Uebertragung chemischer Energie aus demselben zu Autoxydatoren und liefern höchst wahrscheinlich im Laufe der energischen Oxydation auch Wasserstoffsuperoxyd als Nebenproduct. Dies würde aber bald sehr giftig auf das lebende Protoplasma selbst wirken und es ist daher von vitaler Bedeutung, dass ein specielles Enzym vorhanden ist, welches dieses Gift sofort nach seiner Bildung zerstört. Hieraus folgt aber weiter, dass Hypothesen über den Respirationsvorgang, welche Wasserstoffsuperoxyd als nöthiges Zwischenglied annehmen, nicht richtig sein können; denn die Zellen stellen jedenfalls nicht ein specielles Enzym her, welches ein nothwendiges Zwischenglied sofort zu zerstören vermag.**)

*) Die Angabe Schönbein's, dass Schwefelwasserstoff die katalysirende Wirkung von Pflanzensäften auf Wasserstoffsuperoxyd momentan aufhebe (Journ. prakt. Chem. 1863), bedarf hiernach der Richtigstellung.

**) Vgl. hierüber auch Cap. 11 Theorie der Athmung in der Schrift des Verf. „Die chemische Energie der lebenden Zellen". München 1899. — Der Befund von Bokorny, Pfeffer und Cho, dass Wasserstoffsuperoxyd in Pflanzenzellen nicht nachzuweisen ist, erklärt sich vollständig aus der Anwesenheit von Katalase.

Wahrscheinlich hat die Katalase aber noch eine weitere Function zu erfüllen, da sie auch in Zellen gebildet wird, welche durch ihr Leben bei Abschluss von Luft keine Gelegenheit haben, Wasserstoffsuperoxyd als Nebenproduct zu bilden, wie bei der Hefe und bei gärtüchtigen Bakterien.*) Verf. vermuthet, dass sie die Affinitäten im Zucker und in anderen hydrolytischen gärfähigen Substanzen so weit zu lockern vermag, dass dadurch die Gärungsarbeit erleichtert wird.

Ob Katalase neben Oxydase und Peroxydase auch einen gewissen Einfluss bei der Temperatursteigerung beim sogenannten Fermentiren des Tabaks ausübt, ist noch nicht entschieden, wenn auch nach Verf. wahrscheinlich.

Bokorny (München).

Gerassimoff, J. J., Ueber die Lage und die Function des Zellkerns. (Bulletin de la Société Impériale des Naturalistes de Moscou. 1899. No. 2/3. p. 220—267. Mit 35 Fig. Sep.-Abdr. 1900.)

Wie schon nach früheren Arbeiten des Verf. zu vermuthen ist, enthält die vorliegende Arbeit die Resultate zahlreicher interessanter Versuche, welche er mit *Spirogyra* angestellt hat.

Wie bekannt, gelang es Gerassimoff, durch Abkühlen im Stadium der Theilung Zellen mit einem, zwei oder mehr Kernen zu erhalten. Die Nachbarzelle war dann ganz kernfrei, manchmal auch nur durch eine unvollständige Scheidewand abgetrennt.

Aus zahlreichen Textfiguren kann man ersehen, dass die Kerne neben einander, über einander, und wenn drei in einer Zelle vorhanden sind, auf dem Querschnitt der Zelle betrachtet, wie die Ecken eines gleichseitigen Dreiecks liegen können.

So sind ihre Wirkungsbezirke auf die übrigen Zellinhaltsbestandtheile möglichst regelmässig vertheilt.

Aus früheren Untersuchungen anderer Autoren war bereits bekannt, dass die Chlorophyllbänder da, wo sie über den Kern fort verlaufen, steiler aufgerichtet oder unregelmässig verbogen sind. Diese Angaben werden dadurch bestätigt, dass in den Zellen, wo zwei Kerne sich finden, die Bänder auch an zwei Stellen Abweichungen von ihrer sonst regelmässigen Lage zeigen.

In den zahlreichen Anmerkungen finden wir werthvolle Winke über Fragen, die bei *Spirogyra* noch weiterer und eingehenderer Bearbeitung bedürfen.

In dem theoretischen Theil seiner Arbeit (p. 246) nimmt Verf. Stellung zu den bisherigen Auffassungen über die Wirkung des Zellkerns auf das vegetative Leben der Zellen.

Er pflichtet zunächst O. Hertwig bei, dass die Lage des Zellkerns durch seine Beziehungen zum sonstigen Zellplasma beeinflusst werde. Besonders was das Verhalten des Kernes zu den

*) Auch obligate Anaëroben, wie der Rauschbrandbazillus, bilden Katalase.

Chromatophoren betrifft, wird an Beobachtungen von Schmitz und Schimper an *Florideen* erinnert, bei denen der Zellkern in den Maschenecken der Chromatophoren liegt oder diese radienartig vom Kern ausstrahlen.

Auch der Arbeiten Haberlandt's, Strasburger's, Townsend's, Verworn's u. a. m. wird gedacht, speciell des Einflusses, den der Kern auf die Bildung der Zellhaut ausübt.

Verf. hält es mit Klebs auch für möglich, dass durch geschickte Experimente die Zellkernthätigkeit vollständig durch die Wirkung äusserer Agentien in Zukunft einmal wird ersetzt werden können. Haberlandt dagegen steht einer solchen Vermuthung sehr zweifelnd gegenüber.

Nach Untersuchungen von Sokolowa soll der Zellkern auch auf die Bildung der Eiweisssubstanzen seinen Einfluss ausüben. Wie dem auch sei, so wissen wir doch schon heute, dass der Kern zu fundamentalen ernährungsphysiologischen Processen der Zelle in enger Beziehung steht.

Kolkwitz (Berlin).

Köhne, E., Ueber das Vorkommen von Papillen und oberseitigen Spaltöffnungen auf Laubholzgewächsen. (Mittheilungen der Deutschen dendrologischen Gesellschaft. 1899. No. 8. p. 47—67.)

Um Merkmale zur Unterscheidung und eventuell zur Bestimmung der bei uns cultivirten Laubholzgewächse zu ermitteln, untersuchte Verf. eine grosse Anzahl von ihnen auf das Vorkommen von Papillen und oberseitigen Spaltöffnungen. In Bezug auf die letzteren, mit welchem sich die genannte Mittheilung vorwiegend beschäftigt, ergab sich, dass eine überraschend grosse Anzahl von Laubholzgewächsen mit oberseitigen Spaltöffnungen ausgestattet ist; bei 1359 Arten wiesen 222 solche auf.

Der erste Abschnitt der Arbeit giebt Aufschluss über das Auftreten bezw. Fehlen der Papillen und die Vertheilung der Spaltöffnungen auf den beiden Blattflächen. Die Details sind im Original nachzulesen.

Der zweite Abschnitt behandelt die physiologische und pflanzengeographische Seite der vorliegenden Frage. Von den mit oberseitigen Spaltöffnungen dotirten Pflanzen findet sich „der bei Weitem grösste Theil einerseits im Mittelmeer- oder im Steppengebiet bis tief nach Asien hinein, andererseits in den Vereinigten Staaten westlich vom Missisippi, insbesondere in Californien und den Felsengebirgen, oder es gehen die betreffenden Arten nicht weit über die Grenzen dieser Gebiete hinaus . . . . . Im Mittelmeer- und Steppengebiet zählen wir nämlich nicht weniger als 86, in dem zweiten oben genannten Gebiet (mit Anschluss dreier central- und südamerikanischen Formen) 55, zusammen 141 . . . . Arten.“ Ausserdem sind noch weitere 42 Pflanzen hier zu nennen, „die zwar über die Grenzen der beiden oben bezeichneten Hauptgebiete oft weit hinausgehen, aber auch innerhalb derselben noch stark vertreten sind". Bei dem geringen Reste wird es kaum angängig sein, ihre Verbreitung auf Auswanderung aus einem steppenähnlichen Klima zurückzuführen. — Auch zur Lösung phylogenetischer Fragen, z. B. nach der Entstehung der *Populus nigra*, werden nach Ansicht des Verf. die von ihm behandelten anatomischen Charaktere verwerthbar sein.

Zum Schluss macht Verf. auf einige weitere Fragen der physiologischen Anatomie aufmerksam, zu welchen ihn die vorliegenden Untersuchungen geführt haben.

Küster (Halle a. S.)

Sorauer, Paul, Ueber Intumescenzen. (Berichte der Deutschen botanischen Gesellschaft. XVII. 1899. p. 456—460. Mit 1 Holzschnitt.)

Verf. beschreibt genauer die von ihm neuerdings an *Eucalyptus Globulus* und *E. rostrata*, sowie an *Acacia pendula* beobachteten Intumescenzen, die sich meistens nur auf den Blättern, zum Theil aber auch auf den Zweigen bildeten. Diese drüsigen Erhebungen sind durch schlauchartiges Auswachsen von Zellen entstanden, die meistens unmittelbar unterhalb der Epidermis liegen. Bei stärkeren Auftreibungen trat auch eine nachträgliche Querfächerung der keulig nach oben sich ausweitenden Zellen und eine Betheiligung der darunter liegenden Gewebeelemente auf. Die sich streckenden Zellen zersprengten schliesslich die Epidermis und breiteten sich darauf garbenartig aus.

In den aufgerissenen Intumescenzen sind selbstverständlich Pilzansiedelungen nicht selten; doch sind diese, soweit beobachtet wurde, hier niemals die Ursache des Absterbens der Zweige. Der Tod erklärt sich vielmehr durch die übergrosse Anzahl verletzter Rindenstellen, die ein Vertrocknen der Rinde veranlassen.

Bezüglich der Zeit des Entstehens der Intumescenzen kommt Verf. auf Grund von Beobachtungen an diesen und anderen Pflanzen zu dem Schluss, dass dieselben bei Lichtarmuth, dagegen reichlicher Zufuhr von Wasser und Wärme auftreten.

Aehnlich wie in diesen Fällen die Pflanzen zur Zeit herabgedrückter Assimilationsthätigkeit bei Lichtarmuth eine Reizung durch erhöhte Wärme bei verhältnissmässig überreicher Wasserzufuhr erlitten haben und auf diesen Reiz durch Zellstreckungen auf Kosten des vorhandenen Zellinhalts reagiren, antwortet auch bei den von Haberlandt in der Festschrift für Schwendener beschriebenen Ersatz-Hydathoden die Pflanze durch Zellstreckungen auf den momentanen Wasserüberschuss im Blatte, der durch Tödtung der normalen Ausscheidungsapparate hervorgerufen worden ist.

Da das Auftreten von Intumescenzen somit als ein Symptom unzeitmässiger Steigerung von Wärme- und Wasserzufuhr zu betrachten ist, so hat man demgemäss das Heilungsverfahren einzuleiten.

Weisse (Zehlendorf bei Berlin).

Arnoldi, W., Die Entwicklung des Endosperms bei *Sequoia sempervirens*. Beiträge zur Morphologie einiger Gymnospermen. I. (Bulletin des Naturalistes de Moscou. 1899. No. 2 und 3.)

Die entwicklungsgeschichtliche Untersuchung des Endosperms von *Sequoia sempervirens* liess in dieser Gymnosperme eine wichtige Uebergangsform, die von den *Coniferen* zu den *Gnetaceen* und Angiospermen führt, erkennen. Während bei allen bisher untersuchten Gymnospermen ausser *Gnetum* und *Sequoia* ein gleichmässiges, durch Bildung von „Alveolen" (Sokolowa) entstandenes Endosperm vorliegt, gestattet das Endosperm von *Sequoia* die Unterscheidung mehrerer Theile. Zum Mindestens werden zwei verschiedene Theile angelegt: im unteren kommt durch freie Zellbildung ein relativ kleinzelliges Gewebe zu Stande, das dem künftigen Embryo nur als Nährgewebe dient und niemals Geschlechtsorgane entwickelt.

Im darüber liegenden Abschnitt bilden sich geräumige Alveolen, wie sie von anderen *Coniferen* her bekannt sind. Auch dieser Endospermtheil bildet zwar vegetatives Gewebe, aber nur er allein bringt Archegonien hervor. Ueber diesem „generativen" Theil kann unter Umständen noch ein dritter Abschnitt angelegt werden, der im Bau und Entwicklungsgang dem erstgenanten unteren entspricht. — Die Differenzirung des Endosperms in mehrere Theile entspricht den von früheren Autoren für *Gnetum* klar gelegten Verhältnissen.

Küster (Halle a. d. S.).

Weisse, A., Ueber Veränderung der Blattstellung an aufstrebenden Axillarzweigen. (Berichte der Deutschen botanischen Gesellschaft. Band XVII. 1899. p. 343—378. Mit Tafel 27.)

Vor Kurzem hat Kny einen interessanten Culturversuch beschrieben, welcher zeigt, dass es bei *Corylus Avellana* verhältnissmässig leicht gelingt, an kräftig aufstrebenden Axillarzweigen die normale zweizeilige Blattanordnung in eine Spiralstellung zu verwandeln. Da Kny an die Erörterung dieser Thatsache Bemerkungen knüpfte, die sich theils direct gegen früher vom Verf. gemachte Angaben, theils gegen die mechanische Blattstellung im Allgemeinen wenden, so glaubte Verf. auf diesen Gegenstand noch einmal zurückkommen zu sollen.

Verf. stellt zunächst fest, dass seine früher in Uebereinstimmung mit Döll gemachte Angabe, dass bei *Corylus*, ebenso wie bei *Castanea*, *Carpinus*, *Celtis*, *Ulmus*, *Fagus* und verwandten Gattungen, die Blatter an den primären Achsen spiralig (oder in seltenen Fällen auch decussirt), dagegen an den Axillarzweigen zweizeilig angeordnet sind, durch die Beobachtungen von Kny bezüglich ihrer mechanischen Begründung nicht berührt wird, denn auch die aufstrebenden Axillarsprosse beginnen ja mit zweizeiliger Blattstellung. Es kann aber selbstverständlich nur die Verschiedenheit in der Stellung der ersten Blätter an den Axillarzweigen einerseits und den Sämlingsachsen und Adventivsprossen andererseits durch die Verschiedenheit der Basen, sowie durch die abweichende relative Grösse der Blattanlagen erklärt werden.

Verf. hat den Kny'schen Versuch an Exemplaren von *Corylus* wiederholt, sowie auch mit *Ulmus campestris*, *Syringa vulgaris*, *Acer platanoides* und *Fraxinus excelsior* ausgeführt und auch Beobachtungen an *Tilia platyphyllos*, *Acer Pseudoplatanus* und *Aesculus Hippocastanum* angestellt. Verf. liess von den Versuchspflanzen nur einen oder wenige kräftige Triebe stehen und verstutzte diese Ende März oberhalb einer gut entwickelten Axillarknospe im Abstande von 10—30 cm vom Scheitel. Nur diese eine Knospe wurde an jedem Trieb belassen, während alle übrigen Knospen und etwaigen Seitenzweige sorgfältig entfernt wurden. Es wurde dann den ganzen Sommer über darauf geachtet, dass alle sonst noch hervortretenden Sprosse (schlafenden Augen, Wurzeltriebe, sowie die am stehengelassenen Axillarzweig sich entwickelnden Seitentriebe) gleichfalls beseitigt wurden.

Aus den vom Verf. näher beschriebenen Beobachtungen geht hervor, dass an aufstrebenden Axillartrieben zurückgeschnittener Holzgewächse nicht selten Veränderungen in der Blattstellung eintreten. Der Grad der Leichtigkeit, mit der solche Umwandlungen vor sich gehen, ist bei den einzelnen Pflanzenarten sehr verschieden. Während bei *Corylus Avellana* die zweizeilige Blattstellung sehr leicht in eine spiralige übergeführt werden kann, war dieser Uebergang bei *Tilia platyphyllos* in nur wenigen Fällen, bei *Ulmus campestris* überhaupt nicht zu beobachten. Bei den zweizeilig decussirte Blattstellung aufweisenden Gewächsen (*Syringa*, *Acer*, *Fraxinus* und *Aesculus*) kam es nicht gerade ganz selten zu dreigliedriger Quirlstellung, während in einigen Fällen auch Uebergänge zur Spiralstellung eintraten.

Bezüglich der Häufigkeit der Abweichungen zeigen die Pflanzen mit zweierlei Blattstellung (zweizeiliger Stellung an den Seitenzweigen, Spiralstellung an der Sämlingsachse) keinen principiellen Unterschied den Pflanzen mit nur einer Blattstellung gegenüber. Die für die erste Gruppe mögliche Deutung, dass die Umwandlung als ein Rückschlag zur Jugendform aufzufassen sei, ist für die Pflanzen der zweiten Gruppe ausgeschlossen.

Die Art der Uebergänge zwischen den beiden an dem gleichen Triebe auftretenden Blattstellungsformen weist darauf hin, dass wir es in allen diesen Fällen mit einer sich verschieden äussernden Störung in dem phyllotaktischen Gleichgewicht zu thun haben, durch welche, falls sie gross genug ist, es zu einer neuen, von der alten abweichenden Gleichgewichtslage kommen kann.

Der Grund der Störung ist in dem gesteigerten Wachsthum des Triebes zu suchen. Da die Grösse der Blattanlagen erfahrungsgemäss geringere Schwankungen als der Umfang der Achse zulässt, so wird die relative Grösse der Blattanlagen zum Scheitelumfang sich bei kräftigen Sprossen verkleinern müssen. Die jungen Anlagen erhalten also am Scheitel mehr Spielraum, und hierdurch wird ein Schwanken in ihrer Stellung oder Vergrösserung ihrer Zahl auf entsprechendem Theile des Umfanges ermöglicht.

Ob diese Störungen gross genug sind, um eine Umwandlung der Blattstellung herbeizuführen, hängt in hohem Grade von der Form und relativen Grösse der Blattanlagen der betreffenden Species ab. Ein Vergleich der Querschnitte durch die Axillarknospe von *Corylus*, *Tilia* und *Ulmus* lehrt, dass die jungen Blattbasen bei *Corylus* etwa $^3/_4$, bei *Ulmus* $^5/_6$ bis $^7/_8$ des Stammes umfassen, während *Tilia* in dieser Beziehung in der Mitte steht. Der für die Neuanlagen zur Verfügung stehende Raum am Scheitel ist mithin bei *Corylus* am grössten, und es leuchtet ein, dass gerade bei dieser der drei Pflanzen am leichtesten so erhebliche Abweichungen in der Stellung dieser Anlagen eintreten können, dass durch sie ein Uebergang zur Spiralstellung bedingt wird.

Weisse (Zehlendorf b. Berlin).

De Vries, Hugo, Ernährung und Zuchtwahl. Vorläufige Mittheilung. (Biologisches Centralblatt. 1900. p. 193.)

Verf. hat seit etwa 10 Jahren im Versuchsgarten des Botanischen Gartens zu Amsterdam Culturen über die Beziehungen der Ausbildung des Kranzes von Nebenkarpellen bei *Papaver somniferum, polycephalum* s. *monstrosum* zu der Ernährung und der künstlichen Auslese gemacht. Sie ergaben im Allgemeinen, dass wenigstens in diesem Falle die Zuchtwahl nichts anderes ist, als die Wahl der am besten ernährten Individuen.

Die Umwandlung der inneren Staubgefässe beim Mohn bildet einen sehr variablen und von äusseren Einflüssen im höchsten Grade abhängigen und dennoch durch Zuchtwahl accumulirbaren Charakter. Sie ist sonst besonders geeignet, zu erforschen, ob es neben der abhängigen auch eine von den Lebensmedien unabhängige Variabilität giebt.

Die Anzahl der überzähligen Karpelle wechselt zwischen 0 und 150. Da ein genaues Abzählen oft schwierig ist, unterscheidet man in der Regel zwischen Blüten mit 1—10 Karpellen, mit weniger oder mehr als einem halben Kranz. In gewöhnlichen Aussaaten bilden die halben Karpellenkränze die Mehrzahl.

Bei den Endblüten ist die Anzahl der Nebenkarpellen meist grösser als bei den axillären Blüten. Herbstblüten aus tieferen oder aus secundären Achselknospen sind meist ohne Nebenkarpelle.

Die Grösse, resp. das Gewicht der Frucht der Endblüte ist das beste, bequemste und einfachste Mass der individuellen Kraft eines Papavers. Beide gehen stets parallel, vorausgesetzt, dass nicht während des Wachsthums die Lebensbedingungen sich verändert haben. Bei gleichbleibenden Lebensbedingungen ist es nicht möglich, unabhängig von der individuellen Kraft, eine Zuchtwahl nach der Anzahl der Nebenkarpellen vorzunehmen.

Da beim Ausjäten der überflüssigen Pflanzen auf den Beeten gewöhnlich die schwächsten entfernt werden, diese aber die Individuen mit der geringsten Polycephalie sind, so wird dadurch der mittlere Gehalt eines Beetes erheblich gesteigert. Bei Controlversuchen ist daher das Ausjäten vorzunehmen, bevor die individuellen Differenzen anfangen, sich zu zeigen.

Die wichtigsten Factoren, welche für jede einzelne Pflanze den Grad der Polycephalie bestimmen, sind: weiter oder gedrungener Stand während der ersten Wochen, guter oder schlechter Boden, kräftige oder ärmliche Düngung, Besonnung oder Schatten.

Die Selectionsversuche wurden in zwei Richtungen angestellt: die eine behufs Vermehrung, die andere behufs Verminderung der Anzahl der Nebenkarpellen. Letztere Versuchsanstellung kan als Retourselection bezeichnet werden.

Wählt man aus einer Aussaat Individuen mit verschiedener Ausbildung der Polycephalie, befruchtet man sie rein mit dem eigenen Blütenstaub und säet ihre Samen getrennt, aber unter möglichst gleichen Bedingungen, so entspricht die Zusammensetzung der Nachkommenschaft dem Charakter der Mutterpflanze. Die durch die Lebensmedien bedingten günstigen Abweichungen vom mittleren Typus ergaben sich somit als erblich.

Genau so verhielt es sich mit der Retourselection. Diese ergab überdies das wichtige und älteren Angaben entgegengesetzte Resultat, dass man durch Selection nicht zum völligen Verluste der Polycephalie gelangen kann, d. h. dass man auf diesem Wege das *Papaver somniferum polycephalum* nicht in gewöhnliches *P. somniferum* überzuführen im Stande ist.

Die Ernährung und die Zuchtwahl wirken also stets in demselben Sinne; die bessere Ernährung bildet kräftigere Individuen mit zahlreicheren Nebenkarpellen aus; die geringere Ernährung liefert karpellenarme Schwächlinge. Die Zuchtwahl wählt daher als extreme Varianten einerseits die am besten, andererseits die am schlechtesten ernährten Exemplare aus. Ihre Eigenschaften zeigen sich daher als erblich und als accumulirbar, durch wiederholte Auslese.

Haeusler (Kaiserslautern).

Greene, Edward L., A decade of new *Pomaceae*. (Pittonia. Vol. IV. Part. 22. March 1900. p. 127 sqq.)

Verf. beschreibt in englischer Sprache folgende Pflanzen:

Amelanchier crenata, ein niederer buschischer Strauch, „on rocky declivities near Aztec, New Mexico"; *Amel. polycarpa* aus Piedra im südlichen Colorado, ein kleiner stark verästelter Baum, erinnert in Folge fehlender Pubescenz an die subalpine *Am. glabra* aus der Sierra Nevada, mit der die neue Art indessen nicht sehr verwandt erscheint; *Amelanchier rubescens*, entweder baumförmig, 10 bis 15 Fuss hoch oder strauchig, wobei er dann nur eine Höhe von 4 bis 6 Fuss hoch erreicht, eine durch ihre kleinen Blätter auffallende Art aus Aztec; *Amel. Bakeri* aus Los Pinos im südlichen Colorado, erinnert bezüglich der Blattform stark an die nördliche *Amel. alnifolia*. Diese vier Arten sind sämmtlich von C. Baker vom April bis Juli 1899 von C. F. Baker gesammelt. *Amel. Gormani*, ein Strauch oder kleiner Baum aus Alaska, der bisher viel mit *Amel. alnifolia* Nutt. verwechselt wurde. *Sorbus dumosa*, ein 5 bis 8 Fuss hoher Strauch, der eine ausgezeichnete Art von sehr localer Verbreitung darstellt; er ist nur vom Mt. San Francisco im nördlichen Arizona bekannt, wo ihn schon Edw. Palmer anno 1869 sammelte. Aus der Blütezeit (gegen Mitte Juli) schliesst Verf. in Anbetracht der niederen geographischen Breite, dass er zu den subalpinen Pflanzen gehört, am nächsten verwandt ist er mit der gleich zu erwähnenden *S. scopulina* n. sp.; beide Arten stehen der *Sorb. Americana* Marsh. näher als den übrigen *Sorbus*-Arten der pacifischen Küste. *Sorbus scopulina*, ein 8—12 Fuss hoher Strauch, der auf den Gebirgen von Neumexiko, Colorado und Utah in Höhen von 8—9000 Fuss von verschiedenen Sammlern gefunden wurde. Gewöhnlich wurde diese Pflanze mit der *Sorb. sambucifolia* aus Kamtschatka verwechselt, oft auch mit der *Sorb Americana*, der sie näher zu stehen scheint. *Sorbus subvestita*, eine durch ihre dicht filzigen Winterknospen ausgezeichnete Art, die bisher nur von Sandberg bei St. Louis Co. Minnesota 1890 gesammelt wurde. *Sorbus californica* Greene, ein auf den mittleren Erhebungen der kalifornischen Sierra gemeiner Strauch, der unterhalb der subalpinen Region wächst, eine ausgezeichnete, bisher mit *Sorbus occidentalis* (Wats.) Greene in Fl. Fr. 54 verwechselte Art; die Unterschiede zwischen diesen beiden werden vom Verf. hervorgehoben.

Wagner (Wien).

Urban, Ignatz, Monographia *Loasacearum*, adjuvante **Ernesto Gilg.** (Abhandlungen der Kaiserlichen Leopoldinisch-Carolinischen Akademie der Naturforscher. LXXVI. No. 1.) 8°. 368 pp. Mit 8 lithographirten Tafeln. Halle (Commissionsverlag von W. Engelmann in Leipzig) 1900.

Wenn einmal in der Zukunft eine Geschichte der descriptiven Botanik in Deutschland geschrieben werden wird, so muss der grosse Einfluss, welchen die Bearbeitung der Flora brasiliensis auf die Entwickelung derselben ausgeübt hat, im höchsten Maasse gewürdigt werden. Viele umfangreiche Monographien, die in der neueren Zeit erschienen sind, lassen sich mit Leichtigkeit in ihren Wurzeln bis auf dieses grosse und vornehme Werk zurückführen; ich erinnere in dieser Hinsicht nur an die umfangreichen, ganze Pflanzenfamilien umfassenden Arbeiten von Cogniaux, Engler, Koehne, Cas. De Candolle, denen die Bearbeitungen in der Flora brasiliensis vorausging. In vielen Fällen machten die Darstellungen in diesem Werke schon einen recht erheblichen Theil der Monographie selbst aus; überall aber lässt sich erkennen, dass die Untersuchungen der brasilianischen Formen ein lebhaftes Interesse für die ganze Familie erweckt hatte. Bei einer sorgfältigen Untersuchung der Pflanzen aus diesem Gebiete war die Nothwendigkeit gegeben, dass auch die Flora der benachbarten Länder mit in Rücksicht gezogen wurden; sehr häufig mussten ferner die nächsten verwandten Gattungen der alten Welt mehr oder weniger eingehend geprüft werden. Auf diesem Wege entwickelte sich bei nicht wenigen Autoren der Flora brasiliensis der Wunsch, die gewonnenen Kenntnisse und Erfahrungen weiter zu verwerthen und so wuchsen sich jene Bearbeitungen in einer nicht geringen Zahl von Fällen zu vollständigen Monographien aus.

Ein solcher Fall liegt auch in dem zu besprechenden Werke vor. Urban hatte die *Loasaceae* für die Flora brasiliensis bearbeitet. Bei dem lebhaften Interesse, mit welchem der Verf.

die morphologischen Besonderheiten zu verfolgen pflegt, und bei dem Bestreben, die in der Familie vorliegenden, oft sehr verwickelten Stellungsverhältnisse der Blüten, Blütenstände und vegetativen Sprosse von allgemeinen Gesichtspunkten zu betrachten, die scheinbaren Abnormitäten auf die Regel zurückzuführen, durfte er sich nicht auf das damals gegebene Material beschränken, sondern erweiterte die Untersuchung durch das Studium vieler extrabrasilianischer Formen. Leider ist es dem so gewandten Autor nicht vergönnt gewesen, schon in dem vorliegenden Bande die ganze Entwickelungsgeschichte der *Loasaceae* vom vergleichend morphologischen Standpunkte auseinander zu setzen, aber schon die vorliegenden Veröffentlichungen lassen ahnen, welche wichtigen Mittheilungen wir noch zu erwarten haben. Hoffentlich entschliesst er sich in nicht zu langer Zeit, die in Aussicht gestellte Publikation zu veröffentlichen.

Was das von Urban entworfene System anbetrifft, so ist dasselbe bereits von Gilg in den Natürlichen Pflanzenfamilien im ganzen Umfange sorgfältigst dargestellt worden. Ich finde bei einem Vergleich beider Arbeiten keine nennenswerthen Unterschiede. Im Princip lag die Monographie der *Loasaceae* schon seit mehreren Jahren vor. Da Urban aber durch verschiedene Umstände verhindert war, sie zum Abschluss zu bringen, so wählte er sich in E. Gilg einen trefflichen Mitarbeiter, der sich durch werthvolle Arbeiten bewährt hatte. Ihm fiel vor allem die Aufgabe zu, die Bearbeitung der Arten in den grösseren Gattungen durchzuführen. Wie vortrefflich ihm gelungen ist, jene zu lösen, geht aus dem Umstande hervor, dass wohl Niemand im Stande sein dürfte, festzustellen, welche Beschreibungen von dem einen, welche von dem anderen der Autoren verfasst wurden.

Bei den *Loasaceae* sind häufig staminodiale Bildungen vorhanden, welche eine ausserordentliche grosse Mannichfaltigkeit der Form und nicht selten eine bemerkenswerthe Complication des Baues aufweisen. Da diese Eigenthümlichkeiten für die Unterscheidung der Formen von grosser Wichtigkeit sind, so haben die Beschreibungen der Arten einen sehr beträchtlichen Umfang. Für die Sorgfalt und Genauigkeit derselben bürgen die Namen der beiden Verfasser.

Es ist nicht gut möglich, aus einem Werke, wie das vorliegende, Einzelheiten in grösserer Zahl hervorzuheben; Jedermann, der in die Lage kommen wird, von ihm Gebrauch machen zu müssen, wird den Eindruck gewinnen, dass es ihm ein Führer sein wird, der nicht versagt. Nur das sorgfältigste Studium des Materials bis in die letzten Einzelheiten konnte diejenige Kenntniss der Pflanzen erzeugen, welche die Vorbedingung für die Bearbeitung der Familie sein musste. Ich will nur darauf hinweisen, dass die durch ihre geographische Verbreitung in Arabien und in Deutsch-Südwest-Afrika auffallende *Kissenia spathulata* R. Br. den durch die Priorität bedingten Namen *K. capensis* Endl. erhalten hat. Die Aufstellung von mehr als 80 neuen Arten spricht dafür, dass die Zahl der namentlich in den Anden gedeihenden Arten noch keineswegs erschöpft sein wird, und dass die Erforschung bisher wenig begangener Gebiete auch noch eine Menge neuer Formen bringen wird.

Die Arbeit ist in den Abhandlungen der Akademie der Naturforscher in Halle erschienen und ist in würdigster Weise ausgestattet. Namentlich sind auch die von Urban gezeichneten Tafeln, welche zahlreiche oft äusserst schwierig wiederzugebende morphologische Verhältnisse darstellen, rühmend hervorzuheben. Gegen andere in den Abhandlungen erschienene Publikationen ist eine Verminderung in der Pracht der Ausstattung, was den Druck anbetrifft, nur willkommen zu heissen. Eine etwas verkleinerte Schriftart hat glücklicherweise verhindert, dass das Werk zu jenem allzugrossen Umfang angeschwollen ist, welcher die Handlichkeit dieser Bücher zu beeinträchtigen droht.

Schumann (Berlin).

Piper, C. V., A new California *Parnassia*. (Erythea. Vol. VII. 1899. p. 128.)

Verf. theilt eine englische Beschreibung der bisher mit *P. fimbriata* Banks verwechselten *P. cirrata* n. sp. mit, die zuerst von S. B. und W. F. Parish 1879 von Mount San Bernardino, später auch von Brewer am oberen Sacramento gesammelt wurde, wo sie mit *Darlingtonia californica* zusammenwächst. Die Pflanze scheint sehr selten zu sein, nach einer brieflichen Mittheilung Parish's hat er sie seit 1979 in den San Bernardino Mts. nicht mehr angetroffen.

Wagner (Wien).

Sturm, J., Flora von Deustchland in Abbidungen nach der Natur. Zweite umgearbeitete Auflage. Band III: Echte Gräser, *Gramineae*. Von **K. G. Lutz**. 175 pp. Mit 56 lithogr. Tafeln und 2 Abbildungen im Text.

Das vorliegende Bändchen erscheint als das erste der angezeigten Flora, es bildet zugleich den VI. Band der Schriften des Deutschen Lehrer-Vereins für Naturkunde. „Die Flora ist nicht für den Botaniker von Fach, sondern für den gewöhnlichen Pflanzen- und Naturfreund bestimmt.“ Auf die deutschen Namen ist grosses Gewicht gelegt, sie stehen an erster Stelle und werden zum Gebrauche empfohlen. Für den wissenschaftlichen Floristen ist es zweckmässig sich das Werk anzuschaffen (wer dem genannten Lehrer-Verein beitritt, erhält es fast geschenkt), denn Niemand von uns kann die Unterstützung botanisirender Laien entbehren, und ist es gut, wenn wir uns mit ihnen leicht verständigen können. Für solche Verständigung wird die in Rede stehende Flora, welche jetzt schon 15000 Abnehmer hat, eine gute Grundlage abgeben. Was den Inhalt des vorliegenden Bändchens betrifft, so wird jeder Fachmann einige Einzelheiten darin verbesserungsbedürftig finden, aber Floren, bei denen dies nicht der Fall wäre, giebt es kaum. Im Allgemeinen sind Text und Tafeln gut, z. B. sind *Bromus racemosus, commutatus, mollis* und *patulus* gut unterscheidbar dargestellt.

Ernst H. L. Krause (Saarlouis).

Wolley-Dod, R. A. H., New Cape plants. (The Journal of Botany. Vol. XXXVIII. Mai 1900. p. 170 sq.)

Verf. theilt englische Beschreibungen folgender neuer Arten beziehungsweise Varietäten mit:

Oxalis versicolor L. var. *latifolia* n. var. (Black River, by Campe Ground leg. Autor.); *Ox. denticulata* n. sp. zwischen Rondebosch und Claremont, eine häufige Pflanze, die immer an feuchten Stellen und dort in grosser Menge auftritt, und zwar sowohl weiss wie tief rosaroth, sie wurde bisher mit *O. purpurea* Thbg. verwechselt, von der sie sehr verschieden ist, und steht der *O. convexula* Jacq. am nächsten. *Mesembryanthemum calcaratum* n. sp. (About Claremont and Kenilworth Flats leg. Autor), eine local häufige Pflanze, die auf den ersten Anblik an *M. filicaule* Haw. erinnert; sie scheint in die Section *Adunca* zu gehören. *Romulea papyracea* n. sp. auf dem Lower Plateau in 2300 Fuss Höhe am Tafelberg; eine ausgezeichnete Art, die keiner anderen dem Verf. bekannten nahe steht. *Geissorhiza pubescens* n. sp. von den Westabhängen des Lions Head und Signal Hill, local häufig, etwas kleiner als die sehr ähnliche *G. secunda* Ker. *Aristea pauciflora* n. sp., auf dem Orange Kloof und mehr unter der Höhe des Tafelberges, von dicht rasenförmigem Wuchse; nahe verwandt mit *A. Zeyheri* Baker.

Die erwähnten Arten hat der Verf., der englischer Major ist, selbst gesammelt.

Wagner (Wien).

Andersson, Gunnar, Om hasseln i Norrland. (Svenska Turistföreningens Aarsskrift. 1900. p. 298—304).

Enthält ein Verzeichniss nebst Kartenskizze der bis jetzt bekannten Fundorte fossiler und lebender *Corylus Avellana* im nördlichen Schweden.

E. H. L. Krause (Saarlouis).

Wilfarth, H. und **Wimmer, G.,** Die Bekämpfung des Wurzelbrandes der Rüben durch Samenbeizung. Mittheilung der landwirthschaftlichen Versuchsstation Bernburg. (Zeitschrift des Vereins der Deutschen Zucker-Industrie. Lief. 529. p. 159—173.)

Die Verff. führten eine Reihe von Feldversuchen aus, um die Bedeutung der Samenbeizung mit Carbolsäure festzustellen. Sie kommen dabei zu dem Resultate, dass ein etwa 20 Stunden langes Einweichen der Rübensamen in eine $1/2$ procentige Carbolsäure zur Zeit die einfachste, sicherste und billigste Beizmethode ist. Voraussetzung ist nur, dass die angewandte Carbolsäure völlig wasserlöslich ist. Finden sich die Erreger des Wurzelbrandes im Boden in grösserer Menge oder ist die Beschaffenheit des Bodens geeignet, den Wurzelbrand zu befördern, so ist ausser der Desinfection auch noch Kalken und entsprechende Bodenbearbeitung erforderlich.

Eine eigenthümliche Beobachtung sei noch erwähnt; Böden gewisser Herkunft zeigten bei Topfversuchen folgendes Verhalten: Gut gebeizter Same lieferte im natürlichen Boden fast nur gesunde Pflanzen, setzt man aber etwa 5% Torf zu, so erkrankten bei Anwendung desselben Saatgutes fast sämmtliche Pflanzen.

Appel (Charlottenburg).

Neue Litteratur.*)

Geschichte der Botanik:

Hertwig, O., Entwicklung der Biologie im 19. Jahrhundert. Vortrag. gr. 8°. 31 pp. Jena (Gustav Fischer) 1900. M. 1.—

Bibliographie:

Just's botanischer **Jahresbericht.** Systematisch geordnetes Repertorium der botanischen Litteratur aller Länder. Begründet 1873. Vom 11. Jahrgang ab fortgeführt und herausgegeben von **K. Schumann.** Jahrg. XXVI. Abth. II. Heft 1. gr. 8°. 160 pp. Berlin und Leipzig (Gebrüder Borntraeger) 1900. M. 8.50.

Nomenclatur, Pflanzennamen, Terminologie etc.:

Miller, Wilhelm, How to review a genus. (The Asa Gray Bulletin. Vol. VIII. 1900. No. 4. p. 71—75.)

Allgemeines, Lehr- und Handbücher, Atlanten etc.:

Zaengerle, M., Grundriss der Botanik für den Unterricht an mittleren und höheren Lehranstalten. 3. [Titel-]Aufl. gr. 8°. 170 pp. Mit Abbildungen. München (Carl Haushalter) 1900. M. 3.—, Einbd. M. —.40.

Algen:

Nordhausen, M., Ueber basale Zweigverwachsungen bei Cladophora und über die Verzweigungswinkel einiger monosiphoner Algen. (Jahrbücher für wissenschaftliche Botanik. Bd. XXXV. 1900. Heft 2. p. 366—406. Mit Tafel IX.)

Pilze:

Bubák, Fr., Ueber einige Umbelliferen-bewohnende Puccinien. (Sep.-Abdr. aus Sitzungsberichte der königl. böhmischen Gesellschaft der Wissenschaften. Mathematisch-naturwissenschaftliche Classe. 1900.) 8°. 8 pp. Mit 1 Tafel. Prag 1900.

E. M. W., Among the mycologists. (The Asa Gray Bulletin. Vol. VIII. 1900. No. 4. p. 79—82.)

Rousse, Numa, Champignon comestible; morille. (Coopération agric. 1900. No. 11.)

Seymour, A. B., A cluster-cup fungus on Lespedeza in New England. (Rhodora. Vol. II. 1900. No. 21. p. 186.)

The **Shaggy-Mane Mushroom.** (The Asa Gray Bulletin. Vol. VIII. 1900. No. 4. p. 69—71. Plate IV.)

Webster, H., An afternoon outing for toadstools. (Rhodora. Vol. II. 1900. No. 21. p. 191—194.)

Gefässkryptogamen:

Noyes, Helen M., The Ferns of Alstead, New Hampshire. (Rhodora. Vol. II. 1900. No. 21. p. 181—185.)

Physiologie, Biologie, Anatomie und Morphologie:

Borbás, Vincenz v., Pflanzenbiologische Mittheilung. (Sep.-Abdr. aus Orvos-Természettudományi Értesitö. Medicinisch-Naturwissenschaftliche Mittheilungen.) 8°. 16 pp. Kolozsvár 1899.

Couvreur, E., A propos des résultats contradictoires de M. Raphaël Dubois et de M. Vines sur la prétendue digestion chez les Népenthes. (Comptes rendus des séances de l'Académie des sciences de Paris. T. CXXX. 1900. No. 13. p. 848—849.)

---

*) Der ergebenst Unterzeichnete bittet dringend die Herren Autoren um gefällige Uebersendung von Separat-Abdrücken oder wenigstens um Angabe der Titel ihrer neuen Publicationen, damit in der „Neuen Litteratur" möglichste Vollständigkeit erreicht wird. Die Redactionen anderer Zeitschriften werden ersucht, den Inhalt jeder einzelnen Nummer gefälligst mittheilen zu wollen, damit derselbe ebenfalls schnell berücksichtigt werden kann.

Dr. Uhlworm,
Humboldtstrasse Nr. 22.

Czapek, Friedrich, Ueber den Nachweis der geotropischen Sensibilität der Wurzelspitze. (Jahrbücher für wissenschaftliche Botanik. Bd. XXXV. 1900. Heft 2. p. 313—365. Mit Tafel VIII.)

De Vries, Hugo, Sur la loi de disjonction des hybrides. (Comptes rendus des séances de l'Académie des sciences de Paris. T. CXXX. 1900. No. 13. p. 845—847.)

Gottschall, Michael, Anatomisch-systematische Untersuchung des Blattes der Melastomaceen aus der Tribus Miconieae. [Inaug.-Dissert. München.] (Mémoires de l'Herbier Boissier. 1900. No. 19.) 8°. 175 pp. Planche I—III. Genève et Bâle (Georg & Co.) 1900. Fr. 4.50.

Grinnell, Alice L., A remarkable development of Steironema lanceolatum. (Rhodora. Vol. II. 1900. No. 21. p. 190.)

Guéguen, F., Recherches sur le tissu collecteur et conducteur des Phanérogames. (Journal de Botanique. Année XIV. 1900. No. 5. p. 140—148.)

Guignard, L., L'appareil sexuel et la double fécondation dans les Tulipes. (Annales des sciences naturelles. Botanique. Sér. VIII. T. XI. 1900. No. 5/6. p. 365—387. 3 pl.)

Hervey, Williams E., Les indicateurs du miel chez les fleurs nocturnes. (Le Monde des Plantes. Année II. 1900. No. 8. p. 56.)

Lawson, Anstruther A., Origin of the cones of the multipolar spindle in Gladiolus. (The Botanical Gazette. Vol. XXX. 1900. No. 3. p. 145—153. With plate XII.)

Maige, A., Recherches biologiques sur les plantes rampantes. [Fin.] (Annales des sciences naturelles. Botanique. Sér. VIII. T. XI. 1900. No. 5/6. p. 257—264. 21 figg. dans le texte et 4 pl.)

Palladin, W., Veränderlichkeit der Pflanzen. [Rede.] 8°. 40 pp. Mit 40 Holzschnitten. Warschau 1900. [Russisch.] 30 Kop.

Rimbach, A., Physiological observations on some perennial herbs. (The Botanical Gazette. Vol. XXX. 1900. No. 3. p. 171—188. With plate XII.)

Ternetz, Charlotte, Protoplasmabewegung und Fruchtkörperbildung bei Ascophanus carneus Pers. (Jahrbücher für wissenschaftliche Botanik. Bd. XXXV. 1900. Heft 2. p. 273—312. Mit Tafel VII.)

Timberlake, H. G., The development and function of the cell plate in higher plants. (The Botanical Gazette. Vol. XXX. 1900. No. 3. p. 154—170. With plates VIII, IX.)

Webber, Herbert J., Xenia, or the immediate effect of pollen, in Maize. (U. S. Department of Agriculture. Division of Vegetable Physiology and Pathology. Bulletin No. 22. 1900.) 8°. 44 pp. Plate I—IV. Washington, 1900.

Systematik und Pflanzengeographie:

Boergesen, F. et Ove Paulsen, La végétation des Antilles danoises. [Suite.] (Revue générale de Botanique. T. XII. 1900. No. 136. p. 138—153. 10 fig. dans le texte.)

Congdon, J. W., Plantago elongata in Rhode Island. (Rhodora. Vol. II. 1900. No. 21. p. 194.)

Cornils, V., Coelogyne pandurata Ldl. (Gartenflora. Jahrg. IL. 1900. Heft 19. p. 505—506. Mit Tafel 1480.)

Fernald, M. L., The distribution of the bilberries in New England. (Rhodora. Vol. II. 1900. No. 21. p. 187—190.)

Hariot, P., Liste des Phanérogames et Cryptogames vasculaires récoltées à la Terre-de-Feu par M. M Willems et Rousson (1890—1891). (Journal de Botanique. Année XIV. 1900. No. 5. p. 148—153.)

Hedin, S., Die geographisch-wissenschaftlichen Ergebnisse meiner Reisen in Zentralasien, 1894—1897. Mit Beiträgen von **K. Himly, G. de Geer, N. Wille, W. B. Hemsley, H. H. W. Pearson, Helge-Bäckström** und **B. Hassenstein.** (A. Petermann's Mitteilungen aus Justus Perthes' geographischer Anstalt. Herausgegeben von A. Supan. Ergänzungsband XXVIII. Heft 131.) Lex. 8°. VII, 399 pp. Gotha (Justus Perthes) 1900. M. 20.—

Hoff, R. L., Notes on Wyoming plants. (The Asa Gray Bulletin. Vol. VIII. 1900. No. 3. p. 63—64.)

Ito, Tokutaro, Plantae Sinenses Yoshianae. V. (The Botanical Magazine, Tokyo. Vol. XIV. 1900. No. 161. p. 85—87.)

Lavergne, Notes sur quelques plantes distribuées en 1900. (Le Monde des Plantes. Année II. 1900. No. 8. p. 55—56.)

Lett, H. W. and **Waddell, C. H.,** Hypochaeris glabra in Co. Derry. (The Journal of Botany British and foreign. Vol. XXXVIII. 1900. No. 453. p. 358.)

Léveillé, H., Quelques notes sur les plantes des Sables d'Olonne (Vendée). (Le Monde des Plantes. Année II. 1900. No. 8. p. 56.)

Makino, T., Bambusaceae Japonicae. [Continued.] (The Botanical Magazine, Tokyo. Vol. XIV. 1900. No. 161. p. 95—100.)

Malý, K. F. J., Floristische Beiträge. (Wissenschaftliche Mitteilungen aus Bosnien und der Hercegovina. Bd. VII. 1900.) Lex.-8°. 27 pp. Wien (Carl Gerold's Sohn in Komm.) 1900. M. —.60.

Marshall, Edward S. and **Shoolbred, W. A.,** Carmarthenshire plants. (The Journal of Botany British and foreign. Vol. XXXVIII. 1900. No. 453. p. 358—359.)

Nelson, Aven, Contributions from the Rocky Mountain herbarium. I. (The Botanical Gazette. Vol. XXX. 1900. No. 3. p. 189—203.)

Protic, G., Zur Kenntniss der Flora der Umgebung von Vares in Bosnien. (Wissenschaftliche Mitteilungen aus Bosnien und der Hercegovina. Bd. VII. 1900.) Lex.-8°. 28 pp. und p. 137—149. Wien (Carl Gerold's Sohn in Komm.) 1900. M. —.80.

Rouy, G., Les Rosiers hybrides européens de l'herbier Rouy. (Journal de Botanique. Année XIV. 1900. No. 5. p. 129—140.)

Siebert, August, Epidendrum Medusae (Nanodes Medusae Rchb. f.). (Gartenflora. Jahrg. IL. 1900. Heft 19. p. 516—518. Mit 1 Figur.)

Urban, I., Monographia Loasacearum. Adjuvante **Ernesto Gilg.** (Nova Acta academiae caesareae Leopoldino-Carolinae germanicae naturae curiosorum. Tom. LXXVI. E. s. t.: Abhandlungen der kaiserl. Leopoldinisch-Carolinischen deutschen Akademie der Naturforscher. Bd. LXXVI. No. 1.) gr. 4°. IV, 368 pp. Mit 8 Tafeln und 8 Blatt Erklärungen. Leipzig (Wilhelm Engelmann in Komm.) 1900. M. 30.—

Van Tieghem, Ph., Sur le genre Erythrosperme, considéré comme type d'une famille nouvelle, les Erythrospermacées. (Journal de Botanique. Année XIV. 1900. No. 5. p. 125—129.)

Palaeontologie:

Bertrand, C. Eg., Caractéristiques d'un échantillon de Kerosene shale de Megalong Valley. (Comptes rendus des séances de l'Académie des sciences de Paris. T. CXXX. 1900. No. 13. p. 853—855.)

Grand'Eury, Sur les Calamariées debout et enracinées du terrain houiller. (Comptes rendus des séances de l'Académie des sciences de Paris. T. CXXX. 1900. No. 14. p. 871—874.)

Grand'Eury, Sur les Fougères fossiles enracinées du terrain houiller. (Comptes rendus des séances de l'Académie des sciences de Paris. T. CXXX. 1900. No. 15. p. 988—991.)

Grand'Eury, Sur les Stigmaria. (Comptes rendus des séances de l'Académie des sciences de Paris. T. CXXX. 1900. No. 16. p. 1054—1057.)

Grand'Eury, Sur les troncs debout, les souches et racines de Sigillaires. (Comptes rendus des séances de l'Académie des sciences de Paris. T. CXXX. 1900. No. 17. p. 1105—1108.)

Sterne, C., Werden und Vergehen. Eine Entwickelungsgeschichte des Naturganzen in gemeinverständlicher Fassung. 4. Aufl. Heft 15, 16. gr. 8°. Bd. II. p. 225—336. Mit Abbildungen und 4 [1 farb.] Tafeln. Berlin (Gebrüder Borntraeger) 1900. à M. 1.—

Teratologie und Pflanzenkrankheiten:

Focken, H., Note de tératologie végétale. (Revue générale de Botanique. T. XII. 1900. No. 136. p. 154—156. 3 fig. dans le texte.)

Halsted, Byron D., Notes upon grape mildew (Plasmopara viticola B. and C.). (The Asa Gray Bulletin. Vol. VIII. 1900. No. 4. p. 78—79.)

Jaczewski, A. v., Ueber eine Pilzerkrankung von Casuarina. (Zeitschrift für Pflanzenkrankheiten. Bd. X. 1900. Heft 3/4. p. 146—148. Mit 3 Figuren.)

Kissa, N. W., Kropfmaserbildung bei Pirus Malus chinensis. (Zeitschrift für Pflanzenkrankheiten. Bd. X. 1900. Heft 3/4. p. 123—132. Mit Tafel III und IV.)

Mohr, Karl, Versuche über die Bekämpfung der Blutlaus mittelst Petrolwasser. (Zeitschrift für Pflanzenkrankheiten. Bd. X. 1900. Heft 3/4. p. 154.)

Molliard, Marin, Sur quelques caractères histologiques des cécidies produites par l'Heterodera radicicola Greff. (Revue générale de Botanique. T. XII. 1900 No. 136. p. 157—165. 1 fig. dans le texte et 1 pl.)

Rolfs, P. H., Variation from the normal. (The Asa Gray Bulletin. Vol. VIII. 1900. No. 4. p. 75—78.)

Medicinisch-pharmaceutische Botanik:

A.

Beitter, A., Pharmacognostisch-chemische Untersuchung der Catha edulis. gr. 8°. 77 pp. Mit 3 Tafeln. Strassburg (Schlesier & Schweikhardt) 1900. M. 2.40.

Bunch, J. L., On the physiological action of Senecio Jacobaea. (The Therapeutic Gazette. Vol. XXIV. 1900. No. 9. p. 583—584.)

Technische, Forst-, ökonomische und gärtnerische Botanik:

Barth, M., Die Obstweinbereitung mit besonderer Berücksichtigung der Beerenobstweine. 5. Aufl., bearbeitet von **H. Becker.** gr. 8°. VIII, 81 pp. Mit 28 Abbildungen. Stuttgart (Eugen Ulmer) 1900. M. 1.30.

Goethe, W. Th., Die Ananaskultur in Florida. (Gartenflora. Jahrg. IL. 1900. Heft 19. p. 524—526.)

Höck, F., Der gegenwärtige Stand unserer Kenntniss von der ursprünglichen Verbreitung der angebauten Nutzpflanzen. (Sep.-Abdr. aus Geographische Zeitschrift. 1900.) gr. 8°. 78 pp. Leipzig (B. G. Teubner) 1900. M. 1.60.

Jahresbericht über die Untersuchungen und Fortschritte auf dem Gesammtgebiete der Zuckerfabrikation, begründet von **K. Stammer.** Herausgegeben von **J. Bock.** Jahrg. XXXIX. 1899. gr. 8°. XI, 338 pp. Mit 55 Abbildungen. Braunschweig (Friedr. Vieweg & Sohn) 1900. Geb. M. 12.—

Knorr, L., Der Weinstock und seine Pflege, nebst einem Anhang: Die Weinbereitung. 2. (Umschlag-)Aufl. 8°. 88 pp. Mit Abbildungen und farbigem Titelbild. Mühlheim-Ruhr (Jul. Bagel) 1900. M. 1.—

Kobus, J. D., Kiemproeven. (Mededeelingen van het Proefstation Oost-Java. Derde serie No. 19. — Overgedrukt uit het Archief voor de Java-Suikerindustrie. 1900. Afl. 16.) 8°. 32 pp. Soerabaia (H. van Ingen) 1900.

Krause, W., Das moderne Pflanzen-Ornament für die Schule. Stilisierte Formen der Natur. Teil I (Stufengang). 20 Tafeln mit 100 Motiven in Farbendruck. qu. gr. 4°. Nebst einem Textheft. gr. 8°. 23 pp. Berlin (Max Spielmeyer) 1900. In Mappe M. 12.—

Madsen, Andreas, Les organisations de l'horticulture Danoise. 8°. 27 pp. Copenhague 1900.

Meyer, A., Rationelle Bereitung von Obstmost nach vollständig neuer Behandlung. 12°. 20 pp. Mit 1 Tafel. Aarau (Emil Wirz) 1900. M. —.80.

Nys, A., Le chou de Milan. (Belgique hortic. et agric. 1900. p. 149.)

Rigaux, F., Maladies des fromages. (Belgique hortic. et agric. 1900. p. 168—169.)

Schucht, L., Ueber Phosphate. Vortrag. gr. 8°. 40 pp. Leipzig (Gustav Fock in Comm.) 1900. M. 2.—

Sprenger, C., Ein wilder oder verwilderter Apfel. (Gartenflora. Jahrg. IL. 1900. Heft 19. p. 518—520. Mit 1 Figur.)

Van Laer, Henri, Les diastases oxydantes. (Petit journal du brasseur. 1899. p. 435—436, 484—485. 1900. p. 18—19, 237—238, 312—313.)

Varia:

Brightwen, Glimpses into plant-life: Easy guide to study of botany. Illus. by author and **Theo. Carreras.** New ed. cr. 8vo. $7^1/_2 \times 4^7/_8$. 352 pp. London (Unwin) 1900. Doll. 2.—

Personalnachrichten.

Ernannt: Dr. **E. B. Copeland** zum Assistant-Professor der Botanik an der Universität von West-Virginia.

Inhalt.

Ausgegeben: 17. October 1900.

Druck und Verlag von Gebr. Gotthelft, Kgl. Hofbuchdruckerei in Cassel.

Band LXXXIV. No. 5. XXI. Jahrgang.

Botanisches Centralblatt.

REFERIRENDES ORGAN

für das Gesammtgebiet der Botanik des In- und Auslandes.

Herausgegeben unter Mitwirkung zahlreicher Gelehrten

von

Dr. Oscar Uhlworm und Dr. F. G. Kohl

in Cassel in Marburg

Nr. 44.	Abonnement für das halbe Jahr (2 Bände) mit 14 M. durch alle Buchhandlungen und Postanstalten.	1900.

Die Herren Mitarbeiter werden dringend ersucht, die Manuscripte immer nur auf *einer* Seite zu beschreiben und für *jedes* Referat besondere Blätter benutzen zu wollen. Die Redaction.

Wissenschaftliche Originalmittheilungen.*)

Zur Anatomie der monopodialen *Orchideen*.

Von

Ludwig Hering

in Cassel.

Mit 3 Tafeln.

(Fortsetzung.)

Sarcochilus.

Aus dieser Gattung untersuchte ich *Sarcochilus Calceolus* Lindl. und *Sarcochilus teres* Reichb.

Die dünnen Stämme beider Arten erreichen einen Durchmesser von etwa 3—4 mm.

Die anatomische Untersuchung ergiebt viele Verschiedenheiten.

Die Cuticula folgt bei beiden Arten den schwachen Wölbungen der Epidermiszellen. Erstere ist bei *S. Calceolus* ziemlich dick, springt etwas zwischen die Oberhautzellen ein und besitzt ähnliche längliche Lücken, wie bei der Gattung *Sarcanthus* und bei *Vanda teres* beobachtet wurden. (Fig. 1. Taf. II.)

*) Für den Inhalt der Originalartikel sind die Herren Verfasser allein verantwortlich. Red.

S. teres hat eine dünne, theils schwach geschichtete, theils körnige Cuticula.

Die Oberhautzellen sind bei beiden Arten dünnwandig. Sie haben bei *S. Calceolus* eine mehr tangential gestreckte Form und grenzen mit geraden Wänden an die subepidermale Zelllage, während diejenigen von *S. teres* einen fast polygonal isodiametrischen Querschnitt haben und stets mit spitzem Winkel zwischen die folgenden Zellen einspringen.

Weitere Unterschiede zeigen sich namentlich in der ungleichmässigen Ausbildung des Rindengewebes.

Meist ist ein Theil der Rindenzellen von *S. Calceolus* in der bekannten Weise eingedrückt und verholzt, während *S. teres* eine unveränderte Rinde hat.

Eine der Epidermis ähnliche Endodermis ist bei *S. Calceolus* ausgebildet. Dieselbe hat regelmässig rechteckige Zellen, welche ebenso wie die der Epidermis oft verholzt sind.

Bei *S. teres* sind die Zellen der ersten subepidermalen Lagen schwach collenchymatisch verdickt. Das folgende Rindengewebe ist grosszellig und sind in dasselbe vereinzelt dickwandige Elemente eingelagert, die keine bedeutende Länge haben.

Der Bündelcylinder hebt sich bei *S. teres* durch die Ausbildung stark verdickter Elemente scharf von der dünnen Rinde ab Bei *S. Calceolus* geht letztere allmählich nach der Stammmitte in eine schmale Zone dickwandiges Parenchym über. Der Bündelcylinder ist bei dieser Art durch einen nicht sehr breiten geschlossenen, aus englumigen Sclerenchymfasern bestehenden Ring geschützt.

Das Grundgewebe des Cylinders ist bei beiden Arten aus starkwandigen parenchymatischen Elementen gebildet.

Die Bundel sind demselben namentlich bei *S. teres* in sehr grosser Zahl ohne gleichmässige Vertheilung eingelagert. Bei letzterer Art ist durch die Sclerenchymscheiden der an der Cylinderperipherie einander sehr genäherten Bündel ein Ring entstanden, der durch Grundgewebe öfter durchbrochen ist.

Dünne Querschnitte durch das Grundgewebe des Bündelcylinders von *S. teres* lassen mit starken Systemen zweifellos erkennen, dass einzelne Poren in die Intercellularen münden.

Dieselbe Erscheinung wurde schon früher in demselben Gewebe und in dem Sclerenchym der Bündelscheiden von *Aerides vandarum* undeutlich wahrgenommen. Meistens führte eine Pore in den Intercellularraum, es wurden jedoch auch Fälle beobachtet, wo zwei, seltener drei Poren einmündeten. (Fig. 5. Taf. III.)

Die Bündel haben bei beiden Arten über dem Phloem eine starke Sclerenchymscheide ausgebildet, deren Fasern so stark verdickt sind, dass nur noch ein schmales längliches Lumen vorhanden ist.

Bei beiden Arten finden sich Raphidenbündel in der Rinde.

Chlorophyll führen die ersten subepidermalen Zelllagen der Rinde.

Die Epidermiszellen von *S. Calceolus* enthalten in vielen Fällen kleinere oder grössere in Alkohol lösliche Tröpfchen einer hellen oder braunen öligen Substanz.

Camarotis.

Untersucht wurde der etwa 5 mm dicke Stamm von *Camarotis rostrata* Reichb.

Ueber den im Querschnitt elliptischen Epidermiszellen verläuft eine dicke nach aussen ebene, glatte, nach innen einspringende Cuticula.

Die inneren Tangentialwände der Epidermiszellen und die 2—3 subepidermalen Zelllagen haben collenchymatische Verdickungen. Die übrige Rinde besteht aus dünnwandigem intercellularenführenden parenchymatischen Gewebe, dessen Zellen im Querschnitt rundlich und meist tangential gestreckt sind.

In der Rinde treten vereinzelt lange dickwandige Elemente mit Spaltsporen auf.

Dieser Zustand der Rinde wird nur in jüngeren Stammtheilen angetroffen, in den älteren ist die Rinde stets mehr oder weniger durch Druck und Verholzung der Zellen verändert worden.

Es wurde mehrfach eine Zone aus verholzten Zellen beobachtet, welche etwa ein Drittel der Rindenbreite einnahm und in der Mitte derselben lag, so dass die letztere hierdurch in drei fast gleich breite Zonen getheilt wurde. Das Aussehen der verholzten Zonen hat Aehnlichkeit mit der veränderten Rinde von *Listrostachys odoratissima*. (Fig. 4. Taf. III.)

Der Bündelcylinder ist an seiner Peripherie mit mässig dickwandigen parenchymatischen Zellen umgeben.

Der nicht sehr breite Sclerenchymring ist durch die sehr stark verdickten Fasern ausgezeichnet, welche äusserst englumig sind. Dieser Ring ist oft von Blattspursträngen durchbrochen. Die Durchtrittsstelle wird von markstrahlartigem Grundgewebe ausgefüllt. Letzteres besteht aus mässig dickwandigen parenchymatischen Zellen mit rundlich isodiametrischem Querschnitt.

Die äussersten Bündel sind dem Ring meist eingelagert; die übrigen in ziemlich grosser Anzahl gleichmässig vertheilt.

Sämmtliche Bündel haben eine sehr stark ausgebildete Phloemscheide aus englumigen Sclerenchymfasern. Eine Xylemscheide ist meist nur theilweise vorhanden und besteht aus weitlumigen Fasern.

Der Phloemtheil ist immer wenigzellig, ebenso verhält sich der Xylemtheil in den äusseren Bündeln, in den inneren ist er sehr vielzellig und hat die bei Blütenschäften vielfach beobachtete Form mit seitwärts liegenden ploemähnlichen Elementen.

Kalkoxalat in Form von Drusen findet sich selten in den Epidermiszellen.

Uebersicht.

Anschliessend an die einzelnen Beschreibungen möge eine Zusammenfassung der Ergebnisse meiner Untersuchungen folgen, wobei die verschiedenen Gewebe in derselben Reihenfolge besprochen werden sollen, in welcher sie bisher aufgeführt wurden.

Epidermis.

Die Zellen derselben haben sehr verschiedenartige Formen. Eine grosse Zahl der beschriebenen Species hat Zellen mit nach innen und aussen mehr oder weniger gewölbten Tangentialwänden, während die Radialwände meist gerade oder etwas schräg verlaufen (z. B. *Hygrochilus Parishii* Infl. und *Aerides crispum* Infl.). Relativ kleine Zellen und zarte Wandungen haben dabei *Sarcanthus tricolor*, *S. rostratus*, *S. sarcophylus*, *Vanda Bensoni*, *V. coerulescens*, *V. concolor*, *V. furva*, *V. tricolor*. Auch die hiervon wenig abweichende Form mit nach aussen gewölbten, nach innen fast flachen Wänden ist häufig (*Acampe multiflora*, *A. papillosa*) und oft sehr deutlich ausgeprägt. (*Aerides* spec., *A. suavissimum*, *A. virens*, *A. Warneri*, *A. vandarum*.) Dieselbe Form, jedoch sehr kleinzellig, findet sich beim Blütenschaft von *Listrostachys odoratissima* (p. 113). Verdickte Wände hat bei gleicher Form nur die Inflorescenzaxe von *Hygrochilus Parishii* (p. 8).

Die folgenden Zellformen finden sich seltener.

In radialer Richtung etwa doppelt so lange wie breite Zellen hat die Inflorescenzaxe von *Aerides Fieldingii* (p. 121). Dieselben sind dabei nach aussen und innen schwach gewölbt, oder springen mit stumpfem Winkel in die subepidermale Schicht ein. Nach aussen und innen stark gewölbte Wände mit schwacher Verdickung sind sehr selten. (*Vandopsis gigantea*.) (Fig. 4. Taf. I.) Verbreiteter ist wieder das Vorkommen der nach aussen schwach gewölbten, nach innen im Winkel einspringenden (*Phalaenopsis antennifera* Infl., *Echioglossum striatum* Infl., *Acampe papillosa* Infl., *Sarcochilus teres*), weniger häufig die kleinen nach innen ebenen oder im Winkel einspringenden Zellen. (*Angrecum armeniacum*.)

Eine fast cubische Form mit mehr (*Vanda lamellata* Infl.) oder weniger (*Vandopsis lissochiloides*) verdickten Wänden ist selten (p. 9 und 76). Tangential verlängerte Zellen treten einmal fast rechteckig, nach aussen gewölbt (*Sarcochilus teres*) oder nach aussen und innen gewölbt (*Angrecum* spec., *A. superbum*) oder endlich in elliptischer Form auf (*Renanthera moschifera*, *R. coccinea*) (Fig. 2 und 3, Taf. I) Den höchsten Grad von Wandverdickung erreicht *Renanthera coccinea*, weniger stark ist dieselbe bei *R. moschifera*. Kuppenartige Verdickungen hat *Saccolabium Witteanum* Infl. (p. 40).

Auch die Cuticula ist sehr verschiedenartig ausgebildet.

Von sehr dünner Beschaffenheit (*Macroplectrum sesquipedale*, *Sarcochilus teres*, *Renanthera moschifera* (Fig. 3, Taf. I), *Vanda Bensoni*, *V. coerulescens*, *V. Hookeriana*) finden sich Uebergänge von mittlerer Stärke (*Hygrochilus Parishii* Infl., *Acampe multiflora*,

A. papillosa, Saccolabium micranthum, S. ampullaceum, S. giganteum, Listrostachys odoratissima (Fig. 4, Taf. III), *Vandopsis lissochiloides, Vanda concolor*) zur dick zu nennenden Cuticula. Eine solche ist bei vielen Arten vorhanden (*Renanthera coccinea* (Fig. 2, Taf I), *Echioglossum striatum* Infl., *Vanda teres* (Fig. 1, Taf. II), *Mystacidium distichyum, Acrides virens, A. crispum* Infl., *Sarcanthus rostratus, S. sarcophyllus, S. tricolor, Sarcochilus Calceolus, Camarotis rostrata, Vanda furva, V. tricolor*). Eine sehr starke Cuticula bei *Aerides Vandarum* vermittelt den Uebergang zu der den höchsten Grad der Verdickung erreichenden *Listrostachys subulata* (p. 113 oder Fig. 1, 2, 3, Taf. III).

Selten nur ist die dünne Cuticula nach aussen eben, nach innen in die Oberhautzellen einspringend (*Vanda Hookeriana, V. Bensoni, V. coerulescens*), meist verläuft dieselbe in gleichmässiger Stärke über den letzteren (*Renanthera moschifera* (Fig. 3, Taf. I), *Macroplectrum sesquipedale* (Fig. 2, Taf. II), *Sarcochilus teres, Aerides Fieldingii* Infl., *Phalaenopsis antennifera* Infl.). Je starker sich die Cuticula entwickelt, desto häufiger wird das erstere Verhalten beobachtet (*Renanthera coccinea, Saccolabium micranthum, Vanda furva, V. tricolor, Angrecum superbum, A. armeniacum, Mystacidium distichum, Aerides Vandarum, Listrostachys subulata* (Fig. 1, Taf. III).

Eine mehrschichtige Struktur lässt sich mitunter schon auf der dünnen Cuticula erkennen (*Sarcochilus teres, Vanda Bensoni, V. coerulescens*). Fast immer wird dieselbe bei grösserer Dicke der Cuticula beobachtet (*Renanthera coccinea, Vanda lamellata* Infl., *Mystacidium distichum*)

Eine weitere Differenzirung der Cuticula trifft man sehr häufig bei dünnen und dicken Formen derselben an. Ersteres rührt entweder von kleinen Lücken her (*Angrecum superbum, A. armeniacum, Macroplectrum sesquipedale* Infl., *Listrostachys subulata, Aerides suavissimum, A. Vandarum, Vanda teres* (Fig. 1, Taf. II), oder hat ihren Grund in Differenzen der Dichtigkeit der Cuticula (*Macroplectrum sesquipedale, Sarcochilus teres*).

Die Lücken können theilweise sehr gross werden und eigenthümliche, in radialer Richtung gestreckte Formen annehmen (*Sarcanthus rostratus, S. sarcophyllus, S. tricolor, Saccolabium micranthum, S. ampullaceum, Listrostachys odoratissima, Vanda teres* (Fig. 1, Taf II), *Sarcochilus Calceolus.*

Kuppenförmige Verdickungen der Cuticula über der Mitte der Oberhautzellen finden sich bei Inflorescenzachsen häufig (*Vandopsis gigantea* (Fig. 4, Taf. I), *Saccolabium Witteanum, Acampe papillosa*), selten bei Stämmen (*Vanda teres*) (Fig. 1, Taf. II).

Spaltöffnungen begegnet man vielfach bei Inflorescenzachsen (*Vandopsis gigantea, Acampe papillosa, Aerides Fieldingii, Macroplectrum sesquipedale*), selten an Stämmen (*Listrostachys subulata*) (Fig. 1, 2, 3, Taf. III).

An Inhaltskörpern führen die Epidermiszellen einen gerbstoffähnlichen Körper in braunen Kügelchen (*Hygrochilus Parishii* Infl.), ferner eine helle bis braune ölartige, in Alkohol lösliche Substanz (*Sarcochilus Calceolus*), seltener Krystalle von oxalsaurem Kalk.

Endodermis.

Eine sich schon durch ihre auffallende Zellform auszeichnende Endodermis hat *Macroplectrum sesquipedale*, sowohl im Stamm, wie in der Infloresceuzachse (p. 79 u. 80).

Eine undeutliche, jedoch stets durch ihre mehr oder weniger collenchymatisch verdickten Zellen ausgezeichnete Endodermis findet sich bei sämmtlichen untersuchten Blütenschäften.

Rindengewebe.

Das Rindengewebe sämmtlicher untersuchten Stämme zeigt mit vier Ausnahmen (*Dichaea vaginata*, *Sarcanthus rostratus*, *Listrostachys subulata*, *Sarcochilus teres*) höchst eigenthümliche Verhältnisse, welche bei 12 untersuchten Blütenschäften nur einmal (*Vanda lamellata*) beobachtet wurden.

Die Eigenthümlichkeit äussert sich sowohl in dem veränderten Aussehen, als auch in der verholzten Beschaffenheit meist eines Theiles, seltener der ganzen Rinde.

In einer Stärke von 25 Zellen ist die Rinde nur in einem Falle verändert (*Vanda Denisoniana*). Bis 16 Zellen starke Zonen sind schon häufiger (*Acrides Warneri*, *Saccolabium ampullaceum*, *Listrostachys odoratissima* (Fig. 4, Taf. III). Von der Stärke mit letzterer Zellenzahl nehmen die Schichten allmählich ab. Selten sind bis 14zellige Schichten (*Macroplectrum sesquipedale*) (Fig. 5, Taf. II). Mit 12 Zellen werden mehr Beispiele gefunden (*Vanda tricolor*, *Saccolabium giganteum*, *Vandopsis lissochiloides*). 10zellige Schichten sind häufig (*Vanda concolor*, *V. Bensoni*, *V. coerulescens*, *Aerides suavissimum*), 9 und 8 Zellen starke haben *Vanda furva* und *Aerides Vandarum*. 6 veränderte Schichten hat *Angrecum* spec., 5 sind bei *Vanda Hookeriana* vorhanden. 3 bis 4 Schichten sind häufig (*Aerides virens*, *Saccolabium micranthum*, *S. Witteanum*, *Phalaenopsis grandiflora* Infl., *Acampe multiflora* und *A. papillosa*), ebenso drei (*Angrecum* spec., *Aerides* spec.). Zweizellige Zonen haben *Vanda Hookeriana* und *Renanthera coccinea* (Fig. 2, Taf. I). Eine einschichtige, durch radial gestreckte Zellen auffallende Zone kommt bei *Renanthera moschifera* (Fig. 3, Taf. I) und *Vanda lamellata* (Inflor.) vor.

In einem Falle ist das gesammte Rindengewebe verändert (*Vanda concolor*). Bei allen übrigen Arten finden sich innere und äussere unveränderte Gewebezonen. Eine schmale innere Zone haben *Vanda Bensoni*, *V. furva*, *V. coerulescens*, *V. tricolor*, breitere Zonen mit einer sechszelligen Stärke *V. Hookeriana*, mit 12 Zellen *V. teres*.

Zwei bis drei äussere unveränderte Zelllagen hat *Phalaenopsis grandiflora*, drei bis vier Lagen finden sich bei *Aerides Warneri*, *A. suavissimum*, *A. Vandarum*, *A. virens*, *A.* spec.

Acampe multiflora und *A. papillosa* haben eine zur Hälfte veränderte innere, und eine zur Hälfte unveränderte äussere Rinde. Umgekehrt verhält sich *Sarcanthus tricolor*.

Ein an verschiedenen Stellen in der Rinde vorkommendes verändertes Gewebe haben *Sarcanthus sarcophyllus* und *Mystacidium distichum*.

In der Mitte der Rinde liegt die charakteristische einzellige Schicht, welche in breiteren veranderten Zonen immer die innerste ist, bei der Inflorescenzachse von *Vanda lamellata*. Ebenfalls in der Mitte der Rinde liegt die den dritten Theil des Rindendurchmessers breite Zone bei *Camarotis rostrata*.

In einzelnen Fällen sind auch die Wandungen der Epidermiszellen verdickt und verholzt (*Vanda teres* (Fig. 2, Taf. II), *V. Hookeriana, Sarcanthus sarcophyllus*).

Das eigenthümliche Aussehen des veränderten Rindengewebes wird sowohl durch die mehr oder weniger verbogenen Wände der Zellen, wie durch die mehr oder weniger stark verdickten Membranen der letzteren hervorgerufen.

Im Laufe der Untersuchungen fiel das Rindengewebe bei einzelnen Arten durch besonders charakteristische Ausbildung in der oben angegebenen Weise auf (*Vandopsis lissochiloides, Vanda concolor, V. teres* (Fig. 1, Taf. II). *Macroplectrum sesquipedale* (Fig. 5, Taf. II), *Listrostachys odoratissima* (Fig. 4, Taf. III).

Die Art der Ausbildung ist bei den einzelnen Species eingehender beschrieben und sind von verschiedenen Querschnitten Abbildungen gegeben wordsn.

Als gemeinsame Merkmale gelten bei allen veränderten Rindengeweben die mehr oder weniger nach aussen gewölbten Tangentialwände, sowie die in radialer Richtung gestreckte Form der Zellen der innersten Schicht. Tangentiale Reihenanordnung der veränderten Zellen wird in den meisten Fallen beobachtet.

Die Verdickung der einzelnen Zellwände ist in wenigen Fällen gleichmässig. Bei *Saccolabium micranthum* und *S. Witteanum* sind dieselben schwach, jedoch gleichmässig verdickt. In allen anderen Fällen ist die Verdickung auf den äusseren Tangentialwänden am starksten. Eine derartige gleichmässige mittlere Verdickung findet sich bei allen Zellen des veränderten Gewebes häufig, und zwar nach dem Typus von *Listrostachys odoratissima* (Fig. 4, Taf. III und p. 114 u. 115) bei *Vanda Bensoni*, *V coerulescens, Sarcochilus Calceolus, Camarotis rostrata, Mystacidium distichum*. Nach dem Typus von *Vanda teres* bei *V. Hookeriana* und *Aerides Vandarum* (Fig. 1, Taf. II und p. 118—119).

In den meisten Fällen ist die Verdickung bei den einzelnen Zellen der Tangentialreihen gleichmässig ausgebildet. Sie erreicht, allmählich von einer Zellreihe zur folgenden in radialer Richtung nach der Stammmitte fortschreitend, in der vorletzten Lage meist ihre grösste Stärke. Auch bei dieser Ausbildung sind die äusseren Tangentialwände der Zellen am stärksten. Die Verdickungen können bei den Zellen der vorletzten Schicht entweder mässige Stärke haben, nach dem Typus von *Vanda Concolor* (p. 43 u. 44) (*Aerides Warneri, A. suavissimum, A. Vandarum, A.* spec., *Vanda*

Denisoniana, *Saccolabium ampullaceum*, *S. giganteum*) oder sehr stark sein, nach dem Typus von *Vandopsis lissochiloides* (*Angrecum armeniacum*, *A.* spec.) (p. 77—79). Eine enorme, nur hier beobachtete Verdickung besitzen die Zellen der 2., 3. und 4. letzten Lagen von *Macroplectrum sesquipedale* (Fig. 5, Taf. II).

Bei *Listrostachys odoratissima* wurde der Versuch gemacht, die Entstehung dieser veränderten Rinde entwicklungsgeschichtlich nachzuweisen (p. 114—115). Es ergab sich, dass an Stellen, an denen das Gewebe einem Druck ausgesetzt war, sich die eigenthümlich veränderten Elemente finden, und ferner, dass vielfach die Blattscheide den Druck verursacht hatte. Hieraus erklärt sich die grosse Seltenheit der veränderten Zellen bei Blütenschäften (p. 115 u. 116).

(Schluss folgt.)

Weiterer Beitrag zur Kenntniss monströser *Bellis*-Köpfchen.

Von

A. J. M. Garjeanne.

Als ich im vorigen Monate im Besitz eines recht monströsen *Bellis*-Köpfchens kam, meinte ich, die Kenntniss der Blütenanomalien auch durch eine rein descriptive Abhandlung über die Pflanze fördern zu können. Das mir vorliegende Exemplar musste natürlich zu diesem Zwecke zergliedert werden und eine weitere Cultur oder eine vielleicht genauere biologische Beobachtung war daher ausgeschlossen. Meiner Meinung nach war aber die Sache interessant genug, um wenigstens zu versuchen, neues und womöglich reichlicheres Material zu bekommen, damit über diese Bildungsanomalie etwas mehr gesagt werden könnte. Jeder weiss aber, wie schwierig es in vielen Fällen ist, mehrere Individuen zu bekommen, welche alle mehr oder weniger monströs sind, und da die vor Kurzem beschriebene Anomalie eine seltene war, war die Hoffnung, eine grössere Zahl von Blüten zu bekommen, welche ebenfalls diese Abweichungen zeigten, von vornherein eine geringe. In der Umgebung des Fundorts der ersten monströsen Blüte war vergeblich nach mehreren Exemplaren gesucht worden und an vielen anderen Stellen, wo Hunderte von *Bellis*-Pflänzchen blühten, ergab eine Untersuchung der Blüten ein gleiches Resultat.

Am 3. Juli fand ich ein einziges monströses Köpfchen am Südseedamm, am 6. Juli aber war ich so glücklich, 8 monströse Köpfchen aufzufinden auf einer Wiese unweit Sloterdyk, in der Nähe von Amsterdam. Da die Untersuchung dieser Blüten in mehreren Beziehungen etwas Interessantes ergab, so ist vielleicht eine kurze Besprechung den Lesern dieser Zeitschrift nicht unangenehm.

In Penzig's „Teratologie" findet man folgende Anomalien der Inflorescenzen erwähnt: a) Prolification, b) Synanthodie, d. h. mehrere Blütenköpfchen auf einem Stiel, c) Füllung der Köpfchen, d) Köpfchen mit einer zweiten Zone von weissen Ligularblüten im Centrum, e) sogenannte „ringformige Fasciationen"; bei dieser Anomalie treten im Centrum oder rings um das Centrum neue Involucralblätter mit Ligularblüten auf, die Involucralblätter sind hier mit der Rückseite gegen das Centrum des Köpfchens orientirt. Endlich f) Vergrünung, bisweilen mit Diaphyse und g) Köpfchen, welche isolirte Blüten in den Achseln der Involucralblätter tragen.

Die von mir beschriebene Form weicht in mehreren Hinsichten ab von dem sub d) genannten Fall, d. h. von der von Buchenau beschriebenen Form.

Nicht nur die Anomalie im Ganzen, sondern auch die Einzelabweichungen der Blüten waren hier gänzlich anders, dazu kam noch der tordirte und stark verbreiterte Blütenstiel.

Unter den jetzt von mir aufgefundenen Anomalien ist auch keine einzige, welche der vorher beschriebenen gleich kommt. Eine kurze Beschreibung der einzelnen Köpfchen möge hier folgen:

Köpfchen A. Das einzige Köpfchen der Pflanze, sehr lang gestielt, mit normalem Stiel. Nur die eine Hälfte der Inflorescenz war ausgebildet, die andere war kümmerlich entwickelt und einige der Involucralblätter waren zerfressen. Das Involucrum bestand aus 6 Blättern, von den weissen Ligularblättern waren nur 7 normal entwickelt.

Ausser diesen normalen Randblüten waren aber noch 13 deformirte weisse Blüten da, welche die Deformation in verschiedenem Grade zeigten. Unmittelbar am Rande des Köpfchens, da, wo das erste Involucralblatt stand, befanden sich 3 Ligularblüten, welche in der Sexualregion normal und vollständig ausgebildet waren, in welchen die weisse Krone eben nur angedeutet war. Die übrigen 10 Ligularblüten waren in der Entwicklung der Krone verschieden, indem die letzte Blüte im Besitze einer Krone war, welche etwa halb so lang wie die normalen Blütenkronen und dabei ziemlich tief gespalten war. Die übrigen Blüten bildeten Uebergangsstadien zwischen den beiden Extremen Die wenigen Scheibenblüten waren ganz normal.

Am oberen Ende des Fruchtknotens waren besonders lange Haare in ziemlich grosser Zahl entwickelt; beim ersten Blick glaubte man sogar, einen Haarkelch zu sehen. Diese Behaarung war ganz gewiss eine abnormale, wie aber später gezeigt werden soll, kann man hier nicht von einer eigentlichen teratologischen Erscheinung reden.

Köpfchen B. Das Köpfchen war mit 7 anderen aus einer grossen Blattrosette gewachsen. Im grossen Ganzen war es normal entwickelt, mit sehr zahlreichen Involucralblättern und mehreren Kreisen von Ligularblüten, was vielleicht einen Anfang von Füllung andeutete. Unter den Ligularblüten gab es zwei, welche eine Anomalie zeigten. Gerade über diese Anomalie möchte ich mich etwas ausführlicher äussern, da sie sich auch in den anderen, nachher zu beschreibenden Köpfchen vorfand und bisher noch nicht beobachtet ist.

Die Krone war breiter als bei den übrigen normalen Blüten, aber nicht flach. Sie war der Länge nach gefaltet, so dass die Rückseite etwas gekielt war. Es zeigte sich nun, dass dieser gekielte Rand gelb gefärbt war, und schon durch die Lupe war zu sehen, dass eine Aenderung im Gewebe der Krone stattgefunden hatte. Das Ganze hatte ein lockeres Aeussere, fast genau, wie die Oberfläche des Stempels; die Aehnlichkeit war durch die gelbe Farbe eine noch grössere. Mikroskopisch untersucht, kam folgendes zu Tage: Vom Rande der Corolle an wurden die Oberhautzellen immer grösser, die Querwände der Zellen waren etwas weniger wellig, der protoplasmatische Inhalt war aber grösser. Die unmittelbar an der Rückseite gelegenen Zelle hatten blasige, gelbe, elliptische bis kugelförmige Ausstülpungen getrieben, welche durch zarte Querwände von der Mutterzelle getrennt waren. Die Wand zeigte eine sehr feine, etwas warzige Struktur, der Inhalt war dicht und granulirt. Eben an der Spitze der Krone hatten sich diese gelben Zellen schopfartig angehäuft, wodurch eine ziemlich dichte, aber lockere Zellenmasse entstanden war. In einer Blüte waren die gelben Zellen bis in die Mitte der Krone entwickelt, in der zweiten Blüte fast bis zum Ansatz am Fruchtknoten. Eine Erklärung dieser Bildungsabweichung wäre nicht leicht gewesen, wenn nicht die Urheber der Anomalie sich im Präparat vorgefunden hätten, nämlich Phytopten. Zwei Weibchen und ein Männchen schwammen im Wasser, worin die Blüte untersucht war, umher; bei der Untersuchung der zweiten Blüte wurden noch 2 Phytopten gefunden. Schon nach der Untersuchung dieser zwei Blüten war man also wohl berechtigt, die Anomalie als eine *Phytoptus*-Galle, vielleicht als Akarodomatium aufzufassen, zumal, da die Struktur des abnormalen Gewebes an die Erinium-Bildungen erinnerte. Unten werde ich nochmals hierauf zurückkommen.

Köpfchen C. Dieses dritte monströse Köpfchen war fast in allen Theilen ebenso gebaut, wie das oben beschriebene Köpfchen A. Involucrum und Randblüten waren normal und zahlreich, die Randblüten waren an der Aussenseite fast purpurn gefärbt. Zwischen den gelben Scheibenblüten waren aber wiederum drei weisse Ligularblüten entwickelt, welche dieselbe Anomalie zeigten, wie oben bei der Besprechung von B. angegeben ist. Die Zahl der zwischen den Blüten aufgefundenen Phytopten war eine ziemlich grosse: 7 erwachsene und 3 junge Thiere. Davon befanden sich 6 erwachsene und 2 junge Thiere in der unmittelbaren Nähe des abnormen gelben Gewebes an den Ligularblüten.

Köpfchen D. Dieses und die vier folgenden Köpfchen sind in den meisten Hinsichten gleich gebaut, in Einzelheiten aber sind Unterschiede vorhanden. Da die zu beschreibenden Inflorescenzen dieselbe Anomalie zeigen, welche früher von mir beschrieben wurde, so ist dies auch eine werthvolle Ergänzung zur Kenntniss dieser Missbildung. Fasciation und Tordirung des Blütenstiels, sowie

Verwachsung von zwei Köpfchen kommt hier aber nicht vor. Dagegen ist die Entwicklung von neuen Kreisen von Involucralblättern hier ebensogut oder gar noch besser und auffallender als beim ersten Falle.

Köpfchen D. und E. sind fast normal, nur sind einige Ligularblüten kaum oder wenig entwickelt und das Involucrum ist etwas klein und unscheinbar. Zwischen den wenigen gelben Scheibenblüten sind beim Köpfchen D. 2, beim Köpfchen E. 5 neue Involucralschuppen entwickelt, welche weisse Ligularblüten in den Achseln tragen. Die grüne Aussenseite der Schuppen ist behaart, die weisse Blütenkrone ist tief gespalten, während 4 von den 7 Kronen die oben beschriebene „Erinium"-Anomalie zeigen. Phytopten sind vorhanden, obwohl nur in der Dreizahl.

Die Köpfchen F., G. und H. sind alle stärker abnormal, es möge daher eine Einzelbeschreibung hier folgen: Köpfchen F. ist eins von zwei Inflorescenzen einer Wurzelrosette. Involucrum und Randblüten sind ganz normal angewachsen. Die Scheibenregion ist aber wieder aus sehr verschieden geformten Blüten zusammengesetzt. Zunächst bemerkt man etwa 10 Ligularblüten, welche sich inmitten der Scheibe ausgebildet haben, 6 davon zeigen die „Erinium"-Bildung, die 4 übrigen sind normal. Diese zehn Blüten befinden sich in den Achseln von Involucralblättern, welche sich in der Scheibe entwickelt haben. Ausser diesen Involucralblättern mit Ligularblüten in den Achseln sind auch noch solche da, welche gelbe Scheibenblüten in den Achseln haben, und solche mit einer zweiten Involucralschuppe in der Achsel, während sich bei dieser zweiten Schuppe erst eine Blüte vorfindet. Sowohl die Involucralblätter, wie die achselständigen Blüten sind deformirt, erstere sind abnorm behaart und an der Spitze zerfranzt und gespalten, letztere sind in der Krone tetra- bis heptamer, haben 3 oder sogar 4 Stempel und abnorm behaarte Fruchtknoten. Die sozusagen „secundären" Involucralblätter sind nicht regellos zwischen den Scheibenblüten zerstreut, sondern sie stehen dicht zusammen und formen eine biconcave Figur, etwa X, die Scheibenblüten sind daher in zwei gesonderten Massen in der Blüte vorhanden.

Phytopten sind, und zwar zahlreich, vorhanden. 15 Weibchen (erwachsen) und 3 Männchen (erwachsen). Die Blüte ist im Ausblühen begriffen.

Köpfchen G. Ein kleines Köpfchen mit normalen Involucralblättern und Randblüten zwischen den gelben Scheibenblüten, jedoch haben sich mehrere secundäre Involucralblättchen entwickelt, deren Anordnung an den von Buchenau erwähnten Fall erinnert, wo alle Involucralblätter mit der Rückseite gegen das Centrum orientirt sind. Die Involucralblätter stehen alle dicht neben einander, sind also nicht durch die Scheibe zerstreut, die eine Hälfte ist mit der Ruckseite nach rechts, die andere Hälfte mit der Rückseite nach links orientirt. Es macht den Eindruck, als ob das Köpfchen aus zwei anderen verwachsen ist, was auch durchaus nicht unmöglich ist; zwar zeigt der Blütenstiel keine Verdickung oder irgend eine andere Hinweisung auf Verwachsung oder Fasciation. Die Blüten in den Achseln der secundären Involucralblätter sind grösstentheils gelbe Scheibenblüten, nur 2 sind weisse Ligularblüten.

Köpfchen H. Ein kleiner, ärmlich entwickelter Blütenstand, zeigt wiederum dieselbe Anomalie. Involucrum und Ligularblüten sind normal, aber zwischen den gelben Scheibenblüten findet man secundäre Involucralblätter, welche zum Theil weisse Ligularblüten, zum Theil gelbe Scheibenblüten in den Achseln haben. Eine regelmässige Anordnung oder neue Involucralblätter ist nicht zu erkennen. Die Ursache, dass ich etwas länger über diese Anomalie spreche, ist die, dass sich in diesem Köpfchen eine erste Andeutung findet von Prolification, ein Uebergang also zwischen den früher beschriebenen Anomalien und den sog. „Hen-and Chicken daisies“. Vier der secundären Involucralblätter sind nämlich in einem Kreise geordnet und in deren Achsel befinden sich 4 Ligularblüten, welche 2 gelbe Scheibenblüten umgeben. Ein secundäres Köpfchen also, zwar in Miniatur. Das ganze Gebilde sitzt dem Blütenboden stiellos auf. Eine werthvolle Ergänzung bildet nun das Köpfchen I. Es war fast verblüht, als ich es zwischen zahllosen anderen Maasliebchen auffand, die Ligularblüten waren zu unscheinbaren, krausen und gerollten Gebilden geworden, die Scheibe war nur von 4 normalen gelben Scheibenblüten besetzt, welche ebenfalls schon ganz abgeblüht waren. Im Centrum befanden sich aber 15 grüne, knospenartig geschlossene gestielte Blütenknospen sammt Involucralblättern. Bei Oeffnung einiger dieser Knospen bemerkte man, dass es einfach Knospen von ganz normal gebauten, secundären Blütenköpfchen waren. Ich habe die Pflanze etwa eine Woche in meinem Zimmer gehabt und weiter cultivirt, die Knospen haben sich nicht geöffnet, obwohl eine andere Knospe einer normalen Blüte, welche sich noch dicht bei der Wurzelrosette befand, als ich die Pflanze ausgrub, in dieser Zeit sich fast ganz weiter entwickelte und die Culturverhältnisse also nicht ungünstig waren.

Man kann also die Köpfchen H und I als rudimentäre prolificirte Köpfchen, als rudimentäre „Hen-and-Chicken-daisies“ auffassen.

Auch an den Köpfchen H und I sind Phytopten in der Mehrzahl vorhanden.

Vor zwei Tagen wurde mir noch eine vollständige „Hen-and-Chicken-daisy“ gebracht. Dieselbe war zwar sehr verblüht, aber Folgendes lässt sich doch davon sagen: Das Involucrum war normal, weisse Ligularblüten waren nicht mehr da, oder waren vielleicht überhaupt nicht entwickelt. Auf dem Blütenboden sassen zahlreiche, normale, gelbe Scheibenblüten und weiter 2 ungestielte und 2 langgestielte secundäre schön entwickelte Köpfchen, daneben noch ein kurzgestieltes secundäres Köpfchen. Diese waren alle ganz normal gebaut, nur der Blütenboden und die Fruchtknoten zeigten geringere Entwicklung. Eine Ligularblüte zeigte die „Erinium“-Bildung an der Spitze, und Phytopten waren, nebst einigen Eiern, ziemlich zahlreich vorhanden.

In allen bisher von mir untersuchten monströsen *Bellis*-Köpfchen fanden sich also Phytopten vor. Im einfachsten Fall verursachen sie an der Spitze einer oder einiger weisser Kronen eine gelbe, Erinium-artige Bildung, welche also nicht mehr zur reinen Teratologie gehört, sondern bei den Gallenbildungen besprochen werden muss.

Aber auch die anderen Köpfchen, welche doch sonst zur Teratologie gerechnete Abnormitäten zeigten, waren mit Phytopten inficirt. Obwohl zwar der exacte Beweis nicht geliefert ist, scheint es mir doch, dass auch die Bildung secundärer Involucralblätter und die Prolification von Phytopten verursacht wird. Wäre das mir zugängliche Material grösser gewesen, so hätte ich diese Schlussfolgerung wahrscheinlich bestimmter gemacht, aber auch jetzt schon steht die Sache bei mir ziemlich fest. Ich möchte eine Nachuntersuchung monströser *Bellis* nur empfehlen.

Amsterdam, 15. Juli 1900.

Botanische Ausstellungen u. Congresse.

Morot, Louis, Congrès international de Botanique. (Journal de Botanique. Année XIV. 1900. No. 5. p. 153—156.)

Sammlungen.

Für das botanische Museum der Universität Zürich ist das ungefähr 100000 Nummern zählende Herbar des bekannten *Potentillen*-Kenners Siegfried in Bülach erworben worden. Die *Potentillen*-Sammlung des Herrn Siegfried ist hierin nicht einbegriffen, indessen hat sich die Behörde das Vorkaufsrecht gewahrt. Hierzu ist für dasselbe Institut hinzugekommen die Erwerbung des Herbars des in Cairo verstorbenen Dr. Sickenberger.

Die Königliche botanische Gesellschaft zu Regensburg beabsichtigt, in der schon seit mehreren Jahren in ihrem Selbstverlage erscheinenden Flora exsiccata Bavarica nunmehr auch die Zell-Kryptogamen zur Ausgabe zu bringen.

Es soll zunächst im Jahre 1901 mit der Herausgabe der *Bryophyten* begonnen werden, denen sich dann, je nach Möglichkeit und Bedarf die übrigen Zell-Kryptogamen anschliessen sollen.

Die Stärke der Auflage ist vorläufig auf 30 Exemplare festgesetzt, welche in durchgängig gleich grossen Enveloppes aus starkem braunem Papier mit gedruckter Etiquette in fortlaufender Nummerirung geliefert werden. Je 4 oder 5 Decaden werden alsdann in einem Pappcarton vereinigt, sodass sich die Sammlung bequem unterbringen lassen wird.

Die einzelnen Fascicel können unabhängig von den im Exsiccatenwerke zur Ausgabe gelangenden Phanerogamen-Fasciceln entweder käuflich (das einzelne Exemplar einschliesslich Ausstattung zu 15 Reichspfennigen) oder im Tausche bezogen werden, bei welch' letzterem die Pflanzen in 6 Werthclassen eingeschätzt werden und für je 2 Einheiten eine Decade als Aequivalent gegeben werden soll.

Diesbezügliche Anfragen beliebe man schon jetzt an den Leiter der Kryptogamen Abtheilung, Herrn Dr. phil. Ignaz Familler in Karthaus-Prüll bei Regensburg, zu richten.

Instrumente, Präparations- und Conservations-Methoden etc.

Bachmann, Hans, Die Planktonfänge mittels der Pumpe. (Biologisches Centralblatt. 1900. p. 386.)

1) Werth der quantitativen Planktonforschung. Wenn es so werthvoll ist, zu wissen, wie viele Millionen dieser oder jener Algen, dieses oder jenes Krusters ein Wasserbecken bewohnen, dann muss eine Fangmethode angewendet werden, welche aus einer bestimmten Wassermenge alle schwebenden Organismen fängt und der quantitativen Untersuchung zugänglich macht. Um eine genaue quantitative Bestimmung zu machen, darf überhaupt kein Netz als Filtrator verwendet werden. Verf. gebraucht zu seinen Planktonstudien im Vierwaldstättersee und im Baldeggersee Seidengaze No. 20. Die Maschenweite ist 54—70 μ. Vergleicht man damit die Masszahlen der gewöhnlichen Planktonalgen, so ergiebt sich, dass die meisten unter günstigen Stellungen zur Maschenöffnung hindurchschlüpfen können. Unter Umständen werden sogar Organismen aus dem Netz gezogen, die einen grösseren Durchmesser besitzen, als die Maschenöffnungen.

Ein weiterer Uebelstand ist der, dass bei sehr langsamem Aufziehen des Netzes die Gefahr nahe liegt, dass das Netz nicht senkrecht hängt. In diesem Fall liegt erstens das Netz nicht in der Tiefe, welche durch die Schnurmarke angegeben wird, und zweitens wird, da das Schiff vom Winde fortgetrieben wird, eine grössere Wassersäule filtrirt, als die Schnurmarke angiebt.

Will man eine bestimmte Wassersäule filtriren, dann kann man als einziges Mittel die Pumpe anwenden. Verf. hat im Vierwaldstättersee bis zur Tiefe von 70 m gepumpt und aus dieser Tiefe lebende Kruster und Algen erhalten.

Eine vorwurfsfreie Methode zur genauen quantitativen Planktonbestimmung ist weder die Anwendung des Netzes, noch diejenige der Pumpe. Die zuverlässigste ist die Pumpmethode.

Die quantitative Planktonbestimmung hat nur einen Sinn, wenn sie zu thier- oder pflanzengeographischen Zwecken Verwendung findet oder aber in den Dienst der biologischen Beobachtungen gestellt wird.

Die Stufenfänge und die Anwendung des Schliessnetzes werden durch die Pumpmethode weit übertroffen. Das ist auch ihr grösster Vortheil, dass sie ganz genaue Angaben über den Aufenthaltsort der Planktonten macht und dadurch das Studium der physiologischen Bedingungen sehr erleichtert.

2) Anwendung der Pumpe bei der Untersuchung des Vierwaldstättersees.

Die Einrichtung besteht aus folgenden Utensilien: Pumpe, Schlauch, Kessel und graduirte Schnur. Die Pumpe ist eine Flügelpumpe, wie sie von den Specereihändlern als Petroleumpumpe gebraucht wird. Sie kann an den Rand einer jeden Schiffswand angehängt und angeschraubt werden. Bis zu 25 m Tiefe liefert die Pumpe 10 l Wasser in ca. 5 Minuten. Von 30 m an wird die Wassermenge in der gleichen Zeit immer geringer. Bei 70 m Tiefe gebraucht man für 10 l ca. 15 Minuten Pumpzeit. Zuerst pumpt man den vermuthlichen Inhalt des Schlauches aus. Dann wird die gewünschte Wassermenge in das kleine Apstein'sche Netz gepumpt, welches in einem Kessel von bestimmten Inhalt hängt. Die Organismen werden durch die Pumpe nicht getödtet.

3) Quantitative Bestimmung der Fänge.

Um das Filtrat des Apstein'schen Netzes für die quantitative Bestimmung der Fänge noch mehr zu concentriren, bedient sich Verf. des Apparates, den Secundarlehrer Hool bei der Untersuchung des Rothsees gebraucht.

An einem 6 cm langen, trichterförmigen Netzchen aus feinstem Beuteltuch ist ein 5 cm^3 fassendes Metalltrichterchen mittels eines Klemmringes befestigt. Der obere Rand des Netzchens besitzt ebenfalls eine Metallfassung, die genau in das Randgesenke eines Tragringes passt, der an einem ca. 4 dm hohen Stativ verschiebbar befestigt ist.

Zur Filtration wird das Plankton in den Trichter gegossen, das abfliessende Wasser in einem Papierfilter aufgefangen. Die dem Tuche anhaftenden Organismen werden mit der Spritzflasche in den Metalltrichter gespült, bis letzterer sich wieder mit ca. 4 cm^3 Wasser angefüllt hat.

Das Pumpmaterial, gewöhnlich aus 10 l Wasser stammend, wird auf 10 cm^3 Volumen concentrirt. Von diesen wird 1 cm^3 auf einen Objectträger ausgegossen, auf welchen ein Metallrahmen aufgeklebt ist, der bei der Bedeckung mit einem zweiten Objectträger 1 cm^3 Raum abschliesst. Im Okular ist eine quadratische Oeffnung aus einem Papier oder Blech herausgeschnitten, durch welche 1 mm^3 Gesichtsfeld abgegrenzt ist. Mit diesem Zählocular zählt Verf. 50 mm^3 ab.

4. Beispiele von quantitativen Bestimmungen nach voriger Methode.

Verf. giebt die Resultate seiner Untersuchung des Vierwaldstättersees und des Baldeggersees in Tabellen an. — Aus diesen Tabellen werden folgende Schlüsse gezogen:

a) Die angewendete Methode ist vortrefflich geeignet, ver- verschiedene Seen bezüglich der einzelnen Organismen mit einander zu vergleichen.
b) Die angegebene Methode gestattet eine Charakterisirung des Planktons in befriedigendem Maasse.
c) Die Pumpmethode ist die einzige unanfechtbare Methode, um über die vertikale Vertheilung der einzelnen Organismen Auskunft zu geben.

Zum Schlusse fügt Hool noch eine Tabelle an, welche Zählungen von Planktonformen aus dem Rothsee enthält. Die Fänge sind ebenfalls mit der von Bachmann beschriebenen Pumpmethode gemacht worden.

Haeusler (Kaiserslautern).

Hanausek, T. F., Lehrbuch der technischen Mikroskopie. Lief. 2. gr. 8°. p. 161—320. Stuttgart (Ferdinand Enke) 1900. M. 5.—

Kaiser, W., Die Technik des modernen Mikroskopes. Ein Leitfaden zur Benützung moderner Mikroskope für alle praktischen Berufe im Hinblick auf die neueren Errungenschaften auch auf dem Gebiete der Bakterioskopie und unter besonderer Berücksichtigung der Fortschritte der österreichischen und reichsdeutschen optisch-mechanischen Werkstätten. 2. Aufl. [In ca. 5 Lief.] Lief. 1. gr. 8°. p. 1—80. Mit Abbildungen. Wien (Moritz Perles) 1900. M. 2.—

Marpmann, G., Handwörterbuch der chemisch-analytischen Technik und Apparatenkunde. Mit ca. 500 Abbildungen im Text. In 25 Lieferungen. Lief. 1. gr. 8°. p. 1—48. Leipzig (Eduard Baldamus) 1900. M. 1.—

Waugh, F. A. and **Mc Farland, J. Horace,** Photography in botany and in horticulture. (The Botanical Gazette. Vol. XXX. 1900. No. 3. p. 204—206. With 2 fig.)

Referate.

Noll, F., Die geformten Proteïne im Zellsafte von *Derbesia*. (Berichte der Deutschen botanischen Gesellschaft. Bd. XVII. 1899. p. 302.)

Die vom Ref. beschriebenen Sphärokrystalle, die man aus verletzten *Derbesia*- und *Bryopsis*-Schläuchen reichlich austreten sieht, sind nach Verf. nicht als Desorganisationsproducte des Plasmas zu deuten, sind vielmehr in den unverletzten Zellschläuchen bereits vorhanden. Am reichlichsten sind die Kugeln bei gutem Ernährungszustand der Algen anzutreffen, bei ungünstigen Culturbedingungen verschwinden sie. Es handelt sich bei ihnen erst um eine als Reservenahrung auskrystallisirte, eiweissartige Substanz.

Küster (Halle a./S.)

Bouilhac, R., Recherches sur la végétation de quelques algues d'eau douce. [Thèse]. 8°. 46 p. Paris 1898.

Einige Algen vermögen in Nährlösungen zu gedeihen, denen arseniksaures Kali zugesetzt ist, wie sie auch der schädlichen Wirkung der Arsensäure widerstehen. Sie absorbiren diese Säure und zeigen in einzelnen Fällen sogar recht wesentlichen Nutzen von der vorhandenen Säure, so dass die Behauptung aufzustellen ist: sie kann theilweise die Phosphate ersetzen.

In Verbindung mit den Bodenbakterien spielen gewisse Algen eine wichtige Rolle in der Fixirung des atmosphärischen Stickstoffes. In reinem Zustand in Nährlösungen ohne jeden Stickstoff cultivirt, können jedoch *Schizothrix lardacea*, *Ulothrix flaccida* und *Nostoc punctiforme* nicht leben.

Befinden sich aber zugleich Bodenbakterien in der Lösung, so entwickelt sich von jenen dreien das *Nostoc punctiforme*, aber auch nur es allein, auf Kosten des freien Stickstoffes.

Die gelatinöse Hülle, welche die *Nostoc*-Zellen umgiebt, ist in diesem Falle mit Bakterien bedeckt, unter deren Mitwirkung die Alge in normaler Weise vegetirt und sich entwickelt.

Die vom Verf. erzielten *Nostoc*-Culturen erlaubten ihm, die in den Culturen gewonnenen Stickstoffmengen zu bestimmen.

Weiterhin cultivirte Bouilhac das *Nostoc punctiforme* in Mineral-Lösung, der er Glykose zusetzte. Eine Zugabe von Glykose in 1:100 brachte aber das *Nostoc punctiforme* zum Absterben. Vermindert man die Zugabe, so tritt ein um so freudigeres Wachsen der Alge ein

Nostoc punctiforme, in eine Mineral-Lösung mit Bodenbakterien zugleich gebracht, assimilirt Stickstoff und Kohlensäure aus der Luft; etwas Zusatz von Glykose erhöht die Leistung.

Die sämmtlichen Versuche wurden bei einer Temperatur von über 30° vorgenommen; im Licht wie ohne dasselbe vegetirte die Pflanze weiter, sie blieb grün und die grünfärbende Materie erwies sich als Chlorophyll.

E. Roth (Halle a. S.).

Macchiati, L., Di un carattere certo per la diagnosi delle *Batteriacee*. (Nuovo giornale botanico Italiano. N. S. Vol. VI. 1899. p. 384.)

Die vorliegende Arbeit behandelt ausführlich die vom Verf. schon in zahlreichen Mittheilungen ventilirte Frage nach der Pleomorphie der Bakterien. Verf. stellt nach einer langen Einleitung seine früheren Angaben über den *Bacillus Cubonianus*, *B. Baccarinii*, *B. Cuginianus* und *Streptococcus Bombycis* nochmals zusammen. Weitere Beispiele, welche die Pleomorphie der Bakterien erweisen sollen, wurden von des Verfassers Schülern in *Streptococcus pseudobacillaris* und *Str. aëris* gefunden. Der erstere wurde aus Brunnenwasser isolirt, der andere aus der Luft im Laboratorium aufgefangen. Nach Angabe des Verf. wachsen beide Mikroorganismen in Coccus- und Stäbchenform.

Die morphologischen Merkmale sind der Pleomorphie wegen zur sicheren Umgrenzung der Arten nur mit Vorsicht zu verwenden. Der „carattere certo" ist in dem Habitus der Colonien gegeben. — Verf. macht in dem Schlusstheil seiner Arbeit auf die Nothwendigkeit aufmerksam, auf photographischem Wege zuverlässige

Habitusbilder von den Colonien zahlreicher Mikroorganismen anzufertigen.

Küster (Halle a. S).

Escherich, K., Ueber das regelmässige Vorkommen von Sprosspilzen in dem Darmepithel eines Käfers. (Biologisches Centralblatt Band XX. 1900. p. 350—358.)

Im Jahre 1899 hatte Karawaiew im Darmepithel eines Käfers, *Anobium paniceum*, parasitische Organismen gefunden, einzellige keulenförmige Wesen, über deren thierische Natur er keinen Zweifel hegte. Eine Nachuntersuchung des Verf. ergab aber, dass diese vermeintlichen Flagellaten pflanzlicher Natur sind, und zwar handelt es sich um Sprosspilze, jedenfalls Angehörige der Gattung *Saccharomyces*. Schon das einfache mikroskopische Studium liess ziemlich sicher auf Hefe schliessen; Sprossung konnte Verf. direct unter dem Mikroskop an einem Individuum verfolgen.

Mit Sicherheit wurde die Pilznatur des fraglichen Mikroorganismus durch Culturversuche entschieden. Nach achttägiger Cultur in 1 Proc. Traubenzuckerlösung bilden die Sprosszellen kettenartige Verbände und lange schlauchförmige Sprossen. Sporenbildung konnte noch nicht beobachtet werden. Die Cultur gelang auch mit Traubenzuckeragar, nicht mit gewöhnlicher Gelatine.

Das Vorkommen von Hefe in warmblütigen Thieren ist besonders von italienischen Forschern schon früher verschiedentlich constatirt worden; bei niederen Thieren ist bisher nur ein Fall bekannt, die von Metschnikoff 1884 beschriebene Erregerin der sog. Hefekrankheit der *Daphnien*, *Monospora bicuspidata*. Von allen diesen Fällen unterscheidet sich der vorliegende wesentlich 1 darin, dass die Hefe bei *Anobium* (bei Larve und Imago) regelmässig vorkommt, also als normaler Bestandtheil der Mitteldarmwand zu betrachten ist, und 2 darin, dass sie auf bestimmte, scharf umschriebene Stellen der Darmwand localisirt ist. Escherich ist daher der Ansicht, dass hier von Parasitismus keine Rede sein könne, sondern dass zwischen Käfer und Hefe sich ein gegenseitiges Abhängigkeitsverhältniss, eine Art Symbiose, herausgebildet habe. Am naheliegendsten erscheint ihm die Annahme, dass der Pilz bei der Verdauung des *Anobium* eine Rolle spielt. Dafür spricht die Localisation der Hefe auf den verdauenden Darmabschnitt, ferner der Umstand, dass bei der Larve, der das Haupternährungsgeschäft zufällt, der Pilz am zahlreichsten vorhanden ist, dass er bei der Puppe fast verschwindet, um sich bei der Imago wieder etwas zu vermehren. Die Hefevegetation ist also dem Grade der Nahrungsaufnahme direct proportional.

Verf. stellt weitere Untersuchungen in Aussicht, insbesondere über die Frage, wie die Hefe in das Darmepithel gelangt.

Winkler (Tübingen).

Holway, E. W. D., Some Californian *Uredineae*. (Erythea. Vol. X. 1899. p. 98.)

Eine vorläufige Zusammenstellung der kalifornischen *Uredineen* ergab 122 Arten von *Puccinia*, 42 von *Uromyces* und 73, die sich auf andere Gattungen vertheilen; eine auffallend grosse Zahl, wenn man bedenkt, dass doch erst ein recht kleiner Theil dieses grossen Landes erforscht ist. Verf. sandte die neuen Arten an Dr. Dietel, der deutsche Beschreibungen verfasste, welche Verf. in englischer Uebersetzung mittheilt.

Puccinina Palmeri (Anderson) Dietel & Holway, auf *Pentastemon confertus* Dougl.; das zugehörige *Aecidium* war schon früher bekannt (*Aec. Palmeri* Anderson); *Uredo Gaillardiae* Dietel & Holway, auf *Gaillardia aristata* Pursh.; *Aecidium pseudo-balsameum* Dietel & Holway auf *Abies grandis* Ldl., habituell und bezüglich der Sporen dem *Peridermium balsameum* Pk. ähnlich; *Aecidium Triglochinis* Dietel & Holway auf allen Theilen der *Triglochin concinna.*

Wagner (Wien)

Earle, F. S., Some Fungi from South America. (Bulletin of the Torrey Botanical Club New York. Vol. XXXVI. 1900. p. 632 sqq.)

Verf. erhielt von C. F. Baker eine kleine Collection von Pilzen, die 1898 bei Santa Marta in den Vereinigten Staaten von Columbia gesammelt wurden. Die *Xylariaceen* wurden von A. P. Morgan, die *Uredinales* von Dietel revidirt.

Des Verfs. Mittheilungen betreffen folgende Arten:

Coleosporium elephantopodis (Schw.) Thümen, *Puccinia claviformis* Thüm., *P. appendiculata* Wint., *Uromyces Manihotis* P. Henn., *Sorosporium Syntherismae* (Schw.) Farl., *Hymenochaete purpurea* Cke. et Mory, *Auricularia nigra* (Schw.) Earle, *Tryblidiella rufula* (Spreng.) Sacc.?, *Asterina Melastomatis* Lev.?, *Phyllachora graminis* (Pers.) Fcke., *Hypoxylon coccineum* Bull.

Neu aufgestellt und in englischer Sprache beschrieben werden folgende Arten:

Puccinia Bombacis Dietel (eine *Leptopuccinia*, ähnlich der *P. Malvacearum* Mart.), *Uromyces Cissampelidis* Dietel, *Apiospora sparsa* (auf todten Grashalmen), *Hypoxylon Bakeri* und *Massonia Agaves.*

Wagner (Wien).

Němec, Bohumil, Ueber experimentell erzielte Neubildung von Vacuolen in hautumkleideten Zellen. (Sitzungsberichte der Königlichen böhmischen Gesellschaft der Wissenschaften. Mathematisch-naturwissenschaftliche Classe. 1900. No. 5.)

Nachdem Verf. kleine, aber typische Vacuolen in verschiedenen meristematischen Zellen nachgewiesen hatte, blieb im Anschluss an die bekannten von Pfeffer gegen de Vries' Tonoplastentheorie in's Feld geführten Untersuchungen die Frage noch zu erledigen, ob in meristematischen Zellen neue Vacuolen entstehen können.

Verf. bediente sich bei seinen Untersuchungen einer neuen Methode, indem er im Cytoplasma die Bildung löslicher (verdaulicher) Körperchen experimentell hervorrief. Um diese Körperchen bildet sich im weiteren Verlauf des Experimentes eine Vacuole.

Nucleolenähnliche Gebilde können durch schädigende Einwirkungen der verschiedensten Art in den meristematischen Zellen entstehen. Verf. sah die „extranucleären Nucleolen“ nach Einwirkung der Plasmolyse, Temperaturschwankung nach Verwundung, beim Welken u. s. w. sich bilden. Am geeignetsten zur weiteren Untersuchung erkannte Verf. die nach Plasmolyse im Meristem von Wurzelspitzen erhaltenen Körperchen. Nach etwa 25 Minuten währender Plasmolyse sieht man an fixirtem und geschnittenem Material die „Nucleolen“ direct dem Cytoplasma eingelagert. Nach 30 Minuten etwa beginnen sich Vacuolen um sie zu bilden, nach 40—45 Minuten stösst man nur noch auf Vacuolen ohne Inhaltskörperchen.

Gute Gelegenheit, analoge Vorgänge am lebenden Material zu studiren, boten die mit 3 % Salpeter plasmolysirten Pollenkörner von *Sequoia sempervirens*.

Küster (Halle a. S.).

André, G., Sur l'évolution de la matière minérale pendant la germination. (Comptes rendus des séances de l'Académie des sciences de Paris. T. CXXIX. 1899. No. 26. p. 1262—1265.)

Wenn Samen auskeimen, verlieren sie in Folge der Athmung an Trockengewicht, welches oft erst dann wieder auf die ursprüngliche Höhe kommt, wenn der Stengel bereits mehrere Centimeter hoch geworden ist. Verf. stellte sich die Frage, zu untersuchen, welche Aenderung in dieser Zeit der Gehalt an Mineralsubstanz erfährt. Als Versuchsobject diente ihm *Phaseolus multiflorus*, bei dem die in Frage kommende Zeit ungefähr 25 Tage beträgt. Während derselben steigt der Aschegehalt ins Gesammt auf ungefähr das dreifache, aber für die verschiedenen Salze in ungleichem Maasse. Es stellte sich beispielsweise als höchst wahrscheinlich heraus, dass die nützlichsten, wie P und K zuletzt absorbirt werden. Dabei ist aber auch zu bedenken, dass sie bereits von vornherein in verhältnissmässig grosser Menge vorhanden sind. Der Stickstoffgehalt nimmt erst zu, wenn das Trockengewicht der Pflanze das ursprüngliche des Samens überschreitet. In dieser Beziehung besteht eine gewisse Aehnlichkeit mit der Phosphorsäure und dem Kalium. Das K scheint besonders von dem Zeitpunkt an in grösserer Menge aufgenommen zu werden, wenn eine lebhafte Assimilation, also auch Stärkebildung, beginnt.

Silicium, ursprünglich in sehr kleiner Menge im Samen enthalten, wird reichlich aufgenommen. Das Gewicht steigt in der genannten Zeit um das ca. 400-fache.

Der Gehalt an Calcium steigt um das 17-fache.

Verf. lässt es unentschieden, ob das Si bei der Membranbildung betheiligt sei. Zum Schluss hebt er noch besonders hervor, dass die Versuche eine enge Beziehung zwischen den organischen und mineralischen Stoffen während der Keimung darthun.

Kolkwitz (Berlin).

Körnicke, Max, Ueber die spiraligen Verdickungsleisten in den Wasserleitungsbahnen der Pflanzen. (Sitzungsberichte der Niederrheinischen Gesellschaft für Natur- und Heilkunde zu Bonn. 1899. p. 1—10.)

Ueber die Querschnittsform der die Gefässmembranen aussteifenden Verdickungsleisten hat am eingehendsten sich Rothert ausgesprochen. Einige Ergänzungen zu seinen Mittheilungen bringt die vorliegende Mittheilung.

Als geeignetes Untersuchungsobject empfiehlt Verfasser die Vegetationsspitzen von *Viscum album*. Färbt man Mikrotomschnitte mit dem Flemming'schen Dreifarbengemisch, so färbt sich der schmale Steg, mit dem die Verdickungsleisten der Gefässwand auf sitzen (die „Fussspirale"), tiefblau bis blauviolett, der obere dickere Theil (die „Kopfspirale") lilaroth. Nach Behandlung mit Phloroglucin und Salzsäure färbt sich nur die Kopfspirale roth.

Zuerst entsteht die Fussspirale, auf ihr später die Kopfspirale. Die Querschnittsform der Verdickungsleiste ist eine sehr wechselnde.

Das bekannte Abrollen der Spiralbänder erklärt sich vermuthlich durch Auflösung der Fussspirale.

Küster (Halle a. S.)

Curtel, G., Recherches physiologiques sur la fleur. [Thèse.] 8⁰. 188 pp. et 5 planches. Paris 1898.

In Betreff der Structur vermag man Unterschiede im Blütenstiel, im Kelch wie in der Korolle derselben Art hervorzurufen, je nachdem man die einen Blüten im Schatten, die andern im vollen Sonnenlicht cultivirt.

In letzterem sind die Epidermiszellen oft höher und die Cuticula beinahe stets kräftiger entwickelt.

Ist ein Pallisadenparenchym vorhanden, wie in manchen Blütenstielen, so verschwindet es bei längerem Verweilen im Schatten. Das Parenchym entwickelt sich stets stärker und die einzelnen Zellen sind im Sonnenlicht umfangreicher als im Schatten.

Gefässe sind zahlreicher und weiter in der Sonne als im Schatten vorhanden.

In gleicher Weise sind Secretcanäle stärker und zahlreicher unter dem Einflusse der Sonne als des Schattens ausgebildet.

Lässt man sich zwei möglichst gleiche Exemplare, das eine im Sonnenlicht, das andere bei 5—6 mal weniger intensiverer Belichtung entwickeln, so blüht die Schattenpflanze später, die Blüten treten weniger zahlreich auf, sie zeigen weniger lebhafte Farben und bringen weniger Samen, als das Versuchsexemplar im vollen Sonnenlichte.

Die Arbeit steht auch in den Annales des sciences naturelles. Sér. VIII. Tome 6.

E. Roth (Halle a. S.).

Roedler, Carl, Zur vergleichenden Anatomie des assimilatorischen Gewebesystems der Pflanzen. [Dissertation Freiburg i. Schw.] 42 pp. 2 Tafeln. Berlin 1899.

Verf. untersuchte eine Anzahl Cryptogamen (*Marchantiaceae*, *Polypodiaceae*) und Phanerogamen auf ihr Assimilationsgewebe. Seine Mittheilungen laufen im Wesentlichen darauf hinaus, dass der Grad der Differencirung im Assimilationsgewebe nicht von der systematischen Stellung der betreffenden Pflanzen oder Pflanzengruppen abhängig ist, wohl aber mit ihren biologischen Eigenthümlichkeiten in Beziehung steht.

Küster (Halle a. S.).

Hirsch, Wilhelm, Untersuchungen über die Entwicklung der Haare bei den Pflanzen. (Beiträge zur wissenschaftlichen Botanik. 1900. Bd. IV. p. 1 ff.)

Die aus der directen Verlängerung oder Vermehrung einer Oberhautzelle entstandenen Gebilde bezeichnet man als Haare (= Trichome). Sie können sich entweder durch Theilungen, die ausschliesslich an ihrem Grunde (*Gesneria patula*, *Verbascum Thapsus*), oder an der Spitze (durch eine Scheitelzelle, z. B. *Cucurbita Pepo*, *Veronica Chamaedrys*) oder an allen ihren Theilen, z. B. *Ballota*, stattfinden, weiter entwickeln. Diese 3 Wachsthumstypen hat das erstemal G. A. Weiss unterschieden und sie führen die Namen: basipetaler, akropetaler und intercalarer Typus.

Während aber Weiss annahm, dass sich bei dem letzteren, recht seltenen Typus das Haar von der Basis bis zum Scheitel in fortwährender Theilung befinde, weist der Verf. an demselben Untersuchungsmaterial und an anderem nach, dass sich die intercalaren Theilungen immer nur auf bestimmte Zonen des Haares beschränken. Er fand ferner, dass sich dieser Typus theils beim basipetalen, theils beim akropetalen Wachsthum am Aufbaue der Haare betheiligt. Innerhalb der Familien herrscht in dieser Beziehung keine Uebereinstimmung, z. B: bei *Phlomis* ist die Zone der Zellvermehrung am Scheitel, bei *Ballota*, *Stachys* etc. aber an der Basis. Doch bleibt bei jeder Species der Wachsthumstypus ein constanter.

Matouschek (Ung. Hradisch.)

Greene, Edward L., A decade of new *Gutierrezias*. (Pittonia. Vol. IV. 1899. p. 53 sqq.)

Vertreter der von Lagasca in seiner Gen. et spec. nov. anno 1816 aufgestellten Gattung *Gutierrezia* sind auf allen Hochebenen und trockenen Bergabhängen von Texas bis Dakota und westlich bis zum pazifischen Ocean in Menge zu finden; aber seit den Zeiten Nuttal's und des älteren De Candolle hat sich Niemand mehr ernstlich mit diesen Pflanzen befasst, und so erscheint es dankenswerth, wenn Verf., gestützt auf langjährige eigene Aufsammlungen, die Arten einer kritischen Sichtung unterzieht; viel von dem in den Herbarien liegenden Materiale geht einfach unter dem Namen „*Gutierrezia Euthamiae*“.

Die vom Verf. neu aufgestellten Arten sind folgende:

Gutierrezia diversifolia, häufig von den Middle und North Parks in den Gebirgen Colorados bis Montana und westwärts bis Utah; *G. longifolia*, in White Mountains (New-Mexico) von E. O. Wooton gesammelt und vom Verf. zuerst als *G. microcephala* ausgegeben; habituell erinnert diese Art an das altbekannte und früher oft in botanischen Gärten cultivirte *Gymnosperma corymbosum*. *G. glomerella*, von E. O. Wooton in den Organ Mountains (Neumexico) gesammelt und zuerst als *G. lucida* vertheilt. *G. filifolia*, vom nämlichen Sammler von Round Mountain in den White Mountains bis 5000 Fuss Höhe gesammelt; *G. tenuis*, vom Verf. am Fusse der Berge bei Silver City in Neumexico entdeckt; *G. fasciculata*, aus Grand Junction in Colorado; *G. juncea*, zuerst (1896) von L. F. Ward am Eagle Chief Creek, Oklahoma, zwei Jahre später von Miss Shekan bei Gray in Neumexico gesammelt; eine Pflanze von eigenthümlichem Aussehen, da zur Blütezeit die Blätter meist schon abgefallen sind und die Büschel von nackten Stämmen nur einige wenige Brakteen an den fadenförmigen Zweigen tragen. *G. lepidota*, eine durch ihr Indument ausgezeichnete Art aus den Ebenen um Grand Junction in Colorado. *G. serotina*, eine — wie die meisten anderen — halbstrauchige Art, die in den Ebenen bei Tucson im südlichen Arizona wächst, wo sie erst im Spätherbst zu blühen anfängt und dann den ganzen Winter hindurch blüht; einige Aehnlichkeit damit hat die einjährige *G. sphaerocephala*, als welche die neue Art durch Toumey zur Vertheilung kam. Die im südlichen Californien häufigste Art der Gattung ist die gleichfalls halbstrauchige, zwei Fuss und noch höher werdende *G. divergens*, auch in europäischen Herbarien durch Parish's auf dem San Bernardino mesas und bei Fall Brook in San Diego County gesammelten und unter No. 2241 Brook ausgegebene Exemplaren In der „Botany of the Californian State Survey" hielt Asa Gray unsere Pflanze. für Lagasca's *G linearifolia*, und in der „Synoptical Flora" für *G. californica*. Eine etwas abweichende, zartere Form wurde von Orcutt in Mission Valley bei San Diego gesammelt.

Wagner (Wien).

Greene, Edward L., New series of *Coleosanthus*. (Pittonia. Vol. IV. 1900. Part 22. p. 125 sqq.)

Verf. beschreibt in englischer Sprache einige neue Arten dieser *Compositen*-Gattung, nämlich:

C. humilis (sandy hills, growing with *Pinus humilis*, at *Arboles*, southern Colorado, coll. C. F. Baker, verwandt mit *C. oblongifolius* und *C. linifolius*; *C. abbreviatus* (*Brickellia oblongifolia* var. *abbreviata* Gray, Bot. King Exp. p. 137) in loco classico nahe dem Gipfel der West Humboldt Mountains vom Verf gesammelt. *C. verbenaceus*, strauchig, in Herbarien wiederholt mit *Brickellia oliganthes* verwechselt, von Parry und Palmer in San Luis Potosi (Mexico) anno 1878 sub n. 355 gesammelt. *C. densus*, von Pringle in der Nähe von Chihuahua in Mexico gesammelt und handschriftlich als *Brickellia oliganthes* var. *crebra* ausgetheilt. *C. polyanthemus* vom Rio Blanco im mexikanischen Staate Jalisco leg. Edw. Palmer 1886.

Wagner (Wien).

Greene, Edward L., New or critical *Ranunculi*. (Pittonia. Vol. IV. 1900. p. 142 sqq.)

Enthält englische Beschreibungen folgender Pflanzen:

Ranunculus unguiculatus n. sp., im südlichen Colorado in 11500' Höhe von C. F. Baker gesammelt, gehört in die Gruppe des *R. Flammula* L. *R. Arnoglossus* n. sp., eine subalpine Pflanze aus den Ruby Mountains im östlichen Nevada, wo sie Verf. gesammelt hat; nächst verwandt damit ist der *R. alismellus* aus der californischen Sierra Nevada. *R. cardiophyllus* Hook. var. *pinctorum* n. var, von C. F. Baker bei Graham's Park in 7800' Hohe gefunden (Süd-Colorado). *R. apricus* n. sp., von B. F. Bush bei Sapulpa im

Indianerterritorium entdeckt, wo er auf den Prärien häufig sein soll; ist dem *R. fascicularis* ähnlich. *R. vicinalis*, eine kleine Pflanze mit nur 3—5 Zoll hohem Stamm aus der nämlichen Gruppe, zu der *R. pedatifidus* und *R. cardiophyllus* gehören; er wurde von M. W. Gorman beim Fort Selkirk am Yukon River gesammelt.

Ausserdem sind der Arbeit noch einige kritische Bemerkungen über den *R. trifoliatus* Wahl. und damit verwechselten Arten beigefügt.

Wagner (Wien).

Nelson, Elias, Some new western species. (Erythea. Vol. VII. 1899. p. 166 ff.)

Valeriana micrantha, bisher mit *V. sitchensis* Bong. verwechselt, vielfach in Wyoming gesammelt; verwandt damit ist *V. wyomingensis; Phlox Whitedii*, von Kirk Whited bei Wenatchee in Washington gesammelt, zuerst als *Phl. occidentalis* Durand bestimmt. *Saxifraga saximontana*, der *S. Californica* v. am nächsten stehend, auch verwandt mit der östlichen *S. Grayana;* kommt in Yellowstone Park vor, und ist auch sonst wiederholt in Wyoming gefunden. *Saxifraga subapetala*, steht der *Sax. Sierrae* nahe, und ist von einer Reihe von Standorten festgestellt.

Wagner (Wien).

Stift, A., Einige Mittheilungen über die Bakteriose der Zuckerrüben. (Zeitschrift für Pflanzenkrankheiten. Bd. X. 1900. Heft 1.)

Die von Kramer Bakteriose der Rüben, von Sorauer bakteriose Gummose, von Frank Rübenschwarzfäule genannte Krankheit erhielt Verf. an aus Mähren stammenden, bereits eingemiethetem Rübenmateriale. Er findet darin verschiedene Bakterienformen, von denen eine Form, 4 μ lange, 0,9—1 μ dicke bewegliche Stäbchen, näher untersucht wird. Dieselben verflüssigen Nährgelatine sehr rasch, zersetzen Zucker ohne Gasentwickelung, führen die Rechtsdrehung in Linksdrehung über, ohne dass Fehling'sche Lösung dabei Kupfer ausfallen lässt und wachsen sowohl aerob als auch anaerob. Auf Rübenstücken von gesunden Rüben, die durch einstündige Erhitzung auf 110—115° oder durch Kochen getödtet worden waren, impfte Verf. Stückchen des dunkeln Gewebes kranker Rüben und sah danach von der Impfstelle aus strahlenförmig eine Schwarzfärbung des gekochten Gewebes sich ausbreiten, sowie schleimartigen Saft auftreten, der sich allmählich hautartig ausbreitete. Bei diesen Impfversuchen trat aber nie jener aus kranken Rüben reingezüchtete Bacillus auf (der übrigens mit Linharts *Bacillus mycoides* nicht übereinstimmt). Verf. sagt, es sei hiernach gelungen, an „gesunden“ Rübentheilen Erscheinungen, die mit der Bakteriose gewisse Aehnlichkeit haben, hervorzurufen, fügt jedoch hinzu, dass er die Frage noch als eine offene betrachte.

Frank (Berlin).

Woods, Albert F., Stigmonose. (U. S. Department of Agriculture. Division of Vegetable Physiology and Pathology. Bulletin No. 19. 1900.)

Die Nelken leiden schon seit vielen Jahren an einer Fleckenkrankheit, welche zuerst von Arthur und Bolley untersucht und von denselben als Bakteriosis beschrieben wurde, da die Verff. als Urheber derselben eine Bakterien-Art, *Bacterium Dianthi*, zu erkennen glaubten. Woods beschreibt zuerst ausführlich die Versuche von Arthur und Bolley, und weist darauf hin, dass es denselben nur unter grossen Schwierigkeiten gelang, Reinculturen des *Bacterium Dianthi* zu erhalten.

Er beschreibt sodann seine eigenen Versuche. Die mikroskopische Untersuchung zeigte, dass die Zellen der erkrankten Stellen sehr viel grösser als die normalen Blattzellen waren und sehr dünne Wände besassen. Bakterien waren nicht vorhanden. Sorgfältige Culturen auf verschiedenen Substraten wurden darauf mit erkrankten Blättern gemacht und aus denselben zwei Bakterien-Arten isolirt; eine Art bildete gelbe Kolonien, die andere weisse. Die gelbe Art stimmte in fast allen Punkten mit *B. Dianthi* überein, und machte Verf. ausgedehnte Infectionsversuche mit derselben, ohne jedoch die Krankheit hervorzurufen; desgleichen mit der weissen Art. Er kommt darauf zu dem Schlusse, dass Bakterien nichts mit der Krankheit zu thun haben.

Verf. wendete darauf seine Aufmerksamkeit den Pflanzenläusen zu, die auf fast jeder Nelkenpflanze zu finden sind. Auf ganz gesunde Pflanzen brachte er eine Anzahl der Insecten, und fand, dass nach wenigen Tagen die Blätter voller gelber Flecke waren. Er untersuchte sodann die Art und Weise, wie die Insecten ihre Rüssel in die Blattsubstanz bohren, und fand, dass sie dieselben immer zwischen die Zellen schieben, bis sie zum Weichbast gelangen, woraus sie dann Zucker und Proteide saugen.

Sorgfältige Colonisationsversuche wurden ausgeführt, in denen die Läuse zuerst über Agarplatten gehen mussten, um vollständige Freiheit von Bakterien zu beweisen. 25 derselben wurden ausserdem zerrieben und Culturen davon gemacht, die sich als vollkommen Pilz- und Bakterien-frei erwiesen. Nach vielen Tagen waren auf einer Versuchspflanze 30 Läuse (*Rhopalosiphum Dianthi*) und 250 Flecke, auf einer anderen 20 Läuse und 170 Flecke. Aehnliche Resultate erzielte Verf. mit rothen Spinnen und *Thrips*, woraus er schliesst, dass nicht Bakterien, sondern diese saugenden Insecten die Krankheit hervorrufen, daher der Name — Stigmonose.

Die gelben Flecken auf den Blättern sind zuerst kleine Punkte, welche nach und nach grösser werden. Verf. fand, dass die erkrankten Zellen weniger sauer reagirten als die gesunden. Er fand ferner, dass in diesen Zellen beinahe zwei Mal so viele oxydirende Enzyme anwesend waren als in gesunden Zellen, was wahrscheinlich davon herrührt, dass das Insect eine Substanz in die Wunde spritzt, welche das Blatt durch die oxydirenden Enzyme zu zerstören sucht. Verf. hat an anderer Stelle nachgewiesen, dass diese Enzyme das Chlorophyll angreifen, und lässt sich wohl das Wachsthum der gelben Flecke dadurch erklären, dass die Enzyme langsam durch die Zellen diffundiren. Verf. bespricht diesen Punkt eingehend.

Eine der interessantesten Ergebnisse der Untersuchung ist wohl der Befund, dass der Einfluss der Krankheit von dem allgemeinen Wohlbefinden der einzelnen Pflanze abhängig ist. Wenn die Pflanze von den Läusen sehr befallen ist, wird sie sehr zurückgehalten, die untersten Blätter werden früh reif, bald darauf gelb und fallen ab. Verf. fand, dass diejenigen Pflanzen, welche reich an oxydirenden Enzymen waren, nach den Stichen der Insecten sehr viel stärker erkrankten als solche, die weniger von den Enzymen haben. Pflanzen, welche durch lang anhaltendes Wachsthum im Gewächshaus, also unter ungünstigen Verhältnissen, forcirt wurden, die also schneller gewachsen, enthalten gewöhnlich weit mehr oxydirende Enzyme als solche derselben Art, welche unter mehr normalen Verhältnissen langsamer und kräftiger sich entwickelten. Verf. weist darauf hin, dass die Läuse sich mit Vorliebe auf den schwächeren Pflanzen aufhalten und dort sich äusserst schnell vermehren.

Es ist somit ein Wink zur Bekämpfung der Krankheit gegeben. Man soll nur von den stärkeren besser gewachsenen Pflanzen Ableger machen, um auf diese Weise nach einigen Jahren eine Rasse von Nelken zu erhalten, welche von den Läusen nur dann und wann angegriffen werden. Verf. fand fernerhin, dass gewisse Arten weit mehr an der Krankheit leiden als andere, und befürwortet das Ziehen von solchen, die resistenzfähig sind. Einige allgemeine Maassregeln zur Bekämpfung der Läuse werden angegeben.

Fünf Textfiguren und drei Platten, davon eine farbige, sind beigefügt.

von Schrenk (St. Louis).

Dawson, M., „Nitragin" and the nodules of leguminous plants. (Philosophical Transactions of the Royal Society of London. Serie B. Vol. CXII. p. 1--28.)

Das von Nobbe und Hiltner eingeführte „Nitragin" besteht aus den Bakterien, die an *Leguminosen*-Wurzeln die bekannten Knöllchen hervorrufen. Die von der Verfasserin vorgenommenen Infectionsversuche mit Nitragin ergaben im Allgemeinen positive Resultate: die Bakterien drangen nach Benetzung der Wurzeln mit nitraginhaltigem Wasser in die Wurzelhaare ein und drangen von dort aus weiter vor.

Aus den Versuchen geht bereits ferner hervor, dass es für die Wirkung des Nitragins belanglos bleibt, ob die Bakterien durch den Boden gehen oder nicht. — Auch in sehr jugendlichen Stadien sind die *Leguminosen*-Wurzeln für Infektion bereits zugänglich.

Die Infectionskraft des Nitragins erlischt auch nach einem Jahre noch nicht.

Küster (Halle a. S).

Halsted, Byron D., Report of the Botanical Department New Jersey Agricultural College Experiment Station. 1898. p. 289—370.)

Eine grosse Anzahl Versuche sind im vorliegenden Hefte verzeichnet, auf die Ref. im Einzelnen nicht eingehen kann. Die Arbeiten der Versuchsstation bezogen sich hauptsächlich auf Gemüsearten, welche unter verschiedenen Verhältnissen gezogen wurden und betreffs ihrer Pilzkrankheiten und deren Bestreitung geprüft wurden. Dazu kommen noch Versuche mit verschiedenen Baumarten, hauptsächlich Kastanien, dann Versuche mit Erbsen und Bohnen, bei denen Verf. die Bildung der Wurzelknollen auf verschiedenen Böden verfolgte, und zuletzt eine längere Auseinandersetzung über den Einfluss der Witterung auf die Pilzverbreitung und Entwicklung; Verf. bringt hierzu drei lange Tabellen, worin die Regenmenge, die Temperatur und Procente sonniger Tage angegeben werden.

Betreffs der grossen Menge von Einzelresultaten muss auf das Original verwiesen werden. Von Gemüsen sind folgende angeführt: Rüben, Kartoffeln, Bohnen, Mais, Erbsen, Tomaten, Zwiebeln, Spinat, Sellerie, Gurken, Spargel. Eine Anzahl guter Tafeln ist dem Rapport beigegeben.

v. Schrenk (St. Louis).

Neue Litteratur.*)

Geschichte der Botanik:

Alberts, K., Chinesische Botanik. (Die Natur. Jahrg. IL. 1900. No. 41. p. 486—488.)

Nomenclatur, Pflanzennamen, Terminologie etc.:

Cook, O. F., The method of types in botanical nomenclature. (Science. New Series. Vol. XII. 1900. No. 300. p. 475—481.)

Leimbach, G., Die Volksnamen unserer heimischen Orchideen. VI. (Deutsche botanische Monatsschrift. Jahrg. XVIII. 1900. Heft 10. p. 156—158.)

Wettstein, R. v., Der internationale botanische Congress in Paris und die Regelung der botanischen Nomenclatur. (Oesterreichische botanische Zeitschrift. Jahrg. L. 1900. No. 9. p. 309—313.)

Bibliographie:

Woodward, B. B., Bibliographical notes: XXIII. Dupetit-Thouars. (The Journal of Botany British and foreign. Vol. XXXVIII. 1900. No. 454. p. 392—400.)

Allgemeines, Lehr- und Handbücher, Atlanten:

Olufsen, L., Was muss man von der Botanik wissen? Gemeinfassliche Uebersicht über das Gesamtgebiet der Botanik. gr. 8°. 128 pp. Mit Figur. Berlin (Hugo Steinitz) 1900. M. 1.50.

---

*) Der ergebenst Unterzeichnete bittet dringend die Herren Autoren um gefällige Uebersendung von Separat-Abdrucken oder wenigstens um Angabe der Titel ihrer neuen Veröffentlichungen, damit in der „Neuen Litteratur“ möglichste Vollständigkeit erreicht wird. Die Redactionen anderer Zeitschriften werden ersucht, den Inhalt jeder einzelnen Nummer gefälligst mittheilen zu wollen, damit derselbe ebenfalls schnell berücksichtigt werden kann.

Dr. Uhlworm,
Humboldtstrasse Nr. 22.

Algen:

Batters, E. A. L., New or critical British marine Algae. (The Journal of Botany British and foreign. Vol. XXXVIII. 1900. No. 454. p. 369—379. Plate 414.)

Bessey, C. E., The modern conception of the structure and classification of Diatoms, with a revision of the tribes and a rearrangement of the North-American genera. (Transactions of the American Microscopical Society. Vol. XXI. 1900. p. 61—86. Pl. V.)

Brunnthaler, J., Plankton-Studien. I. Das Phytoplankton des Donaustromes bei Wien. (Verhandlungen der k. k. zoologisch-botanischen Gesellschaft in Wien. Bd. L. 1900. Heft 6. p. 308—311.)

De Wildeman, É., Les Algues de la flore de Buitenzorg. Essai d'une flore algologique de Java. 4°. XI, 457 pp. Pl. I—XVI. 149 fig. Leide (E. J. Brill) 1900.

Pilze:

Boidin, A., Sur l'huile de Mucédinées. (Extr. des Annales de la brasserie et de la distillerie. 1900.) 8°. à 2 col. 8 pp. Tours (impr. Deslis frères) 1900.

Bubák, Fr., Einige neue und bekannte aussereuropäische Pilze. (Oesterreichische botanische Zeitschrift. Jahrg. L. 1900. No. 9. p. 318—320. Mit Tafel IX.)

Harlay, Victor André, De l'application de la tyrosinase, ferment oxydant du Russula delica, à l'étude des ferments protéolitiques. [Thèse.] 8°. 105 pp. Lons-le-Saunier (impr. Declume) 1900.

Rabenhorst, L., Kryptogamenflora von Deutschland, Oesterreich und der Schweiz. 2. Aufl. Bd. I. Pilze. Lief 73. Abth. VI. Fungi imperfecti. Bearbeitet von **A. Allescher.** gr. 8°. p. 897—960. Mit Abbildungen. Leipzig (Eduard Kummer) 1900. M. 2.40.

Smith, A. L., New microscopic fungi. (Journal of the Royal Microscopical Society. 1900. Aug. 1 pl.)

Muscineen:

Horrell, Charles, The European Sphagnaceae (after Warnstorf). [Continued.] (The Journal of Botany British and foreign. Vol. XXXVIII. 1900. No. 454. p. 383—392.)

Macvicar, Symers M., Fossombronia cristata Lindb. (The Journal of Botany British and foreign. Vol. XXXVIII. 1900. No. 454. p. 400.)

Gefässkryptogamen:

Hope, C. W., The Ferns of North-Western India. III. (Journal Bombay Nat. Hist. Soc. XIII. 1900. No. 1.)

Physiologie, Biologie, Anatomie und Morphologie:

Braeutigam, Walter, Ueber das Tiliadin, einen Bestandteil der Lindenrinde. (Archiv der Pharmacie. Bd. CCXXXVIII. 1900. Heft 7. p. 555—560.)

Čelakovský, L. J., Die Vermehrung der Sporangien von Ginkgo biloba L. [Schluss.] (Oesterreichische botanische Zeitschrift. Jahrg. L. 1900. No. 9. p. 337—341.)

Fisher, W. R., Physiological differences between the sessile and pedunculate oaks. (The Gardeners Chronicle. Ser. III. 1900. Sept.)

Kronfeld, M., Studien über die Verbreitungsmittel der Pflanzen. [Fortsetzung.] (Urania-Mittheilungen Wien. 1900. No. 13—16.)

Mansier, Chimie, biologie. Oxyferment chez les végétaux. 8°. 14 pp. Montluçon (impr. du Centre médical) 1900.

Mélis, E., Contribution à l'étude du Schinus molle L. [Thèse.] 8°. 55 pp. Avec fig. Montpellier (impr. Delord-Boehm & Martial) 1900.

Möbius, M., Parasitismus und sexuelle Reproduktion im Pflanzenreiche. (Sep.-Abdr. aus Biologisches Centralblatt. Bd. XX. 1900. No. 17. p. 561—571. Mit 2 Figuren.)

Pantanelli, Enrico, Anatomia fisiologica delle Zygophyllaceae. (Estratto dagli Atti della Società dei naturalisti e matematici di Modena. Serie IV. Vol. II. 1900. Anno XXXIII. p. 93—181. Tav. VIII—XI.) Modena 1900.

Peter, Ad., Ueber hochzusammengesetzte Stärkekörner im Endosperm von Weizen, Roggen und Gerste. (Oesterreichische botanische Zeitschrift. Jahrg. L. 1900. No. 9. p. 315—318. Mit 3 Figuren.)

Pictet, A., Die Pflanzenalkaloïde und ihre chemische Constitution. In deutscher Bearbeitung von **R. Wolffenstein.** 2. Aufl. gr. 8°. IV, 444 pp. Berlin (Julius Springer) 1900. Geb. in Leinwand M. 9.—

Pommerehne, H., Ueber das Damascenin, einen Bestandteil der Samen von Nigella Damascena L. (Archiv der Pharmazie. Bd. CCXXXVIII. 1900. Heft 7. p. 531—555.)

Rauwerda, A., Beitrag zur näheren Kenntnis des Cytisins und einiger seiner Alkylderivate. [Schluss.] (Archiv der Pharmazie. Bd. CCXXXVIII. 1900. Heft 7. p. 481—486.)

Wagner, R., Zur Anisophyllie einiger Staphyleaceen. (Verhandlungen der k. k. zoologisch-botanischen Gesellschaft in Wien. Bd. L. 1900. Heft 6. p. 286—289.)

Wagner, R., Zur Morphologie der Dioscorea auriculata Poepp. (Verhandlungen der k. k. zoologisch-botanischen Gesellschaft in Wien. Bd. L. 1900. Heft 6. p. 302—304. Mit 1 Abbildung.)

Systematik und Pflanzengeographie:

Brenner, M., Observationer rörande den Nordfinska floran under adertonde och nittonde seklen. (Acta soc. pro fauna et flora Fenn. T. XIII. 1900. No. 4.) 8°. 307 pp. 1 Karte.

Bourdillon, T. F., Description of a new species of Ficus from Travancore. (Journal Bombay Nat. Hist. Soc. XIII. 1900. No. 1. 1 pl.)

Degen, A. von, Bemerkungen über einige orientalische Pflanzenarten. XL. (Oesterreichische botanische Zeitschrift. Jahrg. L. 1900. No. 9. p. 313—314.)

Duval, L., Les Odontoglossum: leur histoire, leur description, leur culture. (Bibliothèque d'horticulture.) 18°. VI, 193 pp. Avec 65 fig. Paris (Doin) 1900.

Engler, A. und **Prantl, K.,** Die natürlichen Pflanzenfamilien, nebst ihren Gattungen und wichtigeren Arten, insbesondere den Nutzpflanzen. Unter Mitwirkung zahlreicher hervorragender Fachgelehrten begründet von **Engler** und **Prantl,** fortgesetzt von **A. Engler.** 1. Ergänzungsheft. Nachträge II zum II.—IV. Teil über die Jahre 1897 und 1898. Mit ausführlichem Register. gr. 8°. III, 84 pp. Leipzig (Wilh. Engelmann) 1900. Subskr.-Preis M. 3.—, Einzelpreis M. 6.—

Freyn, J., Weitere Beiträge zur Flora von Steiermark. (Oesterreichische botanische Zeitschrift. Jahrg. L. 1900. No. 9. p. 320—337.)

Höck, F., Allerweltspflanzen in unserer heimischen Phanerogamen-Flora. [Fortsetzung.] (Deutsche botanische Monatsschrift. Jahrg. XVIII. 1900. Heft 10. p. 147—150.)

Höck, F., Pflanzen der Kunstbestände Norddeutschlands als Zeugen für die Verkehrgeschichte unserer Heimat. Eine pflanzengeographische Untersuchung. (Forschungen zur deutschen Landes- und Volkskunde. Herausgegeben von **A. Kirchhoff.** Bd. XIII. Heft 2.) gr. 8°. 64 pp. Stuttgart (J. Engelhorn) 1900. M. 2.40.

Holm, Theo., Studies in Cyperaceae. XIV. On a collection of Carices from Alaska with remarks upon the affinitie of Carex circinata C. A. Mey. and C. leiocarpa C. A. Mey. (The American Journal of Science. Vol. X. 1900. No. 58. p. 266—284. With figures in the text.)

King, G., Materials for a flora of the Malayan peninsula. No. 11. (Journal of the Asiatic. Soc. of Bengal. Vol. LXIX. 1900. Part II. No. 1.) 8°. 87 pp.

Koorders, S. H. en **Valeton, Th.,** Bijdrage No. 5 tot de kennis der boomsoorten op Java. Additamenta ad cognitionem florae arboreae Javanicae. Pars V. (Mededeelingen uit 's Lands Plantentuin. No. XXXIII.) 4°. III. 464 pp. Batavia (G. Kolff & Co.) 1900.

Kraenzlin, F., Orchidacearum genera et species. Vol. I. Fasc. 14. gr. 8°. p. 833—896. Berlin (Mayer & Müller) 1900. M. 2.80,
für Abnehmer des ganzen Werkes à Bogen M. —.60,
für Abnehmer einzelner Bände à Bogen M. —.70.

Lackowitz, W., Flora von Berlin und der Provinz Brandenburg. 12. Aufl. 12°. XL, 297 pp. Berlin (Friedberg & Mode) 1900
Geb. in Leinwand M. 2.50.

Meigen, Fr., Beobachtungen über Formationsfolge im Kaiserstuhl. (Deutsche botanische Monatsschrift. Jahrg. XVIII. 1900. Heft 10. p. 145-147.)

Oborny, A., Beiträge zur Kenntniss der Gattung Potentilla aus Mähren und Oesterreichisch-Schlesien. (I. Jahresbericht der deutschen Landes-Oberrealschule in Leipnik.) 8°. 22 pp. Leipnik 1900.

Prahl, P., Die Bastarde Calamagrostis Hartmanniana Fr. und C. acutiflora (Schrad.) DC. in Mecklenburg gefunden. (Archiv des Vereins der Freunde der Naturgeschichte in Mecklenburg. 1900.) 8°. 7 pp. Güstrow 1900.

Schumann, K., Musaceae. Das Pflanzenreich. Regni vegetalibis conspectus. Im Auftrage der königl. preussischen Akademie der Wissenschaften herausgegeben von **A. Engler.** Heft 1. gr 8°. VII, 45 pp. Mit 62 Einzelbildern in 10 Figuren. Leipzig (Wilh. Engelmann) 1900. M. 2.40.

Solms-Laubach, H. Graf zu, Cruciferenstudien. (Botanische Zeitung. Jahrg. LVIII. 1900. Abtheilung I. Originalabhandlungen. Heft 10. p. 167—190. Mit 1 Tafel.)

Strecker, W., Erkennen und Bestimmen der Wiesengräser. Anleitung für Land- und Forstwirte, Landmesser, Kulturtechniker und Boniteure, sowie zum Gebrauch an landwirtschaftlichen Unterrichtsanstalten. 3. Aufl. 8°. VI, 117 pp. Mit 68 Abbildungen. Berlin (Paul Parey) 1900. Kart. M. 2.25.

Suksdorf, N., Washingtonische Pflanzen. [Fortsetzung.] (Deutsche botanische Monatsschrift. Jahrg. XVIII. 1900. Heft 10. p. 153—156.)

Towndrow, Richard F., Euphorbia Esula var. Pseudo-Cyparissias in Berks. (The Journal of Botany British and foreign. Vol. XXXVIII. 1900. No. 454. p. 400.)

Townsend, Frederick, Ranunculus acer L. (The Journal of Botany British and foreign. Vol. XXXVIII. 1900. No. 454. p. 379—383.)

Palaeontologie:

Scott, D. H., Studies in fossil botany. 8°. $8^1/_4 \times 5^1/_8$. 548 pp. 151 illus. London (Black) 1900. 7 sh. 6 d.

Teratologie und Pflanzenkrankheiten:

Busse, Walter, Ueber die Mafutakrankheit der Mohrenhirse (Andropogon Sorghum [L.] Brot.) in Deutsch-Ostafrika. Vorläufige Mitteilung. (Der Tropenpflanzer. Jahrg. IV. 1900. No. 10. p. 481—488.)

Izoard, P., Un cas tératologique de Vinca minor, suivi de: De la partition des fougères; une classe tératologique. (Extr. du Bulletin de l'Académie Internationale de Géographie Botanique. 1900.) 8°. 6 pp. Le Mans (impr. de l'Institut de bibliographie) 1900.

Tower, W. L., The Colorado potato beetle. (Science. New Series. Vol. XII. 1900. No. 299. p. 238—240.)

Vermorel, V., Etude sur la grêle. Défense des récoltes par le tir du canon. (Bibliothèque du Progrès agricole et viticole.) 8°. 79 pp. Avec fig. Montpellier (Coulet & fils) 1900. Fr. 1.50.

Medicinisch-pharmaceutische Botanik:

A.

Greimer, Karl, Giftig wirkende Boragineenalkaloide. (Archiv der Pharmazie. Bd CCXXXVIII. 1900. Heft 7. p. 505—551.)

Netolitzky, Mikroskopische Untersuchung gänzlich verkohlter vorgeschichtlicher Nahrungsmittel aus Tirol. (Zeitschrift für Nahrungs- und Genuss-Mittel. III. 1900. p. 401—407.)

B.

Bra, Le Cancer et son parasite; action thérapeutique des produits solubles du champignon. 8°. 135 pp. Avec 28 fig. Paris (Société d'éditions scientifiques) 1900. Fr. 5.—

Technische, Forst-, ökonomische und gärtnerische Botanik:

Baum, H., Der Wurzelkautschuk im Kunene-Gebiet. (Der Tropenpflanzer. Jahrg. IV. 1900. No. 10. p. 475—480. Mit 5 Figuren.)

Blumenau, H., Waldverwüstung, Aufforstung und Wiederaufforstung. (Der Tropenpflanzer. Jahrg IV. 1900. No 10. p. 488—492.)

Boiret, H., Engrais organiques autres que les fumiers et composts. (Chaire d'agriculture de la Haute-Savoie.) Petit in 8⁰. 32 pp. Annecy (impr. Hérisson & Co.) 1900

Bonsmann, Th., Anleitung zum rationellen Gebrauche der Handelsdüngemittel. 3. Aufl. 23—32 Tausend. gr. 8⁰. 136 pp. Mit 14 Abbildungen. Neudamm (J. Neumann) 1900. M. 1.60.

Bruand, A., Causerie sur la forêt de Compiègne. (Extr. du Bulletin trimestriel de la Société forestière de Franche—Comté et Belfort. 1900.) 8⁰. 16 pp. et plan. Besançon (imp. Jacquin) 1900.

Degron, Henry, Les vignes japonaises, recuillies sur place, rapportées et cultivées en France, à Crespières (Seine-et-Oise). (Extr. du Bulletin de la Société nationale d'acclimatation de France. 1900.) 8⁰. 16 pp. Versailles (impr. Cerf) 1900.

De Sá, Heitor, Desenvolvimento da cultura do arroz. (Boletim da Agricultura do Estado de São Paulo. Ser. I. 1900. No. 2. p. 109—111.)

D'Utra, Gustavo, Plantas forrageiras (experiencias de cultura): a) Moha ou milhete da Hungria; b) Capim Cevadinha; c) Capim Teff-Relvão da Abyssinia; d) Painço da India; e) Capim Favorito. (Boletim da Agricultura do Estado de São Paulo Ser. I. 1900 No. 2. p. 89—109.)

D'Utra, Gustavo, O indigo e sua preparação. (Boletim da Agricultura do Estado de São Paulo. Ser. I. 1900. No. 2 p. 118—127.)

Henrici, Ernst, Bananengeschäft in Westafrika. (Der Tropenpflanzer. Jahrg IV 1900. No. 10 p. 492—495.)

Linsbauer, K., Mikroskopisch technische Untersuchungen über Torffaser und deren Producte. (Dingler's Polytechnisches Journal. Jahrg. LXXXI. 1900. Heft 28. p. 437-442. Mit 20 Figuren.)

Mohr, E. C. Julius, Over het drogen van de tabak. I. Totalgewicht en gewichtsverlies. (Mededeelingen uit 'S Lands Plantentuin. XLI. 1900.) 4⁰. IX, 49 pp. Met figuren achter den tekst Batavia (G. Kolff & Co.) 1900.

Mousseaux, J., Le fumier et les engrais chimiques. Avec préface de M. **Carré.** 16⁰. 32 pp. Epernay (imp. du Courrier du Nord-Est) 1900.

Zuerkannte Preise.

Ein zweiter Preis De Candolle wurde seitens der Société de Physique et d'Histoire naturelle der Universität Genf an Professor Dr. Wehmer, Hannover, für eine Monographie der Pilzgattung *Aspergillus* verliehen,

Personalnachrichten.

Verliehen: Prof. Dr. **Fr. Krašan** anlässlich seines Uebertritts in den Ruhestand der Titel Schulrath.

Gestorben: Prof. Dr. **E. Formánek** während einer botanischen Sammelreise auf dem Athos. — Prof. Dr. **V. Ahles** in Stuttgart.

Anzeigen.

Inhalt.

Ausgegeben: 24 October 1900.

Druck und Verlag von Gebr. Gotthelft, Kgl. Hofbuchdruckerei in Cassel.

Band LXXXIV. No. 6. XXI. Jahrgang.

Botanisches Centralblatt.

REFERIRENDES ORGAN

für das Gesammtgebiet der Botanik des In- und Auslandes.

Herausgegeben unter Mitwirkung zahlreicher Gelehrten

von

Dr. Oscar Uhlworm und **Dr. F. G. Kohl**

in Cassel in Marburg

Nr. 45.	Abonnement für das halbe Jahr (2 Bände) mit 14 M. durch alle Buchhandlungen und Postanstalten.	1900.

Die Herren Mitarbeiter werden dringend ersucht, die Manuscripte immer nur auf *einer* Seite zu beschreiben und für *jedes* Referat besondere Blätter benutzen zu wollen. Die Redaction.

Wissenschaftliche Originalmittheilungen.*)

Zur Anatomie der monopodialen *Orchideen*.

Von

Ludwig Hering

in Cassel.

Mit 3 Tafeln.

(Schluss.)

Das nicht veränderte Gewebe der Rinde besteht in den meisten Fällen aus dünnwandigem Parenchym mit im Querschnitt rundlich oder polygonal isodiametrischen Zellen.

Seltener haben die Zellen eine tangential verlängerte bis elliptische Form (*Sarcanthus sarcophyllus*, *Angrecum superbum*). Die Elemente des parenchymatischen Gewebes haben öfter verdickte Wände (*Renanthera moschifera*, *R. coccinea*, *Vandopsis gigantea* Infl. (Fig. 4, Taf. I).

Das unveränderte Grundgewebe ist meist von Intercellularen durchzogen, welche selten bei Stämmen grössere Durchmesser erreichen. (*Vanda tricolor*, *Vanda furva*.) Bei Inflorescenzaxen kommen grosse Intercellularen immer vor.

---

*) Für den Inhalt der Originalartikel sind die Herren Verfasser allein verantwortlich. Red.

Sowohl die veränderte, wie die unveränderte Rinde ist fast immer von besonderen Elementen durchsetzt, die sich meist schon im Querschnitt, namentlich aber im Längsschnitt, durch grossen Durchmesser auszeichnen.

Diese Zellen sind in wenigen Fällen unverdickt geblieben (*Saccolabium Witteanum* Infl., *S. giganteum*), in den meisten jedoch mit starken Verdickungen versehen. (*Vandopsis gigantea* Infl.) (Figur 4. Tafel I.) *Saccolabium ampullaceum*, *S. micranthum*, *S. Witteanum*, *Echioglossum striatum* Infl., *Acampe papillosa*, *Vanda Bensoni*, *V. coerulescens*, *V. furva*, *V. tricolor*, *V. lamellata* Infl., *Mystacidium distichum*, *Camarotis rostrata*. Mit der 25fachen Länge des Querdurchmessers erreichen diese Zellen bei *Vanda lamellata* das Maximum (p. 76). Es folgen die Zellen von *Vandopsis gigantea* mit der 15- bis 18fachen Länge und *Phalaenopsis antennifera* mit der 10- bis 15fachen Länge des Querdurchmessers.

Die normalen Rindenzellen der Stämme erreichen nie diese Länge. Bei *Saccolabium giganteum* sind dieselben fünf- bis sechsmal länger wie breit, bei *Acampe papillosa* zwei- bis dreimal.

Spaltförmige schräg aufsteigende Poren haben die Wandungen dieser langen Zellen in den meisten Fällen. (*Saccolabium ampullaceum*, *S. micranthum*, *S. Witteanum*, *Macroplectrum sesquipedale*, *Mystacidium distichum*, *Camarotis rostrata*.) Ausser diesen finden sich leiterartige Verdickungen bei *Vanda Bensoni*, *V. coerulescens*, *V. furva*, *V. tricolor*. Durch Grösse auffallende Zellen ohne Struktur sind selten (*Phalaenopsis antennifera* Infl., *Vanda lamellata* Infl.) In der Gattung *Aerides* finden sich Idioblasten mit verschiedenartig gestalteten Faserleisten. Dieselben erreichen mit 6 mm (*Aerides Fieldingii* Infl.) eine noch nicht beobachtete Länge. *Aerides Vandarum* hat keine Idioblasten. Aehnliche kürzere Zellen mit ebenfalls schräg verlaufenden dünnen breiten Faserleisten wurden bei *Saccolabium giganteum* beobachtet. Schräg verlaufende ringförmige Verdickungen finden sich in dem Stamm und Blütenschaft von *Listrostachys odoratissima* (Fig. 4. Taf. III).

Von Inhaltskörpern ist Chlorophyll in mehreren Fällen, sowohl in den äussersten subepidermalen Zelllagen (*Mystacidium distichium* Infl., *Sarcochilus Calceolus*, *Sarcochilus teres*, *Acampe papillosa* Infl.) wie in der ganzen parenchymatischen Rinde vorhanden. (*Renanthera coccinea*, *Saccolabium Witteanum* Infl., *Vanda Hookeriana*, *V. teres*, *Macroplectrum sesquipedale* Infl., *Listrostachys odoratissima*, Stamm und Infl., *L. subulata*).

Stärke ist in grösseren (*Listrostachgs odoratissima*) oder geringeren Mengen (*Angrecum armeniacum*, *A.* spec.) in vielen Fällen sowohl bei Stämmen wie Infloreseenzaxen in der unveränderten Rinde enthalten.

Kalkoxalat wurde in der Rinde überall beobachtet. Dasselbe tritt meist in Raphidenbündeln auf, welche oft sehr grosse Dimensionen haben (*Vandopsis gigantea* Infl., *Saccolabium Witteanum* Infl., *Dichaea vaginata*), seltener sind sie auffallend klein und dann in grosser Menge vorhanden (*Angraecum superbum*).

In Oktaedern findet sich Kalkoxalat ziemlich häufig (*Renanthera moschifera*, *Macroplectrum sesquipedale* Infl., *Listrostachys subulata*) oder in undeutlichen vierkantigen Prismen (*Listrostachys subulata*, *L. odoratissima* Infl.) oder in Drusen (*Angraecum* spec., *Camarotis rostrata*, *Macroplectrum sesquipedale* Infl., *Mystacidium distichum*).

Kieselkörper in der Rinde finden sich nur an der Peripherie der Scheiden rindenständiger Bündel. (*Macroplectrum sesquipedale*).

Von weiteren nicht näher definirbaren Einschlüssen wurden beobachtet:

Dunkelbraune Massen in desorganisirten Zellen bei *Listrostachys odoratissima*.

Hell oder dunkelgelbes ätherisches Oel enthielten in grossen Tropfen und Mengen das unveränderte Gewebe. (*Saccolabium giganteum*, *Angrecum superbum*.) Fettes Oel war in einem Falle vorhanden (*Mystacidium distichum*).

Ein ponceaurother, im Zellsaft gelöster Farbstoff findet sich in den subepidermalen Zelllagen bei *Phalaenopsis antennifera* Infl. Mit einem rothvioletten Farbstoffe waren die Membranen der äusseren Rindenzellen von *Angrecum superbum* imprägnirt. Auch die veränderten Membranen des Rindengewebes und die Sclerenchymscheiden der rindenständigen Bündel von *Macroplectrum sesquipedale* Infl. waren violett gefärbt.

Grundgewebe des Bündelcylinders.

Dasselbe besteht in den weitaus meisten Fällen aus parenchymatischen Elementen, welche an der Innengrenze des Cylinders zunächst kleinzellig und mehr oder weniger dickwandig sind. Nach der Mitte des Stammes werden diese Zellen allmählich grosszelliger und dünnwandiger und bilden schliesslich oft ein Mark.

Eine Sonderung in ein äusseres, gefässbündelfreies und ein inneres bündelführendes Grundgewebe wird vielfach beobachtet. Die Zellform des äusseren ist im Querschnitt meist elliptisch, in tangentialer Richtung gestreckt, während das innere fast stets Zellen mit rundlichem oder polygonal isodiametrischem Querschnitt aufweist. (*Acampe papillosa*, *A. multiflora*, *Vanda Bensoni*, *V. concolor*, *V. furva*, *V. tricolor*, *Vandopsis lissochiloides*, *Angrecum armeniacum*, *Aerides* spec., *suavissimum*, *A. virens*, *A. Warneri*, *A. Vandarum*.)

Bei mehreren Arten grenzt sich das bündelführende Grundgewebe scharf gegen die Rinde ab (*Renanthera moschifera*, *R. coccinea*, *Vandopsis gigantea*, *Phalaenopsis grandiflora*, *Sarcanthus sarcophyllus*, *S. rostratus*, *S. tricolor*, *Saccolabium giganteum*, *S. ampullaceum*, *Acampe multiflora*, *A. papillosa* Infl.). Bei anderen ist der Uebergang des zartwandigen Rindengewebes in das Cylindergrundgewebe ein allmählicher. (*Saccolabium Witteanum*, *Acampe papillosa*, *Sarcochilus Calceolus*.)

Selten ist das Grundgewebe vollständig aus dünnwandigen parenchymatischen Elementen gebildet (*Dichaea vaginata*), ebenso, jedoch mit wenigen verdickten Zellen durchsetzt ist dasselbe bei *Angrecum superbum*. Zellen mit gleichmässig mittelstarken Wandverdickungen bilden nur selten das vollständge Grundgewebe des Bündelcylinders. (*Saccolabium micranthum*.)

Denselben oder ähnlichen langgestreckten Elementen, die in der Rinde vorhanden waren, begegnet man in dem Cylindergrundgewebe, Dieselben kommen in besonders grosser Anzahl als verdickte und mehrmals längere als breite Zellen bei dem Blütenschaft von *Echioglossum striatum* vor. Dieselben Faserzellen wie in der Rinde finden sich bei *Aerides Fieldingii* Infl. im Bündelcylindergrundgewebe.

Von Inhaltskörpern bemerkt man im inneren Grundgewebe namentlich Stärke sehr häufig, und zwar in der Nähe der Bündel. (*Dichaea vaginata*, *Renanthera moschifera*, *Renanthera coccinea*, *Saccolabium ampullaceum*. *Acampe papillosa* Infl., *Vanda Hookeriana*, *Vanda lamellata* Infl., *Listrostachys odoratissima*.)

Ein rother Farbstoff lässt sich in den jüngsten Stammtheilen von *Listrostachys subulata* nachweisen.

Dasselbe dunkelgelbe ätherische Oel, wie in der Rinde, findet sich im Cylindergrundgewebe von *Angrecum superbum*.

Kieselkörper sind bei allen untersuchten Species, ausser bei *Aerides Vandarum*, die ständigen Begleiter der äusseren Peripherie der Bündelscheide.

Scheiden aus sclerenchymatischen oder verholzten Elementen.

a) Allgemeine Scheiden.

In vielen Fällen treten dieselben als geschlossene Ringe an der Peripherie der Bündelcylinder auf (*Phalaenopsis antennifera* Infl., *Listrostachys subulata*, *Vanda lamellata* Infl.,, *Aerides Fieldingii* Infl, *A. crispum* Infl., *Sarcochilus Calceolus*, *Camarotis rostrata*, *Macroplectrum sesquipedale* Infl.).

Weniger häufiger ist der Ring durch Grundgewebe in vier gleichmässige Theile (*Vanda furva*) oder weniger ungleichmässig zerklüftet (*Macroplectrum sesquipedale*, *Sarcanthus sarcophyllus*, *Angrecum* spec.). In einer ungleichmässigen concentrischen Zone um die Peripherie des Bündelcylinders vertheilte Sclerenchymfasercomplexe finden sich bei *Saccolabium Witteanum*.

Während diese Ringe meist aus langen Sclerenchymfasern bestehen, werden auch mitunter aus kürzeren oder längeren verholzten Zellen zusammengesetzte Ringe angetroffen, deren Gewebe mehr oder weniger parenchymatisch ist (*Vanda Hookeriana*, *V. teres*, *Hygrochilus Parishii* Infl., *Vandopsis gigantea* Infl., *Saccolabium Witteanum* Infl.).

Starken Sclerenchymringen, welche aus den dicht aneinander gelagerten Scheiden der Gefässbündel gebildet sind, begegnet man nicht selten. Erstere sind meist vielfach durchbrochen (*Listrostachys odoratissima*, *Mystacidium distichum*, *Sarcochilus teres*,

Vanda concolor, V. furva, V. tricolor) seltener vollkommen geschlossen (*Acrides Vandarum*).

b) Gefässbündelscheiden.

Dieselben sind überall als Schutz des Phloemtheils ausgebildet. Die Stärke der Scheiden geht von der Ausbildung wenig unregelmässig angeordneter Zellen (*Mystacidium distichum*) zu dem Vorhandensein von 2—3 Zelllagen (*Dichaea vaginata*) weiter bis zu der vielzelligen sichel- oder hufeisenförmigen Gestalt, welche am häufigsten beobachtet wird (*Renanthera coccinea, R. moschifera*, Arten der Gattungen *Sarcanthus*, *Acampe*, *Vanda*, *Aerides*).

Die vollkommenste Ausbildung der Scheide findet sich bei *Angrecum superbum*. (p. 78.)

In wenigen Fällen ist eine Scheide auch über dem Xylemtheil vorhanden (*Dichaea vaginata*, *Echioglossum striatum* Infl., *Macroplectrum sesquipedale*, *Mystacidium distichum*, *Camarotis rostrata*). Dieselbe unterscheidet sich sowohl durch ihre geringe, höchstens 2—3 Zelllagen starke Ausbildung, als auch durch die weitlumigen grosszelligen Elemente von den meist kleinzelligen englumigen Phloemscheiden.

Die Scheiden des Phloem- und Xylemtheils gehen unmerklich in einander über, sobald beide gleichmässig stark entwickelt sind (*Dichaea vaginata*). Im anderen Falle ist der Phloem- oder Xylemtheil an der Berührungsstelle etwas breiter ausgebildet (*Echioglossum striatum*) oder die Phloemscheide zieht sich hufeisenförmig zum Xylem hinab, dieses umschliessend (*Macroplectrum sesquipedale*).

Ausnahmsweise begegnet man hier auch Scheiden, deren Elemente aus dickwandigen parenchymatischen Zellen bestehen (*Vandopsis gigantea* Infl., *Listrostachys odoratissima* Infl.).

Besonders abweichende Form lassen die rindenständigen Blattspurstränge durch die kreisrunden Scheiden ihrer Bündel erkennen (*Macroplectrum sesquipedale*). (p. 79.)

Ein eigenthümliches Verhalten zeigen die oft das ganze Zelllumen ausfüllenden Verdickungslamellen der Sclerenchymfasern von *Saccolabium giganteum* durch ihre starke Lichtbrechung.

Phloem- und Xylemtheil sind sehr häufig durch eine bis drei Faserzellen breite Brücke von einander getrennt (*Macroplectrum sesquipedale*). Seltener ist eine Brücke unvollständig ausgebildet (*Echioglossum striatum* Infl.). Aus dickwandigen verholzten parenchymatischen Elementen besteht dieselbe bei *Vandopsis gigantea* Infl. Zellen mit schwach collenchymatischen Verdickungen finden sich an Stelle einer Brücke bei *Phalaenopsis antennifera*.

Gefässbündelverlauf.

Sämmtliche untersuchte Arten lassen sich betreffs der Anordnung ihrer Bündel in drei grössere Gruppen eintheilen. Die umfangreichste derselben (32 Arten) besitzt solche Bündel, die in geringerer oder grösserer Menge unregelmässig vertheilt sind.

Dieselben können entweder an der Peripherie des Bündelcylinders theilweise einem Sclerenchymring ein- und angelagert sein (*Vanda concolor*, *V. furva*, *V. tricolor*, *V. Hookeriana*, *V. teres*, *Listrostachys odoratissima*, *L. subulata*) oder frei in dem Grundgewebe liegen (*Dichaea vaginata*, *Sarcanthus tricolor*, *S. rostratus*).

Bezüglich dieser verschiedenen Anordnung theilt sich die erste Gruppe in zwei gleiche Untergruppen mit je 16 Arten. Eine weitere Gruppe enthält solche Bündel, die ohne Sclerenchymring im Grundgewebe gleichmässig vertheilt sind, und enthält neun Arten (*Saccolabium micranthum*, *Vandopsis lissochiloides*, *Vanda Bensoni*, *V. coerulescens*, *Renanthera coccinea*, *R. moschifera*, *Angrecum superbum*, *A. armeniacum*). Die acht Arten der letzten Gruppe zeigen Bündel in zwei bis drei Kreisen angeordnet, deren erster unregelmässiger meist einem Sclerenchymring angelagert ist, während der letzte regelmässigere ein grösseres oder kleineres Mark umschliesst (*Phalaenopsis antennifera* Inflor., *Saccolabium Witteanum* Infl., *Listrostachys odoratissima* Infl.).

In den meisten Fällen werden im Mark keine Bündel angetroffen. Nur bei *Dichaea vaginata*, *Saccolabium micranthum* erstrecken sich einige Bündel bis in's Centrum des Stammes.

Bei Betrachtung des specielleren Baues der Gefässbündel lassen sich zunächst zwei Formen von einander trennen. Die eine derselben zeichnet sich durch ihre in radialer Richtung langgestreckte Gestalt aus. Namentlich ist dies vom Xylemtheil hervorzuheben, der schliesslich mit einem meist seitlich zusammengedrückten Gefässe endigt (Fig. 5, Taf. I). Stets sind letztere seitlich von phloemähnlichen Elementen begleitet, in denen keine Siebplatten nachgewiesen werden konnten (Fig. 5, Taf. I). Diese Bündel finden sich immer bei Blütenschäften, kommen jedoch auch vereinzelt in derselben Ausbildung bei dem Stamm von *Vanda teres*, oder ohne die phloemähnlichen Zellen bei den Stämmen von Arten der Gattung *Angrecum* und bei *Camarotis rostrata* vor. Am vollkommensten sind die am weitesten nach innen gelegenen Bündel ausgebildet.

Die zweite Form der Bündel ist die normale, ebenso wie im ersten Falle mit collateraler Anordnung von Phloem und Xylem. Eine abweichende Orientirung des Phloemtheiles nach innen, Xylemtheiles nach aussen findet sich bei einzelnen Bündeln von *Vanda concolor*. Oefter beobachtet man, dass zwei bis drei Bündel vereint laufen (*Vandopsis gigantea* Infl., Fig. 5, Taf. I).

Letztere Form findet sich nie bei Infloreszenzachsen, dagegen fast überall in den Stämmen. Eine cambiale Zone wurde nirgends angetroffen.

Das Phloem besteht aus auffallend wenigen Zellen bei *Saccolabium micranthum*, *Macroplectrum sesquipedale*, *Mystacidium distichum*, es ist sehr vielzellig bei *Saccolabium Witteanum* Infl., *Vanda teres*, *Angrecum armeniacum*, *Aerides Fieldingii*.

Analog verhalten sich die Xylemtheile.

Die Form des Phloems ist meist unregelmässig rundlich, seltener nierenförmig (*Angrecum armeniacum*) oder dreieckig

(*A. superbum*). Eine auffallende Form des Xylems findet sich mitunter in der strahlenartigen Anordnung der Gefässe (*Macroplectrum sesquipedale* Infl.).

Bei den Bündeln von *Vanda teres* und *V. Hookeriana* tritt ein sehr grosses, im Querschnitt meist polygonales Gefäss gegen die übrigen kleinen sehr deutlich hervor. In allen Fällen, in denen verschieden grosse Gefässe vorhanden sind, liegen die grössten stets nach der Mitte des Stammes zu.

Erklärung der Abbildungen.

Tafel I.

Fig. 1. *Sarcochilus teres.*
Querschnitt durch das Grundgewebe des Bündelcylinders in der Nähe eines Gefässbündels: Eigenartige Wandverdickung einer Zelle in der Umgebung eines Bündels. (Vergr. etwa 330 mal.)

Fig. 2. *Renanthera coccinea.*
Querschnitt durch einen Theil der Rinde: Sehr dicke Cuticula. Elliptische, sehr verdickte Epidermiszellen. Erste und zweite Rindenschicht sehr verändert, dabei verholzt. Eigenthümliche unregelmässige Verdickungen der einzelnen Zellwände. (Vergr. etwa 330 mal.)

Fig. 3. *Renanthera moschifera.*
Querschnitt durch einen Theil der Rinde: Epidermiszellen und Endodermiszellen haben eigenthümliche Verdickungen. Endodermiszellen durch ihre Gleichmässigkeit und radial gestreckte, fast rechteckige Form ausgezeichnet Auf den Begrenzungslinien der Endodermis-, sowie einzelner Epidermiszellen die quellungsfähige, perlschnurförmige Lamelle. (Vergr. etwa 330 mal.)

Fig. 4. *Vandopsis gigantea.* Inflorescenzachse.
Querschnitt durch den äusseren Theil der Rinde: Kuppenförmige Verdickungen der Cuticula. In dieser kleine Lücken mit körniger Begrenzung. Endodermis dünnwandig. Im etwas verdickten Rindengewebe stark verdickte grosse Elemente. (Vergr. etwa 330 Mal.)

Fig. 5. Dieselbe Species. (Vergr. etwa 80 mal.)
Querschnitt zweier vereintläufiger Gefässbündel. Starke Sclerenchymscheide über dem Siebtheil. Radiallanggestreckter Xylemtheil, endigt mit einem stark seitlich eingedrückten Gefäss. Phloemähnliche Elemente seitwärts vom Xylem.

Tafel II.

Fig. 1. *Vanda teres*
Rindenquerschnitt: Kuppenförmige Verdickungen der Cuticula. Parallel der Epidermis in Reihen angeordnete Lücken in der Kuppe — diese radial gestreckt — und auf der Mitte der Cuticula. Letztere nur durch schmale kurze Bänder mit den Epidermiszellen verbunden. Sehr eigenartige Veränderung der fünf äussersten Rindenzelllagen, sowie der Epidermiszellen Membranen namentlich tangential stark verdickt. Stark verbogene Radialwände. In einer Epidermiszelle brückenbogenartige Ueberspannung aus verholzten Lamellen. (Vergr etwa 300 mal.)

Fig. 2. *Macroplectrum sesquipedale.* Inflorescenz.
Querschnitt durch die äusseren Rindenzelllagen, Endodermis und Epidermis Cuticula stark verdickt. Epidermis und Endodermiszellen collenchymatisch verdickt. Von den letzteren einzelne durch ihre äusserst starke eigenthümliche Verdickung ausgezeichnet, dieselbe hier U-förmig. (Vergr. etwa 330 mal.)

Fig. 3 Dieselbe Species.
Längsschnitt: Eigenthümliche Form der im Querschnitt U-förmigen Elemente der Endodermis. Radialwände weit zwischen die benachbarten Zellen eingedrungen. (Vergr. etwa 330 mal.)

Fig. 4. Dieselbe Species.
Tangentialschnitt etwa durch die Mitte der Radialwände. Diese höchst unregelmässig zickzackförmig. (Vergr. 330 mal.)

Fig. 5. *Macroplectrum sesquipedale.* Stamm.
Querschnitt durch einen Theil der Rinde: Stark veränderte Zellen der Rinde. Die Epidermis und äussersten Zelllagen desorganisirt. Vier Zelllagen der veränderten Zone mit enormen Verdickungen. (Vergr. etwa 57 mal.)

Tafel III.

Fig. 1. *Listrostachys subulata.*
Querschnitt durch den äussersten Theil der Rinde eines jüngeren Stammstückes mit Spaltöffnungen. Die enorme Stärke der Cuticula sehr bemerkenswerth. Bildung eines eigenthümlichen Vorhofes der Spaltöffnungen durch die Cuticula. (Vergr. etwa 400 mal.)

Fig. 2. Dieselbe Species.
Medianer Längsschnitt durch eine Spaltöffnung. (Dieselbe Vergr.)

Fig. 3. Dieselbe Species.
Flächenschnitt. (Dieselbe Vergr.)

Fig. 4. *Listrostachys odoratissima.*
Querschnitt durch die veränderte Rinde. Aeussere Zelllagen theilweise desorganisirt. Sehr breite Zone veränderter Zellen. Nicht besonders starke Verdickung der Tangentialwände, dieselben immer nach aussen gewölbt. In diese veränderte Rinde eingesprengt, Elemente mit im Querschnitt flach kegelförmigen Verdickungsleisten, dieselben spiralig ansteigend. (Vergr. etwa 100 mal.)

Fig. 5. *Sarcochilus teres.*
Querschnitt durch Grundgewebe des Bündelcylinders.
Einzelne oder bis zu drei Poren in die Intercellularräume mündend. (Vergr. etwa 330 mal.)

Referate.

Warnstorf, C., Neue Beiträge zur Kryptogamenflora von Brandenburg. Bericht über die im Jahre 1899 unternommenen bryologischen Ausflüge nach der Neumark, Altmark und Prignitz. (Verhandlungen des botanischen Vereins der Provinz Brandenburg. Bd. XLII. p. 175—221.)

Vorstehender Bericht zerfällt in einen allgemeinen und einen speciellen Theil. Im ersteren werden auf p. 175—184 allgemeine Vegetationsverhältnisse der bereisten Gebiete mit besonderer Berücksichtigung der Moose besprochen, während im letzteren alle beobachteten Leber-, Torf- und Laubmoose systematisch aufgezählt werden, welche entweder für die betreffenden Gebiete neu oder doch an neuen Standorten aufgefunden worden sind.

Die Ausflüge des Verf. erstrecken sich auf die Umgegend von Arnswalde (Neumark), Wittenberge, Perleberg, Triglitz (Prignitz), Seehausen (Altmark), Wittstock und Neuruppin. Unter den aufgefundenen Lebermoosen ist *Jungermannia Flörkei* W. et M. in einem Moorhaidegraben bei Triglitz für Brandenburg neu. An die Aufzählung der *Sphagna cuspidata* schliesst Verf. eine Revision der *Sphagna cuspidata* Europas in Form einer kurzen übersichtlichen Darstellung aller von ihm jetzt anerkannter Typen.

Es sind folgende:

1. *Sph Lindbergii* Schpr., 2. *Sph. riparium* Ångstr., 3. *Sph. monocladum* (Klinggr.) Warnst., 4. *Sph. cuspidatum* (Ehrh.) Warnst., 5. *Sph. trinitense* C. Müll., 6. *Sph. Dusenii* (Jens.) Russ. et Warnst, 7. *Sph. fallax* (Klinggr.) Warnst. erw., 8. *Sph. pulchrum* (Lindb.) Warnst., 9. *Sph. Torreyanum* Sulliv., 10. *Sph. obtusum* Warnst., 11. *Sph. recurvum* (P. B.) Warnst., 12. *Sph. parvifolium* (Sendt) Warnst., 13. *Sph. balticum* Russ., 14 *Sph. annulatum* Lindb. fil., 15. *Sph. Jensenii* Lindb. fil., 16. *Sph. molluscum* Bruch.

Von den angeführten Laubmoosen werden zwei: *Philonotis rivularis* Warnst., bei Hohentramm unweit Beetzendorf (Altmark) in Torfgräben mit fliessendem Wasser im December 1898 von Grundmann entdeckt, und *Hypnum* (*Harpidium*) *serrulatum* Warnst.. von Joh. Warnstorf auf Sumpfwiesen bei Wittenberge a. d. Elbe gesammelt, als neue Arten ausführlich beschrieben.

Folgende sind für die norddeutsche Tiefebene neu:

Cynodontium torquescens (Bruch.) Limpr. — Sommerfeld und Finsterwalde (Niederlausitz); *Dicranella squarrosa* (Starke) Schpr. — Tamsel an der Ostbahn; *Tortella fragilis* (Drumm.) Limpr. ♀. — Arnswalde, am Ostufer des Stawinsees mit *Hypn. elodes* und *Fissidens adiantoides*; *Plagiothecium succulentum* (Wils.) Lindb. — Neuruppin und Triglitz, in Erlenbrüchen häufig in Gesellschaft von *Mnium hornum*; neu für ganz Deutschland.

Für Brandenburg neue Erscheinungen sind:

Fissidens decipiens De Not., *Didymodon spadiceus* (Mitten) Limpr. — Neuruppin und Brüsenwalde: *Trichostomum cylindricum* (Bruch.) C Müll. — Chorin: Err. Blöcke von Löske entdeckt; *Plagiothecium depressum* (Bruch.) Dixon. — Wittstock: Stadtmauer; *Hypnum Haldanianum* Grev., auf einer Moorhaide bei Triglitz von Jaap und dem Verf. gefunden.

An neuen Varietäten werden aufgestellt:

Dicranella cerviculata var. *intermedia* W. — Triglitz; *Ceratodon purpureus* var. *pusillus* W. — Arnswalde; *Tortula pulvinata* var. *versispora* W. — Chorin (Löske!); *Funaria hygrometrica* var. *intermedia* W. — Neuruppin; *Bryum pendulum* var. *angustatum* Renauld in litt. — Neuruppin; var. *microcarpum* W. ebendort; *Br. cirratum* var. *pseudopendulum* W. — Neuruppin; *Br caespiticum* var. *strangulatum* W. ebendort; *Br. pseudotriquetrum* var. *neomarchicum* W. — Arnswalde: Zwischen Polstern von *Tortula fragilis; Rhynchostegium megapolitanum* var. *densum* W. — Neuruppin; *Brachythecium Mildeanum* var. *robustum* W. — Neuruppin; *Br. rivulare* var. *rugulosum* W. — Ebendort; *Plagiothecium Roeseanum* var. *angustirete* W. — Chorin: Waldhohlweg im Forstgarten (Löske!); *Amblystegium filicinum* var. *fallax* W. — Triglitz: Alte Mergelgrube; *Hypnum vernicosum* var. *fluitans* W. — Berlin: Locknitzwiesen bei Fangschleuse (Löske!); *Hypn. pseudofluitans* var *filescens* W. — Neuruppin: In Torflöchern schwimmend; *Hypn. reptile* var. *pseudo-fastigiatum* (C. Müll. et Kindb.). — Freienwalde: An einer Buche am Baa-See (Löske!).

Bei einer Reihe von Arten werden kritische oder biologische Bemerkungen eingeflochten, so z. B. über die Bedeutung der bei *Leucobryum* an den Hüllblättern unbefruchtet gebliebener ♀ Blüten vorkommenden Rhizoiden, über die Bulbillen von *Webera annotina*, über die in den Blattachseln des *Bryum capillare* vorkommenden Brutkörper, über die bei *Hypnum aduncum* vorkommenden *Anguillula*-Gallen u. s. w., wodurch die Arbeit nicht bloss locales, sondern gewiss auch allgemeines Interesse beanspruchen dürfte.

Warnstorf (Neuruppin).

Karsten, G., Die Auxosporenbildung der *Diatomeen*. (Biologisches Centralblatt. 1900. p. 258.)

Durch Ausnutzung der besonders günstigen Verhältnisse des Kieler botanischen Institutes gelang es dem Verf., eine ganze Reihe von Auxosporenbeobachtungen an marinen *Diatomeen*-Formen zu machen.

Der Vorgang wird an einigen charakteristischen Beispielen betrachtet:

Rhabdonema arcuatum ist eine häufige *Diatomee* der Ostsee. Jede Schale besteht aus einer oft erheblichen Anzahl von Zwischenschalen. Bei der Auxosporenbildung theilt sich der Zellinhalt in zwei Theile. Die Schalen werden auseinander gedrängt und eine Gallertblase verbindet ihre klaffenden Ränder. Der plasmatische Zellinhalt tritt aus beiden Schalen in die an Umfang wachsende Gallertblase ein und bildet zwei gesonderte Klumpen. Jeder dieser Klumpen wächst in sehr kurzer Zeit zu einem, die verlassen daneben liegende Mutterschale erheblich überragenden länglichen Körper, der Auxospore, heran, welche von einem kieselsäurehaltigen, allseitig geschlossenen, quergeringelten Panzer, dem Perizonium, umhüllt ist. Innerhalb dieses Perizoniums scheidet der von der Wand zurücktretende Plasmakörper nacheinander zwei Schalen aus, welche den Mutterschalen gleichen, ihnen aber an Grösse überlegen sind. Die junge *Rhabdonema*-Zelle wächst jetzt wieder in der Richtung ihrer Längsaxe.

Bei *Rhabdonema adriaticum* wird nach vollendeter Kerntheilung einer der beiden Tochterkerne nicht weiter ernährt. Er nimmt an Grösse ab und wird schliesslich aus dem Zellplasma ausgestossen. Bei der inzwischen erfolgten Oeffnung der Schalen vereinigt sich das ganze Zellplasma zu einer einzigen Auxospore. Diesem Vorgang entspricht die Auxosporenbildung bei der Gesammtheit der centrischen *Diatomeen*, welche ihrer Mehrzahl nach dem Plankton angehören.

Bei den mit eigner Bewegung begabten Formen sind an der Sporenentwickelung meist zwei Individuen betheiligt, welche durch Vereinigung ihres Inhaltes eine oder zwei Auxosporen bilden.

Cocconeïs Placentula. Die untere Schale gestattet dem Bewegung oder Festheftung vermittelnden Plasma Durchtritt durch eine „Raphe". Die zum Vorgang sich anschickenden Individuen liegen meist paarweise nahe beisammen, und es scheint völlig gleichgiltig, welche Seiten einander zugekehrt sind. Winzige Gallertpapillen treten über den Schalenrand hervor. Es sind also die Schalendeckel ein wenig gelüftet worden. Darauf erfolgt sehr schnell die Vereinigung dieser beiden Papillen und langsam tritt der ganze Inhalt einer Zelle, rings von dünner Gallertschicht umhüllt, in die andere Zelle über. Bei dieser tritt nach kurzer Ruhepause eine plötzliche Streckung ein, welche die Deckelschale hoch emporhebt, während die untere Schale unter der Auxospore deutlich erkennbar bleibt. Die Auxospore erreicht in jeder Richtung etwa das doppelte Mass der Mutterzellen und umhüllt sich schnell mit einem Perizonium, das keinerlei Oberflächenstructur besitzt.

Die bei weitem häufigere Form der Auxosporenentwickelung von Grund-*Diatomeen* liefert zwei Auxosporen und verläuft folgendermassen: Zwei Mutterzellen einer *Naviculee, Cymbellee, Achnanthee* oder *Nitzschiee* legen sich parallel nebeneinander und treten durch mehr oder minder grosse Gallertabscheidungen in feste Verbindung. Jedes Mutterindividuum theilt sich in zwei Tochterzellen, deren jede ihren Kern noch weiter in einen Grosskern und einen Kleinkern zerlegt. Darauf vereinigen sich die vier Tochterzellen paarweise miteinander und aus den beiden Zygoten entwickeln sich die zwei Auxosporen. welche in der Mehrzahl der Fälle parallel den Mutterschalen oder bei den *Cymbelleen* im rechten Winkel zu ihnen wachsen. Die weiteren Vorgänge sind wie bei *Cocconeïs.*

Als durchgreifendes Merkmal der Auxosporenbildung hat sich gezeigt, dass stets eine Zelltheilung den Vorgang einleitet.

Mit der wichtigste Punkt ist der, dass diese Zellen thatsächlich wachsen, dass sie der neuen Generation eine Grösse erwerben, von der aus eine Zeit lang die stetigen Einbussen bei jeder Zelltheilung ertragen werden können.

Haensler (Kaiserslautern).

Němec, B., Die reizleitenden Structuren bei den Pflanzen. (Biologisches Centralblatt. 1900. p. 369.)

Die Frage, ob die Fortpflanzung des Reizes bei den Pflanzen sich direct mit einer Reizleitung vergleichen lässt, wie man dieselbe bei den Thieren beobachtet, welche mit einem Nervensystem ausgestattet sind, beantwortet Verf. positiv. Zahlreiche Gefässpflanzen besitzen in einigen Organen reizleitende Structuren im Cytoplasma ihrer Zellen.

In einigen Pflanzentheilen, wo Reizleitung stattfinden soll, fanden sich Fibrillen, welche meist parallel in einem eigenthümlichen Plasma eingebettet verlaufen. Es kommen so förmliche Faserbüschel zu Stande, welche bei geeigneter Tinction der Präparate schon bei ganz schwachen Vergrösserungen zu sehen sind und in den Nachbarzellen geometrisch correct an den Scheidewänden correspondiren. An den Correspondenzstellen kann eine Continuität oder nur ein blosser Contact vermuthet werden Die Faserbündel sind auch in vivo zu sehen, allerdings nur an Schnitten.

Experimentelle Untersuchungen haben ergeben, dass parallel mit dem Verlauf der Fäserchen diese Reizleitung am schnellsten erfolgt. Bringt man die Faserbüschel zu einer Degeneration oder Interruption, so ist diese bevorzugte Geschwindigkeit nicht zu constatiren.

Die Leitung gewisser plastischer Stoffe konnte in keine Beziehung zum Verlauf der Fäserchen gebracht werden.

Die Fäserchen verlaufen in den jüngsten Theilen der Wurzelspitze in den äusseren Zellenlagen meist annähernd radial, in den centralen Partien longitudinal. In den älteren Theilen, wo die Zelltheilungen erloschen sind, findet man nur longitudinal verlaufende Fäserchen. Die Faserbündel lassen sich bis in die Krümmungspartie verfolgen. Mit dem Verschwinden der Fäserchen geht auch die Fähigkeit der Zellen zu einer schnellen Reizleitung in bestimmter Richtung verloren.

Die sensible Zone für den geotropischen Reiz liegt meist in der Wurzelhaube, und zwar in einer Gruppe von besonderen Zellen, welche sich durch das Vorhandensein von permanenter Stärke auszeichnen. Das Protoplasma dieser Zellen ist relativ dünnflüssig, nur die Stärkekörner fallen sehr leicht bis an die äussere Plasmahaut. Von diesen Zellen gehen Fibrillen aus bis zur Krümmungspartie. Dass sich Reize mit ungeschwächter Intensität fortpflanzen, wurde mit der traumatischen Reaction sicher gestellt. Die erwähnten Gruppen von besonders differencirten Zellen in der Haube, welche zahlreiche, leicht bewegliche Stärkekörner enthalten, sind in einigen Wurzeln zu einem förmlichen besonderen Organ geworden, das sich wohl mit den mit Statolithen versehenen statischen Organen mancher *Metazoen* im Princip vergleichen lässt.

Haeusler (Kaiserslautern).

Werth, Emil, Blütenbiologische Fragmente aus Ostafrika. Ostafrikanische Nectarinienblumen und ihre Kreuzungsvermittler. Ein Beitrag zur Erkenntniss der Wechselbeziehungen zwischen Blumen- und Vogelwelt. (Verhandlungen des Botanischen Vereins der Provinz Brandenburg. Band XLII. 1900. Heft 2. p. 222—256. Mit 12 Figuren.)

Die Erfahrungen, die Verf. im Küstengebiete des tropischen Ostafrika bezüglich der Bedeutung der Nectarinien, der Vertreter der amerikanischen Kolibris in den Tropen der alten Welt, für die Blumenwelt machte, stimmen mit denen von Scott-Elliot (Ann. of Botany. IV u. V), E. C. Galpin (Gardener's Chronicle. Ser. III. Vol. IX. 1891), G. Volkens (Festschrift für Schwendener. 1899) völlig überein Als Bestäubungsvermittler dürften diese Vögel in der tropischen Flora Afrikas eine ebenso grosse blütenbiologische Bedeutung haben, wie die in dieser Beziehung wichtigeren Insectengruppen, und jedenfalls eine bedeutendere, wie z. B. die Falter für die mitteleuropäische Mittelgebirgs- und Tieflands-Flora.

Verf. behandelt im Anschluss an das von Delpino aufgestellte System von zoidiophilen Blütenformen eine Reihe von Blütentypen, indem er für jeden derselben ein oder mehrere Beispiele erörtert, für die der thatsächlich stattfindende Blütenbesuch nachgewiesen wurde.

I. *Myrtaceen*-Typus. Grosse troddel- oder breitpinselförmige, einfache oder zusammengesetzte Blumeneinrichtungen mit reichlicher Honigabsonderung. Als Schauapparat und Honigverschluss wirken fast ausschliesslich die bei den ostafrikanischen Formen meist weissgefärbten, langen Staubfäden. Als Beispiele werden erörtert *Jambosa vulgaris* DC. und *Barringtonia racemosa* (L.) Bl., beide zeigen in gleichem Masse Anpassung an Nectarinien und Falter (*Symphyden*). Der Typus lässt sich von reinen Pollenblumen ableiten, die sich durch Honigsecretion zunächst weniger langrüsseligen Insecten (Bienen) anpassten, wie *Jambosa Caryophillus* (Spreng.) Ndr. und den *Albizzia*-Arten nahe verwandte Arten von *Acacia*. Sie unterscheiden sich im Wesentlichen nur durch kleinere Dimensionen von den Falter-Nectarinien Blumen des Typus.

II. *Bruguiera*-Typus. Mehr oder weniger glockenförmige, hängende Blumen mit centralem Griffel und mehr peripherischen Antheren (Honigzugang zwischen Griffel und Staubgefässen). Als einzige Form dieses Typus wird der in der ostafrikanischen Mangrove häufige Baum *Bruguiera gymnorhiza* Lamk. besprochen, dessen Blumen auf der Insel Sansibar durch *Anthotreptes hypodila* (Jacq.) bestäubt werden.

III. *Ceiba*-Typus, im Wesentlichen mit Delpino's *Fuchsia*-Typus übereinstimmend (Beispiel *Ceiba pentandra* (L.) Gärtn.

IV. *Hibiscus*-Typus (Delpino's „Tipo abutilino"). Röhrige bis glockenförmige, horizontal oder abwärts gerichtete, lebhafte Blumen mit centralen, ganz eingeschlossenen oder hervorragenden Geschlechtsorganen. *Hibiscus rosa sinensis* L. sah Verf. von *Cinnyris gutturalis* (L.) besucht, vermuthlich werden auch andere Arten, wie *Hibiscus tiliaceus*, *Abelmoschus esculentus*, *Thespesia populnea* etc., mit meist gelber Krone, durch Nectarinien bestäubt, wie die *Abutilon* Südbrasiliens durch Kolibris. Die *Hibiscus*-Arten besitzen zuweilen auch extranuptiale Nectarien (auf der Unterseite Blumenblätter).

V. *Aloë*-Typus. Engröhrenförmige, gerade oder schwach gebogene, horizontale oder mehr oder weniger hängende Blüten ohne erweiterten Eingang und ohne besondere Saumbildung von auffälliger, meist rother Färbung mit reicher Honigabsonderung. Verf. hat aus der Gattung eine Art näher untersucht. Die Länge der Blütenröhre (30 mm) entsprach der Länge des Saugorgans der meisten Nectarinien Gestalt und Färbung, der mangelnde Geruch und die die Blütenröhre oft bis oben hin erfüllende Nectarmenge lassen Honigvögel als legitime Kreuzungsvermittler erscheinen. Volkens hatte den Besuch der *Aloë Volkensii* Engl. durch *Nectarinia Johnstoni* beobachtet und auch *Aloë lateritia* Engl. als ornithophil bezeichnet, und E. Shelley berichtet in seinem Werk Birds of Africa. London 1900. Vol. II. T. I. p. 17 ff. über den Besuch von *Aloë* durch *Nectarinia famosa* (Kapland), ebenso wie Johnston über den durch *N. Johnstoni* (Kilimandjaro), Rickel über den Besuch ven *Aloë* durch *Cinnyris amethystinus*, Levaillant fand, dass *Nectarinia cardinalis* (Südafrika) hauptsächlich vom Honig der *Aloe dichotoma* lebt. Dem *Aloë*-Typus (Delpino's tipo microstoma) reiht sich die Gattung *Kniphofia* an, z. B. *K. Thomsoni*, wo Volkens *Nectarinien*-Besuch fand. Bei

Erica Papaya von diesem Typus wurden zwar *Nectarinia souimanga*, *Cinnyris gutturalis* und andere *Nectarinien* von Scott-Elliot, Volkens, Verf. beobachtet, doch dürften *Sphingiden* hier die regelmässigen Bestäubungsvermittler sein. In der Kapflora gehören auch noch *Erica*-Arten zu diesem Typus von Ornithophilen, während *Halleria abyssinica* Jaub. et Spach den Uebergang zum folgenden Typus bildet.

VI. Lippenblumen-Typus. Mehr oder weniger horizontal gerichtete, zygomorphe, lebhaft gefärbte Blumen, deren Sexualorgane den Besucher von oben berühren. *Kigelia aethiopica* Dene wird durch *Nectarinia hypodilus* Jard. befruchtet. Noch besser als *Kigelia* zeigen ornithophile Arten von *Salvia* (z. B. *S. aurea* L.) und *Leonotis* (*L. ovala* Sprengel, andere scharlachrothe *Leonotis*-Art durch *Cinnyris gutturalis* besucht) den Lippenblumentypus (tipo labiato Delpino's). Ihm gehören auch an die *Lobelia*-Arten (*L. Volkensii* Engl., *L. Deckenii* (Aschers.) Hmsl., *Impatiens digitata* Wart und *I. Ehlersii*) wie die *Musa*-Arten.

VII. *Erythrina*-Typus. Horizontal gestellte, zygomorphe Blumenformen von lebhafter Färbung mit weit hervorragenden, die Besucher von unten berührenden Sexualorganen und gebogenem Honig. *Erythrina indica* Lam. wird durch *Anthotreptes hypodila* (Jard.) befruchtet. Scott-Elliot, Galpin und Marschall erörtern die Ornithophilie von *E. caffra*, Volkens die von *Erythrina tomentosa* R. Br., *Erythrina*-Typus (Delpino's tipo amarillideo forma a stami esclusi, dem auch die *Caesalpiniaceen Intsia*, *Vouapa*, *Poinciana regia* Boj., *Caesalpinia pulcherrima* Sw., *Bauhinia forficata*, *Amherstia nobilis* angehören) ist in gleicher Weise honigsaugenden Vögeln und Tagfaltern angepasst.

VIII. Pollenexplosionsblumen-Typus. Verschieden gestaltete, meist auffallend gefärbte Blumeneinrichtungen, die sich erst durch einen von aussen kommenden Anstoss völlig öffnen und den Pollen ausstreuen. Hierher gehören *Loranthus Dregei* E. Z. (auf der Insel Sansibar häufig auf den Zweigen von *Jambosa vulgaris*, *J. Caryophyllus* nnd *Citrus*-Arten), dessen Bestäubungseinrichtung im Wesentlichen mit der von *Loranthus Ehlersii* übereinstimmt, auch *L. poecilobotrys* Werth, der von *Nectarinien* besucht wurde. Der Explosionsapparat, wie er von L. Dregei beschrieben wurde, scheint den Endpunkt einer ornithophilen Entwickelungsreihe darzustellen, auf deren verschiedenen Stufen in mannigfachen Variationen die Blüteneinrichtung vieler Arten stehen geblieben ist. Von den ostafrikanischen Arten hat *L. Kirkii* Oliv. die einfachsten Blüten. An den Bestäubungsmechanismus von *Loranthus* in seiner ausgebildetsten Form schliesst sich der von *Protea*, der gleichfalls eine Explosion des Pollens bewirkt, an. Scott-Elliot hat für mehrere Arten den *Nectarinien* Besuch festgestellt, Volkens für *Protea kilimandscharica* Engl. und *Pr. abyssinica* Willd. Es haben sich bei *Protea* zahlreiche Einzelblüten zu einer Blumeneinrichtung höherer Ordnung vereinigt, indem sie ein grosses, von zahlreichen Hochblättern umgebenes Köpfchen bildet.

Zu dem Typus der Pollenexplosionsblumen gehört auch die in Madagaskar heimische *Ravenala madagascariensis* Sonnerat. Scott-Elliot hat dieselbe schon beschrieben und *Nectarinia sonimanga* als Bestäuber angegeben, auch Verf. beobachtete eine *Nectarinie.* Eine Vervollkommnung der *Ravenala*-Blüteneinrichtung stellt weiter die von *Strelitzia Reginae* Ait. dar, bei der schon Darwin *Nectarinien*-Besuch beobachtete.

Den Einzelbeschreibungen fügt Verf. noch einen Rückblick auf die betrachteten Blumenformen hinzu, dem er die als allgemeine Anpassungserscheinungen ornithophiler Blüten zu deutenden Charaktere hervorhebt. Es sind das zunächst die meist lebhaft rothen, auffallenden Färbungen. „In scharlach-, purpur- oder mehr oder weniger braun- bis gelbrothen Farbentönen prangen die Blüten von *Aloë-*, *Kniphofia*, *Erica-*, *Halleria*-Arten, ferner die der *Kigelia aethiopica*, von *Leonotis-* und *Erythrina*-Arten, von *Hibiscus rosa sinensis* und vielen *Loranthus*-Arten; lelbhaft gelbe Farbe zeigen *Salvia aurea* und viele *Hibiscus*-Arten und den letzteren nahestehende grossblütige *Malvaceen* anderer Gattungen. Dieselben Farben treten häufig im Gefieder der männlichen Vögel auf und zeichnen diese den unscheinbaren Weibchen gegenüber aus (*Cinnyris gutturalis* hat z. B. rothe Brust, *Anthotreptes hypodila* eine lebhaft gelbe Unterseite). Bei einer Anzahl der aufgeführten Blütenformen fehlt jedoch die lebhafte Färbung und an ihre Stelle tritt ein weisses oder unscheinbar gelb-weisses Colorit. Sie stellen aber gleichzeitige Anpassungen an *Nectarinien* und *Sphingiden* (und andere Falter) dar, das Colorit ist eine sowohl am Tage als in der Dämmerung sichtbare Blütenfarbe. Bei anderen, wie bei *Ceiba pentandra, Ravenala madagascariensis*, *Musa paradisiaca*, ist es dagegen die relativ grosse Ursprünglichkeit, welche diese Blüten auszeichnet, und neben ihren sonstigen Eigenthümlichkeiten die unscheinbare Färbung erklärt.

Weitere Eigenthümlichkeiten der Nectarinienblumen finden sich in der Gestaltung in ebenso grosser Mannigfaltigkeit, wie bei den bestimmten Insectengruppen angepassten Blumenformen. Bei den Blütenröhren des *Aloë*-Typus ist die bestimmte, wenig variable Länge bezeichnend, die mit der Durchschnittslänge des Nectarinienschnabels übereinstimmt. Röhrenförmige Bienenblumen sind (abgesehen von sonstigen Eigenthümlichkeiten) kürzer, Falter-Blumen oft länger (vgl. z. B. ornithophile und melittophile *Erica*-Arten). Die Röhren besitzen ferner eine dem charakteristisch geformten Nectarinienschnabel entsprechende Krümmung. Bei den lippenblütigen Formen fehlt der Anflugplatz, der die melittophilen Lippenformen allgemein auszeichnet. Auf die erhebliche mechanische Festigung bestimmter Blütentheile hat schon Volkens hingewiesen. Schliesslich ist den meisten Ornithophilen die auffallend starke Nectarsecretion charakteristisch, die nur da weniger augenfällig ist, wo viele Einzelbüten zu einem dichten Blütenstand vereinigt sind.

In der Fortsetzung des vorliegenden Aufsatzes sollen dann die

Nectarinien ihrer Organisation und Lebensweise nach und die Wechselbeziehung bei den Organismen erörtert werden.

Ludwig (Greiz)

Laloy, L., Der Scheintod und die Wiederbelebung als Anpassung an die Kälte oder an die Trockenheit. (Biologisches Centralblatt. 1900. p. 65.)

Die Anpassung an die Kälte und die Anpassung an die Trockenheit sind die beiden grossen Ursachen des Scheintodes der Reviviscirenden. Diese beim ersten Blick so sonderbare Erscheinung steht nicht einzeln in der Natur da, sondern sie reiht sich durch Uebergangsstufen an den partiellen Stillstand der Lebensthätigkeiten bei den Winterschlaf haltenden Pflanzen und Thieren an. Aber wenn die Reviviscirenden durch die Verlangsamung und den Stillstand aller ihrer Functionen den Winterschläflern ähneln, so weisen sie doch in anderer Hinsicht wieder grosse Unterschiede auf. So wie die Xerophyten gegen die Austrocknung, so sind auch die winterschlafenden Pflanzen und Thiere gegen die Kälte geschützt, welche ihre Gewebe zersetzen würde. Die Reviviscirenden besitzen dagegen keinerlei Schutzvorrichtungen gegen die Trockenheit, bezw. Temperaturabnahme; die einen, wie die Fische und Batrachier, gefrieren vollständig, die anderen, wie die Räderthiere, Tardigraden, Nematoden, Moose, Nostoc, trocknen aus und schrumpfen zusammen.

Die Frage, wie das Leben in so modificirten Organismen fortbestehen kann, ist mit den heutigen Mitteln der Wissenschaft nicht zu beantworten. Man kann jedoch für die reviviscirenden Thiere und Pflanzen dieselbe Hypothese aufstellen, wie für die Eier, Samen, Sporen und überhaupt für alle Wesen, deren Lebensthätigkeiten unscheinbar geworden sind.

Das Leben besteht wesentlich aus Molecularbewegungen des Protoplasma. Diese Bewegungen, sowie der Stoffwechsel müssen sehr verlangsamt, bezw. vermindert sein, ohne jedoch ganz aufgehört zu haben, was das endgiltige Aufhören des Lebens zur Folge hätte.

Wie können aber Molecularbewegungen und Stoffwechsel — wenn auch in sehr geringem Masse — in solchen Geweben fortbestehen, die den grössten Theil des Wassers entweder durch Gefrieren oder durch Austrocknen verloren haben? Das erklärt sich so, dass im Eiweiss Wasser in zwei verschiedenen Zuständen sich findet: Erstens freies Wasser, welches nur in den Zwischenräumen des Stoffes vorhanden ist, und zweitens chemisch gebundenes Wasser, welches ein unentbehrlicher Bestandtheil der Albuminoidstoffe ist. Das erstere kann durch Austrocknen oder Gefrieren verschwinden, während dagegen eine Abnahme des chemisch gebundenen Wassers den Tod des Gewebes herbeiführen muss. Vielleicht besteht nun der Unterschied der Reviviscirenden und der anderen Organismen darin, dass bei den ersteren das Verbindungswasser zäher am Protoplasma haftet, so dass es auch bei einem hohen Grad von Kälte oder Trockenheit nicht entfernt werden kann; somit behält der Organismus der Reviviscirenden seine wesentlichsten Eigenschaften und die Fähigkeit, wieder activ aufzuleben. Bei den nicht reviviscirenden Organismen wäre dagegen die Verbindung des Wassers mit dem Protoplasma eine lockere, so dass sie schon durch einen relativ geringen Grad von Trockenheit oder Kälte gelöst und der Tod des Organismus herbeigeführt würde.

Haeusler (Kaiserslautern).

Greene, Edward L., Four new *Violets*. (Pittonia. Vol. IV. 1899. p. 64 sqq.)

Verf. veröffentlicht die Beschreibung von vier *Viola*-Arten, die sämmtlich zu der stengellosen, purpurblütigen Gruppe gehören.

Viola pratincola auf natürlichen Wiesen am Des Moines River bei Windom in Minnesota, wo sie Verf. in grosser Menge auf dem üppigen Prärieboden zwischen *Lilium umbellatum* wachsend vor zwei Jahren fand; sie scheint gemein zu sein auf niedrig gelegenen Prärien des südlichen Minnesota, nördlichen Jowa und angrenzenden Gebieten. *Viola Dicksonii*, ein in Wäldern und Dickichten Canadas gemeines Veilchen, mit *V. cuspidata* bisher verwechselt (so auch von J. M. Macoun in Ottawa Naturalist. Vol. XII. 1899. p. 186). *Viola elegantula*, von Macoun bei Ottava in Canada gesammelt, scheint die Blätter der *V. blanda* mit Blüten zu vereinigen, die mit denen der *V. cucullata* Aehnlichkeit haben; auch mit *V. venustula* ist eine gewisse Aehnlichkeit nicht zu bestreiten. Mit der letztgenannten Art verwechselt wurde *Viola vagula*, die gleichfalls von J. M. Macoun in der Gegend von Ottawa gesammelt wurde; sie scheint eine intermediäre Stellung zwischen *V. cucullata* Ait. und *V. venustula* einzunehmen.

Wagner (Wien).

Greene, Edward L., New species of *Antennaria*. (Pittonia. Vol. IV. 1899. p. 81 ff.)

Verf. beschreibt folgende neue Arten:

A. sordida n. sp., wächst nur in den höheren Gebirgen von Nordcolorado, wo sie auf feuchtem Sandboden von 8000—10500 Fuss gedeiht. C. S. Sheldon sammelte sie im North Park bei Teller, und Holm im September vorigen Jahres am Clear Creek. *A. Holmii* n. sp., wie vorige, nur 5—8 Zoll hoch und in dichtem Rasen wachsend, von Theo Holm am Long's Peak (Colorado) in 10000 Fuss Höhe entdeckt; verwandt mit der im niederen Gebirge wachsenden *A. aprica*. *A. nardina* n. sp., eine kaum grössere auffallend zierliche und schöne Pflanze, gleichfalls von Theo Holm unter Fichten am Mt. Massive bei Leadville, Colorado in 11000 Fuss Höhe gefunden. Der Speciesname bezieht sich nicht auf die *Gramineen*-Gattung *Nardus* L., sondern die Beblätterung der in Frage stehenden *Antennaria* ähnelt derjenigen des Lavendels, der früher auch als *Nardus* bezeichnet wurde. *A. propinqua* n. sp., der *A. arnoglossa* und *A. Parlinii* nahestehend, bis jetzt nur vom Verf. bei Harpers Ferry, W. Va., in einem männlichen Rasen gesammelt. In der Gegend von Harpers Ferry fehlt *A. arnoglossa*. *A. alsinoides* n. sp., verwandt mit *A. neodioica*, der sie auch in der Grösse gleichkommt, kommt in Columbien und im angrenzenden Maryland vor; Verf. hielt sie zuerst nur für eine geographische Varietät der *A. neodioica*, die völlig ausgebildeten Stolonen erinnern habituell ganz auffallend an *Alsine media*. *Antennaria borealis* n. sp., vom Habitus der *A. media* Greene (Pittonia. III. p. 286), aus der Disenchantment Bay in Alaska, wo sie Fred. Funston 1892 gesammelt hat.

In Folge der von E. Nelson in Bull. Torr. Club. XXIV. p. 210 gemachten Ausstellungen veröffentlicht Verf. eine englische Diagnose der von ihm (l. c.) aufgestellten *A. media;* er hatte im vorigen Bande der Pittonia sich darauf beschränkt, die Unterscheidungsmerkmale von *A. umbrinella* einerseits und von *A. alpina* andererseits anzugeben. Die typische *A. media* Greene ist eine Pflanze der mittelcalifornischen Sierra Nevada; Sonne sammelte sie in der Nähe des Donner Lake; Verf. ist der Ansicht, dass sie dem ganzen Kamme dieser Bergkette entlang bis zum Mt. Hood vorkommt, von wo sie Howell vertheilt hat. In Britisch Amerika kommt eine Varietät vor.

Wagner (Wien).

Greene, Edward L., A fascicle of *Senecios*. (Pittonia. Vol. IV. 1900. Part 22. p. 108 sqq.)

Die Arbeit besteht in einer Reihe englischer Beschreibungen neuer *Senecio*-Arten.

Senecio scalaris, in der Sierra Madre, Chihuahua in Mexico bei 7500' Meereshöhe von Townsend gesammelt, gehört in die Verwandtschaft des *S. aureus*, hat aber keine Aehnlichkeit mit einer der zahlreichen Arten aus den Rocky Mountains; *S. flavulus*, ein fusshohes zartes Kraut aus der nämlichen Gruppe, von Karl F. Baker bei Arboles im südlichen Colorado entdeckt. *S. dimorphophyllus*, in Fichtenwäldern nahe der Baumgrenze (10 500') in den Bergen des südlichen Colorado an dem Pagosa Park, gleichfalls von K. F. Baker gesammelt, ähnlich dem *S. aureus* var. *croceus* Gray. Der Name bezieht sich auf die verschiedene Form der Basal- und Stengelblätter. *S. Valerianella*, habituell einer kleinen *Valeriana* ähnlich, von J. B. Leiberg 1895 in den Coeur d'Alene Mountains in Idaho gesammelt. *S. ovinus*, von dicht rasenförmigem Wuchse, nur 2 Zoll hoch, von John Macoun auf dem Sheep Mountain, Alberta, Canada, gefunden (Canadian Survey Herbarium No. 11619). *S. candidissimus*, eine ausdauernde Pflanze aus der Sierra Madre, Staat Chihuahua in Mexico bei 7500' Meereshöhe von Townsend entdeckt, verwandt mit dem *S. werneriaefolius* A. Gray aus den Rocky Mountains, hat sie genau die nämliche Blattform wie der strauchige *S. Palmeri* von Guadaloupe. *S. mutabilis*, von K. F. Baker „in dry lowlands about Arboles and Los Pinos" im südlichen Colorado voriges Jahr gesammelt, dem von New Mexico bis Wyoming verbreiteten *S. Fendleri* Gray (*S Nelsonii* Krydb. in Bull. Torr. Club. XXVI. 1899. p. 483) ähnlich, vielleicht noch näher mit dem aus den Ebenen Nord-Carolinas stammenden *S. compactus* verwandt. *S. cognatus* (Piedra, südl. Colorado), eine Pflanze trockener Standorte, intermediär zwischen *S. Balsamitae* und *S mutabilis*. *S. Wardii*, eine kaum 3 Zoll hohe, in dichten Rasen wachsende Pflanze, möglicher Weise alpin, irgendwo in Utah von L. F. Ward gesammelt. *S. milleflorus*, verwandt mit *S. atratus*, aber mehr als doppelt so hoch, wächst in steinigen, trockenen Flussbetten um Pagosa Springs in Colorado (leg. K. F. Baker), steht zwischen dem in den Rocky Mountains wachsenden *S. atratus* und dem *S. umbraculifer* aus Chihuahua. *S. imbricatus*, aus der Verwandtschaft des *S. umbraculifer*, nur 2—5 Zoll hoch, von James T. White bei der Reindeer Station, Post Clarence in Alasca gesammelt. *S. chloranthus*, mit *S. scopulinus* nom. nov. cf. Greene, Pittonia. Vol. IV. p. 117 (*S. Bigelovii* var. *Hallii* Gray in Proceed. Philad. Acad. 1863. p. 67, *S. Bigelovii* var. *monocephalus* Rottr. Wheeler, Rep. 178) und mit *S. Bigelowii* verwandt, in 9500' Höhe von Pagosa Peak von K. F. Baker entdeckt. *S. seridophyllus*, zuerst von Watson in den Clover Mountains, später von Jones bei Marysvale, Utah, in 11700' Höhe, zuletzt von Greene selbst in den Ruby Mountains in Nevada gefunden, steht dem *S. amplectens* A. Gray nahe. *S. lactucinus*, verwandt mit dem subalpinen *S. amplectens*, bei 12000' Meereshöhe in den Gebirgen in der Gegend des Pagosa Peak von K. F. Baker gesammelt. *S. carthamoides*, eine succulente Alpenpflanze aus dem südlichen Colorado; zuerst von Greene auf dem Little Ouray Mountain am Marshall Pass und später von K. F. Baker in 12000' Höhe am Pagosa Peak entdeckt. *S. blitoides*, wie voriger eine niedere Alpenpflanze von rasenförmigem Wuchse, m mittleren Colorado von Theo. Holm entdeckt, steht zwischen *S. Fremontii* und *S. carthamoides* Greene. *S. invenustus*, ausdauernd, stark verästelt, bei 12000' in der Gegend des Pagosa Peak gefunden. *S. taraxacoides* (*S. amplectens* var. *taraxacoides* Gray p. p.), Pike's Peak, 13500' leg. Chas. S. Keldon 1884 und Canby 1895; Cameron's Pass in Nord-Colorado 11500' leg. K. F. Baker 1896; James' Peak 13000' leg. Theo. Holm. *S Holmii* (*S. amplectens* var. *taraxacoides* Gray p. p.), nur aus Colorado und Wyoming bekannt.

Kritische Bemerkungen über eine Reihe von Arten werden mitgetheilt, nämlich über:

S. Purshianus Nutt. (*S. Laramiensis* A. Nels. in Bull. Torr. Club. XXVI. p. 483), *S. Fendleri* Gray (*S. Nelsonii* Rydb.), *S. crocatus* Rydb. in Bull. Torr. Bot. Club. XXIV. p. 299), *S. scopulinus* Greene nom. nov. (cfr. oben), *S. amplectens* Gray, *S. petrocallis* Greene nom. nov. (*S. petrophilus* Greene, Pitt. III. 171), *S. pudicus* Greene nom. nov. (*S. cernuus* Gray non L. f.), *S. occidentalis* (*S. Fremontii* var. *occidentalis* Gray).

Wagner (Wien).

Robinson, B. L., Synopsis of the genera *Jaegeria* and *Russelia*. (Contributions from the Gray Herbarium of Harvard University. New Series No. XVIII. — Proceedings of the Americain Academy of Arts and Sciences. Vol. XXXV. 1900. p. 315 sqq.)

Die kleine *Helianthoideen*-Gattung *Jaegeria* bewohnt namentlich sumpfige Küstenstriche des tropischen Amerika und ist morphologisch durch ihre nicht imbrikaten Involucralblätter ausgezeichnet, welche in gleicher Anzahl wie die Strahlblüten vorhanden, je direct unter einer solchen stehen. In Folge habitueller Aehnlichkeiten wurden die Arten dieser Gattung vielfach mit denen von *Sabazia*, *Galinsoga*, *Melampodium* und *Spilanthes* verwechselt.

Verf. gruppirt die Arten in folgender Weise:

* Heads axillary, pedunculate, racemose, relatively large (including the rays 1,6—2 cm in diameter): rays about 12, conspicuous, pale yellow with more or less deep roseate tinge: scales of the involucre ciliolate, otherwise glabrous: weak aquatic essentially glabrous perennials.

+ Leaves slender-petioled. 1. *J. petiolaris* Robins.

++ Leaves sessil, amplexicaul. 2. *J. purpurascens* Robins.

** Heads solitary and axillary (*J. prorepens*) or more often terminal in the forks of the stem, or, when several, borne in leafy cymes: more or less pubescent plants of muddy shores or drier habitat: rays yellow or white.

+ Heads relatively longe, including the well-exserted conspicuous yellow rays, 1,2—1,5 cm broad.

× Main stem prostrate, rooting at the nodes; branches ascending, few-headed: bracts foliar. 3. *J. macrocephala* Less.

×× Main stem erect from a short decumbent base: heads many: bracts reduced. 4. *J. pedunculata* Hook. et Arn.

++ Heads conviderably smaller; rays inconspicuous, scarcely exserted, yellow or white: pubescent or hirsute annuals.

× Dwarf but not creeping, very slender; pubescence scanty: leaves small, ovate not at all clasping at the base. 5. *J. mnioides* H. B. K.

×× Tall, inclining to be repent at the base: leaves ovate, acutish: peduncles filiform, several times as long as the heads: pubescence usually copious and spreading. 6. *J. hirta* Less.

××× Dwarf, not creeping, freely branched, smootish: leaves, at least the upper ones, obovate or oblong, sessile by a narrowed but still some-what clasping base: peduncles short or none. 7. *J. discoidea* Klatt.

XXXX Low, creeping: leaves rounded at the base: Galapegos Islands. 8. *J. prorepens* Hook. fil.

*** Heads small, discoid: branched pubescent annual: Galapagos Islands. 9. *J. gracilis* Hook. fil.

Es erübrigt, zu bemerken, dass *J. bellidioides* Spreng. Syst. III. p. 591 aus Uruguay nicht zu ermitteln ist; Verf. vermuthet, dass sie, wie fast alle von Sprengel aufgezählten Arten, in eine andere Gattung gehört. Bezüglich der Heimath, sowie der Synonymie der erwähnten Arten mag folgendes mitgetheilt sein:

J. petiolaris Robinson wurde von C. G. Pringle am Fusse der Sierra Madre gesammelt und zuerst von Watson in den Proc. Am. Acad. Vol. XXIII. p. 277 unter dem Namen *Sabazia glabra* beschrieben. *J. purpurascens* Robinson wurde von Dr. Edward Palmer im November 1896 bei Durango in Mexico gesammelt und mit der No. 805 als *Sabazia glabra* ausgegeben. *J. macrocephala* Less. wurde schon von Schiede und Deppe, dann von C. L. Smith und in neuester Zeit von C. G. Pringle an verschiedenen Stellen in Mexico, bei Jalapa und bei Patzcuaro gefunden. *S. pedunculata* Hook. et Arn. (*Spilanthes sessilis* Gray non Hemsl.), ist nur aus Jalisco bekannt, von wo sie Beechi, Palmer und C. G. Pringle mitgebracht haben. *J. mnioides* H. B. K., die erste Art der Gattung, kommt aus Michoacan, wurde aber durch Oersted auch aus Costa Rica nachgewiesen; vielleicht handelt es sich nur um eine Form der *J. hirta* Less. (*J. repens* DC., *Acmella hirta* Lag., *Melampodium brachyglossum* J. D. Smith, *Spilanthes sessilifolia* Coulter, *Jaegeria calva* Wats.), der gemeinsten und am weitesten verbreiteten Art, die sich vom westlichen Mexico bis in das tropische Brasilien ausdehnt; eine von Mandon (n. 80) gesammelte Pflanze, wurde von Baker in Mart. Fl. Bras. VI. pl. 3. p. 167 als var. *glabra* beschrieben. *J. discoidea* Klatt, eine vielleicht der *J. hirta* Less. sehr nahestehende Art, wurde von Pringle in der im Staate Mexico gelegenen Sierra de las Cruces, ausserdem von Bourgeau und von Schaffner in der Nähe der Stadt Mexico gesammelt. Von sehr beschränktem Areale sind *J. prorepens* Hook. f., die ausschliesslich auf James Island, und *J. gracilis* Hook. f., die nur auf Charles Island nachgewiesen wurde, beide von Darwin.

Das reichliche, in den letzten Jahren aufgelaufene Material zeigt, dass die von Bentham gewünschte Reduction der *Russelia*-Arten schlecht angebracht ist; es muss mindestens ein Dutzend Arten angenommen werden. Verf. theilt einen provisorischen Schlüssel mit, der auszugsweise hier wiedergegeben sein mag:

* Stems and branches sharply 4-angled, the angles bearing ciliated wings: peduncles opposite, axillary, solitary. S. America, 1. *R. alata* Cham. et Schlechtd.

** Stems and branches sharply angled not winged; the angles prominent, often thickened; the intervening areas flat or concave.

+ Juncoid, excessively branched: peduncles filiform, 1—2 (—3)-flowered, much exceeding the subtending bracts. 2. *R. equisetiformis* Schlecht. et Cham.

++ Peduncles short, the primary ones never equalling the subtending leaf-like bracts, usually several-many-flowered.

X Leaves entire, subcoriaceous, lucid. 3. *R. subcoriacea* Robinson et Seaton.

XX Leaves serratoe: calyx-lobes oblong-lanceolate, gradually attenuate, not at all subulate at the tip: flowers 2 to 2,4 cm in length. 4. *R. jaliscensis* n. sp.

XXX Leaves serrate: calyx-lobes broadly ovate, acuminate to subulate tips.

= Stems and branches chiefly 4-angled, glabrous or glabrate.

a. Leaves not cordate. 5. *R. sarmentosa* Jacq.

b. Leaves cordate. { 6. *R. floribunda* H. B. K.
7. *R. syringaefolia* Cham. et Schl.

== Stems and branches 6-many-angled.

a. Stems glabrous or soon glabrate.
8. *R. verticillata* H. B. K.

b. Stems tomentulose or pubescent.

1. Leaves small. 9. *R. polyedra* Zucc.

2. Leaves large. 10. *R. ternifolia* H. B. K.

*** Stems sub-terete, merely striate-angulate.

+ Branches of the inflorescence pseudo-racemose, elongated, loosely flowered: leaves large, thickish, veing, tomentulose beneath.
11. *R. rotundifolia* Cav.

++ Branches of the glomerate inflorescence cymose, many-flowered: leaves thin, acute or acutish: stem glabrous.
12. *R. multiflora* Sims.

+++ Inflorescences cymose, very short, opposite on prolonged branches: flowers very small: leaves bullate, obtuse: stem pubescent.
13. *R. tepicensis* n. sp.

Ueber Heimath und Synonymie der erwähnten Arten mag folgendes mitgetheilt werden:

Russelia alata Cham. et Schl. ist eine schon von Sellow und Riedel gesammelte Art aus dem tropischen Brasilien; die in den Gärten häufig unter dem Namen *R. juncea* Zucc. cultivirte Pflanze ist nur eine grossblütige Form der *R. equisetiformis* Schlecht. et Cham. *R. subcoriacea* Robinson et Seaton wurde von Pringle unter n. 5086 im Tamasopo Cañon, San Luis Potosi gesammelt; die Beschreibung findet sich in den Proc. Am. Acad. XXVIII. p. 113. *R. jaliscensis* n. sp. (*R. sarmentosa* Gray non Jacq.) wurde 1886 von Dr. Eduard Palmer unter n. 126 bei Guadalajara im Staate Jalisco, drei Jahre später auch von C. G. Pringle gesammelt und unter n. 2568 vertheilt. *R. floribunda* H. B. K. ist mexikanisch; die von Greene in Pittonia. I. p. 176 beschriebenen *R. retrorsa* ist von *R. polyedra* kaum verschieden. *R. rotundifolia* Cav. ist mexikanisch, ebenso *R. multiflora* Sims. in Bot. Mag. tab. 1528 (1813); hierzu scheint als Form mit winkligen Blättern die *R. paniculata* Mart. et Gal. zu gehören. Die zweite, in dieser Abhandlung neu beschriebene Art, die *R. tepicensis* n. sp., wuide von Frank H. Lamb bei Zopelote, Tepia (Mexico) gesammelt.

Die Beschreibungen sind sämmtlich englisch.

Wagner (Wien).

Kamieński, Fr., O nowym gatunka alla flory Krajowej rodzaja *Utricularia*. [Sur une espèce d'*Utricularia* nouvelle pour la flore du pays (Galicie)]. (Bulletin international de l'Académie des sciences de Cracovie. 1899. p. 505 ff.)

Anlass zu vorliegender Publication gab die Auffindung der zuerst von R. Hartmann in Schweden entdeckten *Utricularia ochroleuca* R. Hartm., einer Pflanze, die Velenovsky später in Böhmen sammelte, worauf Čelakovský seine *Utr. brevicornis* gründete, deren Verbreitung erst Ascherson genauer feststellte.

Schliephacke sammelte die Pflanze bei Jeziorki in Westgalizien, und Kamieński, der die Bestimmung Schliephacke's berichtigt, vermuthet, dass sie auch noch anderwärts in Galizien zu finden sein wird. Verf. giebt sich bekanntlich seit Dezennien mit dieser schwierigen Gattung ab, und es ist sehr dankenswerth, dass er hier eine Uebersicht über die europäischen Arten mittheilt, die zum Theile hier Platz finden mag:

A. Tiges uniformes avec des feuilles pourvues d'une manière égale d'utricules.
I. Tiges grandes, épaisses et longues; feuilles multiséquées avec les derniers segments très longs, filiformes et denticulés.
1. Fleurs jaunes, lèvre supérieure de la corolle ronde-ovale. Le palais de la lèvre inférieure très élevé atteignant presque le sommet de la lèvre supérieure. Lèvre inférieure à bords réfléchis. *U. vulgaris* L.
2. Fleurs d'un jaune pâle. Lèvre supérieure de la corolle ovale, lèvre inférieure presque plane au palais moins élevé et n'atteignant que jusqu'à à la moitié de la longueur de la lèvre supérieure. *U. neglecta* Lehm.
II. Tiges bien plus petites, avec des feuilles petites et peu divisées, derniers segments courts. Fleurs petites.
1. Lèvre supérieure ovale à bords réfléchis, lèvre inférieure à bords réfléchis de même.
Eperon reduit très obtus arrondi. *U. minor* L.
2. Tous les organes bien plus grands que chez l'espèce précédente. Lèvre supérieure plus large et obtuse, lèvre intérieure arrondi plane. Eperon conique avec une base large. *U. Bremii* Heer.
B. Tiges de deux formes: les unes avec des feuilles pinnatiséquées sans utricules, les autres, avec des feuilles plus simples utriculifères.
1. Lèvre inférieure presque plane à bords étalés horizontalement. Eperon à base allongée presque aussi long que la lèvre inférieure. *U. intermedia* Hayne.
2. Espèce plus petite que la précédente. Lèvre inférieure arrondie à bords réfléchis. Eperon court, conique, de la longueur de la moitié de la lèvre inférieure. *U. ochroleuca* K. Hartm.

Verf. gliedert dann die einzelnen Arten zum Theil noch weiter, nämlich *Utr. vulgaris* L. in a. *magniflora* mit den Unterformen a[1] *brevicornis* im Westen und a[2] *calcarata* im Osten, b. *parviflora* (oft mit *U. neglecta* Lehm. verwechselt), c. *crassicaulis*, d. *heterovesicaria* und e. *brevifolia*. Die norditalienische *U. dubia* Rosselini erwies sich als typische *U. vulgaris* L., unentschieden ist das Verhältniss der bulgarischen *U. Jankae* Vel. Die kosmopolitische, aber seltenere *Utr. minor* L. tritt in folgenden Formen auf: a. *brevipedicellata*, b. *gracilis*, c. *montana* und d. *major;* letztere oft mit *U. Bremii* Heer. verwechselt. *Utr. intermedia* Hayne gliedert sich in folgende Formen: a. *Grafiana* (*U. Grafiana* Kork), b. *elatior*, c. *longirostris* und d. *conica*.

Von biologischem Interesse ist eine p. 508 bezüglich der *U. minor* L. mitgetheilte Beobachtung: „Croît dans l'eau des mars tourbeuses, dans les localités où l'eau peut dessécher. Dans ce cas cette plante change en forme terrestre à segments des feuilles plus courts et plus larges sans utricules."

Allen aufgeführten Formen sind kurze Beschreibungen und einige Angaben über Verbreitung beigefügt.

Wagner (Wien).

De Wildeman, E. et **Durand, Th.**, Contributions à la flore du Congo. *Euphorbiaceae* de **Pax.** (Annales du Musée du Congo. Série IV. Tome I. Fasc. I. p. 48 sqq.)

Eine systematische Aufzählung der in den letzten Jahren von Cabra, Dewèvre, Gilet, Thonner, Vanderyst u. A. gesammelten *Euphorbiaceen*, die sich in folgender Weise auf die einzelnen Gattungen vertheilen:

Flveggea W. 1, *Phyllanthus* L. 5, *Cyathogyne* Müll. Arg. 1, *Hymenocardia* Wall. 2, *Antidesma* L. 2, *Cleistanthus* Hook. 1, *Crotonogyne* Müll. Arg. 1, *Manniophyton* Müll. Arg. 1, *Micrococca* Bth. 1, *Erythrococca* Bth. 1, *Mallotus* Lour. 2, *Alchornea* Ser. 1, *Macaranga* Thou. 1, *Haskarlia* H. Br. 1, *Acalypha* L. 3, *Mareya* Baill 1, *Pycnocoma* Bth. 1, *Tragia* L. 3. *Dalechampia* L 1, *Jatropha* L. 1, *Sapium* P. Br. 1, *Maprouna* Aubl. 1 und *Euphorbia* L. 5.

Neu sind folgende Arten bezw. Varietäten:

Phyllanthus odontadenius Müll. Arg. var. *micranthus* Pax (die typische Form war aus Angola bekannt, wird hier aber auch für den Congostaat nachgewiesen); *Cyathogyne Dewevrei* Pax, eine ausgezeichnete Art, verschieden von *C. viridis* Müll. Arg. (Gabun), wie von *C. Preussii* Pax (Kamerun); *Gleistanthus caudatus* Pax „species floeribus ♂ apetalis valde insignis a *Cl. polystachyo* Hook. e Sierra Leone et *Cl. Angolensi* Müll Arg.... distincta"; *Pycnocoma Thonneri* Pax, mit *P. Zenkeri* aus Kamerun verwandt.

Als Nutzpflanzen werden erwähnt: *Phyllanthus capillaris* Schum. et Thonn. (wird gegen Augenkrankheiten angewandt), *Antidesma venosum* E. Mey. (besitzt ein sehr gut zu verarbeitendes hartes Holz) und *Acalypha paniculata* Miq., die als Gespinnstpflanze Verwendung findet.

Wagner (Wien).

Beal, W. J., Some monstrosities in spikelets of *Eragrostis* and *Setaria*. (Bulletin of the Torrey Botanial Club. Vol. XXVII. 1900. p. 85 sq.)

Verf. beschreibt zunächst ein Aehrchen von *Eragrostis major* Host, das anstatt wie gewöhnlich 12 bis 18 Blüten, deren 32 hatte; es hatte sich in dem für Centralmichigan ungewöhnlieh langen Sommer 1898 entwickelt. Verf. erwähnt, dass die Art in südlicheren, wärmeren Gegenden bis 50 Blüten in einem Aehrchen vereinigt. Der zweite Fall betrifft *Chamaeraphis viridis* Porter, bekannter unter dem Namen *Setaria viridis* (L.) P. B., welche auf üppigem Boden gewachsen, an den oberen „Borsten" der Inflorescenz in anscheinend terminaler Stellung ein Aehrchen entwickelte, gelegeintlich kamen auch seitliche. Ein neuer Beweis für die — übrigens längst erkannte — Thatsache, dass es sich bei den Borsten nicht um Trichome, sondern um sterile Inflorescenzäste handelt.

Beide Fälle werden durch einige Figuren erläutert.

Wagner (Wien).

Perkins, A. G., The constituents of Waras. (Proceedings Chemical Society. CXCVII. p. 162.)

„Waras" werden die kleinen Drüsen genannt, welche an den Früchten von *Flemingia congesta*, eines in Afrika und Indien heimischen Strauches sitzen und in ihren allgemeinen Eigenschaften der „Kamala" sehr ähnlich sind. Als krystallinischen Hauptbestandtheil fand Perkins „Flemingin", $C_{12} H_{12} O_3$, ein aus kleinen, bei 171—172° schmelzenden Nadeln bestehendes Pulver, das dem Rottlerin der Kamala sehr ähnlich ist, sich von diesem Körper aber durch seine Löslichkeit in Alkohol und die braunere Farbe seiner alkalischen Lösungen unterscheidet. Beim Schmelzen mit Alkali gab das Flemingin Essigsäure, Salicylsäure und eine Säure von höherem Schmelzpunkte, die nicht näher identificirt wurde.

Ein anderer Bestandtheil, „Homoflemingin", war nur in geringer Menge vorhanden. Es bildet glänzende, gelbe, bei 164—166° schmelzende Nadeln und besitzt ähnliche Eigenschaften wie Flemingin.

Ausserdem wurden zwei Harze extrahirt, das eine, von höherem Schmelzpunkt, bildet ein ziegelrothes, in Alkali mit tiefbrauner Farbe lösliches Pulver und giebt beim Schmelzen mit Alkali Essigsäure und Salicylsäure. Das andere vom Schmp. 100° löst sich in Alkali orangebraun und gleicht fast völlig dem analogen Harze der Kamala. Beim Schmelzen mit Alkali giebt es Essigsäure und Salicylsäure; beim Kochen mit Salpetersäure bildet sich Oxalsäure.

Alle genannten Substanzen ähneln sehr den analogen Stoffen des Kamala. Waras färbt Seide goldgelb und ist ein stärkerer Farbstoff als Kamala.

Siedler (Berlin).

Verwerthung der Agaven in Nordamerika. (Tropenpflanzer. II. No. 9.)

Die Faser der Agave dient nach Mulford den verschiedensten Zwecken, die weicheren Theile der Pflanze liefern Nahrungsmittel und Getränke, die Blütenstandstiele dienen als Lanzenschafte und Stangen. Aus dem centralen Trieb machen Indianer ihre Geigen; der Enddorn mit der daranhängenden Faser dient zum Nähen, der Saft mit Mörtel vermischt ist insektentödtend. In Scheiben geschnitten benutzt man die Blätter als Viehfutter, endlich liefert der getrocknete Blütenstand Streichriemen für Rasirmesser und Scheuermaterial. *Agave Lechuguilla* enthält in den Blättern Saponin, die Blätter werden daher als Wasch- und Flecktilgungsmittel benutzt, ebenso die von *Agave Schottii.*

Wenn *A. americana*, die Maguay, ihren Blütenschaft zu treiben anfängt, schneiden die südamerikanischen Indianer die Centralknospe ab und fügen einen Flaschenkürbis an, der sich dann mit süssem Safte („agua de miel") füllt. Dieser Saft giebt nach seiner Gährung das Nationalgetränk „Pulque" aus dem durch Destillation ein hitziges Getränk „agua ardiente" oder „mescal" bereitet wird.

In Nordamerika benutzen die Indianer die Agaven vorzugsweise zur Bereitung eines gegohrenen, ebenfalls „Mescal" genannten Nahrungsmittels. Dieses wird bereitet, indem man die weichsten Theile der Pflanzen in einer mit Steinen ausgekleideten, erhitzten Grube gähren lässt. Der gegohrene Mescal wird von den Blattrippen etc. befreit und an der Sonne getrocknet und dient dann als Reserve-Nahrungsmittel.

A. Lechuguilla liefert die berühmte Ixtli- oder Tampioco-Faser.

Siedler (Berlin).

Epstein, Stanislaus, Untersuchungen über Milchsäuregährung und ihre praktische Verwerthung. (Archiv für Hygiene. Band XXXVII. 1900. p. 329—359.)

Aus den Versuchen ergiebt sich in unzweideutigster Weise, dass die Milchsäuregährungs-Organismen thatsächlich die Richtung der Käsereifung bestimmen und eine richtige Reifung einleiten und vermuthlich auch zu Ende führen können. Selbstverständlich darf das Moment der Art der Labung der Milch zur Käsebereitung und die Temperatur der Reifung nicht unterschätzt werden, weil sie die Bedingungen liefern, unter denen die einzelnen Organismen zur Wirkung kommen.

Die Arten der Milchsäureorganismen sind entscheidend für die Form, in welcher die Reife eintritt; und zwar wirken sie theils chemisch, indem sie durch Bildung von Enzymen die Intensität der Reifung bestimmen, theils indem sie weiter den Geruch veranlassen.

Dieselben Milchsäure - Organismen beeinflussen ebenso den Charakter der Butter in bestimmter Weise, so dass Verf. den ersten exacten Beweis für die weitere und neueste Forderung Hueppe's erbracht hat, dass man in den Molkereien, wenn man sich entschliesst, zum Arbeiten mit Reinculturen überzugehen, nicht nur auf den Charakter der Säurewecker für die Butter, sondern auch auf die besondere Art der Käse zu achten hat, welche hergestellt werden sollen.

Die Bakteriologie ist entschieden berufen, im Molkereiwesen der Zukunft eine grössere Rolle zu spielen, als ihr leider bis jetzt noch zuerkannt wird.

E. Roth (Halle a. S.).

Neue Litteratur.*)

Geschichte der Botanik:

Rostafinski, J., Symbola ad historiam naturalem medii aevi. Plantas, animalia, lapides et cetera simplicia medicamenta, quae in Polonia adhibebantur, inde a XII usque ad XVI saec. 2 partes. (Munera saecularia universitatis Cracoviensis quingentesimum annum ab instauratione sua sollemniter celebrantis. Vol. VII, VIII.) 4°. XVI, 605, 352 pp. Cum tabulis. Krakau (Buchhandlung der polnischen Verlags-Gesellschaft) 1900. M. 14.—

Methodologie:

Twiehausen, O. (Krausbauer, Th.), Naturgeschichte. II. Der naturgeschichtliche Unterricht in ausgeführten Lektionen. Nach den neuen methodischen Grundsätzen für Behandlung und Anordnung (Lebensgemeinschaften) bearbeitet. [In 5 Abteilungen.] Abteil. II: Mittelstufe. 8. Aufl. gr. 8°. VII, 272 pp. Leipzig (Ernst Wunderlich) 1900. M. 280, geb. M. 3.40.

*) Der ergebenst Unterzeichnete bittet dringend die Herren Autoren um gefällige Uebersendung von Separat-Abdrücken oder wenigstens um Angabe der Titel ihrer neuen Publicationen, damit in der „Neuen Litteratur" möglichste Vollständigkeit erreicht wird. Die Redactionen anderer Zeitschriften werden ersucht, den Inhalt jeder einzelnen Nummer gefälligst mittheilen zu wollen, damit derselbe ebenfalls schnell berücksichtigt werden kann.

Dr. Uhlworm,
Humboldtstrasse Nr. 22.

Algen:

Comère, J., L'Hydrodictyon utriculatum Roth et l'Hydrodictyon femorale d'Arrondeau. (Soc. hist. nat. de Toulouse 1898/99. 5 pp. 1 pl.)

Gran, H. H., Bemerkungen über einige Planktondiatomeen. (Sep.-Aftryk af „Nyt Magazin for Naturvidensk." B. XXXVIII. 1900. H. 2. p. 103—128. Mit Tafel IX.)

Gran, H. H., Diatomaceae from the ice-floes and plankton of the Arctic Ocean. (The Norwegian North Polar Expedition 1893—1896. Scientific results edited by **Fridtjof Nansen.** XI.) 8°. 74 pp. With 3 plates. London 1900.

Gran, H. H., Hydrographic-biological studies of the North Atlantic Ocean and the coast af Nordland. (Report on Norwegian fishery- and marine-investigations. Vol. I. 1900. No. 5.) 8°. 92, XXXIII pp. With 2 plates. Kristiania (typ. Andersen) 1900.

Hjort, Johan and **Gran, H. H.**, Hydrographic-biological investigations of the Skagerrak and the Christiania Fiord. (Report on Norwegian fishery and marine investigations. Vol. I. 1900. No. 2.) 8°. 56, 41 pp. Kristiania 1900.

Nadson, G., Die perforierenden (kalkbohrenden) Algen und ihre Bedeutung in der Natur. (Sep.-Abdr. aus „Scripta Botanica" Horti Universitatis Petropolitanae. Fasc. XVIII. 1900.) 4°. 40 pp. Mit deutschem Résumé. St. Petersburg 1900. [Russisch.]

Seligo, A., Untersuchungen in den Stuhmer Seen. Nebst einem Anhang: Das Pflanzenplankton preussischer Seen. Von **Bruno Schroeder.** Herausgegeben vom westpreussischen botanisch-zoologischen Verein und vom westpreussischen Fischerei-Verein. gr. 8°. 6, 88 pp. Mit 9 Tabellen und 10 Tafeln. Leipzig 1900.

Pilze:

Bresadola, Ab. J., Fungi Tridentini novi vel nondum delineati descripti et iconibus illustrati. Fasc. II. XIV cum 22 tab. chromolith. p. 83—118. Tridenti (J. Zippel) 1900. Fr. 10.—

Bubák, Fr., Ueber einige Umbelliferen-bewohnende Puccinien. (Sep.-Abdr. aus Sitzungsberichte der königl. böhmischen Gesellschaft der Wissenschaften. Mathematisch-naturwissenschaftliche Classe. 1900.) gr. 8°. 8 pp. Mit 1 Tafel. Prag (Fr. Rivnač) 1900. M. —,40.

Cocconi, G., Intorno ad una nuova mucorinea del genere Absidia. (Memoires della r. accademia d. sc. nat. di Bologna. Ser. V. T. VIII. 1900. Fasc. 1. 1 tav.)

Fischer, Ed., Fortsetzung der entwickelungsgeschichtlichen Untersuchungen über Rostpilze. (Berichte der schweizerischen botanischen Gesellschaft. Heft X. 1900. p. 1—9.)

Gobi, Chr., Entwickelungsgeschichte des Pythium tenue nov. spec. (Ex Scriptis botanicis Horti Univers. Imper. Petropolitanae. 1899. Fasc XV.) 8°. 16 pp. Mit Tafel IV, V. St. Petersburg 1899.

Gobi, Chr., I. Ueber einen neuen parasitischen Pilz. Rhizidiomyces Ichneumon nov. sp. und seinen Nährorganismus, Chloromonas globulosa (Perty). Mit 2 chromolitogr. Tafeln VI, VII. II. Fulminaria mucophila nov. gen. et sp. Mit 2 Figg. auf Tafel VII. (Ex Scriptis botanicis Horti Univers. Imper. Petropolitanae. Fasc. XV. 1899. p. 251—272, 283—293.) St. Petersburg 1899.

Grelet, L. J., Manuel du mycologue amateur, ou les Champignons comestibles du Haut-Poitou. 16°. XVII, 190 pp. et grav. Niort (Boulord) 1900. Fr. 4.—

Hume, H. H., Fungi collected in Colorado, Wyoming and Nebraska in 1895—1897. (Proc. Davenport Acad. of nat. sc. Vol. VII. 1900. 1 pl.)

Palla, E., Zur Kenntniss der Pilobolus-Arten. (Oesterreichische botanische Zeitschrift. Jahrg. L. 1900. No. 10. p. 349—370. Mit Tafel X.)

Ruhland, W., Ueber die Ernährung und Entwickelung eines mycophthoren Pilzes (Hypocrea fungicola Karst.). (Sep.-Abdr aus Abhandlungen des botanischen Vereins der Provinz Brandenburg. XLII. 1900. p. 53—65. Mit 1 Tafel.)

Woronin, M., Ueber Sclerotinia cinerea und Sclerotinia fructigena. (Mémoires de l'Académie Impériale des Sciences de St. Pétersbourg. Série VIII. 1900. Classe physico-mathématique. Vol. X. No. 5.) 4°. 38 pp. Mit 6 Tafeln. St. Petersburg 1900. M. 7.—

Flechten:

Monguillon, E., Catalogue des Lichens du département de la Sarthe. [Suite.] (Bulletin de l'Académie Internationale de Géographie Botanique. Année IX. Sér. III. 1900. No. 131/132. p. 240—248.)

Olivier, H., l'abbé, Quelques Lichens saxicoles des Pyrenées-Orientales. (Bulletin de l'Académie Internationale de Géographie Botanique. Année IX. Sér. III. 1900. No. 131/132. p. 230—232.)

Olivier, H., l'abbé, Note sur le Catillaria supernula (Nyl.) Oliv. (Bulletin de l'Académie Internationale de Géographie Botanique. Année IX. Sér. III. 1900. No. 131—132. p. 233.)

Olivier, H., l'abbé, Supplément au premier volume de l'Exposé systématique des Lichens de l'ouest et du nord-ouest de la France. 8°. 32 pp. Paris (Klincksieck) 1900.

Muscineen:

Mac Conachie, G., On the Ferns, Mosses and Lichens of Rerrick. (Transact. and Proc. Bot. Soc. Edinburgh. XXI. 1900. p. 68—73.)

Mansion, A., Supplément à la florule bryologique d'Ath et des environs. (Bulletin du cercle des nat. hutois. 1899. p. 73—78.)

Palacký, J., Studien zur Verbreitung der Moose. I. (Sep.-Abdr. aus Sitzungsberichte der königl. böhmischen Gesellschaft der Wissenschaften. Mathematisch-naturwissenschaftliche Classe. 1900.) gr. 8°. 4 pp. Prag (Fr. Rivnač) 1900. M. —.10.

Physiologie, Biologie, Anatomie und Morphologie:

Bréaudat, L., Nouvelles recherches sur les fonctions diastasiques des plantes indigofères. (Annales d'hyg. et de méd. colon. 1900. No. 2. p. 203—205.)

Darwin, C., Origin of species by means of natural selection. New impr. Cr. 8°. $8^7/_8 \times 5^1/_8$. 734 pp. Portr. London (Murray) 1900. 2 sh. 6 d.

Dunstan, W. R., The nature and origin of the poison of Lotus Arabicus. (The Chem. News. LXXXI. 1900. p 301.)

Gidon, Ferdinand, Essai sur l'organisation générale et de développement de l'appareil conducteur dans la tige et dans la feuille des Nyctaginées. (Extr. des Mémoires de la Société Linnéenne de Normandie. Tome XX. 1900.) 4°. 120 pp. Plate I—VI. Caen 1900.

Hayek, August v., Ueber eine biologisch bemerkenswerthe Eigenschaft alpiner Compositen. (Oesterreichische botanische Zeitschrift. Jahrg. L. 1900. No. 10. p. 383—385.)

Justus, A., Zur Verbreitung des Rohrzuckers in den Pflanzen. (Zeitschrift für physiologische Chemie. XXIX. 1900. p. 423—429.)

Kuyper, A., Evolutionismus, das Dogma moderner Wissenschaft. Uebersetzt von **W. Kolfhaus.** 8°. IV, 50 pp Leipzig (A. Deichert) 1900. M. —.90.

Renaudet, Georges, Les principes chimiques des plantes de la flore de France. (Bulletin de l'Académie Internationale de Géographie Botanique. Année IX. Sér. III. 1900. No. 131/132. p. 224—230.)

R. K., Fortschritte der Forschungen über die Befruchtung der höheren Pflanzen. (Naturwissenschaftliche Wochenschrift. Bd. XV. 1900. No. 39 p. 466—467.)

Schleichert, F., Beiträge zur Biologie einiger Xerophyten der Muschelkalkhänge bei Jena. (Naturwissenschaftliche Wochenschrift. Bd. XV. 1900. No. 38. p. 445—450.)

Steudel, H., Ueber Oxydationsfermente. (Deutsche medizinische Wochenschrift. 1900. No. 23. p. 372—375.)

Strasburger, Eduard, Einige Bemerkungen zur Frage nach der „doppelten Befruchtung" bei den Angiospermen. (Botanische Zeitung. Jahrg. LVIII. 1900. Abtheilung II. No. 19/20. p. 293—316.)

Wiesner, J., Untersuchungen über den Lichtgenuss der Pflanzen im arktischen Gebiete. [Photometrische Untersuchungen auf pflanzenphysiologischem Gebiete.] 3. Abhandlung. (Sep.-Abdr. aus Sitzungsberichte der kaiserl. Akademie der Wissenschaften in Wien. Mathematisch-naturwissenschaftliche Classe. 1900.) gr. 8°. 69 pp. Mit 3 Figuren. Wien (Carl Gerold's Sohn in Komm.) 1900. M. 1.40.

Systematik und Pflanzengeographie:

Carreiro, Bruno T. S., Quelques Cypéracées, Graminées et Fougères des Açores. (Bulletin de l'Académie Internationale de Géographie Botanique. Année IX. Sér. III. 1900. No. 131/132. p. 213—214.)

Claire, Ch., Un coin de la flore des Vosges. [Suite.] (Bulletin de l'Académie Internationale de Géographie Botanique. Année IX. Sér. III. 1900. No. 131/132. p. 234—240.)

Fiori, Adriano e Paoletti, Giulio, Flora analitica d'Italia, ossia descrizione delle piante vascolari indigene inselvatichite e largamente coltivate in Italia, disposte per quadri analitici. Vol. I. Parte II. Vol. II. Part I (Angiosperme dicotiledoni). 8°. p. 257—607, 1—224. Con tavola. Padova (tip. del Seminario) 1898/99. L. 16.30.

Fischer, Ed., Fortschritte der schweizerischen Floristik 1898 und 1899. (Berichte der schweizerischen botanischen Gesellschaft. Heft X. 1900. p. 109—134.)

Freyn, J., Weitere Beiträge zur Flora von Steiermark. [Fortsetzung.] (Oesterreichische botanische Zeitschrift. Jahrg. L. 1900. No. 10. p. 370—380.)

Icones selectae Horti Thenensis. Iconographie de plantes ayant fleuri dans les collections de M. **van den Bossche,** Ministre résident à Tirlemont (Belgique). Avec les descriptions et annotations de **Em. de Wildeman.** Tome I. 1900. Fasc. 6. p. 111—134. Pl. XXVI—XXX. Fasc. 7. p. 135—154. Pl. XXXI—XXXV. Bruxelles (Veuve Monnom) 1900.

Leveillé, H., Onotheraceae paponenses. (Bulletin de l'Académie Internationale de Géographie Botanique. Année IX. Sér. III. 1900. No. 131/132. p. 210—212.)

Leveillé, H., Contributions aux Renonculacées du Japon. (Bulletin de l'Académie Internationale de Géographie Botanique. Année IX. Sér. III. 1900. No 131/132. p. 214—217.)

Paque, E., Guide de l'herborisateur en Belgique (plantes phanérogames et cryptogames spontanées ou fréquemment cultivées). Nouvelle édition entièrement remaniée et complétée. 12°. 117 pp. Namur (Ad. Wesmael-Charlier) 1900. Fr. 1.25.

Reynier, Alfred, Botanique rurale; un petit coin de la Provence. (Bulletin de l'Académie Internationale de Géographie Botanique. Année IX. Sér. III. 1900. No. 131/132. p. 217—224.)

Ridley, H. N., The flora of Singapore. (Journal of the Straits Branch of the R. Asiatic Soc. Singapore 1900. No. 33.)

Rikli, M., Die schweizerischen Dorycnien. (Berichte der schweizerischen botanischen Gesellschaft. Heft X. 1900. p 10—44.)

Wettstein, R. v., Euphrasia Cheesemani sp. nov. (Oesterreichische botanische Zeitschrift. Jahrg. L. 1900. No. 10. p. 381—383. Mit 5 Figuren.)

Palaeontologie:

Krasser, F., Die von W. A. Obrutschew in China und Centralasien 1893—1894 gesammelten fossilen Pflanzen. (Sep.-Abdr. aus Denkschriften der k. Akademie der Wissenschaften. 1900.) gr. 4°. 16 pp. Mit 4 Tafeln und 4 Blatt Erklärungen. Wien (Carl Gerold's Sohn in Komm.) 1900. M. 3.30.

Seward, A. C., La flore wealdienne de Bernissart. (S.-A. Mém. mus. roy. hist. nat. Belgique. Année 1900. 4 pl.)

Sterzel, J. T., Gruppe verkieselter Araucaritenstämme aus dem versteinerten Rothliegend-Walde von Chemnitz-Hilbersdorf. (Sep.-Abdr. aus XIV. Bericht der naturwissenschaftlichen Gesellschaft zu Chemnitz. 1896—1899. Mit 1 Tafel.)

Sterzel, J. T., Ueber zwei neue Palmoxylon-Arten aus dem Oligocän der Insel Sardinien. (Sep.-Abdr. aus XIV. Bericht der naturwissenschaftlichen Gesellschaft zu Chemnitz. 1896—1899. Mit 2 Figuren und 2 Tafeln.)

Ward, L. F., Description of a new genus and twenty new species of fossil Cycadean trunks from the Jurassic of Wyoming. (Washington, Proc. W. Ac. Sc. 1900.) 8°. 48 pp. 8 pl.

White, D., Fossil flora of the lower coal measures of Missouri. (Monogr. U. S. Geolog. Surv. 1899.) 4, 11, 467 pp. 73 pl.

Wild, G., On new and interesting features in Trigonocarpon olivaeforme. (Trans. Manchester Geol. Soc. Part XV. 1900. No. 26. p. 434—449. 1 pl.)

Teratologie und Pflanzenkrankheiten:

Barlow, E., Notes on insect-pests from the entomological section, Indian museum. (Indian Mus. Notes. Vol. IV. 1899. No. 4. p. 188—221.)

Bombe, A., Nur Kupfervitriol oder auch Kalk? (Gartenflora. Jahrg. IL. 1900. Heft 6. p. 153—155.)

Buckton, G. B., The pear-tree Aphis, Lachnus pyri, Buckton, with introductory note by **E. E. Green.** (Ind. Mus. Notes. Vol. IV. 1899. No. 5. p. 274—276.)

Chittenden, F. H., The bronze apple-tree weevil (Magdalis aenescens La.). (U. S. Department of Agriculture. Division of Entomol. Bulletin No. 22. N. S. 1900. p. 37—44.)

Cockerell, T. D. A., Note on the Coccid genus Oudablis, Signoret. (Entomologist. Vol. XXXIII. 1900. March. p. 85—87.)

Coquillet, D. W., Two new Cecidomyians destructive to buds of roses. (U. S. Department of Agriculture. Division of Entomol. Bulletin No. 22. N. S. 1900. p. 44—48.)

Coquillet, D. W., A new violet pest (Diplosis violicola n. sp.). (U. S. Department of Agriculture. Division of Entomol. Bulletin No. 22. N. S. 1900. p. 48—51.)

Couanon, G., Michon, J. et **Salomon, E.,** Nouvelles expériences relatives à la desinfection antiphylloxérique des plants de vignes. (Bulletin du minist. de l'agricult. Paris. 1900. No. 1. p. 135—136.)

Coupin, Henri, Oiseaux et mammifères nuisibles. (Ministère de l'instruction publique et des beaux-arts. Musée pédagogique, service des projections lumineuses. — Notices sur les vues.) 8°. 19 pp. Melun (impr. administrative) 1900.

Gründler, P., Die Spargelfliege und ihre Bekämpfung. (Amtsblatt der Landwirtschaftskammer für den Regierungs-Bezirk Kassel. 1900. No. 11. p. 83.)

Johnson, W. G., Miscellaneous entomological notes. (Proceedings of the 11. Annual Meet. of the Assoc. of Economic Entomol. U. S. Department of Agriculture, Division of Entomol. N. S. Bulletin No. 20. Washington 1899. p. 62—68.)

Kamerling, Z. en **Suringar, H.,** Onderzoekningen over onvoldoende groei en ontijdig afsterven van het riet als gevolg van wortelziekten. (Mededeelingen van het laboratorium voor onderzek van rietziekten te Probolingo. — Overgedrukt uit het Archief voor de Java-suikerindustrie. 1900. Afl. 18.) 8°. 24 pp. Med 1 kaart. Soerabaia (H. van Ingen) 1900.

Kornauth, K., Ueber die Bekämpfung der Feld-, Wühl- und Hausmäuse mittels des Loeffler'schen Mäusetyphusbacillus. (Zeitschrift für das landwirthschaftliche Versuchswesen in Oesterreich. 1900. Heft 2. p. 123—132.)

Kudelka, F., Ueber die zweckmässigste Art der Anwendung künstlicher Düngemittel zu Zuckerrüben und ihre Beziehung zum Wurzelbrand. (Blätter für Zuckerrübenbau. 1900. No. 8. p. 113—121.)

Kulisch, Zur Bekämpfung des Oidiums am Rebstock vor dem Austreiben desselben. (Landwirtschaftliche Zeitschrift für Elsass-Lothringen. 1900. No. 17. p. 238—239.)

Morley, C., Parasitic hymenoptera etc. near Ipswich in October. (Entomol. Monthly Magaz. 1900. Febr. p. 42—43.)

Sahut, Felix, La défense du vin et la découverte du phylloxera, discours prononcé à la salle des concerts du Grand Théâtre de Montpellier, le 4 avril 1900. 8°. 24 pp. Montpellier (impr. de la Manufacture de la Charité) 1900.

Schilling, von, Die Riesenholzwespe. (Praktischer Ratgeber im Obst- und Gartenbau. 1900. No. 16. p. 157—158.)

Schlichting, Zur Bekämpfung des Apfelmehltaues. (Praktischer Ratgeber im Obst- und Gartenbau. 1900. No. 16. p. 153—154.)

Seelig, W., Erfolgreiche Bekämpfung des Traubenpilzes. (Proskauer Obstbau-Zeitung. 1900. No. 4. p. 49—51.)

Weiss, Zur Frage der Kiefernschüttebehandlung mit Kupfermitteln. (Praktische Blätter für Pflanzenschutz. 1900. Heft 4. p. 28—29.)

Zehntner, L., De gallen der Djamboebladeren. (De indische Natuur. 1900. Febr. p. 3—11.)

Medicinisch-pharmaceutische Botanik:

A.

Koch, L., Die mikroskopische Analyse der Drogenpulver. Ein Atlas für Apotheker, Drogisten und Studierende der Pharmacie. Bd. I. Die Rinden und Hölzer. Lief. 2. hoch 4°. p. 75—110. Mit 6 Tafeln. Berlin (Gebrüder Borntraeger) 1900. M. 3.50.

Molina, Aug., Materia medica: lezioni [dettate nell'anno] 1899/1900 nella r. università di Parma, compilate per cura di **Gaetano Buroni.** Disp. 31—50 (ultima). 8°. p. 241—400. Parma (lit. F. Zafferri) 1899/1900.

B.

Gorini, C., Sull' esame batteriologico dell' acqua del sottosuolo. (Giornale d. r. soc. ital. d'igiene. 1900. No. 5. p. 193—197.)

Herrenschmidt, Henri, Contribution à l'étude de la streptococcie péritoneale par rapport vasculaire. [Thèse.] 8°. 112 pp. Paris (Steinheil) 1900.

Heuser, C., Die Reinigung der städtischen Schmutzwässer von Sheffield und die beabsichtigte Einführung des bakteriologischen Verfahrens. (Technisches Gemeindeblatt. 1900. No. 5. p. 69—71.)

Malherbe, Albert, Malherbe, H. et **Monnier, Urbain**, Un cas de mycosis fongoïde avec envahissement des viscères. (Tiré à part des Archives provinciales de médecine.) 8°. 27 pp. Avec fig. Paris (Institut international de bibliographie scientifique) 1900.

Minne, A. J., La bactériologie dans la pratique ophthalmologique. Affections microbiennes de la conjonctive. (Extr. des Annales de la Société de médecine de Gand. 1900.) 8°. 38 pp. pl. hors texte. Gand (impr. E. Vander Haeghen) 1900. Fr. 2.50.

Mussi, Ubaldo, Analisi chimica e batteriologica dell'acqua minerale alcalina e ferrugginosa La Culla, e dell'acqua minerale gassosa e ferruginosa di S. Andrea presso Chitignano, in provincia di Arezzo, di proprietà dei conti Bastogi, Rondinelli-Vitelli: riassunto. (Estr. dal periodico L'idrologia e la climatologia. Anno XI. 1900. No. 1.) 8°. 10 pp. Perugia (Unione tipografica cooperativa) 1900.

Pammel, L. H., Marston, A. and **Weems, J. B.**, The Iowa State college sewage disposal plant. (Centralblatt für Bakteriologie, Parasitenkunde und Infektionskrankheiten. Zweite Abteilung. Bd. VI. 1900. No. 15. p. 497—502. With one figure and one curve.)

Wesenberg, G., Die Wohnungsdesinfektion nach ansteckenden Krankheiten. (Prometheus. 1900. Heft 9. p. 518—522.)

Technische, Forst-, ökonomische und gärtnerische Botanik:

Bauwens, L., Beoordeeling der bemestingsproefvelden volgens eene puntenschaal. 8°. 13 pp. Bruges (J. Cupers) 1899.

Berget, Adrien, La reconstitution par les cépages précoces. (Extr. de la Revue de viticulture. 1900.) Grand in 8°. 12 pp. Paris (imp. Levé) 1900.

Chancrin, Compte rendu des expériences culturales effectuées en 1898—1899 à l'école pratique d'agriculture de l'Allier. (Supplément au Bulletin de l'Association amicale des anciens élèves de l'école). 8°. 67 pp. et grav. Moulins (impr. Charmeil) 1900.

Chiappari, Pietro, Manualetto istruttivo d'urgenza per la coltivazione e governo delle preziose piante dell' ulivo, del gelso, della vite e nozioni di alboricoltura e selvicoltura: studi pratici. 8°. 80 pp. Parma (tip. Luigi Battei) 1900. L. 2.—

Convert, F., L'industrie agricole (climat; plantes alimentaires; plantes industrielles; produits animaux). (Encyclopédie industrielle.) 18°. XII, 444 pp. Paris (J. B. Baillière & fils) 1901.

De Rossi, Gino, Sulla freschezza del latte. (Estratto dalla Rivista d'Igiene e Sanità pubblica. Anno XI. 1900.) 8°. 16 pp. 1 fig. Torino 1900.

Elot, Auguste, Culture et préparation du cacao à la Trinidad. (Bibliothèque de la revue des cultures coloniales.) Grand in 8°. 31 pp. Avec grav. Paris (Challamel) 1900.

Fallot, B. et **Michon, L.**, Sur la distase inversive du saccharose dans les vins blancs. (Extr. de la Revue de viticulture. 1900.) 8°. 10 pp. Paris (imp. Levé) 1900.

Goethe, R., Die Einwirkung von Luzerne und Gras auf das Wachsthum junger Obstbäume. (Rathgeber für Obst- und Gartenbau. XI. 1900. p. 63—65. Mit 2 Figuren.)

Harrison, Francis C., The foul brood of bees. Bacillus alvei (Cheshire and W. Cheyne). [Continuation and conclusion.] (Centralblatt für Bakteriologie, Parasitenkunde und Infektionskrankheiten. Zweite Abteilung. Bd. VI. 1900. No. 14, 15, 16. p. 457—469, 481—496, 513—517. With 4 figures.)

Hemmerling, W., Die Kultur der Korbweide, der thatsächlich aus derselben zu erzielende Ertrag und ihr Wert für den Landwirt und Forstmann. gr. 8°. VI, 139 pp. Mit 6 Tafeln in Farbenbuchdruck und 30 Abbildungen im Texte. Neudamm (J. Neumann) 1900. Kart. M. 3.60.

Jemina, Aug., Norme pratiche di concimazione moderna per tutte le coltivazioni. 8°. 126 pp. Torino (Roux e Viarengo) 1900. L. 1.50.

Klöcker, A., Die Gärungsorganismen in der Theorie und Praxis der Alkoholgärungsgewerbe. Mit besonderer Berücksichtigung der Einrichtungen und Arbeiten gärungsphysiologischer und gärungstechnischer Laboratorien. gr. 8°. XVI, 318 pp. Mit 147 Abbildungen. Stuttgart (Max Waag) 1900. M. 8.—, geb. M. 9.—

Lauche, W. und **Beck von Managetta, G.,** Oesterreichs Garten- und Gemüsebau 1848—1898. (Sep.-Abdr. aus Geschichte der Oesterreichischen Land- und Forstwirthschaft. 1848—1898.) 8°. 28 pp. Mit Abbildung. Wien 1900.

Lewton, L., The cultivation and economics of Agaves. (The American Journal of Pharmacy. LXXII. 1900. p. 327—334.)

Maiden, J. H., Useful Australian plants. No. 53—62. (Sydney. Agricult. Gaz. Nov. 1899 — May 1900.) roy. 8°. 16 pp. 10 pl. Sydney 1900.

Massieri, Mario, Notizie chimico-analitiche di alcuni vini naturali di Casalmaggiore e dintorni. 8°. 56 pp. Casalmaggiore (Bertoni) 1900.

Meissner, R., Ueber die Anwendung der Reinhefe beim Umgären fehlerhafter Weine. (Mitteilungen über Weinbau und Kellerwirtschaft. 1900. No. 5. p. 66—70.)

Morgenot, Notice sommaire sur les forêts domaniales du département des Vosges et sur leurs produits en matière et en argent pendant la période trentenaire 1870—1899. 8°. 138 pp. et graphiques. Nancy (Berger-Levrault & Co.) 1900.

Morisse, L., Le caoutchouc du Haut-Orénoque et les guttas-perchas américaines. (Extr. d. Archives des Missions.) 4°. 26 pp. Paris 1900.

Muller, J., Expérience de fumure sur avoine (variété indigène) faite sur terre argilo-calcaire de consistance moyenne en mauvais état de culture. (Les effets de la fumure de printemps. 1899.)

Murr, Josef, Zur Kenntnis der Kulturgehölze Südtirols, besonders Trients. [Fortsetzung.] (Deutsche botanische Monatsschrift. Jahrg. XVIII. 1900. Heft 10. p. 151—153.)

Passon, M., Das Thomasmehl, seine Chemie und Geschichte. gr. 8°. 71 pp. Neudamm (J. Neumann) 1900. M. 1.50.

Rackow, H., Die Bedeutung des Düngers für den tropischen Ackerbau. (Der Tropenpflanzer. Jahrg. IV. 1900. No. 10. p. 497—502.)

Rodatz, Hans, Eine neue Pflanzmethode des Kaffees ohne Schattenbaum. (Der Tropenpflanzer. Jahrg. IV. 1900. No. 10. p. 495—497.)

Séguin, L. et **Pailheret, F.,** Etudes sur le cidre. Grand in 8°. 170 pp. et planches. Rennes (impr. L. Edoneur) 1900.

Tschirch, A. und **Brüning, Ed.,** Ueber den Harzbalsam von Abies canadensis (Canadabalsam). (Archiv der Pharmazie. Bd. CCXXXVIII. 1900. Heft 7. p. 487—504.)

Wagner, A., De bemesting der fruitboomen. Traduction flamande. Petit in 8° 20 pp. Fig. Anvers (impr. Smets frères, à Peer) 1900.

Wagner, J. Ph., Expérience de fumure sur avoine (variété Anderbeck) faite sur sol argileux moyen en bon état de culture. (Les effets de la fumure de printemps. 1899.)

Wagner, J. Ph., Expérience de fumure sur pommes de terre (Magnum bonum faite sur sol argilo-calcaire de consistance moyenne en bon état de culture. (Les effets de la fumure de printemps. 1899.)

Wagner, J. Ph., Expérience de fumure sur betteraves fourragères (Jaune d'Eckendorf) faite sur sol argileux léger en bon état de culture. (Les Effets de la fumure de printemps. 1899.)

Personalnachrichten.

Dr. E. **Palla** trat Ende September eine für längere Zeit berechnete Studienreise nach Buitenzorg an.

J. **Bornmüller** ist von seiner Forschungsreise nach den canadischen Inseln zurückgekehrt.

Gestorben: **Emmerich Ráthey** am 9. September, 56 Jahre alt, in Klosterneuburg bei Wien. — Schulrath **Josef Mik** in Wien am 15. October im 62. Lebensjahre.

Anzeige.

Inhalt.

Ausgegeben: 31. October 1900.

Druck und Verlag von Gebr. Gotthelft, Kgl. Hofbuchdruckerei in Cassel.

Band LXXXIV. No. 7. XXI. Jahrgang.

Botanisches Centralblatt.

REFERIRENDES ORGAN

für das Gesammtgebiet der Botanik des In- und Auslandes.

Herausgegeben unter Mitwirkung zahlreicher Gelehrten

von

Dr. Oscar Uhlworm und Dr. F. G. Kohl

in Cassel in Marburg

Nr. 46. | Abonnement für das halbe Jahr (2 Bände) mit 14 M. durch alle Buchhandlungen und Postanstalten. | 1900.

Die Herren Mitarbeiter werden dringend ersucht, die Manuscripte immer nur auf *einer* Seite zu beschreiben und für *jedes* Referat besondere Blätter benutzen zu wollen. Die Redaction.

Wissenschaftliche Originalmittheilungen.*)

Zur Kenntniss des Leitgewebes im Fruchtknoten der *Orchideen*.**)

Von

Walter Busse.

Jene eigenthümlichen Umbildungen, welche die innere Epidermis des Griffels und des Fruchtknotens und bisweilen auch die unter ihr gelegenen Zellschichten zum Zwecke der Ernährung und damit der „Leitung" der Pollenschläuche erfahren, sind bei der anatomischen Untersuchung der Blütentheile wiederholt Gegenstand eingehender Betrachtung gewesen. Das besondere Interesse, welches man den als „Leitgewebe" bekannten Zellcomplexen gewidmet hat, ist um so mehr berechtigt, als es sich hier um eine Einrichtung im Innern der Blüte handelt, ohne deren Mitwirkung das Vordringen der Pollenschläuche von der Narbe bis zur Mikropyle in vielen Fällen schlechterdings undenkbar wäre.

Bei den *Orchideen* und namentlich bei den tropischen Vertretern dieser Familie besitzt das leitende Gewebe insofern eine

*) Für den Inhalt der Originalartikel sind die Herren Verfasser allein verantwortlich. Red.

**) Die Untersuchungen wurden im Herbst 1899 ausgeführt; durch die Vorbereitungen zu meiner Reise nach Afrika ist die Drucklegung des Manuskriptes verzögert worden.

erhöhte Bedeutung, als die Pollenschläuche oftmals einen sehr langen Weg innerhalb des wachsenden Fruchtknotens zurückzulegen haben, ehe sie an die Ovula gelangen und desshalb einer erheblichen und ununterbrochenen Zufuhr an Nährstoffen auf ihrem Wege bedürfen. Beansprucht somit schon an und für sich das Leitgewebe der *Orchideen* eine gewisse Beachtung, so gewinnt die Untersuchung noch an Interesse, wenn man die Ausbildung dieses Gewebes verfolgt und zugleich die äusseren Bedingungen beobachtet, unter denen es sich entwickelt.

Bekanntlich geschieht bei den *Orchideen* die Entwicklung der Ovula, bisweilen sogar die vollständige Ausbildung der Placenten erst infolge der Bestäubung, durch eine hochgradige Reizwirkung des Pollens auf den gesammten weiblichen Apparat. Erst mit dem Auswachsen der Pollenschläuche beginnt die Vergrösserung des Fruchtknotens und die Entwicklung seiner inneren Organe, die eigentliche Vorbereitung für den Befruchtungsakt.

Wie verhält es sich nun mit der Ausbildung des Leitgewebes, dessen Bedeutung für die Befruchtung diejenige eines indirecten Vermittlers ist? Zu welchem Zeitpunkte ist das Gewebe für die Leitung der Schläuche fertig vorbereitet und in welcher Weise vollzieht sich diese Vorbereitung? Ist die Ausbildung des Leitgewebes ebenfalls eine Folge der Bestäubung oder geht sie diesem Processe voraus?

Für eine grössere Reihe von Pflanzen aus anderen Familien sind die anatomischen und physiologischen Verhältnisse des Leitgewebes durch die sorgfältigen Untersuchungen Dalmer's*) bekannt geworden. Vorher hatte bereits Capus**) die Anatomie und Entwicklung dieses Gewebes an umfangreichem Material studirt, ohne jedoch den Gegenstand erschöpfend zu behandeln. Bei den *Orchideen* hatte Capus namentlich die Verhältnisse im Gynostemium berücksichtigt und die oben angedeuteten Fragen nicht berührt. Dalmer hat die *Orchideen* nicht in den Kreis seiner Untersuchungen gezogen, jedoch darauf hingewiesen, dass es von Interesse sei, die Vorgänge im Fruchtknoten auch bei dieser Familie kennen zu lernen. Endlich ist hier die ausgezeichnete Arbeit von L. Guignard: „Sur la pollinisation et ses effets chez les Orchidées***) zu erwähnen, welche sich ebenfalls mit dem Leitgewebe beschäftigt, aber vorwiegend dessen Function und physiologische Bedeutung als Ganzes bespricht. Auf den Inhalt dieser Arbeiten wird unten zurückzugreifen sein.

Gelegentlich einer früheren, vornehmlich praktischen Zielen gewidmeten Untersuchung über die Vanille†) wurde ich dem hier berührten Thema nahe geführt. Doch hatte es damals weder im Sinne meiner Aufgabe gelegen, derartige rein physiologischen

---

*) Ueber die Leitung der Pollenschläuche bei den Angiospermen. (Jenaische Zeitschr. f. Naturwiss. XIV. 1880. p. 530 ff.

**) Ann. sc. nat. Sér. VI. Botanique. T. VII. 1878. p. 215 ff.

***) Ann. sc. nat. Sér. VII. Bot. T. IV. 1886. p. 202 ff.

†) Studien über die Vanille. (Arb. a. d. Kaiserl Gesundheitsamte. d. XV. p. 1 ff.)

Fragen weiter zu verfolgen, noch stand mir s. Zt. das erforderliche Material zu Gebote, um die Entwicklung dieser *Orchideen*-Frucht beobachten zu können. Ich musste mich also darauf beschränken, die anatomischen Verhältnisse der reifen Vanillefrüchte zu studiren und konnte demnach auch die Beschaffenheit des Leitgewebes und die Beziehungen der Pollenschläuche zu diesem Gewebe nur auf Grund solcher Befunde beschreiben. Aber gerade die Gattung *Vanilla* bietet ein ausgezeichnetes Material für entwicklungsgeschichtliche Untersuchungen in der hier betretenen Richtung, weil die Fruchtknoten einiger Arten während des Vordringens der Pollenschläuche zu einer beträchtlichen Länge — 20 cm und darüber — auswachsen und somit die Schläuche, welche die untersten Ovula zu befruchten haben, eine abnorme grosse Ausdehnung erreichen. Da die Zahl der Pollenschläuche unendlich gross ist, wird das Leitgewebe des Fruchtknotens sehr stark in Anspruch genommen.

Nachdem ich durch günstige Gelegenheiten in den Besitz ausreichenden Materials gelangt bin, habe ich jetzt die Gelegenheit wahrgenommen, meine früheren Untersuchungen zu ergänzen.

Ich kann nicht unerwäht lassen, dass sich damals einige Verschiedenheiten zwischen den Angaben in Tschirch's und Oesterle's bekannten „Anatomischen Atlas"*) und den von mir erhaltenen Resultaten ergeben haben, Differenzen, die sich sowohl auf die Anatomie des Leitgewebes, als auch auf die Art des Vordringens der Pollenschläuche bezogen.

Während sämmtliche früheren Beobachter darin übereingestimmt hatten, dass die den Fruchtknoten durchwandernden Pollenschlauche sich eng an das Leitgewebe anschmiegen und es auf diese Weise ausnutzen, hatten die genannten Forscher den Vorgang so dargestellt, als ob eine völlige Lockerung des Leitgewebes eintrete und die Schläuche zwischen den mehr oder weniger isolirten Zellen dieses Gewebes ihren Weg nähmen. Eine derartige Authebung des Zusammenhanges der Leitgewebezelle findet bekanntlich im Griffel vieler Pflanzen, auch bei *Orchideen* statt, wo aber ganz andere Verhältnisse in Betracht kommen, als im Fruchtknoten. Denn die ausnutzbare Oberfläche des Leitgewebes im Griffelcanal wäre häufig viel zu gering, um allen Ansprüchen der vordringenden Pollenschläuche zu genügen, wenn sie nicht durch Dissociation des Gewebes vergrössert würde. Dementsprechend ist das Leitgewebe im Griffel bisweilen viel stärker entwickelt, als im Ovar; so fand es Capus (l. c. p. 230) bei einigen *Orchideen* 9—10 Zelllagen stark. Im Fruchtknoten dagegen besitzt die leitende Fläche eine erheblich grössere Ausdehnung und das Gewebe ist daher weniger mächtig entwickelt. Eine Lockerung der Zellverbände in der von Tschirch und Oesterle anfänglich angenommenen Form würde also hier garnicht erforderlich sein. Offenbar waren diese Forscher durch die Pollenschläuche selbst irregeleitet worden, wie auch aus ihren Ausgaben über die

*) Lieferung 4. Leipzig 1894.

anatomische Beschaffenheit der Leitgewebezellen hervorgeht. Ich werde unten auf diesen Punkt noch einmal zu sprechen kommen.

In meiner erwähnten Arbeit hatte ich auf Grund zahlreicher Beobachtungen an reifen Früchten verschiedener *Vanilla*-Arten und im Einklang mit Guignard und früheren Untersuchern den Standpunkt vertreten, dass die Pollenschläuche aussen an das Leitgewebe angeschmiegt, ihren Weg durch die wachsende Frucht vollenden.*) Eine Lockerung und Isolirung der Leitgewebezellen in der von Tschirch und Oesterle angegebenen Weise hatte ich niemals beobachten können und auch niemals Leitgewebezellen zwischen den Pollenschläuchen angetroffen.

Die damaligen Untersuchungen von Tschirch und Oesterle waren allerdings ebenso wie die meinigen an reifen Früchten angestellt worden, also an einem Entwicklungszustande, in welchem Leitgewebe und Pollenschläuche längst ihre Functionen erfüllt haben. Daher war es wünschenswerth, dass von beiden Seiten die schwebenden Fragen an jüngerem Material nachgeprüft würden.

Herr Tschirch hat das bereits gethan**) und ist im Wesentlichen zu der bereits früher von ihm vertretenen Ansicht gelangt, dass nämlich „die Pollenschläuche im Innern des leitenden Gewebes streichen". Tschirch wurde dabei von folgendem Gedankengange geleitet:

„Liegen die Pollenschläuche aussen, so muss man zwischen ihnen und den Epidermiszellen des leitenden Gewebes, das dann gar kein leitendes Gewebe, sondern nur die Epidermispartie der inneren Fruchtwand wäre, die Cuticula der letzteren antreffen und wird keineswegs die Schicht der Pollenschläuche aussen gegen den Hohlraum der Frucht hin von einer cuticularisirten Schicht bedeckt finden; streichen die Pollenschläuche im Innern, so ist die Schicht, in der sie auftreten, die ja naturgemäss von der inneren Epidermis oder dieser und den subepidermalen Zellschichten der Fruchtwand gebildet wird, von der Cuticula bedeckt. Das letztere ist der Fall . . . . . ."

Tschirch hat diese Darlegung mit zwei Abbildungen, von Querschnitten illustrirt, welche zeigen sollen, dass der Pollenschlauchstrang nach aussen durch eine Cuticula abgeschlossen ist.

---

*) Diese Verhältnisse gelten jedenfalls mit geringen Abweichungen für die ganze Familie der *Orchideen*. Zu der auf p. 95 meiner ersten Arbeit citirten Litteratur füge ich hier noch einige Sätze von Strasburger (Neue Unters. über den Befruchtungsvorgang bei den Phanerogamen. Jena 1884. p. 58) an, die sich auf die Gattungen *Orchis*, *Himantoglossum* und *Gymnadenia* beziehen: „Sie (d. h. die Pollenschl.) folgen der Oberfläche des leitenden Gewebes und lassen sich von demselben, so lange die Samenknospen noch nicht empfängnissreif sind, sehr leicht abheben". . . . . „mit dem Augenblicke, wo die Samenknospen empfängnissreif geworden, ist ein Ablösen der Pollenschlauchstränge von den Placenten nicht mehr möglich." Denn alsdann kehren die bisher in gerader Richtung dem Grunde des Fruchtknotens zuwachsenden Schläuche ihre Spitzen den Samenknospen zu und wachsen zwischen diese hinein. (Natürlich wäre das Abheben auch vorher nicht möglich, wenn die Schläuche im Innern des Leitgewebes ihren Weg nähmen!)

**) Schweizer. Wochensch. f. Chemie u. Pharmacie. 1898. No. 52.

Eine solche Abschliessung der Schläuche gegen das Innere der Ovarhöhlung und damit auch gegen die Ovula ist meines Erachtens a priori kaum annehmbar; denn wenn sie vorhanden wäre, würde jeder der unzähligen Pollenschläuche gezwungen sein, die Cuticula zu durchbrechen, um zu den Ovulis zu gelangen. Die Natur würde hiermit also die Befruchtung erschweren, während alle übrigen Einrichtungen darauf hinzielen, sie nach Möglichkeit zu erleichtern. Tschirch sagt zwar (l. c.): „Es mag vorkommen und kommt in der That vor, dass die „Fäden" (d. h. die Pollenschläuche) die Cuticula durchbrechen, aber die Regel ist, dass eine zarte Cuticula die ganze Schicht gegen den Hohlraum der Frucht bedeckt . . . ."; es wird hier also als Ausnahme hingestellt, was die Regel sein müsste, wenn Tschirch's Darstellung richtig wäre.

Ob das Leitgewebe ursprünglich, d. h. vor dem Eindringen der Pollenschläuche in die Fruchtknotenhöhlung, von einer Cuticula bedeckt ist oder nicht, das ist eine Frage für sich, die mit der hier berührten direct nichts zu thun hat. Auch sie wird im Folgenden erledigt werden. Im Uebrigen zeigen die neuen Abbildungen Tschirch's, dass zwischen unseren Ansichten über die Beziehungen der Pollenschläuche zum Leitgewebe sonstige tiefergehende Differenzen kaum noch bestehen. Denn auch nach diesen Bildern liegen die Pollenschlauchmassen dem Leitgewebe auf; nur lösen sich vereinzelte Leitgewebe-Zellen nach völliger Zerstörung der Mittellamelle ab und werden durch die von oben vordringenden Schläuche bei Seite geschoben (Tschirch's Fig. 2 Z.) Ich habe mich mit Herrn Tschirch bereits mündlich über diesen Punkt verständigen können und von vornherein zugegeben, dass man eine derartige Ablösung der äusseren Zellen beobachten wird, wenn man die Einwirkung der Schläuche auf das Leitgewebe an jüngeren Stadien verfolgt. Denn andernfalls könnten die tieferliegenden Schichten des leitenden Gewebes ja überhaupt nicht in Wirksamkeit treten. Trotzdem glaube ich nicht, dass man berechtigt ist, zu sagen, die Pollenschläuche wanderten „im Innern des leitenden Gewebes".

Tschirch kann damit nur gemeint haben, dass sie von den löslichen Umwandlungsproducten der Zellmembranen dieses Gewebes umhüllt sind.

So bleibt von unseren früheren Meinungsverschiedenheiten eigentlich nur noch die Frage des Vorhandensein einer Cuticula über dem Leitgewebe, bezw. der Pollenschlauchschicht zu erledigen übrig. Und diese glaube ich durch die vorliegende Untersuchung endgültig geklärt zu haben. Bevor ich auf meine Ergebnisse näher eingehe, seien noch einige erläuternde Bemerkungen über die Localisirung des Leitgewebes im Fruchtknoten von *Vanilla* eingeschaltet.

Das zwischen je zwei Placenten liegende Epithel der Fruchtknotenwand entwickelt sich bei *V. planifolia* später in der Weise, dass unmittelbar an den Basen der Placenten je ein Streifen von Leitgeweben gebildet wird, während an den zwischen dem Leitgewebe liegenden, den Carpellmedianen entsprechenden Stellen die Epidermiszellen zu langen einzelligen Haaren auswachsen.*) Mat hat diese eigenthümliche Bildung meist als „Papillenschicht“ bezeichnet. Ueber die physiologische Bedeutung der Haare ist nur (nach Tschirch und Oesterle l. c.) bekannt, dass sie das öligharzige Secret absondern, welches die reifen Samen umhüllt Zum Befruchtungsvorgange stehen die Haare in keiner Beziehung, da sie — wie schon Guignard gezeigt hat — erst nach erfolgter Befruchtung entstehen, während vordem die Epidermis an den betreffenden Stellen keine sichtbaren Veränderungen aufweist. Eine Zeit lang glaubte man den Herd der Vanillinbildung in der Papillenschicht suchen zu sollen — eine längst widerlegte Anschauung, deren ich hier nur Erwähnung thue, weil sich bei der gleich zu nennenden *Vanilla palmarum* Lindb., deren Früchte verhältnissmässig reich an Vanillin sind, die Haarschicht überhaupt nicht findet.

Die Frucht dieser Art nimmt insofern eine Sonderstellung ein, weil bei ihr nicht, wie bei fast allen *Orchideen*, sechs, sondern nur drei Leitstreifen gebildet werden; hier wird das gesammte Epithel zwischen je zwei Placenten zum Leitgewebe. Und zwar wird bei *V. palmarum*, gerade der in der Mitte der Carpelle gelegene Raum, welcher (nach Guignard l. c. p. 227) allgemein von Pollenschläuchen freibleibt, von diesen in erster Linie benutzt.

Für die vorliegende Untersuchung standen mir als jüngste Stadien zunächst zwei junge Knospen von *Vanilla planifolia* zu Gebote, deren Fruchtknoten erst 2,5 und 3 cm lang waren. Die Anlage der Placenten sind in diesem Stadium erst als unbedeutende lappige Protuberanzen erkennbar.

Das spätere Leitgewebe besteht aus der Epidermis und 2 bis 3 Lagen kleiner, ebenfalls mit protoplasmatischen Inhaltsstoffen dicht angefullter Hypoderm - Zellen; die Aussenwände der Epidermis sind theilweise schwach emporgewölbt.

Die benachbarten Theile der Epidermis, welche später zu Haaren auswachsen, unterscheiden sich vom Leitgewebe dadurch, dass ihre Zellen grösser sind und die Aussenwände keine Wölbung zeigen.

Die gesammte Epidermis der Ovarhöhlung ist von einer Cuticula bekleidet, welche aber über der späteren Haarschicht stärker erscheint, als über dem Leitgewebe. Verschiedene Forscher haben an anderen Pflanzen die Beobachtung gemacht, dass in jugendlichen Stadien die an das Leitgewebe nach aussen angrenzenden Zellschichten, bisweilen auch die Leitgewebezellen selbst mit Stärke erfüllt sind, welche bei weiterer Entwicklung des Leitgewebes verschwindet, um zum Ausbau der Wandverdickungen verbraucht zu werden. Bei *Vanilla* mag das anfänglich auch der Fall sein; jedoch fand sich die Stärke in

*) Abbildungen bei Berg, Atlas z. Pharmaceut. Waarenkde. Tafel XXXXIV, bei Tschirch und Oesterle l. c. Tafel XVI u. s. w.

denjenigen Stadien, welche mir zur Untersuchung vorlagen, nicht mehr vor. Wie Guignard*), so habe auch ich nur noch in nächster Umgebung der Gefässbündel Stärke beobachtet.

Einen sichtbar, wenn auch nur wenig vorgeschrittenen Zustand der Entwicklung wies ein Fruchtknoten von 5,2 cm Länge auf, ebenfalls von einer Knospe entnommen. Die Leitgewebezellen sind grösser geworden und zeigen deutliche Verdickung der Wände; namentlich sind die Aussenwände stärker verdickt und mehr papillös emporgewölbt, als im vorigen Stadium. Die Wände geben mit Chlorzinkjod reine Cellulose-Reaction. Die Cuticula ist überall vorhanden; über dem Leitgewebe erscheint sie sehr zart und ist hier deutlich dünner, als über der späteren Haarschicht und zwischen den beiden Schenkeln jeder Placenta: ein Beweis, dass sie über dem Leitgewebe nicht weiter in die Dicke wächst.

Da mir spätere Jugendstadien von *V. planifolia* nicht zur Verfügung standen, wurde die Ausbildung des Leitgewebes an Material von *V. palmarum* verfolgt. Wie oben erwähnt, wird bei dieser Art der gesammte Raum zwischen je zwei Placenten von Leitgewebe ausgekleidet. Dieses kommt später, beim Vordringen der Pollenschläuche am meisten in der Mitte jener Zwischenräume zur Wirkung, also dort, wo bei *V. planifolia* die Haarschicht gebildet wird; es erstreckt sich auch seitlich nur genau bis zum Fuss der Placentaschenkel, ohne — wie bei *planifolia* — an diesen noch eine Strecke weit hinauf zu gehen.

An 10 bezw. 12 mm langen Fruchtknoten zweier noch geschlossener Knospen, die in ihrer übrigen Entwicklung ungefähr dem zuerst beschriebenen Stadium von *V. planifolia* entsprechen**), war die Bildung des Leitgewebes zum Theil schon weiter vorgeschritten als dort. In den mittleren Partien hatte rege Zelltheilung und mehr collenchymatische Wandverdickung, wie man sie auch bei *V. planifolia* häufig beobachten kann, stattgehabt.

Das Gewebe war an dieser Stelle ebenfalls 3—4 Zellreihen stark, während es seitlich gegen die Placenten hin, nur aus der einreihigen Epidermis bestand. Bemerkenswerth ist, dass die Cuticula über den in Entwicklung begriffenen mittleren Partien des Leitgewebes nach aussen abgehoben war und sich in grossen welligen Bogen in einiger Entfernung von der Epidermis befand. In den seitlichen, noch unverändert gebliebenen Theilen lag dagegen die Cuticula in normaler Weise den Aussenwänden der Epidermis auf.

Die verdickten Zellwände der mittleren Partien liessen bei Behandlung mit Chlorzinkjod nur noch eine schwach sichtbare

---

*) l. c. p. 210.

**) Die Früchte von *Vanilla palmarum* erreichen viel geringere Längendimensionen, als diejenigen von *V. planifolia*. Vgl. meine Abb. 1 und 3 auf Taf. I der oben citirten Arbeit.

Blaufärbung erkennen; die Umwandlung der Cellulosesubstanz der Wände hatte hier also bereits begonnen.

In den unteren Theilen der hier beschriebenen Fruchtknoten ist das Leitgewebe noch nicht ausgebildet und dementsprechend die Cuticula noch nicht abgehoben; denn die Ausbildung des Leitgewebes schreitet stets von der Spitze des Fruchtknotens nach der Basis vor. Die Angabe Guignard's*), dass die Leitgewebezellen zur Blütezeit noch wenig differenzirt seien, hat demnach nur bedingte Gültigkeit.

In dem 24 mm langen Fruchtknoten einer geöffneten, aber noch nicht bestäubten Blüte war die Cuticula über den mittleren Partien des Leitgewebes vollständig abgestossen und an einigen Stellen überhaupt nicht mehr nachweisbar; an den Seiten ist sie noch normal vorhanden. Hier haben sich jedoch die Aussenwandungen der Epidermiszellen, wie wir oben bei *V. planifolia* gesehen, papillös emporgewölbt; beginnende Lösung der Wände ist nicht zu beobachten.

Interessanter gestalten sich die Verhältnisse kurz nach erfolgter Bestäubung. In einem zunächst untersuchten 32 mm langen Fruchtknoten waren erst eine der drei Pollenschlauchsträhnen und im Uebrigen nur vereinzelte Schläuche bis zur Mitte des Fruchtknotens vorgedrungen

An der Spitze der jugendlichen Frucht, etwa 1,5 mm unterhalb der Basis des Gynosteniums, wird der gesammte Hohlraum, der sich auf Querschnitten als ein verhältnissmässig enger dreistrahliger Spalt darstellt, von Pollenschläuchen dicht erfüllt. Hier ist die ganze Innenwand des Fruchtknotens von Leitgewebe ausgekleidet. In anatomischer Hinsicht gewährt das Gewebe ungefähr ein Bild, wie ich es in Fig. 8 Taf. II meiner früheren Arbeit dargestellt habe. Geht man etwas weiter nach unten, so findet man, dass das Leitgewebe bereits auf drei Stellen localisirt ist, zwischen denen je eine von normal gebildeter Epidermis bekleidete Stelle der Fruchtwand freibleibt. Placenten sind in dieser Gegend der Fruchtspitze nicht vorhanden, doch hat sich der in der Ovarhöhlung eingetretene dicke Strang von Pollenschläuchen bereits in drei Strähnen zertheilt, welche die ihnen nunmehr vorgezeichneten Wege benutzen. Dort, wo die obersten Placenten sich finden, haben die Pollenschlauchsträhnen die Oberfläche der Innenwand zwischen je zwei Placenten völlig bedeckt, nehmen also das Leitgewebe in seiner ganzen Ausdehnung in Anspruch. Eine Cuticula ist weder direct über dem Leitgewebe noch ausserhalb der Pollenschlauchmasse vorhanden; an den Placentabasen beginnt sie genau dort, wo das Leitgewebe aufhört.

Je weiter die Schläuche nach der Mitte der jungen Frucht vordringen, desto grösser ist natürlich die Oberfläche des Leitgewebes, die ihnen zur Verfügung steht und desto mehr concen-

---

*) l. c. p. 205.

trirten sich die Schläuche auf die mittleren Partien der leitenden Fläche.

Diese bestehen aus 3—4 Reihen kleiner, dicht mit Plasma erfüllter Zellen, deren Wandungen stark verdickt sind; die Wände geben mit Chlorzinkjod kaum noch eine bläuliche Färbung, so dass sich die tiefblau gefärbten Membranen der angelagerten Schläuche scharf gegen die Leitgewebezellen abheben.

Auf Querschnitten durch die Mitte der Frucht kann man beobachten, wie sich die Ovula soweit herabgekrümmt haben, dass sie direct die Pollenschläuche berühren. Die seitlichen ein- bis zweizellreihigen Theile des Leitstreifen kommen hier kaum noch für die Leitung in Betracht; an diesen Stellen findet man auch nur vereinzelte Schläuche.

Bemerkenswerth ist, dass an denjenigen Stellen der seitlichen Leitgewebepartien, wo noch keine Pollenschläuche vorhanden sind, vereinzelte abgelöste Fetzen der Cuticula in einiger Entfernung von der Epidermis sichtbar sind. Da sich solche Reste später nicht mehr nachweisen lassen, muss man annehmen, dass die der Epidermis lose aufliegenden Stücke der abgestorbenen Cuticula durch die vorliegenden Pollenschläuche einfach bei Seite geschoben worden sind. In einem Falle ist es mir auch gelungen, dieses zu beobachten.

Würden nicht hunderte und sogar tausende von Pollenschläuchen den Fruchtknoten von *Vanilla* durchwandern, sondern nur einige wenige das Leitgewebe in Anspruch nehmen, so würde es natürlich leichter sein, die Reste der Cuticula aufzufinden. Dalmer*) konnte z. B. bei *Mahonia Aquifolium*, wo nur 4—5 Ovula vorhanden sind und die Anzahl der in den Fruchtknoten eindringenden Pollenschläuche im Vergleich zu den hier vorliegenden Verhältnissen sehr gering ist (Verf. zählte in einem Falle 32 Schläuche), die Cuticula meist noch ausserhalb der Schläuche auffinden. Im Uebrigen spielt sich der Vorgang bei *Mahonia Aquifolium* in fast derselben Weise ab, wie ich im Vorhergehenden beschrieben. „Wenn die Knospen 3—4 mm hoch sind — schreibt Dalmer — so sind die Leitgewebezellen „deutlich von einer Cuticula überzogen und die darunter liegenden Parenchymzellen sind zu gleicher Zeit dicht mit Stärke erfüllt. In späteren Zuständen verschwindet diese und die Cuticula wird wellenförmig von der Cellulosehaut abgehoben. Bricht die Knospe schliesslich auf, so ist die Cuticula in einiger Entfernung von den Cellulosewänden noch deutlich nachzuweisen, zeigt unregelmässige Contouren und ist oft zerrissen. Die Placenta ist nun ausgerüstet zur Leitung und Ernährung des Pollenschlauches.“ Und bei *Ornithogalum pyramidale* wird nach Dalmer's Beobachtungen „ebenso wie bei *Mahonia*, indem wahrscheinlich die mittleren Wandpartien verschleimen, eine dünne Cuticula abgehoben, welche zerreist und an späteren Zu-

*) l. c. p. 542 ff.

ständen meist nicht mehr nachzuweisen ist". Schliesslich erwähne ich als analoges Beispiel aus Dalmer's Untersuchungsergebnissen noch *Verbascum Thapsus*; auch hier sind die Epidermisszellen des Leitgewebes zuerst von einer Cuticula überzogen, die allmählich in derselben Weise, wie bei *Mahonia* und *Ornithogalum* abgehoben wird.*) Der ganze Vorgang spielt sich hier ebenfalls im Knospenzustande ab. Dalmer hat (auf Fig. 52—54) sehr anschauliche Abbildungen gegeben, welche den Vorgang bei *Verbascum Thapsus* illustriren, die aber ebenso gut für *Vanilla* Gültigkeit haben könnten! Denn an zahlreichen von mir untersuchten Schnitten von *Vanilla palmarum* bot die Cuticula während des Ablösungsprocesses genau die gleichen Bilder dar. Ich verweise hier auf Dalmer's Abbildungen.

Die Entwicklung und die anatomischen Verhältnisse des Leitgewebes sind natürlich, je nachdem es die Gestaltung und Lage der übrigen Organe in der Ovarhöhlung bedingen, im Pflanzenreich sehr verschieden. Es kam mir hier aber darauf an, zu zeigen, dass die bei *Orchideen* beobachteten Vorgänge keineswegs vereinzelt dastehen, sondern auch in anderen Familien ihre Analoga finden.

Da zur Zeit, als ich diese Untersuchung ausführte, im *Orchideen*hause des Berliner Botanischen Gartens gerade eine Pflanze von *Vanilla pompona* Schiede Früchte angesetzt hatte, nahm ich die Gelegenheit wahr, auch an dieser Art Beobachtungen anzustellen. Bei *V. pompona* werden — im Gegensatz zu *V. palmarum* — wie bei *V. planifolia* sechs Streifen von Leitgewebe gebildet, von denen je zwei später durch eine „Papillenschicht" getrennt sind. Bezüglich der anatomischen Verhältnisse des Leitgewebes sind Unterschiede von *V. palmarum* nicht vorhanden. Dies zeigte sich deutlich an einer jugendlichen, 8 cm langen Frucht, welche in ihrer Entwicklung ungefähr dem zuletzt beschriebenen Stadium von *V. palmarum* entsprach. An diesem Object konnte man die verschiedenen Zustände der Entwicklung des Leitgewebes nebeneinander beobachten. An der Basis des Fruchtknotens zeichnete sich das künftige Leitgewebe dadurch aus, dass seine Epidermiszellen stärker verdickt und emporgewölbte Aussenwandungen besassen, während die später zur Papillenschicht auswachsenden benachbarten Epidermistheile noch keine Veränderungen aufwiesen. Die Cuticula war überall intact vorhanden, auch über dem Leitgewebe. Etwas weiter oben, wo bereits die Lösung der Membranen begonnen hatte, waren jedoch über der Epidermis nur noch die Fetzen der abgelösten Cuticula sichtbar, während die spätere Papillenschicht in normaler Weise von einer Cuticula bedeckt war. In der Mitte der Frucht, bis wohin schon einige Schlauchsträhnen vorgedrungen waren, liess sich die abgestorbene Cuticula des Leitgewebes nicht mehr nachweisen.

---

*) Ueber das Verhalten der Cuticula im Griffel der *Orchideen*. vgl. Capus p. 259.

Die später zu Papillen auswachsenden Epidermiszellen waren auch hier noch unverändert. Der Process der Ausbildung des Leitgewebes geht augenscheinlich bei anderen *Orchideen* mit grösserer Schnelligkeit vor sich, als bei *Vanilla*. So fand ich im basalen Theile einer unreifen Frucht von *Sobralia sessilis* die Cuticula über dem Leitgewebe total zerstört, obwohl die ersten Schläuche erst an der Spitze des Fruchtknotens angelangt waren.*) Die Längenverhältnisse der Frucht spielen dabei jedenfalls auch eine Rolle; denn es ist anzunehmen, dass die Pollenschläuche bei langfrüchtigen Arten (z. B. *V. planifolia* und *V. pompona*) mehr Zeit beanspruchen, um bis zur Basis der Frucht zu gelangen, als bei anderen *Orchideen*, deren Früchte nur eine Länge von wenigen Centimetern erreichen. Nach L. Guignard (l. c. p. 208) kommen bei *V. planifolia* die ersten Schläuche nach 12–15 Tagen am Grunde der Frucht an.

Nachdem im Vorstehenden gezeigt worden war, wie sich das leitende Gewebe bis zum Beginn des Befruchtungsvorganges verhält, wird noch kurz zu erörtern sein, welchen Einfluss das weitere Vordringen der Pollenschläuche bis zum Grunde des Fruchtknotens auf das Leitgewebe ausübt. Wie ich bereits im Anfang erwähnte, ist von vornherein als selbstverständlilch anzunehmen, dass, nachdem die von der äussersten Zellanlage gelieferte Nährsubstanz verbraucht ist, die tiefer liegenden Schichten des Leitgewebes in Function treten müssen. Man kann diesen Vorgang der „Ablösung" leicht verfolgen, wenn man die geeigneten Entwicklungsstadien untersucht. Ich greife dabei auf *Vanilla palmarum* zurück. In 3,6 bis 4,2 cm langen unreifen Früchten, deren Samen sich zum Theil bereits in vorgeschrittenem Zustande befanden, war an verschiedenen Stellen des Leitgewebes eine Lockerung der Epidermis erfolgt und vereinzelte Zellen waren durch dazwischenliegende Pollenschläuche von dem übrigen Gewebe getrennt. Dieses war jedoch nur in mittleren, mehrzellschichtigen Partien der Leitstreifen zu beobachten, während an den seitlich gelegenen einreihigen Theilen nur eine starke Quellung der Zellwände stattgefunden hatte. Diese Partien werden ja, wie schon oben gezeigt, nur in geringem Maasse von den Pollenschläuchen ausgenutzt.

Die Desorganisirung des Leitgewebes beschränkt sich übrigens nicht nur auf die Epidermis, sondern erstreckt sich auch auf die hypodermatischen Schichten, so dass das Leitgewebe in der ausgewachsenen Frucht von *Vanilla palmarum* nur noch ein bis zwei Zellreihen stark ist, während an den entsprechenden Stellen anfänglich drei bis vier Lagen vorhanden waren. Die abgelösten Leitgewebezellen sterben jedenfalls schnell ab und fallen dann zusammen, dann sind sie im späteren Reifestadium inner-

*) Ueberhaupt bewegt sich der Grad der inneren Ausbildung, welchen die Fruchtknoten der *Orchideen* zur Blütezeit erreicht haben, zwischen weiten Grenzen. (S Hildebrandt, Botan. Ztg. 1863. p. 340 f.)

halb der Pollenschlauchmasse nicht mehr nachzuweisen.*) Auch die letztere selbst nimmt allmählich ein verändertes Aussehen an und macht schliesslich in der reifen Frucht den Eindruck einer grobkernigen Schleimmasse, in welcher zunächst die einzelnen Elemente nur schwer erkennbar sind. Erst bei stärkerer Vergrösserung lassen sich die in verschiedene Formen gepressten Querschnitte der zahllosen, zusammengefallenen Schläuche nachweisen. Die Massen der abgestorbenen Pollenschläuche sind bei früheren Untersuchungen von reifen Orchideenfrüchten meist nicht mehr als solche erkannt worden. So bestritt zum Beispiel noch 1863 Hildebrandt**) die Angabe R. Brown's, dass die Pollenschläuche in der reifen Kapsel noch vorhanden seien. „Bald nach der begonnenen Embryobildung,“ — sagt Hildebrandt — „höchsters einige Tage später, vergehen die Pollenschlauchstränge . . .;“ das „Vergehen der Schläuche nach dem Beginn der Embryobildung werde namentlich dadurch deutlich, dass sich verkümmerte Reste zu jener Zeit beobachten lassen. Tschirch und Oesterle (l. c.) hatten die abgestorbenen Schläuchesträhnen in der *Vanilla* zwar beobachtet, aber zuerst als Leitgewebe angesehen, wie durch Tschirch's spätere Mittheilung bestätigt wird.

Die Ursache für diese wiederholt vorgekommene Täuschung***) scheint mir eine rein physikalische zu sein. Die Pollenschläuche werden während ihres Vordringens von dem schleimigen Umwandlungsproducte der Leitgewebemembranen umhüllt, aus welchem sie das Material zu ihrer Ernährung und weiteren Bildung ihrer Wände beziehen. Nach erfolgter Befruchtung büssen die Wände der absterbenden Schläuche offenbar ihr ursprügliches stärkeres Lichtbrechungsvermögen ein und nehmen ungefähr denselben Brechungsindex an, welchen die sie umgebende schleimige Substanz besitzt.†) So kommt es, dass die Strähne auch auf

---

*) Vergl. „Studien über die *Vanilla*“. p. 96. S. a. R. Brown, Verm. Bot. Schriften. Herausgeg. von Nees v. Esenbeck. Bd. V. Nürnberg 1834. p. 149.

**) Botanische Zeitg. 1863. p. 343.

***) Schleiden sagt in der IV. Aufl. seiner „Grundzüge der wissenschaftlichen Botanik“ p. 518 über diesen Punkt Folgendes: „Es wird] von Vielen noch eine Schwierigkeit in der Beobachtung der Pollenschläuche aufgeführt, die ich nach meinen Untersuchungen durchaus für keine halten kann, nämlich die mögliche Verwechslung der Zellen des leitenden Zellgewebes mit den Pollenschläuchen. Mir ist keine Pflanze bis jetzt bekannt geworden, wo eine solche Verwechslung möglich wäre; stets sind die Zellen des leitenden Zellgewebes um das Doppelte und Dreifache dicker, als die Pollenschläuche derselben Pflanze; bei keiner Pflanze sind jene Zellen länger, als sehr lange Zellen langgestreckten Parenchyms, d. h. etwa 1/10 Linie, und daher ergiebt sich jeder Pollenschlauch sogleich durch die Continuität des Lumens auf grössere Strecken zu erkennen.“

†) Auch hier möchte ich eine Notiz von Schleiden (l. c.) anführen, die wenigstens geschichtliches Interesse besitzt: „Endlich muss ich auch noch die schon von Horkel ausgesprochene Ansicht bestätigen, dass Rob. Brown's Schleimröhren („mucous tubes“) nichts anderes sind, als die Pollenschläuche, deren Zusammenhang mit dem Pollenkorn schon zerstört ist. In gewisser Zeit nach der Befruchtung sind alle Pollenschläuche bei den *Orchideen* Schleimröhren geworden, weil sie von aussen nach innen abzusterben anfangen.“ (!)

Längsstrecken der reifen Früchte das Bild einer ziemlich homogenen Masse gewähren, in welcher die einzelnen Schläuche meist erst dann wieder hervortreten, wenn man die Schnitte mit geeigneten Färbungsmitteln. z. B. Haematoxylin, behandelt.*) Auf diese Weise kann man sich die Pollenschläuche auch in jeder Vanillefrucht des Handels sichtbar machen.

Die Beschaffenheit des Leitgewebes in der reifen Frucht ist für *Vanilla planifolia* in meiner früheren Arbeit (p. 95 ff.) genau beschrieben und durch Abbildungen erläutert worden, so dass ich mich hier auf einige kurze Bemerkungen beschränken kann. Das im organischen Zusammenhange verbleibende Leitgewebe stirbt nach Beendigung des Befruchtungsvorganges nicht ab, sondern bleibt lebend erhalten, solange die Frucht lebt. Die Zellen sind bis zur vollen Reife der Frucht turgescent und fast stets mit protoplasmatischen Stoffen dicht erfüllt;**) bisweilen führen sie auch fettes Oel. Eine Lockerung der noch vorhandenen Zellenverbände habe ich — wie gesagt — an späteren Reifestadien niemals beobachten können, auch niemals isolirte Leitgewebezellen in solchem Material aufgefunden.

* * *

Fasst man die Ergebnisse der vorstehend beschriebenen Beobachtungen, welche leider aus äusseren Gründen nicht durch Untersuchung weiterer *Orchideen* ergänzt werden konnten, zusammen, so ergiebt sich Folgendes:

Das Leitgewebe im Fruchtknoten von *Vanilla* ist meist auf sechs, seltener, so z. B. bei *Vanilla palmarum* Lindl., auf drei „Leitstreifen" vertheilt.

Es wird entweder aus der modificirten inneren Epidermis der Fruchtwand allein oder aus dieser und zwei bis drei Lagen hypodermatischer Zellen gebildet. Letzteres ist nicht nur bei der Gattung *Vanilla*, sondern bei den *Orchideen* überhaupt (cf. Capus l. c. p. 228) der häufigere Fall.

Das Leitgewebe unterscheidet sich von dem angrenzenden Parenchym durch Kleinheit seiner Zellen, Verdickung der Zellwände und dadurch, dass seine Zellen stets mit plasmatischen Stoffen dicht erfüllt sind.

Das Leitgewebe entsteht schon, bevor die Knospen aufbrechen; seine Ausbildung ist demnach unabhängig von dem Bestäubungsakte. Die Vorbereitung des Leitgewebes für die Ernährung der Pollenschläuche beginnt an der Spitze des Fruchtknotens und schreitet allmählich nach der Basis vor. Zunächst wölben sich die Aussenwände der Epidermiszellen papillös empor; gleichzeitig stellt die anfänglich den ganzen Innenraum des Ovars auskleidende Cuticula über dem späteren Leitgewebe ihr Dickenwachsthum ein. Dann quellen die Aussenwände der Epidermiszellen auf und geben nur noch schwach sichtbare Cellulose-Reactionen.

---

*) Vergl. Taf. II Fig. 10 meiner früheren Arbeit.

**) Vergl. Taf. II Fig. 9 meiner früheren Arbeit.

In einem weiteren Stadium der Entwicklung löst sich die Cuticula in welligen Bogen von der Epidermis ab; darauf zerreist sie in einzelne Stücke und wird vollständig abgestossen. Die Zerstörung der Cuticula wird jedenfalls durch die chemische Umwandlung der Cellulosesubstanz der Epidermiszellwände bedingt. Dieser Vorgang spielt sich im oberen Theile des Fruchtknotens schon vor der Bestäubung ab, so dass die Pollenschläuche bei ihrem Eintritt in die Ovarhöhlung auf dem Leitgewebe eine zusammenhängende unverletzte Cuticula nicht mehr vorfinden. Auch bei dem weiteren Vordringen von Pollenschläuchen zur Basis des Fruchtknotens ist die Cuticula immer völlig abgestorben, ehe die Schläuche an die betreffende Stelle des Leitgewebes gelangen.

Nach erfolgter Ausnutzung der äussersten Zellenlage (Epidermis) des Leitgewebes werden auch dessen tiefer liegende Schichten für die Ernährung der Schläuche in Anspruch genommen.

Die Verbindung der Epidermiszellen wird durch Lösung der sogenannten „Mittellamelle“ aufgehoben, einzelne Zellen lösen sich ab, sterben dann jedenfalls schnell ab und fallen zusammen; sie sind in späteren Stadien zwischen den Pollenschlauchmassen nicht mehr nachzuweisen.

Der noch im organischen Zusammenhange bleibende Rest des Leitgewebes stirbt nach beendeter Befruchtung nicht ab, sondern bleibt bis zur Reife der Frucht lebend erhalten.

Dem Leitgewebe kommt in erster Linie die Aufgabe zu, die Pollenschläuche zu *ernähren*, ihnen das nothwendige Material für den weiteren Aufbau ihres oft umfangreichen Körpers zu liefern. Dieses wird durch Umwandlung der Mittellamelle der Leitgewebezellen in lösliche Kohlenhydrate, jedenfalls einen enzymatischen Vorgang, bewirkt. Dadurch, dass den Pollenschläuchen auf dem Leitgewebe die erforderlichen Nährstoffe geboten werden, werden sie gleichzeitig auf den für den Befruchtungsakt am günstigsten gelegenen Stellen der Ovarhöhlung localisirt, also in gewissem Grade zu den Ovulis „geleitet“.

Berlin. *Laboratorium des Kaiserlichen Gesundheitsamtes.*

Ueber die russischen myrmecophilen Pflanzen.

Von

Dr. W. Taliew,

Privat-Docent an der Universität Charkow (Russland).

Unter dem Namen „*myrmecophil*“ verstehe ich, ohne in eine problematische Erklärung dieser Erscheinung einzugehen, diejenigen Pflanzen, welche die Ameisen durch extranuptiale Secretionen oder andere Mittel an sich locken. Um die Frage, was die Insecten in den bisher unbeschriebenen Fällen anlockt, zu entscheiden, schneide ich die blühende Pflanze ab und lasse sie in Wasser stehen. Am folgenden Morgen kann man auf den anlockenden Theilen Tropfen einer durchsichtigen süssen Flüssigkeit sehen.

Name der Pflanze.	Das anlockende Organ.	Beobachtungsort.
Iris Güldenstädtiana Lep.	Die Oberfläche des unterständig. Fruchtknotens.	Die Gouvernem. Saratow und Kasan (im botanischen Garten).
Paeonia tenuifolia L.	Die Kelchblätter.	Gouvern. Charkow.
P. officinalis L	Id.	Ib. (im Garten).
Vicia Faba L.	Die Nebenblätter.	Gouvern. Nischny-Nowgorod (im Garten).
V. narbonnensis L.	Id.	Krym.
V. sepium L.	Id.	Die Gouvern. Charkow u. Nischny-Nowgorod.
V. grandiflora Scop. var. Biebersteinii Bess.	Id.	Gouvern. Ekaterinoslaw.
V. pannonica Jacq.		Krym; Gouv. Charkow.
V. sativa L.		Die Gouvernem. Nischny-Nowgorod u. Charkow.
V. truncatula Nees.		Kaukasus (nach den Herbarpflanzen).
Fraxinus excelsior L.	Die Ameisen (Fliegen und andere Insecten) besuchen die jungen Blätter, welche mit dunkelblauen, trichomatösen Bildungen bedeckt sind. Was sie sammeln, gelang mir nicht zu erkennen.	Gouv. Nischny-Nowgorod.
Lamium purpureum L.	Eine süsse Flüssigkeit sammelt sich nach dem Abfallen d. Blüten in d. Tiefe d. Kelche.	Gouv. Nischny-Nowgorod.
L. album L.	Id.	Das Land des Kosakenheer.
Helianthus annuus L.	Harzige süsse Tröpfchen erscheinen am Rande der Blattstiele beim Grunde d. Blattspreite. Als Besucher erschein. auch Fliegen.	Gouv. Nischny-Nowgorod (im Garten).
Centaurea ruthenica Lam.	Die Hüllblätter. Grosse Tropfen treten aus ihnen schon bei leichtem Drucke hervor.	Die Gouvernem. Nischny-Nowgorod, Charkow, Ufá.

Name der Pflanze.	Das anlockende Organ.	Beobachtöngsort.
C. montana L. var. axillaris Willd.	Die Hüllblätter.	Gouvern. Ekaterinoslaw.
Jurinea mollis Rchl.	Id.	Gouvern. Charkow.
Scorzonera purpurea L.	Id.	Ib.
S. laciniata L.	Id.	Krym.

Botanische Gärten und Institute.

Avetta, Car., Sunti delle lezioni di botanica, [dettate nella] r. università di Parma nell' anno accademico 1899-1900, e raccolti per cura del **Michele Giordani.** Disp. 56—75 (ultima). 8°. p. 395—532. Con 20 tavole. Parma (lit. Zafferri) 1900.

Vivier, A., Notice sur la station agronomique de Seine-et-Marne (1877—1900). 8°. 64 pp. Avec grav. Melun (impr. Legrand) 1900.

Instrumente, Präparations- und Conservations-Methoden etc.

Abba, F., Sulla necessità di dare maggiore uniformità alla tecnica dell' analisi batteriologica dell' acqua. (Riv. d'igiene e san. pubbl. 1900. No. 10. p. 343—359.)

Giltay, E., Leitfaden beim Praktikum in der botanischen Mikroskopie, zugleich Grundriss der Pflanzenanatomie. 4°. 68 pp. Leiden (E. J. Brill) 1900. Geb. in Leinwand und durchsch. M. 4.—

Huysse, A. C., Atlas zum Gebrauche bei der mikrochemischen Analyse. Anorganischer Teil in 27 chromolith. Tafeln. Lex.-8°. VI, 64 pp. Text. Leiden (E. J. Brill) 1900. Kart. M. 9.—

Lebbin, G., Zur Bestimmung der Cellulose. (Zeitschrift für Nahrungs- und Genussmittel. III. 1900. p. 407—409.)

Le Falher, Louis, Les milieux de culture du gonocoque. [Thèse.] 8°. 51 pp. Avec fig. Paris (Steinheil) 1900.

Referate.

Andrews, F. M., Notes on a species of *Cyathus common* in lawns at Middleburry, Vermont. (Rhodora. Vol. II. 1900. p. 99 ff. Mit einer Tafel.)

Der Verf. constatirt zunächst, dass *Cyathus vernicosus* DC. (*C. olla* Pers.), welcher für Nordamerika angegeben wird, in der Gegend von Middlebury wenigstens nicht vorkomme, sondern durch die nahe verwande Art *C. Lesueurii* Tul. ersetzt sei, welche in eine forma *maior* und *minor* zerfällt. Eine andere dort vorkommende Species ist *Cyathus stercorea* De Ton., welche aber nach den

Untersuchnngen des Autors nichts zu sein scheint als die f. *minor* von *C. Lesueurii* Tul. Endlich bemerkt der Autor, dass *C. Lesueurii* Tul. sich vollkommen scharf von *C. vernicosus* DC. unterscheide.

Keissler (Wien).

Jahn, E., Der Stand unserer Kenntnisse über die Schleimpilze. (Naturwissenschaftliche Rundschau. 1899. Jahrg. XIV. No. 42. p. 529—532.)

De Bary und Cienkowski haben die Entwickelungsgeschichte der *Myxomyceten* in ihren Grundzügen bereits vollständig festgelegt. Die späteren Arbeiten bezogen sich meist auf die Systematik derselben, so die Monographieen Rostafinski's, Zopf's in Schenk's Handbuch der Botanik (Die Pilzthiere oder Schleimpilze. Breslau 1887) und zwei englische, eine von George Massee (a monograph of the *Myxogastres*. London 1892) und eine von Arthur Lister (a monograph of the *Mycetozoa*. London 1894), welche vom Verf. als die beste der bisherigen hingestellt wird. Ausserdem giebt es noch eine Anzahl von Aufzählungen der in begrenzten Gebieten beobachteten Arten. Aus diesen Arbeiten geht hervor, dass die meisten *Myxomyceten* eine cosmopolitische Verbreitung haben.

Die neueren Ergänzungen betreffen zunächst das Verhalten der Kerne, welche in den Sporen und Schwärmern ohne weiteres sichtbar sind, in den Plasmodien aber nur durch Färbungen nachgewiesen werden können. Die Kerntheilung bei der Theilung der Schwärmer geschieht nach Lister's Untersuchungen (Journ. Linn. Society. 29. 1893) durch Karyokinese, während bei der Vergrösserung der Plasmodien directe Kerntheilung stattfindet. Erst kurz vor der Sporenbildung treten wieder karyokinetische Kerntheilungen auf.

Eine Vereinigung von Plasmodien verschiedener Arten findet nie statt, dagegen verschmelzen solche von ein und derselben Art sogleich (Čelakovsky, Flora. Bd. LXXVI. 1892. p. 215).

Von neueren Untersuchungen über die physiologischen Eigenschaften der *Myxomyceten* sind die Beobachtungen Clifford's (Annals of Botany. XI. 1897; Rdsch. XIII. 1898. 26) hervorzuheben, welcher fand, dass die Strömungen im Innern der Plasmodien zwischen —2 und —3° C und bei +48° C aufhören, dass ferner die Plasmodien eine Wärme bis zu 28—31° C aufsuchen, und dass sie sich von Temperaturen über 33° abwenden.

Bei der Sclerotienbildung zerfallen nach Lister's Untersuchungen die Plasmodien in eine Anzahl von kleinen Plasmaklumpen, deren jeder 10—20 Kerne enthält. Alle kriechen eng zusammen und umhüllen sich mit einer festen Masse. Ein solches Sclerotium kann selbst nach drei Jahren wieder in's Leben zurückgerufen werden.

Die echten *Myxomyceten* sind *Saprophyten*, nur die Schwärmer vermögen Bakterien zu verdauen. Weizenstärke und gequollene Kartoffelstärke wird im Innern von Vacuolen corrodirt; Lister beobachtete an Plasmodien von *Badhamia utricularis* die Auflösung von Pilzhyphen, Čelakovsky von *Fuligo septica* dieselbe von Hühnereiweiss. Sie geht stets in Vacuolen vor sich.

Die Lebensweise der einzelnen Arten ist noch wenig bekannt, da die Plasmodien im Holze verborgen leben und nur zur Sporenbildung hervorkommen. Letztere ist ebenfalls nur mangelhaft aufgeklärt. Lister beobachtete, dass bei den Arten, deren Sporangium gestielt ist, die Plasmamasse aufsteigt, rhythmisch wieder zusammenschrumpft und schliesslich einen Stiel mit erhärteter Wandung bildet, durch den dann das übrige Plasma aufsteigt. Bei den *Stemonitaceen* kriecht nach den Untersuchungen des Verf. (Festschrift für Schwendener. 1899) das Plasma aussen am Stiele empor. Das Verhalten der Kerne bei der Membranbildung ist noch nicht genügend erforscht.

Den echten *Myxomyceten* sind die *Acrasieen* und die Arten der Gattung *Plasmodiophora* verwandt; ferner steht ihnen *Pseudocommis vitis*, der Urheber der „brunissure" des Weinstocks.

Paul (Berlin).

Matouschek, F., Bryologisch-floristische Mittheilungen aus Oesterreich-Ungarn, der Schweiz und Bayern. I. (Verhandlungen der Kaiserlich-königlichen zoologisch-botanischen Gesellschaft in Wien. Band L. Jahrgang 1900. pp. 219 ff.)

Der Verf. giebt mit vorliegender Abhandlung die Bearbeitung einer Anzahl Mooscollectionen, und zwar insbesondere der Mooscollectionen Rompel, Blumrich und Schönach, ferner der Moos-Aufsammlungen von Murr um Innsbruck, am Brenner und in Steiermark, von Baer in Tirol, von Magnus in Tirol, Bayern und der Schweiz und anderer mehr.

Die Aufzählung enthält sowohl *Hepaticae* als auch *Musci*. Neu beschrieben ist *Hypnum triquetrum* Br. eur. var. *simplex* nov. var. — Zu erwähnen wäre *Brachythecium glaciale* Br. eur. vom Brenner (leg. Sauter) mit verzweigten Sporogonen, über deren Entstehung der Autor einiges aus der Litteratur anführt.

Keissler (Wien).

Matouschek, Franz, Bryologisch-floristische Mittheilungen aus Böhmen. VIII. (Sitzungsberichte des deutschen naturwissenschaftlich-medicinischen Vereins für Böhmen „Lotos". 1900. No. 4.)

Die Abhandlung enthält eine grössere Anzahl von Moosfunden, die von älteren böhmischen Floristen und Botanikern herrühren, bisher aber noch nirgends publicirt wurden. Auch neuere Funde wurden berücksichtigt.

Neu für den Böhmerwald und Südböhmen dürften sein: *Madotheca laevigata*, *Dicranum scoparium* var. *tectorum* H. M., *Fontinalis antipyretica* var. *laxa* Milde., *Heterocladium squarrosulum*, *Hypnum irrigatum* Zetterst.

Für das westliche Böhmen ist wohl *Hypnum palustre* neu.

Interessant ist der Fund: *Polytrichum ohioense* Ren. et Card., der bereits 1887 dem † Prof. Lukasch in Mies glückte.

Matouschek (Ung. Hradisch).

Protić, Georg, Beitrag zur Kenntniss der Moose der Umgebung von Vares in Bosnien. (Wissenschaftliche Mittheilungen des bosnisch-herzegowinischen Landesmuseums. XI. 1900. p. 744—783.) [Mit cyrillischen Lettern.]

Bryologisch-floristische Beiträge aus Bosnien sind sehr will kommen, da nur wenige Moosfunde aus diesem Kronlande bekannt sind. Schiffner (Prag) hat Moose aus der Travniker Umgebung, die von P. Brandis herrühren, veröffentlicht; auch Beck hat in seiner Flora Südbosniens und der angrenzenden Herzegowina mehrere Moose angeführt. — Verf. veröffentlicht Funde aus der Umgebung von Vares, nördlich von Sarajewo, die aus Laub- und Lebermoosen bestehen. Von ersteren werden 16 Species, meist gewöhnliche Arten, von letzteren 156 Arten, von denen uns namentlich folgende interessiren, angeführt:

Barbula Hornschuchiana revoluta, *Weisia crispata*, *Dichodontium pellucidum*, *Clinclidotus fontinaloides*, *Bryum pendulum*, *Philonotis calcarea*, *Catharinaea angustata*, *Buxbaumia aphylla*, *Homalothecium Philippeanum*, *Brachythecium glareosum*, *Hylocomium loreum*, *Jungermannia exsecta* und *incisa*. Alle anderen Arten sind gemein.

Im Ganzen sind 26 Species neu für Bosnien und in früheren Werken nicht angeführt. Ueber die geologischen und klimatologischen Verhältnisse des Sammlungsgebietes berichtete Verf. in „Glasnik" des bosnisch-herzegowinischen Landesmuseums. X. 1898. p. 4.

Matouschek (Ung. Hradisch).

Lang, William H., The prothallus of *Lycopodium clavatum* L. (Annals of Botany. Vol. XIII. 1899. p. 279—317. Tab. XVI—XVII.)

Verf. beschreibt hier die Prothallien von *L. clavatum* und seine Arbeit war abgeschlossen, doch nicht gedruckt, bevor Bruchmann seine Untersuchungen „über die Prothallien und Keimpflanzen einiger europäischer *Lycopodien* (Gotha 1898)" hatte erscheinen lassen. In Bezug auf die eben erwähnte Art stimmen die beiden Arbeiten mit einander überein. Verf. hat in Randbemerkungen auf Bruchmann Bezug genommen.

Eingehend wird der Prothallus besprochen, in Bezug auf seine äussere Gestalt und seinen Aufbau, die Antheridien und Archegonien, die junge ungeschlechtliche Pflanze und den endophytischen Pilz. Schliesslich wird der Versuch gemacht, die verwandtschaftlichen Beziehungen der *Lycopodium*-Arten zu einander und zu anderen Gruppen der *Pteridophyten* herauszufinden, besonders durch Vergleichung der Geschlechtsgeneration.

Darbishire (Manchester).

Maxon, William R., Some variations in the Adder's-tongue. (The Fern Bulletin. Vol. VII. p. 90. sqq. Binghamton N. Y. 1899.)

Im Anschlusse an A. A. Eaton's in der nämlichen Zeitschrift erschienene Abhandlung (Two odd Ophioglossums, l. c., Jan. 1897) beschreibt Verf. zwei anomale fertile Blattabschnitte des *Ophioglossum vulgatum* L. Beim einen ist die obere Hälfte gänzlich steril und blattähnlich, während der untere Theil auf der einen Seite sieben, auf der anderen fünf augenscheinlich normal ausgebildete Sporangien trägt. Der andere Fall betrifft eine einfache Gabelung des fertilen Blattabschnittes kurz unter der Spitze, ein keineswegs seltenes Vorkommniss, das bei manchen Arten sogar recht häufig vorkommt und in der Litteratur öfters erwähnt wird.

Beide Fälle werden durch je eine Abbildung erläutert.

Wagner (Wien).

Dixon, H. H., The possible function of the nucleolus in heredity. (Annals of Botany. Vol. XIII. 1899. p. 269.)

Verf. ist der Meinung, dass während der Kerntheilung die sich vererbende Substanz, das Keimplasma, sich in den Chromosomen befände, während des Ruhestadiums sich aber vertheile auf Chromatinfaden und Nucleolus. Die activen Idioblasten, welche die Eigenschaften der betreffenden Zelle bedingen, sind dem Chromatinfaden zugetheilt, die inactiven, ruhenden aber dem Nucleolus, beziehungsweise den Nucleoli. Diese Ansicht wird hierauf an der Hand verschiedener Beobachtungen kurz begründet.

Darbishire (Manchester).

Usteri, A., Zusammenstellung der Forschungen über die Reizerscheinungen an den Staubfäden von *Berberis*. (Helios, Abhandlungen und Mittheilungen aus dem Gesammtgebiet der Naturwissenschaften. Organ des Naturwissenschaftlichen Vereins des Regierungsbezirkes Frankfurt. Berlin 1900. p. 49.)

Die Beobachtung, dass Honig suchende Bienen die Staubfäden der Berberitze zum Schnellen bringen, machte schon C. Linné 1755 und unabhängig von ihm Du Hamel du Monceau (1755), Adanson erwähnt die Reizbarkeit der Filamente 1763 und Covolo fand 1764, dass abgeschnittene Staubfäden noch längere Zeit reizbar bleiben. Gmelin fand 1768 die reizbare Stelle auf der inneren Seite des Filamentes. Genaueres fand 1788 Smith. Die Reizung kann 3—4 Mal wiederholt werden und geschieht gewöhnlich durch Insecten. Smith, wie 1790 Koelreuter nehmen Selbstbestäubung an. Das Filament ist zwischen zwei Nectardrüsen eingeklemmt, der Nectar kann sich nur nach der Mitte zu ergiessen. Die Drüsen bilden zugleich das Saftmal und sind dunkler als die Krone. Weil in Folge der abwärts gerichteten Blüten die Insecten den Kelch zu sehen bekommen, ist dieser, der grösseren Auffälligkeit wegen, gelb statt grün (Sprengel 1793), nach A. v. Humboldt (1797) tödteten starke electrische Schläge die Filamente. J. W. Ritter experimentirte 1808 mit verschiedenen Stoffen über deren Einfluss auf die Bewegung der Staubgefässe, er constatirt einen Nachtschlaf der Blumen, Nusse untersuchte

1812 weiter den Einfluss der Electricität, des Wassers in verschiedenen Wärmegraden, des Aethers. Goeppert untersuchte 1828 die Einwirkung verschiedener Stoffe auf die Staubfäden. 1. Bei in Auflösungen gestellten Blütentrauben (Blausäure hebt mit dem Eindringen in das Gewebe des Fadens die Reizbarkeit auf, langsamer verschiedene andere Chemicalien). 2. Bei directer Berührung der Staubfäden mit den Stoffen (Wasser, Lösungen von Opium, Hb. Conii, Atropae, Hyoscyami etc. bewirkten keine Abnahme der Reizbarkeit, andere Stoffe, wie Schwefeläther etc., tödteten die Staubgefässe nach längerer oder kürzerer Zeit). Lichtentzug beeinträchtigte die Reizbarkeit nicht.

London stellt 1838 fest, dass die Staubfäden nach Regenwetter nicht reizbar sind, Baillon findet die aus vier Fächern gebildete Anthere (die Fächer springen nach innen wulstartig vor) introrс. Der Riss, der sich auf der inneren Seite vollzieht, setzt sich bis auf den Rücken fort und lösst die ganze äussere Wand der Fächer ab. Nach Kabsch (1862) bewirkt Wasserentziehung keine Auslösung des Reizes, Anwesenheit von Sauerstoff ist für die Reizbewegung nöthig. Genauer hat 1873 H. Müller die Blüteneinrichtung beschrieben, die Fremdbestäubung durch Insecten bezweckt, auch Delpino (1873) findet, dass durch Insecten Fremdbestäubung stattfindet. Heckel (1874) kann eine autonome Bewegung nicht bemerken, die Empfindlichkeit der Staubgefässe erleidet auch dann keine Aenderung, wenn sie transversal oder longitudinal zerschnitten und unter Wasser gehalten werden. Die Reizbewegung nähert sich der thierischen Bewegung auch darin, dass sie durch Morphiuminjection zeitweilig sistirt werden kann. Sie kommt zu Stande durch Zusammenziehung des Protoplasmas und Veränderung der Zellform (die Zellen werden kürzer und dicker). Nach König (1886) tritt dabei Wasser aus den Zellen in die Intercellularräume. Kerner (1891) erwähnt, dass Kopf, Rüssel und Vorderfüsse der Insecten mit Pollen behaftet werden. Correns zeigt 1892, dass die durch Luftentzug hervorgerufene Reizung durch den Sauerstoff als solchen herbeigeführt wird, und dass die Fäden auch chemisch reizbar sind.

Ref. möchte noch hinzufügen, dass er den Hauptvortheil der Reizbewegung bei *Berberis*, wie der autonomen Bewegungen bei *Erodium*, *Parnassia*, *Ruta* etc. etc., darin sieht, dass die Insecten in Folge dieser Vorrichtungen den Blütenstaub an denjenigen Körpertheil aufnehmen müssen, mit dem sie beim Besuch einer zweiten Blüte die Narbe berühren.

Ludwig (Greiz).

Greene, Eduard L., New species of *Castilleja*. (Pittonnia. Vol. IV. 1899. p. 1 sqq.)

Verf. beschreibt folgende Pflanzen:

Castilleja Haydeni (*C. pallida* var. *Haydeni* Gray. Syn. Flora. Vol. II. p. 297), eine häufige Alpenpflanze aus Südcolorado. *Cast. confusa* n. sp., eine subalpine Art aus dem südlichen oder südwestlichen Rocky Mountaines von Colorado und dem angrenzenden New-Mexico; wurde bisher mit *C. miniata* verwechselt. *Cast. remota* n. sp., eine ausgezeichnete, von John Macoun bei Goldstream, Vancouver Island, gesammelte, ausgezeichnete Art, die in die nämliche Gruppe wie *Cast. angustifolia* gehört. *Cast subinclusa* n. sp. verwandt mit *C. linariaefolia* und *C. candens*, am Fusse der Sierra Nevada in Amador und Calaveras counties in Californien von Geo Harsen gesammelt.

Wagner (Wien).

Greene, Edward L., A decade of new *Pomaceae*. (Pittonia. Vol. IV. 1900. p. 127 ff.)

Die Abhandlung enthält Diagnosen in englischer Sprache von folgenden Arten:

Amelanchier crenata (auf felsigen Abhängen bei Aztec in New-Mexico, leg. O. F. Baker; *Amelanchier crenata*, ein kleiner Baum bei Piedra im südlichen Colorado; *Am. rubescens*, baumförmig 10—15' hoch oder strauchig 4—6' (Aztec, New-Mexico); *Am. Bakeri*, ein Strauch oder kleiner Baum aus Los Pincs im südlichen Colorado; *A. Gormani*, aus Yes Bay, Alaska. *Sorbus dumosa*, eine ausgezeichnete, aber geographisch sehr localisirte Art vom Mt. San Francisco im nördlichen Arizona, wo sie schon von Edw. Palmer anno 1869 gesammelt wurde. *Sorbus scopulina*, ein 8—12 Fuss hoher Strauch, in den Gebirgen von New-Mexico, Colorado und Utah, oft mit *S. sambucifolia* von Kamtschatka verwechselt, doch wohl näher mit der in Montana und Idaho wechselnden *S. sambucifolia* verwandt. *S. subvestita*, nur bekannt in St. Louis Co., Minnesota.

Die Arbeit enthält ausserdem kritische Bemerkungen über *S. occidentalis* Greene (Fl. Fr. p. 54, *Pyrus occidentalis* Wats. Proc. Am. Acad. XXIII. p. 263, excluding the Californian specimens and habit.) und *S. californica* (*S. occidentalis* Greene), gemein in den mittleren Erhebungen der californischen Sierra hart unterhalb der subalpinen Region, oft verwechselt mit *S. occidentalis*.

Wagner (Wien).

Greene, Edward L., A fascicle of new *Papilionaceae*. (Pittonia. Vol. IV. 1900. Part 22. p. 132 sqq.)

Verf. beschreibt in englischer Sprache folgende *Papilionaceen*:

Lupinus aduncus, eine niederliegende perennirende Art aus Aztec in Neu-Mexico. *L. Bakeri*, gleichfalls perennirend, aber aufrecht und 2—3 Fuss hoch, aus Los Pinos in Californien; der mit *L. decumbens* Torr. verwandte *L. ingratus* aus Chama in Neu-Mexico; diese drei Arten sammelte vergangenes Jahr C. F. Baker. *L. Neo-Mexicanus*, vom Verf. schon 1877 gesammelt, wächst um Silver City und am Fusse der Pinos Altos-Berge im südlichen Neu-Mexico, früher mit *L. Sitgraevesii* S. Wats. verwechselt. *L. Helleri*, eine 2—3 Fuss hohe Staude aus Neu-Mexico, specifisch verschieden von dem gemeinen *L. decumbens* des Felsengebirges; gleichfalls damit verwandt ist *Lup. myrianthus*, der Grösse nach dem *L. Helleri* gleich, auf Wiesen bei Gunnison in Colorado vom Verf. gesammelt; vielleicht gehört dazu auch ein Theil des sogenannten *L. argentus* Pursh. der Wiesen von Wyoming, Utah und Nevada. *Lupinus alsophilus*, aus der subalpinen Region nahe an den Gipfeln der Berge oberhalb Cimarron in Colorado, vom Verf. selbst gesammelt; bemerkenswerth dadurch, dass die grössten innerhalb der Gattung vorkommenden Blätter sich hier mit den kleinsten Blüten combiniren. *L. oreophilus*, am Fusse trockener Hügel längs des Cimarron River im südlichen Colorado, leg. Edw. L. Greene. *L. ammophilus*, aus dem sandigen Bette ausgetrockneter Flüsse bei Aztec in Neu-Mexico und bei Los Pinos in Colorado, eine ausgezeichnete Art, die mit keiner anderen nähere Verwandtschaft zeigt. *Trifolium nemorale*, aus Los Pinos, hat seine nächsten Verwandten in den Wüstenregionen des nordwestlichen Nevada und angrenzenden Californien, und kam vor einigen Jahren fälschlich als *T. Plummerae* zur Vertheilung. *T. attenuatum*, wächst in den Gebirgen der Umgebung des Pagosa Peaks im südlichen Colorado in einer Höhe von 11500 Fuss und ist mit *T. dasyphyllum* T. et Gr. verwandt. Gleichfalls dieser Art steht nahe das *T. anemophilum*, eine oft nur zwei Zoll hohe Pflanze aus dem Bleak Hills bei Laramie im südlichen Wyoming; die Pflanze kam 1893 durch Buffun als *Astragalus tridactylicus* und 1894 durch Nelson als *T. dasyphyllum* zur Vertheilung. *Hedysarum marginatum*, aus den Gebirgen bei Cimarron im südlichen Colorado, zuerst vom Verf. 1896, später auch von C. F. Baker bei Pagosa Springs gesammelt. *Thermopsis pinetorum*, gemein in Föhrenwäldern des südlichen Colorado, kommt aber augenscheinlich auch in den Gebirgsgegenden des südlichen Neu-Mexico vor.

Wagner (Wien).

Holmboe, Jens, En fieldform af *Capsella bursa pastoris* (Botaniska Notiser. 1899. p. 261—265.)

Verf. beschreibt eine Zwergform von *Capsella bursa pastoris* und bezeichnet dieselbe als var. *pygmaea* n. var.

Dieselbe gleicht (wie auch die beigegebenen Abbildungen zeigen) in auffallender Weise kleinen Formen von *Draba verna*; Blätter ganzrandig, Blüten 1—5, Grösse der Pflanze (ohne Wurzel) 4—44 mm, Vorkommen: Sydvaranger, Jerkind auf Dovoc und a. O. in Norwegen.

Neger (München).

Wirtgen, F., Beiträge zur Flora der Rheinprovinz. (Verhandlungen des naturhistorischen Vereins der preussischen Rheinlande, Westfalens und des Regierungsbezirks Osnabrück. Jahrgang LVI. 1899. p. 158—175.)

Bringt eine Menge Einzelheiten. Von kritischen Gattungen sind nur *Epilobium* und *Rumex* genauer berücksichtigt. Neu beschrieben ist *Cardamine pratensis* × *silvatica*, vom Verf. *C. Fringsii* benannt, am Hirschweiher im Kottenforste bei Bonn entdeckt, in ihren Charakteren zwischen den Stammarten stehend, steril.

E. H. L. Krause (Saarlouis).

Dalla-Torre, K. W. von, Botanische Bestimmungstabellen für die Flora von Oesterreich und die angrenzenden Gebiete von Mitteleuropa zum Gebrauche beim Unterrichte und auf Excursionen. Zweite umgearbeitete und erweiterte Auflage. Wien (Alfred Hölder) 1899.

Das in Octav-Format erschienene Werk weicht von allen früheren botanischen Bestimmungsbüchern dadurch ab, dass es nicht eine separate Tabelle für die Eruirung der Gattungen und weitere Tabellen für die Bestimmung der Species bei den einzelnen Gattungen besitzt, sondern nur eine einzige, äusserst übersichtliche aufweist, in der bis zu den Familien herab Nummern, bei den Gattungen und Species aber Buchstaben angewendet werden. Durch diesen Vorgang wird ein Suchen nach den Bestimmungstabellen der Species völlig erspart. — Da man Holzgewächse zumeist nicht blühend findet oder zur Determinirung erhält, wurde eine zweite Tabelle beigefügt, nach der man Holzgewächse (auch die häufigste der Zier- und Anpflanzungshölzer) nach den Blättern rasch bestimmen kann. Diese Tabelle ist wie die obige angelegt und ersetzt gut ein besonderes dendrologisches Werk. — Da überdies die Sprache eine sehr klare ist, so kann von vornherein erwartet werden, dass sich dieses Buch in vielen Schulen einbürgern wird.

Matouschek (Ung. Hradisch).

Heydrich, F., Eine systematische Skizze fossiler *Melobesieae*. (Berichte der Deutschen botanischen Gesellschaft. Jahrgang XVIII. 1900. p. 79—83.)

Um der Unsicherheit ein Ende zu bereiten, schlägt Verf. folgende Systematik vor:

Archaeolithothamnion Rothpl.

Die jedenfalls Tetrasporangien enthaltenden Hohlräume in zonenförmigen Sori gelagert; das Genus entspricht nur annähernd dem lebenden Genus *Sporolithon*, da Cystocarpien und Antheridien nicht nachweisbar sind.

1. *A. cenomanicum* Rothpl.
2. *A. turonicum* Rothpl.
3. *A. gosaviense* Rothpl.
4. *A. nummolithicum* Gümb.
5. *A. Aschersoni* Schw.
6. *A.* ? *Rosenbergi* K. Mart.

Sorithamnion non. nov.

Die jedenfalls Tetrasporangien enthaltenden Hohlräume in conceptakelähnlichen Sori mit siebartiger Decke gelagert; das Genus entspricht nur annähernd den lebenden Genera *Lithothamnion* und *Eleutherospora*, da Cystocarpien und Antheridien nicht nachweisbar sind.

1. *S. ramosissimum* Reuss.
2. *S. Goldfussi* Gümb.
3. *S. lorulosum* Gümb.
4. *S. suganum* Rothpl
5. *S.* ? *effusum* Gümb.
6. *S. palmatum* Goldf.
7. *S.* ? *mamillosum* Gümb.
8. *S. racemosum* (Goldf.) Gümb.
9. *S.* ? *amphiroaeforme* Rothpl.
10. *S. tuberosum* Gümb.

Lithothamniscum Rothpl.

Die jedenfalls Tetrasporangien enthaltenden Hohlräume in Conceptakeln (mit einer Oeffnung) gelagert; das Genus entspricht nur annährend den lebenden Genus *Lithophyllum* Heydrich, da Cystocarpien, Antheridien und Tetrasporangien nicht nachweisbar sind.

1. *L. pliocaenum* Gümb.
2. *L. parisiense* Gümb.
3. *L. jurassicum* Gümb.
4. *L. procaenum* Gümb.
5. *L. asperulum* Gümb.
6. *L. perulatum* Gümb.
7. *L. racemus* (Aresch.) sp. nov.

E. Roth (Halle a. S.).

Weiss, J. E., Ueber die richtige Herstellung von Kupfermitteln zur Bekämpfung der Pilzkrankheiten unserer Culturgewächse. (Deutsche Landwirthschaftliche Presse. Jahrgang XXVI. 1899. No. 38.)

Verf. erörtert die Frage: Wie muss ein richtiges und wirksames Kupfermittel beschaffen sein? Die verlangten Eigenschaften sind nun folgende:

1. Das Mittel muss feingepulvert sein. Da das Pulvern meist nicht fein genug vom Praktiker geschieht, räth Verf. zu den käuflichen, bereits feingepulverten Pflanzenschutzmitteln.

2. Die Mischung darf keine unlöslichen Beimengungen enthalten. Verf. giebt verschiedene Ansichten über diese Thatsache und verwirft die als Klebemittel verwendeten Substanzen wie Zucker, Syrup, Melasse etc. Verf. will daher sämmtliche Brühen, die Kalk enthalten, verworfen wissen, welcher Standpunkt wohl nicht ganz gerechtfertigt erscheint, dagegen soll einzig und allein die Kupfersoda-Brühe angewendet werden.

3. Die Mischung muss durchaus neutral sein. Verf. fand bei allen von ihm zur Untersuchung herangezogenen Brühen alkalische Reaction, dagegen soll die Kupfersoda Brühe völlig neutral sein.

4. Bei Herstellung der Brühe dürfen sich keine unlöslichen Körper bilden. Verf. greift hierbei auf das unter 2 Gesagte zurück.

5. Die Mischung muss äusserst feinflockig sein und längere Zeit so bleiben. Hier wird ebenfalls die Kupfersoda-Brühe als beste hingestellt.

6. Die Mischung muss sich, trocken aufbewahrt, viele Monate halten. Verf. giebt auch hierin die Kupfersoda-Brühe als die beste an. (Verschiedene mir zur Verfügung stehende Mittel zeigten dieselben Eigenschaften. D. Ref)

Verf beschreibt zunächst das von der chemischen Fabrik in Haufeld hergestellte Präparat und stellt es für das unbedingt beste Bekämpfungsmittel für Pilzkrankheiten hin.

Thiele (Halle a. S.).

Toumey, T. W., An inquiry into the cause and nature of crown gall. (Arizona Experiment Station. Bulletin No. 33. 1900.)

Verf. beschreibt eine über die ganzen Vereinigten Staaten weit verbreitete Krankheit der Obstbäume, die darin besteht, dass an gewissen Punkten die Wurzeln grosse Kröpfe bilden, welche sehr bald den Tod des Baumes zur Folge haben. Die Krankheit ist oft mit dem von Sorauer und Anderen beschriebenen Wurzelkropf verglichen worden.

Verf. beschreibt eine Anzahl Versuche mit jungen Mandelbäumen, denen er zerhackte Stücke von jungen Kröpfen unter die Wurzeln mischte. Nach 11 Monaten hatten sich an der Mehrzahl dieser Bäume grössere Kröpfe gebildet. In einer Abtheilung des Versuchsareals, der etwas Kupfersulfat zugesetzt worden war, war bloss ein erkrankter Baum. Ein zweiter Versuch bewies, dass es auch sehr leicht möglich ist, die Krankheit mittelst kleiner Kropfstücke hervorzurufen, welche unter die Rinde gesunder Wurzeln geimpft worden. Die Versuchsbäume zog Verf. in Wasserculturen, in Quarzstücken im Gewächshaus und unter normalen Verhältnissen auf dem Felde.

Versuche mit verschiedenen Pilzen und Würmern erwiesen, dass keiner der bis jetzt gekannten Factoren etwas mit der Krankheit zu thun hat. Verf. fand die Kröpfe auf folgenden Pflanzen: Pfirsich, Aprikose, Pflaume, Apfel, Birne, Englischer Walnuss, Traube, Himbeere, Brombeere, Kirsche, Pappel und Kastanie.

Verf. beschreibt darauf die Art und Weise, wie die Kröpfe entstehen, und muss betreffs der Einzelheiten auf das Original verwiesen werden; acht Figuren erläutern diesen Theil der Arbeit.

Die Kröpfe werden anscheinend von einem Pilze, den *Myxomyceten* zugehörig, verursacht. Verf. findet das Plasmodium dieses Pilzes in den vergrösserten Zellen der Kröpfe, wo er das Protoplasma angreift und zerstört, und hierdurch die Bildung einer Masse Schwammparenchym verursacht. In den Zellen dieser Masse findet man, dass die Zellkerne oft sehr vergrössert sind, und dass das Protoplasma schaumartig und voller Vacuolen ist Wenn man dünne Schnitte in einen Tropfen Wasser bringt, wird man nach einigen Tagen eine Anzahl amoeboider Körper an allen Seiten des Schnittes finden, die ihre Form von Minute zu Minute ändern. Man kann diese Körper auf der Oberfläche von jungen Kröpfen leicht finden, wenn dieselben frei von saprophytischen Pilzen sind.

Verf. beschreibt sodann den Einfluss des Plasmodiums auf die beherbergende Zelle. Er fixirte Schnitte in Fleming'scher Lösung und fand, dass die das Plasmodium enthaltenden Zellen sogleich dunkler werden, und dass deren Inhalt in der Form von spheroidalen Massen erscheint, ähnlich den Erscheinungen, welche man bei den Plasmodien anderer *Myxomyceten* schon constatirt, wenn dieselben im Absterben begriffen sind. Das Plasmodium ist in diesem Stadium vom Plasma noch nicht zu unterscheiden, Nach und nach zerstört es letzteres. Verf. beschreibt darauf die Veränderungen, welche der Zellkern durchmacht.

Wenn die Verhältnisse günstig sind, wandert das Plasmodium nach den äusseren Theilen des Kropfes und bildet auf der Rinde Sporangien. Dieselben erscheinen zuerst als kleine durchsichtige Tropfen, die bald dunkler werden und nach einigen Stunden aufspringen. Das Sporangium ist beinahe rund und ungefähr 1 mm breit. Es ist dunkel rothgelb. Die orangegelben runden Sporen keimen beinahe augenblicklich, wenn man sie in's Wasser bringt; birnförmige, schwärmende Zellen bewegen sich eine Zeit lang im Wasser umher. Verf. konnte nicht mit Gewissheit bestimmen, ob zwei Zellen sich vereinigen.

Da dieser Pilz von allen bisher beschriebenen bedeutend abweicht, nennt ihn Verf. *Dendrophagus globosus.* Am nächsten ist er wohl mit *Plasmodiophora* verwandt und bespricht Verf. die Untersuchungen Nawaschin's. Eingehende Besprechungen über die Schutzmassregeln zur Verhütung der Krankheit bringen die Arbeit zum Abschluss. Verf. behält sich weitere Untersuchungen vor.

von Schrenk (St. Louis).

Neue Litteratur.*)

Geschichte der Botanik:

Wittmack, L., Albert Bernhard Frank †. (Gartenflora. Jahrg. IL. 1900. Heft 20. p. 542—545. Mit Portrait.)

Nomenclatur, Pflanzennamen, Terminologie etc.:

Blanchard, Th., Liste des noms patois de plantes aux environs de Maillezais (Vendée). [Suite.] (Bulletin de l'Association française de Botanique. Année III. 1900. No. 34—36. p. 193—199.)

Kuntze, Otto und Tom von Post, Nomenklatorische Revision höherer Pflanzengruppen und über einige Tausend Korrekturen zu Engler's Phaenogamen-Register. [Schluss.] (Allgemeine botanische Zeitschrift für Systematik, Floristik, Pflanzengeographie etc. Jahrg. VI. 1900. No. 9. p. 179—191.)

Allgemeines, Lehr- und Handbücher, Atlanten:

Moschen, L., Nozioni di zoologia e botanica ad uso delle scuole tecniche. Torino (G. B. Paravia e C.) 1900. L. 2.75.

Algen:

Sand, René, Étude monographique sur le groupe des infusoires tentaculifères. [Suite.] (Annales de la Société Belge de Microscopie. Tome XXV. 1899.) 8°. 205 pp. Planche IX—XVI.)

Pilze:

Kayser, E., Contribution à la nutrition intracellulaire des levures. (Annales de l'Institut Pasteur. Année XIV. 1900. No. 9. p. 605—631. 7 fig.)

Meissner, Richard, Ueber das Auftreten und Verschwinden des Glykogens in der Hefezelle. (Centralblatt für Bakteriologie, Parasitenkunde und Infektionskrankheiten. Zweite Abteilung. Bd. VI. 1900. No 16. p. 517—525.)

Paccottet, P., Recherches sur les levures du vignoble de Champagne. (Revue de viticulture. 1900. No. 337. p. 621—623.)

Vejdovský, F., Bemerkungen über den Bau und Entwickelung der Bakterien. (Centralblatt für Bakteriologie, Parasitenkunde und Infektionskrankheiten. Zweite Abteilung. Bd. VI. 1900. No. 18. p. 577—589. Mit 1 Tafel.)

Flechten:

Olivier, H., Exposé systématique et description des Lichens de l'Ouest et du Nord-Ouest de la France [Suite.] (Bulletin de l'Association française de Botanique. Année III. 1900. No. 34—36. p. 208—240.)

Muscineen:

Inoue, T., On Hepaticae collected in the Province of Iyo. (The Botanical Magazine, Tokyo. Vol. XIV. 1900. No. 162. p. 179—182.) [Japanisch.]

Gefässkryptogamen:

Underwood, Lucius Marcus, Our native ferns and their allies; with synoptical descriptions of the American Pteridophyta north of Mexico. 6th red. ed. c. 88. 8, 158 pp. il. New York (Holt & Co.) 1900. Doll. 1.—

Physiologie, Biologie, Anatomie und Morphologie:

Druery, Chas. T., Latent variability. (The Gardeners Chronicle. Ser. III. Vol. XXVIII. 1900. No. 718. p. 241—242.)

---

*) Der ergebenst Unterzeichnete bittet dringend die Herren Autoren um gefällige Uebersendung von Separat-Abdrücken oder wenigstens um Angabe der Titel ihrer neuen Veröffentlichungen, damit in der „Neuen Litteratur" möglichste Vollständigkeit erreicht wird. Die Redactionen anderer Zeitschriften werden ersucht, den Inhalt jeder einzelnen Nummer gefälligst mittheilen zu wollen, damit derselbe ebenfalls schnell berücksichtigt werden kann.

Dr. Uhlworm,
Humboldtstrasse Nr. 22.

Kritzler, Hermann, Mikrochemische Untersuchungen über die Aleuronkörner. [Inaug.-Dissert. Bern.] 8⁰. 80 pp. 2 Tafeln. Bonn (typ. C. Georgi) 1900.

Prowazek, S., Biologische Beobachtungen. (Die Natur. Jahrg. IL. 1900. No. 42. p. 496—499. Mit 13 Figuren.)

Usteri, A., Zusammenstellung der Forschungen über die Reizerscheinungen an den Filamenten von Berberis. (Helios. Bd. XVII. 1900.)

Vilmorin, Henry L'Evèque, Selection. [Concluded.] (The Gardeners Chronicle. Ser. III. Vol. XXVIII. 1900. No. 717. p. 229—230.)

Systematik und Pflanzengeographie:

Błoński, Franz, Zur Chronik der preussischen Flora. (Allgemeine botanische Zeitschrift für Systematik, Floristik, Pflanzengeographie etc. Jahrg. VI. 1900. No. 9. p. 177—178.)

Brachet, Flavien, Excursions botaniques de Briançon aux sources de la Clarée et de la Durance (Hautes Alpes). [Suite.] (Bulletin de l'Association française de Botanique. Année III. 1900. No. 34—36. p. 177—180.)

Carbonel, J., Florule de la commune de Saint-Hippolyte. (Bulletin de l'Association française de Botanique. Année III. 1900. No. 34—36. p. 181—193.)

Gross, L., Anemone trifolia L. forma biflora. (Allgemeine botanische Zeitschrift für Systematik, Floristik, Pflanzengeographie etc. Jahrg. VI. 1900. No. 9. p. 177.)

Hallier, Hans, Ueber Kautschuklianen und andere Apocyneen, nebst Bemerkungen über Hevea und einen Versuch zur Lösung der Nomenklaturfrage. (Jahrbuch der Hamburgischen Wissenschaftlichen Anstalten. XVII. Beiheft 3. p. 17—216. Tafel I—IV.) Hamburg 1900.

Hemsley, W. Botting, Spiraea Aitchisoni (Hemsl.) n. sp. (The Gardeners Chronicle. Ser. III. Vol. XXVIII. 1900. No. 719. p. 254. Fig. 75.)

Hemsley, W. Botting, Begonia Augustinei. (The Gardeners Chronicle. Ser. III. Vol. XXVIII. 1900. No. 721. p. 286.)

Ito, Tokutaro, Plantae Sinenses Yoshianae. VI. (The Botanical Magazine, Tokyo. Vol. XIV. 1900. No. 162. p. 103—105.)

Kawakami, Takiya, A list of plants collected in the Island of Rishiri. (The Botanical Magazine, Tokyo. Vol. XIV. 1900. No. 162. p. 106—109.)

Koorders, S. H. en Valeton, Th., Bijdrage No. 6 tot de kennis der boomsoorten op Java. Additamenta ad cognitionem florae arboreae Javanicae. Pars VI. (Mededeelingen uit 's Lands Plantentuin. No. XL.) 4⁰. II, 201 pp. Batavia (G. Kolff & Co.) 1900.

Kuroiwa, H., A list of Phanerogams collected in the southern part of Isl. Okinawa one of the Loochoo chain. (The Botanical Magazine, Tokyo. Vol. XIV. 1900. No. 162. p. 109—112.)

Laurell, J. G., Ueber einige Carex-Hybriden aus Schweden. (Allgemeine botanische Zeitschrift für Systematik, Floristik, Pflanzengeographie etc. Jahrg. VI. 1900. No. 9. p. 173—175.)

Makino, T., Contributions to the study of the flora of Japan. XXVII. (The Botanical Magazine, Tokyo. Vol. XIV. 1900. No. 162. p. 183—185.) [Japanisch.]

Masilef, La géographie botanique et son évolution au XIXe siècle. (La Géographie. 1900. Juillet.)

Matsumura, J., Notulae ad plantas asiaticas orientales. [Continued.] (The Botanical Magazine, Tokyo. Vol. XIV. 1900. No. 162. p. 101—103.)

Saint-Yves, Notes sur la distribution des plantes en Sibérie et dans l'Asie centrale. (La Géographie. 1900. Août.)

Spiessen, Freiherr von, Das Süskenbruch bei Dülmen in Westfalen. (Allgemeine botanische Zeitschrift für Systematik, Floristik, Pflanzengeographie etc. Jahrg. VI. 1900. No. 9. p. 175—177.)

Sudre, H., Excursions batologiques dans les Pyrénées. [Suite.] (Bulletin de l'Association française de Botanique. Année III. 1900. No. 34—36. p. 199—208.)

Palaeontologie:

Lindberg, Harald, En rik torffyndighet i Jorois socken, Savolaks (62⁰ 12' n. br.). (Ofversigt ur Mosskulturföreningens årsberättelse år 1900.) 8⁰. 37 pp. Helsingfors 1900.

Teratologie und Pflanzenkrankheiten:

Behrens, J., Zur Bekämpfung des Oïdiums (Aescherig). (Wochenblatt des landwirtschaftlichen Vereins im Grossherzogtum Baden. 1900. No. 11. p. 144—145.)

Bode, A., Zur Bekämpfung der Obstbaumschädlinge. (Proskauer Obstbau-Zeitung. 1900. Juni. p. 90—93.)

Burgess, A. F., A destructive tan-bark beetle (Proceedings of the 11. annual meet. of the assoc. of economic entomol. U. S. Department of Agriculture, Division of entomol. N. S. Bulletin No. 20. Washington 1899. p. 107—109.)

Coquillet, D. W., Description of a new parasitic Tachinid fly (Exorista heterusiae n. sp.). (Indian mus. notes. Vol. IV. 1899. No. 5. p. 179.)

Dod, C. Wolley, Monbretias mildewed. (The Gardeners Chronicle. Ser. III. Vol. XXVIII. 1900. No. 719. p. 264.)

Eckstein, K., Infektionsversuche und sonstige biologische Beobachtungen an Nonnenraupen. (Zeitschrift für Forst- und Jagdwesen. 1900. Heft 5. p. 262—266.)

Ewert, Der Kampf gegen die Gartennonne, Oeneria dispar. (Proskauer Obstbau-Zeitung. 1900. No. 5. p. 72—74.)

Felt, E. P., Notes of the year for New York [Forest tent-caterpillar. Elm leaf beetle. Asparagus beetles. Seventeen-year cicada]. (Proceedings of the 11. annual meet. of the assoc. of economic entomol. U. S. Department of Agriculture, Division of entomol. N. S. Bulletin No. 20. Washington 1899. p. 60—62.)

Galloway, B. T., Progress in the treatment of plant diseases in the United States. (Reprint from Yearbook of Department of Agriculture for 1899. p. 191—199.)

Held, Wie vertilge ich an noch blatt- und trieblosen Obstbäumen und Reben die Blut-, Schild- und Kommaläuse am raschesten? (Fühling's landwirtschaftliche Zeitung. 1900. Heft 11. p. 424—425.)

Howard, L. O. and **Marlatt, C. L.,** The original home of the San Jose scale. (Proceedings of the 11. annual meet. of the assoc. of economic. entomol. U. S. Department of Agriculture, Division of entomol. N. S. Bulletin No. 20. Washington 1899. p. 36—39.)

Johnson, W. G., The Emory fumigator; a new method for handling hydrocyanic acid gas in orchards. (Proceedings of the 11. annual meet. of the assoc. of economic entomol. U. S. Department of Agriculture, Division of Entomol. N. S. Bulletin No. 20. Washington 1899. p. 43—53.)

Jouvet, F., Le black-rot dans le Jura en 1899. (Vigne améric. 1900. No. 5. p. 146—149.)

Kirkland, A. H., A probable remedy for the cranberry fireworm. (Proceedings of the 11. annual meet. of the assoc. of economic entomol. U. S. Department of Agriculture, Division of entomol. N. S. Bulletin No. 20. Washington 1899 p. 53—55.)

Kulisch, Die Bekämpfung des Oidiums und der Peronospora. (Landwirtschaftliche Zeitschrift fur Elsass-Lothringen. 1900. No. 21, 22. p. 294—295, 307—308.)

Kurmann, Fr., Die Verbreitung und Bekämpfung der Reblaus in den österreichischen Weinbaugebieten in den Jahren 1898 und 1899. (Weinlaube. 1900. No. 23, 24. p. 268—271, 279—281.)

Marlatt, C. L., An account of Aspidiotus ostreaeformis. (Proceedings of the 11. annual meet. of the assoc. of economic. entomol. U. S. Department of Agriculture, Division of entomol. N. S. Bulletin No. 20. Washington 1899. p. 76—82.)

Nessler, J., Die Heufelder Kupfersoda und die Verwendung grösserer und kleinerer Mengen Kupfervitriol bei dem Bekämpfen der Blattfallkrankheit. (Wochenblatt des landwirtschaftlichen Vereins im Grossherzogtum Baden. 1900. No. 11. p. 145—146.)

Noel, P., Dactylopius vitis. (Vigne franç. 1900. No. 9. p. 141—142.)

Potter, M. C., A new phoma disease of the Swede. (Journal of the Board of Agricult. Vol. VI. 1900. No. 4. p. 448—456.)

Stand der **Reblausverbreitung** in Oesterreich bis Ende 1899. (Allgemeine Wein-Zeitung. 1900. No. 22, 24. p. 213—214, 234—235.)

Reh, L., Periodicität bei Schildläusen. (Illustrirte Zeitschrift für Entomologie. 1900. No. 11. p. 161—162.)

Report of the inspector of fumigation appliances 1899. gr. 8°. 15 pp. Toronto 1900.

Rossmässler, F. A., Durch Windhose verursachter Waldschaden. (Die Natur. Jahr. IL. 1900. No. 42. p. 499—500.)

Schäffer, E., Zur Untersuchung des Schwefels zur Bekämpfung von Oïdium. (Weinbau und Weinhandel. 1900. No. 22. p. 217.)

Schlegel, H., Beobachtungen aus der Praxis über den Einfluss der Winter auf die Pilzkrankheiten des Weinstockes. (Weinbau und Weinhandel. 1900. No. 13. p. 117—118.)

Schrenk, Hermann von, Two diseases of red Cedar, caused by Polyporus juniperus n. sp. and Polyporus carneus Nees. A preliminary report. (U. S. Department of Agriculture. Division of Vegetable Physiology and Pathology. Bulletin No. 21. 1900.) 8°. 21 pp. With 3 fig. and plate I—VII. Washington 1900.

Scott, W. M., Fatal temperature for some coccids in Georgia. (Proceedings of the 11. annual meet. of the assoc. of economic entomol. U. S. Department of Agriculture, Division of entomol. N. S. Bulletin No. 20. Washington 1899. p. 82—85.)

Seurat, L. G., Moeurs de deux parasites des chenilles de l'Agrotis segetum. (Bulletin du muséum de l'histoire naturelle. T. V. 1899. No. 3. p. 140.)

Simonet, F., Fabrication du remède Garanger contre l'oïdium de l'Othello. (Vigne améric. 1900. No. 5. p. 145—146.)

Steglich, Der Traubenschimmel der Reben und seine Bekämpfung. (Sächsische landwirtschaftliche Zeitschrift. 1900. No. 18. p. 193—195.)

Stengele, Fr., Zur Bekämpfung des Heu- und Sauerwurms. (Wochenblatt des landwirtschaftlichen Vereins im Grossherzogtum Baden. 1900. No. 20. p. 290—291.)

Vidal, E., L'artillerie agricole contre les orages, la grêle et les sauterelles. (Revue Scientifique. Sér. IV. Tome XIV. 1900. No. 10. p. 307—309.)

Walsingham, A gall-making coleophora (Stefanii de Joannis). (Entomol. monthly magaz. 1900. March. p. 59—60.)

Wortmann, J., Ueber das Auftreten des Oïdiums Tuckeri. (Weinbau und Weinhandel. 1900. No. 20. p. 189—190.)

Zu Pitlitz, Zur allgemeinen Vernichtung des Birnenrostes. (Deutsche landwirtschaftliche Presse. 1900. No. 39. p. 483.)

Medicinisch-pharmaceutische Botanik:

B.

Leclainche, E. et **Vallée, H.,** Recherches expérimentales sur le charbon symptomatique. (Annales de l'Institut Pasteur. Année XIV. 1900. No. 8. p. 513—534.)

Leclainche, E. et **Vallée, H.,** Étude comparée du vibrion septique et de la bactérie du charbon symptomatique. (Annales de l'Institut Pasteur. Année XIV. 1900. No. 9. p. 590—596.)

Ledoux-Lebard, Le bacille pisciaire et la tuberculose de la grenouille due à ce bacille. (Annales de l'Institut Pasteur. Année XIV. 1900. No. 8. p. 535—554. 9 Fig.)

Métalnikoff, S., Etudes sur la spermotoxine. (Annales de l'Institut Pasteur. Année XIV. 1900. No. 9. p. 577—589.)

Métin, Quelques expériences sur la peste à Porto. (Annales de l'Institut Pasteur. Année XIV. 1900. No. 9. p. 597—604.)

Remy, L., Contribution à l'étude de la fièvre typhoîde et de son bacille. (Annales de l'Institut Pasteur. Année XIV. 1900. No. 8. p. 555—570.)

Technische, Forst-, ökonomische und gärtnerische Botanik:

Barbet, M. E., Neues Verfahren zur Herstellung von Branntwein aus Getreide, Rüben u. dergl., welcher dem aus Früchten erzeugten Branntwein gleichwertig ist. (Zeitschrift für Spiritusindustrie. Jahrg. XXIII. 1900. No. 37. p. 338—339.)

Botany in relation to the garden. [Continued.] (The Gardeners Chronicle. Ser. III. Vol. XXVIII. 1900. No. 717. p. 217—218.)

Brénier, La culture et l'industrie de la Ramie et de l'Ortie de Chine. (Bulletin Économique de l'Indo-Chine. 1900. Août.)

Classen, Alexander, Verfahren zur Verzuckerung von Holz, Sägespänen und anderen cellulosehaltigen Stoffen, sowie von Stärke und stärkehaltigem Material. (Zeitschrift für Spiritusindustrie. Jahrg. XXIII. 1900. No. 39. p. 356.)

La **culture** du café au Guatémala. (Revue Scientifique Série IV. Tome XIV. 1900. No. 11. p. 341—343.)

Deerr, N., Sugar house notes and tables: Reference book for planters, factory managers, chemists, engineers etc. as to manufacture of cane sugar. 8⁰. $8^3/_4 \times 5^1/_2$. 194 pp. London (Spon) 1900. 10 sh. 6 d.

Fernbach, A. und **Hubert, L.,** Ueber den Einfluss der Phosphate und einiger anderer mineralischer Stoffe auf die proteolytische Diastase des Malzes. (Zeitschrift für Spiritusindustrie. Jahrg. XXIII. 1900. No. 36. p. 330. — Wochenschrift für Brauerei. Jahrg. XVII. 1900. No. 38. p. 570.)

Forbes, A. C., British Oaks. (The Gardeners Chronicle. Ser. III. Vol. XXVIII. 1900. No. 721. p. 295. figs. 86, 87.)

Galloway, B. T., Progress of commercial growing of plants under glass. (Reprint from Yearbook of Department of Agriculture for 1899. p 576—590. Plates LI—LIII. Fig. 26—31.)

Goethe, W. Th., Die Ananaskultur in Florida. [Fortsetzung.] (Gartenflora. Jahrg. IL. 1900. Heft 20. p. 548—550.)

Hanow, H., Die im Laufe des Juni d. J. untersuchten Malze. (Wochenschrift für Brauerei. Jahrg. XVII. 1900. No. 41. p. 607.)

Hoffmann, M., Stallmist-Konservierungsversuche. (Deutsche landwirtschaftliche Presse. 1900. No. 29. p. 354—355.)

Holmes, E. M., The cultivation of herbs in Surrey. (The Gardeners Chronicle. Ser. III. Vol. XXVIII. 1900. No. 721. p. 296.)

Koch, Alfred, Ueber die Ursache des Verschwindens der Säure bei Gährung und Lagerung des Weines. [Vortrag.] (Sep.-Abdr. aus Weinbau und Weinhandel. 1900.) 4⁰. 6 pp.

Loew, Oskar, Nochmals über die Tabakfermentation. (Centralblatt für Bakteriologie, Parasitenkunde und Infektionskrankheiten. Zweite Abteilung. Bd. VI. 1900. No. 18. p. 590—593.)

Neumann, O., Untersuchung einiger obergähriger Brauereibetriebshefen. (Wochenschrift für Brauerei. Jahrg. XVII. 1900 No. 37. p. 557—559.)

Nisbet, J., Our forests and woodlands. 12⁰. 9, 340 pp. il. New York (Macmillan) 1900. Doll. 3.—

Nobbe, F. und **Hiltner, L.,** Künstliche Ueberführung der Knöllchenbakterien von Erbsen in solche von Bohnen (Phaseolus). (Centralblatt für Bakteriologie, Parasitenkunde und Infektionskrankheiten. Zweite Abteilung. Bd. VI. 1900. No. 14. p. 449—457. Mit 1 Tafel.)

Oméliansky, V., Nitrification de l'azote organique. (Annal. agronom. 1900. No. 6. p. 313—316.)

Petrini, Lu., Studio sulla rendita degli ulivi in Toscana, sulle spese di raccolta e sulla manifattura dell'olio. (Estr. dall' Agricoltura italiana. Vol. II. 1900.) 8⁰. 39 pp. Roma (tip. dell'Unione cooperativa editrice) 1900.

Pinchot, G. and **Ashe, W. W.,** Timber Trees and Forests of North Carolina. (Bulletin of the North Carolina Geological Survey. 1900.) roy. 8⁰. 227 pp. 23 pl. and 28 diagr. Winston 1900.

Raus-Fischbach, Expérience de fumure sur orge de brasserie (Chevalier) faite sur terre silico-argileuse en bon état de culture. (Les Effets de la fumure de printemps. 1899.)

Rogoyski, K., Zur Kenntnis der Denitrifikation und der Zersetzungserscheinungen der tierischen Exkremente in der Ackererde. (Fühling's landwirtschaftliche Zeitung. 1900. Heft 11—13. p. 425—428, 463—467, 503—508.)

Schellenberg, H. C., Graubündens Getreidevarietäten mit besonderer Rücksicht auf ihre horizontale Verbreitung. (Berichte der schweizerischen botanischen Gesellschaft. 1900. Heft X. p. 45—71.)

Schönfeld, F., Farb- und Karamelmalze. (Wochenschrift für Brauerei. Jahrg. XVII. 1900. No. 36. p. 545—547.)

Schröter, C., Ein Besuch bei einem Cinchonenpflanzer Javas. (Sep.-Abdr. aus Schweizerische Wochenschrift für Chemie und Pharmacie. 1900. No. 36.) 8⁰. 12 pp. Mit 2 Tafeln.

Stoklasa, J., Ueber neue Probleme der Bodenimpfung. (Zeitschrift für das landwirthschaftliche Versuchswesen in Oesterreich. 1900. Heft 4. p. 440—446.)

Stoklasa, Jul., Ueber den Einfluss der Bakterien auf die Knochenzersetzung. (Centralblatt für Bakteriologie, Parasitenkunde und Infektionskrankheiten. Zweite Abteilung. Bd. VI. 1900. No. 16. p. 526—535. Mit 9 Tafeln und 1 Figur.)

Terrier, Auguste, Fermentation panaire (pain blanc; pain bis). 8⁰. 24 pp. Lyon (Storck & Co.) 1900.

Winogradsky, S. et Oméliansky, V., Influenze des substances organiques sur le tavail des microbes nitrificateurs. (Annales agronom. 1900. No. 6. p. 299—309.)

Inhalt.

Ausgegeben: 7. November 1900.

Druck und Verlag von Gebr. Gotthelft, Kgl. Hofbuchdruckerei in Cassel.

Band LXXXIV. No. 8. XXI. Jahrgang.

Botanisches Centralblatt.

REFERIRENDES ORGAN

für das Gesammtgebiet der Botanik des In- und Auslandes

Herausgegeben unter Mitwirkung zahlreicher Gelehrten

von

Dr. Oscar Uhlworm und Dr. F. G. Kohl

in Cassel in Marburg

Nr. 47. Abonnement für das halbe Jahr (2 Bände) mit 14 M. durch alle Buchhandlungen und Postanstalten. 1900.

Die Herren Mitarbeiter werden dringend ersucht, die Manuscripte immer nur auf *einer* Seite zu beschreiben und für *jedes* Referat besondere Blätter benutzen zu wollen. Die Redaction.

Wissenschaftliche Originalmittheilungen.*)

Anatomische Untersuchung der Mateblätter unter Berücksichtigung ihres Gehaltes an Thein.

Von

Ludwig Cador

aus Gross-Strelitz.

Einleitung.

Ueber die anatomischen Verhältnisse der Mate-Blätter, welche bekanntlich von Arten aus der Gattung *Ilex*, zuweilen auch von Arten der *Styraceen*-Gattung *Symplocos*, oder auch der *Olacineen*-Gattung *Villarezia* stammen, verdanken wir Loesener sehr werthvolle Angaben in dessen „Beiträgen zur Kenntniss der Mate-Pflanzen" (in den Berichten der deutschen Pharmaceutischen Gesellschaft, VI. Jahrgang, 1896, Heft 7, p. 16—34).

Loesener berichtet in dieser Arbeit in erster Linie über die grosse Bedeutung, das Vorkommen und die systematischen Verhältnisse der Mate-Pflanzen, sodann aber auch über die wichtigsten anatomischen Kennzeichen des Blattes bei den am häufigsten zur Mategewinnung gebrauchten Arten.

*) Für den Inhalt der Originalartikel sind die Herren Verfasser allein verantwortlich. Red.

Eine gelegentliche Nachprüfung ergab, dass die anatomischen Merkmale des Blattes zur Charakterisirung der Mate-Blätter sich noch in viel ergiebigerer Weise verwerthen lassen, als das durch Loesener geschah, der naturgemäss bei seiner monographischen Bearbeitung vor Allem die äusseren morphologischen Verhältnisse zu berücksichtigen hatte. Dazu kommt, dass Loesener in der oben citirten Arbeit ein wichtiges anatomisches Strukturverhältniss der Epidermis, die Verschleimung der Innenmembran von Epidermiszellen, mit dem Auftreten einer stellenweise zweischichtigen Epidermis verquickt hat, weshalb die von ihm zur Bestimmung der Mate-Blätter aufgestellte Tabelle und die von ihm mitgetheilten anatomischen Diagnosen der einzelnen Arten an Werth verloren haben.*)

Aus diesen Gründen erschien es mir wünschenswerth, zumal bei der zunehmenden Bedeutung des Mate, die Blätter aller Arten, welche nachgewiesenermassen oder vermuthlich wegen ihrer systematischen Stellung, oder der Namen, welche sie bei den Eingeborenen führen (siehe hierüber L. B. z. K. d. Mtpf. p. 14), Mate liefern, nochmals einer eingehenden anatomischen Untersuchung zu unterwerfen, und auch, was Loesener noch nicht gethan hat, insgesammt auf ihren Gehalt an Alkaloid (Thein) mikrochemisch zu prüfen.

Abgesehen von der bereits eingehend gewürdigten Arbeit Loesener's liegen in der Litteratur nur noch kurze Beschreibungen und Abbildungen der Anatomie des Mate-Blattes (und zwar des Blattes von *Ilex paraguariensis*) vor, so in Vogel's Nahrungs- und Genussmittel aus dem Pflanzenreiche, Wien 1872, p. 77—79.

Moeller's Mikroskopie der Nahrungs- und Genussmittel, Berlin 1886, p. 44 und Pharmacogn. Atlas, Berlin 1892, p. 122, Tab. XXXI.

Collins' Du maté ou thé du Paraguay in Journ. de pharm. et de chimie, 1891, II. p. 337.

Tschirch's Anatomischer Atlas, Leipzig 1893, XII, p. 265. Diese Darstellungen sind, wie bereits Loesener (Beitr. z. K. d. Mate-Pfl., p. 16) hervorgehoben hat, ausser der Tafel und Beschreibung im Tschirch'schen Atlas, mehr oder weniger ungenau und daher nicht weiter zu berücksichtigen.

Das Material zu meinen Untersuchungen erhielt ich aus den Herbarien zu Berlin und München, ein Blattfragment der nur im Herbar zu Brüssel**) vertretenen *Ilex cognata* Reiss. durch die Güte des Herrn Durand. Besonders erscheint mir der Hervor-

---

*) Loesener hat übrigens diesen Fehler gelegentlich einer kleinen Mittheilung: „Ueber Mate- oder Paraguay-Thee in Abhandlungen des Botanischen Vereins der Provinz Brandenburg, Band XXXIX, p. 68 richtig anerkannt.

**) Die Herkunft des Materials aus diesen Herbarien ist im speciellen Theile durch de Beisetzung der Buchstaben H. B. (Herbarium Berlin), H. M. (Herbar München) und H. Br. (Herbar. Brüssel) bezeichnet.

hebung werth, dass das gesammte Untersuchungsmaterial aus der Gattung *Ilex* kritisch gesichtet ist, indem es durch die Hände des Monographen, Herrn Dr. Loesener in Berlin, gegangen war. An dieser Stelle sage ich sämmtlichen Herren, welche mich bei Anfertigung der Arbeit, sei es durch Material oder durch ihren Rath, unterstützt haben, meinen ganz ergebensten Dank, insbesondere meinem hochverehrten Lehrer, Herrn Professor Dr. Solereder und Herrn Dr. Loesener in Berlin.

Die folgende Arbeit gliedert sich in einen allgemeinen und in einen speciellen Theil. Der allgemeine Theil behandelt der Reihe nach die Anatomie des Blattes bei den drei, in ihren Arten Mate liefernden Gattungen, *Ilex*, *Villarezia* und *Symplocos* und im Anschluss daran die Methodik des Alkaloid-Nachweises. In dem speciellen Theil wird zunächst eine Aufzählung der untersuchten Arten gegeben, und im Anschluss hieran eine übersichtliche Zusammenstellung der geprüften *Ilex*-Arten nach anatomischen Merkmalen des Blattes.

Allgemeiner Theil.

1. Blattstruktur der Mateliefernden *Ilex*-Arten.

Bevor ich zur näheren Besprechung der Blattstruktur übergehe, will ich die gemeinschaftlichen Verhältnisse bei den untersuchten Arten kurz zusammenfassen. Der Blattbau ist stets bifacial. Die Epidermis der Blattoberseite ist bei den meisten Arten einschichtig, nur bei *Ilex theezans* Mart. var. f. *Riedelii* Lös. und var. *fertilis* (Reiss.) Loes. ist dieselbe stellenweise zweischichtig, bei *Ilex affinis* durchweg zweischichtig. Zellen mit verschleimter Innenmembran findet man bei bestimmten Arten in der oberen, vereinzelt in der unteren Epidermis.

Die Spaltöffnungsapparate sind auf die untere Blattseite beschränkt, dieselben entbehren meistens besonders gestalteter Nebenzellen.

Die grösseren Nerven sind durchweg mehr oder weniger vom Sclerenchymgewebe umgeben.

Sehr verbreitet sind im Blatte charakteristische Fettkörper im Pallisaden- und Schwammgewebe, wie auch Krystalldrusen aus oxalsaurem Kalk, die oft weitlumige Idioblasten erfüllen.

Andere mehr oder weniger vereinzelt auftretende Merkmale in den *Mate*-Blättern sind: sclerosirte und getüpfelte Zellen in der unteren Epidermis, die eigenthümlichen Cuticularstreifen und Erhebungen um die Spaltöffnung, das Auftreten von Haaren und Korkwarzen. Die sphärokrystallinischen Massen in der oberen Epidermis.

Nach dieser allgemeinen Uebersicht über die Blattstruktur, welche für die Erkennung eines *Ilex*-Blattes von Werth sein wird, komme ich nun auf die verschiedenen Gewebe, und auf die einzelnen Vorkommnisse im folgenden zu sprechen.

Die Epidermis der Blattoberseite ist bei den verschiedenen Arten in mannigfacher Weise ausgebildet. Dieselbe ist fast durchweg einschichtig, die Höhe derselben schwankt zwischen 0,02 bis 0,075 mm*).

Eine durchweg zweischichtig zu nennende Epidermis ist bei *Ilex affinis* vorhanden; hier correspondiren die beiden Zellschichten direct mit ihren Seitenwänden. Stellenweise zweischichtig ist hingegen nur die Epidermis von *Ilex theezans* Mart. var. f. *Riedelii* Loes. und var. *fertilis* (Reiss.) Loes., indem bei diesen ein Theil der Epidermiszellen durch Horizontalwände getheilt ist, bei der zuletzt genannten Varietät erscheinen die Epidermiszellen, wie nebenher bemerkt sein mag, im Querschnitt mehr oder weniger pallisadenartig gestreckt, im Gegensatz zu der var. *fertilis* (Reiss.) Loes.. bei welcher die pallisadenartige Struktur fehlt.

Was die Gestaltung der oberseitigen Epidermiszellen in der Flächenansicht anbelangt, so sind dieselben bei der Mehrzahl der Arten polygonal, 4—8eckig und dickwandig zu nennen. Bei anderen Arten erscheinen sie nur bei tiefer Einstellung polygonal, bei hoher hingegen sind die Seitenränder derselben undulirt und dann mit mehr oder weniger deutlichen Randtüpfeln versehen (z. B. *Ilex Cassine, glabra, cognata*). Dünnwandig und undulirt zu nennen sind die Seitenränder der Zellen der oberseitigen Epidermis bei *Ilex dumosa* var. *guaranina* und *Ilex Congonhinha*.

Die Seiten- und Innenwände der einzelnen Epidermiszellen sind nicht erheblich verdickt, nur die Aussenwände zeichnen sich meistens dadurch aus. Sehr dick (0,03—0,04 mm) sind die Aussenwände bei *Ilex Vitis idaea*, *Pseudothea* und *theezans* var. a *typica* zu nennen; bei den ersten beiden sieht man im Querschnitt deutlich, dass in Folge secundärer Verdickung der Aussenwand die Seitenwände der einzelnen Zellen direct in die letztere eindringen. Relativ stark (0,012—0,024 mm) sind die Aussenwände bei der Mehrzahl der Arten (z. B. *Ilex diuretica, Glazioviana, paltarioides*), relativ dünnwandig hingegen (0,006—0,009 mm) nur bei wenigen (z. B. *Ilex glabra, paraguariensis* und *cognata*). Eine deutliche Streifung der Aussenwand ist bei einzelnen Arten vorhanden. Diese Streifung ist entweder, was meistens vorkommt, auf der beiderseitigen Epidermis des Blattes (z. B. *Ilex diuretica, paraguariensis*), oder nur auf der oberseitigen Epidermis (z. B. *Ilex paltarioides, congonhinha*), oder, was noch seltener vorkommt, nur auf der unterseitigen Epidermis zu finden (z. B. *Ilex cognata, theezans* var. *fertilis*).

Es verlaufen diese Streifen entweder geradlinig, unter einander parallel, oder wellenförmig gekrümmt; oft sind sie, wie bei *Ilex paraguariensis*, zu einem maschenförmigen System angeordnet, indem die einzelnen Fäden mit einander anastomosiren. Bündelförmig verlaufen die Streifen bei *Ilex conocarpa*.

Sehr bemerkenswerth ist ferner die, bei so vielen Arten oft sehr stark auftretende Verschleimung der Innenwände der oberen Epidermis, die auch, wie ich gleich bemerken will, vereinzelt in

*) Die letzte Zahl wird allerdings dadurch erreicht, dass ich die stark verschleimte Innenmembran mitgemessen habe.

der unteren Epidermis auftritt. Für den ersten Fall möge als eclatantes Beispiel *Ilex Congonhinha*, *Pseudothea* und *amara* dienen, für den zweiten Fall *Ilex glabra*, *dumosa* var. *guaranina* und *cujabensis*. Loesener hat diese verschleimten Zellen, wovon schon Eingangs kurz die Rede war, irrig aufgefasst, indem er die verschleimten Innenwände der Epidermiszellen als selbstständige schleimführende Zellen („Wasserspeicherzellen") ansprach und die Stellen der Epidermis, an welchen sich die verschleimten Innenwände für zweischichtig deutete.

Die Epidermis der Blattunterseite ist stets einschichtig, die Zellen derselben gleichen im Grossen und Ganzen denen der Blattoberseite, nur sind sie relativ kleinlumiger. Polygonal und dickwandig erscheinen sie auf dem Flächenbilde, z. B. bei *Ilex diuretica*, *cognata* und *theezans* var. a *typica*, polygonal und dünnwandig hingegen bei mehreren anderen, z. B. *Ilex Congonhinha* und *paraguariensis*.

Ferner trifft man dickwandige und getüpfelte Zellen bei einigen Arten (z. B. *Ilex Cassine*, *myrtifolia* und *conocarpa*), bei anderen wieder dickwandige, mehr oder weniger sclerosirte und getüpfelte Zellen an (z. B. *Ilex Glazioviana*, *Vitis idaea*, *chamaedryfolia*).

Dünnwandig, mit gebogenen Seitenrändern versehen sind die Zellen der unteren Epidermis von *Ilex glabra* und *Ilex Cassine* L.; bei letzterer Art treten neben den dünnwandigen auch sclerosirte und getüpfelte Zellen auf, die namentlich in der Umgebung der Blattnerven und Insertionspunkte der Haare reihenweise verlaufen.

Die Spaltöffnungen sind auf die Blattunterseite beschränkt. Die Schliesszellen haben rundlichen oder elliptischen Umriss und einen durchschnittlichen Längsdurchmesser = 0,012—0,015 mm; bei bestimmten Arten (z. B. *Ilex Glazioviana* und *affinis*) erreichen sie einen Längsdurchmesser = 0,03 mm.

Die Schliesszellen des Spaltöffnungsapparates sind stets von einer grösseren Anzahl gewöhnlicher Epidermiszellen umgeben, die bei bestimmten Arten als Nebenzellen hervortreten und dann zuweilen auch unter die Schliesszellen sich hinunterziehen (z. B. *Ilex paraguariensis*, *affinis*).

Oft sind die Spaltöffnungen von leisten- oder wallartigen Verdickungen der Epidermis umgeben (z B. *Ilex Cassine myrtifolia*, *Ilex glabra* und *conocarpa*). Diese wallartige Erhebung ist recht eigenthümlich bei *Ilex theezans* var. a *typica* gestaltet und im speciellen Theil genau beschrieben.

Epidermoidalgebilde finden sich bei einigen Arten in verschiedenen Formen

Trichome sind bei den *Ilex*-Arten selten, und lediglich Deckhaare. Drüsenhaare fehlen stets. Die Deckhaare sind immer einzellig, bald länger, bald kürzer, je nach der Species, und immer dickwandig und englumig.

Korkwarzen, die mit blossem Auge oft schon deutlich, als braune, die Blattunterseite oft dicht bedeckende Punkte, sichtbar sind, und die stets unter einer Spaltöffnung zur Entwicklung kommen, fand ich bei bestimmten Arten vor (z. B. *Ilex diuretica*, *dumosa*, *Pseudothea*). Rücksichtlich ihrer Struktur verweise ich auf die Angaben und Abbildung bei Loesener, „Beitr. z K. der *Mate*-Pflanzen, p. 21".

Im Anschluss an die Korkwarzen seien auch gleich die ebenfalls schon von Loesener (im Biolog. Centralblatt, XIII, 1893, p. 449) näher beschriebenen, am unterseitigen Blattgrunde befindlichen Domatien erwähnt

Der Blattbau ist bei allen untersuchten Arten als durchweg bifacial zu bezeichnen. Das Pallisadenparenchym ist deutlich entwickelt. Bei bestimmten Arten ist es kurzgliedrig, bei anderen langgestreckt. Die Schichtenzahl ist eine verschiedene (1—4).

Das Schwammgewebe ist bei vielen Arten dicht, bei vielen auch mit mässig grossen oder grossen Intercellularräumen versehen. Die einzelnen Zellen desselben sind für gewöhnlich dünnwandig, nur bei *Ilex Cassine myrtifolia* bestehen die beiden untersten Zellreihen des Schwammgewebes aus dickwandigen und getüpfelten Zellen.

Weitlumige rundliche Spekularzellen, mit einseitig verdickter Wandung, treten im Pallisadengewebe von *Ilex glabra* und auch im Schwammgewebe derselben Art, hier in Gruppen angeordnet, auf.

Rücksichtlich der grösseren Nerven des Blattes ist zu erwähnen, dass die Leitbündel derselben mehr oder weniger von Sclerenchymgewebe umgeben sind. Oft ist es nur eine sog. Hartbastsichel, die sich im Querschnitt an das Gefässbündelsystem, meistens nach der unteren Blattfläche hin, anlagert (*Ilex Glazioviana*, *Vitis idaea*), öfters indess auf Holz- und Bastseite (*Ilex conocarpa*, *cognata*). Ganz umgeben von einem dichten Sclerenchymring sind die Gefässbündel z. B. bei *Ilex dumosa* var. *guaranina* und *Ilex symplociformis*; bei *Ilex Pseudothea* und *affinis* ist dieses Sclerenchymgewebe sogar durch Steinzellen mit der oberen und unteren Epidermis verbunden.

Zum Schlusse der allgemeinen Besprechung der Blattstruktur komme ich nun auf besondere Einschlüsse der Zellen zu sprechen, nämlich auf die sogenannten Fettkörper und Krystallvorkommnisse.

Was die Fettkörper betrifft, so hatte ich Gelegenheit, die Verbreitung derselben in allen getrockneten Mate-Blättern zu constatiren. Was ihre physikalische und chemische Natur anlangt, so habe ich die Wahrnehmung gemacht, dass dieselben in Form von mehr oder weniger rundlichen Massen vorkommen, optisch isotrop sind, in kaltem Alkohol sich nicht verändern, in Benzol zum Theil, in Aether, Chloroform, Schwefelkohlenstoff nach mehrstündigem Behandeln ganz löslich sind und nach Behandlung mit Ueberosmiumsäure sich bald braun bis schwarz färben.

Der oxalsaure Kalk findet sich bei den einzelnen Mate-Blättern ausschliesslich in Gestalt von Drusen; Einzelkrystalle, Raphiden, Krystallnädelchen oder Krystallsand aus oxalsaurem

Kalk fehlen. Der Maximaldurchmesser der Krystalldrusen schwankt zwischen 0,015—0,06 mm, dieselben finden sich im Pallisadengewebe, wie auch im Schwammgewebe, oft in weitlumigen rundlichen Zellen, sogenannten Idioblasten.

Als fernere Einschlüsse wären noch zu erwähnen die bei *Ilex Cassine myrtifolia, Ilex dumosa* var. *montevideensis* und *Ilex paltarioides*, als Hesperidin ähnlich befundenen Massen, die in kaltem und heissem Wasser, Eau de Javelle, Salzsäure, Schwefelsäure, Aether, Benzol und Chloroform unlöslich sind, löslich hingegen in Salpetersäure, kochender Essigsäure, Ammoniak und Kalilauge, in der letzten mit gelblicher Farbe.

In den Zellen der Epidermis von *Ilex Pseudothea* fand ich kleinere und grössere quadratische, gelbliche Krystalle, die ich nach der mikrochemischen Untersuchung als eine nicht näher gekannte, organische Substanz deutete; dieselben waren optisch isotrop, unlöslich in Aether, Benzol, Alkohol, conc. Salzsäure, löslich hingegen in Salpetersäure, sie färbten sich mit Methylenblau und verflüchteten vollständig beim Erhitzen des Schnittes auf dem Deckglase.

2. Blattstructur der Mateliefernden *Villarezia*-Arten.

Aus der circa 15 Arten umfassenden Gattung *Villarezia* kommen nur 2 Arten in Betracht: nämlich die *Villarezia Congonha* und die *Villarezia mucronata*, von denen die letztere sich durch zwei verschiedene Blattformen auszeichnet, welche beide untersucht wurden.

Bei beiden Arten ist die Blattepidermis einschichtig. Die Seitenränder der oberen Epidermiszellen sind bei hoher Einstellung undulirt, bei tiefer gradlinig, ausserdem betrachtet man bei hoher Einstellung sogenannte Randtüpfel.

Die Dicke der starken Aussenwände der oberseitigen Epidermis schwankt zwischen 0,02—0,03 mm. Rücksichtlich der unteren Epidermis finden sich Verschiedenheiten, bei den von mir untersuchten Materialien, in so fern, als die *Villarezia Congonha* und die ganzrandige Form der *Villarezia mucronata* in der Flächenansicht relativ kleine, polygonale und dickwandige Zellen aufweisen, während die unterseitigen Epidermiszellen bei der mit dornigen Randzähnen versehenen Form der *Villarezia mucronata* undulirte Seitenränder und ziemlich weites Lumen aufweisen.

Die Spaltöffnungen sind stets nur auf der unterseitigen Epidermis vorhanden und erreichen einen Maximaldurchmesser = 0,03 mm.

Sie sind immer von mehreren Epidermiszellen umgeben; die letzteren sind bei der ganzrandigen Form der *Villarezia mucronata* nebenzellartig ausgebildet, bei den beiden anderen angeführten Materialien durch eine tiefe Furche von den Aussenwänden der benachbarten Epidermiszellen geschieden.

Die Behaarung ist eine geringe. Es finden sich bei *Villarezia* nur kurze, einzellige Trichome. Dieselben sind bei *Villarezia mucronata* so spärlich und hinfällig, dass man am ausgewachsenen

Blatte sie nur sehr selten in Form von kurzen, stumpfen und ziemlich dickwandigen Gebilden und meist nur Haarnarben antrifft.

Häufiger sind sie auf den beiden Blattseiten von *Villarezia Congonha*, bei welcher die Trichome unterseits in kleinen Blattgrübchen eingesenkt sind und zum Theil eine Näherung zur zweiarmigen Ausbildung zeigen, näheres hierüber siehe bei der anatomischen Beschreibung der in Rede stehenden Art.

An dieser Stelle mögen auch noch die bei der *Villarezia Congonha* in den Winkeln der Seitennerven erster Ordnung und des Hauptnervs auftretenden domatienartigen (?) Gebilde erwähnt werden, die das Aussehen haben, als wären sie durch den Stich einer Nadel veranlasst, und deren genauere Beschreibung später folgt.

Der Blattbau ist bei *Villarezia Congonha* und der mit dornigem Rande versehenen Blattform von *Villarezia mucronata* typisch bifacial zu nennen; bei der ganzrandigen Blattform von *Villarezia mucronata* besitzt das Mesophyll eine Annäherung an den centrischen Bau.

Die Gefässbündel der grösseren Nerven sind oben und unten mit starkem Hartbast belegt. Von Zelleinschüssen sind nur die Fettkörperchen und Kalkoxalatdrusen von einem Maximaldurchmesser = 0,045 mm zu erwähnen; bei *Villarezia Congonha* findet man neben Drüsen auch Einzelkrystalle aus oxalsaurem Kalk.

3. Blattstructur der Mateliefernden *Symplocos*-Arten.

Aus der artenreichen Gattung *Symplocos* habe ich von *Mate*liefernden Arten *Symplocos Caparoensis* und *lanceolata*, sowie noch zwei noch nicht näher bestimmte, brasilianische von Juergens, beziehungsweise Glaziou gesammelten, gleichfalls Mateliefernden Materialien des Herbariums Berolinense untersucht.

Diese vier Mate-Pflanzen der Gattung *Symplocos* unterscheiden sich von den Mate-Pflanzen der beiden früher behandelten Gattungen *Ilex* und *Villarezia* durch zwei gewichtige Merkmale.

Das erste besteht in dem Auftreten eines bräunlich-grünen Zellinhaltes der oberseitigen Epidermis in den getrockneten Blättern der in Rede stehenden *Symplocos*-Arten, das zweite in der Structur des Spaltöffnungsapparates, nämlich in dem Auftreten von Nachbarzellen, welche zum Schliesszellenspalt parallel gerichtet sind. Ueber die Blattstructur von *Symplocos* ist im Näheren Folgendes anzuführen:

Ich bespreche zunächst die Structur der oberseitigen Epidermis.

Die Epidermis der Blattoberseite ist durchweg einschichtig; die Höhe derselben schwankt bei den einzelnen Arten zwischen 0,021—0,045 mm. In der Flächenansicht sind die oberen Epidermiszellen entweder polygonal und dickwandig (*Symplocos Caparoensis* und Material von Glaziou), oder die Seitenränder der Zellen sind mehr oder weniger gewellt und mit deutlichen Randtüpfeln versehen (*Symplocos lanceolata* und Material von Juergens). Die Aussenwände der Zellen sind abgesehen vom Material von Glaziou ziemlich stark verdickt (Dicke = 0,015—0,018 mm), bei diesem dünn (0,006 mm).

Eine besonders charakteristische Streifung der Aussenwand ist bei *Symplocos Caparoensis* zu beobachten; durch Streifensysteme erscheinen grosse. polygonale Felder abgegrenzt, innerhalb welcher man eine etwas schwächere und in anderer Richtung verlaufende Streifung beobachtet

Die Epidermiss der Blattunterseite ist ebenfalls stets einschichtig. Die Zellen derselben gleichen im Grossen und Ganzen denen der Blattoberseite, nur sind sie relativ kleinlumiger und dünnwandiger. Ihre Seitenränder sind entweder gradlinig oder mehr oder weniger gebogen; eine Tüpfelung derselben ist bei *Symplocos Caparoensis* und dem Material Juergens zu beobachten.

Die Spaltöffnungen sind auf die unterseitige Epidermis beschränkt. Die Schliesszellen haben elliptischen Umriss; ihr Längsdurchmesser schwankt zwischen 0,012—0,03 mm. Sie sind von drei bis vier Epidermiszellen umgeben, von welchen zwei, die eine rechts, die andere links vom Spalte gelegen und zur Spaltrichtung parallel gelagert sind.

Epidermoidalgebilde, in Gestalt von dreizelligen, durch feine Scheidewände getheilten Borstenhaaren, habe ich nur auf der Blattunterseite des Juergens'schen Materials beobachtet.

Der Blattbau ist bei den untersuchten Materialien bifacial. Das Pallisadengewebe ist stets deutlich entwickelt, entweder zweischichtig und langgliedrig, oder zweischichtig und kurzgliedrig. Beim *Symplocos lanceolata,* und dem Juergens'schen Material ist das kurzgliedrige Pallisadengewebe als typisches Armpallisadenparenchym entwickelt.

Rücksichtlich der grossen Nerven ist zu erwähnen, dass das Leitbündelsystem gewöhnlich unterseits, bei *Symplocos lanceolata* auch oberseits von einem Sclerenchymbogen begleitet wird.

Zum Schlusse der Besprechung der Blattstructur, will ich nur kurz die im Mesophyll auftretenden Fettkörperchen und Kalkoxalatdrüsen (Maximaldurchmesser = 0,018—0,03 mm) erwähnen, näher hingegen auf die, schon im Anfang meiner Beschreibung als charakteristisches Merkmal bezeichnete, bräunlich-grüne Substanz in den Zellen der oberen Epidermis eingehen. Dieselbe ist, wie schon Loesener (Beitr. z. K. d. Mate-Pflanzen p. 31) berichtet, in Aether unlöslich und wird bei Behandlung mit Kupferacetat und darauffolgender Behandlung mit Eisenchlorid tief violett bis schwarz gefärbt und von Loesener mit Recht als ein gerbstoffähnlicher Stoff bezeichnet. Meine weiteren Versuche bestätigten dies. Ich legte einen Theil des Materials einige Tage in conc. wässrige Lösung von Kali bichrom.; es trat eine schwarzbraune Färbung in den Schnitten ein. Ferner legte ich Schnitte einige Zeit in eine circa 3 pCt. Lösung von Ammoniumcarbonat und beobachtete eine Füllung von kugeligen Körperchen.

Methoden des Thein-Nachweises in den Mate-Blättern.

Bekannter Weise lässt sich das Thein, das mit Coffein vollständig identisch ist, und auch die chemische Formel $C_8 H_{10} N_4 O_2 + H_2 O$ hat, leider nicht direct in der Zelle auf mikrochemischem Wege als Niederschlag nachweisen. Die als allgemeine Alkaloid - Fällungs- oder Farbenreagentien in der Pharmacie und gerichtlichen Chemie angewandten Metallsalze (Kali bisjod, Kali bichromat., Ferrocyankali, Sublimat, Gold- und Platinchlorid) geben zwar mehr oder minder deutliche Reactionen mit einigen Tropfen verdünnter Coffeinlösung; diese Reactionen treten aber nicht in einem schwach coffeinhaltigen Präparate auf dem Objectträger ein.

Zum Nachweis des Alkaloids im getrockneten Material giebt Dr. H. Molisch („Grundriss einer Histochemie der pflanzlichen Genussmittel" Jena 1891 p. 9) die folgenden zwei Methoden an.

1. Methode: Ein oder mehrere dünne Schnitte werden auf dem Objectträger in ein Tröpfchen conc. Salzsäure gelegt, nach etwa einer Minute wird ein Tröpfchen Goldchlorid (etwa 3 procentig) hinzugefügt und dann unterm Mikroskop bei schwacher Vergrösserung eingestellt. Sobald ein Theil der Flüssigkeit verdampft ist, schiessen am Rande des Tropfens mehr oder minder lange, gelbliche, zumeist büschelförmig ausstrahlende Nadeln von charakteristischem Aussehen an.

Ganz dasselbe geschieht, wenn man einen Theinkrystall in einem Tröpfchen Salzsäure löst und dann Goldchlorid hinzugiebt; bei Verwendung etwas conc. Theinlösung fallen sofort nadelartige Krystalle oder Krystallaggregate heraus. Zweifellos liegt hier in allen drei Fällen jene Doppelverbindung des Theins vor, welche Nicholson (Ueber Coffein und einige seiner Verbindungen. Annalen der Chemie und Pharmacie Bd. LXII) erhielt, indem er einen Ueberschuss von Goldchlorid zu einer Lösung von Coffein in Salzsäure brachte. Es ist die Verbindung $C_8 H_{10} N_4 O_2 HCl Au Cl_3$ oder chlorwasserstoffsaures Coffeingoldchlorid. Die Krystalle, die ich mit Schnitten erhielt, stimmen in ihrer Löslichkeit, in ihrem Verhalten gegen die allgemeinen Alkaloidreagentien und in ihrem Aussehen mit jenen überein, welche verdünnte Coffeinlösungen bei derselben Behandlung liefern.

2. Methode: Ich lege ein oder mehrere Schnitte auf den Objectträger in einen Tropfen destillirten Wassers, erwärme denselben eben bis zum Aufwallen und lasse den Rest bei gewöhnlicher Temperatur verdampfen. Sieht man unter dem Mikroskop nach, so gewahrt man von Theinkrystallen nichts, offenbar deshalb, weil in dem etwas gelatinösen Extrakt die Krystallisation verhindert wird. Giebt man zu dem Rückstand einen Tropfen Benzol, so nimmt dieser das Thein auf, und lässt es beim Verdampfen am Rande des Tropfens zu Hunderten von Krystallen in Form von farblosen Nadeln herausfallen; diese zeigen alle Eigenschaften des Theins.

Zum Nachweis des Theins in den *Mate*-Blättern habe ich mich ausschliesslich nur der ersten Methode bedient, damit auch gute Resultate erzielt.

Bei Anwendung der zweiten Methode gelang mir der Nachweis weniger gut, es mag dies an dem oft recht schwachen Theingehalt einzelner Mate-Blätter liegen.

Wie gesagt, die erste Methode liess mich nicht im Stich, nur musste ich darauf achten, dass die Goldchloridlösung nicht mehr als 3 pCt. dieses Salzes enthielt, da andernfalls ein Tropfen derselben mit conc. Salzsäure beim Verdunsten ebenfalls gelb gefärbte Krystalle bildete. Dieselben unterscheiden sich allerdings von den Theingoldchloridkrystallen dadurch, dass sie niemals spitzendende oder büschelig ausstrahende Nadeln bilden, wie die Theingoldverbindung, sondern aus theils sehr kurzen, zickzackartigen, theils auffallend langen, zarten, gelben Stäbchenprismen und aus Tafeln mit rechtwinkeligen Vorsprüngen bestehen.

Dieselbe Wahrnehmung ist in Zimmermann's Botanischem Mikrotechnikum, Tübingen, 1892 p. 123, beschrieben.

(Fortsetzung folgt.)

Originalberichte gelehrter Gesellschaften.

K. K. zoologisch-botanische Gesellschaft in Wien.

Versammlung der Section für Botanik am 19. Januar 1900.

Herr Prof. Dr. **R. v. Wettstein** hält einen Vortrag:

„Ueber ein neues Organ der phanerogamen Pflanze.“

Der Vortragende bespricht die nebenblattähnlichen Gebilde, die durch Umbildung basaler Theile von Blättern, insbesondere von gefiederten Blättern entstehen und fasst sie unter dem Namen „Pseudostipulargebilde“ zusammen.

Sodann macht Herr Dr. **O. Abel** eine:

„Mittheilung über Studien an *Orchis angustifolia* Rchbch. (*O. Traunsteineri* Saut.) von Zell am See in Salzburg.“

Herr **M. Rassmann** spricht:

„Ueber eine Blütenabnormität von *Stachys germanica*“ (vergl. Botan. Centralblatt. LXXXI. 1900. p. 527.)

Hierauf legt Herr Dr. **K. Rechinger**:

„Eine seltene *Cirsium*-Hybride vor, nämlich *C. bipontinum* F. Schultz (*C. lanceolatum* × *oleraceum*).

Diese überaus seltene Hybride wurde vom Vortragenden im Gschnitzthal in Tirol in der Nähe der Stammarten gesammelt. Es wurde ferner noch die eingehende Beschreibung und eine Uebersicht der schon bekannten Standorte dieser Hybride gegeben, aus welcher sich ergab, dass diese Pflanze für Oesterreich neu ist.

Ferner legt Herr Dr. **Fridolin Krasser**:

„Den Staniolabdruck der Aussenfläche eines Gefässbodens aus der jüngeren Steinzeit Siebenbürgens vor."

Dieser Gefässboden ist wegen des scharfen Abdruckes eines *Corylus*-Blattes auch von botanischem Interesse.

Versammlung der Section für Botanik am 16. Februar 1900.

Herr Prof. Dr. **C. Wilhelm** hält dann dem am 15. Februar verstorbenen Professor der Phytopathologie an der Hochschule für Bodencultur in Wien, Hugo Zukal, einen Nachruf.

Hierauf hält Herr Prof. Dr. **C. Fritsch** einen Vortrag:

„Ueber rankenbildende und rankenlose *Lathyrus*-Arten und deren Beziehungen zu einander."

Endlich spricht Herr Dr. **F. Vierhapper**:

„Ueber *Arnica Doronicum* Jacq. und ihre nächsten Verwandten."

Versammlung der Section für Botanik am 23. März 1900.

Fräulein **J. Witasek** hält einen Vortrag:

„Ueber *Campanula Hostii* Baumg. und *C. lanceolata* Pant."

Herr Dr. **A. v. Hayek** legt eine Form von *Poa nemoralis* L. vom Laarberge bei Wien vor, welche er als var. *fallax* neu bezeichnet.

Sodann demonstrirt Herr Dr. **K. Rechinger** eine Anzahl seltener Weidenbastarde, welche von Herrn J. Panek in Hohenstadt (Mähren) gesammelt worden waren.

Schliesslich legt Herr Prof. Dr. **K. Fritsch** die neue Litteratur vor.

Versammlung der Section für Botanik am 20. April 1900.

An Stelle der abtretenden Functionäre der Section werden folgende durch Acclamation gewählt: Herr Dr. E. v. Halácsy zum Obmanne, Herr Dr. Fridolin Krasser zum Obmann-Stellvertreter, Herr Dr. Karl Rechinger zum Schriftführer der Section.

Sodann legt Herr Dr. **A. v. Hayek** einige Original-Exemplare von *Centaurea*-Arten aus dem Herbare Willdenow's vor.

Herr Dr. **F. Vierhapper** hält einen Vortrag:

„Ueber *Doronicum Clusii*, *D. glaciale* und *D. calcareum*, sowie ihre geographische Verbreitung.

Zum Schlusse legt Herr Dr. **A. Ginzberger** *Scolopendrium hybridum* vor, das von ihm auf der Insel Arbe (Dalmatien) gesammelt wurde.

Versammlung der Section für Botanik am 18. Mai 1900.

Herr Dr. **R. Wagner** spricht:

„Ueber Anisophyllie einiger *Staphyleaceen* und die Morphologie der *Dioscorea auriculata* Poepp.

Herr Dr. **A. v. Hayek** besprach sodann *Centaurea*-Arten aus der Gruppe der *C. phrygia*.

Herr Dr. **K. Rechinger** demonstrirte eine Reihe seltener, eben in den Topfculturen des botanischen Universitäts-Gartens blühender Gewächse.

Herr **M. F. Müllner** zeigte eine Anzahl sehr seltener in der Wiener Umgebung gesammelter *Cynipiden*-Gallen auf Eichen im frischen Zustande vor und fügte erläuternde Bemerkungen bei. Unter anderen wurden die Cecidien folgender Thiere vorgelegt: *Chilaspis Loewii* Wachtl auf *Quercus Cerris* L., *Dryocosmus cerriphilus* Gir. auf *Q. Cerris* L., *Neuroterus glandiformis* Gir. auf *Q. Cerris* L., *Andricus quadrilineatus* Hart. auf *Q. Robur* L., *Andricus Ramuli* L. auf *Q. pubescens* W.

Am 17. Mai 1900 unternahm die botanische Section unter Führung des Herrn M. F. Müllner eine Excursion in die Praterauen.

Versammlung der Section für Botanik am 15. Juni 1900.

Herr Dr. **K. Rechinger** zeigte eine Anzahl von im „Herbarium cecidiologium“ (herausgegeben von Pax und Dittrich in Breslau) ausgegebenen Gallbildungen und bespricht dieselben. Sie waren zumeist von Herrn **M. F. Müllner** und dem Vortragenden in der Wiener Gegend gesammelt werden.

Herr **M. F. Müllner** legte wieder einige frische, Tags vorher in der Umgebung von Wien gesammelte Gallen vor, von welchen *Andricus aestivalis* Gir., *A. Grossularia* Gir. und *Dryocosmus nervosus* Gir. auf *Q. Cerris* L. hervorzuheben sind.

Herr Dr. **R. Wagner** besprach:

„Die morphologischen Eigenthümlichkeiten der Gattungen *Brunnichia* und *Acleisanthes*.“

Schliesslich demonstrirte Herr Dr. **Frid. Krasser** einige Bilder vermittelst Scioptikon, welche auf die Anatomie einiger Pflanzengallen und auf fossile Pflanzenreste Bezug hatten.

Rechinger (Wien).

Botanische Gärten und Institute etc.

Wittmack, L., Der neue botanische Garten in Dahlem. (Gartenflora. Jahrg. IL. 1900. Heft 20. p. 545—547.)

Instrumente, Präparations- und Conservations-Methoden.

Heinzelmann, G., Der durch Dampf regulirbare glockenförmige Wärmebehälter zum Ueberstülpen über Hefengefässe von Otto Weinert in Pinne. (Zeitschrift für Spiritusindustrie. Jahrg. XXIII. 1900. No. 35. p. 319. Mit 1 Figur.)

Sammlungen.

Rehm, *Ascomycetes* exsiccati. Fasciculus XXVII. No. 1301—1350.

Dieser Fascikel bringt wieder zahlreiche neue oder seltene Arten, die meisten aus Europa und fünf aus aussereuropäischen Ländern. Beiträge wurden geliefert aus Baiern und Ober-Italien vom Herausgeber; aus Vorarlberg von Zurhausen; aus Holland von J. Rick; aus Belgien von Mouton und von Nypels; aus Luxemburg von Feltgen; aus der Sächsischen Ober-Lausitz von Feurich; aus der Märkischen Ober-Lausitz von P. Sydow; aus der Mark Brandenburg von Kirschstein, Plöttner und dem Referenten; aus der Provinz Sachsen von Staritz; aus der Insel Rügen von P. Sydow; aus Schweden von v. Lagerheim und T. Vestergren; aus Norwegen von v. Lagerheim; aus Californien von Blasdale; und je eine Nummer aus Brasilien von E. Ule, aus Japan von Myoshi und aus dem Cap der guten Hoffnung von Mac-Owan.

Fast alle ausgetheilten Arten wären hervorzuheben. Ich nenne die zierliche *Morchella conica* var. *pusilla* Krombh ; die seltene *Vibrisea Guernisaci* Cronau; *Sclerotinia secalicola* Rehm n. sp. in den faulenden Samen von *Secale cereale; Dasyscypha phragmitincola* P. Henn. et Plöttner auf verwitterten Halmen von *Phragmites communis; Lachnum echinulatum* Rehm und dessen f. *Rhytismatis* (Phill.) auf *Rhytisma acerinum; L. patens* (Fr.) Karst auf Stoppeln von *Secale cereale*; *L. pudicellum* (Quél.) Schroet. auf *Juncus Leersii; Niptera melatephra* (Lasch) Rehm auf *Scirpus Tabernaemontani*; *Naevia minutula* (Sacc. et Malbr.) Rehm var. *exigua* (Sacc. et Mouton) auf *Hypericum quadrangulum; Lophodermium hysterioides* (Pers.) Rehm var. *Aroniae* auf *Aronia rotundifolia*; die interessante *Tuberacee Gyrocratera Ploettneriana* P. Henn.; *Corynelia clavata* (L.) Sacc. f. *fructincola* auf den Früchten von *Podocarpus elongatus* Hook. vom Cap; *Dothidella Laminariae* Rostr. auf den Stielen von *Laminaria* aus dem arctischen Norwegen; *Pyrenophora delicatula* Vesterg. auf *Cerastium tomentosum; Ceriospora Ribis* Plöttn. et Henn. auf dünnen Aesten von *Ribes nigrum*; *Leptosphaeria Niessleana* Rabh. var. *Staritzii* Rehm auf *Seseli Hippocastanum* (wie aus Klangverwechslung statt *Hippomarathrum* gedruckt ist); *Gnomonia borealis* Schroet. auf *Geranium sanguineum*; *Melanomma Olearum* (Cast.) Berl. auf *Olea europaea*; *Venturia chlorospora* (Ces.) Aderh. auf faulenden *Salix*-Blättern; *Phomatospora hydrophila* Henn. et Kirschst. auf alten im Wasser liegenden Stengeln von *Euphorbia palustris*; *Leptosphaeria nuculoides* (Rehm) Berl. auf *Populus pyramidalis; Meliola bicornis* Wint. auf einer Leguminose aus Brasilien; *Sphaerotheca Castagnei* Lév. auf *Miroseris tenella* und auf *Collomia heterophylla* aus Californien und *Microsphaera Caraganae* P. Magn auf *Caragana arborescens*.

Ausserdem sind noch werthvolle Nachträge zu früheren Nummern ausgegeben, unter denen ich z. B. *Melanospora chionea* (Fr.) Corda auf faulenden Kiefernadeln hervorhebe.

Die Exemplare sind, wie immer, in ausgesuchten schönen instructiven Exemplaren ausgegeben. Dieser Fascikel bringt uns wieder eine wichtige Erweiterung unserer Kenntnisse der Arten und Formen der *Ascomyceten* und der geographischen Verbreitung derselben.

P. Magnus (Berlin).

Referate.

Lemmermann, E., Beiträge zur Kenntniss der Planktonalgen. VII. Das Phytoplankton des Zwischenahner Meeres. (Berichte der Deutschen botanischen Gesellschaft. Bd. XVIII. 1900. Heft 4. p. 135—143. Mit 1 Holzschnitt.)

Mit Unterstützung des naturwissenschaftlichen Vereins in Bremen hat Verf. die biologischen Verhältnisse des Zwischenahner Meeres, des Dümmer Sees und Steinhuder Meeres eingehender untersucht. Von den Resultaten dieser Studien, die in einer grösseren Arbeit ausführlich dargelegt werden sollen, theilt derselbe in der vorliegenden Arbeit nur die auf das Phytoplankton des nordwestlich von der Stadt Oldenburg gelegenen Zwischenahner Meeres mit. Er constatirte in diesem ca. 525 ha grossen, 2—4 m tiefen Becken im Ganzen ca. 58 Algenformen, nämlich 20 *Chlorophyceen*, 6 *Conjugaten*, 2 *Peridineen*, 13 *Bacillariaceen* und 17 *Schizophyceen*. Es lassen sich 4 Perioden unterscheiden:

I. *Melosira*-Plankton	Januar bis April,
II. Misch-Plankton	Mai,
III. *Aphanizomenon*-Plankton	Juni bis September,
IV. *Coelosphaerium*-Plankton	October bis December.

Die *Melosiren* verleihen dem Wasser eine tiefdunkelbraune Färbung. Die Fäden fanden sich in ungeheurer Menge in dem Plankton und doch enthält der Grundschlamm nur wenig Reste, die Unzerstörbarkeit der Kieselalgenschalen (Kieselguhrlager!) scheint daher nicht überall die gleiche zu sein (vergl. auch Joh. Frenzel, Die *Diatomeen* und ihr Schicksal. Naturwissenschaftliche Wochenschrift. Bd. XII. No. 14.).

Während im Januar und Februar nur monotones *Melosira*-Plankton vorhanden ist, treten im März schon viele Exemplare von *Asterionella* und *Coelosphaerium*, im Mai zahlreiche Coenobien von *Pediastrum clathratum* hinzu. *Melosira* nimmt dabei fortgesetzt ab. Im Juni treten üppige Wasserblüte·bildende *Schizophyceen* hinzu, zuerst die Bündel von *Aphanizomenon* und *Asterionella gracillima* und *Fragilaria crotonensis*, später, wenn diese abnehmen, *Anabaena*- und *Polycystis*-Formen. Im Juni stellen sich bereits Exemplare von *Ceratium hirundinella* ein, aber stets nur in der dreihornigen Form, sie erreichen ihr Maximum im Juli und verschwinden wieder im August. Im September wird die Zahl der *Aphanizomenon*-Bündel immer kleiner; zahlreiche *Coelosphaerium*-Colonien treten auf, die im October und December noch eine zweite, wenig auffällige Wasserblüte bilden.

Zu den perennirenden Planktonalgen des Zwischenahner Meeres gehören:

Pediastrum clathratum und Varietäten, *P. duplex* var. *clathratum*, *P. angulosum* var. *araneosum*, *P. Boryanum* var. *granulatum*, *Melosira granulata*, *Cyclotella cornuta*, *Stephanodiscus Astraea* var. *spinulosa*, *Suriraya splendida*, *Aphanizomenon flosaquae*, *Polycystis aeruginosa*, *P. viridis*, *P. elabens* var. *ichthyoblabe*, *C. Kützingianum*.

Auffällig ist das vollständige Fehlen der *Phaeophyceen*-Gattungen *Dinobryum*, *Synura*, *Uroglena* etc. (was an das Brackwasser-Plankton oder „Hyphalmyro-Plankton“ erinnert) und das eigenthümliche Auftreten von *Ceratium hirundinella*, das hier nur von Juni bis August und zwar stets in der dreihörnigen Form auftritt, während anderwärts, z. B. im Dümmer See, die Umwandlung der dreihornigen in die vierhornige Form oder umgekehrt deutlich verfolgt wurde (im April dreihornige Exemplare, im Mai nur Exemplare mit einem stummelförmig schwach entwickelten dritten Hinterhorn und von Mitte Juni an die vollkommen entwickelte vierhornige Form — die umgekehrte Reihenfolge fand R. Lauterborn in den Altwässern des Rheines).

Verf. wendet sich noch gegen die von P. Richter aufgestellte Hypothese über den Zusammenhang von *Oscillaria Agardhii* Gomont und *Aphanizomenon flosaquae*. Obwohl beide gleichzeitig vorkommen und auch *Oscillaria Agardhii* — ebenso wie *Trichodesmium*, *Xanthotrichum*, *Oscillatoria prolifica* (Grev.) und *Osc. rubescens* DC. — vorübergehend Flöckchen bildet etc., glaubt Verf. die sterilen Fäden von *Aphanizomenon* doch von den *O. Agardhii* wohl unterscheiden zu können. Verf. fand bei *Aphanizomenon* bald sterile Fäden, bald Fäden mit Heterocysten, bald solche mit Sporen und endlich auch Fäden mit Heterocysten:

	Januar	Februar	März	April	Mai	Juni	Juli	August	September	October	November	December
Bündel	+	−	−	−	−	+	+	+	+	+	+	+
Sterile Fäden	+	+	+	+	+	+	+	+	−	−	−	−
Nur Heterocysten	+	+	+	+	+	+	+	+	+	+	+	+
Nur Sporen	+	−	−	−	−	−	−	−	+	+	+	+
Heterocysten und Sporen	+	−	−	−	−	−	−	−	+	+	+	+

Der Zerfall der Bündel geht unter Umständen sehr rasch von Statten. Ref. fand z. B. von den Bündeln, die er aus dem Raitzhainer Teich bei Ronneburg mit dem Planktonnetz 1898 herausholte und in ein mit Glasstöpsel versehenes Glas einliess, nach kurzer Eisenbahnfahrt keine Spur mehr vor; das Wasser zeigte dem blossen Auge nur noch eine blaugrüne Färbung. Das Glas wurde in der Rocktasche transportirt.

In einer zweiten Probe, die ich mir vom Bademeister durch die Post senden liess, erhielten sich dagegen die Flöckchen. Ob mechanische Ursachen (Erschütterung beim Transport) oder Temperatur (in der Rocktasche) im ersten Falle den raschen Zerfall bewirkten, blieb mir zweifelhaft.

Ludwig (Greiz).

Gallardo, Angel, Observaciones morfológicas y estadísticas sobre algunas anomalías de *Digitalis purpurea* L. (Anales del museo Nacional de Buenos Ayres. Tomo VII. 1900. p. 37—72.)

Verf. fand 1896 in einem Garten eine Anzahl von Exemplaren des rothen Fingerhutes („dedalera“), welche merkwürdige Missbildungen der Blütenstände zeigten, die nach Aussage des Gärtners bereits 1895 aufgetreten waren und 1897 wieder erschienen. Verf. hatte dieselben in den citirten „Anales“ 1898, t. VI, p. 37—45 (Algunas casos de Teratologia vegetat. Fasciación, Proliferación y Sinantia) beschrieben und näher behandelt.

In den folgenden Jahren hat Verf. diesen Anomalien seine fortgesetzte Aufmerksamkeit zugewendet und er theilt in der vorliegenden Abhandlung eingehender die neueren Untersuchungsergebnisse mit.

Ueber Blütenanomalien bei *Digitalis purpurea* liegen bereits eine Anzahl von Arbeiten vor. So hat G. Vrolik 1842—1846 sonderbare Wucherungen (Prolificationen, Diaphysis) der Blumen von *Digitalis* beschrieben, noch vor ihm Adalbert v. Chamisso (*Digitalis purpurea heptandra*), Dutour de Salvert (1813). Es haben sodann Suringar, Caspary, A. Braun, Conwentz, Zimmermann, Magnus, H. Hoffmann u. A. Pelorien und andere Anomalien der *Digitalis*-Inflorescenz beobachtet und beschrieben (Verf. citirt 27 verschiedene Arbeiten).

Die Deutung der Anomalien als Pelorien oder Synanthien, wie sie durch verschiedene dieser Forscher vertreten wurde, lässt Verf.

zunächst dahingestellt sein und bezeichnet dieselben nach Magnus als terminale metaschematische Bildungen.

1898 zählte Verf. 38 monströse und 36 normale Exemplare.

1899 hatte er aus den Samen 357 Blütenpflanzen erzielt, von denen am 5. November 188 anormal und 169 normal blühten. Nach Standort, Besonnung, Boden etc. wurden dieselben in 6 verschiedene Gruppen gezogen (A—F).

Gruppe	Same	Datum der Aussaat	Besonnung	Dichtsaat	Zahl der Exemplare		Procentsatz der Monströsen
					anormal	normal	
A	rein	Oct. 1898	intensiv	—	28	12	70
B	gemischt	Juni „	+	—	102	80	56
C	rein	Oct. „	+	+	27	26	51
D	gemischt	April 1899	gering	—	14	22	39
E	rein	Juni „	+	+	12	19	38
F	gemischt	April „	+	+	5	10	33
					188	169	52

Die meisten Anomalien ergab also die Gruppe A, in der nicht nur der reine Same der Monströsen Verwendung fand, sondern auch sonst die für Monstrositätenbildung günstigen Verhältnisse eintrafen, wie sie de Vries bei seinen Versuchen herbeiführte, guter Boden, starke Besonnung und ausreichender Raum zur Entwickelung. Hier fanden sich 70 % Monstrose. Derselbe Same zu gleicher Zeit ausgesäet, aber unter weniger günstigen Entwickelungsbedingungen, lieferte in Gruppe C nur 51 % und in Gruppe E, wo der für ein kräftiges Wachsthum erforderliche Raum noch mehr fehlte, 38 %. Auch die späte Aussaat ist von Einfluss.

Während der rothe Fingerhut in Nordeuropa zweijährig ist, ist er in Buenos Ayres einjährig und blüht 5—6 Monate nach der Aussaat.

Unter den monströsen Exemplaren, die Verf. cultivirte, fanden sich welche von aussergewöhnlicher Ueppigkeit mit zahlreichen Seitentrauben voll metaschematischer Blüten. Die terminalen Blüten bei vielen Exemplaren zeigten einen viel complicirteren Bau als an den bisher in der Litteratur aufgeführten Fällen. Es wurden solche mit 24 theiligen metaschematischen Blüten beschrieben. Verf. fand 3 mit 24 Staubgefässen, 2 mit 25, 1 mit 26, 1 mit 29, 3 mit 30, 1 mit 32 und sogar 1 mit 35 Staubgefässen. Diese Complikation wurde sogar noch überschritten bei den fasciirten Exemplaren. Eins derselben zeigte einen abgeplatteten Stengel von 2 cm Breite mit einer elliptischen metaschematischen Riesenblüte, umgeben von sehr zahlreichen Brakteen, im Innern mit 80 fertilen Staubgefässen und in der Mitte mit einem Carpellkörper von 5 cm Länge, dessen oberer Theil einen linealischen, kleingezähnten Kamm bildete. Ein anderes fasciirtes Exemplar hatte einen verflachten Stengel von 1,5 cm, 70 Staubgefässe in der Endblüte und ein Carpell von 4 cm Länge. Beide Exemplare gehörten der Gruppe A an. Zahlreiche andere Exemplare waren complicirt mit Proliferation. Ein Exemplar endete in einen von sterilen Bracteen gebildeten Zapfen, der die metaschematische Blüte vertrat, ähnlich wie es Masters beobachtete; dasselbe trug 8 Seitentrauben, die in metaschematische Blüten endigten. Fünf von letzteren besassen 8, drei 7 Staubgefässe (einen ähnlichen Fall hat Hoffmann erwähnt). Insgesammt zeigten die Exemplare alle Stufen von Metaschematismus von einfacher Vermehrung der Blütentheile bis zur Proliferation und alle möglichen Complikationen mit Verbänderung. In der Gruppe C fand sich auch ein weissblütiges Exemplar von der ungewöhnlichen Grösse von 2,15 m.

Verf. erörtert nach Beschreibung dieser Anomalien, die Vererbbarkeit der Anomalien durch Samen im Allgemeinen, von der *Celosia cristata* ausgehend und des Näheren die neueren Resultate von de Vries besprechend, die bisherigen Versuche über die Erblichkeit des Metaschematismus bei *Digitalis* und die verschiedenen Grade der Anomalie bei letzterer. Als Kriterium der Complikation der metaschematischen End- und Seitenblüten betrachtet er die Zahl der Staubgefässe, die er nach der neueren statistischen Methode weiter studirt hat. Er schickt diesem statistischen Kapitel Abschnitte über den jetzigen Stand der biologischen Statistik, über die verschiedenen Formen der Variationscurven und Variationspolygone und ihre mathematische Darstellung voraus. Die Frequenzen, welche den vom Verf. dargestellten empirischen Polygonen für die numerische Variation der Endblüten und Seitenblüten seiner *Digitalis*-Anomalien zu Grunde liegen, sind die folgenden:

I. Terminalblüten (88).

Zahl der Staubgefässe:	13	14	15	16	17	18	19	20	21	22	23	24
Frequenz:	5	6	5	9	4	4	4	17	13	6	3	3
Dieselben in %	5,68	6,82	5,68	10,20	4,54	4,54	4,54	19,32	14,77	6,82	3,40	2,27

Zahl der Staubgefässe:	25	26	27	28	29	30	31	32	33	34	35
Frequenz:	2	1	—	—	1	3	—	1	—	—	1
Dieselben in %	1.14	—	—	—	1,14	3,40	—	1,14	—	—	1,14

Subterminalblüten.

Zahl der Staubgefässe:	6	7	8	9	10	11	12	13	14	15	16	17	18
Frequenz:	7	22	36	8	2	2	1	3	3	1	—	—	1
Dieselbe in %	8.14	25,58	41,86	9,30	2,32	2,32	1,17	3,48	3,48	1.17	—	—	1,17

Es variiren also hinsichtlich der Staubgefässzahl die Gipfelblüten zwischen 13 und 35 mit einem Hauptmaximum bei 20, 21, die Seitenblüten zwischen 6 und 18 mit einem Maximum bei 8.

Um die Beziehungen zwischen Gipfel- und Seitenblüten zu veranschaulichen, giebt Verf. 3 Zählungen:

I. Endblüte 21 Staubgefässe: 5 Seitenblüten, sämmtlich mit 8 Staubgefässen.

II. Endblüte 15 Staubgefässe: 5 Seitenblüten mit 8, 1 mit 10 Staubgefässen.

III. Endblüte 23 Staubgefässe: 1 Seitenblüte mit 6, 2 mit 8, 2 mit 14, 1 mit 18 Staubgefässen.

Das Variationspolygon für die Staubgefässzahl der sämmtlichen monströsen Blüten, welche Verf. gleichfalls darstellt, zeigt einen Hauptgipfel bei 8, Secundärgipfel bei **13**,**14**, 16, 18, **20**,**21** (und kleinere Erhebungen bei 30, 32, 35), es entspricht daher einer pleomorphen Curve und zwar am besten einer Fibonaccicurve (so gut bei so geringer Zahl von Beobachtungen die Uebereinstimmung überhaupt zu erwarten ist). Die nächst verwandte Fibonaccicurve würde die Gipfel aufweisen bei

8 10 **13** 16 (18) **21** (26 29 34).

Verf. fragt, ob die 16, welche einen Secundärgipfel bestimmt, ein Vielfaches von 4 oder ein Glied der Fibonaccizahlen [und ihrer Unterzahlen] sei. Wir glauben das letztere. Obwohl die Normalblüte 4 Staubgefässe hat, so zeigte doch das Blütendiagramm der *Scrofulariaceen* im Grundbau die 5-Zahl, also ein Glied der Fibonaccireihe, welch letztere nach dem Obigen wieder zur Geltung gelangt.

Den Schluss der Abhandlung bildet ein Verzeichniss der Arbeiten, welche sich mit *Digitalis*-Anomalien beschäftigen, und ein eingehendes Litteraturverzeichniss über Variationsstatistik.

Ludwig (Greiz).

Weber, Le Figuier de Barbarie. (Bulletin de la Société nationale d'acclimatation de France. 1900. p. 1—8.)

Unter Figue de Barbarie versteht man in Frankreich die Frucht des Feigenkaktus. Man war bisher allgemein der Ansicht, dass in den Mittelmeerländern mindestens zwei Arten von *Opuntia* gezogen würden, von denen man die heute auch nicht selten in Deutschland erscheinenden Früchte erhält. Sie sind bekanntlich im Süden Europas und in Nord-Afrika ein wichtiges Volksnahrungsmittel, und leicht erkennbar daran, dass sie durch eine gelbliche oder fast aprikosenfarbige Aussenseite und durch nicht gefärbten Saft ausgezeichnet sind. Die eine der *Opuntia*-Formen, welche diese Früchte liefert, ist frei von grossen Stacheln, sie ist die bekannte *Op. ficus indica* Haw.; die andere ist mit sehr kräftigen, gelben Stacheln bewehrt, so dass sie Tenore schon von jener abzutrennen für nöthig hielt und sie *Op. Amyclaea* (nach der Stadt Amyclae, dem heutigen Monticelli) nannte. Weber, heute zweifellos der beste Kenner der Kakteen in Frankreich, dessen Wissen auf einem langen Aufenthalt in Mexiko tief und fest begründet ist, weist nach, dass beide Pflanzen specifisch nicht zu trennen sind; er schlägt vor, auf die Differenzen zwei Varietäten zu gründen: 1. *inermis*, 2. *armata*, weist aber darauf hin, dass zwischenstehende Formen eine saubere Scheidung nicht gestatten.

Der vorliegende Aufsatz erfordert deswegen eine hohe Berücksichtigung, weil er den Beweis führt, dass die Bestachelung in der Gattung *Opuntia* nicht den Grad von Wichtigkeit in Anspruch nehmen darf, welchen man ihr bisher allgemein beimass. Er sah in Mexiko eine grosse, baumförmige, ganz oder fast stachellose *Opuntia* mit grossen, graublauen Gliedern, welche vortrefflich schmeckende, grosse, rothsaftige Früchte lieferte; sie führte dort den Namen

Tuna camuessa. Aus den Samen derselben wurden in Frankreich und Algerien ausserordentlich stark bestachelte Pflanzen gezogen, welche sich als vollständig identisch mit *Op. robusta* Wendl. oder *Op. flavicans* Lem. erwiesen. Umgekehrt erhielt Weber 1898 aus Acapulco Glieder einer niederliegenden *Opuntia*, welche mit weissen, nadelförmigen Stacheln bedeckt waren und so fremdartig aussahen, dass er sie für eine neue Art hielt. Im nächsten Jahre erkannte er, dass die aus den Samen dieses Gewächses erzogenen Pflanzen sich in keinem Merkmale von der bei uns stets stachellosen *Op. decumbens* S. D. unterscheiden.

Um seine Meinung noch weiter zu bekräftigen, berichtet Weber, dass *Cereus Jamacaru* P. DC., ein grosser Vertreter der Gattung, welcher wegen seiner rothen, pflaumenartigen, weissfleischigen Früchte cultivirt wird, gewöhnlich mit sehr kräftigen Stacheln begabt ist In Venezuela aber und auf den Antillen wächst eine unbewehrte Form, welche bisher als besondere Art *C. lepidotus* S. D. angesehen wurde. Mit ihr stimmt vielleicht der *C. Hildmannianus* K. Sch. von Rio de Janeiro auch überein. Weber hat schon seit Langem auf die Bedeutung der Früchte und Samen für die Systematik der Kakteen aufmerksam gemacht und kommt von Neuem darauf zurück, dass von dieser Familie ganz besonders das Bibelwort gelte: A fructibus eorum cognoscetis eos. Leider sind wir noch heute über diese Kennzeichen bei einem sehr erheblichen Theil der grossen Kakteen-Formen nicht unterrichtet. Wenn wir also aus der Noth eine Tugend machen und zur systematischen Gliederung die an den vorliegenden Materialien vorhandenen Merkmale der Bestachelung in Sonderheit heranziehen, so weiss der Monograph dieser Familie am besten. dass die vorliegenden Bearbeitungen namentlich in der Gattung *Opuntia* nur als provisorische und unzulängliche anzusehen sind, und dass nicht selten Pflanzen von natürlichen Verwandtschaften getrennt und solche zusammengestellt worden sind, die keine inneren Beziehungen zu einander haben — aber ultra posse nemo obligatur.

Schumann (Berlin).

Engler, A., Die von W. Goetze und D. Stuhlmann im Ulugurugebirge, sowie die von W. Goetze in der Kisaki- und Khutu-Steppe und in Uhehe gesammelten Pflanzen. Unter Mitwirkung mehrerer Botaniker herausgegeben (Engler's Jahrbücher. XXVIII. p. 332—510.)

Unter diesem Titel liegt der dritte Bericht über die auf Kosten der Heckmann-Wentzel-Stiftung unternommene Expedition nach dem Nyassa-See und dem Kinga-Gebirge vor. Leider ist dieselbe durch den beklagenswerthen Tod Goetze's am Nyassa-See vorschnell beendet worden. Aus dem bisherigen Gange der Sammlungen zu schliessen, hätten wir von dem ebenso fleissigen, wie umsichtigen Sammler, der eine Fortsetzung der Reise über das Tanganyika-Plateau und längs des Ufers dieses merkwürdigen Sees plante, eine höchst bedeutende Ausbeute noch erwarten dürfen. Die reichen Eingänge an das Königl. botanische Museum zu Berlin sind bisher erst zum Theil bearbeitet worden, der Schluss wird nach einiger Zeit in entsprechender Bearbeitung erfolgen. Es ist Goetze noch vergönnt gewesen, das Livingstone-Gebirge und so gewissermassen das letzte der vorläufig gesteckten Ziele zu erreichen. Vom 18. November bis zum 12. December 1899 hielt er sich in dem botanisch schon durch Stuhlmann erschlossenen Ulugurugebirge auf. Dieser hatte im Jahre 1895 bereits während vier Monate auch botanisch sammelnd, das Gebiet in weiterer Ausdehnung erforscht. Da seine Ausbeute höchst beträchtlich war, so gelangte sie mit der Goetze'schen zur Verwerthung, indem die neuen Arten beschrieben, die bekannten aber sämmtlich aufgezählt wurden. Man kann jetzt das Uluguru-Gebirge zweifellos zu den botanisch am besten bekannten Gebieten Ost-Afrikas zählen, sofern man von den unmittelbaren Küstengebieten absieht.

Der Umfang der neuen Arten ist sehr beträchtlich. Bemerkenswerth ist die geringe Zahl neuer *Pteridophyten*; nur drei konnten von Hieronymus in dem Materiale aufgefunden werden (*Trichomanes Goetzei, Cyathea Stuhlmannii* und *Diplazium pseudoporrectum*). Erwähnenswerth ist der tief im Binnenlande gedeihende *Pandanus Goetzei* Warb. Die *Arundinaria tolange* K. Sch. giebt den Beweis dafür ab, dass die Bambusdickichte, welche an der Obergrenze des Hochwaldes schon vom Leikipiaplateau, dem Runssoro und Kirunga-Vulkan nachgewiesen sind, am Uluguru-Gebirge auch auftreten und wahrscheinlich in einer Höhe von ca. 2500 m weiter in den Gebirgen Central-Afrikas verbreitet sind. Die Arten dürften aber nach den bisherigen Erfahrungen verschieden sein. Hackel glaubte wohl s. Z., dass diese Dickichte hauptsächlich von *Oxytenanthera abyssinica* Munro gebildet würden, denn er schrieb, dass diese Pflanze auf den afrikanischen Gebirgen verbreitet sei. Nachdem Referent *Arundinaria Fischeri* vom Leikipia Plateau, *Oreobambos Buchwaldii* von Usambara und *A tolange* von Uluguru beschreiben konnte, darf man an der Meinung der specifischen Uebereinstimmung dieser Hochgräser nicht mehr festhalten Zwei neue *Hyphaenen* (*H. Goetzei* Dammer, *H. Wendlandii* Dammer) sprechen für die weitgehende Differenzirung der Gattung in Ostafrika.

Sehr interessant ist, dass durch die Goetze'sche Sammlung die bisher monotype, ausschliesslich westafrikanische Gattung *Cyanastrum* durch 2 Arten, *C. hortifolium* Engl. und *C. Goetzeanum* Engl., erweitert wurde. Das schöne Material erlaubte, die systematische Stellung der Gattung endlich besser zu begründen. Oliver, welcher die erste Art (*C. cordifolium*) beschrieb, stellte sie zu den *Haemadoraceae*; mit keiner Gattung dieser Familie lassen sich aber irgend welche engere Beziehungen finden. Cornu beschrieb die Gattung noch einmal unter dem Namen *Schoenlandia* und schloss sie den *Pontederiaceae* an, wobei er aber betonte, dass sie wegen Mangels des Nährgewebes eine Sonderstellung einnähme. Engler weist nun nach, dass in der That ein im Embryosack gebildetes Nährgewebe fehlt, dass aber ein aus langen faserigen Zellen gebildetet Perisperm vorliegt. Nimmt man alle Besonderheiten der Gattung zusammen, so kann man den Schritt Engler's nur billigen, sie zu einer eigenen Familie ***Cyanastraceae*** zu erheben.

Von *Orchidaceae*, die Kränzlin bearbeitete, werden besonders die Gattungen *Dixa*, *Polystachya* und *Eulophia* bereichert. An *Dorstenien* scheint Afrika geradezu unerschöpflich zu sein: Engler beschrieb 5 neue Arten, darunter eine aus der merkwürdigen Section *Korsaria*, die ächte Sukkulenten umschliesst. In noch höherem Maasse wurden die Arten von *Loranthus* vermehrt, indem wieder 8 neue Formen unterschieden werden mussten. Erwähnenswerth ist ein neuer *Paxiodendron* (*Lauraceae*) und eine neue *Hydrostachys*. Besonders reichhaltig an zum Theil sehr eigenartigen Gestalten erweisen sich wieder die Leguminosen, von denen Harms 25 bisher unbekannte Gestalten beschrieb.

Unter den *Euphorbiaceae* stellte Pax die Gattung *Neogoetzia* auf, welche in der Tracht der verwandten *Bridelia* nahesteht; ein flaschenförmiger Discus trennt sie aber ausgezeichnet von ihr ab. Die *Buesama Goetzei* Gerke weist im Gegensatz zu allen anderen Arten der Gattung ein pentameres Gynaeceum auf; durch diese Beobachtung wird die Scheidung gegen die *Greyieae* hinfällig. Die Gattung *Grewia* hat durch die Funde in unseren ostafrikanischen Besitzungen eine ausserordentliche Vermehrung an Arten erfahren; 6 neue Arten, die sich Ref. aufzustellen genöthigt sah, weisen darauf hin, dass wir noch keineswegs mit der Kenntniss derselben einem Abschluss nahe sind. Der ostafrikanische Fettbaum (*Allanblackia Stuhlmannii* Engl., zu der auch *A. Sacleuxii* Hua gehört) hat in der sehr auffallend verschiedenen *A. ulugurensis* Engl. einen Gefährten erhalten. Sehr eigenthümlich ist die kleine zierliche *Hydrocotyle ulugurensis* Engl.

Die *Apocynaceae* und *Asclepiadaceae* waren wieder recht reich an Arten, von denen namentlich in der letzten Familie noch bisher unbekannte Formen vorlagen. Von jenen ist nur *Landolphia polyantha* K. Sch. erwähnenswerth, welche dem vortrefflichen Kautschuklieferanten, der *L. Kirkii* Th. Dyer, nahe steht. Dagegen ergaben die *Asclepiadaceae* 3 neue Arten von *Schizoglossum*, neben denen das merkwürdige, durch an der Spitze verbundene Blumenkronenzipfel auffällige *Sch. connatum* N. E. Br. wieder aufgefunden wurde. Aus der Gattung *Stathmostelma* wurden 2 neue wahre Riesenformen gesammelt. Von 2 neuen Arten der Gattung *Riocreuxia* ist die *R. splendida* K. Sch. mit dem reichsten Schmuck weisser, innen orangerother Blüten bemerkenswerth. Unter den Labiaten erwies sich namentlich *Plectranthus* sehr artenreich, darunter befanden sich fünf neue Arten; ebenso viele ergab *Solanum*.

Zu den bekanntesten Gewächsen aus Ostafrika gehört gegenwärtig die *Santpaulia jonantha* Wendland, die sich in der kürzesten Zeit als Warmhauspflanze eine bevorzugte Stellung erworben hat. Engler konnte die monotype Gattung um 2 Arten (*S. Goetzei* Engl., *S. pusilla* Engl.) erweitern, die nach den beigegebenen

Abbildungen eine gleiche Berücksichtignng in Anspruch nehmen dürfen. Aus derselben Familie (*Gesneraceae*) wurde von demselben Autor die neue Gattung *Linnaeopsis* aufgestellt, welche sich von den bisher bekannten Gattungen der Verwandtschaft durch glockenförmige Blumenkrone und eine Tracht auszeichnet, die in der That wegen der aufrechten, nackten Blütenstandstiele an *Linnaea* erinnert.

Die unerschöpfliche Fülle der *Rubiaceae* wird am besten documentirt, dass aus dem Gebiete 29 neue Arten bekannt wurden, von denen einige aus Stuhlmann's Ausbeute schon früher beschrieben wurden. Am reichsten daran sind die Gattungen *Vanguiera*, *Grumilea* und *Lasianthus*. Bezüglich der letzteren muss erwähnt werden, dass vor der Bearbeitung der afrikanischen Pflanzen in Berlin nur eine Art aus Westafrika bekannt war, während wir jetzt aus Ost-Afrika allein 6 kennen.

Megalopus Goetzei K. Sch. ist der Typ einer neuen Gattung, welche mit *Grumilea* verwandt ist, sich aber durch zygomorphe Blüten auszeichnet. Die dichtköpfigen Blütenstände hängen an einem mehr als meterlangen Stiel bis nahe an die Erde herab.

Aus dieser Besprechung wird man erkennen, dass die vorliegende Arbeit für die Flora von Ost-Afrika von grosser Bedeutung ist.

Schumann (Berlin).

Potonié, H., Eine Landschaft der Steinkohlenzeit. Erläuterung zu der Wandtafel, bearbeitet und herausgegeben im Auftrage der Direction der Königl. Preussischen geologischen Landesanstalt und Bergakademie zu Berlin. 8°. 40 pp. Mit 30 Textabbildungen und 1 Tafel. Leipzig (Gebr. Bornträger) 1899.

Zweifellos lag das Bedürfniss vor, eine neue, zeitgemässe landschaftliche Darstellung über die Carbonflora, welche die jetzigen Anschauungen im Bilde wiederzugeben sucht, zu besitzen, und ist es daher mit Freude zu begrüssen, dass sich Verf. der Arbeit unterzog, eine solche herauszugeben. Die Wandtafel ist in der Grösse von 170×120 cm erschienen. Die erste Skizze hat unter beständiger Controle des Verf.'s der Zeichner der Bergakademie, Herr E. Ohmann geliefert, und nach dieser hat Herr Maler H. Eichhorn die vorliegende Tafel mit grossem Geschick entworfen. Die Tafel ist, je nach Ausführung und Ausstattung, nebst Erläuterung zu dem Preise von 20—65 Mk. zu beziehen.

Der Versuch, Carbonlandschaften bildlich zu veranschaulichen, ist von Pflanzenpalaeontologen wiederholt unternommen worden. Am bekanntesten sind die Reconstruktionen von F. Unger (1847) geworden, von denen eine Tafel in den Büchern immer wieder reproducirt worden ist, obwohl sie — wenn auch als künstlerische Darstellung recht hübsch — dem damaligen Stande der Wissenschaft gemäss nur so wenig Einzelheiten bieten konnte, dass sie für den Unterricht nicht brauchbar ist.

Um möglichst viele Pflanzentypen auf die Tafel zu bringen, hat Verf. die Flora des mittleren productiven Carbons zu Grunde gelegt. Es handelt sich also vom Silur-Devon ab gezählt um die sog. 5. Flora, oder vom Culm ab gerechnet um die IV. Carbonflora, die durch ihren alle anderen fossilen Floren übertreffenden Reichthum an Resten am meisten Materialien zu Reconstructionen liefert und auch deshalb grösseres allgemeines Interesse beansprucht, weil es sich um den bergbaulich wichtigsten Theil der Steinkohlenformation handelt.

Die auf der Tafel gebotenen Reconstructionen gründen sich durchweg auf wirklich constatirte organische Zusammenhänge der Reste, wie Verf. in der Erläuterung des Näheren auseinandersetzt. Dass trotzdem bezüglich der Tracht und des Auftretens der zur Darstellung gebrachten Pflanzen die Natur nicht ganz erreicht sein dürfte, ist bei der Schwierigkeit der Aufgabe wohl selbstverständlich. Dem Zwecke der Tafel entsprechend war es geboten, die äusseren Eigenthümlichkeiten und Besonderheiten der Typen nach Möglichkeit sichtbar zu machen. Dies war nur zu erreichen, wenn die Urwaldnatur mit ihrem verwirrenden, undurchdringlichen Durcheinander, die wohl ein interessantes Gesammtbild liefert, aber für Einzelheiten wenig Platz lässt, etwas gemildert wurde. Der Hauptcharakter der Steinkohlenlandschaft, wie wir ihn nach Erachten des Verf. uns vorzustellen haben, nämlich die Waldmoornatur, konnte dabei aber völlig gewahrt bleiben.

Die zur Darstellung gebrachten Pflanzen werden vom Verf. in systematischer Reihenfolge an der Hand guter Abbildungen näher beschrieben, sie gehören zu den Familien der *Filices*, *Sphenophyllaceen*, *Calamariaceen*, *Lepidodendraceen*, *Sigillariaceen* und *Cordaïtaceen*.

Weisse (Zehlendorf bei Berlin).

Hartwich, C., Ueber *Papaver somniferum* und speciell dessen in den Pfahlbauten vorkommende Reste. (Apotheker Zeitung. 1899. p. 278.)

Aus vier Pfahlbauten der Schweiz hat der Verf. Mohnsamen untersucht; die Pflanzenfunde aus einem dieser Baue, dem von Robenhausen, hat Oswald Heer schon 1866 geprüft und darin ebenfalls Samen einer Form von *Papaver somniferum* nachgewiesen.

An der Hand eines grossen Materials hat der Verf. alle Fragen, die mit diesem ältesten nachweisbaren Vorkommen des Mohns zusammenhängen, noch einmal aufgenommen und ist dabei zu folgenden Ergebnissen gelangt:

An Resten lagen eine verkohlte Kapsel aus Robenhausen, sonst nur Samen vor. Zunächst war die Möglichkeit nicht ausgeschlossen, dass die Reste zu irgend einer der als Unkraut vorkommenden Mohnarten (*Papaver Rhoeas*, *P. Argemone*, *P. hybridum*, *P. dubium*) gehören. Der Vergleich dieser Samen mit denen der Pfahlbauten zeigte aber, dass zu ihnen keine der Arten in Beziehung gebracht werden kann. Die Samen müssen also von *Papaver somniferum* abstammen.

Hier war nun weiter die Frage zu prüfen, ob die wilde Stammart des Schlafmohns *P. setigerum* DC., die in allen Mittelmeerländern vorkommt, die Ursprungspflanze ist, oder ob es sich schon um eine Culturvarietät handelt, wie sie heute noch gezogen werden. Die einzig erhaltene Kapsel, die schon von Heer untersucht wurde, ist augenscheinlich nicht ganz reif und lässt eine sichere Bestimmung nicht zu. Einen sehr brauchbaren Anhalt lieferte dagegen die Grösse der Samen. Sie sind am kleinsten bei *P. setigerum*, grösser bei der var. *nigrum* der Culturpflanze und am grössten bei der var. *album*. Die Samen der Pfahlbauten stehen nun der Grösse nach in der Mitte zwischen *P. setigerum* und der var. *nigrum*. „Man wird also das Resultat dahin zusammenfassen können, dass der Pfahlbautenmohn der var *setigerum* noch ziemlich nahe stand, dass die Blüten von violetter Farbe mit dunklem Fleck am Grunde der Kronblätter, die Narbenstrahlen wenig zahlreich und die Samen von schwarzer Farbe waren."

Zu welchem Zwecke die Pfahlbauern diesen Mohn gebaut oder seine Samen durch den Tauschhandel bezogen haben, dafür kommen drei Möglichkeiten in Betracht: er kann entweder zur Gewinnung von Oel oder als Speise oder als berauschendes Genussmittel gedient haben. Die erste Annahme ist die unwahrscheinlichste, weil ältere Nachrichten über Mohnöl überhaupt fehlen, den Pfahlbauern überdies, wenn sie Oel gewannen, andere Pflanzen zur Verfügung standen. Die wahrscheinlichste ist die zweite Deutung, einmal darum, weil in Robenhausen ein kleiner Kuchen aus Mohnsamen gefunden wurde, ferner, weil die Verwendung des Mohns zu Speisen noch heute in manchen Gegenden (Mohnstrudeln, Mohnpielen) mit dem Anstrich des Alterthümlichen vorkommt und auch schon von Plinius erwähnt wird. Auch die dritte Art der Verwendung des Mohns, die als Berauschungsmittel, hält der Verf. für nicht ganz ausgeschlossen. Die schlafbringende Eigenschaft der Pflanze war sicher schon im 4. Jahrhundert v. Chr. bekannt.

Schliesslich weist der Verf. darauf hin, dass die Zahl der Culturvarietäten mit den gewöhnlich angegebenen var. *album* und *nigrum* keineswegs erschöpft sei; deutlich trete namentlich noch eine, dem Anschein nach auch ziemlich alte, Form auf, die er var. *fuscum* nennt. Sie ist durch rothe Blüten mit weissem Fleck am Grunde und durch hellbraune Samen gekennzeichnet.

Jahn (Berlin).

Hollrung, M., Jahresbericht über die Neuerungen und Leistungen auf dem Gebiete des Pflanzenschutzes. Band II. Das Jahr 1899. 303 pp. Berlin (P. Parey) 1900.

Mit anerkennenswerther Schnelligkeit ist der II. Band des Jahresberichtes über die Neuerungen und Leistungen auf dem Gebiete des Pflanzenschutzes erschienen. Derselbe enthält gegen Band I in nur wenig abgeänderter Form eine grosse Zahl von

Referaten und Litteraturangaben. Die Liste der durchgearbeiteten Zeitschriften ist gegen das vorige Mal wesentlich vergrössert und auch die Litteratur des Auslandes ist, Dank dem Entgegenkommen einer Anzahl ausländischer Pathologen, noch mehr als im ersten Band berücksichtigt. So kommt es, dass der Umfang des Buches sich um etwa 7 Bogen vermehrt hat und damit einen Umfang von 303 Seiten erreicht hat.

Im Uebrigen muss auf das Buch selbst hingewiesen werden, das sich ja bereits mit seinem ersten Bande eine grosse Verbreitung verschafft hat und daher wohl überall leicht zugänglich ist.

Appel (Charlottenburg).

Hanausek, T. F., Lehrbuch der technischen Mikroskopie. Lieferung 1. 160 pp. Mit 101 in den Text gedruckten Abbildungen. Stuttgart (Ferdinand Enke) 1900.

Die Lösung der beiden Aufgaben, welche sich der Autor gestellt hat, nämlich einmal dem Studirenden, der sich mit technischer Mikroskopie befassen will, einen sicheren wissenschaftlichen Führer an die Hand zu geben, andererseits ein zuverlässiges Hilfsmittel zur Lösung rein praktischer Aufgaben zu schaffen, ist durchweg wohl gelungen.

Mit Recht werden bis zu einem bestimmten Grade Kenntnisse in der allgemeinen Botanik und der Chemie vorausgesetzt, denn es ist naturgemäss ausgeschlossen, dass ohne solche Jemand mit Erfolg technische Mikroskopie betreiben kann. Eine vieljährige praktische Erfahrung hat den Autor in den Stand gesetzt, die typischen Vertreter für die einzelnen natürlichen Gruppen von Rohstoffen herauszugreifen und an ihnen dann die allgemeinen Charaktere zu erläutern.

Die Darstellung ist klar und bestimmt. Es ist vermieden worden, in kritischen Fällen den Belehrung Suchenden mit orakelhaften Redewendungen abzuspeisen, wie es sonst in analogen Fällen leider nur zu oft geschieht. Immer wird das Wichtigste in den Vordergrund gestellt.

Besondere Anerkennung verdient ferner die Thatsache, dass sich der Verf. entschlossen hat, alles Antiquirte über Bord zu werfen. Jeder, der auf dem fraglichen Gebiete praktisch arbeitet, weiss, wie lästig jener Ballast ist, der in anderen sonst oft recht brauchbaren Leitfäden etc. beständig dadurch weiter geschleppt wird, dass er in Unkenntniss der Erfordernisse des praktischen Lebens aus einem Werke in das andere übergeht.

Im ersten Theil wird eine kurze, leicht fassliche, den Bedürfnissen der Praxis angepasste Darstellung des Mikroskops und der wichtigsten Hilfsapparate und Reagentien für mikroskopische Untersuchungen gegeben. Für weiter gehende Studien wird die einschlägige Litteratur angegeben. Bei einer Neuauflage sollte hier auch Zimmermann's botanische Mikrotechnik aufgeführt werden.

Der zweite Theil behandelt die wichtigsten Typen technischer Rohstoffe: Stärke und Inulin, vegetabilische und thierische Faserstoffe, Bau des *Coniferen*-Holzes. Die Darstellung ist überall klar und abgerundet, unterstützt durch zahlreiche, gut ausgewählte Abbildungen, darunter viele vortreffliche Originalzeichnungen. — Hervorzuheben ist die ausführlichere Behandlung der Trichome, welche bisher in analogen Werken gewöhnlich zu kurz zu kommen pflegten. — In dem Abschnitt „Flachs" scheint uns der Autor fast zu viel zu bieten; in Bezug auf die Herzog'schen Untersuchungen über die Frage der Verholzung der Flachsfasern hätte z. B. die Angabe der betreffenden Litteratur genügt. — Vorzüglich gelungen ist der Abschnitt über die mikroskopische Untersuchung des Papiers. Hier macht sich die grosse praktische Erfahrung des Autors ganz besonders geltend. Die neuesten Forschungen haben, wie auch sonst, sorgfältigste Berücksichtigung gefunden. — Sehr werthvoll für den Praktiker sind die eingehende und sorgfältige Behandlung der Kunstwolle und Kunstseide im 3. Capitel (thierische Faserstoffe) und die Darbietungen von instructiven Untersuchungsbeispielen aus der Praxis.

Im Interesse der Sache wäre zu wünschen, es möchte dem Autor gelingen, das Werk recht bald zum Abschluss zu bringen und die beiden noch ausstehenden Lieferungen auf gleicher Höhe wie die vorliegende zu halten.

Fünfstück (Stuttgart).

Wehmer, C., Chemische Leistungen der Mikroorganismen im Gewerbe. (Chemiker-Zeitung. 1900. p. 604.)

Man kann die Leistungen zweckmässig in drei Hauptgruppen ordnen: 1. Umformung stärke- oder zuckerhaltiger Rohstoffe bezw. stickstofffreier Verbindungen in Zucker, Alkohol oder organische Säuren, 2. Umformung stickstoffhaltiger Verbindungen (Stickstoffumtrieb im Erdboden), 3. Zersetzungsprocesse vegetabilischer oder animalischer Stoffe verschiedenster Art.

Die alkoholbildende Wirkung ist die wichtigste Leistung, technisch kommen da fast ausschliesslich Hefepilze in Betracht. Zucker in Alkohol umzuwandeln, vermag bislang nur der Organismus. Das dabei wirkende Princip ist das Plasma der Hefezelle, neuerdings soll es angeblich ein Enzym sein.

Die säurebildende Wirkung ist von mehr bescheidener Bedeutung. Technisch kommen die Erzeugung von Essigsäure, Milchsäure, Buttersäure in Frage, das sind oxydirende und reducirende Wirkungen. Wichtiger ist heute die Milchsäure-Gährung für die Technik, da die rohe wohlfeile Säure weitere Anwendung findet (Färberei). Ueber die technischen Milchsäurebakterien ist noch wenig genaueres bekannt. Von der Milchsäure gelangt man durch Bakterienhilfe zur Buttersäure. Die Umbildung von Zuckerarten in Citronensäure geschieht besonders lebhaft durch einen grünen Schimmelpilz (Citromyces Pfefferianus). Die verzuckernde Wirkung von Mikroorganismen scheint neuerdings auch bei uns Eingang in die Technik zu finden, Japaner und Chinesen arbeiten seit Jahrtausenden damit, indem sie durch bestimmte Schimmelpilze den auf Alkohol zu vergährenden Reis verzuckern lassen. Hier liegt eine notorische Enzymwirkung vor. Die Hydrolyse der Stärke zu Maltose und Dextrose wird durch diastase- und invertinartige extrahirbare Substanzen bewirkt. Neueren Datums ist das Amyloverfahren, welches den als „Amylomyces" bezeichneten Pilz der sogenannten „chinesischen Hefe" benutzt. Man sät den Pilz direct in die mit Hilfe von 1—2 % Malz zunächst verflüssigte sterile Maismaische, wenige Gramm der Pilzcultur verzuckern in 2—3 Tagen 100000 l Maische, die dann durch einige Gramm Hefe-Einsaat in 4 Tagen vergohren wird.

Die Umformung stickstoffhaltiger Substanzen beginnt mit der Fäulniss und ammoniakalischen Harnstoffgährung und schliesst mit der Salpetersäure ab. Im Nitragin und Alinit kommen Culturen solcher Bakterien aus chemischen Fabriken. Die Harnstoffzersetzung soll Enzymwirkung (Hydrolyse) sein. Die Nitrification scheint in 2 Phasen (Nitrit- und Nitratbildung) zu verlaufen.

Bei der dritten Gruppe handelt es sich hauptsächlich um substanzzerstörende Wirkungen. Feste Gewebsbestandtheile vegetabilischer oder animalischer Natur werden zersetzt bei der Gespinstfaser-Gewinnung (Flachs und Hanfrötte), bei der Darstellung von Stärke und Leder (Fellreinigung, Schwitzen). Saftbestandtheile werden zerstört bei der Tabaksfermentation (Schwitzen), den Gährungen der eingemachten Gemüse, des Opiums, ähnlich auch bei der Regenerationsgährung der Knochenkohle. Ueber die Farbpflanzen und Färberei Gährungen ist man wohl noch nicht ganz im Klaren, doch scheint beim Indigo ein pflanzliches Enzym in Frage zu kommen.

Haeusler (Kaiserslautern).

Neue Litteratur.*)

Pilze:

De Rey-Pailhade, J., Fermentation chimique par la levure en milieu antiseptique. (Bulletin de la Société chimique de Paris. 1900. No. 15. p. 666—668.)

Feltgen, J., Vorstudien zu einer Pilzflora von Luxemburg. Systematisches Verzeichnis der bis jetzt im Gebiete gefundenen Pilzarten mit Angabe der Synonymie, Fundorte etc. Teil I. Ascomycetes. 8°. 417 pp. Luxemburg (Soc. botan. de Luxembourg) 1900. K. 9.60.

Hahn, M. und **Geret, L.**, Ueber das Hefe-Endotrypsin. (Zeitschrift für Biologie. Bd. XXII. 1900. Heft 2. p. 117—172.)

Lintner, C. J., Ueber die Selbstgärung der Hefe. (Verhandlungen der Gesellschaft deutscher Naturforscher und Aerzte. 71. Versammlung zu München. 1900. Teil II. 1. Hälfte. p. 163—166.) Leipzig (F. C. W. Vogel) 1900.

---

*) Der ergebenst Unterzeichnete bittet dringend die Herren Autoren um gefällige Uebersendung von Separat-Abdrücken oder wenigstens um Angabe der Titel ihrer neuen Publicationen, damit in der „Neuen Litteratur" möglichste Vollständigkeit erreicht wird. Die Redactionen anderer Zeitschriften werden ersucht, den Inhalt jeder einzelnen Nummer gefälligst mittheilen zu wollen, damit derselbe ebenfalls schnell berücksichtigt werden kann.

Dr. Uhlworm,
Humboldtstrasse Nr. 22.

Marx, H. und **Woithe, F.**, Morphologische Untersuchungen zur Biologie der Bakterien. (Centralblatt für Bakteriologie, Parasitenkunde und Infektionskrankheiten. Erste Abteilung. Bd. XXVIII. 1900. No. 1—4/5. p. 1—11, 33—39, 65—69, 97—111.)

Saltet, R. H., Ueber Reduktion von Sulfaten in Brackwasser durch Bakterien. (Centralblatt für Bakteriologie, Parasitenkunde und Infektionskrankheiten. Zweite Abteilung. Bd. VI. 1900. No. 20, 21. p. 648—651, 695—703.)

Schulz, R., Beschreibung eines Bacillus, welcher dem Milzbranderreger sehr ähnlich ist. (Mitteilungen der landwirtschaftlichen Institute der Kgl. Universität Breslau. 1900. Heft 3. p. 41—43.)

Thiele, R., Zur Verbreitung der Leguminosenbakterien. (Fühlung's landwirtschaftliche Zeitung. 1900. Heft 14. p. 543.)

Zettnow, Weitere Entgegnung zu Dr. Feinberg's Arbeit: „Ueber das Wachstum der Bakterien". (Deutsche medizinische Wochenschrift. 1900. No. 27. p. 443—444.)

Physiologie, Biologie, Anatomie und Morphologie:

Bertrand, G., Sur l'oxydation de l'érythrite par la bactérie du sorbose; Production de deux nouveaux sucres: le d-érythrulose et la d-érythrite. (Bulletin de la Société chimique de Paris. 1900. No. 16/17. p. 681—686.)

Sarthou, J., Sur quelques propriétés de la schinoxydase. (Journal de pharm. et de chimie. T. XII. 1900. No. 3. p. 104—108.)

Teratologie und Pflanzenkrankheiten:

Carles, P., Un remède préventif contre la maladie des vins. (Vigne franç. 1900. No. 15. p. 233—235.)

Cavazza, D., La maladie noire de la vigne (gélivure, gommose bacillaire etc.). (Annales du laborat. de chimie et du comice agric. de Bologne 1898/99. — Vigne amér. No. 5, 6. p. 155—157, 182—186.)

Jensen, Hjalmar, Versuche über Bakterienkrankheiten bei Kartoffeln. (Centralblatt für Bakteriologie, Parasitenkunde und Infektionskrankheiten. Zweite Abteilung. Bd. VI. 1900. No. 20. p. 641—648.)

Lebedeff, Alexandre, Guignardia reniformis au Caucase. (Centralblatt für Bakteriologie, Parasitenkunde und Infektionskrankheiten. Zweite Abteilung. Bd. VI. 1900. No. 20. p. 652. Avec une figure.)

Lüstner, G., Die Weinblattmilbe, Phytoptus vitis. (Mitteilungen über Weinbau und Kellerwirtschaft. 1900. No. 6. p. 88—89.)

Müller-Thurgau, H., Die Monilienkrankheit oder Zweigdürre der Kernobstbäume. (Centralblatt für Bakteriologie, Parasitenkunde und Infektionskrankheiten. Zweite Abteilung. Bd. VI. 1900. No. 20. p. 653—657.)

Quaintance, A. L., Contributions toward a monograph of the American Aleurodidae. — **Banks, N.**, The red spiders of the United States (Tetranychus and Stigmaeus). (U. S. Department of Agriculture. Division of entomol. Techn. Ser. 1900. No. 8.) 8°. 77 pp. Washington 1900.

Medicinisch-pharmaceutische Botanik:

B.

Abba, F. und **Rondelli, A.**, Weitere behufs Desinfektion von Wohnräumen mit dem Flügge'schen und dem Schering'schen (kombinirten Aeskulap-Apparat) formogenen Apparat ausgeführte Versuche. (Centralblatt für Bakteriologie, Parasitenkunde und Infektionskrankheiten. Erste Abteilung. Bd. XXVIII. 1900. No. 12/13. p. 377—384.)

Abenhausen, A., Einige Untersuchungen über das Vorkommen von Tuberkelbacillen in der Marburger Butter und Margarine. [Inaug.-Dissert.] 8°. 22 pp. Marburg 1900.

Brix, J., Besichtigung englischer Kläranlagen, welche mit Oxydationsfiltern (Bakterienbeete) ohne Anwendung von Chemikalien arbeiten. (Gesundheit. 1900. No. 15, 16. p. 153—156, 165—168.)

Buchbinder, H., Experimentelle Untersuchungen am lebenden Tier- und Menschendarme. Ein Beitrag zur Physiologie, Pathologie und Bakteriologie des Darmes. (Deutsche Zeitschrift für Chirurgie. Bd. LV. 1900. Heft 5/6. p. 458—556.)

Bullitt, J. B., Report of a case of actinomycosis hominis of the lungs. (Annals of surgery. 1900. No. 5. p. 600—608.)

Carnot, P. et **Fournier, L.,** Recherches sur le pneumocoque et ses toxines. (Arch. de méd. expérim. et d'anat. pathol. T. XII. 1900. No. 3. p. 357—378.)

Chaleix - Vivie, De l'action bactéricide du bleu de méthylène (microbisme utéro-vaginal). (Comptes rendus de la Société de biologie. 1900. No. 25. p. 674—675.)

De Stoecklin, H., Recherches sur la présence et le rôle des bacilles fusiformes de Vincent dans les angines banales et spécifiques. (Archiv de méd. expérim. et d'anat. pathol. T. XII. 1900. No. 3. p. 269—288.)

Epstein, A., Ueber Angina chronica leptothricia bei Kindern. (Prager medizinische Wochenschrift. 1900. No. 22. p. 253—256.)

Fraenkel, C., Ueber die bakteriologischen Leistungen der Sandplattenfilter (Fischer in Worms). (Hygienische Rundschau. 1900. No. 17. p. 817—826.)

Galli-Valerio, Bruno, Seconde contribution à l'étude de la morphologie du B. mallei. (Centralblatt für Bakteriologie, Parasitenkunde und Infektionskrankheiten. Erste Abteilung. Bd. XXVIII. 1900. No. 12/13. p. 353—359. Avec 26 figuren.)

Grimbert, L. et **Legros, G.,** Identité du bacille aérogène du lait et du pneumobacille de Friedlaender. (Comptes rendus des séances de l'Académie des sciences de Paris. T. CXXX. 1900. No. 21. p. 1424—1425.)

Hämig, G. und **Silberschmidt, W.,** Klinisches und Bakteriologisches über „Gangrène foudroyante“. (Korrespondenzblatt für Schweizer Aerzte. 1900. No. 12. p. 361—369.)

Katsura, H., Ueber den Einfluss der Quecksilbervergiftung auf die Darmbakterien. (Centralblatt für Bakteriologie, Parasitenkunde und Infektionskrankheiten. Erste Abteilung. Bd. XXVIII. 1900. No. 12/13. p. 359—362.)

Köhler, F. und **Scheffler, W.,** Die Agglutination von Fäkalbakterien bei Typhus abdominalis durch das Blutserum. (Münchener medizinische Wochenschrift. 1900. No. 22, 23. p. 707—760, 800—802.)

Kreibich, Ch., Recherches bactériologiques sur la nature parasitaire des eczémas. (Annal. de dermatol. et de syphiligr. 1900. No. 5. p. 569—582.)

Mitchell, Ch. et **Richet, Ch.,** De l'accoutumance de ferments aux milieux toxiques. (Comptes rendus de la Société de biologie. 1900. No. 24. p. 637—639.)

Nobécourt, P., Action in vitro des levures sur les microbes. (Comptes rendus de la Société de biologie. 1900. No. 27. p. 751—753.)

Nobécourt, P., Action des levures sur la virulence du bacille de Loeffler et sur la toxine diphtérique. (Comptes rendus de la Société de biologie. 1900. No. 27. p. 753—755.)

Obermüller, Ueber neuere Untersuchungen, das Vorkommen echter Tuberkuloseerreger in der Milch und den Molkereiprodukten betreffend. (Hygienische Rundschau. 1900. No. 17. p. 845—864.)

Rosenau, M. J., Preliminary note on the viability of the bacillus pestis. (Public health reports. 1900. No. 21. p. 1237—1253.)

Schuckmann, W. von, Die bakteriologische Kontrolle von Wasserwerken mit Filtrationsanlagen. [Inaug.-Dissert.] 8°. 31 pp. Breslau 1900.

Sternberg, C., Zur Kenntnis des Aktinomycespilzes. (Wiener klinische Rundschau. 1900. No. 24. p. 548—551.)

Sternberg, C., Ein anaërober Streptococcus. (Wiener klinische Wochenschrift. 1900. No. 24. p. 551—552.)

Weber, A., Die Bakterien der sogenannten sterilisierten Milch des Handels, ihre biologischen Eigenschaften und ihre Beziehungen zu den Magendarmkrankheiten der Säuglinge, mit besonderer Berücksichtigung der giftigen peptonisierenden Bakterien Flügge's. (Arbeiten aus dem Kaiserl. Gesundheits-Amte zu Berlin. Bd. XVII. 1900. Heft 1. p. 108—155.)

Weyl, Th., Ueber die Sterilisation von Wasser mittelst Ozons. (Verhandlungen der Gesellschaft deutscher Naturforscher und Aerzte. 71. Versammlung zu München 1900. Teil II. 2. Hälfte. p. 601—605.) Leipzig (F. C. W. Vogel) 1900.

Technische, Forst-, ökonomische und gärtnerische Botanik:

Kusserow, R. und **König, E.**, Ueber die Wirkung verschiedener Salze im Maischwasser der Getreide-Brennereien. [Schluss.] (Zeitschrift für Spiritusindustrie. Jahrg. XXIII. 1900. No. 35. p. 320.)

Lindner, P., Ueber schädliche Einflüsse von Geruchsstoffen in der Brauerei, insbesondere solcher, die durch Schimmel- und Fäulnisspilze verursacht werden. (Wochenschrift für Brauerei. Jahrg. XVII. 1900. No. 41. p. 605—607.)

Lindner, P. und **Schellhorn, B.**, Versuche über die Wirkung von Mikrosol auf Gährungsorganismen. (Zeitschrift für Spiritusindustrie. Jahrg. XXIII. 1900. No. 37. p. 337—338.)

Loverdo, Les arbres à Paris. (Journal de la Société de Statistique de Paris. 1900. No. 9.)

Marro, Marco, Corso generale di agronomia. Vol. II. Coltivazione delle piante erbacee. 3a ediz. 16°. 818 pp. fig. Torino (G. B. Paravia e C.) 1900. L. 6.50.

Neumann, O., Das Milchsäurebakterium des Berliner Weissbieres. (Wochenschrift für Brauerei. Jahrg. XVII. 1900. No. 41. p. 608—609.)

Progress of plant breeding in the United Staates. (The Gardeners Chronicle. Ser. III. Vol. XXVIII. 1900. No. 721. p. 285—286.)

Roberts, W., Horticulture in Hungary. (The Gardeners Chronicle. Ser. III. Vol. XXVIII. 1900. No. 718. p. 237—240.)

Inhalt.

Ausgegeben: 14. November 1900.

Druck und Verlag von Gebr. Gotthelft, Kgl. Hofbuchdruckerei in Cassel.

Band LXXXIV. No. 9. XXI. Jahrgang.

Botanisches Centralblatt.

REFERIRENDES ORGAN

für das Gesammtgebiet der Botanik des In- und Auslandes

Herausgegeben unter Mitwirkung zahlreicher Gelehrten

von

Dr. Oscar Uhlworm und Dr. F. G. Kohl

in Cassel. in Marburg

Nr. 48.	Abonnement für das halbe Jahr (2 Bände) mit 14 M. durch alle Buchhandlungen und Postanstalten.	1900.

Die Herren Mitarbeiter werden dringend ersucht, die Manuscripte immer nur auf *einer* Seite zu beschreiben und für *jedes* Referat besondere Blätter benutzen zu wollen. Die Redaction.

Wissenschaftliche Originalmittheilungen.*)

Kleinere Mittheilungen über einige *Hedysarum*-Arten.**)

Von

Boris Fedtschenko

in St. Petersburg.

3.

Hedysarum uniflorum Lapeyr.

Schon in meiner Liste der als *Hedysarum* beschriebenen Arten, welche aus dieser Gattung auszuschliessen sind, gab ich auch dem von Lapeyrouse in „Histoire des plantes des Pyrénées" beschriebenen *H. uniflorum* Platz. Es war aber nach der Beschreibung unmöglich, zu entscheiden, was für eine Pflanze unter diesem Namen beschrieben worden war. Die Tafel 155 des zur „Histoire des plantes des Pyrénées" gehörigen Bilderwerkes, auf welcher *H. uniflorum* abgebildet ist, ist nie erschienen. Mit besonderem Interesse erfuhr ich bei dem Durchsehen der floristischen Litteratur über Frankreich, dass Lapeyrouse's Herbar von Herrn Oberst Serres zum Theil revidirt wurde, und dass *H. uniflorum* Lap. nichts anderes, als *Tribulus terrestris* L. sei.

*) Für den Inhalt der Originalartikel sind die Herren Verfasser allein verantwortlich. Red.

**) Vgl. Bot. Centr. Bd. LXXVIII No. 9.

4.

Hedysarum japonicum Basin.

In seiner „Enumeratio monographica generis *Hedysari*" beschreibt Basiener unter anderem eine Art aus Japan (Herb. Zollinger No. 571), welche er *H. japonicum* n. sp. nennt und deren Stellung im System ihm zweifelhaft ist. Bekanntlich sammelte Herr Zollinger in Japan nur wenig, und es war mir nicht leicht, die betreffende Pflanze zu finden. In den St. Petersburger Herbarien, sowie vielen anderen (Genf, London, Paris, Berlin etc.) war sie nicht zu finden.

Nur im Herbar der Charkow'schen Universität, von dem mir, Dank der Liebenswürdigkeit des Prof. Reinhardt, die Pflanze zur Ansicht nach St. Petersburg geschickt wurde, konnte ich sie studiren. Die nähere Untersuchung ergab sogleich, dass diese Pflanze kein *Hedysarum*, sondern ein *Astragalus*, und zwar *A. sinicus* L. (*A. lotoïdes* Lam.) sei. Somit ist noch eine zweifelhafte Pflanze erläutert.

5.

Hedysarum Lehmannianum Bunge.

Unter diesem Namen beschrieb im Jahre 1851 Dr. A. Bunge eine Pflanze, welche in wenigen, und zwar sehr verkümmerten Exemplaren in den Gebirgen am oberen Laufe des Serafschow von Al. Lehmann gesammelt wurde. Die Pflanze war im Spätherbste (12. September 1841) gesammelt, und zwar mit Blüten, doch ohne Früchte.

Weit bessere Exemplare waren im Jahre 1870 in derselben Gegend von Frau Olga Fedtschenko gesammelt und im Jahre 1882 von Ed. Regel als *Hed. denticulatum* n. sp. beschrieben. Nach dem Vergleiche einiger Hunderte von Exemplaren, welche von Al. Lehmann, Frau Olga Fedtschenko, W. Komarow, W. Lipsky und S. Korshinsky gesammelt worden waren, kam ich zum Schlusse, dass beide Arten durchaus identisch sind, und nach dem Prioritätsgesetze ist unsere Pflanze *H. Lehmannianum* Bge. zu nennen.

6.

Hedysarum tanguticum n. sp.

Radix saepe incrassata. Caules numerosi, humiles, adscendentes, parte inferiori vaginis pallide fuscis obtecti. Stipulae connatae. Folia breviter petiolata. Foliola minora, oblongo-elliptica, 7—13 jugo. Racemus longus, caule brevi saepissime longior. Bracteae lanceolatae, calycis tubum aequantes. Calyx viridis, pilis sat longis obtectum. Carina vexillum alasque superans, angulo inferiori obtuso vel subrecto. Ovarium pilosum, legumen pilis longis obtectum.

Planta nostra varietatibus *H. obscuri* nonnulis proxima.

China: Prov. Kansu occ., terra Tangutorum: regio alpina jugi S. affl. Tetung, jul. 1872 (Przewalsky).
Prov. Kansu orient: In cacumine montis Tscha-

gola 11. VII. 85, traj. Guma-Kika, 6. VIII. 85 (G. Potanin).
Prov. Szeczuan sept.: In trajectu a fl. Honton Luun ad fl. Atulun, 10. VIII. 85; Dshindshitan 25. VII. 85 (Potanin).
in finitimis Szeczuan occ. et Tibetiae: prope Tachienlu 9—13500' (Pratt. No. 602, 651 in Hb. Kew, No. 602, 32 in Hb. Brit. Mus.)
China: Ra-ma la montes (Capit. Gill 1877, Hb. Brit. Mus.)

7.

Hedysarum tuberosum n. sp.

Rhizoma repens, tuberculis pisi magnitudine inter se distantibus instructum. Caules debiles, adscendentes, humiles. Stipulae fuscae, connatae. Foliola 2—4 juga, oblongoelliptica. Pedunculus saepius solitarius, elongatus. Bracteae fuscae, lanceolatae, calycis tubum subaequantes. Carina angulo inferiori obtuso, vexillum alasque superans. Ovarium pilosum.

China: Prov. Kansu: Terra Tangutorum, reg. alp. mont. 11000, 15. VII. 80); reg. alp. jugi Dshalhon-Dshu, 10500—11500', 10. VI. 80; ad fl. Mudshikich Nattus 9000', in fruticetis ad fontes parce, 4. VI. 80; decl. N. jugi S. a fl. Tetung, reg. alp. 10—12000', 20. VII. 80; ad fl. Yussun-Chatysma, 9—10000', 11. VII. 80 (Przewalsky);
N. Szechuan: trajectus inter fl. Chanton-lunwa et Atulunwa, 10. VIII. 85; traj. Guma Kika (Potanin).

28. April 1900.

Anatomische Untersuchung der Mateblätter unter Berücksichtigung ihres Gehaltes an Thein.

Von

Ludwig Cador

aus Gross-Strelitz.

(Fortsetzung.)

Specieller Theil.

I. Von der Gattung *Ilex* standen mir folgende Arten zur Verfügung, die ich nach dem von Loesener zusammengestellten System der Reihe nach anführe:

Untergattung III. *Euilex* Loes.
Reihe A) *Lioprinos* Loes.
Sect. 2. *Cassinoides* Loes.
1. *Ilex Cassine* L.
2. *Ilex glabra* (L.) Gray.
Reihe B) *Paltoria* Maxim.

Sect. 2. *Polyphyllae* Loes.
3. *Ilex diuretica* Mart.
4. *Ilex dumosa* Reiss.
5. *Ilex Glazioviana* L.
6. *Ilex Vitis idaea* L.
7. *Ilex paltaroides* R.
8. *Ilex chamaedryfolia* R.
Sect. 4. *Buxifoliae* Loes.
9. *Ilex Congonhinha* L.
Reihe C) *Aquifolium* Maxim.
Sect. 3. *Microdontae* Loes.
Subsect. b) *Repandae* Loes.
10. *Ilex paraguariensis* St. Hil.
11. *Ilex cognata* R.
Subsect. c) *Vomitoriae* Loes.
12. *Ilex caroliniana* L.
Sect. 7. *Megalae* Loes.
13. *Ilex theezans.*
Sect. 9. *Micranthae* Loes.
14. *Ilex cuyabensis* Reiss.
Reihe D) *Thyrsoprinos* Loes.
Sect. 2. *Thyrsiflorae* Loes.
15. *Ilex affinis* Gardn.
Sect. 3. *Symplociformes* Loes.
16. *Ilex symplociformis* R.
17. *Ilex conocarpa* R.
Sect. 4. *Brachythyrsae* Loes.
18. *Ilex Pseudothea* R.
19. *Ilex amara* (Vell.) Loes.

II. Von der Gattung *Villarezia* standen mir folgende zwei Arten zur Verfügung:
1. *Villarezia Congonha* Miers.
2. *Villarezia mucronata* R. et P.

III. Von der Gattung *Symplocos* folgende vier Arten:
1. *Symplocos Caparoensis* Schwacke.
2. *Symplocos lanceolata* A. D.C.
3. *Symplocos* (*affin. S. lanceolata* D.C.)
4. *Symplocos spec.?*

I. *Ilex.*

Ilex Cassine L.
var. *myrtifolia* (Walt.) Chapm.

Synonym: *Ilex Dahoon.*

Die Epidermis der Blattoberseite ist einschichtig; die Höhe derselben beträgt 0,045 mm, die Dicke der starken Aussenwand 0,018 mm.

Auf dem Flächenbilde erscheinen die einzelnen Zellen bei hoher Einstellung undulirt, mit undeutlichen Randtüpfeln versehen, bei tiefer Einstellung polygonal und relativ dickwandig. Hin und wieder ist die eine oder die andere Zelle durch eine dünne Verticalwand getheilt. Die Aussenwand ist deutlich gestreift und mit Borstenhaaren spärlich besetzt. In der oberen Epidermis finden sich zahlreiche Zellen mit verschleimter Innenmembran; diese Schleimzellen enthalten zum Theil gelbliche, sphärokrystallinische Massen.

Dieselben sind unlöslich in kaltem und heissem Wasser, ferner in conc. Salzsäure, Schwefelsäure, Eau de Javelle, Aether, Benzol und Chloroform, löslich hingegen in conc. Salpetersäure, kochender Essigsäure, Ammoniak und Kalilauge, in letzterer mit gelblicher Farbe. Ich kann daher annehmen, dass diese sphärokrystallinischen Massen nach Zimmermann (Botan. Microtechnikum, p. 91) aus Hesperidin bestehen.

Die Zellen der unteren Epidermis besitzen dickwandige, geradlinige, bis schwach gebogene Seitenränder; die Aussen- und Innenwände derselben sind ziemlich stark verdickt, die letzteren getüpfelt. Die Aussenwand der unteren Epidermis ist deutlich gestreift und namentlich um die Spaltöffnungen herum mit starken Verdickungsleisten versehen. Die zahlreichen, rundlichen Spaltöffnungen haben einen Längsdurchmesser = 0,012—0,015 mm. Das Mesophyll ist bifacial; das Pallisadengewebe ist dreischichtig, kurzgliedrig, es treten in ihm grosse Zellen auf, die Krystalldrusen von einem Maximaldurchmesser = 0,06 mm enthalten.

Das Schwammgewebe enthält mässig grosse Intercellularräume, die beiden untersten Zellreihen desselben bestehen aus dickwandigen und getüpfelten Zellen. An die Gefässbündel der grösseren Nerven ist im Querschnitt eine Hartbastsichel gelagert. Die Theinreaction trat nicht ein (Blatt 1,5 cm lang, 0,3 cm breit).

Ilex Cassine L. H. B.

Das mir von Loesener zugestellte Material dieser polymorphen Art enthielt Blätter von drei nicht näher bestimmten Varietäten, die sich rücksichtlich der anatomischen Structur nicht wesentlich unterscheiden.

Die Epidermis der Blattoberseite ist bei allen einschichtig; die Höhe der oberen Epidermis variirt zwischen 0,021—0,03 mm. Die Dicke der ziemlich starken Aussenwand beträgt bei allen dreien ungefähr 0,012 mm.

Die Zellen der oberen Epidermis erscheinen auf dem Flächenbilde bei tiefer Einstellung polygonal, 4—8 eckig, grosslumig (Längsdurchmesser = 0,036 mm) und relativ dünnwandig, bei hoher Einstellung undulirt und mit deutlichen Randtüpfeln versehen.

Bandförmige, einzellige Haare sind auf der Blattunterseite stets vorhanden, auf der Blattoberseite nur bei einem Theil des Materials. Die Zellen der unteren Epidermis haben in der Flächenansicht polygonale Gestalt und dünnwandige, gebogene Seitenränder, zwischen ihnen befinden sich sclerosirt und getüpfelte, die namentlich in der Umgebung der Blattnerven und der Insertionspunkte der Haare reihenweise verlaufen.

Die zahlreichen elliptischen Spaltöffnungen haben einen Längsdurchmesser = 0,012—0,016 mm. Epidermiszellen, die als Nebenzellen erscheinen, ziehen sich unter die Spaltöffnungen hinunter. Das Mesophyll ist bifacial; das Pallisadenparenchym war je nach dem Material zweischichtig und kurzgliedrig, oder dreischichtig und langgestreckt. Das Schwammgewebe enthält bei allen dreien grosse Intercellularräume. Kalkoxalatdrusen von einem Maximaldurchmesser = 0,05 mm treten im Mesophyll auf.

An die Gefässbündel der grösseren Nerven sind Hartbastsicheln gelagert.

Die Theinreaction trat bei allen drei Blättern schwach ein.

Ilex glabra (L.) Gray. H. B.

Tuckerman jun., Nova Anglia.

Die Epidermis der Blattoberseite ist einschichtig; die Höhe derselben beträgt 0,03 mm, die Dicke der relativ dünneren Aussenwand 0,009 mm.

In der Flächenansicht erscheinen die Zellen der oberen Epidermis bei tiefer Einstellung ziemlich polygonal (Längsdurchmesser = 0,03 mm) und dünnwandig, bei hoher Einstellung undulirt, mit schwachen Randtüpfeln versehen.

Zellen mit verschleimter Innenmembran sind in der oberen Epidermis sehr zahlreich vorhanden, dieselben kommen sehr vereinzelt, wie gleich bemerkt sein mag, auch in der unteren Epidermis vor.

Die Zellen der unteren Epidermis sind dünnwandig, sie erscheinen auf dem Flächenbilde undulirt. Die zahlreichen, rundlichen Spaltöffnungen von 0,012—0,015 mm Längsdurchmesser sind von einer parallel zu den Schliesszellen laufenden, cuticulisirten Wallbildung umgeben.

Das Mesophyll ist bifacial, das Pallisadengewebe ist drei- bis vierschichtig, kurzgliedrig, hin und wieder treten in ihm Spekularzellen von eigener Art auf; dieselben sind einseitig verdickt, erscheinen im Pallisadengewebe vereinzelt, im Schwammgewebe hingegen auch in Gruppen aneinander gelagert; ein besonderer Inhalt ist in ihnen nicht bemerkbar.

Kalkoxalatdrusen von 0,03 mm Maximaldurchmesser findet man spärlich im Pallisadenparenchym, wie auch in dem grosse Intercellularräume enthaltendem Schwammgewebe.

Die Gefässbündel sind eingebettet, die der grösseren Nerven im Querschnitt mit einer Hartbastsichel versehen.

Die Theinreaction trat sehr schwach ein (Blatt 3 cm lang, 1 cm breit).

Ilex diuretica Mart. H. M.

Martius, Brasilien.

Die Epidermis der Blattoberseite ist einschichtig; die Höhe derselben beträgt 0,04 mm, die Dicke der ziemlich starken, parallel zur Blattfläche fein geschichteten Aussenwand 0,018 mm, die letztere ist deutlich gestreift. Auf dem Flächenbilde zeigen die einzelnen Zellen der oberen Epidermis 4—6 eckige, polygonale Gestalt und dickwandige Seitenränder.

Die Epidermiszellen der Blattunterseite zeigen in der Flächenansicht nahezu geradlinige und mässig dicke Seitenränder; die Aussenwand ist deutlich gestreift. Spaltöffnungen von meist elliptischem Umriss und mit einem Längsdurchmesser = 0,018—0,021 mm sind in der unterseitigen Epidermis zahlreich vorhanden. Korkwarzen treten auf der Blattunterseite in grosser Menge auf.

Das Mesophyll ist bifacial. Das Pallisadenparenchym ist zwei- bis dreischichtig, öfter befinden sich in demselben grosse, rundliche Zellen, welche Krystalldrusen von 0,045 mm Maximaldurchmesser enthalten; letztere sind auch in dem mit nicht sehr grossen Intercellularräumen versehenen Schwammgewebe enthalten.

Die Gefässbündel der grösseren Nerven sind im Querschnitt mit einer Hartbastsichel versehen.

Die Theinreaction trat nur sehr schwach ein (Blatt 3 cm lang, 1 cm breit).

Ilex dumosa Reiss emend. Loes. H. B.
var. *montevideensis* Loes.
Sellow n. 3182, Montevideo.

Die Epidermis der Blattoberseite ist einschichtig; die Höhe derselben beträgt 0,024 mm, die Dicke der starken Aussenwand 0,015 mm.

Auf dem Flächenbilde zeigen die einzelnen Zellen 4—8 eckige, polygonale Gestalt und dickwandige Seitenränder.

Die Zellen der unteren Epidermis besitzen dickwandige und gradlinige, bis schwach gebogene Seitenränder; die Aussen- und Innenwände derselben sind ziemlich stark verdickt, die letzteren getüpfelt. Die zahlreichen Spaltöffnungen der unteren Epidermis haben einen Längsdurchmesser = 0,012—0,015 mm und elliptischen Umriss. Korkwarzen treten auf der unteren Epidermis auf.

Das Mesophyll ist bifacial; das Pallisadengewebe ist zweischichtig, schmalgliedrig und langgestreckt. Zahlreiche Kalkoxalatdrusen von 0,021 mm Maximaldurchmesser finden sich im Pallisadengewebe, wie auch in dem, mit grossen Intercellularräumen versehenem Schwammgewebe.

Die Gefässbündel der grösseren Nerven sind ringsum von Sklerenchymgewebe umgeben.

Die Theinreaction trat ein (Blatt 4 cm lang, 1,5 cm breit)

Ilex dumosa Reiss emend. Loes. H. B.
var. *Guaranina* Loes.
Balansa n. 1792, Paraguay.

Die Epidermis der Blattoberseite ist einschichtig; die Höhe derselben beträgt 0,018 mm, die Dicke der deutlich gestreiften Aussenwand 0,009 mm. Auf dem Flächenbilde zeigen die einzelnen Epidermiszellen polygonale Gestalt. Die Seitenränder derselben sind dünnwandig und deutlich gewellt. In der oberen Epidermis finden sich zahlreiche Zellen mit verschleimter Innenmembran; diese kommen vereinzelt, wie gleich bemerkt sein mag, auch in der unteren Epidermis vor. Diese Schleimzellen enthalten zum Theil gelbliche, sphärokrystallinische Massen, die nach der mikrochemischen Untersuchung auf Hesperidin schliessen lassen.

Die Zellen der unteren Epidermis zeigen in der Flächenansicht eine ziemlich polygonale Gestalt, dieselben sind dünnwandig und deutlich fein gestreift. Die Spaltöffnungen sind zahlreich und besitzen einen Längsdurchmesser = 0,012—0,015 mm. Das Mesophyll ist bifacial, das Pallisadenparenchym zwei bis dreischichtig und kurzgliedrig; letzteres enthält zahlreiche Kalkoxalatdrusen von 0,015 mm Maximaldurchmesser, die auch in dem mit grossen Intercellularräumen versehenem Schwammgewebe vorhanden sind.

Die Gefässbündel der grösseren Nerven sind von Sklerenchymgewebe eingeschlossen.

Eine starke Theinreaction war zu beobachten (Blatt 4,5 cm lang und 3 cm breit).*)

Ilex Glazioviana Loes. H. B.

Glaziou n. 15901; Serrados Orgãos (Rio de Janeiro).

Die Epidermis der Blattoberseite ist einschichtig; die Höhe der Epidermiszellen beträgt 0,06 mm, die Dicke der starken Aussenwand 0,021—0,024 mm. Auf dem Flächenbilde erscheinen die Zellen der oberen Epidermis polygonal, 4—8 eckig, mit dickwandigen, gradlinigen Seitenrändern versehen; einzelne derselben, welche in der Flächenansicht meist vierseitig aussehen, zeichnen sich vor den übrigen durch ihr kleines Lumen aus (Längsdurchmesser = 0,015 mm). Schleimzellen treten nur vereinzelt in der oberen Epidermis auf.

Die Zellen der unteren Epidermis sind in der Flächenansicht deutlich gestreift; sie besitzen dickwandige, schwachgebogene Seitenränder, die Aussen- und Innenwände derselben sind ziemlich stark verdickt, die letzteren sklerosirt und getüpfelt. Spaltöffnungen von meist elliptischem Umriss und einem Längsdurch-

---

*) Zum Schluss der anatomischen Beschreibung der beiden Varietäten von *Ilex dumosa* Reiss. möchte ich noch auf die von Loesener in seinen Beiträgen zur Kenntniss der Mate-Pflanzen offengelassenen Frage, in Betreff der Zusammengehörigkeit der beiden zurückkommen

Die Blattstructur der var. *montevideensis* Loes. ist von der der var. *guaranina*, wie schon Loesener angedeutet hat, sehr verschieden. Bei der ersteren beobachten wir als besondere Kennzeichen: Die dicke Aussenwand der oberen Epidermis, die dickwandigen, etwas gebogenen Seitenränder der einzelnen Zellen derselben, die in denen der unterseitigen Epidermis getüpfelt sind. Bei der zweiten treffen wir eine relativ dünne Aussenwand, sowie überhaupt dünne Wandungen in der oberen und unteren Epidermis an, weiter wellige Beschaffenheit der Seitenränder und eine gestreifte Cuticula, schliesslich, was ganz besondere Hervorhebung verdient, das Auftreten verschleimter Epidermiszellen, welche zahlreich in der oberen Epidermis, aber auch vereinzelt in der unteren Epidermis vorkommen. Die angeführten anatomischen Unterscheidungsmerkmale, insbesondere das Vorkommen verschleimter Epidermiszellen bei var. *guaranina*, und das Fehlen derselben bei var. *montevideensis*, lassen die bereits von Loesener angeregte Frage, ob nicht die var. *guaraniana* besser als besondere Art aufzufassen sei, neuer Prüfung werth erscheinen.

messer = 0,03 mm sind in der unteren Epidermis zahlreich vorhanden.

Das Mesophyll ist bifacial; das Pallisadenparenchym ist zwei- bis dreischichtig, kurzgliedrig. Kalkoxalatdrusen treten im Pallisadengewebe, wie auch in dem mit grossen Intercellularräumen versehenem Schwammgewebe vereinzelt auf.

Die Gefässbündel der grösseren Nerven sind im Querschnitt mit einer Hartbastsichel versehen. Die Theinreaction trat deutlich ein (Blatt 2,5 cm lang, 1 cm breit).

Ilex Vitis Idaea Loes. H. B.

Glaziou n. 19006, Alto Macahé en haut de la montagne.

Die Epidermis der Blattoberseite ist einschichtig; die Höhe derselben beträgt 0,045 mm, die Dicke der sehr starken Aussenwand 0,03 mm.

Auf dem Flächenbilde erscheinen die Zellen der oberen Epidermis polygonal, 4—8 eckig, grosslumig (Längsdurchmesser bis 0,06 mm), dickwandig und fein gestreift. Im Querschnitt sieht man, dass die Seitenwände der einzelnen Epidermiszellen in Folge starker, secundärer Verdickung der Aussenwand, sozusagen in die letztere eindringen. Die Epidermis der Blattoberseite ist mit zahlreichen, einzelligen Haaren besetzt.

Die Zellen der unteren Epidermis sind in der Flächenansicht bei hoher Einstellung relativ kleinlumig, dickwandig und undulirt, bei tiefer Einstellung sklerosirt und getüpfelt. Im Querschnitt ist die Aussenwand dick, die Seiten- und Innenwände der einzelnen Zellen sind sklerosirt und getüpfelt. Die zahlreichen elliptischen Spaltöffnungen haben einen Längsdurchmesser = 0,012—0,015 mm. Korkwarzen treten auf der Blattunterseite in grosser Menge auf. Das Mesophyll ist bifacial; das Pallisadenparenchym ist zwei- bis dreischichtig, kurzgliedrig. Kleinere Kalkoxalatdrusen (Maximaldurchmesser = 0,02 mm) finden sich im Pallisadengewebe, wie auch in dem mit grossen Intercellularräumen versehenem Schwammgewebe. An die Gefässbündel der grösseren Nerven ist eine Hartbastsichel im Querschnitt gelagert. Die Theinreaction trat ein (Blatt 3,5 cm lang, 2 cm breit).

Ilex paltarioides Reiss. H. B.

Sellow B 2087, Serra de Piedade.

Die Epidermis der Blattoberseite ist einschichtig, die Höhe derselben beträgt 0,03 mm, die Dicke der starken Aussenwand 0,015 mm, die letztere ist deutlich gestreift. Auf dem Flächenbilde zeigen die einzelnen Zellen 4—6 eckige, polygonale Gestalt und dickwandige Seitenränder, sie enthalten zum Theil gelbliche, sphärokrystallinische Massen, die nach der mikrochemischen Untersuchung Hesperidin ähnlich erscheinen.

Die Zellen der unteren Epidermis erscheinen in der Flächen ansicht bei hoher Einstellung polygonal und relativ dünnwandig, bei tiefer Einstellung sklerosirt und getüpfelt. Im Querschnitt ist die Aussenwand relativ dünn, die Seiten- und Innenwände der einzelnen Zellen sind sklerosirt und getüpfelt. Die zahlreichen rundlichen Spaltöffnungen haben einen Längsdurchmesser = 0,012 —0,015 mm. Korkwarzen traten auf der unteren Blattfläche zahlreich aut. Das Mesophyll ist bifacial; das Pallisadengewebe ist zweischichtig, kurzgliedrig. Zahlreiche Kalkoxalatdrusen (Maximaldurchmesser = 0,021 mm) treten im Pallisadenparenchym, wie auch in dem grosse Intercellularräume enthaltendem Schwammgewebe auf.

Die Gefässbündel der grösseren Nerven sind im Querschnitt mit einer Hartbastsichel versehen. Die Theinreaction trat ein (Blatt 1,5 cm lang und 0,8 cm breit).

Ilex chamaedryfolia Reiss. H. M.
var. a *typica* Loes.
Regnell I 119, Brasilien.

Die Epidermis der Blattoberseite ist einschichtig; die Höhe derselben beträgt 0,03 mm, die Dicke der starken Aussenwand 0,012 mm.

Auf dem Flächenbilde zeigen die einzelnen Zellen 4—8 eckige, polygonale Gestalt und dickwandige Seitenränder, bei hoher Einstellung erscheinen die Ränder ein wenig gebogen; hin und wieder ist die eine oder die andere Zelle durch eine dünne Verticalwand getheilt. Die Aussenwand ist deutlich gestreift. Schleimzellen treten nun sehr vereinzelt in der oberen Epidermis auf.

Die Zellen der unteren Epidermis haben dickwandige, schwachgebogene Seitenränder, die Seiten- und Innenwände derselben sind ziemlich stark verdickt, die letzteren sklerosirt und getüpfelt. Die Aussenwand ist relativ dünn (0,006 mm) und deutlich gestreift. Die zahlreichen, rundlichen Spaltöffnungen haben einen Längsdurchmesser = 0,012—0,015 mm. Korkwarzen treten auf der unteren Blattfläche auf. Das Mesophyll ist bifacial. Das Pallisadenparenchym ist zwei- bis dreischichtig, kurzgliedrig; zahlreiche Kalkoxalatdrusen (Maximaldurchmesser = 0,03 mm) finden sich im Pallisadengewebe, wie auch in dem, mässig grosse Intercellularräume enthaltendem Schwammgewebe vor.

Die Gefässbündel der grösseren Nerven sind im Querschnitt mit einer Hartbastsichel versehen. Die Theinreaction trat sehr schwach ein (Blatt 2 cm lang, 1 cm breit).

Ilex Congonhinha Loes. H. B.
Glaziou n. 7575, Rio de Janeiro.

Die Epidermis der Blattoberseite ist einschichtig; die Höhe derselben beträgt 0,03 mm, die Dicke der starken Aussenwand 0,012 mm. Auf dem Flächenbilde erscheinen die Zellen der oberen Epidermis dünnwandig und deutlich gestreift, die Seitenränder gewellt und mit Randtüpfeln versehen. Die einzelnen Zellen haben fast durchweg eine stark verschleimte Innenmembran.

Die Zellen der unteren Epidermis besitzen dünnwandige und gradlinige bis schwach gebogene Seitenränder, in der Flächenansicht erscheinen sie ziemlich polygonal. Die zahlreichen, elliptischen Spaltöffnungen haben einen Längsdurchmesser = 0,012

—0,015 mm. Das Mesophyll ist bifacial. Das Pallisadengewebe ist zweischichtig, kurzgliedrig; grössere Kalkoxalatdrusen (Maximaldurchmesser = 0,03) treten in ihm vereinzelt auf, dieselben sind auch in dem, mässig grosse Intercellularräume enthaltendem Schwammgewebe zu finden. Die Gefässbündel der grösseren Nerven sind von lockerem Sklerenchymgewebe eingeschlossen.

Zum Schluss sind noch die, von Loesener schon näher beschriebenen, am Blattgrunde befindlichen Domatien, als besonders charakteristisches Merkmal dieser Art zu erwähnen. Der Blattrand greift hier in Form eines Lappens bis zur Mittelrippe über die Blattfläche; derselbe ist, abgesehen von der beiderseitigen Epidermis aus Schwammgewebe zusammengesetzt. Die nach innen gekehrte Epidermis dieses Lappens besitzt eine starke Aussenwand und trägt einzellige, dickwandige und konische Haare. Die Theinreaction trat schwach ein (Blatt 2,5 cm lang, 1 cm breit).

(Fortsetzung folgt.)

Botanische Gärten und Institute.

Pisenti, G., I laboratori provinciali di bacteriologia. Organizzazione di un servicio provinciale di diagnosi bacteriologica delle malattie infettive per la provincia dell'Umbria. 8°. 27, 8 pp. Perugia (Unione tipogr. cooper.) 1900.

Instrumente, Präparations- und Conservations-Methoden etc.

Abba, F., Sulla necessità di dare maggiore uniformità alla tecnica dell' analisi batteriologica dell' acqua. (Riv. d'igiene e san. pubbl. 1900. No. 10. p. 343—359.)

Simonetta, L., Le misure di profilassi in un laboratorio di bacteriologia. Proposte. 8°. 28 pp. Siena (Tip. Bernardoni) 1900.

Borosini, A. von, Glaskolben zur Herstellung von Nährböden. (Centralblatt für Bakteriologie, Parasitenkunde und Infektionskrankheiten. Erste Abteilung. Bd. XXVIII. 1900. No. 1. p. 23.)

Gorham, F. P., Some laboratory apparatus. (Journal of the Boston Soc. of med. scienc. Vol. IV. 1900. No. 10. p. 270—271.)

Herford, M., Untersuchungen über den Piorkowski'schen Nährboden. (Zeitschrift für Hygiene. Bd. XXXIV. 1900. Heft 2. p. 341—345.)

Petri, R. J., Neue, verbesserte Gelatineschälchen (verbesserte Petri-Schälchen). (Centralblatt für Bakteriologie, Parasitenkunde und Infektionskrankheiten. Erste Abteilung. Bd. XXVIII. 1900. No. 3. p. 79—82.)

Robey, W. H., Methods of staining flagella. (Journal of the Boston Soc. of med. scienc. Vol. IV. 1900. No. 10. p. 272—275.)

Epstein, Stanislaus, Ein neuer Gärapparat zur Prüfung der Milch auf ihre Brauchbarkeit zur Käsefabrikation, auch für aërobe Kultur von Bakterien. (Centralblatt für Bakteriologie, Parasitenkunde und Infektionskrankheiten. Zweite Abteilung. Bd. VI. 1900. No. 20. p. 658—659. Mit 1 Figur.)

Buchner, E., Demonstration der Zymasegärung. (Verhandlungen der Gesellschaft deutscher Naturforscher und Aerzte. 71. Versammlung zu München 1900. Teil II. 1. Hälfte. p. 210—211.) Leipzig (F. C. W. Vogel) 1900.

Referate.

Golenkin, M., Algologische Mittheilungen. Ueber die Befruchtung bei *Sphaeroplea annulina* und über die Structur der Zellkerne bei einigen grünen Algen. (Bulletin de la Société impériale des Naturalistes de Moscou. 1899. p. 343.)

Die vorliegende Arbeit bringt werthvolle Ergänzungen zu Klebahn's Beobachtungen an *Sphaeroplea* (Festschrift für Schwendener).

Die vom Verf. studirte Form der Alge steht der von Klebahn studirten *Sphaeroplea annulata* var. *Braunii* nahe, zeigt sich aber der var. *latisepta* dadurch verwandt, dass sie neben den für die ersteren charakteristischen vielkernigen Eizellen auch einkernige enthält.

Bei den vielkernigen Eizellen liegen die einzelnen Zellenkerne nahe bei einander dicht unter der Oberfläche, an dieser Stelle scheinen die Spermatozoiden einzudringen. Nach der Befruchtung vertheilen sich die Kerne zunächst regelmässig innerhalb der Eizelle und verschmelzen schliesslich zu einem Kern.

Den Kerntheilungsvorgang konnte Verf. sowohl an den Antheridien- als auch an den vegetativen Zellen studiren. Der Nucleolus der sich theilenden Kerne zerfällt zu mehreren Fragmenten, die sich zu einer „Kernplatte" anordnen, scheinen sich alsdann zu spalten und begeben sich nach den beiden Polen, wo sie sich zu Tochternucleolen vereinigen. Alle Chromosomen des sich theilenden Zellkernes scheinen aus dem Nucleolus zu entstehen.

Die vom Verf. an *Sphaeroplea*, von Dangeard an *Chlamydomonadinen* beobachtete Verschmelzung der Nucleolen erinnert daran, dass die Nucleolen bei jenen Pflanzen keine „echten" sind, sondern Träger der Chromatinsubstanz. Nucleolen dieser Art fand Verf. ausser bei *Sphaeroplea* noch bei *Spirogyra* (die von früheren Autoren schon mit gleichem Resultat untersucht worden ist), *Botrydium*, *Vaucheria*, *Hydrodictyon*, *Bryopsis plumosa*, *Derbesia Lamourouxii*, *Caulerpa prolifera*, *Udotea*, *Halimeda Tuna*, *Acetabularia*, und unter den einkernigen Algen bei vielen *Confervoïdeen*, allen *Volvocaceen*, sehr vielen *Protococcoïdeen* u. s. w. Dem von den höheren Pflanzen her bekannten Typus entsprechen Kern und Nucleolus von *Codium*, *Valonia*, *Oedogonium*, *Bulbochaete* und *Coleochaete*. — „An einem andern Orte werde ich zu zeigen versuchen, dass auch bei höher stehenden Pflanzen (Moosen) man ebensolche Verschiedenheit der Zellkerne constatiren kann, wie bei den Algen. Die *Florideen* und *Phaeophyceen* sind in dieser Hinsicht gar nicht untersucht und ebenso die *Bacillariaceen*. Jedenfalls können wir schon auf Grund der grünen Algen sagen, dass die Zellkernstructur, wie sie bei *Sphaeroplea* und anderen Algen beobachtet ist, als einfacher . . . betrachtet werden muss. Einen Ueberbang von solchen Zellkernen zu den Zellkernen höherer Pflanzen gilden die Zellkerne von *Cladophora*, einiger *Confervoïdeen* und einigen *Siphoneen.*"

Zum Schluss verweist Verf. auf die Beobachtungen Dangeard's an *Amoeba hyalina*, deren Nucleolen sich ähnlich wie bei *Sphaeroplea* fragmentiren und sich während der Karyokinese wie echte Chromosomen verhalten.

Küster (Halle a. S.).

Klöcker, Alb., Ist die Enzymbildung bei den Alkoholgärungspilzen ein verwerthbares Artmerkmal? (Centralblatt für Bakteriologie etc. II. Abtheilung. Band VI. No. 8. p. 241—245.)

Mit der vorliegenden Untersuchung wendet sich der Verf. gegen die von Duclaux in seinem Werke „Traité de microbiologie" T. III niedergelegte Ansicht, dass das Verhalten der Hefen den Zuckerarten gegenüber nicht als Charakter zur Unterscheidung der Arten benutzt werden kann. Diese von Duclaux wiedergegebene Ansicht fusst im Wesentlichen auf den Resultaten der Dubourg'schen Arbeit „De la fermentation des saccharides" (Compt. rend. de l'acad. des sc. 1899), die jedoch durchaus nicht geeignet erscheint, die Grundlage für ein allgemeines Gesetz zu bilden. Die von Dubourg behauptete Veränderungsfähigkeit der Hefen gegenüber den Zuckerarten bei verschiedener Zucht, prüft nun Verf. noch mit *Saccharomyces apiculatus*, einen neuen aus Bienen isolirten *Saccharomyces* und *S. Marxianus.* Das Resultat der Untersuchung ergab, dass diese Arten durch Cultur, nach Dubourg'schen Angaben gezüchtet, kein Enzym, welches sie vorher nicht besassen, zu bilden vermochten. Verf. stellt sich daher in Gegensatz zu Duclaux und sagt: Die Enzymbildung der Alkoholgährungspilze ist einer der am meisten constanten Artcharaktere, welche wir besitzen.

Appel (Charlottenburg).

Lucet et **Costantin**, *Rhizomucor parasiticus*, espèce pathogène de l'homme. (Revue générale de Botanique. T. XII. 1900. p. 81—98.)

Der von den Verff. aus dem Sputum eines Lungenkranken isolirte pathogene Organismus unterscheidet sich durch seine Rhizoiden und Stolonen und durch die Verzweigung seiner hohen Fruchthyphen von den bisher bekannten pathogenen Schimmelpilzen. — Seine Cultur wird erst bei 22° C möglich, das Optimum seiner Entwicklung liegt ungefähr bei Bluttemperatur.

Für Kaninchen und Meerschweinchen ist *Rhizomucor parasiticus* nach intravenöser und intraperitonealer Infection pathogen.

Küster (Halle a. S.).

Mentz, A., Studier over Likenvegetationen paa Heder og beslægtede Plantesamfund i Jylland. (Botanisk Tidsskrift. Bd. XXIII. p. 1—33.) København 1900.

Verf. untersuchte die Flechtenvegetation auf den Haiden des mittleren und westlichen Jütlands. Unter Haide (dänisch:

Hede) versteht Verf. die baumlosen Ebenen, deren Hauptvegetation durch immergrüne Sträucher, vorzüglich *Calluna*, gebildet wird.

Nach dem Substrat werden die Lichenen am zweckmässigsten in Erd-, Stein- und epiphytische Flechten gegliedert. Von den ersten sind die allermeisten strauchförmig und krustenförmig, nur wenige blattförmig. Zu den strauchförmigen Erdflechten gehören sämmtliche *Cladonia*-Arten, *Stereocaulon condensatum* und *Cornicularia aculeata*. *Cladonia rangiferina* ist die Charakterflechte der Haiden, am besten gedeiht sie an feuchten Plätzen oder in den Haidemooren, überhaupt sind Feuchtigkeit des Bodens und der Atmosphäre, sowie reichliche Lichtmenge die Hauptlebensbedingungen dieser Pflanze. Schon der anatomische Bau der reich verzweigten Podetien deutet auf Hygrophilie, die äussere lockere Markschicht ist lufthaltig und dient nach den Untersuchungen Zukal's als Leitungsbahn des Wassers, wogegen die innere feste und hohle Schicht mechanisch fungirt. Da die äussere Schicht durch keine Rinde beschützt wird, mag der Transpirationsverlust von der zottigen Oberfläche recht bedeutend sein.

Auf Hochmooren ahmt *Cl. rangiferina* die Wachsthumsform der *Sphagnen* nach, sie stirbt unten ab, ohne jedoch in fester Verbindung mit der Unterlage zu verbleiben, wie es die Torfmoose thun. Die Wasseraufnahme geschieht bei beiden Formen vorzugsweise durch die Spitzen der aufrechten Triebe; der jährliche Zuwachs ist gering. Wenn auch diese Art viel Feuchtigkeit liebt und verträgt, so hält sie andererseits auch starke Dürre recht gut aus. Auf windoffenen und sehr trockenen Localitäten verkümmert sie jedoch, wird niedriger und weniger dicht. Noch schädlicher wirkt der Schatten der dichten *Calluna*-Vegetation; unter den Gesträuchen gedeiht sie am besten zusammen mit den niederliegenden, z. B. *Empetrum* und *Arctostaphylos*. Auf Haiden variirt diese Art nur wenig, doch wurden die f. *major*, sowie die von verschiedenen Verfassern als Arten aufgefassten f. *silvatica* L. und *alpestris* L. bemerkt.

Zusammen mit *Cl. rangiferina* findet man fast überall *Cl. uncialis*. Obgleich die Podetien hier mit einer dicken Rinde versehen sind, welche freilich häufig unterbrochen ist, verträgt diese Art augenscheinlich noch weniger Dürre als die vorige. Auch diese Art ist entschieden photophil.

Die in Jütland verhältnissmässig seltene *Cl. amaurocraea* bildete stellenweise Massenbestände, besonders an sonst vegetationslosen Localitäten.

Die Vermehrung der bisher erwähnten *Cladonien* geschieht nach Verf. in ergiebiger Weise durch Losreissen der Podetien. Durch Menschen und Thiere und durch den Wind werden dieselben abgebrochen und weitergeführt, an geeigneten Stellen, namentlich wo Licht und Feuchtigkeit vorhanden sind, spriessen „Wurzelmycelien“ aus den Spitzen und der abwärts gekehrten Seite hervor, an der Oberseite entstehen zahlreiche, in Reihen gestellte

Triebe, welche später nach dem Absterben der Podetien frei werden.

Die mit den vorigen nahe verwandte *Cl. papillaria* ist entschieden licht- und trockenheitsliebend. Sie wird vorzugsweise an Wegrändern, oft in Gesellschaft mit *Stereocaulon condensatum* und fast nie fruchtend gefunden.

Im Gegensatz zu den bisherigen Arten variirt die *Cl. furcata* (Huds.) Schrad. ungemein; oft schien es Verf. unnatürlich, alle die weit verschiedenen Formen von Haiden und Hochmooren als eine und dieselbe Art aufzufassen, wie es manche Verf. thun, andererseits sind sie jedoch durch zahlreiche Zwischenformen verbunden. Ueber die Verbreitung der verschiedenen Subspecies werden p. 14 ff. nähere Details mitgetheilt.

Auch *Cl. gracilis* (L.) Willd. variirt sehr. Die typische glatte Form wächst gewöhnlich an sonnigen Localitäten, häufig sind auch die Formen *pyxidata* (L.) mit körniger und *pityrea* (Ach.) mit kleiiger Oberfläche, beide auf Haideboden und an trockneren Stellen der Hochmoore. Die Form *fimbriata* (L.) mit langen dünnen und mehligen Podetien wurde etwas seltener bemerkt, am besten war sie in den Haidepflanzungen entwickelt. Sämmtliche Formen von *Cl. gracilis* sind photophil, wo die Zweige der angepflanzten Bergföhren über senkrechte Erdwälle herabhängen, werden die Flechten auf die Zwischenräume verdrängt.

Bei manchen *Cladonien*, besonders bei den Varietäten von *Cl. gracilis*, kommen eigenthümliche Wachsthumsmodi vor. Man findet oft auf Haide- oder Dünenwand flache oder stumpf kegelige Gebilde, die aus Flechtenmycelien bestehen. Bisweilen waren einige Podetien entwickelt und die Bestimmung der betreffenden Arten also möglich. Alsdann standen die Podetien gewöhnlich in Kreisen, und zwar die jüngsten am Rande des Kegels. Der Zuwachs geschieht also hier abwärts, was nach Verf. durch den Umstand erklärt wird, dass der Wind die Sandkörner vom Rande des Thallus entfernt. Das Phänomen war schon gelegentlich von Warming erwähnt.

Cl. rangiferina, *uncialis* und *amaurocraea* besitzen einen sehr vergänglichen primären Thallus, der nur selten bemerkt worden ist, während derselbe bei den übrigen *Cl. papillaria*, *furcata* sens. latiss., *gracilis* (L.) Willd. und *coccifera* sens. latiss. entweder persistirt oder wenigstens spät zu Grunde geht. Hierauf beruht ohne Zweifel die Art und Weise des Vorkommens derselben, bei den ersteren lösen sich die Podetien leicht und durch diese Vermehrung wird das Massenauftreten dieser Arten bedingt; die übrigen sind fester an die Localität gebunden und sie bilden auch nie solche dominirende Bestände.

Stereocaulon condensatum kommt hauptsächlich an leeren sandigen oder kieseligen Stellen als niedrige, flache Kuchen vor. *Cornicularia aculeata* ist nach *Cladonia rangiferina* die häufigste Flechte auf der jütschen Haide. Diese Art liegt sehr lose auf dem Boden; sie ist in weit höherem Grade xerophil, was schon der anatomische Bau des Thallus genügend beweist; auch leitet sie das Wasser weit ergiebiger. Die Vermehrung geschieht ausser durch Ascosporen und Pycnoconidien auch hier durch losgerissene Thallusstücke.

Cetraria islandica ist, wie schon Zukal hervorhob, ombrophil. Ihre Wachsthumsform nähert sich der strauchartigen sehr. In Dänemark fruchtet diese Art nie, die Vermehrung geschieht durch Pycnoconidien und Soredien. — *Peltigera canina* ist auf der Haide recht gemein und kommt immer zusammen mit Moosen vor. *P. aphthosa* ist selten, die Rinde ist bei dieser Art noch dünner wie bei der vorigen.

Von Krustenflechten sind *Pannaria brunnea* subsp. *nebulosa*, *Sphyridium byssoides*, *Baeomyces roseus*, *Lecanora tartarea*, *Lecidea*-Arten, *Bilimbia sabuletorum* subsp. *melaena*, *Buellia scabrosa* und *Bacidia citrinella* gefunden worden, die meisten derselben sind jedoch selten, am häufigsten trifft man *Sphyridium* und *Baeomyces*. Unter *Sphyridium* sieht man immer eine 2—4 cm dicke helle Schicht, welche sich von der dunklen Unterlage scharf abhebt. J. S. Deichmann Branth, welcher Verf. auf dieses Phänomen aufmerksam machte, hat mündlich die Vermuthung ausgesprochen, es könnte vielleicht auf einer basischen Wirkung der Humussäure gegenüber beruhen.

Die Steinflechten spielen keine hervortretende Rolle in der Haide. Erstens sind Steine relativ selten und zweitens werden sie bald überwachsen. Die von Verf. und von Branth beobachteten Arten werden p. 25 ff. erwähnt.

Die epiphytischen Flechten. *Parmelia physodes* ist sehr häufig auf *Calluna* und *Empetrum*; sie ist photophil und verträgt eine starke Transpiration gut. Ascosporen entstehen selten und die Vermehrung geschieht besonders durch Soredien, welche an eigenen Thalluslappen entstehen und sehr leicht abgestreift werden; auch Pycnoconidien werden zahlreich entwickelt. — Weniger häufig sind *P. saxatilis* und *olivacea*, besonders wachsen diese an dicken *Sarothamnus*-Stämmen. — *Cetraria glauca* kann wie *Parmelia physodes* ganz die Haidensträucher überwachsen; diese Art ist weniger photophil und xerophil; in Dänemark wurde sie nie fruchtend bemerkt. Einige seltenere Formen werden p. 28 ff. aufgezählt und ihre Wachsthumsweise wird besprochen; als bryophile Flechten erwähnt Verf. *Parmelia physodes*, *Lecanora tartarea*, *Peltigera*-Arten und *Bilimbia sabuletorum* f. *milliaria*. In den Gebüschen der Haiden findet man verschiedene andere Formen (p. 29 ff.); sie sind natürlich nicht scharf von den epiphytischen Flechten in Gebüschen ausserhalb der Haideformation abzugrenzen. Die Flechtenvegetation gedeiht hier am besten auf der nordwestlichen und westlichen Seite der Stämme und Zweige, also auf der dem vorherrschenden Winde ausgesetzten Seite. Dasselbe gilt in Bezug auf die Flechtenvegetation an den Zaunpfählen der Eisenbahnen. Diese Thatsache erklärt sich zum Theil durch die durch den Wind vermittelte Aussaat von Sporen, Soredien etc., was schon Zukal hervorgehoben hat, auch bewirkt der Wind eine Vertrocknung und ein Absterben der

Zweige, wodurch den Flechten, welche die Trockenheit besser als die Gebüsche vertragen, Licht und Platz geschaffen wird.

Morten Pedersen (Kopenhagen).

Romburgh, P., van, Notices phytochimiques. (Annales du Jardin Botanique de Buitenzorg. II. Serie. Vol. I. 1899.)

Wenn die Blätter der *Euphorbiacee Hevea brasiliensis* der Destillation unterworfen werden, so erhält man eine stark nach Blausäure riechende Flüssigkeit. Nach Entfernung der Blausäure durch Quecksilberoxyd tritt nach wiederholter Destillation ein deutlicher Acetongeruch auf, und der Körper selbst lässt sich in Menge nachweisen. Ebenso kommen bei *Manihot Glaziovii* und *Manihot utilissima* Aceton und Blausäure gleichzeitig vor. In anderen Familien wurden beide Körper zusammen nur noch bei *Phaseolus lunatus* gefunden; wenn sich sonst Aceton nachweisen liess (z. B. bei *Erythroxylon Coca*), befand es sich in der Begleitung anderer Verbindungen. Nach der Annahme des Verf. steckt das Aceton vielleicht in einem Glucosid, das durch ein Enzym gespalten wird. Denn auch aus getrockneten und gepulverten Blättern und Samen lässt es sich noch durch Behandlung mit lauwarmem Wasser gewinnen.

Der Methylester der Salicylsäure (das Oel der *Gaultheria procumbens*) ist später in den Wurzeln von *Polygala*-Arten gefunden worden. Der Verf. hat ihn aus einer sehr grossen Zahl von Pflanzen aus allen Gruppen erhalten.

Methylalkohol war bisher aus den Früchten verschiedener *Umbelliferen* bekannt. Nach dem Verf. kommt er auch in folgenden Pflanzen vor: *Thea chinensis*, *Erythroxylon Coca*, *Indigofera disperma*, *Vitex tiliifolia*, *Boehmeria nivea*, *Vitex galegoides*, *Ageratum conyzoides*, *Caesalpinia Sappan*.

In den Blättern von *Pangium edule* hat Treub vor einigen Jahren Blausäure nachgewiesen. Nach dem Verf. ist die Blausäure in den Blättern gar nicht so selten. Er fand sie in einer bedeutenden Zahl von Arten aus folgenden Familien: *Araceae*, *Leguminosae*, *Rosaceae*, *Sapindaceae*, *Celastraceae*, *Passifloraceae*, *Sterculiaceae*.

In den Rhizomen von *Alpinia malaccensis* ist der Methylester der Zimmtsäure enthalten.

Jahn (Berlin).

Butkewitsch, W., Ueber das Vorkommen proteolytischer Enzyme in gekeimten Samen und über ihre Wirkung. [Vorläufige Mittheilung.] (Berichte der deutschen botanischen Gesellschaft. Bd. XVIII. 1900. Heft 5. p. 185—189.)

Die Arbeit ist im Laboratorium von Schulze-Zürich entstanden und schliesst sich an frühere Untersuchungen von Neumeister und Green an.

Es wird der Nachweis geführt, dass bei *Lupinus*, *Ricinus* und *Vicia Faba* in der jungen Keimpflanze, wohl auch im ruhenden Samen, eiweissspaltende Enzyme vorhanden sind. Zu den Zerfallproducten des Eiweiss gehören Amidverbindungen. Ob auch Säuren bei diesem Process mitwirken müssen, ist nicht erwähnt.

Kolkwitz (Berlin).

Tammes, Tine, Ueber die Verbreitung des Carotins im Pflanzenreiche. (Flora. Bd. LXXXVII. 1900. p. 205 —247. Taf. VII.)

Da bis jetzt noch durchaus keine Klarheit über die gelben und rothen Farbstoffe der Plastiden erreicht worden ist, so hat es die Verfasserin unternommen, einen dieser Farbstoffe, und zwar den durch gewisse Reactionen am besten charakterisirten, das Carotin, in seiner Verbreitung im Pflanzenreiche zu untersuchen, nachdem bereits ermittelt war, dass das Carotin als Begleiter des Chlorophylls in Laubblättern und in anderen Pflanzentheilen aufträte. Schon die Zusammenstellung der Ansichten verschiedener Forscher über die gelben und rothen Farbstoffe, als Einleitung zur vorliegenden Abhandlung, ist recht verdienstvoll. Die Untersuchung selbst wurde nur an den Pflanzentheilen selbst ausgeführt, .nicht an Lösungen, und unter Verzicht auf die optische Analyse wurden folgende 3 mikrochemische Reactionen angewandt:

1) Concentrirte Schwefelsäure, conc. Salpetersäure, Salzsäure, die etwas Phenol enthält, und Bromwasser, färben in den vollständig entwässerten Pflanzentheilen die Carotinhaltigen Plastiden dunkelblau;
2) nach der Methode von Molisch werden die betreffenden Pflanzentheile in alkoholischer Kalilauge im Dunkeln Tage- bis Wochenlang liegen gelassen, worauf das Carotin auskrystallisirt, resp. es wurden die Krystalle nach der ersten Methode als Carotin nachgewiesen;
3) es wurde das Auskrystallisiren durch verschiedene verdünnte Säuren bewirkt und die Krystalle ebenfalls nach der ersten Methode als Carotin nachgewiesen. Verf. hat sieben verschiedene Säuren angewendet und unter ihnen auch Flusssäure (1—2 $^0/_0$ der käuflichen, 40 procentigen Säure), die bisher noch nicht zu solchen Zwecken benutzt war, aber sehr empfehlenswerth sein soll.

Nach diesen 3 Methoden wird zunächst die Wurzel von *Daucus Carota* als maasgebende Probe bearbeitet und ferner als Versuchsobjecte: grüne, gelbbunte, herbstlich gelbe, etiolirte Laubblätter, gelbe und rothgelbe Blüten, Früchte und Samen, schliesslich auch Algen.

Die erhaltenen Ergebnisse sind entsprechend den 3 Methoden in 3 Gruppen geordnet, theilweise in Tabellenform niedergelegt und einige Fälle sind auch auf der Tafel abgebildet.

Als allgemeines Resultat ergiebt sich, dass der gelbe bis rothe Farbstoff der Plastiden aus den genannten Pflanzen und Pflanzentheilen nach der beschriebenen Untersuchungsmethode chemische und physikalische Eigenschaften zeigt, welche mit denen des Carotins aus der Wurzel von *Daucus Carota* völlig übereinstimmen. Daraus schliesst Verf.: „In den Plastiden aller Pflanzen und Pflanzentheile, welche Chlorophyll enthalten und der Kohlensäureassimilation fähig sind, wird das Carotin als steter Begleiter des Chlorophylls angetroffen. Ausserdem kommt es in etiolirten Pflanzentheilen und gelbbunten Blättern, die später ergrünen können, vor, und auch in Theilen, welche vorher grün waren und den grünen Farbstoff verloren haben, wie herbstlich vergilbten Blättern, manchen Blüten und Früchten. Schliesslich findet man das Carotin in einigen Fällen, wo die grüne Farbe in den Plastiden lebenslang ausbleibt, das heisst in einigen gelbbunten Blättern und Blumenblättern."

Es wird dann noch darauf hingewiesen, dass das Carotin bei der Assimilation eine Rolle spielt, weil das Carotin gerade derjenige Theil des Chlorophylls ist, welcher die blauen Strahlen absorbirt, und nach Engelmann und Kohl die blauen Strahlen an der assimilatorischen Wirkung einen nicht geringen Antheil haben.

Leider wird nun nicht näher dargelegt, ob alle gelben Farbstoffe, die an Plastiden gebunden vorkommen, als unter sich und mit dem Carotin identisch zu betrachten sind, also auch das Anthoxanthin, sondern nur für das Etiolin soll aus den Untersuchungen hervorgehen, dass es mit dem Carotin identisch ist. Verf. spricht zum Schluss die Hoffnung aus, dass die Kenntniss des Carotins uns den Weg zur Kenntniss des Chlorophylls bahnen werde.

Möbius (Frankfurt a. M.).

Ott, Emma, Beiträge zur Kenntniss der Härte vegetabilischer Zellmembranen. [Kleinere Arbeiten des pflanzenphysiologischen Institutes der Wiener Universität. XXIX.] (Oesterreichische botanische Zeitschrift. Jahrg. L. 1900. No. 7. p. 237—241.)

Die vegetabilische Zellmembran ist in Bezug auf ihre Härte bisher noch nicht untersucht worden. Trotzdem es an Apparaten zur Messung der absoluten Härte nicht fehlt (Kick, Rossival, Pfaff, Auerbach z. B. haben solche angegeben und die Apparate auch bei der Untersuchung der Härte von anorganischen Körpern angewendet), so erschienen dieselben in unserem Falle nicht allgemein brauchbar. Exacte ziffernmässige Resultate sind deshalb von vornherein ausgeschlossen. Die Verfasserin greift zu der älteren Methode, die auf dem Gebiete der Mineralogie noch jetzt allgemein gehandhabt wird, nämlich der Ritzmethode. Durch die Aufstellung von Zwischengliedern zwischen die einzelnen Härtestufen der Mohs'schen Härtescala gelangt Verf. zu immerhin brauchbaren Resultaten. Die Scala lautet dann:

1. Talk,
   Gyps,
   Gelbes Blutlaugensalz,
   Muscovit.

2. Steinsalz,
Kaliumdichromat,
Kupfersulfat.
3.—7. Wie bei Mohs.

Mit jedem zu prüfenden Objecte wurden die Glieder der obigen Härtescala der Reihe nach geritzt. Dasjenige Glied, an dem eben noch eine Trübung oder ein schwacher Ritz wahrgenommen wurde, wurde als Grad der Härte für das betreffende Object angenommen. Das betreffende Material war lufttrocken. Untersucht wurden: Stärke, Thallome von Kryptogamen, Hölzer, Rinden, Stengel und Blätter, Baste, Fasern, Trichome, Schalen von Früchten und Samen und schliesslich Endospermschliffe, alle Objecte von zahlreichen Species. Es ergaben sich folgende Resultate:

1. Die vegetabilische Zellhaut hat eine Härte von beiläufig zwei (Muscovithärte). Höhere Grade werden durch mineralische Einlagerungen hervorgebracht. So hat z. B. die Fruchtschale von *Coix Lacryma* den 7. Härtegrad; durch Kochen in Kalilauge wird die Kieselsäure als gallertartiges Hydrat ausgeschieden und es sinkt dann die Härte der „Schale" auf 2 herab.

2. Die eingelagerten Mineralsubstanzen kommen aber nicht nur ihrer Qualität, sondern auch ihrer Quantität nach in Betracht, z. B. in *Equisetum Telmateja* sind in 100 Theilen Reinasche 70·64 SiO_2, in *Eq. arvense* nur 41·73 SiO_2 enthalten. Vor der Entfernung der Kieselsäure ritzt die erstere *Equisetum*-Art noch den Flussspath, letztere Art aber nur Kupfersulfat.

3. Pflanzenorgane, in denen Kalk eingelagert ist, sind weicher als solche mit SiO_2 imprägnirte. Sofern nicht mineralogische Einlagerungen in Betracht kommen, verliert die volksläufige Bezeichnung hartes und weiches Holz ihre Berechtigung.

Bei der Auswahl der zu untersuchenden Objecte wurde von der Verf. namentlich auf technisch verwendbare Rücksicht genommen, da es durch weitere Untersuchungen möglich wäre, in der Härte ein Unterscheidungsmerkmal der Gewebe zu finden. Die sich so ergebenden Resultate könnten dann in der Technik verwerthet werden.

Matouschek (Ung. Hradisch).

Darwin, Francis, On geotropism and the localization of the sensitive region. (Annals of Botany. Vol. XIII. No. 52. December 1899. p. 567—574. With plate XXIX.)

Während für die positiv geotropischen Organe, die Wurzeln, der Sitz der reizempfänglichen Stelle genau bekannt ist, reichen die bisherigen Untersuchungen nicht aus, um auch für negativ geotropische Organe diese Stelle mit Bestimmtheit anzugeben. Auch die neueren Studien von Rothert und Czapek geben auf diese Frage, nach der Meinung des Verf., keine einwandsfreie Antwort. Verf. stellte daher eine Reihe von neuen Versuchen an, welche im Wesentlichen nach der zuerst von Pfeffer und Czapek für Wurzeln angewandten Methode durchgeführt wurden. Als Versuchspflanzen dienten ihm Sämlinge von *Sorghum*, *Setaria*, *Pha-*

laris etc., welche in Sägespähnen gezogen waren. Ihre Wurzeln wurden entfernt und dann ihre Cotyledonen in dünne Glasröhren gesteckt, welche horizontal in einer feuchten dunkeln Kammer befestigt waren. Es zeigte sich nun, dass die Cotyledonen thatsächlich die reizempfänglichen Organe für die geotropischen Krümmungen darstellen. Das freie Ende der Sämlinge fuhr tagelang fort, sich in derselben Richtung zu krümmen und bildete so eine Reihe von Windungen nach Art einer Ranke oder auch Schlingen wie bei einem Knoten. Als Maximum wurden vier volle Windungen beobachtet, doch hält Verf. es für wohl möglich, bei geeigneter Versuchsanstellung noch weitergehende Krümmungen zu erzielen.

Einige Versuche des Verf.'s beziehen sich auch auf die heliotropische Reizbarkeit. Die Sämlingspflanzen wurden in geeigneter Weise am Klinostaten befestigt und einer einseitigen Beleuchtung ausgesetzt. Auch dann krümmten sie sich ganz ähnlich wie bei den geotropischen Versuchen.

Zur Controle wurden auch Sämlinge auf dem Klinostaten im Dunkeln cultivirt. Doch waren diese Versuche noch nicht ganz einwandsfrei, da auch in diesem Falle schwache Krümmungen auftraten. Auch Sämlinge, deren Cotyledonen in eine verticale Glasröhre gesteckt waren, zeigten Krümmungen. Verf. glaubt dies entweder dadurch, dass die Richtung nicht genau vertikal gewesen sei, oder dadurch erklären zu müssen, dass in den Cotyledonen schon bei Beginn des Versuchs eine geotropische Reizung vorhanden gewesen sei.

Die Frage, bei welchem Winkel die grösste geotropische Reizung eintritt, konnte Verf. nach seiner Methode noch nicht beantworten. Er stellt weitere Versuche in dieser Frage in Aussicht.

Weisse (Zehlendorf bei Berlin).

Arnoldi, W., Ueber die Corpuscula und Pollenschläuche bei *Sequoia sempervirens*. (Beiträge zur Morphologie und Entwickelungsgeschichte einiger *Gymnospermen*. II.) (Bulletin des Naturalistes de Moscou. 1899. No. 4.)

Wie bereits in einer früheren Arbeit vom Verf. dargethan wurde, lässt das Endospermgewebe von *Sequoia sempervirens* drei verschiedene entwickelungsgeschichtlich wohl charakterisirte Abschnitte unterscheiden; nur in dem mittleren, der durch „Alveolenbildung“ gekennzeichnet ist, kommen Archegonien zur Ausbildung.

Aehnlich wie bei *Dammara* und *Araucaria* stehen auch bei *Sequoia sempervirens* die Archegonien seitlich im Endosperm und zwar entweder einzeln oder zu Archegoniencomplexen verschiedenen Umfangs vereinigt.

Die Archegonien entstehen aus einer einzigen peripherischen Endospermzelle, die sich zunächst durch eine Perikline theilt. Die obere der beiden Tochterzellen theilt sich durch eine Antikline und liefert somit den Halstheil des Archegoniums, der bei *Sequoia sempervirens* ebenso wie bei den *Cycadeen* und bei *Ginkgo* zweizellig bleibt. Eine Bauchkanalzelle fehlt ebenso wie bei den

Cupressineen (Goroschankin); Strasburger's Angaben über die Bauchkanalzelle der *Cupressineen* kann Verf. nicht als überzeugend anerkennen.

Eine vollständige Deckschicht, wie sie bei allen Gymnospermen — ausser bei *Welwitschia* — bisher gefunden worden ist, kommt bei *Sequoia* nicht zur Ausbildung; vielmehr nehmen stets nur einige Endospermzellen, die dem Archegonium anliegen, den Charakter von Deckzellen an.

Die Anordnung der Pollenschläuche bei *Sequoia* entspricht der Anordnung der Archegoniencomplexe. Sie dringen zwischen Nucellus und Endosperm ein. — Ihr feinerer Bau entspricht den für die *Cupressineen* bekannten Verhältnissen.

Küster (Halle a. S.).

Ludwig, F., Knospenblüten bei *Deutzia gracilis*. (Mutter Erde. Jahrgang II. 1900. No. 47. p. 417. Mit einer Abbildung.)

Die Blütenknospen der aus Ostasien stammenden *Deutzia gracilis* können sich bei abnormer Wärme in jedem Entwickelungsstadium öffnen und — wenn das vorzeitig geschieht — zu sonst regelmässigen Miniaturblüten entfalten. Verf. beobachtete dies zum ersten Mal während der Hitze vom 5. bis 8. Mai an allen Exemplaren um Greiz, wo die winzigen noch ungestielten Blütchen von 2—3 mm Durchmesser in grosser Zahl auftraten und der ganzen Pflanzen ein fremdartiges Aussehen verliehen. In der folgenden Kälteperiode (vom 14.—15. Mai trat Schneefall und Frost ein) verwelkten diese Erstlingsblüten und die noch nicht geöffneten Knospen wuchsen weiter und bekamen längere Stiele, so dass die Aehre zur Traube ward. In der Hitzperiode am 22. und 23. Mai begann ein neues Blühen, die Blütchen der Trauben hatten jetzt 6—9 mm Durchmesser, hatten aber, wie die ersten verkümmerte, daher functionslose Sexualorgane. Dies Blühen dauerte etwa bis Ende Mai. Erst Anfang Juni traten zuerst daneben, dann ausschliesslich die grossen normalen Blüten auf. E. Baroni hatte zuvor die gleiche Erscheinung in Florenz und Padua beobachtet (E. Baroni, Sopra una fioritura anormale nella *Deutzia gracilis*). Es ist denkbar, dass besondere Witterungsverhältnisse die Miniaturblüten zur Reifung des Pollens und der Narben gelangen lassen und dass durch Zuchtwahl daraus eine Pflanze zu ziehen ist, die von *Deutzia gracilis* soweit abweicht, dass sie als neue Gattung aufgefasst werden könnte. Mit den bekannten Fällen von Kleistogamie, Gynodimorphismus etc. hat der vorliegende Fall nichts zu thun.

Ludwig (Greiz).

Ludwig, F., Pflanzen und Fensterblumen. (Illustrierte Zeitschrift für Entomologie. Bd. V. 1900. No. 12. p. 180 bis 183.)

Bei verschiedenen Pflanzen tragen die nach unten gerichteten Blumenglocken im oberen Theil durchscheinende Stellen, die, anstatt eines bunten Saftmals, den Insekten den Weg zum Nectarium zeigen und dieselben in die zur Bestäubung geeignetste Lage führen. E. Ule hat solche „Fenster“ bei *Aristolochia*-Arten nachgewiesen. Ref. hat sie bei *Helleborus foetidus* beschrieben. Eine nähere Untersuchung verwandter Blumenformen dürfte vermuthlich die Blumen mit Fenstern anstatt des Saftmals als häufiger vorkommende Blüteneinrichtung ergeben.

Ludwig (Greiz).

Béguinot, A., Generi e specie nuove o rare per la flora della provincia di Roma. (Bullettino della Società botanica Italiana. Firenze 1900. p. 47—56.)

Von den 29 Arten, welche im Vorliegenden als neu für die Flora Roms angegeben sind, sind einige bereits in früheren Schriften des Verf. erwähnt, andere auch nicht von ihm selbst gesammelt.

Hervorzuheben sind u. A.:

Pennisetum longistylum Hochst., adventiv zu Albano Laziale, mit Tendenz sich ansässig zu machen; *Digitaria debilis* W., am Ausflusse des Albanersees und im Walde von Castelgandolfo, mit nahezu kahlen Blattscheiden, weswegen Verf. eine var. n. *glabrescens* aufstellt; *Phalaris arundinacea* L., in den pontinischen Sümpfen gemein, ferner bei Terracina und nächst der Abtei von Fossanuova; *Ph. canariensis* L., auf dem M. Mario. Dagegen ist Maratti's Angabe dieser Pflanze (Flor. rom. I. 47) eine zweifelhafte; *Ph. canariensis* Seb. et M. und *Ph. nitida* Sang. sind als *Ph. brachystachys* Lk. zu deuten; *Molinia coerulea* (L.) Mnch., in den Simbruiner Bergen; auch hier erscheint Maratti's Citat (sub *Aira*, l. c. I. 56) zweifelhaft. *Allium globosum* M. Bieb., neu für die Apenninkette; *A. oleraceum* L., vom Monte Autore; *Colchicum alpinum* DC. var. *parvulum* Ten.; *Euphorbia Myrsinites* L., Simbruiner-Berge, S. Trinità. Maratti's Angaben (l. c. I. 347) „in den Wäldern von Astura“, ebenfalls unbegründet; *Ranunculus Lingua* L., Mortola in den pontinischen Sümpfen; irrig die Angabe Maratti's bezüglich Acquatraversa bei Rom; *Iberis saxatilis* L., in den Simbruiner Bergen; ebendaselbst auch *I. Tenoreana* DC.; *Hesperis laciniata* All., auf dem Scalambra-Berge in der Ernischen Kette, bei 1200 m; *Silene multicaulis* Guss., Simbruiner-Berge; *Cerastium Thomasii* Ten., auf dem Passeggio in den Ernischen Bergen, bei 2000 m. Ist jedenfalls eine mit dem polymorphen *C. arvense* L. eng verwandte Form, wenn nicht geradezu eine Varietät des letzteren; *Malva rotundifolia* L. ist selten, und nicht, wie Maratti angiebt, gemein; *M. rotundifolia* Seb. et M. ist auf *M. nicaeensis* zurückzuführen; *Veronica scutellata* L., am See von Selvapiana, in den pontinischen Sümpfen; *Plantago arenaria* W. K., am Seestrande zwischen Sperlonga und Fondi; *Trifolium elegans* Savi, auf den Latialbergen, nach dem im Herbarium des Lycäums Visconti in Rom aufliegenden Exemplare; *Cotoneaster tomentosa* Lndl., in den Lepinerbergen; *Valerianella echinata* DC., bei Subiaco; *Cirsium acaule* All., Albanerhügel.

Solla (Triest).

Ludwig, F., Beobachtungen über Schleimflüsse der Bäume im Jahre 1898. (Zeitschrift für Pflanzenkrankheiten. 1899. Bd. IX. Heft 1. p. 10 ff.)

Ausgehend von den durch *Leuconostoc* verursachten Eichenrindenzersetzungen geht Verf. zunächst auf die über die Schleimflüsse der Eichen vorhandene Litteratur ein, alsdann die Erscheinung bei Apfelbäumen, Buchen, Rosskastanien etc. erwähnend. Bemerkenswerth ist, dass Verf. in dem braunwandigen Schleimfluss der Rosskastanie auch Regenwürmer fand.

Weiterhin erörtert Verf. die bei den Schleimflüssen auftretenden Pilze, (und Algen) und theilt dieselben folgendermassen ein:

Hemiasceen:
Ascoidea rubescens Bref. et Lindau.
„ *saprolegnoides* Holterm.
Conidiascus paradoxus Holterm.
Oskarbrefeldia pellucida Holterm.
Dipodascus albidus v. Lagerh.
Exoasceen und *Ascomyeten:*
Endomyces Magnusii Ludw.
„ *vernalis* Ludw.
Ascobolus Costantini Roll.
Nectria aquaeductuum (Rbh. et Rdlkf.) Ludw.
Imperfecti:
Rhodomyces dendrorhous Ludw.
Torula monilioides Corda.
Zahlreiche *Oidien*-Formen noch unbekannter Herkunft.
Saccharomyces Ludwigii Hansen.
„ *membranefaciens* Hansen.
Imperfecti:
S. apiculatus Rees, u. A. *S.*-Arten, die noch näher zu untersuchen sind.
Schizomyceten:
Acetobacterium (*Leuconostoc*) *Lagerheimii* Ludw.
Spirillum endoparagogicum Sorok.
Micrococcus dendrorhous Ludw.
und zahlreiche andere Bakterien.
Algen:
Chlorella protothecoides Krüg.
Scytonema Hofmanni Egg.
Hormidium parietinum Kütz.
Chthonoblastus Vaucheri Kütz.
Glaeotila protogenita Kütz.
Pleurococcus vulgaris Naeg.
Cystococcus humicola Naeg.
Stichococcus baccilaris Naeg.
Navicula borealis Ehrh.
„ *Seminolum* Grün.
Characium spec.

Protozoen:
Infusorien.
Amoeba zymophila Beyerink.
Würmer:
Rhabditis lyrata Schneider.
„ *dryophyla* Leuck. et Ludwig.
Lumbricus foeditus (?).
Milben:
Glycyphagus hericius Fum. et Rob.
Hypopus-Larven.
Insecten:
Käfer:
Lucanus cervus.
Cetonia-Arten.
Silpha thoracica.
Omalium rivulare.
Soronia grisea
„ *punctatissima.*
Ipo quadriguttata.
Rhizophagus bipustulatus.
Byrrhus fascicularis.
Epuraea strigata.
„ *aestiva.*
„ *decemguttata.*
Schmetterlinge;
Vannessa Io.
„ *atalanta.*
„ *Antiopa.*
„ *polychloros.*
„ *Cardui.*
Hymenoptera:
Hornissen.
Wespen.
Honigbiene.
Fliegen:
Musca Caesar.
Helomyta tigrina.
Drosophila funebris.
Schnecken:
Limax.
Arion.

Verf. theilt zum Schluss mit, dass Blitzschläge häufig die erste Ursache der Saft- und Pilzflüsse der Bäume sind.

Thiele (Halle a. S.).

Stone, George E. and **Smith, Ralph E.,** Report of the botanists. (11th annual report Hatch (Mass.) Experiment Station. 1899. p. 142—167.)

Die Arbeiten der Versuchsstation beziehen sich hauptsächlich auf Pflanzenkrankheiten, und theilen Verff. ihren Rapport in zwei Theile ein. Der erste handelt von Pilzkrankheiten folgender Pflanzen: Walnuss, *Gloeosporium Juglandis* (Lib.) Mont.; Ahorn, *Rhytisma acerinum* (P.) Fr.; Eiche, *Gloeosporium nervisequum* (Fckl.) Sacc.; Pfirsich, *Exoascus deformans* (Fckl.); Melonen, eine

Alternaria-Krankheit welche sehr häufig auftrat; Kraut, eine Bakterienkrankheit; Salat, eine durch *Botrytis* verursachte Krankheit; Stiefmütterchen, *Colletotrichum Violae tricoloris.* Verff. beschreiben kurz die verschiedenen Pilze und geben die Mittel zu deren Bestreitung an.

Der zweite Theil handelt von physiologischen Störungen. Die Blätter vieler Ulmen fallen verfrüht ab, was Verff. jedoch nicht weiter untersuchten. Sie besprechen sodann die Ueberdüngung von Gewächshauspflanzen, eine Fleckenkrankheit von Rosenblättern, das Welken von Gurkenpflanzen und einige ungünstige Factoren für das Gedeihen von Laubbäumen in den Städten.

von Schrenk (St. Louis).

Oefele, Fel. v., Zur Geschichte der *Allium*-Arten. (Pharmaceutische Rundschau. Jahrg. XXV. 1899. p. 279—281, 290—293.)

Oefele erbringt in diesem höchst interessanten Artikel den Nachweis, dass die Erklärung einer der wichtigsten altmesopotamischen Pflanzen, nämlich der [Keilschriftzeichen] SI . SAR, die nach N, 7, 46 šûmu zu lesen ist, als Knoblauch, der heute noch in ganz Syrien und Egypten tûm heisst, nicht richtig sei, sondern obige Bezeichnung müsse bis auf Weiteres allgemein für eine Culturpflanze des botanischen Genus *Allium* gelten. Es wird dies mit folgenden Gründen bewiesen:

1. Der Knoblauch hat es nie zu fleischigen Zwiebeln gebracht, daher konnte er kein ausgiebiges Gemüse geworden sein. Ueberdies ist der Knoblauch nie ein Gemüse zur Sättigung, sondern nur Gewürz, was letzteres der hohe Gehalt an Schwefelallyl bedingt, daher konnte er auch, da grössere Mengen von Schwefelallyl gesundheitsschädlich sind, in Mesopotamien nicht als Arbeiternahrung benutzt werden.

2. Gehört der Knoblauch wild und verwildert dem Mittelmeergebiete an, so dass er von den mesopotamischen Culturvölkern, die trotz der Dunkelheit ihrer Herkunft nicht von Griechenland oder Italien stammen können, nicht angebaut worden sein kann. Wäre überdies der Knoblauch eine der wichtigsten Gemüsepflanzen Mesopotamiens gewesen, so müsste der Knoblauch bei seiner Bevorzugung mediterranen Klimas in der Neuzeit auch sicherlich im Alterthume einen Weg in die Landwirthschaft Egyptens gefunden haben. Obwohl ihn Herodot (II, 125) in Egypten angiebt, so kommt er dort doch nicht vor, wie die Untersuchungen und Funde von Loret, Unger und Schweinfurth beweisen, denn wie aus Dioskorides hervorgeht, war noch zu Zeiten des Kaisers Augustus (30 v. Chr. bis 14 n. Chr.) kein echtes *Allium sativum* L. in Egypten zu finden. Unger glaubte, dass das *Allium* jener Zeiten *Allium ascalonicum* sei, doch stehen dem die Untersuchungen von Schweinfurth und Loret entgegen.

Nach diesen negativen Resultaten bleibt nur mehr *Allium Cepa* und *A. Porrum* zu betrachten über, wobei Oefele *A. fistulosum* der ersteren Species und *A. ampeloprasum* der letzteren Species implicite subsummirt.

Im Verlaufe der weiteren Arbeit gelangt Oefele dazu, das Wort šûmu mit *Allium Cepa* L. zu identificiren, da diese Pflanze in der Todtenstadt Hawara im Nilthale und anderen Orten ausgegraben wurde, und für welche nach der Inschrift in einem thebanischen Grabe die hieroglyphische Bezeichnung b-z-l wahrscheinlich ist. Dies entspricht jedoch dem hebräischen בצל Zwiebel, arabisch بصل basal, Zwiebel, was auch begreiflich erscheinen lässt, dass später das Wort tûm für die neu auftauchende Culturpflanze *Allium sativum* L. frei wurde.

Eine weitere Stütze für die Identificirung der Zwiebel ergiebt sich auch noch aus dem lautlichen Zusammenfalle einer anderen, häufig mit šûmu zusammengenannten Pflanze karašû mit ברשה und ברתי, welches Löw und Delitzsch für *Allium Porrum* L. erklären.

Es geht also aus dieser Arbeit mit Sicherheit hervor, dass *Allium sativum* L. mit šûmu nicht gemeint sein kann, sondern entweder, was am wahrscheinlichsten ist, *Allium cepa* L. oder *A. Porrum* L. bedeutet Die vollständige Klarstellung dieser Frage ist noch zu erwarten.

Blümml (Wien).

Neue Litteratur.*)

Nomenclatur, Pflanzennamen, Terminologie etc.:

Leimbach, G., Die Volksnamen unserer heimischen Orchideen. VI. (Deutsche botanische Monatsschrift. Jahrg. XVIII. 1900. Heft 9. p. 142—143.)

Bibliographie:

Krok, Th. O. B. N., Svensk botanisk literatur 1899. (Botaniska Notiser. 1900. Häftet 4. p. 145—157.)

Allgemeines, Lehr- und Handbücher, Atlanten:

Bert, Paul, La deuxième année d'enseignement scientifique (sciences naturelles et physiques). Animaux; végétaux; pierres et terrains; physique; chimie; physiologie animale; physiologie végétale. 41e édition, conforme aux programmes. 16°. 369 pp. Avec 550 fig. Paris (Colin) 1900.

Algen:

Benecke, Wilhelm, Ueber farblose Diatomeen der Kieler Föhrde. (Jahrbücher für wissenschaftliche Botanik. Bd. XXXV. 1900. Heft 3. p. 535—572. Mit Tafel XIII.)

*) Der ergebenst Unterzeichnete bittet dringend die Herren Autoren um gefällige Uebersendung von Separat-Abdrücken oder wenigstens um Angabe der Titel ihrer neuen Veröffentlichungen, damit in der „Neuen Litteratur" möglichste Vollständigkeit erreicht wird. Die Redactionen anderer Zeitschriften werden ersucht, den Inhalt jeder einzelnen Nummer gefälligst mittheilen zu wollen, damit derselbe ebenfalls schnell berücksichtigt werden kann.

Dr. Uhlworm,
Humboldtstrasse Nr. 22.

Pilze:

Arcangeli, G., Sulla tossicità del Pleurotus olearius. (Estr. dai Processi verbali della società toscana di scienze naturali, adunanza del di 19 novembre 1899.) 8°. 6 pp. Pisa (tip. succ. fratelli Nistri) 1900.

Conn, H. W., Classification of dairy bacteria. (Report of the Storrs (Connecticut) Agricultural Experiment Station for 1899.) 8°. 68 pp.

De Bary, A., Vorlesungen über Bakterien. 3. Aufl., von **W. Migula.** gr. 8°. VI, 186 pp. Mit 41 Figuren. Leipzig (Wilh. Engelmann) 1900. M. 3.60, geb. M. 4.60.

Goverts, W. J., Mykologische Beiträge zur Flora des Harzes. [Fortsetzung.] (Deutsche botanische Monatsschrift. Jahrg. XVIII. 1900. Heft 9. p. 134—135.)

Henneberg, W., Variation einer untergährigen Hefe während der Kultur. (Wochenschrift für Brauerei. Jahrg. XVII. 1900. No. 43. p. 633—634.)

Sitnikoff, A. und **Rommel, W.,** Vergleichende Untersuchungen über einige sogenannte Amylomyces-Arten. (Wochenschrift für Brauerei. Jahrg. XVII. 1900. No. 42. p. 621—625. Mit 2 Abbildungen und 1 Lichtdrucktafel.)

Muscineen:

Evans, Alexander W., Papers from the Harriman Alaska expedition. V. Notes on the Hepaticae collected in Alaska. (Proceedings of the Washington Academy of Sciences. Vol. II. 1900. p. 287—314. Pls. XVI—XVIII.)

Will, Otto, Uebersicht über die bisher in der Umgebung von Guben in der Niederlausitz beobachteten Leber-, Torf- und Laubmoose. (Allgemeine botanische Zeitschrift für Systematik, Floristik, Pflanzengeographie etc. Jahrg. VI. 1900. No. 10. p. 207—208.)

Gefässkryptogamen:

Druery, C. T., Fern hybrids. (Journal of the Horticult. Soc. Vol. XXIV. 1900. Hybrid Conference Report. p. 288—297.)

May, H. B., Fern hybrids. (Journal of the Horticult. Soc. Vol. XXIV. 1900. Hybrid Conference Report. p. 298.)

Physiologie, Biologie, Anatomie und Morphologie:

Arnoldi, W., Ueber die Ursachen der Knospenlage der Blätter. (Sep.-Abdr. aus Flora oder Allgemeine botanische Zeitung. Bd. LXXXVII. 1900. Heft 4. p 440—478. Mit 46 Figuren.)

Bailey, L. H., Hybridisation on the United States. (Journal of the Horticult. Soc. Vol. XXIV. 1900. Hybrid Conference Report. p. 209—213.)

Bateson, W., Hybridisation as a method of scientific investigation. (Journal of the Horticult. Soc. Vol. XXIV. 1900. Hybrid Conference Report. p. 59—66.)

Bohlin, Knut, Ett exempel på ömsesidig vikariering mellan en fjäll-och en kustform. (Botaniska Notiser. 1900. Häftet 4. p. 161—179. Med 6 Fig.)

Čelakovský, L. J., Neue Beiträge zum Verständniss der Fruchtschuppe der Coniferen. (Jahrbücher für wissenschaftliche Botanik. Bd. XXXV. 1900. Heft 3. p. 407—448. Tafel X, XI.)

De la Devansaye, Fertilisation of the genus Anthurium. (Journal of the Horticult. Soc. Vol. XXIV. 1900. Hybrid Conference Report. p. 67 p. 68.)

De Vries, Hugo, Hybridising of montrosities. (Journal of the Horticult. Soc. Vol XXIV. 1900. Hybrid Conference Report. p. 69—75.)

Gallardo, Angel, Los nuevos estudios sobre la fecundación de las Fanerógamas. (Articulo publicado en los Anales de la Sociedad Científica Argentina. Tomo XLIX. 1900.) 8°. 17 pp. Buenos Aires 1900.

Gentry, T. G., Intelligence in plants and animals; a new ed. of the author's privately issued „Soul and immortality". 4, 489 pp. il. New York (Doubleday, Page & Co.) 1900. Doll. 2.—

Goebel, K., Organographie der Pflanzen, insbesondere der Archegoniaten und Samenpflanzen. Teil II. Specielle Organographie. 2. Hälfte. Pteridophyten und Samenpflanzen. Teil I. gr. 8°. p. XIII—XVI und 385—648. Mit 173 Abbildungen. Jena (Gustav Fischer) 1900. M. 7.—

Henry, L., Crossings made as the Natural History Museum at Paris. (Journal of the Horticult. Soc. Vol. XXIV. 1900. Hybrid Conference Report. p. 218—236.)

Henslow, George, Hybridisation and its failures. (Journal of the Horticult. Soc. Vol. XXIV. 1900. Hybrid Conference Report. p. 76—89.)

Hurst, C. C., Experiments in hybridisation. (Journal of the Horticult Soc. Vol. XXIV. 1900. Hybrid Conference Report. p. 90—127.)

Johow, Friedrich, Zur Bestäubungsbiologie chilenischer Blüthen. I. (Sep.-Abdr. aus Verhandlungen des Deutschen Wissenschaftlichen Vereins in Santiago. Bd. IV. 1900.) 8°. 22 pp. Mit 2 Tafeln. Valparaiso 1900.

Jouin, E., On Graft hybrids. (Journal of the Horticult. Soc. Vol. XXIV. 1900. Hybrid Conference Report. p. 237—240.)

Leichtlin, Max, A few general principles. (Journal of the Horticult. Soc. Vol. XXIV. 1900. Hybrid Conference Report. p. 256.)

Ludwig, F., On selfsterility. (Journal of the Horticult. Soc. Vol. XXIV. 1900. Hybrid Conference Report. p. 214—217.)

Möbius, M., Die Farben in der Pflanzenwelt. (Berichte der Senckenbergischen Naturforschenden Gesellschaft in Frankfurt am Main. 1900. p. CXXIV—CXXVI.)

Polacci, Gino, A proposito di una recensione del signor Czapek del mio lavoro: „Intorno all' assimilazione clorofilliana. (Estratto dagli Atti del R. Istituto Botanico dell' Università di Pavia. Nuova Serie. Vol. VII. 1900.) 4°. 3 pp.

Schenck, H., Ueber die Wechselbeziehungen zwischen Pflanzen und Ameisen im tropischen Wald. (Berichte der Senckenbergischen Naturforschenden Gesellschaft in Frankfurt am Main. 1900. p. CIV—CVI.)

Schütt, F., Centrifugale und simultane Membranverdickungen (Jahrbücher für wissenschaftliche Botanik. Bd. XXXV. 1900. Heft 3. p. 470—534. Mit Tafel XII.)

Stober, F. H., On the results of a search for other sugars than xylose and dextrose in the products of the hydrolysis of wood from the trunks of trees. (Harvard University. Bulletin of the Bussey Institution, Jamaica Plain, Vol. II. 1900. Part IX. p. 437—467.)

Thomas, Ethel N., Double fertilization in a Dicotyledon — Caltha palustris. (Annals of Botany. Vol. XIV. 1900. No. 55. p. 527—535. With plate XXX.)

Tschirch, A. und **Kritzler, H.,** Mikrochemische Untersuchungen über die Aleuronkörner. (Sep.-Abdr. aus Berichte der Deutschen Pharmaceutischen Gesellschaft. Jahrg. X. 1900. Heft 6. p. 214—222.)

Webber, Herbert J., The United States Department of agriculture and hybridisation. (Journal of the Horticult. Soc. Vol. XXIV. 1900. Hybrid Conference Report. p. 128—145.)

Will, Alfred, Beiträge zur Kenntnis von Kern- und Wundholz. [Inaug.-Dissert. Bern.] 8°. 92, IV pp. Mit 3 Tafeln. Bern 1899.

Wilson, John H., The structure of some new hybrids. (Journal of the Horticult. Soc. Vol. XXIV. 1900. Hybrid Conference Report. p. 146—180.)

Winkler, Hans, Ueber Polarität, Regeneration und Heteromorphose bei Bryopsis. (Jahrbücher für wissenschaftliche Botanik. Bd. XXXV. 1900. Heft 3. p. 449—469. Mit 3 Holzschnitten.)

Wittmack, L., On the influence of either parent. (Journal of the Horticult. Soc. Vol. XXIV. 1900. Hybrid Conference Report. p. 252—256.)

Systematik und Pflanzengeographie:

Błoński, Franz, Zur Chronik der preussischen Flora. [Schluss.] (Allgemeine botanische Zeitschrift für Systematik, Floristik, Pflanzengeographie etc. Jahrg. VI. 1900. No. 10. p. 205—207.)

Blümml, E. K., Referat über Poeverlein, Herm.: Die bayerischen Arten, Formen und Bastarde der Gattung Potentilla. [Fortsetzung.] (Deutsche botanische Monatsschrift. Jahrg. XVIII. 1900. Heft 9. p. 136—140.)

Chappellier, Paul, Hybrid Dioscorea. (Journal of the Horticult. Soc. Vol. XXIV. 1900. Hybrid Conference Report. p. 278.)

Chappellier, Paul, Hybrid Mirabilis. (Journal of the Horticult. Soc. Vol. XXIV. 1900. Hybrid Conference Report. p. 279.)

Cogniaux, Alfred, Chronique Orchidéenne. Supplément au dictionnaire iconographique des Orchidées. No. 39. Septembre 1900. Bruxelles (Impr. X. Havermans) 1900.

Colville, Frederick V., Papers from the Harriman Alaska expedition. IV. The tree willows of Alaska. (Proceedings of the Washington Academy of Sciences. Vol. II. 1900. p. 275—286. Pl. XV. figs. a—e.)

De Vries, Hugo, Sur la mutabilité de l'Oenothera Lamarckiana. (Comptes-rendus des séances de l'Académie des sciences de Paris. 1. Octobre 1900.) 4°. 3 pp.

Duval, Anthurium Scherzerianum. (Journal of the Horticult. Soc. Vol. XXIV. 1900 Hybrid Conference Report p. 323—325.)

Duval, Bromeliads. (Journal of the Horticult. Soc. Vol. XXIV. 1900. Hybrid Conference Report. p. 326—332.)

Duval, Gloxinias. (Journal of the Horticult. Soc. Vol. XXIV. 1900. Hybrid Conference Report. p. 333—336.)

Engler, A. und Prantl, K., Die natürlichen Pflanzenfamilien, nebst ihren Gattungen und wichtigeren Arten, insbesondere den Nutzpflanzen. Unter Mitwirkung zahlreicher hervorragender Fachgelehrten begründet von **Engler** und **Prantl,** fortgesetzt von **A. Engler.** Lief. 202—204. gr. 8°. 9 Bogen mit Abbildungen. Leipzig (Wilh. Engelmann) 1900. Subskr.-Preis à M. 1.50, Einzelpreis à M. 3.—

Halácsy, E. de, Conspectus florae graecae. Vol. I. Fasc. 2. gr. 8°. p. 225—576. Leipzig (Wilh. Engelmann) 1900. M. 8.—

Jackman, A. G., Hybrid Clematis. (Journal of the Horticult. Soc. Vol. XXIV. 1900. Hybrid Conference Report. p. 315—322.)

Kawai, S., Die Unterscheidungsmerkmale der wichtigeren in Japan wachsenden Laubhölzer. (The Bulletin of the College of Agriculture, Tōkyō Imperial University, Japan. Vol. IV. 1900. No. 2. p. 97—152, I—IX, 11—18. Mit Tafel VIII—XVI.)

Laurell, J. G., Ueber einige Carex-Hybriden aus Schweden. [Schluss.] (Allgemeine botanische Zeitschrift für Systematik, Floristik, Pflanzengeographie etc. Jahrg. VI. 1900. No. 10. p. 197—199.)

Lemoine, E., Hybrid Lilacs. (Journal of the Horticult. Soc. Vol. XXIV. 1900. Hybrid Conference Report. p. 299—311.)

Lye, James, Fuchsias. (Journal of the Horticult. Soc. Vol. XXIV. 1900. Hybrid Conference Report. p. 341—342.)

Lynch, Irwin, Hybrid Cinerarias (Journal of the Horticult. Soc. Vol. XXIV. 1900. Hybrid Conference Report. p. 269—274.)

Mac Farlane, J. Muirhead, On hybrid Drosera. (Journal of the Horticult. Soc. Vol. XXIV. 1900. Hybrid Conference Report. p. 241—249.)

Meehan, Thomas, Notes one some hybrid. (Journal of the Horticult. Soc. Vol. XXIV. 1900. Hybrid Conference Report. p. 337—338.)

Morel, F., Hybrid Clematis. (Journal of the Horticult. Soc. Vol. XXIV. 1900. Hybrid Conference Report. p. 312—314.)

Murr, J., Beiträge und Bemerkungen zu den Archieracien von Tirol und Vorarlberg. VI. [Schluss.] (Deutsche botanische Monatsschrift. Jahrg. XVIII. 1900. Heft 9. p. 140—141.)

Murr, J., Ein Nachwort zu meiner Abhandlung „Ueber einige kritische Chenopodium-Formen". (Allgemeine botanische Zeitschrift für Systematik, Floristik, Pflanzengeographie etc. Jahrg. VI. 1900. No. 10. p. 202—205.)

Nordstedt, O., Sandhems flora. 2. (Botaniska Notiser. 1899. Häftet 4. p. 159—160.)

Nyman, Erik, Botaniska exkursioner på Java. (Botaniska Notiser. 1900. Häftet 4. p. 181—184.)

Palibin, J., Conspectus florae Koreae. Pars II. Ericaceae-Salicaceae. (Acta Horti Petropolitani. T. XVIII. 1900. No. 2.) 8°. 52 pp. Petropoli 1900.

Palla, E., Die Gattungen der mitteleuropäischen Scirpoideen. (Allgemeine botanische Zeitschrift für Systematik, Floristik, Pflanzengeographie etc Jahrg. VI. 1900. No. 10. p. 199—201.)

Rolfe, R. Allen, Hybridisation and systematic botany. (Journal of the Horticult. Soc. Vol. XXIV. 1900. Hybrid Conference Report. p. 181—208.)

Schinz, Hans, Beiträge zur Kenntnis der Afrikanischen Flora. Neue Folge. XII. (Mémoires de l'Herbier Boissier. 1900. No. 20. p. 1—36. Plate I—II.)

Shirasawa, Homi, Die Gattung Tilia in Japan. (The Bulletin of the College of Agriculture, Tōkyō Imperial University, Japan. Vol. IV. 1900. No. 2. p. 153—165. Tafel XVII—XVIII.)

Smythe, W., Notes on some hybrids. (Journal of the Horticult. Soc. Vol. XXIV. 1900. Hybrid Conference Report. p. 343.)

Suksdorf, N., Washingtonische Pflanzen. [Fortsetzung.] (Deutsche botanische Monatsschrift. Jahrg. XVIII. 1900. Heft 9. p. 132—134.)

Trabut, Eucalyptus hybrids. (Journal of the Horticult. Soc. Vol. XXIV. 1900. Hybrid Conference Report. p. 250—251.)

Usteri, A., Beiträge zur Kenntnis der Platanen. (Mémoires de l'Herbier Boissier. 1900. No. 20. p. 53—64. Planche I.)

Weeks, H., Chrysanthemums. (Journal of the Horticult. Soc. Vol. XXIV. 1900. Hybrid Conference Report. p. 339—340.)

Palaeontologie:

Frech, F., Ueber Ergiebigkeit und voraussichtliche Erschöpfung der Steinkohlenlager (Sep.-Abdr. aus „Lethaea palaeozoica".) Lex.-8°. p. 435—452. Stuttgart (E. Schweizerbart) 1900. M. —.40.

Kinkelin, F., Oberpliocänflora von Nieder-Ursel und im Untermainthal. (Berichte der Senckenbergischen Naturforschenden Gesellschaft in Frankfurt a. M. 1900. p. 121—138. Mit 1 Figur.)

Kinkelin, F., Hohlräume im untermiocänen Algenkalk des Untermaingebietes bei Offenbach a. M. und Sachsenhausen. (Berichte der Senckenbergischen Naturforschenden Gesellschaft in Frankfurt a. M. 1900. p. 140—151. Mit Figur 2—6.)

Teratologie und Pflanzenkrankheiten:

D'Addiego, Giov., Gli insetticidi gassosi. (Estr. dal Giornale di agricoltura della domenica. 1900.) 8°. 9 pp. Fig. Piacenza (stab. tip. V. Porta) 1900.

Jacobasch, E., Ueber die Ursache der vermehrten Anzahl der Laubblätter in einem Quirl. (Deutsche botanische Monatsschrift. Jahrg. XVIII. 1900. Heft 9. p. 135—136.)

Jacobi, Arnold, Der Schwammspinner und seine Bekämpfung. (Kaiserliches Gesundheitsamt. Biologische Abtheilung für Land- und Forstwirthschaft. Flugblatt No. 6. 1900.) 8°. 4 pp. Mit 1 Figur. Berlin (Paul Parey) 1900. M. —.05.

Peglion, Vit., La fillossera della vite: nozioni sommarie intorno alla questione fillosserica in Italia. 8°. 44 pp. Avellino (Edoardo Pergola) 1900.

Suzuki, U., Report of investigations on the mulberry-dwarf troubles — a disease widely spread in Japan. (The Bulletin of the College of Agriculture, Tōkyō Imperial University, Japan. Vol. IV. 1900. No. 3. p. 167—226. Pl. XIX—XLI.)

Tubeuf, Carl, Freiherr von, Ueber die Biologie, praktische Bedeutung und Bekämpfung des Weymouthskiefern-Blasenrostes. (Kaiserliches Gesundheitsamt. Biologische Abtheilung für Land- und Forstwirthschaft. Flugblatt No. 5. 1900.) 8°. 4 pp. Mit 3 Figuren. Berlin (Paul Parey) 1900. M. —.05.

Zanfrognini, C., Fiori anomali di Plantago major L. (Estr. dagli Atti della società dei naturalisti e matematici di Modena. Ser. IV. Vol. II. Anno XXXIII. 1900.) 8°. 15 pp. Con 4 tavole. Modena (tip. di G. T. Vincenzi e nipoti) 1900.

Medicinisch-pharmaceutische Botanik:

A.

Potts, Chas. S., Notes on the use of large doses of strychnine in tic douloureux. (The Therapeutic Gazette. Vol. XXIV. 1900. No. 10. p. 653—654.)

B.

Colombini, P., Contributo allo studio della trichomycosis palmellina di Pick. (Sep.-Abdr. aus Beiträge zur Dermatologie und Syphilis. Festschrift, gewidmet Herrn Hofrath Dr. J. Neumann in Wien. 1900. p. 87—116. Tav. II, III.)

Fraenkel, E., Mikrophotographischer Atlas zum Studium der pathologischen Mykologie des Menschen. Lief. 4. Bacillus influenzae und Bacillus diphtheriae. gr. 8⁰. 20 Photogramme auf 10 Tafeln mit Text p. 59—86. Hamburg (Lucas Gräfe & Sillem) 1900. M. 6.—

Jahresbericht über die Fortschritte in der Lehre von den pathogenen Mikroorganismen, umfassend Bacterien, Pilze und Protozoën. Bearbeitet und herausgegeben von **P. v. Baumgarten** und **F. Tangl.** Jahrg. XIV. 1898. 2. Hälfte. gr. 8⁰. XII und p. 385—1055. Braunschweig (Harald Bruhn) 1900. M. 16.—, (Kplt. M. 26 —)

Kayser, Heinrich, Die Flora der Strassburger Wasserleitung. [Inaug.-Dissert. Strassburg.] 8⁰. 58 pp. Kaiserslautern 1900.

Matza, G., Contribution à l'étude du mycosis fongoïde (symptomatologie; anatomie pathologique). [Thèse.] 8⁰. 144 pp. Paris (Carré et Naud) 1900.

Mc Farland, C., Text-book upon pathogenic bacteria; for students and physicians. 3 d. rev. enl. ed. 8⁰. 621 pp. il. Philadelphia (W. B. Saunders and Co.) 1900. Doll. 3.25.

Newman, G., Bacteria, especially as related to the economy of nature, to industrial processes, and to public health. 2 nd ed. New chapters on tropical diseases and bacterial treatment of sewage. 8 vo. $8^5/_8 \times 5^1/_2$. 414 pp. London (Murrey) 1900. 6 sh.

Quelmé, Jean, Contribution à l'étude bactériologique et clinique de la dysenterie hypertoxique. 8⁰. 19 pp. Paris (Carré & Naud) 1900.

Stoney, Emily M. A., Bacteriology and surgical technique for nurses. 12⁰. 190 pp. il. pls. Philadelphia (W. B. Saunders & Co.) 1900. Doll. 1.25.

Technische, Forst-, ökonomische und gärtnerische Botanik:

Chappellier, Paul, Attemps to improve Crocus sativus. (Journal of the Horticult. Soc. Vol. XXIV. 1900. Hybrid Conference Report. p. 275—277.)

Cluss, A., Die Apfelweinbereitung. Ein leichtfasslicher Leitfaden für die Praxis sowie für den Unterricht in landwirtschaftlichen Lehranstalten. gr. 8⁰. VII, 136 pp. Mit 37 Abbildungen. Stuttgart (Eugen Ulmer) 1900. M. 1.50.

Eveno, P. et **Lelarge, J.,** Manuel d'agriculture, rédigé conformément aux instructions et aux programmes officiels, et renfermant cent soixante-dix-sept expériences et exercices d'observation, quatre-vingts sujets de rédaction et quatre-vingts problèmes agricoles. 12⁰. 166 pp. Avec fig. Dinan (Le Goaziou) 1900.

Glahn, C. J., Original-Verfahren zur Herstellung aller Oele, Appreturen, Schlichten, Pflanzenleime, Benzinseifen, Druckfarben etc. für Textil-Industrie. gr. 8⁰. 32 pp. Leipzig (Albin Stein) 1900. M. 10.—

Hays, M. Willet, Breeding food plants. (Journal of the Horticult Soc. Vol. XXIV. 1900. Hybrid Conference Report. p. 257—265.)

Jahresbericht über die Fortschritte der Chemie und verwandter Theile anderer Wissenschaften. Begründet von **J. Liebig** und **H. Kopp,** herausgegeben von **G. Bodländer.** Für 1893. Heft 6. gr. 8⁰. p. 1601—1920. Braunschweig (Friedr. Vieweg & Sohn) 1900. M. 10.—

Murr, Josef, Zur Kenntnis der Kulturgehölze Südtirols, besonders Trients. [Fortsetzung.] (Deutsche botanische Monatsschrift. Jahrg. XVIII. 1900. Heft 9. p. 129—132.)

Neye, L., Die Ackerbaulehre. Ein Leitfaden für den Unterricht an landwirtschaftlichen Lehranstalten und zur Selbstbelehrung. 2. Aufl. gr. 8⁰. VII, 226 pp. Hildesheim (Hermann Olms) 1900. Geb. in Leinwand M. 2.40.

Oliver, G. W., Plant culture; a working handbook of everyday practice for all who grow flowering and ornamental plants in the garden and greenhouse. 12⁰. 193 pp. New York (A. T. De La Mare Print. and Pub. Co.) 1900. Doll. 1.—

Richmond, H. Droop., Dairy chemistry: a practical handbook for dairy chemists and other having control of daires. 8⁰. 384 pp. il. Philadelphia (Lippincott) 1900. Doll. 4.50.

Rossi, A., La consolida del Caucaso, Symphytum asperrimum. (R. scuola pratica di agricoltura in Ascoli Piceno.) 8⁰. 7 pp. Ascoli Piceno (tip. Cesari) 1900.

Schollmayer, E. und **Schollmayer, H.**, Der bäuerliche Kleinwaldbesitz. Seine Bedeutung, Bewirthschaftung und Pflege. XII, 115 pp. Wien (Wilhelm Frick) 1900. M. 3.—

Scovell, M. A., Analyses of commercial fertilizers. (Kentucky Agricultural Experiment Station of the State College of Kentucky. Bulletin No. 88. 1900. p. 125—173.) Lexington, Kentucky, 1900.

Stone, G. E. and **Smith, R. E.**, The rotting of greenhouse lettuce. (Hatch Experiment Station of the Massachusetts Agricultural College. Division of Botany. Bulletin No. 69. 1900.) 8°. 40 pp. With 10 Fig. Amherst, Mass. 1900.

Stuart, Charles, Improvement of hardy plants by hybridising. (Journal of the Horticult. Soc. Vol. XXIV. 1900. Hybrid Conference Report. p. 280—287.)

Anzeigen.

Inhalt.

Ausgegeben: 20. November 1900.

Druck und Verlag von Gebr. Gotthelft, Kgl. Hofbuchdruckerei in Cassel.

Band LXXXIV. No. 10. XXI. Jahrgang.

Botanisches Centralblatt.

REFERIRENDES ORGAN

für das Gesammtgebiet der Botanik des In- und Auslandes

Herausgegeben unter Mitwirkung zahlreicher Gelehrten

von

Dr. Oscar Uhlworm und Dr. F. G. Kohl

in Cassel in Marburg

Nr. 49.	Abonnement für das halbe Jahr (2 Bände) mit 14 M. durch alle Buchhandlungen und Postanstalten.	1900.

Die Herren Mitarbeiter werden dringend ersucht, die Manuscripte immer nur auf *einer* Seite zu beschreiben und für *jedes* Referat besondere Blätter benutzen zu wollen. Die Redaction.

Wissenschaftliche Originalmittheilungen.*)

Kritische Bemerkungen zu einigen Pflanzen der chilenischen Flora.

Von

F. W. Neger

in München.

1. *Nierembergia prunellaefolia* Dun. = *Stenandrium dulce* Nees.

Im Herbarium des Königl. botanischen Museums in München fand ich als *Nierembergia prunellaefolia* Dunal (1852) (*Solanaceae*) eine Pflanze vor, welche nichts anderes ist als *Stenandrium dulce* Nees (1847) (*Acanthaceae*).

Die Pflanze ist ein von Bertero gesammeltes Originalexemplar und von der Unio itineraria im Jahre 1835 herausgegeben und mit der gedruckten Etiquette: „*Nierembergia*, in pascuis sterilibus collium, loco dicto Concon, Valparaiso, Chile, novemb. 1829, Hb. Bertero No. 1179“, versehen worden.

Der Artname „*prunellaefolia* Dunal“ ist auf der genannten Etiquette s. Z. von unbekannter Hand beigefügt worden.

*) Für den Inhalt der Originalartikel sind die Herren Verfasser allein verantwortlich. Red.

Material gleichen Ursprungs, d. h. ein Bertero'sches Original lag offenbar Dunal bei der Aufstellung der Art in DC., Prodr. XIII. 1. (1852) p. 583 vor, gemäss dem Citat: „Bertero, pl. exsicc. chil. No. 1179". Auch die von ihm gegebene Beschreibung stimmt durchaus auf *Stenandrium dulce*, nicht aber auf eine *Nierembergia*.

In DC., Prodr. l. c. werden als Belegpflanzen ferner noch angeführt eine von Claude Gay und eine von Gaudichand (No. 86) gesammelte Pflanze. Ob dieselben mit dem Bertero-schen Exemplar übereinstimmten, mag dahingestsllt bleiben. Aller Wahrscheinlichkeit nach aber ist dies der Fall. Die von Bertero gesammelte Pflanze ist wohl die älteste (1829), Gay's Materialien stammen aus den Jahren 1828—31, oder 1834—39, können also wohl erst nach dem Jahr 1831 resp. 1839 dem Herbarium de Candolle zugegangen sein, diejenigen Gaudichand's endlich aus 1830—33. Auffallend ist nun, dass, während bei anderen *Acanthaceen* in DC. Prodr. XI (1847) Gay'sche Materialien von Nees citirt werden, dies bei *Stenandrium dulce* Nees (l. c. p. 282) nicht der Fall ist. Ebensowenig wird auf Gaudichand'sches Material hingewiesen.

Andererseits ist nicht gut anzunehmen, dass eine so häufige und auffallende Pflanze wie *Stenandrium dulce* weder von Gay noch von Gaudichand gesammelt worden wäre. Offenbar wurden die von beiden mitgebrachten Exemplare in Folge augenfälliger Uebereinstimmung ohne Weiteres zu der wahrscheinlich schon von Bertero als *Nierembergia* bezeichneten Pflanze gelegt und von Dunal weiterhin mit dieser als *N. prunellaefolia* beschrieben.

Als sicher mag demnach hervorgehoben werden, dass die auf Bertero's Material gegründete *Nierembergia prunellaefolia* Dunal nichts anderes ist als *Stenandrium dulce* Nees, erstere also aus dem System zu streichen ist. Im Index Kewensis ist sie erwähnt, hingegen merkwürdiger Weise nicht in Miers, Illustrations of South american plants 1850, ebensowenig in F. Philippi, Catalogus plantarum chilensium (1881) und in Gay, Flora de Chile V. (1849).

Bezüglich des von Gay und von Gaudichand gesammelten Materials kann ohne Einsicht in das Herbarium de Candolle kein abschliessendes Urtheil gefällt werden.

2. Ueber *Petunia viscosa* Colla.

In Philippi, Catalogus plantarum chilensium (1881) pag. 226 wird *Petunia viscosa* Colla (1835) als Synonym aufgeführt zu *Nierembergia anomala* Miers. (1850). Dies ist auf einen Irrthum von Miers zurückzuführen. Derselbe sagt nämlich in seinem Werk: Illustrations of South americain plants. Vol. I. (1850). p. 100 im Anschluss an die Beschreibung der von ihm aufgestellten *Nierembergia anomala*: „The plant collected at Quillota in Chile and described and figured by Colla (Memorie di Torino,

XXXVIII (1835) p. 135 Tab. 45) as my *Petunia viscosa* is evidently the same species.“ Dies ist aber keineswegs der Fall; denn die von Colla für *Petunia viscosa* gegebene Figur stimmt durchaus nicht überein mit der von Miers in den „Illustrations“ veröffentlichten Zeichnung (tab. 20) seiner *Nierembergia anomala.*

Der oben erwähnten, von Colla gegebenen Abbildung liegt eine Originalpflanze Bertero's zu Grunde, welche von der Unio itineraria mit der gedruckten Etiquette: „*Petunia viscosa* Miers? In fruticetis herbidis sabulosis petrosisque calidis collium Quillota, Chile, September, October 1829. Herb. Bertero No. 1125“ im Jahre 1835 herausgegeben wurde, wie ein Exemplar des k. botanischen Museums in München zeigt. Diese Pflanze ist aber sicher keine *Nierembergia*, wie schon aus der Gestalt der *Corolla* hervorgeht, auch nicht *Petunia viscosa* Miers*). Zu einer sicheren Bestimmung der Bertero'schen Pflanze fehlen mir z. Z. die nöthigen Vergleichsmaterialien. Es bleibt deshalb nichts anderes übrig, als derselben vor der Hand den Namen *Petunia viscosa* Miers apud Colla zu lassen.

Ohne auf die zuletzt berührte Frage weiter einzugehen, möchte ich also zunächst nur feststellen, dass die auch in andere Werke z. B. Index Kewensis übergegangene Angabe: *Petunia viscosa* Colla sei identisch mit *Nierembergia anomala* Miers, den Thatsachen nicht entspricht.

3. ***Patagua chilensis*** Poepp. = ***Villarezia mucronata*** R. et P. (non ***Roupala myrsoidea*** Poepp. et Endl.)

Im K. Botanischen Museum, München befindet sich eine von Poeppig um das Jahr 1830 in Chile gesammelte Pflanze, welche mit der folgenden (gedruckten) Etiquette versehen ist:

„Poeppig, Coll. pl. chil. III. 71. *Patagua* (n. gen. *Rutacearum*?) *chilensis* Poepp., Syn. pl. Amer. austr. mscr. Diar. 703, crescit per omne Chile, raro in provinciis borealibus, freq. in sylvis Andium austral. Lecta ad Antuco, Novbr.“

Das Wort „*Patagua*“ stammt aus dem Arancanischen. Die Eingeborenen des südlichen Chile gebrauchen den Namen „*Patagua*“ aber für 4 verschiedene Pflanzen, nämlich für *Tricuspidaria dependevs* R. et P. (*Tiliaceae*), *Eugenia planipes* Hook et Arn. (*Myrtaceae*) laut Gay, Flora de Chile, Bd. VIII p. 413, ferner für *Eugenia exsucca* DC. laut Linnaea XXVII p. 256 und endlich für *Villarezia mucronata* R. et P. (*Icacineae*), wie ich selbst mehrfach zu hören Gelegenheit hatte.

Die vorliegende Pflanze, für welche Poeppig den Eingeborenennamen als Gattungsnamen adoptirt hat, ist, wie eine Blütenanalyse lehrte, nichts anderes als *Villarezia mucronata* R.

---

*) Die von Miers zuerst (Trav. Chile, 2. p. 531) als *Petunia viscosa* beschriebene Pflanze ist von ihm später als identisch mit *Nicotiana acuminata* Grah. (Bot. Mag. 2919 (1829) bezeichnet worden. (l. c. p. 100 Anm.)

et P., ein Baum, dessen Blätter vom Volk als *Mate* (statt *Ilex paraguayensis* Lt. Hill.) verwendet werden und welcher ausser „*Patagua*" oder „*Guillipatagua*" schon von Ruiz und Pavon, Fl. per. et chil. III. 1802 p. 9 erwähnt, auch „*Naranjillo*", d. i. kleiner Orangenbaum, genannt wird. Diese letztere Bezeichnung mag Poeppig ausser anderen Gründen veranlasst haben, in der Pflanze eine *Rutacee* zu erblicken.

In der Litteratur nun geht der Name „*Patagua*" als Synonym zu einer *Proteacee*, nämlich *Roupala myrtoidea* Poepp. et Endl. welch' letztere von Bentham und Hooker, Genera pl. II. 1880. p. 180 einschliesslich *Lomatia chilensis* Gay zu *Orites* R. Br. gezogen wird. Auch in Engler-Prantl, Nat. Pflanzenfamilien III 1, 1894, p. 145 wird *Patagua* Poepp. von Engler als Synonym zu *Orites* R. Br. citirt.

Dies ist aber ein Irrthum, welcher auf einer Angabe Baillon's beruht, die ihrerseits wahrscheinlich auf eine Etiquettenverwechselung im Pariser Herbar zurückzuführen ist. Baillon sagt nämlich in einer besonderen „Sur le *Patagua*" betitelten Abhandlung (Adansonia X. 1873 p. 49) unter Anderem:

„Le *Patagua* n'est cité dans aucune des énumérations les plus recentes de la famille de Proteacées à la quelle il appartient." Aus seiner weiteren Besprechung der Pflanze geht hervor, dass Baillon die Familienzugehörigkeit der von ihm untersuchten, als No. 71 der Collection Poeppig, pl. chil. III verzeichneten Pflanze durch eine Blütenanalyse ermittelt hat. Er fährt sodann fort: . . . . il est très voisin des *Roupala* par la pluspart de ses characteres et disons même qu'il est tout à fait identique avec la *R. myrtoidea* de Poeppig et Endlicher. (Nov. gen. et sp. II. 1838. p. 35. tab. 149.)

Demnach liegen in Paris und München unter der oberen citirten No. 71 zwei verschiedene Pflanzen, in Paris eine *Proteacee*, nach Baillon *Roupala myrtoidea* Poepp. et Endl., in München, wie oben erwähnt wurde, die *Icacinee Villarezia mucronata* R. et P.

Es erübrigt jetzt nur noch die Frage zu entscheiden: wo fand die Etiquettenverwechselung statt (denn auf eine solche ist ja wohl diese Unregelmässigkeit zurückzuführen), in Paris oder in München? Oder mit anderen Worten: Welche ist die ursprüngliche Poeppig'sche unter No. 71 herausgegebene Pflanze: Die *Proteacee* oder die *Icacinee*? Allem Anschein nach die letztere: Denn es giebt keine *Proteacee*, welche in Chile den Namen „*Patagua*" trägt, wohl aber eine *Icacinee*, nämlich *Villarezia mucronata* R. et P.

Der Gattungsname *Patagua* Poepp. ist demnach nicht zu *Orites* R. Br. oder *Roupala* Aubl., sondern zu *Villarezia* R. et P. als Synonym zu ziehen.

Aus dem k. Botanischen Museum, München, im Oct. 1900.

Anatomische Untersuchung der Mateblätter unter Berücksichtigung ihres Gehaltes an Thein.

Von
Ludwig Cador
aus Gross-Strelitz.

(Fortsetzung.)

Ilex paraguariensis St. Hil. H. M.
var. a *genuina* Loes.
f *epubescens* (Reiss) Loes.
Regnell I, 50, Brasilien.

Die Epidermis der Blattoberseite ist einschichtig; die Höhe derselben beträgt 0,03 mm, die Dicke der nicht zu starken Aussenwand 0,009 mm.

Auf dem Flächenbilde erscheinen die Zellen der oberen Epidermis 4—8 eckig, polygonal, sie sind dickwandig, und ihre Cuticula ist eigenthümlich gestreift und gerunzelt. Die Cuticularstreifen verlaufen ziemlich dicht, anastomosiren zum Theil und bilden auf diese Weise ein maschenförmiges Netz. Zellen mit verschleimter Innenmembran sind in der oberen Epidermis spärlich vorhanden.

Die Zellen der unteren Epidermis gleichen auf dem Flächenbilde annähernd denen der oberen, nur sind sie kleinlumiger und relativ dünnwandiger. Eine unregelmässig verlaufende, dichte Streifung der Aussenwand ist auf der unteren Epidermis auch vorhanden; die letztere enthält zahlreiche, rundliche Spaltöffnungen von circa 0,018 mm Längsdurchmesser, hin und wieder tritt eine vereinzelte, grössere (Längsdurchmesser = 0,027 mm) auf. Die Schliesszellen des Spaltöffnungsapparates sind von gewöhnlichen Epidermiszellen, die als Nebenzellen erscheinen und sich unter die Schliesszellen hinunterziehen, umgeben.

Das Mesophyll ist bifacial. Das Pallisadenparenchym ist vorwiegend, zweischichtig langgestreckt; zahlreiche Kalkoxalatdrusen (Maximadlurchmesser =0,018 mm) findet man im Pallisadengewebe wie auch in dem grosse Intercellularräume enthaltendem Schwammgewebe.

Die Gefässbündel der grösseren Nerven sind rings von Sklerenchymgewebe eingeschlossen. Die Theinreaction trat stark ein (Blatt 8 cm lang, 5 cm breit, Blatt 3,5 cm lang, 1,5 cm breit).

Ilex cognata Reiss. H. Br.
Luschnath n. 1835, Rio de Janeiro.

Die Epidermis der Blattoberseite ist einschichtig; die Höhe derselben beträgt 0,036 mm, die Dicke der relativ dünnen Aussenwand 0,006 mm. Auf dem Flächenbilde erscheinen die Zellen der oberen Epidermis bei tiefer Einstellung polygonal 4—6 eckig, relativ dickwandig, bei hoher Einstellung erscheinen dieselben undulirt, mit schwachen Randtüpfeln versehen. Schleimzellen sind in der oberen Epidermis zahlreich vorhanden.

Die Zellen der unteren Epidermis sind auf dem Flächenbilde polygonal, dickwandig mit mehr oder minder gebogenen Seitenrändern versehen. Die Aussenwand der unteren Epidermis ist mässig dick und mit einer deutlichen Streifung versehen, die letztere zieht sich namentlich parallel zu den zahlreichen, elliptischen Spaltöffnungen, von 0,012—0,015 mm Längsdurchmesser, wallartig hin.

Das Mesophyll ist bifacial; das Pallisadenparenchym ist zweischichtig, kurzgliedrig. Zahlreiche Kalkoxalatdrusen (Maximaldurchmesser = 0,03 mm) finden sich im Pallisadengewebe, wie auch in dem, mit grossen Intercellularräumen versehenem Schwammgewebe.

Die Gefässbündel der grösseren Nerven sind oben und unten von Hartbast begleitet.

Die Theinreaction trat deutlich bei dem Blattfragment eines ausgewachsenen Blattes ein.

Ilex caroliniana (Lam.) Loes. H. B.
Synon: *Ilex Cassine* Walt. non L.
„ *Ilex vomitoria* Ait.

Cassena oder *Jampon* liefert den Blaikdrink und wird in Nordamerika cultivirt.

Die Epidermis der Blattoberseite ist einschichtig, die Höhe derselben beträgt 0,03 mm, die Dicke der relativ dünnen Aussenwand 0,009 mm.

In der Flächenansicht erscheinen die Zellen der oberen Epidermis bei hoher Einstellung undulirt, dünnwandig mit schwachen Randtüpfeln versehen und grosslumig (Längsdurchmesser = 0,03 mm), bei dieser Einstellung erscheinen die Seitenränder der einzelnen Zellen mehr gradlinig; die Aussenwand der oberen Epidermis ist deutlich gestreift, die Innenmembran der einzelnen Zellen ist stark verschleimt. Die Zellen der unteren Epidermis sind relativ dünnwandig, in der Flächenansicht erscheinen sie kleinlumig (Längsdurchmesser = 0,015 mm), theils mit graden, theils mit gebogenen Seitenrändern versehen. Die Aussenwand der unteren Epidermis ist deutlich gestreift. Die zahlreichen Spaltöffnungen von elliptischem Umriss haben einen Maximallängsdurchmesser = 0,015 mm.

Das Mesophyll ist bifacial. Das Pallisadenparenchym ist dreischichtig, kurzgliedrig, man findet in ihm, wie auch in dem, grosse Intercellularräume enthaltendem Schwammgewebe Kalkoxalatdrusen von einem Maximaldurchmesser = 0,03 mm.

Die Gefässbündel der grösseren Nerven sind im Querschnitt mit einer Hartbastsichel versehen. Die Theinreaction trat ein (Blatt 3 cm lang, 1,5 cm breit).

Ilex theezans Mart. H. M.
var. a *typica* Loes.
Martius, Brasilien.

Die Epidermis der Blattoberseite ist einschichtig; die Höhe derselben beträgt (incl. der verschleimten Membran s. unten) 0,075 mm; die Dicke der sehr starken Aussenwand 0,03 mm.

In der Flächenansicht erscheinen die Zellen der oberen Epidermis bei tiefer Einstellung 4—8eckig, polygonal und relativ dünnwandig, bei hoher Einstellung gewellt und mit mehr oder minder deutlichen Randtüpfeln versehen. Zellen mit verschleimter Innenmembran sind in der oberen Epidermis sehr zahlreich vorhanden.

Die Zellen der unteren Epidermis sind dickwandig, sie erscheinen in der Flächenansicht polygonal. Spaltöffnungen von 0,012—0,015 mm. Längsdurchmesser sind in der unteren Epidermis zahlreich vorhanden, die Schliesszellen derselben sind in der Flächenansicht erst bei tiefer Einstellung sichtbar, bei hoher Einstellung sieht man über dem Schliesszellenpaare eine rundliche, oft etwas gebogene, wallartige Erhebung, welche von den, mit ihren dicken Aussenwandungen kammartig vorspringenden Nachbarzellen der Schliesszellen gebildet wird. Diese Erhebung umschliesst einen kaminartigen Raum, von dem aus man nach innen in den Vorhof gelangt.

Das Mesophyll ist bifacial, das Pallisadenparenchym ist zwei- bis dreischichtig und kurzgliedrig. Kalkoxalatdrusen (Maximaldurchmesser = 0,015 mm) finden sich in ihm, wie auch in dem mässig grosse Intercellularräume enthaltendem Schwammgewebe.

An die Gefässbündel der grösseren Nerven ist eine Hartbastsichel im Querschnitt gelagert.

Die Theinreaction trat deutlich ein (Blatt 3,5 cm lang, 2 cm breit).

Ilex theezans Mart. H. M.
var. f. *Riedelii* Loes.
Martius, Brasilien.

Die Epidermis der Blattoberseite ist ein- bis zweischichtig, indem ein Theil der Epidermiszellen durch Horizontalwände getheilt ist, sie ist 0,045 mm hoch, die Dicke der starken Aussenwand beträgt 0,015 mm.

In der Flächenansicht erscheinen die Zellen der oberen Epidermis 4—6eckig, polygonal, dickwandig und getüpfelt. Im Querschnitt sind dieselben mehr oder weniger pallisadenartig gestreckt. Die dicke Aussenwand der einzelnen Zellen springt hin und wieder nach aussen vor, weiter sind die an das Pallisadengewebe grenzenden Wände nach innen vorgewölbt, so dass die Grenze von Epidermis und Pallisadengewebe durch eine zackig verlaufende Linie im Blattquerschnitt gebildet wird, das Lumen der Epidermiszellen verschmälert sich nach der dicken Aussenwand hin mehr oder weniger kegelförmig. Verschleimung der oberseitigen Epidermis ist vorhanden und erstreckt sich sowohl auf Stellen der Epidermis, an welchen sie einschichtig ist, als auch auf solche, an welchen sie zweischichtig ist, im zweiten Falle ist die nach innen gelegene Zelle an ihrem Innenrande verschleimt.

Die Epidermis der Blattunterseite hat eine relativ dünne Aussenwand, die Zellen derselben erscheinen in der Flächenansicht polygonal und relativ dünnwandig. Die zahlreichen Spaltöffnungen sind 0,012—0,015 mm lang, die Schliesszellen derselben im Gegensatz zu der var. a *typica* in der Flächenansicht direct sichtbar.

Das Mesophyll ist bifacial; das Pallisadenparenchm ist ein- bis zweischichtig, enthält Kalkoxalatdrusen von einem Maximaldurchmesser = 0,03 mm; letztere sind auch in dem, nicht sehr grosse Intercellularräume enthaltendem Schwammgewebe zu finden.

Die Gefässbündel der grösseren Nerven sind im Querschnitt von einer Hartbastsichel begleitet.

Die Theinreaction trat deutlich ein (Blatt 5 cm lang, 2 cm breit).

Ilex theezans Mart. H. B.
var. *fertilis* (Reiss.) Loes.
(Synon: *Ilex fertilis* Reiss. und
„ *Ilex gigantea* Bonpl.).
Sellow, Brasilien.

Die Epidermis der Blattoberseite ist ein-, seltener zweischichtig, indem auch hier, wie bei der var. *Riedelii*, ein Theil der Epidermiszellen durch Horizontalwände getheilt ist, sie ist 0,045 mm hoch; die Dicke der starken Aussenwand beträgt 0,015 mm.

In der Flächenansicht erscheinen die Zellen der oberen Epidermis polygonal, 4—6eckig, dickwandig; die pallisadenartige Struktur der Epidermiszellen fehlt im Gegensatz zur var. *Riedelii*. Verschleimung der oberseitigen Epidermis ist vorhanden und verhält sich wie bei var. *Riedelii*.

Die Epidermis der Blattunterseite hat eine relativ dünne Aussenwand, die Zellen erscheinen in der Flächenansicht polygonal und relativ dünnwandig, die zahlreichen Spaltöffnungen sind 0,012—0,015 mm lang, die Schliesszellen derselben auch, wie bei der var. *Riedelii*, in der Flächenansicht direct sichtbar. Eine mehr oder weniger deutliche Streifung der Cuticula ist namentlich in der Umgebung der Schliesszellen und annähernd parallel zu diesen, zu beobachten.

Das Mesophyll ist bifacial. Das Pallisadenparenchym ist zweischichtig und kurzgliedrig, Kalkoxalatdrusen (Maximaldurchmesser = 0,036) findet man in ihm, wie auch in dem grössere Intercellularräume enthaltendem Schwammgewebe.

An die Gefässbündel der grösseren Nerven sind im Querschnitt Hartbastsicheln gelagert.

Die Theinreaction trat ein (Blatt 6 cm lang, 2,5 cm breit.)

Aus der Beschreibung der von mir untersuchten drei Varietäten geht hervor, dass die var. *typica* durch Einschichtigkeit der oberseitigen Epidermis und deutliche Kaminbildung über den Spaltöffnungen, die var. *Riedelii* durch pallisadenartige Struktur der stellenweise zweischichtigen Epidermis und die var. *fertilis* durch eine stellenweise zweischichtige, jedoch nicht pallisadenartig gestreckte Epidermis ausgezeichnet sind. Sonst stimmen im Wesentlichen die genannten drei Varietäten rücksichtlich der Blattstruktur überein, besondere Hervorhebung verdient, dass Verschleimung der oberen Epidermis bei allen angetroffen wird.

Ilex cujabensis Reiss. H. B.
Riedel, Brasilien.

Die Epidermis der Blattoberseite ist einschichtig; die Höhe derselben (incl. der verschleimten Membran, siehe unten) beträgt 0,06 mm; die Dicke der starken Aussenwand 0,012 mm.

In der Flächenansicht erscheinen die Zellen der oberen Epidermis polygonal, 4—8eckig, dickwandig und zierlich gestreift, der Maximallängsdurchmesser einzelner beträgt 0,045 mm. Die obere Epidermis besteht fast ausschliesslich aus Zellen mit verschleimter Innenmembran, diese kommen vereinzelt, wie ich gleich hervorheben will, auch in der unteren Epidermis vor.

Die Zellen der unteren Epidermis sind auf dem Flächenbilde polygonal, dünnwandig und deutlich gestreift, öfter ist ihr Zelllumen abgerundet.

Die zahlreichen elliptischen Spaltöffnungen der unteren Epidermis haben einen Längsdurchmesser = 0,015—0,021 mm. Korkwarzen treten in der Epidermis nicht auf.

Das Mesophyll ist bifacial. Das Pallisadenparenchym ist ein- bis zweischichtig und kurzgliedrig, Kalkoxalatdrusen (Maximaldurchmesser = 0,03 mm) findet man in ihm, wie auch in dem, grössere Intercellularräume enthaltendem Schwammgewebe.

Die Gefässbündel der grösseren Nerven sind rings von Sclerenchymgewebe umgeben.

Die Theinreaction trat schwach ein (ausgewachsenes Blattstück).

Ilex affinis Gardn. H. M.
var. a *genuina* Loes.
β angustifolia (Reiss.)
Pohl, Brasilien.

Die Epidermis der Blattoberseite ist in der Regel typisch zweischichtig, d. h. die beiden Zellschichten correspondiren mit ihren Seitenrändern.

Die Höhe dieser zweischichtigen Epidermis beträgt 0,045 mm, die Dicke der deutlich gestreiften Aussenwand 0,015 mm. Auf dem Flächenbilde erscheinen die einzelnen Zellen der oberen Epidermis 4—6eckig, dickwandig, öfter mit abgerundetem Lumen; hin und wieder ist die eine oder die andere Zelle durch zwei bis drei dünne Verticalwände getheilt. In der unteren Zellenschicht der oberen Epidermis finden sich zahlreiche Zellen mit verschleimter Innenmembran.

Die Epidermiszellen der Blattunterseite sind in der Flächenansicht ziemlich polygonal, dickwandig und gestreift. Die Innenwände der Zellen und die daran sich anschliessenden Theile der Seitenwandungen derselben sind sclerosirt und getüpfelt, die Epidermiszellen erscheinen infolgedessen im Blattquerschnitt hufeisenartig verdickt.

Die zahlreichen, kleineren und grösseren, elliptischen Spaltöffsungen der unteren Epidermis erreichen einen Längsdurchmesser von 0,03 mm; vier bis fünf Epidermiszellen ziehen sich unter dieselben hinunter und erscheinen als Nebenzellen.

Das Mesophyll ist bifacial; das Pallisadenparenchym ist zwei- bis dreischichtig. Zahlreiche Kalkoxalatdrusen (Maximaldurchmesser = 0,03 mm) finden sich im Pallisadengewebe wie auch in dem, mit grossen Intercellularräumen versehenem Schwammgewebe. Die Gefässbündel der grösseren Nerven sind von Sclerenchymgewebe eingeschlossen, welches mit der beiderseitigen Epidermis durch Steinzellen verbunden ist.

Die Theinreaction trat schwach ein (Blatt 8 cm lang, 2,5 cm breit.)

Ilex affinis Gardn. H. M.
var. b *rivularis* (Gardn.).
Martius, Brasilien.

Wesentliche Unterscheidungsmerkmale sind der var. a *genuina* gegenüber nicht vorhanden.

Die Theinreaction trat auch hier schwach ein (Blatt 9 cm lang, 3 cm breit).

Ilex symplociformis Reiss. H. M.
Blanchet, Brasilien.

Die Epidermis der Blattoberseite ist einschichtig; die Höhe derselben beträgt 0,036 mm, die Dicke der starken Aussenwand 0,015 mm.

Auf dem Flächenbilde zeigen die Zellen der oberen Epidermis polygonale Gestalt, erscheinen 4—6eckig, dickwandig und weitlumig (Maximallängsdurchmesser = 0,045 mm). Zellen mit verschleimter Innenmembran sind in der oberen Epidermis zahlreich vorhanden; die Aussenwand der letzteren ist deutlich gestreift.

Die Zellen der unteren Epidermis sind relativ kleinlumig, sie erscheinen bei hoher Einstellung mit dickwandigen, mehr oder weniger gebogenen Seitenrändern versehen, bei tiefer Einstellung sklerosirt und getüpfelt. Die relativ dünne Aussenwand ist deutlich gestreift, die Innen- und Seitenwände der einzelnen Zellen sind sclerosirt und getüpfelt.

Spaltöffnungen von elliptischem Umriss und einem Längsdurchmesser = 0,012—0,015 mm sind in der unteren Epidermis zahlreich vorhanden; Korkwarzen treten in ihr vereinzelt auf.

Das Mesophyll ist bifacial. Das Pallisadenparenchym ist ein- bis zweischichtig und kurzgliedrig; Kalkoxalatdrusen (Maximaldurchmesser = 0,03 mm) sind im Pallisadengewebe, wie auch in dem, mässig grosse Intercellularräume enthaltendem Schwammgewebe zu finden.

Die Gefässbündel der grösseren Nerven sind rings von Sclerenchymgewebe eingeschlossen.

Die Theinreaction trat ein (Blatt 7 cm lang 3 cm breit).

Ilex conocarpa Reiss. H. B.
Glaziou n. 20834 Goyaz.

Die Epidermis der Blattoberseite ist einschichtig, die Höhe derselben beträgt 0,045 mm, die Dicke der sehr starken Aussenwand 0,024 mm.

In der Flächenansicht zeigen die Zellen der oberen Epidermis 4—8eckige, polygonale Gestalt und dickwandige Seitenränder, sie sind grosslumig (Längsdurchmesser 0,015—0,045 mm). Die Cuticula ist mit einer deutlichen, bündelförmig verlaufenden Streifung versehen. Zellen mit verschleimter Innenmembran treten in der oberen Epidermis zahlreich auf.

Die Epidermiszellen der Blattunterseite sind relativ kleinlumig, sie besitzen dickwandige und gradlinige bis schwach gebogene Seitenränder, die Aussen- und Innenwände derselben sind stark verdickt, die letzteren getüpfelt. Die zahlreichen Spaltöffnungen der unteren Epidermis haben elliptischen Umriss und einen Längsdurchmesser = 0,012—0,024 mm.

Eine leistenförmige Erhebung der Cuticula ist in der Umgebung der Schliesszellen, annähernd parallel zu diesen zu beobachten. Korkwarzen treten auf der unteren Epidermis auf.

Das Mesophyll ist bifacial; das Pallisadenparenchym ist zweischichtig, kleinere Kalkoxalatdrusen (Maximaldurchmesser = 0,015 mm) sind spärlich im Pallisadengewebe, wie auch in dem, mit grossen Intercellularräumen versehenem Schwammgewebe vorhanden.

Die Gefässbündel der grösseren Nerven sind nach oben unten von stark entwickeltem, bis an die beiderseitige Epidermis reichendem Sclerenchymgewebe begleitet.

Die Theinreaction trat ein (Blatt 7,5 cm lang, 3 cm breit).

(Fortsetzung folgt.)

Congresse.

Mac Dougal, D. T., Proceedings of the section of botany at the New York meeting of the American association. (Science. New Series. Vol. XII. 1900. No. 203. p. 577—586.)

Gelehrte Gesellschaften.

Société pour l'étude de la flore franco-helvétique. Société pour l'étude de la Flore française (transformée) 1899. (Mémoires de l'Herbier Boissier. 1900. No. 20. p. 37—52.)

Botanische Gärten und Institute.

Heckel, Ed., Notice sur le musée et l'institut colonial de Marseille. (Mémoires de l'Herbier Boissier. 1900. No. 20. p. 65.)

Instrumente, Präparations- und Conservations-Methoden.

Albrecht, H., Eine neue Construction eines Mikrotoms mit schiefer Ebene und ununterbrochen wirkender Mikrometerschraube von der Firma C. Reichert in Wien. (Zeitschrift für wissenschaftliche Mikroskopie und für mikroskopische Technik. Bd. XVII. 1900. Heft 2. p. 159—162. Mit 1 Holzschnitt.)

Cooke, Mordecai Cubitt, One thousand objects for the microscope; with a few hints on mounting. 12°. 13, 180 pp. il. New York (Warne & Co.) 1900. Doll. 1.—

De Vries, Hugo, On the use of transparent paper bays. (Journal of the Horticult. Soc. Vol. XXIV. April 1900. Hybrid Conference Report. p. 266—268.)

Hartwich, C., Ueber ein neues Micrometerocular. (Zeitschrift für wissenschaftliche Mikroskopie und für mikroskopische Technik. Bd. XVII. 1900. Heft 2. p. 156—158. Mit 2 Holzschnitten.)

Jordan, H., Ueber die Anwendung von Celloïdin in Mischung mit Cedernholzöl. (Zeitschrift für wissenschaftliche Mikroskopie und für mikroskopische Technik. Bd. XVII. 1900. Heft 2. p. 191—198.)

Müller, Friedrich, Eine Drehscheibe als Diapositivträger für Projectionsapparate. (Zeitschrift für wissenschaftliche Mikroskopie und für mikroskopische Technik. Bd. XVII. 1900. Heft 2. p. 162—166. Mit 2 Holzschnitten.)

Schiefferdecker, P., Ueber gläserne Farbtröge. (Zeitschrift für wissenschaftliche Mikroskopie und für mikroskopische Technik. Bd. XVII. 1900. Heft 2. p. 167—168. Mit 1 Holzschnitt.)

Stepanow, E. M., Ueber die Anfertigung feiner Celloïdinschnitte vermittels Anethols. (Zeitschrift für wissenschaftliche Mikroskopie und für mikroskopische Technik. Bd. XVII. 1900. Heft 2. p. 181—184.)

Stepanow, E. M., Eine neue Einbettungsmethode in Celloïdin. (Zeitschrift für wissenschaftliche Mikroskopie und für mikroskopische Technik. Bd. XVII. 1900. Heft 2. p. 185–191.)

Referate.

Raciborski, M, Parasitische Algen und Pilze Javas. II. und III. Herausgegeben vom Botanischen Institut zu Buitenzorg. 46 und 49 pp. Batavia 1900.

Ueber den ersten Theil, der vorliegenden beiden Publikationen vorherging, haben wir bereits früher referirt. Die vorliegenden schliessen sich der früheren würdig an. Nicht weniger als 50 und 63 Parasiten, darunter 8 und 3 neue Gattungen und 40 und 49 neue Arten, werden kurz beschrieben. Unter ihnen befindet sich nur eine Alge, das bekannte *Phyllosiphon Arisari.*

Von ganz allgemeinem Interesse ist der einleitende Abschnitt des III. Theiles, der über die Parasitenflora Javas überhaupt, über ihren Charakter und ihre Unterschiede von der besser bekannten europäischen Parasitenflora handelt. Charakteristisch für Java ist insbesondere der Reichthum an parasitischen *Chroolepideen*, von denen Arten der Gattung *Cephaleuros* vielfach auf Culturpflanzen (Gewürznelken, Muskatnuss, Kokosnuss, Areca, Kaffee, Vanille) sehr schädigend auftreten, während die parasitischen *Siphoneen* weniger schädlich sind. In *Gunnera*, *Azolla* und *Cycas*-Wurzeln lebende *Nostocaceen* sind allgemein verbreitet.

Von Pilzen ist der Reichthum an schwarzen Epiphyten auf Blättern und Stengeln besonders in die Augen fallend. Ueber die unter diesen häufigen, sehr verschiedenen Anpassungen an die Lebensweise (Wasseraufnahme, Haftvorrichtungen) dürfen wir von der weiteren Bearbeitung des vom Verf. gesammelten Materials interessante Aufschlüsse erwarten. Unter den hierher gehörigen Pilzen giebt es alle Uebergänge von völliger Unschädlichkeit bis zu ausgesprochenem Parasitismus, und die Grenzen beider Lebensweisen sind vielfach verwischt. *Meliola* vereinigt in derselben Gattung rein epiphytische und echt parasitische Arten, welche sogar Blattdeformationen hervorzurufen vermögen.

Weiter bieten besonderes Interesse und sind charakteristisch die häufig vorkommenden, rein epiphytisch wachsenden sterilen weissen Mycelstränge, welche trotz ihres äusserlichen Wachsthums doch die von ihnen befallenen Pflanzentheile rapid abtödten, zweifellos durch Production eines giftigen Exkretes. An Muskatnuss, Kaffee u. a. können durch solche Pilze schwere Krankheiten hervorgerufen werden. Der hierher gehörige Schädling des Kaffeebaumes ist schon länger als *Pellicularia Coleroga* Cooke bekannt. Nur in seltenen Fällen gelang es Verf. solche Mycelstränge zur Fruchtbildung zu bringen. Dieselben entpuppten sich in diesen Fällen als *Campanella*- resp. *Marasmius*-Arten. Ein ähnliches Mycel, das indessen runde Sclerotien bildet, ist den Zuckerrohrpflanzern als „Rod rot“ bekannt.

Die *Uredineen* Javas erhalten sich biologisch einigermaassen verschieden von denen der gemässigten Zone. Ihre Teleutosporen bedürfen meist keiner Ruheperiode, sondern keimen sofort aus. Dabei geht die Uredosporenbildung stetig weiter, so dass die Teleutosporen als Fortpflanzungsorgane ganz in den Hintergrund treten, zum Theil (Hemileia) noch nicht gefunden sind. Die neu aufgestellte *Uredineen*-Gattung *Goplana* mit einer Art, *G. Micheliae* Rac. auf den Blättern von *Michelia velutina*, bildet, ein Bindeglied zwischen den *Auriculariaceen* und den *Uredineen*, zwischen *Stypinella* und *Coleosporium*. Von ersterer unterscheidet sie sich eigentlich nur durch ihre parasitische Lebensweise, von *Coleosporium* durch die dreizelligen Basidien und den Besitz einer (wenig deutlichen) Pseudoperidie.

Ustilagineen scheinen sparsam zu sein. Sicher gilt das von den *Peronosporeen*, von denen *Phytophthora* am verbreitesten zu sein scheint. Ungemein reich entwickelt sind dafür die *Ascomyceten*, darunter neben *Phyllachora* besonders die *Hysteriaceen* und *Micro-*

thyriaceen. *Erysipheen* wurden bisher nur in Conidien tragendem Zustande gefunden.

Hexenbesenartige Deformationen sind in der Flora Javas häufig; aber nur bei den durch *Ustilago Treubii* Solms hervorgerufenen Neubildungen von *Polygonum chinense*, bei den durch *Epichloë bambusina* erzeugten Hexenbesen der Bambusen und *Gigantochloa*-Arten, bei den durch *Epichloë montana* verunstalteten Blüten und Kurztrieben der *Myrsine affinis* und bei den durch *Uromyces Tepperianus* verursachten Neubildungen auf *Acacia montana* ist die Ursache, ein pilzlicher Parasit, bekannt.

Die neuen Gattungen sind folgende: *Balladyna*, eine *Perisporiacee*, charakterisirt durch gestielte Perithecien, die einen Askus enthalten, mit der epiphytischen Art *B. Gardeniae* Rac. *Anhellia* ist eine neue Gattung der *Myriangeen*, in Blättern parasitisch (*A. tristis* Rac. auf Blättern von *Vaccinium Teysmannianum* Miq.). Die schwarzen Apothecien werden subepidermal angelegt und brechen dann durch. Die mauerförmig getheilten Sporen entstehen zu 8 in der Asci. Die *Hypocreaceen*-Gattung *Lambro* ist von *Polystigma* durch kleine Stomata mit grossen warzenförmigen Perithecien Mündungen, von *Valsonectria* durch getrennt im Stroma stehende und einzeln sich öffnende Perithecien sowie glatte, in zwei sehr ungleich grosse (unten kleiner, später leer) Zellen getheilte Sporen verschieden. *L. insignis* Rac. bildet orangerothe Stromata auf hellgelbgrünen Flecken der Blätter von *Sterculia subpeltata*. Derselben Familie gehört *Konradia*, eine rein epiphytische Gattung an, mit russschwarzen Fruchtkörpern, basifugal entstehenden Perithecien, jung fädigen, später quer in viele kugelige Theilsporen getheilten Askosporen. *K. bambusina* Rac. und *K. secunda* Rac. wachsen auf Internodien und Knoten von Bambusen. Die *Hysteriacee Mendogia* unterscheidet sich von *Hysterographium* wesentlich durch mehrere Perithecien im Stroma. Die einzige Art *M. bambusina* Rac. lebt ebenfalls epiphytisch an Bambuszweigen. Die *Phacidiaceen*-Gattung *Iridyonia* mit *J. Filicis* Rac. auf Blättern von *Blechnum orientale* bildet ihre Hymenien unter der Epidermis der Unterseite innerhalb eines Pseudoparenchyms, dessen äussere Lage ebenso wie die Epidermis gesprengt werden. Askosporen spindelförmig, zweizeilig, an den Enden in 1 oder 2 Stacheln ausgezogen. Die neue Gattung *Goplana* ist bereits oben besprochen. Neu ist ferner die *Uredineen*-Gattung *Skierkia*, auf eine auf *Canarium commune* vorkommende Form (*Sk. Canarii* Rac.) begründet, nächst verwandt mit *Hamaspora*, ober verschieden durch einzellige, stiellose Teleutosporen mit abgestutzter Basis, Die *Exobasidieen*-Gattung *Kordyana* ist charakterisirt durch halbkugelige kleine Hymenien, welche aus einem kleinen, in der Spaltöffnungshöhle gebildeten Stroma nach aussen herauswachsen. Die Basidien sind ungetheilt und tragen an der Spitze je 2 Sterigmen mit elliptischen, farblosen Sporen. Dazu zieht Verf. das frühere *Exobasidium Tradescantiae* Pat. und die neue *K. Pinangae* Rac., von denen erstere Art zwischen den Basidien sterile Hyphen trägt, wogegen bei letzterer die Basidialzelle im unteren Theil blasenartig angeschwollen ist. Die *Exobasidiee Lelum ustilaginoides* nov. gen. et sp. deformirt die jungen Triebe einer *Persea* des Buitenzorger Gartens zu dicken länglichen Gallen. Sie wächst intercellular. Die Sporen werden 6—10 Zellschichten unter der Epidermis ohne Sterigmen gebildet und gelangen in's Freie, nachdem die äussere Zelllage emporgehoben und zerrissen ist. Zu den *Fungi imperfecti* gehört die neue Gattung *Beniowskia*, deren einzige Art, *B. graminis* Rac., in Blättern von *Panicum nepalense* parasitirt und auf der Unterseite rundliche ballenförmige Fruchtkörper bildet. Diese entstehen, indem die herauswachsenden Mycelfäden sich wiederholt dichotom theilen und die Aeste dann mit einander anastomosiren, so ein kugliges lockeres Gebilde bildend, das aus netzartig mit einander verbundenen Hyphen besteht. An diesen entstehen seitlich durch Knospung die kugeligen Conidien. Im Innern des Fruchtkörpers finden sich keine frei endigenden Hyphen, nur einzelne, dann korkzieherförmig gewundene auf der Peripherie.

Behrens (Weinsberg).

Maire, R., Sur la cytologie des *Hyménomycètes*. (Comptes rendus hebdomadaires de l'Académie des sciences de Paris Bd. CXXXI. 1900. p. 121.)

Den Mittheilungen des Verf.'s liegen Beobachtungen an folgenden Pilzen zu Grunde: *Hypholoma appendiculata*, *H. fasciculata*, *Psathyrella disseminata*, *Panaeolus papilionaceus*, *Lactarius piperatus*, *Pholiota lucifera*, *Coprinus radiatus*, *Polyporus versicolor*, *Trametes suaveolens* und *Cyphella ampla*.

Die jungen Basidien enthalten meist zwei Zellkerne (seltener drei oder vier), deren Nucleoli sich durch starke Färbbarkeit auszeichnen. Bei der Theilung der Kerne werden vier Chromosome gebildet, die Kernmembran löst sich, und es werden die Centrosomen sichtbar, die mit dem Nucleolus durch feine Fäden in Verbindung stehen. Während der Nucleolus nach und nach seine chromatischen Eigenschaften verliert, gewinnen die Chromosome immer mehr an Färbbarkeit; hierauf erfolgt Quertheilung der Chromosome. Während die Tochterchromosome nach den Polen wandern, verschwindet der Nucleolus. Die Chromosomen verlieren allmählich ihre Färbbarkeit und gleichzeitig werden in den Tochterkernen die neuen stark färbbaren Nucleolen sichtbar. An beiden Enden der Tochterkerne erscheinen ferner die Centrosomen. Vor diesen entstehen die Sterigmen, in welche die Centrosomen alsbald eindringen. Der Kern, der in diesem Zustand als homogen färbbares Körperchen erscheint, folgt nach, sobald die Membran der Sterigmen sich zu verdicken beginnt, und theilt sich daselbst; jeder Tochterkern besitzt vier Chromosome.

Die Zellen des Mycels (*Coprinus radiatus*) sind einzellig.

Küster (Halle a. S.).

Bomansson, J. O., Ålands Mossor. (Acta soc. pro fauna et flora fenn. XVIII. 1900. No. 4. 131 pp.)

Eine übersichtliche Zusammenstellung aller bisher auf den Ålandsinseln beobachteten *Bryophyten*, und zwar werden vom Verf.

aufgeführt: 1. 125 Lebermoose, 2. 26 *Sphagna* und 3. 377 Laubmoose.

Von den letzteren werden ausführlich lateinisch beschrieben:

Bryum maritimum Bom. Rev. bryol. 1897. p. 1. *Br. alandense* Bom. sp. nov. *Br. Bergöense* Bom. Rev. bryol. 1899. p. 12. *Br. ovarium* Bom. Rev. bryol. 1899. p. 9. *Br. brachycarpum* Bom. sp. nov. *Br. contractum* Bom. Rev. bryol. 1899. p. 9. *Br. turgidum* Bom. sp. nov. *Br. tumidum* Bom. Rev. bryol. 1899. p. 11. *Br. insularum* Bom. sp. nov. *Br. stenotheca* Bom. Rev. bryol. 1899. p. 10. *Br. litoreum* Bom. Rev. bryol. 1898. p. 10. *Br. versisporum* Bom. Rev. bryol. 1896. p. 91. *Br. lutescens* Bom. Rev. bryol. 1897. p. 1. *Br. lingulanum* Bom. sp. nov.

Selbstverständlich werden bei allen Arten und Formen genaue Standortsangaben und auch zu verschiedenen Species und Varietäten kritische Bemerkungen gemacht. Ein Register bildet den Schluss der umfangreichen Arbeit.

Warnstorf (Neuruppin).

Hazewinkel, J. J., Das Indican, dessen Spaltung (Indoxyl und Dextrose), das dabei wirkende Enzym (Analogon des Emulsins). (Chemiker-Zeitung. 1900. p. 409).

Wenn man den Saft der Blätter von *Indigofera leptostachya* in der Art gewinnt, dass eine sonst mögliche enzymatische Wirkung nicht stattfindet, so erhält man eine Flüssigkeit, welche sehr haltbar ist und in Lösung eine Indigo liefernde Substanz enthält. So wird z. B. Indigo geliefert durch Einwirkung eines in der *Indigofera* vorkommenden Enzyms. Dasselbe wurde durch Zerstossen der *Indigofera*-Blätter mit Alkohol, Auspressen, Trocknen und Pulvern erhalten. Das wirksame Agens in diesem Pulver ist nicht ganz unlöslich in Wasser, viel stärker löslich in einer 10 proc. Kochsalzlösung und in Glycerin.

Emulsin ruft eine ganz analoge Spaltung hervor. — Verf. nennt das Enzym Indimulsin. Es ist unwirksam unterhalb 5°. Im trocknen Zustande stirbt es nur langsam beim Erhitzen ab und ist z. B. nach ½ stündigem Erwärmen auf 125° C noch nicht ganz vernichtet. In einer Alkohollösung von 25 Vol.-Proc. ist jede Wirkung ausgeschlossen.

Der Körper, welcher durch das Enzym zersetzt wird, muss ein Glucosid sein. Bei Einwirkung von Säuren bildet derselbe Dextrose. Obgleich derselbe in seinen Eigenschaften stark abweicht von demjenigen, welcher in der Litteratur als Indican bezeichnet wird, so hat Verf. doch diesen Namen beibehalten. Das Product, das bei der technischen Gährung entsteht, ist nicht, wie man gewöhnlich annimmt, Indigweiss, sondern Indoxyl. Zur Controle nach der Methode Heumann Bachofen bereitetes Indoxyl zeigte dieselben Eigenschaften, wie das durch Gährung gewonnene. Auch bildete letzteres mit Isatin, Benzaldehyd und Brenztraubensäure die betr. Indogenide.

Haeusler (Kaiserslautern).

Samassa, P., Ueber die Einwirkung von Gasen auf die Protoplasmaströmung und Zelltheilung von *Tradescantia*, sowie auf die Embryonalentwicklung von *Rana* und *Ascaris*. (Verhandlungen des naturhistorisch-medicinischen Vereins Heidelberg. Neue Folge. Bd. VI. p. 1.)

Reiner Sauerstoff führt, wie Lopriore bereits angiebt, keine Beschleunigung der Plasmaströmung in den Zellen der *Tradescantia*-Haare herbei. Sauerstoffentziehung bringt sie nach des Verf.'s und nach Kühne's neueren Untersuchungen schnell zum Stillstand. In Stickoxydul wird die Strömung nach 15 bis 20 Minuten sistirt: Seine Wirkung ist die eines indifferenten Gases. An Kohlensäure findet, wie Lopriore bereits bemerkt hat, eine Anpassung des Plasmas statt, wenn man nach einander Gasgemische anwendet, die immer mehr CO_2 und weniger O enthalten. In reiner Kohlensäure kommt aber nach Verf. auch nach solcher Vorbehandlung die Bewegung des Plasmas bald zum Stillstand. Die Wirkung der Kohlensäure auf die Plasmaströmung hält Verf. für eine specifische Säurewirkung: Versuche mit Schwefel-, Ameisen- und Essigsäure führten Verf. zu der Vermuthung, „dass es für alle Säuren einen bestimmten Grad der Verdünnung giebt, in dem sie die Strömung sistiren, ohne die Zelle zu tödten". Eine ähnliche wichtige Uebereinstimmung in den Wirkungsweisen findet Verf. darin, dass der unter normalen Verhältnissen hyaline, structurlose Kern unter Einwirkung von Kohlensäure dieselbe schaumige Beschaffenheit annimmt, wie nach Behandlung mit den bereits genannten drei Säuren, während in H, N und N_2 O der Kern seine normale Beschaffenheit beibehält, auch wenn die Plasmaströmung bereits erloschen ist.

Demoor giebt an, dass sich in den Zellen der *Tradescantia*-Haare die Theilung ungestört fortsetzt, auch wenn durch äussere Agentien (Chloroform, Sauerstoffentziehung) die Strömung zum Stillstand gebracht worden ist. Die Untersuchungen des Verf.'s führten hingegen zu dem Ergebniss, „dass bei völlig sistirter Plasmaströmung die Korntheilung sich nicht nur nicht fortsetzt, sondern auch noch eine verzögernde Nachwirkung von individuell schwankender Dauer erfährt".

Die übrigen Angaben haben vorwiegend zoologisches Interesse, weswegen wir auf ihre Darlegung verzichten.

Küster (Halle a. S.)

Windisch, W. und **Schellhorn, B.,** Ueber das Eiweiss spaltende Enzym der gekeimten Gerste. (Wochenschrift für Brauerei. Jahrg. XVII. 1900. No. 24. p. 334—336.)

Verff. stellten sich die Aufgabe, in die widerstreitenden Ansichten über das oben genannte Thema Klarheit zu bringen. Zur Lösung ihrer Fragen bedienten sie sich der Fermi'schen Methoden, welche die Verflüssigung der Gelatine als Indicator auf eiweisslösende Enzyme benutzt. Es stellte sich dabei heraus, dass solche Enzyme thatsächlich vorhanden sind, und dass sie besonders in alkalischer Lösung wirken, also mit dem Trypsin Aehnlichkeit haben dürften.

Kolkwitz (Berlin).

Tschirch, A. und **Kritzler, H.**, Mikrochemische Untersuchungen über die Aleuron-Körner. (Berichte der deutschen Pharmaceutischen Gesellschaft. Jahrgang X. Heft 6. p. 214—222.)

Um über die für die Aleuron-Körner in Betracht kommenden Eiweissstoffe Näheres zu erforschen, bedienen sich die Verfasser mikrochemischer Methoden, da eine makrochemische Untersuchung deshalb keine definitive Auskunft über die Bestandtheile der Aleuron-Körner zu geben vermag, weil Proteinstoffe auch im Grundplasma der Zellen vorkommen, die beim Extrahiren der Samen mit aufgelöst werden. Als Reagentien benutzten die Verfasser: Wasser, Kochsalzlösungen verschiedener Concentration, Magnesiumsulfatlösungen, Ammoniumsulfat und Monokaliumphosphatlösung. Material lieferten *Linum usitatissimum*, *Ricinus communis*, *Cannabis sativa*, *Amygdalus communis*, *Bertholletia excelsa*, *Foeniculum capillaceum* und *Myristica surinamensis*.

Hierbei kommen die Verfasser zu folgenden Resultaten: Die Aleuron-Körner der Samen von *Linum*, *Ricinus*, *Cannabis*, *Bertholletia* und *Foeniculum* und wahrscheinlich die Aleuronkörner aller Pflanzensamen, bestehen hauptsächlich aus Globulinen, welche in ihren Eigenschaften mit denen der thierischen Eiweisskörper correspondiren.

Die Krystalloide bestehen aus einer Mischung von mindestens zwei Globulinen verschiedener Löslichkeit in 1—10 proc. Salzlösungen; sie sind unlöslich in conc. Ammoniumsulfat-, conc. mit einer Spur Essigsäure angesäuerter Kochsalzlösung, sowie in conc. Monokaliumphosphatlösung, ferner unlöslich oder schwer löslich (*Bertholletia*) in conc. Magnesiumsulfatlösung.

Für die Löslichkeit der Krystalloide und der Grundsubstanz ist das Alter der Samen ein massgebender Factor.

Die Grundsubstanz der Aleuronkörner enthält neben Globulinen vielleicht kleine Mengen Albumosen, sie ist unlöslich in conc. Ammoniumsulfat- und unlöslich oder theilweise löslich in conc. Magnesiumsulfatlösung.

Die Globoide enthalten Proteinsubstanz (Globuline), Calcium, Magnesium und Phosphorsäure, welche mit einem organischen Körper gepaart ist, wahrscheinlich in fester Bindung.

Die Globoide lösen sich im Gegensatz zu den Krystalloiden, in conc. Ammoniumsulfat, conc. angesäuerter Kochsalz- und conc. Monokaliumphosphatlösung, und sind diese Reagentien den bisher bekannten Lösungsmitteln, bezw. Unterscheidungsmitteln zwischen Krystalloiden und Globoiden anzureihen.

In conc. Magnesiumsulfatlösung sind sie manchmal schwer, manchmal unlöslich, also als Proteinverbindungen mit Globulincharakter anzusprechen.

Verdünnte und conc. Monokaliumphosphatlösung ist eines der besten Lösungsmittel für Globoide.

Die Globoide bleiben trotz hohen Alters der Samen im Gegensatz zu den Krystalloiden und der Grundsubstanz immer löslich in 10 und 20 %igen Kochsalzlösungen.

Zwischen der Lösungsfähigkeit der Krystalloide (bei *Linum* auch der Grundsubstanz) und der Keimungsfähigkeit der betreffenden Samen besteht ein enger Zusammenhang. Die Keimungsfähigkeit der Samen ist wahrscheinlich von der Löslichkeit der Krystalloide in verdünnten Kochsalzlösungen direct abhängig.

Die in alten Samen gebildeten, in 10 procentigen Kochsalzlösungen unlöslichen, in 1 procentigen Natriumcarbonatlösungen aber löslichen Eiweisskörper entsprechen den Albuminaten Weyl's und sind nicht mit der Osborne'schen unlöslichen Modification der Globuline identisch, welche auf dem Wege der Darstellung der Globuline entstehen und beim Auflösen der durch Sättigen der Kochsalzauszüge mit Ammonsulfat aus denselben ausgefällten Globuline als unlöslicher Rückstand restiren.

Das Oel ist in den Samen nicht in Tröpfchenform, sondern in homogener Mischung mit dem Zellplasma als „Oelplasma" (Tschirch) enthalten. Die Aleuronkörner sind ölfrei.

Die Publikation trägt den Charakter einer vorläufigen Mittheilung, und stellen die Verfasser eine umfassende Arbeit über diesen Gegenstand in Aussicht.

Appel (Charlottenburg).

Duggar, B. M., Studies in the development of the pollen grain in *Symplocarpus foetidus* and *Peltandra undulata*. (The Botanical Gazette. Vol. XXIX. 1900. No. 2. p. 81—98. With plates I, II.)

Symplocarpus und *Peltandra* sind zwei *Aroideen.*

Bei den ruhenden Archesporzellen findet sich um den Kern kein Kinoplasma; das Gerüst ist netzförmig.

Das Synopsisstadium wurde besonders im Januar gefunden; dabei blieb die contrahirte Kernmasse entweder im Contact mit der Kernmembran oder mit dieser durch Lininfäden verbunden. Dabei tritt bei *Symplocarpus* Kinoplasma auf.

Verf. sagt ausdrücklich, dass dieses Stadium nicht durch schlechte Fixirung veranlasst werde.

Während der folgenden Stadien erfährt der Nucleolus Formveränderungen, welche vielleicht durch den Zug der ihn haltenden Lininfäden veranlasst werden.

Im Spiremstadium dürften bei *Symplocarpus* Anastomosen vorkommen.

Beim Eintritt der ersten Theilung geht bei *Symplocarpus* die multipolare Spindel in eine bipolare über, wiewohl die Spindelfasern nicht genau in einem Punkt zusammengehen.

Die Vorgänge beim Auflösen des Sternstadiums sind wegen der Kürze der Chromosomen bei *Symplocarpus* schwierig zu deuten.

Centrosomen liessen sich nicht beobachten.

Der Nucleolus erscheint nicht vor der zweiten Theilung wieder Nach Vollendung derselben werden sehr zarte secundäre Spindeln zwischen den Tochterkernen ausgebildet.

Bei der Kerntheilung in der Mikrospore sind die beiden Pole ungleich; der eine liegt der alten Wand an und ist breit, der andere reicht bis in die Mitte der Zelle und vereinigt in sich die Fasern wie in einer Kegelspitze.

Ein Schlusscapitel befasst sich mit den Präparationsmethoden, welche bei Bearbeitung des Themas zur Anwendung kamen.

Kolkwitz (Berlin).

Noll, F., Ueber die Körperform als Ursache von formativen und Orientirungsreizen. (Separat-Abdruck aus den Sitzungsberichten der Niederrheinischen Gesellschaft für Natur- und Heilkunde zu Bonn. 1900.) 8°. 6 pp. Bonn 1900.

Die vorliegende Arbeit ist eine wohlgelungene Zusammenfassung der Resultate, welche Noll in seiner grösseren Publication über den gleichen Gegenstand in Thiel's Jahrbüchern niedergelegt hat.

Er ging von der neu beobachteten Thatsache aus, dass an gekrümmten Wurzeln die Seitenwurzeln immer an der convexen Flanke entstehen, vorausgesetzt, dass die Wurzel nicht schon zur Zeit der Entstehung der Krümmung angelegt war.

Diese Localisation der Neubildungen wird nicht durch veränderte Gewebespannungen bedingt, da ähnliche Erscheinungen auch an einfachen Hyphen auftreten.

Es ist gleichgültig, ob die Krümmungen der Wurzeln durch Wachsthum oder unter dem Einfluss mechanischer Kräfte entstehen. Bestimmend für das Entstehen der Seitenwurzeln auf der Convexseite ist die Morphästhesie, d. h. das Empfindungsvermögen für veränderte Körperform.

Es ist wahrscheinlich, dass sich unter diesen Gesichtspunkt auch andere Thatsachen, wie die Exotrophie und Rectipetalität, unterordnen lassen. Vielleicht sind die gefundenen Thatsachen auch geeignet, als Handhabe bei weiteren Untersuchungen über die Anlage neuer Organe am Scheitel und über die Blattstellung zu dienen.

Kolkwitz (Berlin.)

Wettstein, R. von, Untersuchungen über den Saisondimorphismus bei den Pflanzen. (Kaiserliche Akademie der Wissenschaften in Wien. — Biologisches Centralblatt. 1900. p. 464.)

Verf. hat vor vier Jahren für das Pflanzenreich die Erscheinung des Saisondimorphismus nachgewiesen. Es handelt sich dabei um verschiedene, aus gemeinsamem Ursprung in Anpassung an die klimatisch verschiedenen Abschnitte der Vegetationszeit entstandene Arten. Seither gelang die Auffindung der Erscheinung bei Arten der Gattungen *Gentiana*, *Euphrasia*, *Alectorolophus*, *Odontites*, *Orthantha*, *Melampyrum*, *Galium*, *Ononis* und *Campanula*.

Nach der in der Abhandlung gegebenen Kritik und Erklärung der Erscheinung stellt sich der Saisondimorphismus im Pflanzenreiche als ein specieller Fall der Neubildung von Arten dar, bei welchem in Anknüpfung an Formveränderungen durch directe

Anpassung an standortliche Verhältnisse, sowie durch zufällige Variation es zu einer Fixirung der neuen Formen durch Zuchtwahl kommt. Der directen Anpassung, resp. der individuellen Variation (Heterogenesis) fällt hierbei die Neuschaffung der Formen, der Selection, die Fixirung und schärfere Ausprägung derselben durch Ausscheidung des Unzweckmässigen zu.

Als der die Zuchtwahl bewirkende Factor erscheint die seit Jahrhunderten regelmässige Wiederkehr des Wiesen- und Feldschnittes auf den mitteleuropäischen Wiesen und Feldern, welche bei den genannten Gattungen die Spaltung der Arten in je zwei zur Folge hatte, von denen die eine vor dem erwähnten Schnitte zur Fruchtreife gelangt, die zweite erst nach diesem zu blühen beginnt.

Haeusler (Kaiserslautern).

De Vries, H., Sur l'origine expérimentale d'une nouvelle espèce végétale. (Comptes rendus hebdomadaires de l'Académie des sciences de Paris. T. CXXXI. 1900. p. 124—126.)

Einer Auslese der kräftigsten Individuen, die Verf. 1895 seinen Culturen von *Oenothera Lamarckiana* entnahm, entstammt das erste Exemplar einer neuen Species, die Verf. als *Oenothera gigas* bezeichnet.

Die neue Art ist gekennzeichnet durch die breiten Blätter der grundständigen Rosette. Die Achse ist dicker, die Internodien kürzer und zahlreicher. Die Blütenstände sind stark entwickelt und ungewöhnlich blütenreich, die Hochblätter gross, die Früchte sind kurz, von konischer Form und enthalten grosse Körner.

Die neu gezüchtete Art ist durch keinerlei Uebergänge mit der Form der Stammpflanze verbunden, ihre Bildung war ferner insofern eine definitive, als in den drei nachfolgenden Generationen keine Neigung zu Rückschlagsbildungen zu beobachten war.

Küster (Halle a. S.).

Schenkling-Prévôt, Vermeintliche und wirkliche Ornithophilie. (Naturwissenschaftliche Wochenschrift. Band XIV. 1899. No. 40. p. 465—468.)

Verf. giebt in dieser kurzen Abhandlung eine Zusammenstellung der über Ornithophilie vorhandenen Litteratur. Er weist daraus nach, dass die Fälle wirklich bekannter Ornithophilie viel geringer sind, als bisher angenommen war. Während man nämlich früher geneigt war, alle Blüten, bei denen gelegentlicher Vogelbesuch constatirt wurde, als ornithophil zu bezeichnen, ist es besonders den kritischen Untersuchungen Johow's zu verdanken, dass jetzt eine ganze Reihe vermeintlicher ornithophiler Pflanzen aus der Liste der wirklichen gestrichen ist.

Mit Sicherheit als vogelblütig erkannte Pflanzen sind: *Feijoa*, deren süsse Blumenblätter nach Fritz Müller die Lockspeise der Vögel bilden; ferner *Myrrhinum*, bei welchem nach

E. Ule dasselbe der Fall ist. Weiter wurden aus ihren Blüteneinrichtungen eine Anzahl Arten von *Musaceen* (*Musa*, *Ravena* und *Strelitzia*), *Leguminosen* (*Erythrine*), *Ericaceen*, *Proteaceen* u. a. als ornithophil erkannt, deren Honig in den Nectarien anlockt. Die Vögel haben nach Scott Eliot Gelegenheit, sitzend zu denselben zu gelangen. Auch unter den parasitischen *Loranthaceen* finden sich Vertreter mit ornithophilen Blüten, wie Maurice S. Evans an *Loranthus Kraussianus* und *L. Dregei* aus Natal gezeigt hat.

Ein sehr schönes Beispiel eines vogelblütigen Gewächses ist endlich die Erdbromelie *Poya chilensis*, welche in dem durch die Blumenblätter gebildeten Becher eine Menge süsslicher Flüssigkeit abscheidet und sich ansammeln lässt. Hierdurch wird ein in Chile häufiger Staar, *Curaeus aterrimus*, angelockt, welcher begierig den Saft trinkt, seinen Kopf dabei mit Pollen bestäubt und dann bei einer zweiten Blüte die Befruchtung vollzieht. Dasselbe geschieht bei *Poya coerulea*.

Paul (Berlin).

Koning, C. J., Die Flecken- oder Mosaikkrankheit des holländischen Tabaks. (Zeitschrift für Pflanzenkrankheiten. Bd. IX. 1899. Heft 2. p. 65 ff. Mit einer Tafel.)

Zurückgreifend auf die Arbeit von Forster über die Gährung des Tabaks, weist Verf. auf die Fleckenkrankheit oder den Rost des Tabaks hin und geht auf die Litteratur über dieselbe ein. Da die Entstehungsursachen nicht bekannt waren, bezw. die Meinungen über dieselben sehr auseinander gingen, schritt Verf. zu verschiedenen Versuchen, indem er an verschiedenen Theilen die Pflanze verwundete und mit krankem Blattgewebe inficirte. Alle Infectionen glückten. Ehe Verf. nun auf die eigentliche Ursache eingeht, folgt eine allgemeine Beschreibung der Krankheit, die etwa wie folgt erkannt wird: Die jungen Blätter zeigen zwischen den Nerven dunkelgrüne Flecken, bei älteren Blättern liegen die Flecken unregelmässig. Die Flecken werden allmählich braun.

Verf. geht alsdann zur Erörterung folgenden Versuches über: Eine vollkommen gesunde Pflanze wurde in den Stengel bis an das Gefässbündel geschnitten. In den Schnitt wurde ein kleines Stückchen eines gefleckten Blattes gebracht, das etwa 34 Milligr. Blattsaft enthielt. Nach einigen Wochen zeigte sich an einem jungen Blättchen zwischen den Nerven ein dunkles Fleckchen. Von dem Zeitpunkt an nahm die Krankheit zu. Durch Vergrösserung des Pallisadenparenchyms wurde alsdann das Blatt unregelmässig. Einige ältere Blätter zeigten die Flecken in anderer Farbe. Bei grösseren Flecken fand Verf. concentrische Ringe, von denen die aussenliegenden am dunkelsten sind.

Der Anblick auf dem Felde ist fast ebenso, einige Felder scheinen roth gefärbt zu sein. Theilweise fallen auch Stücken aus den Blättern heraus, so dass diese wie angefressen erscheinen.

Weiterhin spricht Verf. seine Ansicht über die Krankheit und die Wirkung des Krankheitsgiftes aus, betonend, dass auch die mikroskopische Untersuchung keine grossen Ergebnisse habe. Verf. suchte durch Reinzüchtung den Krankheitsorganismus zu erhalten, er fand eine Bakterien-, eine *Beggiatoa-* und *Streptothrix* Art, die beide zum Theil die Krankheit hervorriefen.

Auch aus dem Boden versuchte Verf. die Krankheitserreger zu isoliren, da auch dieses nicht gelang, ging Verf. zu folgenden Versuchen über:

Erde, in der kranke Pflanzen gestanden hatten, wurde durch eine Chamberlandkerze im Verhältniss von 300 Erde zu 300 Wasser filtrirt. Das Filtrat wurde zur Impfung benutzt, das Resultat war negativ.

Auch das Impfen mit Erde hatte einen negativen Erfolg.

Ebenso hatte frische Erde, in dem erwähnten Zustand und mit weniger Wasser filtrirt keinen Impferfolg.

Desgleichen geschah eine Impfung mit Erde von den Wurzeln erkrankter Pflanzen etc.

Es muss also nach Verf. ein Zustand im Boden eintreten, der das Gift entweder zerstört oder abschwächt; dieser Zustand scheint durch das Austrocknen des Bodens hervorgerufen zu werden.

Eine Infection durch ein Streifchen eines getrockneten Blattes glückte, ebenso glückte die Uebertragung der Krankheit durch Xylem- und Phloembündel erkrankter Pflanzen auf gesunde.

Auch wurde ein Versuch mit einem Glycerinauszug aus kranken Blättern gemacht. Eine Uebertragung fand nicht statt, dagegen zeigte sich, dass das Glycerin zerstörend auf das Gift wirkte. Weiterhin wurde ein wässeriger Auszug in Temperaturen von 40—100° C gebracht, und es fand nach der Impfung mit diesen noch Infection statt, bei 100° C erwärmter Flüssigkeit verzögerte sich der Eintritt der Krankheit um ca. 14 Tage.

Von dieser Cultur wurde durch ein Blattstreifchen die Krankheit wieder auf eine andere Pflanze übertragen. Selbst einmal filtrirter Blattsaft kranker Pflanzen war im Stande, die Krankheit zu übertragen, zweimal filtrirter Saft dagegen nicht.

Wurde der Saft mit absolutem Alkohol behandelt, so bewies sich letzterer als zerstörend, es trat nach einer Impfung keine Infection ein.

Ebenso wurde das „Gift“ zerstört, wenn der Saft der kranken Blätter sich einige Wochen selbst überlassen wurde.

Eine an den Wurzeln des Tabaks gefundene *Streptothrix chromogena* konnte nicht inficiren.

Verf. zieht Vergleiche zwischen den Lebewesen, welche die Maul- und Klauenseuche und die Hundswuth verursachen, und denen der Fleckenkrankheit, darnach übergehend auf die von ihm angewendeten Bekämpfungsmaassregeln. Ausgehend von der Meinung, dass die Ernährung der Pflanzen auf die Zusammensetzung des Gewebesaftes von *Nicotiana* Einfluss haben könnte, fütterte Verf. die Pflanzen mit Kaliumcarbonat, Kaliumsulfat,

Kaliumnitrat, Kaliumphosphat, Kaliumnitrit, Natriumchlorid, Kainit und Thomasphosphat.

Einige dieser Salze wirkten, wie vorauszusehen war, giftig. Alle die gedüngten Pflanzen wurden geimpft und wurden, wenn auch nicht gleichzeitig und gleich stark krank.

Dünger	Gewächs 1898	Krankheit im Gewächs	Krankheit in den Geizen (zuigers.)	Krankheit im Gewächs 1897
I. Torfstreu - Pferdemist 70 000 kg pr. ha	gut	3%	alle	keine
II. Torfstreu, Kainit 700 kg, Schlackenmehl 700 kg	prächtig schwerer Tabak steht dunkel auf dem Feld und ist nach dem Trocknen v. guter Farbe	keine	keine	10%
III. Torfstreu. Peruguano 500 kg	etwas weniger als II	keine	30%	10%
IV. Frischer Schweinemist 70000kg, Heiderasen, Patent-Kali 500 kg	gut, doch kleines Blatt	keine	keine	keine
V. Wie IV ohne Patent-Kali	gut	keine	sporadisch	Erbsen, Karotten gebaut
VI. Torfstreu, Patent-Kali 500 kg	keine grossen Pflanzen, Farbe nichts besser als da, wo kein Patent-Kali gebraucht worden ist	keine	30%	keine
VII. Pferde-, Kuhmist 100000 kg, Heiderasen	gut	keine	keine	keine
VIII. Schafmist 70000 kg	gutes, kräftiges Blatt	2%	15%	5%
IX. Torfstreu-Ruth.	gut	keine	20%	keine
X. Torfstreu-Kalk (CaO) 10 HL	gut	7%	40%	100%
XI. Compost-Faekalien 45 000 kg, Peruguano 500 kg	vorzüglich gefärbtes Blatt	keine	keine	keine

Verf. geht auf die einzelnen Versuche genauer ein. Ferner erwähnt er, dass durch einen Versuch, nach dem Abbrechen von kranken Spitzen, gesunde Pflanzen, deren Entspitzen mit undesinficirten Händen vorgenommen sei, zum grössten Theil erkrankt sind. Verf. empfiehlt erst das Entspitzen der kranken Pflanzen, dann nach Desinfection der Hände oder einige Tage später das Entspitzen der gesunden.

Eine Tafel und mehrere Abbildungen im Text erläutern die interessante Arbeit, auf deren Einzelheiten hiermit verwiesen wird.

Thiele (Halle a. S.).

Doerstling, P., Auftreten von Aphis an Wurzeln von Zuckerrüben. (Zeitschrift für Pflanzenkrankheiten. 1900. p. 21.)

Im La Grande Oregon in Nordamerika constatirte Verf. eine Schädigung der Zuckerrüben, die durch Aphiden veranlasst wurde. An den feinen Saugwurzeln traten sie zuerst auf und zerstörten dieselben total. Darauf gingen sie auf die Unterseite der Blätter über. Die Ernte wurde zu 30—40 Proc. geschädigt, ausserdem zeigten die Rüben freie Säure und viel Glucose. Durch diese Beeinträchtigung des Zuckergehaltes wurde der Schaden noch vergrössert.

Lindau (Berlin).

Neue Litteratur.*)

Geschichte der Botanik:

Errera, L., Georges Clautriau. Esquisse biographique. (Extr. des Annales publiées par la Société royale des sciences médicales et naturelles de Bruxelles. T. IX. 1900. Fasc. 2/3.) 8°. 31 pp. Avec portrait. Bruxelles 1900.

Heering, W., Johann Jacob Meyer, ein schleswig-holsteinischer Botaniker. (Die Heimat. Jahrg. X. 1900. No. 9. p. 194.)

Legré, Ludovic, La botanique en Provence au XVIe siècle. Léonard Rauwolff. Jacques Raynaudet. 8°. X, 147 pp. Marseille (H. Aubertin & G. Rolle) 1900.

Legré, Ludovic, La botanique en Provence au XVIIIe siècle. Pierre Forskal et la florula Estaciensis. 8°. 27 pp. Marseille (imp. Barlatier) 1900.

Allgemeines, Lehr- und Handbücher, Atlanten etc.:

Burgerstein, D., Leitfaden der Botanik für niedere landwirtschaftliche Schulen. 2. Aufl. gr. 8°. IV, 134 pp. Mit 132 Abbildungen. Wien (Alfred Hölder) 1900. M. 1.80.

Krass, M. und **Landois, H.**, Lehrbuch für den Unterricht in der Naturbeschreibung. Teil II. Lehrbuch für den Unterricht in der Botanik. Für Gymnasien, Realgymnasien und andere höhere Lehranstalten bearbeitet. 5. Aufl. gr. 8°. XIV, 319 pp. Mit 313 Abbildungen. Freiburg i. B. (Herder) 1900. M. 3.20, Einbd. in Halbldr. M. —.40.

Kryptogamen im Allgemeinen:

Loitlesberger, K., Verzeichniss der gelegentlich einer Reise im Jahre 1897 in den rumänischen Karpathen gesammelten Kryptogamen. (Sep.-Abdr. aus Annalen des k. k. naturhistorischen Hofmuseums. 1900.) Lex.-8°. p. 111—114. Wien (Alfred Hölder) 1900. M. —.40.

Matsumura, J. and **Miyoshi, M.**, Cryptogamae Japonicae iconibus illustratae; or, figures with brief descriptions and remarks of the Musci, Hepaticae, Lichenes, Fungi, and Algae of Japan. 8°. Vol. I. No. 8. Pl. XXXVI—XL. Tōkyō (Keigyōsha & Co.) 1900. [Japanisch.] Jahrg. Fr. 15.—

---

*) Der ergebenst Unterzeichnete bittet dringend die Herren Autoren um gefällige Uebersendung von Separat-Abdrücken oder wenigstens um Angabe der Titel ihrer neuen Publicationen, damit in der „Neuen Litteratur" möglichste Vollständigkeit erreicht wird. Die Redactionen anderer Zeitschriften werden ersucht, den Inhalt jeder einzelnen Nummer gefälligst mittheilen zu wollen, damit derselbe ebenfalls schnell berücksichtigt werden kann.

Dr. Uhlworm,
Humboldtstrasse Nr. 22.

Algen:

Garbini, Adriano, Intorno al Plancton dei laghi di Mantova. (Memorie dell' accademia di Verona. (Agricoltura, scienze, lettere, arti e commercio. Ser. III. Vol. LXXIV. Disp. 3.)

Gibson, R. J. H. et Auld, H. P., Codium. (Liverp. Mar. Biol. Committee's Memoirs.) 8°. 8, 18 pp. 3 plates. Liverpool 1900.

Kuckuck, P., Ueber Algenculturen im freien Meere. (Wissenschaftliche Meeresuntersuchungen der biologischen Anstalt Helgoland. N. F. IV. 1900. Heft 1. p. 83—91. Mit 2 Textfiguren.)

Reinbold, Th., Meeresalgen von den Norfolk-Inseln. (La Nuova Notarisia. Ser. XI. 1900. p. 147—153.)

Svedelius, Nils, Algen aus den Ländern der Magellansstrasse und Westpatagonien. I. Chlorophyceae. (Svenska Expeditionen till Magellansländerna. Bd. III. 1900. No. 8. p. 283—316. Tafel XVI—XVIII) Stockholm 1900.

Pilze:

Arcangeli, G., I principali funghi velenosi e mangerecci. 8°. 16 pp. Con tavola. Pisa (tip. Pieraccini) 1900.

Berlese, A. N., Icones fungorum ad usum sylloges Saccardianae accommodatae. Vol. III. Fasc. I—II. Sphaeriaceae allantosporae p. p. Lex.-8°. p. 1—52. Mit 61 Tafeln. Berlin (R. Friedländer & Sohn) 1900. M. — 40.

Hennings, P., Fungi Indiae orientalis. (Beiblatt zur Hedwigia. Bd. XXXIX. 1900. Heft 5. p. 150—153.)

Hennings, P., Einige neue Uredineen aus verschiedenen Gebieten. (Beiblatt zur Hedwigia. Bd. XXXIX. 1900. Heft 5. p. 153—155.)

Hennings, P., Fleischige Pilze aus Japan. (Beiblatt zur Hedwigia. Bd. XXXIX. 1900. Heft 5. p. 155—157.)

Hirt, Carl, Ueber peptonisirende Milchbacillen. [Inaug.-Dissert., Strassburg.] 8°. 30 pp. Strassburg (Ch. Müh & Co.) 1900.

Magnus, P., Einige Bemerkungen zu Ernst Jacky's Arbeit über die Compositen bewohnenden Puccinien vom Typus der Puccinia Hieracii anlässlich der Besprechung derselben in Hedwigia. 1900. p. 91. (Beiblatt zur Hedwigia. Bd. XXXIX. 1900. No. 5. p. 147—150.)

Massalongo, C., De nonnullis speciebus novis micromycetum agri veronensis. (Atti del reale istituto veneto di scienze, lettere ed arti. Anno accademico 1899/1900. Tomo LIX. Ser. VIII. Tomo II. Disp. 8.)

Rehm, H., Beiträge zur Pilzflora von Südamerika. IX—XI. [Schluss.] (Hedwigia. Bd. XXXIX. 1900. Heft 5. p. 225—234. Mit 9 Figuren.)

Sitnikoff, A. und Rommel, W., Vergleichende Untersuchungen über einige sogenannte Amylomyces-Arten. (Zeitschrift für Spiritusindustrie. Jahrg. XXIII. 1900. No. 43—45. p. 391—392, 401—402, 409—410. Mit 2 Abbildungen und 1 Lichtdrucktafel.)

Muscineen:

Müller, Carolus, Symbolae ad bryologiam Brasiliae et regionum vicinarum. (Hedwigia. Bd. XXXIX. 1900. Heft 5. p. 235—272.)

Gefässkryptogamen:

Ascherson, P., Uebersicht der Pteridophyten und Siphonogamen Helgolands. (Wissenschaftliche Meeresuntersuchungen der biologischen Anstalt Helgoland. N. F. IV. 1900. Heft 1. p. 91—149. Mit 2 Figuren im Text.)

Physiologie, Biologie, Anatomie und Morphologie:

Albo, G., La stabilità dei nuclei lattonici e chetolici considerata secondo l'ipotesi della tensione. 8°. 7 pp. Fig. Palermo (M. Scarpitta e C.) 1899.

Bergamo, Gennaro, Scoria delle spostazioni fillotassiche. (Rend. della R. Accad. delle sc. fisiche e mat. di Napoli. Fasc. I/II. 1900.) 17 pp.

Boulet, V., Sur la membrane de l'hydroleucite. (Revue générale de Botanique. T. XII. 1900. p. 319—323. Avec fig. dans le texte.)

Clautriau, Georges, La digestion dans les urnes de Nepenthes. (Extrait des Mémoires couronnées et autres Mémoires publiés par l'Académie royale de Belgique. Tome LIX. 1900.) 8°. 55 pp. Bruxelles 1900.
Daniel, L., Les conditions de réussite des greffes. (Revue générale de Botanique. T. XII. 1900. p. 355—368.)
Delpino, Federico, Comparazione biologica di due flore extreme arctica ed antarctica. (R. Accad. delle Scienze dell' Istituto di Bologna nella sessione del 22 Aprile 1900.) 40 pp.
Delpino, Federico, Questioni di biologia vegetale. III. Funzione nuziale e origine dei sessi. (Rivista d. scienze biologiche. Vol. II. No. 4—5.) 38 pp. Como 1900.
Delpino, Federico, Circa la teoria delle spostazioni fillotassiche. (Journal of the Horticult. Soc. Vol. XXIV. 1900. Hybrid Conference Report. p. 19—22.)
Koning, C. J., De strijd des levens. (Overgedrukt uit de Natuur. 1900. Aflevering 9 en 10.) 4°. 10 pp. Med 3 fig.)
Kronfeld, M., Studien über die Verbreitungsmittel der Pflanzen. Theil I. Windfrüchtler. gr. 8°. 42 pp. Mit 5 Figuren. Leipzig (Wilhelm Engelmann) 1900. M. 1.—
Leclerc du Sablon, Recherches sur les fleurs cléistogames. (Revue générale de botanique. XII. 1900. p. 305—319. Avec fig. dans le texte.)
Leersum, P. van, Kinalogische studien. X. Over den invloed die de Cinchona Succirubra-onderstam en de daarop geënte Ledgeriana ten opzichte van het alcaloïd-gehalte wederkeerig op elkander uitoefenen. (Natuurkund. Tijdschr. Nederl. Indië. LIX. 1900. p. 33—44. 1 pl.)
Lutz, L., Recherches sur l'emploi de hydroxylamine comme source d'azote pour les végétaux. Consequences qu'on en peut tirer relativement à l'hypothèse de Bach sur l'assimilation. (Extrait des Comptes rendus du congrès des sociétés savantes en 1899. Sciences) 8°. 11 pp. Paris (Imp. nationale) 1900.
Malme, Gust. O. A:n, Förgrenings förhållandene och inflorescencens ställning hos de brasilianska asclepiadacéerna. (Öfversigt af Kongl. Vetenskaps-Akademiens Förhandlingar. Stockholm 1900. No. 6. p. 697—720. 9 fig.)
Marchlewski, L. und **Schunck, C. A.,** Zur Kenntniss des Chlorophylls. (Sep.-Abdr. aus Journal für praktische Chemie. Neue Folge. Bd. LXII. 1900. p. 247—265. 1 Figur.)
Mliniaak, Marie, Recherches sur la formation des matières protéiques à l'obscurité dans les végétaux supérieurs. (Revue générale de botanique. T. XII. 1900. p. 337—344.)
Noelli, Alberto, Contribuzione alla studio del dimorfismo del Ranunculus ficaria L. (Estratto dagli Atti della Società Italiana di scienze naturali. Vol. XXXIX. 1900.) 8°. 6 pp. Milano 1900.
Remer, Wilhelm, Beiträge zur Anatomie und Mechanik tordierender Grannen bei Gramineen nebst Beobachtungen über den biologischen Werth derselben. [Inaug.-Dissert. Breslau.] 8°. 48 pp. 1 Tafel. Breslau (typ. R. Galle) 1900.
Schleichert, F., Beiträge zur Biologie einiger Xerophyten der Muschelkalkhänge bei Jena. (Sep.-Abdr. aus Naturwissenschaftliche Wochenschrift. 1900. Heft 27.) 8°. 18 pp. Berlin 1901.
Schulze, E., Ueber den Umsatz der Eiweissstoffe in der lebenden Pflanze. II. (Zeitschrift für physiologische Chemie. 1900. No. 30. p. 241—313.)
Worsdell, W. C., The comparative anatomy of certain species of Encephalartos Lehm. (The Transactions of the Linnean Society of London. Botany. Ser. II. Vol. V. 1900. Part 14. p. 445—459. Plate XLIII.)

Systematik und Pflanzengeographie:

Coupin, Henri, Les plantes curieuses. (Ministère de l'instruction publique etc.) 8°. 19 pp. Melun (Imp. administrative) 1900.
Graebner, P., Typhaceae und Sparganiaceae. (Das Pflanzenreich. Regni vegetabilis conspectus. Im Auftrage der königl. preussischen Akademie der Wissenschaften herausgegeben von **A. Engler.** Heft 2.) gr. 8°. 11, 18, 26 pp. Mit 51 Einzelbildern in 9 Figuren. Leipzig (Wilhelm Engelmann) 1900. M. 2.—

Heimerl, Anton, Monographie der Nyctaginaceen. I. Bougainvillea, Phaeoptilum, Colignonia. (Sep.-Abdr. aus Denkschriften der mathematisch-naturwissenschaftliche Classe der Kaiserlichen Akademie der Wissenschaften zu Wien. Bd. LXX. 1900.) 4°. 41 pp. Mit 2 Tafeln und 9 Textfiguren. Wien (Carl Gerold's Sohn in Comm.) 1900.

Hiern, William Philip, Catalogue of the African plants. Collected by Dr. Friedrich Welwitsch in 1853—1861. Part IV. Dicotyledons, Lentibulariaceae to Ceratophylleae. 8°. p. 785—1035. London (British Museum) 1900.

Makino, T., Phanerogamae et Pteridophytae Japonicae iconibus illustratae; or, figures with brief descriptions and remarks of the flowering plants and ferns of Japan. Vol. I. No. 8. 8°. Pl. XXXVI—XL. Tōkyō (Keigyōsha & Co.) 1900. [Japanisch.] Jahrg. Fr. 15.—

Noelli, Alberto, Sul Peucedanum angustifolium Rchb. fil. 1867. (Estratto dagli Atti della Società Italiana di scienze naturali. Vol. XXXIX. 1900.) 8°. 17 pp. Milano 1900.

Offner, J., Notes sur la flore printanière de l'Oisans. (Extr. du Bulletin de l'Association française de Botanique. 1900.) 8°. 7 pp. Le Mans (impr. de l'Institut de bibliographie) 1900.

Ramírez, José, El Peyote. (Anales del Instituto Médico Nacional, Mexico. Tomo IV. 1900. No. 12. p. 233—249.)

Schinz, Hans, Beiträge zur Kenntnis der Afrikanischen Flora. Neue Folge. XII. (Extr. des Mémoires de l'Herbier Boissier. 1900. No. 20.) 8°. 36 pp. Avec deux planches. Genève 1900.

Schumann, K., Sterculiaceae africanae. (Monographien afrikanischer Pflanzen-Familien und Gattungen. Herausgegeben von **A. Engler.** V.) Fol. 140 pp. Mit Tafel I—XVI und 4 Figuren im Text. Leipzig (Wilhelm Engelmann) 1900. M. 30.—

Tocl, K., Ein Beitrag zur Flora Norddungarns. (Sep.-Abdr. aus Sitzungsberichte der königl. böhmischen Gesellschaft der Wissenschaften. Mathematisch-naturwissenschaftliche Classe. 1900.) gr. 8°. 19 pp. Prag (Fr. Rivnač) 1900. M. —.26.

Usteri, A., Beiträge zu einer Monographie der Gattung Berberis. (Gartenflora. Jahrg. IL. 1900. Heft 21. p. 569—576. Mit 4 Abbildungen.)

Vuyck, L., Het geslacht Rubus. Determinatie-tabellen voor inlandsche sorten. (Versl. en mededeel. d. nederl. botan. vereeniging. Ser. III. Deel II. 1900. No. 1. p 129—170.)

Wittmack, L., Hamamelis japonica Sieb. et Zucc. (Gartenflora. Jahrg. IL. 1900. Heft 21. p. 561—562. Mit Tafel 1481.)

Zahlbruckner, L., Plantae Pentherianae. Aufzählung der von A. Penther und in seinem Auftrage von P. Krook in Südafrika gesammelten Pflanzen. Pars I. (Sep.-Abdr. aus Annalen des k. k. naturhistorischen Hofmuseums. 1900.) Lex.-8°. 73 pp. Mit 5 Abbildungen und 4 Tafeln. Wien (Alfred Hölder) 1900. M. 7.20.

Palaeontologie:

Ward, L. F., Elaboration of the fossil Cycads in the Yale Museum. (The American Journal of Science. Ser. IV. Vol. X. 1900. No. 59. p. 327—345. With plates II—IV.)

Teratologie und Pflanzenkrankheiten:

Berlese, Ant., Insetti nocivi agli alberi da frutto ed alla vite. 8°. VIII, 183 pp. fig. Portici (stab. tip Vesuviano) 1900. L. 2.50.

Bonelli, Aless., La caccia alle farfalle come mezzo di distruzione delle tignole dell'uva: conferenza agli agricoltori di S. Cipriano Po, letta il 19 marzo 1899. 8°. 18 pp. Baroni (tip. Borghi) 1899.

Cannon, W. A., The gall of the Monterey pine. (The American Naturalist. Vol. XXXIV. 1900. No. 406. p. 801—810. With 6 fig.)

Notizie fillosseriche locali: situazione fillosserica a Redavalle e dintorni. 16°. 18 pp. Voghera (tip. Rusconi, Gavi, Nicrosini succ. Gatti) 1900.

Perugia, A. S., L'afide lanigero (Schizoneura lanigera Hausm.). (Estr. dal Giornale di agricoltura della domenica. 1900.) 8°. 7 pp. fig. Piacenza (tip. V. Porta) 1900.

Sanchez, Domingo y Sanchez, Une maladie des caféirs aux Philippines. (Extrait d'un rapport sur „Un insecte ennemi des caféiers". (Bulletin économique de l'Indo-Chine. 1900. Mai.)

Medicinisch-pharmaceutische Botanik:

A.

Albo, G., Funzione fisiologica di alcuni alcaloidi vegetali. (Istituto botanico della r. università di Palermo.) 8°. 15 pp. Palermo (tip. M. Scarpitta e C.) 1900.

Desprez, Georges, Etude sur le chaulmoogra. L'huile de chaulmoogra et l'acide gynocardique au point de vue botanique, clinique et pharmaceutique. [Thèse.] 8°. 80 pp. Avec fig. Paris (J. B. Baillière & fils) 1900.

Echávarri, Estudios sobre los efectos morales del tabaco, con un prólogo de **D. Tomás Prieto de la Cal.** 8°. 55 pp. Valladolid (Impr. de F. Santarén Madrazo) 1900. 1 peseta en Madrid y 1.25 en provincias.

B.

Bensis, Wladimir, Recherches sur la flore vulvaire et vaginale chez la femme enceinte. [Thèse.] 8°. 103 pp. Paris (J. B. Baillière & fils) 1900.

Edington, Alexander, South African horse-sickness: its pathology and methods of protective inoculation. (Paper read before the Royal Society. 1900. p 292—305.)

Giuffrè, L., Contributo alla teoria biologica della febbre sui fenomeni termici, che si manifestano nella vita dei microrganismi: studî ed osservazioni. (Atti della r. accademia delle scienze mediche di Palermo per l'anno 1899.)

Jacknin, Mlle M. Ch., Influence de certaines conditiones dysgénésiques sur le bacillus coli communis, particulièrement sur sa propriété fermentative. [Thèse] 8°. 66 pp. Montpellier (imp. Firmin & Montane) 1900.

Macé, E., Traité pratique de bactériologie. 4e édition, mise au courant des travaux les plus récents. 8°. VIII, L, 196 pp. Avec 338 fig. en noir et en coul. Paris (J. B. Baillière & fils) 1901.

Tschirch, A. und **Oesterle, O.,** Anatomischer Atlas der Pharmakognosie und Nahrungsmittelkunde. Ca. 2000 Original-Zeichnungen auf 81 Tafeln mit begleitendem Text. Lief. 16, 17. [Schluss.] gr. 4°. IV, VII und p. 327 —352. Mit 6 Tafeln. Leipzig (Chr. Herm. Tauchnitz) 1900. à M. 1.50.

Technische, Forst-, ökonomische und gärtnerische Botanik:

Abú-Zacarías, Cultivo de árboles frutales. Prologo de **Zoilo Espejo.** 8°. 201 pp. Madrid (Impr. de los Hijos de M. G. Hernández) 1900. 2 y 2.50.

Achard, Rapport sur les champs d'essais de la Cochinchine (champs d'essais de Ongiêm). (Bulletin économique de l'Indo-Chine. 1900. Mai.)

Barfuss, J., Der Winterschutz der Bäume, Sträucher und Pflanzen, welche in Deutschland, Oesterreich und der Schweiz frostempfindlich sind. gr 8°. VIII, 120 pp. Mit Abbildungen. Carlshorst-Berlin (Hans Friedrich) 1900. M. 2.—

Baum, H., Reisebericht über die Kunene-Sambesi-Expedition. (Der Tropenpflanzer. Jahrg. IV. 1900. No. 11. p. 545—558. Mit 2 Figuren.)

Bersch, W., Die Fabrikation von Stärkezucker, Dextrin, Maltosepräparaten, Zuckercouleur und Invertzucker. 8°. VII, 399 pp. Mit 58 Abbildungen. Wien (A. Hartleben) 1900. M. 6.—, geb. M. 6.80.

Betten, R., Praktische Blumenzucht und Blumenpflege im Zimmer. gr. 8°. VI, 296 pp. Mit 240 Abbildungen. Frankfurt a. O. (Trowitzsch & Sohn) 1900. Geb. in Leinwand M. 4.—

Bonelli, Michelangelo, Sulla combustione spontanea dei foraggi e sui mezzi pratici per preservarsene. (Memorie dell' accademia di Verona. Agricoltura, scienze, lettere, art e commercio. Vol. LXXV. Ser. III. 1899/1900. Fasc. 1/2.)

Boutilly, V., Le caféier de Libéria, sa culture et sa manipulation. (Bibliothèque de la Revue des cultures coloniales.) 8°. VII, 140 pp. et grav. Paris (Callamel) 1900.

Buffum, B. C., Alfalfa as a hay crop, etc. (Bulletin of the Wyoming Agricultural Experiment Station. 1900. No. 43. p. 47—91. 8 figs.)

Buffum, B. C., Alfalfa as a fertilizer. (Bulletin of the Wyoming Agricultural Experiment Station. 1900 No. 44. p. 93—106. 3 figs.)

Caminati, G. e **Santelli, G. B.,** Nei campi: principî d'agronomia e d'agricoltura dedicati agli insegnanti del comune di Berceto. 16°. XII, 104 pp. Berceto (tip. Lorenzo Laurenti) 1899.

Le **congiès** international de la ramie. Compte rendu in extenso de la prémière session (28, 29 et 30 juin 1900). (Extr. de la Revue des cultures coloniales. 1900.) Grand in 8°. 47 pp. Paris (imp. Levé) 1900.

Cortés y Aznar, José, El regenerador de los vinos naturales y artificiales: tratado eminentemente práctico para fabricar con facilidad, prontitud y economía vinos artificiales con substancias inofensivas en su naturaleza y combinaciones. 4°. 157 pp. Madrid (Imp. de la Viuda é Hijos de López Camacho) 1900. 16 y 16.50.

Coupin, Henri, Les maladies des vers à soie. (Ministère de l'instruction publique et des beaux-arts. Musée pédagogique, service des projections lumineuses. — Notice sur les vues.) 8°. 16 pp. Melun (Imp. administrative) 1900.

Crevost, Le Ricin. (Bulletin économique de l'Indo-Chine. 1900. Mai.)

Dachot, Léon, La fabrication du tabac en Algérie. (Algérie. Exposition universelle de 1900.) 8°. 15 pp. Alger-Mustapha (impr. Giralt) 1900.

D'Ancona, G., La lupinella. (Estr. dai Processi verbali della società toscana di scienze naturali, adunanza del di 6 maggio 1900.) 8°. 18 pp. Pisa (tip. succ. fratelli Nistri) 1900.

Druery, Chas. F., Hemp-growing. (The Gardeners Chronicle Ser. III. Vol. XXVIII. 1900. No. 722. p. 311—312.)

Fascetti, Giuseppe, La deficienza del calcare nei terreni a prato della bassa Lombardia. (Annuario della r. stazione sperimentale di caseificio di Lodi. Anno 1899.)

Fortin, Eugène, Système d'abri horinzontal pour la vigne contre les gelées, dit abri télégraphique. (Exposition universelle de 1900.) 16°. 15 pp. Avec grav. Reims (impr. Matot-Braine) 1900.

Garcke-Wittgendorf, Der Obstbaum als Strassenbaum. Anleitung zur Pflanzung und Pflege von Obstbäumen an Strassen, öffentlichen Verkehrswegen und im Grossbetriebe, sowie zur Abschätzung von Obstanlagen. gr. 8°. VIII, 69 pp. Mit 11 Abbildungen. Frankfurt a. O. (Trowitzsch & Sohn) 1900. M. 1.—

Goethe, W. Th., Die Ananaskultur in Florida. [Fortsetzung.] (Gartenflora. Jahrg. IL. 1900. Heft 21. p. 578—580.)

Gros, P., Plantes à parfums (agriculture, industrie, commerce). (Algérie. Exposition universelle de 1900.) 8°. 16 pp. Alger-Mustapha (imp. Giralt) 1900.

Hanocq, Ad., Les trois premières années d'arboriculture pratique, à l'usage de tous les praticiens et amateurs de l'arrondissement de Bar-le-Duc. 8°. 22 pp. Bar-le-Duc (imp. Facdouel) 1900. Fr. —.50.

Hoser, Peter, Einige Worte über Dahlien. (Gartenflora. Jahrg. IL. 1900. Heft 21. p. 576—578.)

Keim, A. W., Die Feuchtigkeit der Wohngebäude, der Mauerfrass und Holzschwamm, nach Ursache, Wesen und Wirkung betrachtet und die Mittel zur Verhütung, sowie zur sicheren und nachhaltigen Beseitigung dieser Uebel, unter besonderer Hervorhebung neuer und praktisch bewährter Verfahren zur Trockenlegung feuchter Wände und Wohnungen. 2. Aufl. 8°. VIII, 141 pp. Wien (A. Hartleben) 1900. M. 2.50, geb. M. 3.50.

Larbaletrier, A., Pequeña enciclopedia de agricultura. Tome IV. Manual del jardinero. Las flores; caracteres, variedades, cultivo-práctico, enemigos y enfermedades, usos y propriedades, por **R. Faveri** y **A. Larbaletrier.** 8°. 144 pp. Con grabados. Tetuán de Chamartín (Impr. de Bailly-Baillière é Hijos) 1900. 1.50 peseta en Madrid y en 2 en provincias.

Larbaletrier, A., Pequeña enciclopedia de agricultura. Tomo V. Plantas de monte, plantas arbustivas y herbáceas, plantas arbóreas, árboles maderables, fructíferos y otros. (Sus caracteres, variedades, cultivo, enfermedades, etc. etc.), 8°. 160 pp. Con grabados. Tetuán de Chamartín (Impr. de Bailly-Baillière é hijos) 1900. 1.50 y 2.—

Lefeuvre, Étude sur les matières colorantes du Cây-gia (Rhizophora Mangle). (Bulletin économique de l'Indo-Chine. 1900. Mai.)

Lemmermann, Otto, Kritische Studien über Denitrificationsvorgänge. [Inaug.-Dissert. Jena.] 8°. 91 pp. Jena (Hermann Pohle) 1900.

Mannich, Carl, Chemische Untersuchungen der Perubalsamsorten, von Herrn Dr. Preuss aus San Salvador mitgebracht (Der Tropenpflanzer. Jahrg. IV. 1900. No. 11. p. 543—544.)

Maumené, Albert et **Trébignaud, Claude,** Manuel pratique de jardinage et d'horticulture. Partie I: (Notions générales; multiplication des végétaux); partie II: (Cultures utilitaires, potagères et fruitières de plain air et de primeurs); partie III: (Cultures d'agrément, de plein air et de serres; création et ornementation des jardins; garnitures d'appartement, corbeilles, bouquets etc.). (Encyclopédie Roret.) 18°. II, 204 pp. Avec 275 fig. Paris (Mulo) 1900. Fr. 6.—

Pequeño, Diego, Cartilla vinícola. Tercera edición, corregida y aumentada. 8°. 306 pp. Con láminas. Madrid (Tip. del Sagrado Corazón) 1901. 4 y 4.50.

Perez, G. B., La provincia di Verona ed i suoi vini: cenni informazioni ed analisi pubblicate per cura dell' accademia di agricoltura, scienze, lettere, arti e commercio di Verona, aprile-giugno 1900. 8°. 36 pp. Verona (tip. G. Franchini) 1900.

Preuss, Der Perubalsam in Centralamerika und seine Kultur. (Der Tropenpflanzer. Jahrg. IV. 1900. No. 11. p. 527—543. Mit 4 Abbildungen.)

Rigaux, F., Maladies des fromages. (Laiterie prat. 1900. p. 109—110.)

Roveri, Aldo, Ragioni della concimazione delle terre; varie specie di materie concimanti; trattamento del concime di stalla. (Estr. dai Bollettini del comizio agrario di Mantova. Anno 1900. No. 2—3.) 8°. 28 pp. Mantova (A. Mondovi e figlio) 1900.

Roy-Chevrier, J., Ampélographie rétrospective. Histoire de l'ampélographie; bibliographies et textes annotés d'auteurs antérieurs à Bosc; Bibliographie viticole de Bosc à Odart. 16°. XV, 532 pp. Paris (Masson & Co.) 1900. Fr. 7.—

Santamaria, Joaquin, Essai sur l'agriculture d'Antioqua (Colombie). [Thèse.] 8°. 176 pp. Paris (Pédone) 1900.

Sauer, F., Verfahren zum Altmachen alkoholischer Flüssigkeiten. (Zeitschrift für Spiritusindustrie. Jahrg. XXIII. 1900. No. 37. p. 341.)

Symes, J. O., The bacteriology of every day practice. (Medical Monograph Series. No. 2.) gr. 8°. 90 pp. London (Baillière, Tindall and Cox) 1900. 2 sh. 6 d.

Tourney, J. W., Practical tree planting. (United States Department of Agriculture, Division of Forestry. 1900. Bulletin No. 27. 4 plates. 2 figs.)

Trabut, L., Etat de l'horticulture en Algérie en 1900. (Algérie. Exposition universelle de 1900.) 8°. 96 pp. Avec grav. Alger-Mustapha (impr. Giralt) 1900.

Vermorel, V., Note sur l'emploi du sulfure de carbone en grande culture. Petit in 8°. 12 pp. Mâcon (impr. Protat frères) 1900.

Webber, Herbert J. and **Bessey, Ernst A.,** Progress of plant breeding in the United States. (Reprinted from Yearbook of Department of Agriculture for 1899. p. 465—490. Plates XXXVI—XXXVIII. Fig. 22—23.)

Wehmer, C., Der javanische Ragi und seine Pilze. (Centralblatt für Bakteriologie, Parasitenkunde und Infektionskrankheiten. Zweite Abteilung. Bd. VI. 1900. No. 19. p. 610—619. Mit 1 Tafel.)

Wheat. (Kentucky Agricultural Experiment Station of Kentucky. Bulletin No. 89. 1900. p. 177—198. With plates I—IV.) Lexington, Kentucky 1900.

Wiesner, Julius, Die Rohstoffe des Pflanzenreiches. Versuch einer technischen Rohstofflehre des Pflanzenreiches. 2. Aufl. Bd. I. gr. 8°. XI, 795 pp. Mit 152 Figuren. Leipzig (Wilh. Engelmann) 1900. M. 25.—, geb. M. 28.—

Wortmann, Julius, Untersuchungen über das Bitterwerden der Rotweine. (Landwirtschaftliche Jahrbücher. 1900. p. 629—746. Tafel XIII—XV.)

Varia:

Goiran, Agostino, Note e comunicazioni botaniche. (Memorie dell' accademia di Verona. Agricoltura, scienze, lettere, arti e commercio. Vol. LXXV. Ser. III. 1899/1900. Fasc. 1/2.)

Personalnachrichten.

Gestorben: Dr. **R. Hegler,** Privatdocent an der Universität Rostock, am 28. September in Stuttgart. — Dr. **J. G. Boerlage,** Adjunct-Director des botanischen Gartens zu Buitenzorg, im September d. J. auf einer wissenschaftlichen Reise nach Ternate.

Inhalt.

Ausgegeben: 28. November 1900.

Druck und Verlag von Gebr. Gotthelft, Kgl. Hofbuchdruckerei in Cassel.

Band LXXXIV. No. 11. XXI. Jahrgang.

Botanisches Centralblatt.

REFERIRENDES ORGAN

für das Gesammtgebiet der Botanik des In- und Auslandes

Herausgegeben unter Mitwirkung zahlreicher Gelehrten

von

Dr. Oscar Uhlworm und **Dr. F. G. Kohl**

in Cassel in Marburg

Nr. 50. | Abonnement für das halbe Jahr (2 Bände) mit 14 M. durch alle Buchhandlungen und Postanstalten. | 1900.

Die Herren Mitarbeiter werden dringend ersucht, die Manuscripte immer nur auf *einer* Seite zu beschreiben und für *jedes* Referat besondere Blätter benutzen zu wollen. Die Redaction.

Wissenschaftliche Originalmittheilungen.*)

On some species of *Polytrichum*.

By

Harald Lindberg,

Helsingfors.

Mit 1 Tafel.**)

I have carefully studied several specimens of *Polytrichum ohioënse* Ren. et Card. from North America and Europe and I am coming to the result, that *Polytrichum ohioënse* Ren. et Card. and *P. decipiens* Limpr. are quite different species. *P. ohioënse* is only found in North America, *P decipiens* again is gathered both in Europe and North America.

The differences between *P. ohioënse* Ren. et Card. and *P. decipiens* Limpr. are following:

P. ohioënse Ren. et Card.: Lamellae foliorum e latere visae margine plano, haud crenulato, valde incrassato, plus minusve distincte papilluloso, cellulis marginalibus multo minoribus quam cellulae ceterae; cellulae marginales lamellarum in sectione transversa semper convexæ, inter se persimiles, valde incrassatae, præcipue in pariete superiore. Dorso folii cellulæ pro maxima parte

*) Für den Inhalt der Originalartikel sind die Herren Verfasser allein verantwortlich. Red.

**) Die Tafel liegt dieser Nummer bei.

longitudinaliter dispositæ sunt. Cellulae vaginae foliorum breviores et latiores.

P. decipiens Limpr.: Lamellae foliorum e latere visae margine crenulato, haud vel paullo incrassato, nec papilluloso, omnes cellulae fere aequimagnae; cellulae marginales lamellarum in sectione transversa vulgo inter se dissimiles, sed maxima pars emarginatula. Dorso folii cellulæ pro maxima parte transversaliter dispositæ sunt. Cellulae vaginæ foliorum longiores et multo angustiores.

I have examined specimens of *P. ohioënse* from following localities:

Wisconsin, Milwaukee, leg. Lapham (ex. herb. Cardot).
Lake Michigan, leg. Lapham (ex. herb. Cardot).
Illinois, Chicago, 1888, J. Röll (n. 1811).
Edgewater pr. Chicago, 20. 9. 1888, J. Röll (n. 1815).
New Jersey, Hoboken, 8. 1868, P. T. Cleve.
Massachusetts, Milton, Blue Hill, 2. 6. 1898, 28. 8. 1898, 26. 12. 1898, Geo. G. Kennedy.
District of Columbia, Rock Creek, 10. 6. 1894, J. M. Holzinger.

I have seen *P. decipiens* from the localities mentioned below:

Germania, Thüringerwald, Schmücker-Graben, zwischen Felsblöcken mit *P. formosum* und *alpinum*, 14. 8. 1882, K. Schliephacke.

Bohemia, auf Granit am Schmierschlag bei Salnau im Böhmerwalde, 30. 6. 1898, E. Bauer (Bauer, Bryotheca Bohemica, No. 42).

Finlandia, Prov. Isthmus karelicus, par. Sakkola, inter radices denudatas abietis humi prostratæ in abiegno humido inter Taipale et Järisevänniemi, 16. 7. 1895, H. L.; par. Pyhäjärvi, Toubila, in abiegno humido sub radice abietis, 17. 7. 1897, H. L.; par. Metsäpirtti, Saarois, in abiegno ad terram, 7. 8. 1897, H. L.; Prov. Tavastia australis, par. Korpilahti, Pajusalmi, 11. 8. 1873, E. Wainio (Lang).

America septentrionalis, Prince Edwards Island (as *P. ohioënse* Ren. et Card. in Canadian Musci, no. 221). To this species belongs also no. 323 in Sullivant et Lesquereux, Musci Bor. Americani, named *P. formosum* Hedw. Mr. Cardot refers this form in Botanical Gazette, aug. 1888, to *P. ohioënse*. The specimens in Musci Bor. Americani are without locality.

I found in the herbarium of Dr. V. F. Brotherus a peculiar form of *Polytrichum* sent him by Prof. J. M. Holzinger in Winona, Minn., as *P. formosum* Hedw. This moss is however quite distinct and is a new and very good species, wich I have named *P. angustidens*.

Polytrichum angustidens Lindb. fil. n. sp.

Planta 4 cm alta, rufo-viridis, robusta, simplex vel vulgo ramosa, densifolia, haud radiculosa. Folia sicca torta, recurva vel erecto-patentia, folia inferiora humida erecto-patentia, folia superiora recurvula; lamina usque ad 10 mm longa, basi ca. 0,7 mm lata, sensim in cuspidem rufam, brevem, acutiusculam et denticulatam attenuata, margine incurvo-erecto, dentato; basis eorum vaginans 1,8 mm alta, sicca nitidiuscula. Folia in sectione transversa angulis obtusiusculis, costa dorso paullo prominenti, totam fere laminam occupanti, fasciculo stereïdarum dorsali crasso, continuo, ventrali minus evoluto, interrupto, cellulis dorsalibus majusculis, extus incrassatis. Lamellae ca. 46, 0,07—0,1 mm altae, sat densae, erectae, ab uno strato (4—6) cellularum constructae, margine valde incrassato, plano, haud crenulato, longitudinaliter striatulo, cellulis marginalibus in sectione transversa ceteris haud vel paullo majoribus, ceterum iisdem similibus, supra convexis, papillosis, semilunariter valde incrassatis. Seta stricta, rigida, 0,56 mm crassa, purpurea, ca. 50 mm alta. Capsula obliqua, microstoma, basi multo crassiore, 5,7 mm longa, basi 2,3 mm crassa, sub ore solum 1,5 mm crassa, acute quadrangula, hypophysi sat distincta, stomata gerenti, cellulis exothecii hexagonis, rimosis. Operculum conicum, 2,2 mm altum, oblique longeque rostratum. Peristomii membrana basilaris alta, 0,1 mm, dentibus 64, angustis, acutiusculis, pallidis, papillulosis, 0,2 mm altis et ca. 0,035 mm latis. Spori virides, laevissimi, pellucidi, 8,8—11 μ.

Species nova pulcherrima notis supra allatis ab omnibus congeneribus optime diversa.

Hab. in America septentrionali unde a Dr. J. H. Sandberg in Idaho anno 1892 detectum et a Prof. J. M. Holzinger, Winona, Minn., sub nomine *P. formosum* Hedw. (no. 137) ad Dr. V. F. Brotherus missum.

Helsingfors, Finland, Oct. 12. 1900.

Explicatio figurarum.

Figg. 1. *Polytrichum ohioënse* Ren. et Card., Lake Michigan, leg. Lapham, (herb. Cardot).
Figg. 2. *P. ohioënse* Ren. et Card., New Jersey, Hoboken, leg. P. T. Cleve.
Figg. 3. *P. ohioënse* Ren. et Card., Distr. of Columbia, Rock Creek, leg. J. M. Holzinger.
Figg. 4. *P. decipiens* Limpr., Bohemia, Böhmerwald, leg. E. Bauer.
Figg. 5. *P. decipiens* Limpr., Sull. et Lesq. Musci Bor. Americani, No. 323.
Figg. 6. *P. decipiens* Limpr., Finlandia, Isthmus Karelicus, par. Metsäpirtti, leg. H. L.
Figg. 7. *P. decipiens* Limpr., Finlandia, Isthmus Karelicus, par. Sakkola, leg. H. L.
Figg. 8. *P. attenuatum* Menz., Finlandia, par Lojo, leg. H. L.
Figg. 9. *P. gracile* Dicks., Finlandia, Helsingfors, leg. S. O. Lindberg.
Figg. 10. *P. angustidens* Lindb. fil. n. sp., Idaho, leg. J. H. Sandberg, (herb. J. M. Holzinger).
a. lamella in sectione transversa, 280/1.
b. lamella e latere visa, 280/1.
c. cellulae e parte media vaginae folii, 130/1.
d. folium in sectione transversa, 40/1.
e. folium in sectione transversa, 130/1.
f. capsula, 7/1.
g. operculum, 9/1.
h. cellulae exothecii, 180/1.
i. pars peristomii, 40/1.

Anatomische Untersuchung der Mateblätter unter Berücksichtigung ihres Gehaltes an Thein.

Von
Ludwig Cador
aus Gross-Strelitz.

(Fortsetzung.)

Ilex Pseudothea Reiss. H. B.
Sellow, n. 2086, Minas, Brasilien.

Die Epidermis der Blattoberseite ist einschichtig: die Höhe derselben beträgt 0,045 mm, die Dicke der sehr starken Aussenwand 0,04 mm.

Auf dem Eläckenbilde erscheinen die Zellen der oberen Epidermis 4—8eckig, polygonal, grosslumig (Längsdurchmesser bis 0,045 mm) und dickwandig. Dieselben enthalten häufig einzelne grössere oder kleinere quadratische, gelbliche Krystalle von einer nicht näher gekannten, organischen Substanz, welche in Alkohol, Aether, Chloroform, Salzsäure und Essigsäure unlöslich ist, löslich hingegen in Schwefel- und Salpetersäure. Diese Krystalle färben sich mit Methylenblau, sind optisch isotrop und verflüchten sich, wenn man die Schnitte auf dem Deckgläschen bis zur Verkohlung erhitzt.

Im Querschnitt sieht man, dass die Seitenränder der einzelnen Zellen infolge stark secundärer Verdickung der Aussenwand, sozusagen in die letztere eindringen. Schleimzellen treten nur vereinzelt in der oberen Epidermis auf.

Stellenweise sind die oberen Epidermiszellen in kürzere oder längere, papillöse und dickwandige Haare ausgezogen. Das Lumen des Haarkörpers ist linienförmig und erweitert sich nach unten in das Lumen der Epidermiszelle, aus dem das Haar sich entwickelt hat.

Die Zellen der unteren Epidermis zeigen in der Flächenansicht bei tiefer Einstellung ziemlich polygonale Gestalt, sie sind dickwandig und relativ kleinlumig, bei hoher Einstellung erscheinen sie undulirt und getüpfelt.

Die dicken Aussenwände der einzelnen Zellen sind nicht getüpfelt, hingegen die Seiten- und Innenwände. Die Spaltöffnungen sind zahlreich in der unteren Epidermis vorhanden, sie haben elliptischen Umriss und einen Längsdurchmesser = 0,012—0,015 mm. Korkwarzen treten auf der Blattunterseite auf.

Das Mesophyll ist bifacial; das Pallisadenparenchym ist zweischichtig, langgestreckt. Kleinere Kalkoxalatdrusen (Maximaldurchmesser = 0,015 mm) treten im Pallisadengewebe, wie auch in dem, grosse Intercellularräume enthaltendem Schwammgewebe auf.

Die Gefässbündel der grösseren Nerven sind von Sclerenchymgewebe eingeschlossen, welches mit der beiderseitigen Epidermis des Blattes durch Steinzellen verbunden ist.

Die Theinreaction trat ein (Blatt 4 cm lang, 2 cm breit).

Ilex amara (Vell.) Loes. H. B.

1. *Ilex amara* (Vell.) Loes.
var. a *longifolia* Reiss.
forma *nigropunctata* (Miers.) Loes.
(Synon: *Ilex nigropunctata* Miers.)
Glaziou, n. 7573, Brasilien.

Die Epidermis der Blattoberseite ist einschichtig.

Die Höhe der Epidermiszellen beträgt 0,045 mm, die Dicke der starken Aussenwand 0,015 mm.

Die Cuticula ist mit starken, in unregelmässigen Windungen verlaufenden Streifen versehen.

Auf dem Flächenbilde erscheinen die Zellen der oberen Epidermis 4—8eckig, polygonal und mit dickwandigen, gradlinigen Seitenrändern versehen, hin und wieder ist die eine oder die andere Zelle durch eine dicke Verticalwand getheilt. In der oberen Epidermis finden sich zahlreiche Zellen mit verschleimter Innenmembran.

Die Zellen der unteren Epidermis sind in der Flächenansicht theils isodiametrisch dickwandig, theils länglich und dann mit etwas gebogenen dicken Seitenrändern versehen. Die Aussenwand der unteren Epidermis ist deutlich gestreift und namentlich um die Spaltöffnungen herum mit starken Verdickungsleisten versehen. Die Spaltöffnungen sind ziemlich elliptisch, haben einen Längsdurchmesser = 0,012—0,015 mm.

Korkwarzen, die schon makroskopisch leicht wahrzunehmen sind, und denen die Pflanze den Speciesnamen verdankt, treten auf der unteren Blattfläche zahlreich auf.

Das Mesophyll ist bifacial; das Pallisadenparenchym ist zwei-, öfter dreischichtig, zahlreiche Kalkoxalatdrusen (Maximaldurchmesser = 0,045 mm) finden sich in ihm, wie auch im Schwammgewebe, welches grosse Intercellularräume hat.

An die Gefässbündel der grösseren Nerven sind im Querschnitt sogenannte Hartbastsicheln gelagert.

Die Theinreaction trat deutlich ein (Blatt 7 cm lang, 3 cm breit).

2. *Ilex amara* (Vell.) Loes. H. B.
var. *longifolia* Reiss.
forma *Humboldtiana* (Bonpl.) Loes.
(Synon: *Ilex Humboldtiana* Bonpl.)
Ule, n. 1571, Brasilien.

Rücksichtlich der Blattstruktur stimmt die var. *longifolia*, f. *Humboldtiana* mit der var. *longifolia*, f. *nigropunctata* nicht ganz überein.

Die Höhe der Epidermis der Blattoberseite beträgt nur 0,03 mm. Ferner sind Zellen mit verschleimter Membran in der oberen Epidermis nicht vorhanden.

Die Innenwände der Zellen der unteren Epidermis erscheinen sclerosirt und getüpfelt. Verschieden verhält sich auch die genauere Beschaffenheit in der Streifung der Epidermis.

In den übrigen Punkten stimmt die forma *Humboldtiana* mit der *nigropunctata* überein.

Die Theinreaction trat stark ein (Blatt 6 cm lang, 2 cm breit).

3. *Ilex amara* (Vell.) Loes. H. B.
var. b. *latifolia* (Reiss.) Loess.
forma a *ovalifolia* (Bonpl.) Loes.
Pohl, Brasilien.

Das vorliegende Material zeichnet sich gegenüber dem bisher besprochenen durch eine andere Höhe der oberseitigen Epidermis (= 0,027 mm); sowie durch eine andere Dicke der Aussenwand (= 0,012 cm) aus.

Verschleimte Epidermiszellen sind, wie bei var. a *longifolia* f. *nigropunctata* vorhanden.

Die Theinreaction trat auch hier deutlich ein (Blatt 6 cm lang, 3,5 cm breit).

4. *Ilex amara* (Vell.) Loes. H. M.
var. b *latifolia* (Reiss) Loes.
forma g *microphylla* (Reis.) Loes.
Riedel, Brasilien.

Wesentliche Unterscheidungsmerkmale sind gegenüber der var. b *latifolia,* f. *ovalifolia* nicht vorhanden.

Die Theinreaction trat auch hier ein (Blatt 6 cm lang, 3,5 cm breit).

II. *Villarezia.*

Villarezia Congonha Miers. H. M.
Martius, Brasilien.

Die Epidermis der Blattoberseite ist einschichtig, die Höhe derselben beträgt 0,045 mm, die Dicke der starken Aussenwand 0,021 mm.

In der Flächenansicht erscheinen die Zellen der oberen Epidermis bei tiefer Einstellung dickwandig, 4—6eckig, polygonal und grosslumig (Längsdurchmesser bis 0,06 mm), bei hoher Einstellung undulirt und mit deutlichen Randtüpfeln versehen. Die Aussenwände der einzelnen Zellen sind sehr dick und weissrandig, auch die Innenwände haben auf dem Blattquerschnitt ein gequollenes Aussehen.

Die Zellen der unteren Epidermis erscheinen in der Flächenansicht ziemlich polygonal, relativ dickwandig und gegenüber den Zellen der oberen Epidermis kleinlumig (Längsdurchmesser 0,012 —0,015 mm). Auf dem Querschnitt sieht man, dass die Zellen etwas pallisadenartig gestreckt sind, dicke, nach aussen vorgewölbte Aussenwände besitzen, und dass die Seitenränder der Zellen getüpfelt sind. Spaltöffnungen finden sich zahlreich auf der Blattunterseite, ihre Schliesszellen haben elliptischen Umriss (Maximallängsdurchmesser = 0,03 mm) und sind mit starken Verdickungsleisten versehen, welche durch eine tiefe Furche von den Aussenwänden der benachbarten Epidermiszellen geschieden sind. Auf diese Weise kommen die mit den Schliesszellen gleichstimmig verlaufenden Furchen zur Rechten und Linken des Schliesszellenapparates zu Stande, welche in der Flächenansicht sehr auffallend entgegentraten.

Auf beiden Blattseiten finden sich charakteristische, einzellige Trichome; dieselben haben meist keulenförmige Gestalt, indem sie sich gegen das stumpfe Haarende hin verbreitern.

Daneben trifft man Trichome an, welche einen kurzen Stiel zeigen und nach der einen Seite hin keulenförmig sich verbreitern, nach der anderen hin eine kurze Aussackung besitzen, so dass das Trichom einen Uebergang von einem einarmigen bis zum zweiarmigen Haare darstellt. Die in Rede stehenden Trichome sind in der Blattoberseite von deutlichen Nebenzellen umgeben, auf der Blattunterseite sind sie in kleinen Einsenkungen gelegen.

In den Winkeln der Seitennerven erster Ordnung und des Hauptnerves beobachtet man schon mit freiem Auge kleine Grübchen, welche das Aussehen haben, als wenn sie durch den Stich einer Nadel veranlasst wären (Domatien?); die Epidermis derselben ist mit einer dicken Aussenwand versehen, die unter derselben gelegenen Zellen zeigen zumTheil Theilwände parallel zur Blattoberfläche des Grübchens. Die oben beschriebenen Trichome mit keulenförmigen Köpfchen finden sich hier und dort im Grübchen und die einfachen Deckhaare namentlich am Eingang desselben.

Das Mesophyll ist bifacial; das Pallisadenparenchym ist zwei- bis dreischichtig, grössere Kalkoxalatdrusen (Maximaldurchmesser = 0,045 mm), sowie viele Einzelkrystalle sind in ihm, wie auch in dem, grosse Intercellularräume enthaltenden Schwammgewebe zu finden.

Die Gefässbündel der grösseren Nerven sind oben und unten von stark entwickeltem Sclerenchymgewebe begleitet.

Die Theinreaction trat ein (Blatt 9 cm lang, 5 cm breit).

Villarezia mucronata R. et P. H. M.

Die Blätter dieser Art haben ein verschiedenes Aussehen; die einen sind grösser, an dem Blattrande mit grossen, dornigen Zähnen, ähnlich, wie bei *Ilex aquifolium*, versehen, die anderen kleiner, ganzrandig und erheblich dicker.*) Das mir zu Gebote stehende Untersuchungsmaterial gehörte zum Theil (nämlich das durch Froembling in Chile gesammelte) der ersten Blattform an (Blatt 7 cm lang, 3 cm breit), zum anderen Theil (nämlich

*) Nach Reiche, Flora de Chile II, 1898, p. 4 sollen die Sprosse, welche aus den älteren Stämmen hervorkommen, die dornig gezähnten Blätter besitzen. Ob dies richtig ist und ob nicht die dornig gezähnten Blätter einer anderen Art angehören, als die ganzrandigen, ist neuer Prüfung im Heimathlande der *Villarezia* werth. Erwähnt sei noch, dass die gezähntblättrigen Sprosse früher schon einmal als selbstständige Art, nämlich *Villarezia pungens* Miers in Ann. und Mag. Nat. Histor. Ser. III, IX, 1862. p. 112 beschrieben worden sind.

das durch Poeppig in Chile gesammelte) der zweiten (Blatt 4 cm lang, 2 cm breit).

Beide Blattformen unterscheiden sich auch rücksichtlich der anatomischen Struktur.

Es sollen daher im folgenden zuerst kurz die gemeinsamen anatomischen Verhältnisse und im Anschluss daran die Unterscheidungsmerkmale hervorgehoben werden.

Die Epidermis der Blattoberseite ist bei beiden einschichtig, die Höhe derselben ist bei beiden ziemlich gleich (cca. 0,045 mm), ebenso die Dicke der starken Aussenwand (cca. 0,03 mm).

Auf dem Flächenbilde erscheinen die einzelnen Zellen der oberen Epidermis beider Blattformen bei tiefer Einstellung ziemlich polygonal, bei hoher undulirt und mit Randtüpfeln versehen.

Die zahlreichen rundlichen oder elliptischen Spaltöffnungen haben einen Längsdurchmesser = 0,015 - 0,021 mm.

Weiter beobachtet man bei beiden Blattformen zahlreiche Haarnarben auf der oberen und unteren Blattfläche, welche von Nebenzellen umgeben sind.

Zahlreiche Kalkoxalatdrusen (Maximaldurchmesser = 0,045 mm) sind bei beiden im Mesophyll zu finden.

Auf der Ober- und Unterseite der Gefässbündel der grösseren Nerven ist ein kräftiger Hartbastbelag entwickelt.

Die Theinreaction trat bei beiden Blättern schwach ein.

Was nun die Unterscheidungsmerkmale anbetrifft, so finden wir solche zunächst in der Epidermis der Blattoberseite. Die Seitenränder derselben sind in der Flächenansicht bei dem Material von Poeppig dickwandig, bei dem Material von Froembling hingegen relativ dünnwandig.

Ferner sind die Zellen der unteren Epidermis in der Flächenansicht bei dem Exemplar von Poeppig ziemlich polygonal, relativ dickwandig und kleinlumig (Längsdurchmesser = 0,012 mm), womit sie sich der *Villarezia Congonha* nähern, bei dem Exemplar von Froembling hingegen sind dieselben undulirt, mit Randtüpfeln versehen und relativ grosslumig (Längsdurchmesser = 0,045 mm).

Bei dem von Poeppig gesammelten Blatt sind die Spaltöffnungen mit einfachen Nebenzellen umgeben, während bei dem von Froembling gesammelten öfter, die bei der *Villarezia Congonha* beschriebenen, halbmondförmigen Furchen um die Schliesszellen zu finden sind.

Ein weiteres, wesentliches Unterscheidungsmerkmal bietet auch das Mesophyll. Bei dem Material von Poeppig ist das Pallisadenparenchym drei- bis vierreihig, nicht deutlich parallel zur Blattfläche geschichtet; bei dem Material von Froembling hingegen ist es einschichtig und aus langgestreckten Zellen zusammengesetzt, die stellenweise durch ein bis zwei Querwände getheilt erscheinen.

Zum Schluss ist noch zu erwähnen, dass bei dem von Poeppig gesammelten Blatt die an die untere Epidermis sich anreihenden Zellen des Schwammgewebes mehr oder weniger pallisadenartig ausgebildet sind, und so der Blattbau eine Annäherung zum centrischen Bau zeigt, während die von Froembling gesammelte Blattform typisch bifacialen Bau aufweist.

III. *Symplocos.*

Symplocos caparoensis Schwacke. H. B.
Schwacke n. 6201, Serra de Caparo in Minas Geraës.

Die Epidermis der Blattoberseite ist einschichtig; die Höhe derselben beträgt 0,03 mm, die Dicke der starken Aussenwand 0,015 mm.

In der Flächenansicht erscheinen die Zellen der oberen Epidermis 4—6eckig, polygonal, dickwandig und feingetüpfelt, sie sind relativ grosslumig (Längsdurchmesser cca. 0,03 mm) und fast durchweg mit einer bräunlich grünen Substanz erfüllt, die sich nach Behandlung mit Kupferacetat und darauffolgendem Zusatz von Eisenchlorid tief schwarz violett färbte, ebenso eine tief schwarzbraune Färbung nach Behandlung mit Kal. bichromat annahm und folglich zu der Zahl der Gerbstoffe gerechnet werden kann. Ferner bemerkt man in den Zellen der oberen Epidermis eine deutliche, feine Körnelung, die jedenfalls aus Wachspartikelchen besteht; wenigstens lässt ihre theilweise Löslichkeit in kochendem Alkohol darauf schliessen. Die Cuticula ist deutlich und besonders charakteristisch gestreift: Durch Streifensysteme erscheinen grosse polygonale Felder abgegrenzt, innerhalb welcher man eine etwas schwächere und in anderer Richtung verlaufende Streifung beobachtet.

Die Epidermis der Blattunterseite besteht aus relativ kleinlumigen, mehr oder weniger polygonalen, dünnwandigen und getüpfelten Zellen. Die zahlreichen elliptischen Spaltöffnungen haben einen Längsdurchmesser = 0,012—0,021 mm, sie sind von Epidermiszellen umgeben, die als Nebenzellen erscheinen, und von denen sich gewöhnlich zwei parallel zu den Schliesszellen anschliessen.

Das Mesophyll ist bifacial, das Pallisadenparenchym ist zweischichtig, langgliedrig. Kalkoxalatdrusen (Maximaldurchmesser = 0,03 mm) findet man im Pallisadengewebe, wie auch im Schwammgewebe, das letztere enthält mässig grosse Intercellularräume.

An die Gefässbündel der grösseren Nerven ist im Querschnitt eine Hartbastsichel gelagert.

Die Theinreaction trat schwach ein (Blatt 5 cm lang, 2 cm breit).

(Schluss folgt.)

Gelehrte Gesellschaften.

Atkinson, George F., Sixth annual meeting of the Botanical Society of America. (Science. New Series. Vol. XII. 1900. No. 305. p. 677—678.)

Sammlungen.

Tassi, Fl., Illustrazione dell' Erbario del prof. B. Bartalini. (Bullettino d. Laboratorio ed Orto botanico Senese. Vol. II. 1899. p. 59 ff.)

Blasius Bartalini war 1745 zu Torrita (nicht zu Scrofiano, wie vielfach angegeben wird) geboren. Er studirte gegen 1760 zu Siena Medicin und Naturwissenschaften; war auch später ausübender Arzt, zeigte aber stets eine Vorliebe für botanische Studien, als deren Ergebniss ein Verzeichniss der Pflanzen um Siena (Catalogo delle piante dei dintorni di Siena) 1776 erschien. Später wurde er Assistent von Baldassari, dem er 1782 als Lehrer der Naturwissenschaften folgte; als solcher war er sehr bemüht, den botanischen Garten in Siena zu gründen, er starb daselbst am 10. Juni 1822. Sein Geld hinterliess er den Armen; von seinem Nachlasse sind mehrere wissenschaftliche Abhandlungen und ein Herbar zu nennen, welches lange Zeit — bis 1862 — in einem Fache verborgen unberücksichtigt gelegen hat. Es wurde auch in einem sehr bedauerlichen Zustande hervorgeholt und im grossen Ganzen mit dem oben genannten Verzeichnisse — nach Tournefort's System geordnet — übereinstimmend gefunden. Die Phanerogamen sind in 6 Fascikeln auf vergilbten Papierbogen untergebracht; daneben ist noch ein Kryptogamen-Album, vorzugsweise sind es Moose, auf kleine Papierblätter geklebt, erhalten.

Das Herbar, vom älteren A. Tassi bereits durchgesehen und mehrfach in den Namens-Bezeichnungen verbessert, wurde s. Z. von T. Caruel für seinen Prodromus mehrfach benutzt wegen der genauen Standortsangaben darin.

In Vorliegendem führt Verf. 184 Phanerogamenarten aus dem Herbare, nach Familien in alphabetischer Folge an, zu jeder Art sind der moderne Name, die alte Bezeichnungsweise, der Vulgärname, Standort und hin und wieder einige Bemerkungen über das Aussehen des betreffenden Exemplars angegeben.

Solla (Triest).

Instrumente, Präparations- und Conservations-Methoden.

Kippenberger, C., Beiträge zur analytischen Chemie der Alkaloide. I. Die massanalytische Bestimmung der Pflanzenalkaloide durch Ermittelung der zur Neutralsalzbildung nöthigen Säuremenge. (Zeitschrift für analytische Chemie. 1900. p. 201.)

Es kamen folgende Indicatoren zur Anwendung: Jodeosin, Methylorange, Aethylorange, Azolithmin (zum Vergleich hin und wieder auch Lackmus), Uranin (Natriumfluorescin), Haematoxylin,

Phenolphtaleïn, Cochenille, Lackmoid, Alkannin und Còngoroth, sämmtliche als flüssige Indicatoren in der üblichen Concentration.

Von Alkaloiden wurden geprüft: Strychnin, Brucin, Atropin, Morphin, Aconitin, Veratrin, Papaverin, Narceïn, Thebaïn, Codeïn, Emmetin, Pelletierin, Nicotin, Coniin, Sparteïn, Chinin, Narcotin, Cocaïn und die Base Coffeïn.

Die Resultate sind in 2 Tabellen wiedergegeben. — Bei den verschiedenen Indicatoren sowohl wie bei den Alkaloiden untereinander treten die Resultate sehr verschiedenartig auf. Zur Erklärung ist es absolut nothwendig, neben der electrolytischen Dissociation auch der hydrolytischen und der Dissociation im Allgemeinen die ihr nicht abzusprechende Bedeutung zuzuschreiben. Am übersichtlichsten lässt sich die zur Erklärung der in beiden Tabellen wiedergegebenen Versuchsresultate zu gebende Theorie auseinandersetzen, wenn man von der Betrachtung ausgeht, dass

1) in einzelnen Fällen bei der Titration zu niedrige Säurezahlen,
2) in anderen Fällen zu hohe Säurezahlen erzielt werden, und dass
3) nur in einer beschränkten Anzahl der titrimetrischen Versuche den theoretischen Zahlen gleichkommende Werthe erhalten werden können.

Gleichmässigkeit und Genauigkeit der Zahlen bei der quantitativen Bestimmung der Alkaloide durch Titration findet nur dann statt, wenn die unter 1 und 2 gegebenen Verhältntsse nicht vorhanden sind, d. h. wenn a) das Alkaloidsalz in der wässerigen Lösung möglichst schwach gespalten ist, b) das Molekül-Inidicator (Säure) -Alkaloid (Base) sich durch geringe Dissociation auszeichnet, was mit Bezug auf die vorliegenden Verhältnisse der Fall ist, wenn entweder *α*) das Alkaloid stark basischen Charakter besitzt, der Indicator aber nur eine schwache oder höchstens mittelstarke Säure ist, oder *β*) das Alkaloid eine nur mittelstarke Base ist, in ihrem basischen Charakter aber Affinitätswirkung zeigt, die der Affinitätswirkung des sauren Indicators annähernd gleichwerthig ist.

Allgemein darf auch der Indicator als Säure keineswegs stärkere Affinitäten zur Alkaloidbase besitzen, als die zur Titration verwendete Säure.

Haeusler (Kaiserslautern).

Kippenberger, C., Beiträge zur analytischen Chemie der Alkaloide. II. Das Ausschüttelungssystem der wässerigen Alkaloidsalzlösungen. (Zeitschrift für analytische Chemie. 1900. p. 290.)

Die älteren Ausschüttelungssysteme der Alkaloide aus wässerigen Salzlösungen stützen sich auf den Grundsatz, dass die Alkaloide aus der sauren Alkaloidsalzlösung durch die bekannteren Ausschüttelungsflüssigkeiten nicht entfernt werden können, angeblich weil die sauren Salze der Alkaloide in diesen unlöslich sind. Erst nach dem Alkalischmachen werden die Alkaloide mehr oder weniger quantitativ aufgenommen.

Verf. hat nun gefunden, dass einzelne Alkaloidsalze in der wässerigen Lösung mehr oder weniger stark in Base und Säure dissociirt sind und in Folge dessen schon ein Bruchtheil des Alkaloidgehaltes als freie Base in die Ausschüttelungsflüssigkeit überzutreten vermag, und stellt dementsprechend unter Anwendung von Chloroform und alkoholhaltigem Chloroform ein neues System der Ausschüttelung von Giftstoffen aus wässerigen Lösungen derselben auf. — Die auf Alkaloide und andere Giftstoffe zu prüfende wässerige, möglichst salzarme Flüssigkeit wird mit H_2SO_4 deutlich übersättigt, und zwar so, dass die Lösung mindestens 1 % freie H_2SO_4 enthält; man erwärmt vorsichtig bis auf circa 30° C, lässt erkalten und schüttelt nun zweimal mit Petroläther (Sp. 30—50°) aus. 1) Der Petroläther entzieht der sauren Flüssigkeit eventuell vorhandenes Fett nebst Spuren von Veratroïdin und Jervin, sowie Xanthinbasen in geringer Menge. Die letzten Spuren Petroläther werden durch Erwärmen im Wasserbade entfernt, worauf mit Chloroform ausgeschüttelt wird. 2) Vom Chloroform werden aufgenommen: Colchicin, Digitalin, Pikrotoxin, Cantharidin, Papaverin, Aconitin, Narcotin, Jervin, Geissospermin, Coffeïn. Ausserdem geringe Mengen von Delphinin, Brucin, Emetin und Thebaïn, sowie Spuren von Narceïn, Strychnin, Veratrin und Cocaïn. Die saure Flüssigkeit wird im Scheidetrichter durch Zusatz verdünnter Alkalilösung deutlich alkalisch gemacht und aldann wiederum mit Chloroform ausgeschüttelt. 3) Aus der alkalischen Flüssigkeit gehen in Chloroform über: Sparteïn, Coniin, Nicotin, Atropin, Codeïn, Pelletierin (Punicin), Emetin, Brucin, Strychnin, Veratrin, Delphinin, Pilocarpin, Apomorphin, Hyoscyanin, Daturin, Scopolamin und in der alkalischen Flüssigkeit noch vorhanden gewesene Mengen an Narcotin, Papaverin, Aconitin und Coffeïn. Die Flüssigkeit wird alsdann mit conc. Alkalibicarbonatlösung vermischt, wodurch freies Alkalihydroxyd in Carbonat bezw. Sesquicarbonat verwandelt wird. Hierauf erfolgt Zusatz von so viel Kochsalz, dass die Flüssigkeit gesättigt ist. Es sind dazu pro 100 cm^2 Flüssigkeit etwa 35 g NaCl nöthig. Aldann erfolgt Behandlung mit 10 Volumprocente Alkohol enthaltendem Chloroform. 4) Bei der Ausschüttelung der Alkalicarbonat bezw. Alkalisesquicarbonat enthaltenden und mit Kochsalz gesättigten Flüssigkeit mit alkoholhaltigem Chloroform werden von diesem gelöst: Morphin, Narceïn und Strophantin.

Die quantitativ vollständige Isolirung dieser Gifte kann durch Eindampfen der Flüssigkeit bis zur Staubtrockne und Extraction des gepulverten Rückstandes mittelst absoluten Alkohols erfolgen.

Haeusler (Kaiserslautern).

Hellström, F. E., Ueber Tuberkelbacillennachweis in Butter und einige vergleichende Untersuchungen über pathogene Keime in Butter aus pasteurisiertem und nicht pasteurisiertem Rahm (Centralblatt für Bakteriologie, Parasitenkunde und Infektionskrankheiten. Erste Abteilung. Bd. XXVIII. 1900. No. 17. p. 542—555.)

Gorham, F. P., Some laboratory apparatus. (Journal of the Boston Soc. of med. science. Vol. IV. 1900. No. 10. p. 270—271.)

Referate.

Schmidle, W., Algologische Notizen. XIV. Einige neue von Professor Dr. Hansgirg in Vorderindien gesammelte Süsswasser-Algen. (Allgemeine Botanische Zeitschrift. 1900. p. 17, 33, 53, 77. Mit Figuren.)

Verf. beschreibt folgende neue Arten:

Pitophora pachyderma, *Endoderma immane*, *Trentepohlia monilia* De Wild. f. *hyalina*, *Spirogyra rupestris*, *Mesotaenium Hansgirgi*, *Cosmarium Hansgirgianum*, *C. mirificum*, *Euastrum Hansgirgi*, *Cosmarium* (*Pleurotaeniopsis*) *bifurcatum*, *Leptochaete Hansgirgi*, *Rivularia Hansgirgi*, *Gloeotrichia indica*, *Calothrix Hansgirgi*, *Mastigocladus flagelliformis*, *Stigonema indicum*, *Mastigocladus Hansgirgi*, *Nostochopsis Hansgirgi*, *Tolypothrix* (*Hassallia*) *ceylonica*, *Scytonema maculiforme*, *Anabaena Hansgirgi*, *Phormidium Hansgirgi*, *Chantransia pulvinata*, *Chroococcus* (*Rhodococcus*) *Hansgirgi*.

Lindau (Berlin).

Smith, W. G., Basidiomycetes new to Britain. (Journal of Botany. 1900. p. 134.)

Verf. giebt aus der Sammlung des Britischen Museums folgende Pilze als neu für England an:

Stereum conchatum, *Naematelia rubiformis*, *Lycopodon hiemale*, *L. furfuraceum* und *Hymenogaster lycoperdineus*.

Lindau (Berlin).

Sydow, H. und **Sydow, P.,** Beiträge zur Pilzflora der Insel Rügen. (Hedwigia 1900. p. 115.)

Von der Umgebung von Sasswitz sind 145 Pilze bekannt, während von Thiessow auf Mönchgut 163 durch die Verf. beobachtet wurden. Eine weiter gehende Durchforschung wird sicher noch viel mehr Arten nachweisen. In der vorliegenden Liste sind 17 neue Arten und 2 Varietäten beschrieben, ausserdem wurde eine ganze Reihe von seltenen Arten aufgefunden, bei Parasiten auch mehrere neue Nährpflanzen entdeckt.

Die neuen Arten sind:

Cyphella gregaria auf trockenen Stengeln von *Hieracium umbellatum*, *Uromyces Festucae* auf *Festuca rubra*, *Puccinia Heraclei* Grev. wird von *Pimpinellae* wieder abgetrennt, *Uredo Ammophilae* auf *Ammophila arenaria*, *Entyloma Henningsianum* auf *Samolus Valerandi*, *Peronospora alsinearum* Casp. var. *Honckenyae* auf *Honckenya peploides*, *Diplodia thalictricola* auf *Thalictrum flexuosum*, *Septoria Ammophilae* auf *Ammophila arenaria*, *S. Doehlii* auf *Silene nutans*, *Rhabdospora Asparagi* auf *Asparagus officinalis*, *R. Cakiles* auf *Cakile maritima*, *K. Cervariae* auf *Peucedanum Cervaria*, *R. dolosa* auf *Pulsatilla vulgaris*, *R. Eryngii* auf *Eryngium maritimum*, *R. Pulsatillae* auf *Pulsatilla vulgaris*, *R. rugica* auf *Thalictrum flexuosum*, *Phlyctaena rhizophila* auf *Phragmites communis*, *Cercosporella Centaureae* auf *Centaurea Scabiosa*, *Macrosporium striiforme* auf *Festuca rubra*, *Mystrosporium piriforme* Desm. var. *multiseptatum* auf *Eryngium maritimum*.

Lindau (Berlin).

Ellis, J. B. and **Everhart, B. M.,** New species of Fungi from various localities with notes on some published species. (Bulletin of the Torrey Botanical Club New York. Vol. XXVII. 1900. No. 2. p. 49 sqq.)

Zunächst wird die Gattung *Echinodontium* E. et E. nov. gen. aufgestellt, zu den *Hydnaceen* gehörig; „differs from *Hydnum* in the thick, woody pileus of *Fomes* and the teeth beset with spines, as in *Mucronoporus* and *Hymenochaete*." Gegründet auf *Fomes tinctorius* E. et E. Bull. Torr. Club. Vol. XXII. 1895. p. 362, von C. V. Piper auf *Abies grandis* in Jonesville (Idaho) gesammelt. Neu beschrieben werden folgende Arten:

Corticium macrosporum E. et E. (*Fraxinus*, Ohio); *Hymenochaete asperata* E. et E. (auf *Pinus*-Rinden, Abita, East Louisiana), scheint von *H. scabriseta* Cke. verschieden; *Zygodesmus pubidus* E. et E. (Neufundland leg. Waghorne); *Mucronoporus sublilacinus* E. et E. (Abite Springs, leg. Langlois auf Fichtenzapfen), dem *M. lucnoides* Mont. nahestehend; *Dacryomyces cenangioides* E. et E. (Nuttalbury, W. Va., leg. L. W. Nuttal); *Asterina mexicana* E. et E. (auf *Agave mexicana*, Stadt Mexico); *Melanomma gregarium* E. et E. (Rocks Co., Kansas, auf Baumwollholz), steht dem *M. rhypodes* E. et E. nahe; *Amphisphaeria aspera* E. et E. (auf *Tetradymia* sp., Montrose, Colorado); *Teichospora trachyasca* E. et E. auf entrindeter *Quercus Watsoni* (Rocks Co., Kansas); *Schizostoma nevadensis* E. et E. auf entrindeter *Ephedra nevadensis* (Mesa Verde, Colorado); *Mycosphaerella Lithospermi* E. et E. auf todten Stengeln des *Lithospermum officinale* L. (Gillivray, Ontario, Canada); es mag übrigens die Bemerkung Platz finden, dass der Pilz wohl sonst auf einer anderen Pflanze wächst, da *Lithospermum officinale* L. eingeschleppt ist, oder aber dass er einer in Europa vorkommenden Art angehört; *Leptosphaeria Fraserae* E. et E. auf todten Stengeln von *Frasera speciosa* (Rico, Colorado); *Thyridium Vitis* E. et E. auf todten Schösslingen von *Vitis riparia* L. (Rocks Co., Kansas); *Hysterographium graminis* E. et E. auf todten Halmen von *Panicum virgatum* und *Andropogon provincialis* (Rocks Co., Kansas); *Hypoderma Equiseti* E. et E. auf todten Stengeln von *Equisetum hiemale* (Rocks Co., Kansas); *Phyllosticta canescens* E. et E. auf Blättern von *Ribes divaricatum* (Bear Creek bei Volmer Idaho); *Ph. zonata* E. et E. auf lebenden Blättern von *Pirus joensis* (Ames, Jowa); *Phoma erysiphoides* E. et E. auf einem *Gnaphalium*? und auf *Achillea Millefolium* L. (Morrison, Colorado); *Rhabdospora pachyspora* E. et E. auf todten Stengeln eines *Erigeron*? (Morrison); *Dothiorella rhoina* E. et E. auf todtem *Rhus Toxicodendron* L. (Morrison); *Sphaeropsis Hederae* E. et E. auf todten Stämmen von *Hedera Helix* L. (Nuttalbury, West Va.); *Sph. Dircae* E. et E. auf todten Stämmen von *Dirca palustris* L. (Ottawa, Canada); *Diplodia hypoxyloides* E. et E. auf todten Zweigen von *Menispermum canadense* L. (Emma, Mo.); *Ascochyta Mali* E. et E. auf lebendem *Pyrus Malus* L. (Mich.); *Stagonospora Desmodii* E. et E. auf todten Stämmen von *Desmodium tortuosum* (Lake City, Fla.); *Camarosporium Hederae* E. et E. auf todten Trieben von *Hedera Helix* L. (Nuttalbury, W. Va.), vielleicht nur eine kleinsporige Form von *C. sarmentitium* Sacc.; *Septoria Philadelphi* E. et E. auf Blättern von *Philadelphus Lewisii* (Juilaetta, Idaho); *S fulvescens* Ell. et Halsted auf welken Blättern von *Acer sacchariacum* L.; *S. flagellifera* E. et E. auf Blättern von *Pisum sativum* L. (Brocking, So. Dakota); *Kellermannia alpina* E. et E. auf todten Stengeln der *Aquilegia coerulea* und anderen Kräutern; *Cylindrosporium Smilacinae* E. et E. auf *Smilacina amplexifolia* Nutt. (Lake Coeur d'Alenc, Idaho); *Pestalozzia crataegi* E. et E. auf Blättern von *Crataegus parvifolia* (Lake City, Florida); *Diplocladium cylindrosporum* E. et E. auf todten Blättern von *Arimina triloba* Nutt. (Nuttalbury, West Va.); *Hadotrichum Lupini* E. et E. auf Blättern von *Lupinus humilis* (Wyoming), *L. albifrons* (Californien) und einer unbestimmten *Lupinus*-Art aus Colorado; *Pilacre pallida* E. et E. auf faulem Holz (Chattanorga, Colorado); *Exosporium pallidum* E. et E. auf todtem *Rhus Toxicodendron* L. (Morrison, Colorado); *Dasyscypha tuberculiformis* E. et E. auf todten Stengeln von *Aquilegia coerulea* (Red Mt., Colorado, in 12 000′ Höhe); *Pyrenopeziza coloradensis* E. et E. auf todten Stengeln einer *Potentilla* von der nämlichen Localität; *Haematomyxa ascoboloides* E. et E. auf todten Kräuterstengeln (Takoma-Park, Maryland); *Puccinia annulata* E. et E. auf *Epilobium* sp. (Yellowstone National Park); *P. Synthyridis* E. et E. auf Blättern von *Synthyris rubra* Kth. (Pullman, Wash.); *P. circinans*

E. et E. auf *Pentastemon spectabilis* (Grand Cañon of the Colorado); *P. Musenii* E. et E. auf *Musenium tenuifolium* (Wyoming) und schliesslich *P. cornigera* E. et E. auf *Tetraneuris Torreyana* (Wyoming).

Es steht noch zu erwarten, dass bei der bekanntlich grossen Verbreitung vieler Pilze eine erhebliche Anzahl der hier aufgezählten neuen Arten auch anderwärts noch gefunden werden, manche vielleicht sich auch als identisch erweisen werden mit europäischen oder asiatischen Arten.

Zum Schlusse berichtigen Verff. eine Anzahl von früheren Angaben, bezw. theilen neuere Beobachtungen mit über:

Hendersonia diplodioides E. et E, *Gloeosporium albo-ferrugineum* E. et E., *Ustilago sporoboli* E. et E., *Uromyces bicolor* E. et E., *Puccinia similis* E. et E., *P. Grindeliae* Peck (synonym mit *P. variolans* Hask. und mit *P. tuberculans* E. et E.), *Cystispora annularis* E. et E., *Anthostomella mammoides* E. et E., *Lophiostoma pustulatum* E. et E. und *Ramularia sidalceae* E. et E.

Wagner (Wien).

Olivier, H., Exposé systématique et description des Lichens de l'Ouest et du Nord-Ouest de la France. Vol. II. Pt. I. Supplément au I. Vol. 1900. Paris (P. Klincksieck) 1900.

Der 1. Band des vortrefflichen Werkes ist 1897 erschienen und umfasst die höheren Flechten und die *Lecanoreen*. Seit dieser kurzen Zeit hat sich eine solche Fülle von neuen Standorten und neu nachgewiesenen Flechten ergeben, dass Verf. es noch vor Vollendung des zweiten Bandes für richtig hielt, diese Nachträge mit den Berichtigungen der Versehen in einem Supplementheft erscheinen zu lassen.

Das erste Heft des 2. Bandes beginnt die 13. Tribus, die *Lecideen*. Es sind folgende Gattungen behandelt:

Baeomyces (3 Arten), *Gomphillus* (1), *Toninia* (5), *Bacidia* (16), *Arthospora* (1), *Bilimbia* (13), *Megalospora* (2), *Blastenia* (1), *Lecenactis* (5), *Gyalecta* (8), *Biatorella* (8), *Lecidiea* (65). Nach Behandlung der 10 ersten Arten der letztgenannten Gattung bricht das Heft ab.

Die Synonymie der einzelnen Arten ist sehr vollständig gegeben; ebenso sind die Exsiccaten und Abbildungen gut citirt, erstere allerdings nur, soweit sie sich auf Flechten beziehen, die in Frankreich gesammelt sind. Die Diagnosen sind knapp und klar, besonders ist die jedesmalige Angabe der chemischen Reaction sehr geeignet zum schnellen Bestimmen.

Die Bestimmungstabellen der Arten zeichnen sich durch klare und übersichtliche Form aus.

Hoffentlich vollendet Verf. das Werk recht bald, damit es benutzbar wird.

Lindau (Berlin).

Greshoff, M., Phytochemische Studien. 1. Ueber das Vorkommen von Alkaloiden in der Familie der *Compositen*. (Berichte der deutschen pharmaceutischen Gesellschaft. Jahrg. X. 1900. Heft 6. p. 148—154.)

In einer Liste stellt Verf. die bisher als alkaloidhaltig erkannten *Compositen* nach der Litteratur zusammen, es sind zwanzig

Gattungen. Nach eigenen Untersuchungen fügte er folgende dreissig neu hinzu:

Actinomeris, Ambrosia, Andryala, Buphthalmum, Calendula, Carduus, Carlina, Catananche, Centaurea, Conyza, Cosmos, Crepis, Echinops, Erigeron, Helianthus, Heliopsis, Hieracium, Hypochoeris, Lepachys, Madia, Picris, Podolepis, Rudbeckia, Scorzonera, Tagetes, Tolpis, Verbesina, Xanthocephalum, Zinnia und *Zollikofera*.

Da etwa 150 Genera untersucht wurden, zeigt diese Zahl, dass bei einem viel grösseren Procentsatz von *Compositen*, als man bisher annahm, Alkaloide vorhanden sind.

Da Verf. die Arbeiten fortsetzt, so ist zu hoffen, dass bei einer späteren Mittheilung nicht nur die Zahl der alkaloidhaltigen *Compositen* erhöht wird, sondern dass auch ausführlichere Mittheilungen über die einzelnen Arbeiten gemacht werden.

Die Arbeit wird beschlossen mit einigen speciellen Angaben über die Alkaloide von *Echinops Ritro*, dem Echinopsin, dem β-Echinopsin, dem Echinopsfluorescin und dem Echinopseïn.

Appel (Charlottenburg).

Devaux, Henri, Accroissement tangentiel des tissus situés à l'extérieur du cambium. (Mémoires de la Société des sciences physiques et naturelles de Bordeaux. T. V. 1899. p. 47—58.)

Das fortschreitende Dickenwachsthum der Wurzeln und Sprosstheile, zu dem die Thätigkeit der Cambien führt, nöthigt die ausserhalb des Verdickungsringes liegenden Gewebe zu tangentialem Wachsthum oder bringt sie zum Reissen.

Die Art und Richtung der Zelltheilung spricht sich in den Wandverdickungen der collenchymatischen Rindentheile aus: Nur die tangential orientirten Wände pflegen verdickt zu sein. — In den tiefer liegenden Geweben pflegt das Wachsthum auf bestimmte Zonen beschränkt zu bleiben, die über den Markstrahlen liegen, bei manchen Gattungen aber noch zahlreicher sind als diese. Auch das Bastparenchym ist oft zu tangentialem Wachsthum befähigt (*Ficus*, *Morus*, *Robinia*, *Syringa*, *Ulmus*).

Bei ungleichmässigem vertheiltem Wachsthum reissen oft die Rindengewebe: Die entstehenden Lakunen sind oft auffallend gross (*Coriaria*, *Aucuba*, *Hydrangea*, *Syringa*). Bei manchen Gattungen wurden derartige Lücken im Bast gefunden (*Berberis*, *Clematis*). Bei *Prunus* und *Ulmus* begleiten sie stellenweise die Markstrahlen.

Werden in den „mechanischen Ring" Lücken gerissen, so wird durch Wachsthum und Theilung der Pericykel- und Rindenzellen die entstandene Lakune wieder gefüllt (*Aristolochia*, *Pelargonium*, *Platanus*, *Castanea*, *Quercus*, *Carpinus*, *Fagus*, *Cerasus*, *Acer*, *Juglans*, *Robinia*, *Gleditschia*, *Fraxinus* u. s. w.). Die Zellen des Füllgewebes verholzen noch im Laufe derselben Vegetationsperiode (ausgenommen *Paulownia*).

Den vom Cambiumring gebildeten Gewebe stehen die vom Verf. behandelten als wohl charakterisirte „secundäre" Gewebe eigener Art gegenüber, die ihre Entstehung meristematischen Zonen und einem vorwiegend in tangentialer Richtung sich bethätigenden

Wachsthum verdanken. — Gelegentlich sind auch sie wohl im Stande, das Dickenwachsthum der Achse wesentlich zu beeinflussen (*Castanea* u. a.).

Küster (Halle a. S.).

Greenman, Northwestern plants, chiefly from Oregon. (Erythea. Vol. VII. 1899. p. 115 sqq.)

Verf. publicirt die von William C. Cusick seit einer Reihe von Jahren in Oregon, namentlich in Union County, in den Blue Mountains, Stein's Mountains, Alvord Desert und in der Region of the Malheur gemachten wichtigeren Funde. Die Mittheilungen sind bemerkenswerth, weil es sich zeigt, dass eine Reihe von Pflanzen auch dort vorkommen, die bisher nur aus den trockenen Gegenden des nordwestlichen Utah, aus Nordnevada und von den Bergen Californiens bekannt waren. Verf. theilt ausführliche Litteraturangaben mit, die neuen Arten werden in englischer Sprache beschrieben, in folgendem Auszuge sind sie durch gesperrten Druck hervorgehoben. Es handelt sich um folgende Pflanzen:

Alisma californicum Torr., bisher nur aus Californien bekannt; jetzt aus den Stein's Mountains nachgewiesen. *Eriophorum ochrocephalum* Watson (Bot. Calif. II. p. 480), südöstliches Oregon, bisher nur von dem im nordwestlichen Nevada gelegenen locus classicus bekannt *Ranunculus juniperinus* Jones, Otis Creek in den südlichen Blue Mountains, bisher nur in Utah gefunden. *Spiraea discolor* Pursh var. *glabrescens* n. var. (*S. discolor* Pursh var. *dumosa* Wats. Bot Calif. I. 170 ex part. *Sp. dumosa* Torr. in Stansbury, Rep. 387, t. 4), ein nur 6—12 cm hoher Strauch, verschieden in den Gebirgen von Oregon, Californien, Utah und Nevada gesammelt. *Potentilla Breweri* Wats. var. *expansa* Wats., früher nur aus Californien und der Sierra Nevada bekannt, von Cusick von Wild-horse Creek in den Stein's Mountains gesammelt. *Oxytropis Cusickii* n. sp., ein fast stengelloses rasig-niedergedrücktes Kraut vom Habitus der *O. Pareyi* und *O. oreophila* Gray, in der alpinen Region der Wallowa Mountains im östlichen Oregon von verschiedenen Standorten entdeckt. *Emmenanthe pusilla* Gray, auf Salzboden in Union County und auf dem Malheur, war früher nur von Lemmon und Watson in Nevada gefunden worden. *Conanthus parviflorus* n. sp., bisher verwechselt mit *C. aretioides* Wats., wächst in den trockenen, sandigen Ebenen des Nordwestens und wird von einer Reihe von Standorten in Oregon, Washington und Nevada nachgewiesen. *Plagiobotrys hispidus* Gray (*Sonnea hispida* Greene in Pittonia. Vol. I. p 22), wächst in einer in den Früchten etwas abweichenden Form in den Stein's Mountains; es ist das bei Weitem der nördlichste Standort, Gray (Synopt. Flora. II. Part I. p. 432) giebt an: „Truckee on the eastern border of California.“ *Krynitzkia micrantha* Gray (*Eritrichium micranthum* Torr.), aus der Section *Holocalyx* Torr., wurde in der Alvord-Wüste gefunden, also weit nördlicher, als das bisher bekannte Verbreitungsgebiet (Westgrenze von Texas bis in das südwestliche Californien, cfr. Gray, Synopt. Flora. II Part I. p. 428). *Kr. mollis* Gray aus der §. *Myosotidea* Gray, von Lemmon am Rande von Salzsümpfen im Sierra Valley (Ost Californien) entdeckt, fand Cusick an feuchten salzigen Stellen in Harvey Valley in Oregon. *Mertensia umbratilis* n. sp. im Schatten kleiner Sträucher auf trockenen Bergen bei Sparta, Union County, Oregon wachsend, ist mit *Mertensia sibirica* Don nahe verwandt. *Lophanthus Cusickii* n. sp. auf trockenen Bergabhängen in den Stein's Mountains, mit *L. urticifolius* Benth (Western slopes of Rocky Mountains to Oregon, Nevada and California, Gray, l. c. p. 376) *Mimulus* (*Eunanus*) *clivicola* n. sp, ein einjähriges, nur 2—15 cm hohes Kraut mit blasspurpurnen oder gelblichen Blüten, wurde an mehreren Standorten in Idaho und Oregon gesammelt. *Cordylanthus canescens* Gray fand sich in der

Nähe heisser Quellen, eine Salzpflanze, die sich von der Sierra Nevada und der Ostgrenze Californiens bis an den Salt Lake in Utah ausdehnt. *Townsendia Watsoni* Gray am Ufer der Stanbury-Insel im Great Salt Lake in Utah von Watson entdeckt, wurde auch in der Malheur region gefunden; die Art scheint bezüglich des Pappus etwas variabel. *Helenium* (*Oxylepis*) *Hoopesii* Gray, in den Rocky Mountains von Montana bis Neumexico weit verbreitet, auch aus Arizona, der Sierra Nevada und Californien bekannt, wird hier von Oregon (Stein's Mountains) nachgewiesen. *Stephanomeria pentachaete* Eaton, eine Wüstenpflanze aus West-Nevada und Californien, fand sich auch in der Alvordwüste.

Wagner (Wien).

Piper, C. V., New and noteworthy northwestern plants. (Erythea. Vol. VII. 1899. No. 10. p. 19 sqq. und No. 12. p. 159 sqq. und p. 171 sqq.)

Zunächst werden folgende neue Arten englisch beschrieben:

Sitanion latifolium, aus den Blue Mts., Walla Walla County, Wash., verwandt mit *S. rigidum* J. G Smith; *S. flexuosum*, aus Wawawai, Wash, zur § *Elymoides* gehörend; *S. Leckenbyi*, vom Snake River in Wash., aus der §. *Hordeiformes* J. G. Smith; *S. Brodiei*, ebenfalls vom Snake River; „this species, like *S. anomalum* J. G. Smith, lends to invalidate the genus *Sitanion*. Only the jointed rachis and occasionally trifid flowering glume separate il from *Elymus* proper". *Elymus virescens*, dem *E. glaucus* Buckl. nahestehend, von den Olympia Mts.; *E. condensatus* var. *pubens*, eine Salzpflanze aus Yakima City, Wash.; *Poa Olneyae*, aus Spocane in Wash.; Verf. hält die Pflanze für landwirthschaftlich werthvoll, eine der schönsten amerikanischen Arten, steht sie wohl der *P. Wheeleri* Vasey am nächsten; *Poa Spillmani*, aus Douglas Co., Wash; *Danthonia spicata* R. et S. var. *pinetorum*, aus Mason County, Wash. *Trillium crassifolium*, mit *Tr. ovatum* Pursh verwandt.

Bezüglich der nordwestlichen *Mitella*-Arten ist eine grosse Confusion namentlich dadurch entstanden, dass kein authentisches Exemplar von *M. trifida* Graham in einem amerikanischen Herbar sich befand. Verf. unterzog sich der Aufgabe, hierin Ordnung zu schaffen. Er theilt einen Bestimmungsschlüssel mit, der sieben Arten behandelt. Neu sind folgende:

Mitella stauropetala, die in den Waldregionen des nördlichen Idaho gemein ist und auch im südwestlichen Oregon vorkommt; *M. stenopetala*, von den Wahsateh Mts. in Utah, und deren var. *Parryi*, aus Wyoming und Colorado; *M. micrantha*, nur vom Fort Colville, Wash., *M. anomala*, von den Bergen bei Yreke in Californien.

Auch die Verbreitung der *M. trifida* Graham (Washington) wird besprochen, die Beschreibungen der nur von den Little Belt Mts. in Montana bekannten *M. violacea* Rydberg (Bull. Torr. Bot. Club. XXIV. p. 248) und der nur in NW.-Californien und Washington gesammelten *M. diversiloba* Greene (Pittonia. I. 32) ergänzt.

Die neu beschriebenen Arten erfordern einige Aenderungen in der Gattungsdiagnose, wie in derjenigen der Section *Mitellina* Meissn., die Verf. folgendermaassen charakterisirt:

„Calyx-lobes erect or little spreading, thin and petaloid, about equaling the campanulate or funnel-form tube; petals entire or wanting or more or less 3-cleft or parted; stigma 2-lobed."

Der dritte Theil der Arbeit bringt einige neue Arten bezw. Varietäten:

In Felsspalten (Basalt) am Columbia River sammelte Elmer eine dichtrasige *Spiraea*, die sich mit ihren blühenden Zweigen bis höchstens 15 cm erhebt und in die Verwandtschaft der *Sp. Hendersoni (Eriogynia Hendersoni* Canby in Botan. Gazette. Vol. XVI. 1890. p. 236) gehört. Verf. nennt sie *Sp. cinerascens*. *Boykinia major* var. *intermedia* wurde von F. H. Lamb in Chehalis County, Wash., gesammelt. *Rudbeckia alpicola* n. sp., eine bis 2 m hohe, von Elmer vom Mt. Stuart, Kittitas County, Wash., in 4000' Höhe gesammelten Pflanze, steht zwischen *R. montana* Gray und *R. occidentalis* Nutt., nähert sich jedoch mehr der ersteren. *Senecio Elmeri* n. sp., eine perennirende Art von rasenartigem Wuchse, wie alle Arten aus der Gruppe des *S. lugens* Richards, wächst in Okamogan County, Wash. *Polemonium amoenum* n. sp., perennirend, wurde von Lambert in Chehalis County, Wash., gesammelt und steht dem *P. carneum* Gray nahe.

Wagner (Wien).

Holm, Theo., Catalogue of plants collected by Messrs. Schuchert, Stein and White on the east coast of Baffin's Land and westcoast of Greenland. (Bulletin of the Torrey Botanical Club. Vol. XXVI. 1900. p. 65 ff.)

Gelegentlich der Peary'schen Nordpol-Expedition (1897) sammelten Charles Schuchert und David White in Signuin beim Cap Haven an der Ostküste von Baffin's Land unter 63⁰ nördl. Br. und 64⁰ westl. Länge, ausserdem auf der Halbinsel Nygsuak in Grönland (zwischen 70⁰ und 70⁰ nördl. Br.), während Robert Stein auf der Insel Hoyt, unter 74⁰ 10' nördl. Br. auf der Westküste von Grönland botanisirte.

Verf. theilte nun eine Reihe von Standorten für folgende Pflanzen mit:

Dryas integrifolia M. Vahl, *Potentilla pulchella* R. Br., *P. Vahliana* Lehm., *P. nivea* L.; *Chamaenerium latifolium* (L.) Spach, nebst dessen Varietät *β. tenuiflorum* Th. Fr. et Lge.; *Empetrum nigrum* L., *Silene acaulis* L., *Melandryum apetalum* (L.) Fenze, *M. involucratum* (Cham. et Schl.) *β. affine* Rohrb., *Helianthus peploides* (C.) Fr. *β. diffusa* Hornem., *Arenaria verna* Bartl. *δ. propinqua* (Rich.), *Stellaria humifusa* Rottb., *St. longipes* Goldie, *Cerastium alpinum* L. und dessen Var. *β. lanatum* Lindb; *Cochlearia fenestrata* R. Br., *Draba nivalis* Liljebl., *Dr. corymbosa* R. Br., *Cardamine bellidifolia* L., *Arabis alpina* L.; *Papaver radicatum* Rottb., *Ranunculus pygmaeus* Wahlb., *R. hyperboreus* Rottb., *R. nivalis* L.; *Saxifraga nivalis* L., *Sax. stellaris* L. forma *cormosa* Poir., *S. cernua* L., *S. rivularis* L., *S decipiens* Ehrh., *S. tricuspidata* Rottb., *S. aizoides* L, *S. oppositifolia* L.; *Armeria vulgaris* W. var. *Sibirica* (Turcz.); *Veronica alpina* L., *Ver. saxatilis* L. f., *Pedicularis hirsuta* L., *P. lanata* Cham.; *Stenhammeria maritima* (L.) Rchb.; *Diapensia lapponica* L.; *Pyrola grandiflora* Rad.; *Arctostaphylos alpina* (L.) Sprg., *Phyllodoce coerulea* Gr. et Godr., *Cassiope tetragona* (L.) Don., *Louiseleuria procumbens* (L.) Desv., *Ledum palustre* L. *β. decumbens* Ait., *Vaccinium uliginosum* L. **microphyllum* Lge.; *Campanula uniflora* L., *C. rotundifolia* L. *δ. arctica* Lge.; *Taraxacum officinale* Web **ceratophorum* (Ledeb.); *Artemisia borealis* Pall., *Antennaria alpina* Gaertn., *Erigeron uniflorus* L. *β. pulchellus* Fr., *Arenaria alpina* Murr.; *Koenigia islandica* L., *Polygonum viviparum* L., *Oxyria digyna* Campd.; *Salix herbacea* L., *S. Groenlandica* Lundstr., *S. glauca* L; *Betula nana* L., *Tofieldia borealis* Wahlbg.; *Juncus arcticus* W., *Luzula arctica* (Whlb.) Hook., *L. confusa* Lindeb.; *Eriophorum Scheuchzerii* Hppe., *E. angustifolium* Kth., *Carex misandra* R. Br., *C. rigida* Good., *C. vesicaria* L. *γ. alpigena* Fr.; *Elymus arenarius* L. *β. villosus* E. Mey., *Alopecurus alpinus* Sm., *Hierochloa alpina* R. et S., *Calamagrostis stricta* (Tiemar) var. *borealis* Laest, *Trisetum subspicatum* P. B., *Catabrosa algida* Fr., *Colpodium latifolium* R. Br., *Poa glauca* M. Vahl und die Varietät *δ. atroviolacea* Lge., *P. alpina* L., *P. flexuosa*

Wahlbg., *Festuca ovina* L. γ. *alpina* Koch und δ. *duriuscula* (L.); *Lycopodium Selago* L.; *Cystopteris fragilis* Bernh. var. *arctica* Koch; *Equisetum variegatum* Schl. und *arvense* L.

Wagner (Wien).

Huber, J., Noticia sobre o „Uchi", *Saccoglottis Uchi* nov. sp. (Boletim do Museu Paraense. 1899. p. 489. sq.)

Verf. theilt hier die Diagnose eines bis 30 m hohen in Cultur befindlichen Baumes mit, der unter dem Namen Uxi dem Volke längst bekannt, der botanischen Systematik bisher entgangen war.

„Arbor magna totis partibus praeter inflorescentiam glabris, ramulis gracilibus, foliis disticbe dispositis, oblongo-lanceolatis utrinque acuminatis, petiolatis, dentato vel spurie crenato-serratis, inflorescentiis folii tertiam partem aut dimidium aequantibus, ter quaterve trichotomis vel passim dichotomis, ramis ultimis floribusque hirtellis, sepalis indistincte imbricatis staminibus omnibus, fertilibus majoribus (episepalis et epipetalis) quatuor, minoribus duabus antheris globoso-ellipticis instructis, filamentis papillosis, ad tertiam partem longitudinis concrescentibus, cupula hypogyna e squamis 10 plane liberis ovato-lanceolatis apice simplicibus acuminatis, ovarii dimidium aequantibus formata, stylo ovarium longitudine aequante; stigmate spurie quinquelobo, drupa matura ad 7 cm longa, oblongo-ellipsoidea, apice plus minus excentrice umbonata.

Habitat in silvis proximis ad urbem Belém do Pará Brasiliae. Etiam cultivatur".

Erwähnt wird der Baum von Joaquim de Almeida Pinto in seinem Diccionario de Botanica Brasileira (1893) unter dem als nomen nudum aufzufassenden Namen Uchi umbrosissimus.

Verf. beschreibt den Baum ausführlich, bespricht den von ihm der Lichtwirkung zugeschriebenen Dimorphismus der Zweige, deren obere kurz, stark verzweigt sind und kleinere Blätter in nicht sehr ausgesprochener zweizeiliger Stellung haben, während die unteren, hängenden Zweige grössere Blätter, ziemlich dunkle Blätter, in zwei Reihen angeordnet, besitzen. Die in der Knospe involutiven Blätter sind in jugendlichem Alter von einem Firniss überzogen, der von den an den Zähnen des Blattrandes befindlichen Drüsen geliefert wird. J. Urban sagt in der Flora brasiliensis über die *Humiriaceen*: „(foliorum) denticulis crenisque initio aculeolo minuto deciduo instructis". Nach Ansicht des Verf. sind diese aculeoli nichts anderes als Firnissdrüsen. Die anfangs rothen jungen Blätter besitzen eine sehr zarte Epidermis, und Verf. ist der Ansicht, dass beim Uchi, und vielleich bei allen *Humiriaceen* der Firnissüberzug gegen die Verdunstung schützt. Später vertrocknen und verschwinden die Drüsen, und das Blatt nimmt wie bei anderen *Humiriaceen* eine lederige Textur an.

Die cymose Inflorescenz des Uchi erscheint Mitte Juni zugleich mit den neuen Laubsprossen, die sehr zahlreichen Blüten sind von grünlich-gelber Farbe. Sehr auffallend ist das Androeceum, cfr. Diagnose. Bei den kleineren Staubblättern sind die hinteren Fächer resorbirt und an ihrer Stelle finden sich manchmal „tuberculos papilliferos". Urban theilt demnach die Gattung in 3 Sectionen:

Subgenus S. I. *Humiriastrum*. Stamina 20 apice indivisa.
Subgenus S. II. *Schistostemon*. Stamina fertilia 20 majora 5 apice tridentata, triantherifera.
Subgenus S. III. *Eusaccoglottis*. Stamina fertilia 10.

Durch die Alternation von Staubblättern mit 4 Pollensäcken mit solchen, die davon nur 2 besitzen, unterscheidet sich vorliegende Art von sämmtlichen anderen *Humiriaceen*.

Saccoglottis Uchi Huber ist nun, wie auch Urban bestätigt, mit der zum Subgenus *Humiriastrum* Urb. gehörenden *S. cuspidata* (Bth.) Urb. vom Rio Negro so nahe verwandt, dass an die Aufstellung einer neuen Section nicht zu denken ist.

Die Frucht ist eine drupa plurilocularis von der Grösse eines Hühnereies, länglich, grün oder gelblich; am Scheitel findet sich noch der Griffel, meist in Folge Fehlschlagens einiger Samen etwas excentrisch. Unter der Epidermis findet sich ein sklerenchymreiches Gewebe, dann folgt das Sarcokarp, und schliesslich der von einem faserigen ziemlich harten Gewebe gebildete Kern. Gewöhnlich entwickelt sich nur ein einziger Same (in jedem der 5 Fächer ist eine Samenanlage vorhanden), die Höhlungen der 4 übrigen Carpella obliteriren schliesslich. Die durch das Endokarp vorzüglich geschützten Samen besitzen eine sehr zarte Testa; das ölreiche Endosperm umschliesst einen ziemlich entwickelten Embryo, dessen Kotyledonen schon eine Länge von 27 mm besitzen. Die Keimung konnte Verf. bis dato nicht beobachten; es scheint, dass sie sich nur unter ganz speciellen Bedingungen vollzieht; denn unter den Bäumen, die doch eine grosse Menge von Früchten hervorbringen, findet man nur selten eine Keimpflanze.

Die Blüten- und Fruchtverhältnisse werden auf einer lithographierten Tafel hergestellt.

Wagner (Wien).

Andersson, Gunnar, Om en af strandvall öfverlagrad torfmosse på södra Gotland. (Geol. Fören. i Stockholm Förhandlingar. Bd. XXI. Häft 5. 1899. p. 533—535.)

Beim Graben des Ablaufskanales des sogenannten Mellingsmyr wurde 1,5 km nördlich von der Sproger Kirche beim Hofe Nytorp ein Moor der Litorinazeit durchschnitten, welches von Meeresablagerungen mit *Cardium* bedeckt war. Der Torf war reich an Ellern- und Weidenresten; bestimmt sind folgende Pflanzen aus demselben:

Alnus glutinosa, *Betula* cf. *verrucosa*, *Carex*-sp., *Eriophorum* cf. *angustifolium*, *Menyanthes trifoliata*, *Phragmites communis*, *Pinus silvestris*, *Populus tremula*, *Rhamnus frangula*, *Salix caprea*, *S. cinerea*. Bemerkenswerth ist, dass gegenwärtig *Alnus glutinosa* in dieser Gegend fehlt und überhaupt äusserst selten auf Gotland ist.

E. H. L. Krause (Saarlouis).

Sauvageau, C., Influence d'un parasite sur la plante hospitalière. (Comptes rendus hebdomadaires de l'Académie des sciences de Paris. T. CXXX. 1900. p. 143.)

Wie schon Reinke beobachtet hat, sind alle *Sphacelariaceen* dadurch gekennzeichnet, dass sich ihre Membranen mit Eau de

Javelle schwärzen. Bei der Untersuchung einiger parasitisch lebender Arten (*Sphacelaria hystrix* auf *Cystoseira ericoides*, *Sph. furcigera* auf *C. discor*, *Sph. amphicarpa* n. sp. auf *Halidrys siliquosa*) ergab sich, dass auch die Gewebe der Wirthspflanze sich Eau de Javelle gegenüber ebenso verhalten, wie die *Sphacelaria*-Zellen. Da eine Ausscheidung des die Reaction bedingenden Stoffes durch die Zellen der *Sphacelarien* nach Ansicht des Verf. nicht im Spiel sein dürfte, wird anzunehmen sein, dass die Zellen der Wirthspflanze durch den Parasiten zur Erzeugung eines Stoffes angeregt werden, der ihnen bei ungestörter Entwickelung fremd bleibt. — Verf. erinnert an die Versuche Strasburger's, der *Datura* auf Kartoffel pfropfte und in den Kartoffelknollen Atropin nachweisen konnte.

Küster (Halle a. S.).

Iwanoff, K. S., Die im Sommer 1898 bei Petersburg beobachteten Krankheiten. (Zeitschrift für Pflanzenkrankheiten. 1900. p. 97.)

Im Sommer 1898 kamen in Folge der nasskalten Witterung eine sehr grosse Menge von Pflanzenparasiten zur Beobachtung, die z. Th. gefährliche Erkrankungen von Culturpflanzen erzeugten. Es können hier nur wenige hervorgehoben werden.

Auf dem Getreide wurden mehrere Roste und Arten von *Ustilago* beobachtet. Merkwürdiger Weise fehlte aber die *Puccinia coronifera*, obwohl das Aecidium auf *Rhamnus frangula* vorhanden war.

Die Kartoffeln litten an Bakteriosis und der Schorfkrankheit. Gurken fielen dem *Bacillus tracheiphilus* zum Opfer.

Auf den Obstbäumen traten *Fusicladien* und *Monilia fructigena* schädigend auf. *Roestelia cornuta* auf Ebereschen war häufig, obwohl der Wachholder ganz fehlt. Verf. vermuthet daher, dass eine noch unbekannte Art von *Gymnosporangium* auf der Tanne dazu gehört.

Auf *Ribes*-Arten kommt eine ganze Reihe von Parasiten vor. *Cercospora Resedae* auf Reseda wurde bisher nur in Amerika als Krankheitserreger beobachtet und trat hier verheerend auf. Die Holzgewächse leiden an *Polyporeen*, *Ascomyceten* und anderen Pilzen. Interessant ist, dass zu *Flammula alnicola* ein Rhizomorphe gehört.

Unter den auf Kräutern wachsenden Arten hat Verf. drei neue beobachtet: *Ramularia Trollii*, *Ramularia Oenotherae biennis* und *Ascochyta Doronici caucasici*.

Lindau (Berlin).

Rocher, G., Un nouveau Jaborandi des Antilles françaises. Etude du *Pilocarpus racemosus*. 8°. 84 pp. [Thèse.] Toulouse 1899.

1796 wurde die Gattung *Pilocarpus* nach einer Pflanze von den Antillen aufgestellt und nach der Art, welche das Thema dieser Arbeit bildet.

Der von diesem Baum verwendete Theil sind seine Blätter; Verf. behandelt deshalb die Anatomie der Blätter eingehend, während diejenige der anderen Bestandtheile des Gewächses nur beiläufig oder anhangsweise erörtert wird.

Ein weiterer Abschnitt der These bespricht die chemische Seite der Untersuchungen, namentlich die bereits früher aufgefundenen fünf Alkaloide: Pilocarpin, Jaborin, Pilocarpidin, Pseudojaborin und Pseudopilocarpin. Verf. kann noch einige weitere Körper hinzufügen, nämlich Jabonin und Jaborandin.

Im *Pilocarpus racemosus* sind die genannten Alkaloide stärker als in dem verwandten *Pilocarpus pennatifolius* vertreten, auch ist die Essenz von ersterer Species consistenter und angenehmer im Geruch.

E. Roth (Halle a. S.).

Weber, Carl Otto, Ueber die Natur des Kautschuks. (Berliner Berichte der deutschen chemischen Gesellschaft. 1900. p. 779.)

Die Natur des Kautschuks ist noch so wenig aufgeklärt, dass nicht einmal dessen Elementarzusammensetzung feststeht, beziehungsweise gilt es noch als unentschieden, ob der Kautschuk ein Gemenge verschiedener Substanzen oder ein technisch einheitliches Product ist. — Alle Untersuchungen des Verf. beziehen sich auf das Product von *Hevea brasiliensis* — Parakautschuk. — Wird Rohkautschuk in Chloroform oder Schwefelkohlenstoff gelöst, so erfolgt eine Zerlegung in zwei Bestandtheile, einen löslichen und einen unlöslichen von netzartigem Gefüge. Die Menge des unlöslichen Bestandtheiles wird einerseits zwischen 30 und 70% vom ursprünglichen Kautschukgewicht angegeben, während Gladstone und Hibbert*) im Parakautschuk nur 4% desselben fanden. Verf. hat daher zunächst diese Frage neuerdings untersucht.

Gladstone und Hibbert vermutheten, dass der unlösliche Antheil nicht ein Bestandtheil der Kautschukmilch sei, sondern seine Entstehung der Einwirkung der Hitze beim Coaguliren verdanke. Aus diesem Grunde wurde nicht gewaschener und getrockneter Rohkautschuk für die Untersuchung verwendet, sondern es wurden den inneren Theilen eines rohen Parablockes papierdünne Blätter entnommen. Zur Entfernung des Wassers und der löslichen Bestandtheile wurden diese mit Aceton behandelt und dann ohne vorheriges Trocknen in Chloroform zur Lösung gebracht. Die Menge des unlöslichen Bestandtheiles betrug ungefähr 6,5% vom Trockengewicht. Die Elementaranalyse ergab für den unlöslichen Körper die Formel $C_{30}H_{64}O_{10}$; für den löslichen die Formel $C_{10}H_{16}$, wenn man von einem Sauerstoffgehalt von 2% absieht. Die frühere Anschauung, dass beide Theile gleich zusammengesetzt seien, ist also nicht zutreffend. Ebenso

---

*) Journ. chem. Soc. 1888. p. 679.

zeigt sich die von Gladstone und Hibbert ausgesprochene Vermuthung unrichtig, dass der unlösliche Theil durch die Einwirkung der Hitze während des Trocknens entstanden sei. Bemerkenswerth ist der hohe Wasserstoff- und Sauerstoffgehalt des unlöslichen Theiles. Das von Spiller aus durch Luft oxydirtem Kautschuk erhaltene Harz ($C_{30} H_{48} O_{10}$) ist erheblich wasserstoffärmer, zeigt aber genau dasselbe Verhältniss C : H = 10 : 16. Spiller's Harz ist wohl ein Sauerstoffadditionsproduct des Kautschukkohlenwasserstoffs (Polypren, n-$C_{10} H_{16}$), dagegen kann der unlösliche Theil nicht als solches aufgefasst werden. Er dürfte eher ein Bindeglied zwischen gewissen niederen Kohlehydraten und dem Polypren sein. — Andere Kautschuksorten wie Congo Ball, Lagos, Borneo und Assam enthalten ähnliche, unlösliche Körper nicht. — Aus einer sehr verdünnten Lösung des löslichen Antheils erhält man durch Alkoholzusatz eine flockige Abscheidung. Ueberschüssiger Alkohol fällt aus dem Filtrat den Kautschuk $C_{10} H_{16}$, der nur 0,4°/o Sauerstoff enthält.

Für den löslichen Antheil kann die Polyterpenformel n-$C_{10} H_{16}$ als erwiesen angesehen werden. — Die verschiedenen Kautschuksorten besitzen einen verschiedenen Sauerstoffgehalt; das Verhältniss C : H = 10 : 16 wird aber, wenn überhaupt, nur in geringem Grade beeinflusst.

Verf. giebt in einer Tabelle die Analysenzahlen für eine Reihe von Kautschuksorten an. Aus den Zahlen geht hervor, dass alle Kautschuksorten wesentlich aus einem Kohlenwasserstoff $C_{10} H_{16}$ bestehen, ferner, dass der sehr wechselnde Sauerstoffgehalt das Verhältniss C : H ungestört lässt. Dies ist nur möglich, wenn die sauerstoffhaltigen Körper lediglich Additionsproducte von $C_{10} H_{16}$ und Sauerstoff sind. — Die directe Molekulargewichtsbestimmung ist wegen der grossen Viscosität selbst sehr verdünnter Lösungen mit grossen Schwierigkeiten verknüpft; auch kann das Sieden dieser Lösungen nicht stattfinden, ohne dass Ausscheidungen entstehen. Es wurden deswegen Versuche gemacht, nicht colloïdale Polyprenderivate herzustellen. — Die Zusammensetzung der Chlorverbindung $C_{10} H_{14} Cl_8$ ist in völliger Uebereinstimmung mit dem bei der optischen Untersuchung des Kautschuks gewonnenen Resultat, dass letzterer im Molekül $C_{10} H_{16}$ drei Doppelbindungen enthält. Es folgt hieraus, dass das Polypren keine ringförmigen, sondern nur offene (olefinische) Ketten enthält. Der Kautschuk wäre also in der Reihe der olefinischen Terpene, den Polyterpenen in der Reihe der Cyclo terpene analog. Das Isopren wäre als die Muttersubstanz beider Reihen zu betrachten. — Von den beiden existirenden Bromiden $C_{10} H_{16} Br_4$ und $C_{10} H_{16} Br_5$ ist das Tetrabromid das Interessantere. Es löst sich in Anilin, Pyridin, Chinolin und Piperidin; ist unlöslich in Kohlenwasserstoffen, Aether, Eisessig und Schwefelkohlenstoff. Gegen starke Mineralsäuren verhält es sich auffallend indifferent. — Entgegen den Angaben der Litteratur wurde ein Jodderivat $C_{20} H_{32} J_6$ erhalten. Dasselbe bildet ein eigelbes Pulver, das sich in allen versuchten Lösungsmitteln unlöslich erwies. — Mit feuchtem Chlorwasserstoffgas wurde eine Verbindung $C_{10}H_{18}Cl_2$ erhalten. Sie bildet eine schneeweisse, leicht zerreibliche Masse, die in Chloroform leicht, in allen andern Lösungsmitteln unlöslich ist. Entsprechende Hydrobromide und -jodide konnten nicht hergestellt werden. — Die vorstehend beschriebenen Verbindungen sind zu Molekulargewichtsbestimmungen nicht verwendbar. Weit geeigneter scheint eine Gruppe von Körpern, die durch Einwirkung von Phenol auf das Tetrabromid bei Temperaturen von 80 bis 160° entsteht. Aus Phenol und Polyprentetrabromid entsteht Tetroxyphenylpolypren $C_{10}H_{16}(O.C_6H_5)_4$. Werden die Versuchsbedingungen geändert, dann entstehen andere Körper, z. B. $C_{10}H_{16}O.(O.C_6H_5)_4$. Alle diese Körper verändern sich bei wiederholtem Lösen hydrolytisch und gehen schliesslich in einen Körper $C_{30}H_{36}O_{12}$ über, deswegen führten auch Molekulargewichtsbestimmungen mit Tetroxyphenylpolypren zu keinem Ergebniss. — Wie Phenol wirken auch die Kresole, Butylphenol, Carvacrol, Thymol. Phenoläther wirken nicht ein. Es muss also der Hydroxylwasserstoff der Phenole sein, der mit dem Brom des Tetrabromids in Reaction tritt.

Haeusler (Kaiserslautern).

Neue Litteratur.*)

Geschichte der Botanik:

Haga, H., De ontwikkeling der natuurkunde in de 19e eeuw. Redevoering uitgesproken bij de overdracht van het rectoraat der rijksuniversiteit te Groningen, den 17en september 1900. gr. 8°. 28 pp. Groningen (J. B. Wolters) 1900. Fl. —.65.

Ito, T., Ito Keisuké. (Annals of Botany. 1900. Sept. Portr.)

Bibliographie:

Burgerstein, A., Die zoologischen und botanischen Abhandlungen der Jahresberichte österreichischer Mittelschulen mit deutscher Unterrichtssprache im Jahre 1899. (Verhandlungen der k. k. zoologisch-botanischen Gesellschaft in Wien. Bd. L. 1900. Heft 7. p. 384—387.)

Caroli Linnaei. Regnum Vegetabile. (The Journal of Botany British and foreign. Vol. XXXVIII. 1900. No. 455. p. 430—443.)

Coville, F. C. and **Rose, J. N.,** Two editions of Sitgreave's Report. (The Journal of Botany British and foreign. Vol. XXXVIII. 1900. No. 455. p. 443—444.)

Allgemeines, Lehr- und Handbücher, Atlanten:

Coulter, J. Merle, Plant studies; an elementary botany. 12°. 9, 392 pp. il. (Twentieth century text-books.) New York (Appleton) 1900. Doll. 1.25.

Hansen, A., Repetitorium der Botanik für Mediciner, Pharmaceuten und Lehramts-Candidaten. 6. Aufl. gr. 8°. VII, 192 pp. Mit 38 Blüthendiagrammen und einem Anhang: Verzeichniss der gebräuchlichsten Arzneipflanzen. gr. 8°. VII, 192 pp. Würzburg (Stahel) 1900. M. 3.20, geb. in Leinwand M. 3.80.

---

*) Der ergebenst Unterzeichnete bittet dringend die Herren Autoren um gefällige Uebersendung von Separat-Abdrücken oder wenigstens um Angabe der Titel ihrer neuen Veröffentlichungen, damit in der „Neuen Litteratur" möglichste Vollständigkeit erreicht wird. Die Redactionen anderer Zeitschriften werden ersucht, den Inhalt jeder einzelnen Nummer gefälligst mittheilen zu wollen, damit derselbe ebenfalls schnell berücksichtigt werden kann.

Dr. Uhlworm,
Humboldtstrasse Nr. 22.

Moll, J. W., Handboek der plantbeschrijving. 8⁰. 8, 143 pp. m. 3 fig. Groningen (J. B. Wolters) 1900. geb. 1.90.

Algen:

Brunnthaler, Josef, Plankton-Studien. II. Proščansko jezero (Croatien). (Verhandlungen der k. k. zoologisch-botanischen Gesellschaft in Wien. Bd. L. 1900. Heft 7. p. 382—383.)

Collins, F. S., The marine flora of Great Duck Island, ME. (Rhodora. Vol. II. 1900. No. 22. p. 209—211.)

Colozza, Antonio, Contribuzione all' algologia romana. (Nuovo Giornale Botanico Italiano. Nuova Serie. Vol. VII. 1900. No. 4. p. 349—370.)

Lütkemüller, J., Desmidiaceen aus den Ningpo-Mountains in Centralchina. (Annalen des K. K. Naturhistorischen Hofmuseums. Bd. XV. 1900. No. 2. p. 115—126. Tafel VI.)

Schuh, R. E., Notes on two rare Algae of Vineyard Sound. (Rhodora. Vol. II. 1900. No. 22. p. 206—207.)

Pilze:

Brenan, Arthur S., Sphaerotheca Mors- uvae Berkl. and Curt. in Ireland. (The Journal of Botany British and foreign. Vol. XXXVIII. 1900. No. 455. p. 446.)

De Rey-Pailhade, J., Fermentation chimique par la levure en milieu antiseptique. (Bulletin de la Société chimique de Paris. 1900. No. 15. p. 666—668.)

Hahn, M. und Geret, L., Ueber das Hefe-Endotrypsin. (Zeitschrift für Biologie. Bd. XXII. 1900. Heft 2. p. 117—172.)

Harper, R. A., Cell and nuclear division in Fuligo varians. (The Botanical Gazette. Vol. XXX. 1900. No. 4. p. 217—251. With plate XIV.)

Harper, R. A., Sexual reproduction in Pyronema confluens and the morphology of the ascocarp. (Annals of Botany. 1900. Sept. 3 pl.)

Hefferan, Mary, A new chromogenic Micrococcus. (The Botanical Gazette. Vol. XXX. 1900. No. 4. p. 261—272. With 1 fig.)

Hodson, E. R., A new species of Neovossia. (The Botanical Gazette. Vol. XXX. 1900. No. 4. p. 273—274. With 1 fig.)

Jaap, Otto, Verzeichnis der bei Triglitz in der Prignitz beobachteten Ustilagineen, Uredineen und Erysipheen. (Sep.-Abdr. aus Abhandlungen des botanischen Vereins der Provinz Brandenburg. XLII. 1900. p. 261—270.)

Massee, George, On the origin of the Basidiomycetes. (The Journal of the Linnean Society. Botany. Vol. XXXIV. 1900. No. 240. Plates 15, 16.)

Mc Ilvaine, C. and Macadam, R. K., Toadstools, mushrooms, fungi, edible and poison.: One thousand American fungi; how to select and cook the edible; to distinguish and avoid the poisonous; botanic descriptions easy for reader and students. 4 to. Plates 34 clrd. London 1900. 63 sh.

Palla, E., Zur Kenntniss der Pilobolus Arten. [Schluss.] (Oesterreichische botanische Zeitschrift. Jahrg. L. 1900. No. 11. p. 397—401. Tafel X.)

Rabenhorst, L., Kryptogamenflora von Deutschland, Oesterreich und der Schweiz. 2. Aufl. Bd. I. Pilze. Lief 74. Abth. VI. Fungi imperfecti. Bearbeitet von **A. Allescher.** gr. 8⁰. VIII, p. 961—1016. Mit Abbildungen. Leipzig (Eduard Kummer) 1900. M. 2.40.

Salmon, Ernest S., A new species of Uncinula from Japan. (The Journal of Botany British and foreign. Vol. XXXVIII. 1900. No. 455. p 426—427. With 6 fig.)

Sarntheim, Ludwig, Graf, Ein Beitrag zur Pilzflora von Tirol. (Oesterreichische botanische Zeitschrift. Jahrg. L. 1900. No 11. p. 411—412.)

Smith, A. Lorrain, Some new microscopic Fungi. (Journal of the Royal Microscopical Society. 1900. Part 4. Plate III.)

Strasser, P., Pilzflora des Sonntagsberges. [Beiträge zur Pilzflora Niederösterreichs. III. (Verhandlungen der k. k. zoologisch-botanischen Gesellschaft in Wien. Bd. L. 1900. Heft 7. p. 359—372.)

Zettnow, Weitere Entgegnung zu Dr. Feinberg's Arbeit: „Ueber das Wachstum der Bakterien". (Deutsche medizinische Wochenschrift. 1900. No. 27. p. 443—444.)

Flechten:

Hue, A. M., Lichenes extra-europaei a pluribus collectoribus ad Museum Parisiense missi. [Suite.] (Nouvelles Archives du Muséum d'Histoire Naturelle. Sér. IV. Tome II. Fasc. 1.)

Muscineen:

Evans, Alexander W., Notes on the Hepaticae collected in Alaska. Papers from the Harriman Alaska Expedition. V. (Proceedings of the Washington Academy of Sciences. Vol. II. 1900. p. 287—314. Pls. XVI—XVIII.)

Horrell, Charles E., The European Sphagnaceae (after Warnstorf). [Continued.] (The Journal of Botany British and foreign. Vol. XXXVIII. 1900. No. 455. p. 422—426.)

Lejeunea Macvicari Pearson sp. n. (The Journal of Botany British and foreign. Vol. XXXVIII. 1900. No. 455. p. 409—410. Plate 415.)

Nicholson, William Edward, Sutherlandshire Mosses. (The Journal of Botany British and foreign. Vol. XXXVIII. 1900. No. 455. p. 410—420.)

Salmon, Ernest Stanley, On some Mosses from China and Japan. (The Journal of the Linnean Society. Botany. Vol. XXXIV. 1900. No. 240. Plate 17.)

Velenovský, J., Bryologicke příspěvky z čech za rok 1899—1900. (Rozpravy české akad. IX. čislo 28.) 8°. 14 pp.

Gefässkryptogamen:

Boodle, L. A., Anatomy of Hymenophyllaceae. (Annals of Botany. 1900. Sept. 3 pl.)

Scott, D. H. and **Hill, T. G.,** Structure of Isoetes Hystrix. (Annals of Botany. 1900. Sept. 2 pl.)

Shore, R. F., Structure of stem of Angiopteris. (Annals of Botany. 1900. Sept. 2 pl.)

Physiologie, Biologie, Anatomie und Morphologie:

Adickes, E., Kant contra Haeckel. Erkenntnistheorie gegen naturwissenschaftlichen Dogmatismus. gr. 8°. VI, 129 pp. Berlin (Reuther & Reichard) 1900. M. 2.—

Brunner, J., Die Constitution der Chinaalkaloide. (Naturwissenschaftliche Wochenschrift. Bd. XV. 1900. No. 41. p. 481—487.)

Čelakovský, L. J., Ueber den phylogenetische Entwickelungsgang der Blüthe und über den Ursprung der Blumenkrone. Theil II. (Sep.-Abdr. aus Sitzungsberichte der königl. böhmischen Gesellschaft der Wissenschaften. Mathematisch-naturwissenschaftliche Classe. 1900.) gr. 8°. 223 pp. Mit 30 Figuren. Prag (Fr. Rivnač in Komm.) 1900. M. 3.—

Devaux, H., Recherches sur les lenticelles. (Annales des Sciences naturelles. Botanique. 1900. No. 1—4. Avec planches I—VI et figures dans le texte.)

Land, W. J. G., Double fertilization in Compositae. (The Botanical Gazette. Vol. XXX. 1900. No. 4. p. 252—260. With plates XV, XVI.)

Papi, Ciro, Alcune ricerche sulla struttura del fusto, delle foglie e dei frutti di un esemplari di Juniperus drupacea Labill. (Nuovo Giornale Botanico Italiano. Nuova Serie. Vol. VII. 1900. No. 4. p. 397—410. 6 Fig.)

Prowazek, S., Die Struktur der organischen Substanz. (Die Natur. Jahrg. IL. 1900. No. 43. p. 505—506.)

Raciborski, M., Ueber die Keimung der Tabaksamen. ('S Lands Plantentuin. Bulletin de l'Institut botanique de Buitenzorg. 1900. No. VI.)

Sarthou, J., Sur quelques propriétés de la schinoxydase. (Journal de pharm. et de chimie. T. XII. 1900. No. 3. p. 104—108.)

Thomas, E. N., Double fertilization in Caltha palustris. (Annals of Botany. 1900. Sept. 1 pl.)

Velenovský, J., Die Achselknospe der Hainbuche (Carpinus Betulus). (Oesterreichische botanische Zeitschrift. Jahrg. L. 1900. No. 11. p. 409—411. Mit 2 Figuren.)

Waddell, C. H., Winter buds in Zannichellia. (The Journal of Botany British and foreign. Vol. XXXVIII. 1900. No. 455. p. 445.)

Systematik und Pflanzengeographie:

Bailey, W. W., Commelina virginica established in New England. (Rhodora. Vol. II. 1900. No. 22. p. 200.)

Bennett, Arthur, Elymus arenarius in Sussex. (The Journal of Botany British and foreign. Vol. XXXVIII. 1900. No. 455. p. 444.)

Bois, D., Nuovi alberi e arbusti della Cina. (Bullettino della R. Società toscana di Orticoltura. Anno XXV. Ser. III. Vol. V. Firenze 1900. No. 5—8.)

Bray, William L., The relations of the North American flora to that of South America. (Science. New Series. Vol. XII. 1900. No. 306. p. 709—716.)

Busse, Walther, Expedition nach den deutsch-ostafrikanischen Steppen. Bericht I. (Kolonial-Wirtschaftliches Komitee.) 8°. 13 pp. Berlin 1900.

Caprile, Luisa, Il profumo dei fiori. (Bullettino della R. Società toscana di Orticoltura. Anno XXV. Ser. III. Vol. V. Firenze 1900. No. 3—8.)

Coley, S. J., Cyperus fuscus in N. Somerset. (The Journal of Botany British and foreign. Vol. XXXVIII. 1900. No. 455. p. 446.)

Dowling, A. E. P. R., Flora of the Sacred Nativity. 4to. London (Paul) 1900. 7 sh. 6 d.

Engler, A. und **Prantl, K.,** Die natürlichen Pflanzenfamilien, nebst ihren Gattungen und wichtigeren Arten, insbesondere den Nutzpflanzen. Unter Mitwirkung zahlreicher hervorragender Fachgelehrten begründet von **Engler** und **Prantl,** fortgesetzt von **A. Engler.** Teil I. Abtlg. 1 a. gr. 8°. 192 pp. Mit 615 Einzelbildern in 140 Figuren, einem Specialregister, sowie Abteilungs-Register. Leipzig (Wilhelm Engelmann) 1900. Subskr.-Preis M. 6.—, Einzelpreis M. 12.—

Fernald, M. L., Rubus idaeus and its variety anomalus in America. (Rhodora. Vol. II. 1900. No. 22. p. 196—200. Plate 20.)

Ferraris, Teodoro, Contribuzioni alla flora del Piemonte. I. Florula Crescentinese e delle colline del Monferrato. (Nuovo Giornale Botanico Italiano. Nuova Serie. Vol. VII. 1900. No. 4. p 371—396.)

Freyn, J., Weitere Beiträge zur Flora von Steiermark. [Fortsetzung.] (Oesterreichische botanische Zeitschrift. Jahrg. L. 1900. No. 11. p. 401—408.)

Fritsch, K., Ueber den Werth der Rankenbildung für die Systematik der Vicieen, insbesondere der Gattung Lathyrus. (Oesterreichische botanische Zeitschrift. Jahrg. L. 1900. No. 11. p. 389—396.)

Harvey, Roy Harris Le, Pogonia pendula in Maine. (Rhodora. Vol. II. 1900. No. 22. p. 211—212.)

Hemsley, Botting, Notes on an exhibition of plants from China recently collected by Dr. A. Henry and Mr. W. Hancock. (The Journal of the Linnean Society. Botany. Vol. XXXIV. 1900. No. 240.)

Knowlton, C. H., Further notes on the flora of Worcester County, Massachusetts. (Rhodora. Vol. II. 1900. No. 22. p. 201—203.)

Leonhard, Ch., Neue Pflanzen der nassauischen Flora. (Sep.-Abdr. aus Jahrbücher des nassauischen Vereins für Naturkunde. 1900.) gr. 8°. p. 23—27. Wiesbaden (J. F. Bergmann) 1900.

Maly, K. F., Floristische Beiträge. (Wissenschaftliche Mittheilungen aus Bosnien und der Hercegovina. Bd. VII. 1900.) gr. 8°. 27 pp.

Mansel-Pleydell, J. C., Arum italicum in Dorset. (The Journal of Botany British and foreign. Vol. XXXVIII. 1900. No. 455. p. 445—446.)

Morris, E. L., Some plants of West Virginia. (Proceedings of the Biological Society of Washington. Vol. XIII. 1900. p. 171—182.)

New **plants** from Central Asia. (The Journal of Botany British and foreign. Vol. XXXVIII. 1900. No. 455. p. 428—430.)

Pucci, A., I Bambù. (Bullettino della R. Società toscana di Orticoltura. Anno XXV. Ser. III. Vol. V. Firenze 1900. No. 1.)

Pucci, A., I Cotoneaster Mill. e delle sue varietà. (Bullettino della R. Società toscana di Orticoltura Anno XXV. Ser. III. Vol. V. Firenze 1900. No. 2.)

Rand, Edward L., Plants from the Duck Islands, Maine. (Rhodora. Vol. II. 1900. No. 22. p. 207—209.)

Rich, William P., Some new acquaintances. (Rhodora. Vol. II. 1900. No. 22. p. 203—205.)

Stanfel, A., Sammlung von Kleinthieren und Pflanzen. (Kärntner Gemeinde-Blatt. 1900. No. 17/18. p. 182—184.)

Townsend, Frederick, Lepidium heterophyllum Bentham. (The Journal of Botany British and foreign. Vol. XXXVIII. 1900. No. 455. p. 420—421.)

Ugolini, G., Delle Olea. (Bullettino della R. Società toscana di Orticoltura. Anno XXV. Ser. III. Vol. V. Firenze 1900. No. 4.)

Ugolini, G., Del Gattice. (Bullettino della R. Società toscana di Orticoltura. Anno XXV. Ser. III. Vol. V. Firenze 1900. No. 5.)

Wettstein, R. von, Die Pflanzenwelt der Polargegend. [Vortrag.] (Sep.-Abdr. aus Schriften des Vereins zur Verbreitung naturwissenschaftlicher Kenntnisse in Wien. Jahrg. L. 1900. Heft 2.) 8⁰. 25 pp. Mit 4 Abbildungen im Texte. Wien (Wilhelm Braumüller) 1900. M. —.60.

Whitwell, William, Impatiens glandulifera Royle. (The Journal of Botany British and foreign. Vol. XXXVIII. 1900. No. 455. p. 445.)

Zahlbruckner, A., Schedae ad „Kryptogamas exsiccatas" editae a Museo Palatino. Vindobonensi. Centuriae V—VI. (Annalen der K. K. Naturhistorischen Hofmuseums. Bd. XV. 1900. No. 2. p. 169—215.)

Phaenologie:

Cobelli, R., Calendario della flore roveretana. (XXXVII. publicazione fatta per cura del museo civico di Rovereto.) 8⁰. 78 pp. Rovereto 1900.

Mattirolo, O., Il calendario d. flora per Firenze, secondo il ms. dell'anno 1592 di fratre **Agostino del Riccio.** (Bullettino della R. Società toscana di Orticoltura. Anno XXV. Ser. III. Vol. V. Firenze 1900. No. 7, 8.)

Palaeontologie:

Potonié, H., Palaeophytologische Notizen. [Fortsetzung.] (Naturwissenschaftliche Wochenschrift. Bd. XV. 1900. No. 43. p. 505—507. Mit 8 Figuren.)

Scott, D. H., Note on the occurence of a seed-like fructification in certain palaeozoic Lycopods. (Paper read before the Royal Society. 1900. p. 306 —309.)

Teratologie und Pflanzenkrankheiten:

Breda de Haan, J. van, Vorläufige Beschreibung von Pilzen bei tropischen Kulturpflanzen beobachtet. ('S Lands Plantentuin. Bulletin de l'Institut Botanique de Buitenzorg. 1900. No. IV. p. 11—13)

Bubák, Fr., Ueber Milben in Rübenwurzelkröpfen. (Zeitschrift für das landwirthschaftliche Versuchswesen in Oesterreich. III. 1900. Heft 6) 8⁰. 15 pp. 1 Tafel.

Bussé, Walther, Expedition nach den deutsch-ostafrikanischen Steppen. Bericht II. Ueber die Mafutakrankheit der Mohrenhirse (Andropogon Sorghum [L.] Brot.) in Deutsch-Ostafrika. (Kolonial-Wirtschaftliches Komitee.) 8⁰. 8 pp Berlin 1900.

Chifflot, J., Malattia del Cyclamen persicum. (Bullettino della R. Società toscana di Orticoltura. Anno XXV. Ser. III. Vol. V. Firenze 1900. No. 2.)

Kraemer, Henry, Note on the origin of tannin in galls. (The Botanical Gazette. Vol. XXX. 1900. No. 4. p. 274—276.)

Pommerol, F., La chenille du pommier et ses ennemis naturels. Petit in 8⁰. 24 pp. Clermont-Ferrand (impr. Mont-Louis) 1900.

Stift, A., Die Krankheiten und thierischen Feinde der Zuckerrübe. Nach den neueren Erfahrungen der Wissenschaft und der Praxis bearbeitet. gr. 8⁰. X, 208 pp. Mit 24 farbigen lith. Tafeln. Wien (Wilhelm Frick) 1900. M. 12.—

Medicinisch-pharmaceutische Botanik:

A.

Boorsma, W. G., Ueber philippinische Pfeilgifte. ('S Lands Plantentuin. Bulletin de l'Institut Botanique de Buitenzorg. 1900. No. IV. p. 14—18.)

Burgerstein, A., Giftpflanzen und Pflanzengifte. (Wiener illustrierte Garten-Zeitung. 1900. Heft 8/9. p. 245—254.)

Greshoff, M., Tweede gedeelte van de beschrijving der giftige en bedwelmende planten bij de vischvangst in gebruik. (Mededeelingen uit 'S Lands Plantentuin. XXIX. 1900.) gr. 8⁰. 253 pp. Batavia (G. Kolff & Co.) 1900.

Schneider, Albert, General vegetable pharmacography. 12⁰. 136 pp. Chicago (Chicago Medical Book Co.) 1900. Doll. 1.25.

B.

Athanasiu, A., Angine ulcéro-membraneuse aiguë à bacilles fusiformes de Vincent et spirilles chez les enfants. [Thèse] Paris 1900.

Baumgarten, Der gegenwärtige Stand der Bakteriologie. (Berliner klinische Wochenschrift. 1900. No. 27, 28. p. 585—588, 615—618.)

Ficker, Martin, Ueber den von Nakanishi aus Vaccinepusteln gezüchteten neuen Bacillus. (Centralblatt für Bakteriologie, Parasitenkunde und Infektionskrankheiten. Erste Abteilung. Bd. XXVIII. 1900. No. 17. p. 529—530.)

Hemmeter, J. C., Ueber das Vorkommen von proteolytischen und amylolytischen Fermenten im Inhalt des menschlichen Colons. (Archiv für die gesammte Physiologie. Bd. LXXXI. 1900. Heft 4/5. p. 151—166.)

Jess, P., Compendium der Bacteriologie und Blutserumtherapie für Tierärzte und Studierende. 8⁰. X, 98 pp. Berlin (Richard Schoetz) 1900. Geb. in Leinwand M. 3.—

Kieseritzky, G., Zur Pathogenität des Staphylococcus quadrigeminus Czaplewski. (Deutsche medizinische Wochenschrift. 1900. No. 37. p. 590—591.)

Mitchell, C. A., Flesh foods, with methods for their chemical, microscopical, and bacteriological examination. A practical handbook for medical men, analysts, inspectors, and others. 8⁰. 352 pp. With illusts. and coloured plate. London (C. Griffin) 1900. 10 sh. 6 d.

Murray, G. R. and **Hardcastle, W.,** A case of meningo-myelitis with bacteriological examination of the spinal cord. (Lancet. Vol. II. 1900. No. 5. p. 317—319.)

Pratt, J. H. and **Fulton, F. T.,** Report of cases in which the bacillus aërogenes capsulatus was found. (Boston med. and surg. Journal. 1900. No. 23. p. 599—602.)

Smith, J. N., Goulstonian lectures on the typhoid bacillus and typhoid fever. London (Churchill) 1900. 2 sh. 6 d.

Unna, P. G., Versuch einer botanischen Klassifikation der beim Ekzem gefundenen Kokkenarten nebst Bemerkungen über ein natürliches System der Kokken überhaupt. (Monatshefte für praktische Dermatologie. Bd. XXXI. 1900. No. 1, 2. p. 1—43, 65—96.)

Technische, Forst-, ökonomische und gärtnerische Botanik:

Boerlage, J. G., Énumération des végétaux producteurs de Caoutchouc et de Getah-pertja recoltées par le Dr. P. von Romburgh dans les îles de Sumatra, Borneo, Riouw et Java. ('S Lands Plantentuin. Bulletin de l'Institut Botanique de Buitenzorg. 1900. No. V.) 8⁰. 29 pp. Buitenzorg 1900.

Buchheister, G. A., Handbuch der Drogisten-Praxis. Ein Lehr- und Nachschlagebuch für Drogisten, Farbwaarenhändler etc. Mit einem Abriss der allgemeinen Chemie von **R. Bahrmann.** 6. Aufl. Theil I. gr. 8⁰. XI, 911 pp. Mit 225 in den Text gedruckten Abbildungen. Berlin (Julius Springer) 1900. M. 10—, geb. in Leinwand M. 11.20.

Erdmann, O. L. und **König, Ch. R.,** Grundriss der allgemeinen Warenkunde unter Berücksichtigung der Mikroskopie und Technologie. Für Handelsschulen und gewerbliche Lehranstalten sowie zum Selbstunterrichte entworfen und fortgesetzt. 13. Aufl. von **E. Hanausek.** gr. 8⁰. XVI, 752 pp. Mit 270 Abbildungen. Leipzig (Johann Ambrosius Barth) 1900. M. 9.—

Feldtmann, E., Der Wald. Für Freunde der Natur, sowie für die reifere Jugend zum Gebrauch in Haus und Schule dargestellt. gr. 8⁰. XI, 326 pp. Mit Abbildungen. Ravensburg (Otto Maier) 1900. M. 4.80.

Heinrich, H., Mest en bemesting. Naar het hoogd. door **W. H. Wisselink.** post 8⁰. 8, 152 pp. Zwolle (W. E. J. Tjeenk Willink) 1900. 1.25.

Huck, F., Reicher Hyazinthenflor im Winter. Anleitungen zur Kultur der Hyazinthen in Töpfen, auf Gläsern etc., nebst einem Anhang zum Treiben von Crocus, Tazetten, Tulpen, Narzissen etc. 8⁰. 32 pp. Mit Abbildungen und 1 farbigen Tafel. Berlin (Berolina-Versand-Buchhandlung) 1900. M. —.30.

Huck, F., Unsere besten und schönsten Cacteen, deren Kultur und Verwendung. gr. 8⁰. 32 pp. Mit Abbildungen. Berlin (Berolina-Versand-Buchhandlung) 1900. M. —.20.

Huck, F., Zum Kartoffelbau und praktische Ratschläge zum Futterbau. gr. 8⁰. 45 pp. Mit 1 farbigen Tafel. Berlin (Berolina-Versand-Buchhandlung) 1900. M. —.50.

Maida, Antonino, L'agricoltura nei territorî di Trapani e Monte S. Giuliano. Parte I. 8°. 10, 81 pp. Trapani (tip. fratelli Messina e C. succ. Modica-Romano) 1900.

Mele, Enr., I boschi nella economia naturale: conferenza tenuta in Matera il 26 novembre 1899 in occasione della festa degli alberi. 8°. 36 pp. Matera (tip. F. Angelelli) 1900.

Molnár, E., Pomologie hongroise. Livr. 1, 2. gr. fol. 12 farbige Tafeln mit III, 24 pp. Text in ungarischer und französischer Sprache. Budapest (Otto Nagel jun.) 1900. M. 5.—

Rosenstiel, A., Sur le bouquet des vins obtenus par la fermentation des moûts stéril sés par la chaleur. (Extr. de la Revue de viticulture. 1900.) 8°. 8 pp. Paris (impr. Levé) 1900.

Stein, K. und Ehrhard, H., Katalog über die wichtigsten Bau-, Nutz- und Zierhölzer des In- und Auslandes und Sammlungen von denselben für den Unterricht, sowie für Botaniker, Forstleute, Gärtner und jeden Liebhaber der Natur. gr. 8°. 24 pp. Bensheim (J. Ehrhard & Co.) 1900. M. —.20.

Tompkins, D. A., Cotton values in textile fabrics, a collection of cloth samples, arranged to show the value of cotton when converted into various kinds of cloths. 8vo. London 1900. 12 sh. 6 d.

Tschudi, F. von und Schulthess, A., Der Obstbaum und seine Pflege. Ein Leitfaden für Landwirte, Baumwärter und landwirtschaftliche Fortbildungsschulen mit besonderer Rücksicht auf die schweizerischen Verhältnisse. 9. Aufl. 8°. VIII, 192 pp. Mit 83 Abbildungen. Frauenfeld (J. Huber) 1900. Geb. in Leinwand M. 1.20.

Ugolini, G., Syringa vulgaris L. (Lilla o Lillac). (Bullettino della R. Società toscana di Orticoltura. Anno XXV. Vol. V. Ser. III. Firenze 1900. No. 8.)

Witte, E. Th., Een keur van vaste-planten geschikt voor snijbloemen en cultuur in den tuin. 48 gekleurde platen, naar de natuur geteekend door **Walter Müller.** De begeleidende tekst naar het Hoogd. bewerkt. Met een voorwoord van **H. Witte.** Afl. 1, 2. gr. 4°. 8 en p. 1—30. M. 12 pltn. Leiden (A. W. Sijthoff) 1900. Per afl. Fl. —.80, compl. in 8 afl. Fl. 6.40, geb. Fl. 7.20.

Corrigendum.

In No 48. Bd. LXXXIV. No. 9. muss es heissen auf:

p. 294, Z. 5 v. u. Pflanzen mit Fensterblumen,
p. 295, Z. 2 v. u. braunsandig,
p. 296, Z. 2 v. o. Organismen (Pilze, Algen und Thiere) statt: „Pilze (und Algen)“.
p. 296 ist zwischen *Imperfecti* und *Schizomyceten* einzuschalten:

Caenomyceten:
Eomyces Criéanus Ludw.
Protoheca moriformis Krüger.
P. Zopfii Krüger.
Leucocystis (Mycocapsa) Criéi Ludw.

Personalnachrichten.

Enthüllt: Ein Denkmal des Botanikers **H. R. Göppert** am 25. Juli in Sprottau.

Verliehen: Dem Diatomaceen-Forscher **A. Grunow** das Ritterkreuz des Franz Joseph-Ordens.

Ernannt: Dr. **H. Ambronn** zum ausserordentlichen Professor der Botanik an der Universität zu Jena. — Professor

John Craig zum Professor am Agricultural College der Cornell Universität.

Habilitirt: Dr. **Tschermak** an der Hochschule für Bodenkultur in Wien.

Gestorben: **Erik O. A. Nyman** aus Linköping am 29. September.

Inhalt.

Ausgegeben: 5. December 1900.

Druck und Verlag von Gebr. Gotthelft. Kgl. Hofbuchdruckerei in Cassel.

Band LXXXIV. No. 12. XXI. Jahrgang.

Botanisches Centralblatt.

REFERIRENDES ORGAN

für das Gesammtgebiet der Botanik des In- und Auslandes.

Herausgegeben unter Mitwirkung zahlreicher Gelehrten

von

Dr. Oscar Uhlworm und Dr. F. G. Kohl

in Cassel in Marburg

Nr. 51. | Abonnement für das halbe Jahr (2 Bände) mit 14 M. durch alle Buchhandlungen und Postanstalten. | 1900.

Die Herren Mitarbeiter werden dringend ersucht, die Manuscripte immer nur auf *einer* Seite zu beschreiben und für *jedes* Referat besondere Blätter benutzen zu wollen. Die Redaction.

Wissenschaftliche Originalmittheilungen.*)

Anatomische Untersuchung der Mateblätter unter Berücksichtigung ihres Gehaltes an Thein.

Von

Ludwig Cador

aus Gross-Strelitz.

(Schluss.)

Symplocos lanceolata A. D. C. H. B.

Glaziou, n. 14528, Rio Janeiro (Minas).

Die Epidermis der Blattoberseite ist einschichtig; die Höhe derselben beträgt 0,045 mm, die Dicke der starken Aussenwand 0,018 mm.

Die Zellen der oberen Epidermis erscheinen in der Flächenansicht dickwandig, relativ grosslumig (Längsdurchmesser = 0,045 mm), die Seitenränder sind gebogen und getüpfelt. Die Aussenwände der einzelnen Zellen sind dick und haben ein gequollenes Aussehen. Die bräunlich, grüne Substanz, welche die Zelllumina erfüllt, ist nach der mikrochemischen Untersuchung in die Zahl der Gerbstoffe zu rechnen; die in der Epidermis auf-

*) Für den Inhalt der Originalartikel sind die Herren Verfasser allein verantwortlich. Red.

tretende feine Körnelung scheint aus Wachspartikelchen zu bestehen.

Die Zellen der unteren Epidermis sind in der Flächenansicht polygonal, mit mehr oder weniger gebogenen Seitenrändern versehen, öfter in einer Richtung gestreckt, und relativ dünnwandig. Die Cuticula ist ziemlich dick und deutlich wellig. Die zahlreichen Spaltöffnungen haben elliptischen Umriss und einen Maximaldurchmesser = 0,03 mm, sie sind von gewöhnlichen Epidermiszellen, die als Nebenzellen erscheinen, umgeben; zwei von ihnen schliessen sich meistens parallel zu den Schliesszellen an.

Das Mesophyll ist bifacial. Das Pallisadenparenchym ist zweireihig, die obere Zellreihe besteht aus langgestreckten Zellen, die untere aus kurzgliedrigen, welche z. T. die Form von H-artig ausgebildeten Armpallisadenzellen haben.

Das Schwammgewebe enthält grössere Intercellularräume; einzelne verästelte Zellen in der oberen Zelllage desselben sind allseitig sclerosirt. Kalkoxalatdrusen (Maximaldurchmesser = 0,018 mm) treten im Pallisaden-, wie auch im Schwammgewebe auf.

Die Gefässbündel der grösseren Nerven sind oben und unten von Hartbast begleitet. Die Theinreaction trat schwach ein (Blatt 5 cm lang, 2 cm breit).

Symplocos spec. (affin. *S. lanceolata* D. C. H. B. sive *variabilis* Mart.).
Glaziou, Brasilien.

Die Epidermis der Blattoberseite ist einschichtig; die Höhe derselben beträgt 0,021 mm, die Dicke der dünnen Aussenwand 0,006 mm.

Auf dem Flächenbilde haben die Zellen der oberen Epidermis 4—6 eckige, polygonale Gestalt und mehr oder weniger gebogene Seitenränder; sie sind grosslumig (Längsdurchmesser = 0,03 mm) und dickwandig, die relativ dünne Aussenwand derselben ist nicht gestreift. Der bräunlichgrüne Inhalt der Zellen lässt nach der mikrochemischen Untersuchung auf Gerbstoff ähnliche Substanzen schliessen.

Die Zellen der unteren Epidermis sind auf dem Flächenbilde polygonal, kleinlumiger wie die der oberen und dünnwandig. Die zahlreichen elliptischen Spaltöffnungen haben einen Längsdurchmesser = 0,012—0,015 mm, sie sind von Epidermiszellen, die als Nebenzellen erscheinen, umgeben, von denen sich gewöhnlich zwei parallel zu den Schliesszellen anschliessen.

Das Mesophyll ist bifacial. Das Pallisadenparenchym ist deutlich zweischichtig und langgestreckt.

Kleinere Kalkoxalatdrusen (Maximaldurchmesser = 0,015) findet man im Pallisadengewebe, wie auch in dem mässig grosse Intercellularräume enthaltenden Schwammgewebe. An die Gefässbündel der grösseren Nerven ist eine Hartbastsichel gelagert.

Die Theinreaction trat nicht ein (Blatt 1,7 cm lang, 1 cm breit).

Symplocos spec. ? (dient zur Mate-Verfälschung). H. B. Carl Juergens, Brasilien, Rio Grande do Sul.

Die Epidermis der Blattoberseite ist einschichtig; die Höhe derselben beträgt 0,03 mm, die Dicke der starken Aussenwand 0,015 mm.

Die Zellen der oberen Epidermis erscheinen in der Flächenansicht relativ grosslumig (Längsdurchmesser ca. 0,045 mm) und dickwandig, die Seitenränder derselben sind gebogen und getüpfelt. Die Aussenwände der einzelnen Zellen sind dick und haben ein gequollenes Aussehen. Eine Gerbstoff-ähnliche Substanz ist auch bei dieser Art in der oberen Epidermis bemerkbar.

Die Zellen der unteren Epidermis gleichen im Grossen und Ganzen denen der oberen, auch sie haben undulirt und getüpfelte Seitenränder, doch sind dieselben relativ dünnwandig. Die Spaltöffnungen haben elliptischen Umriss und einen Längsdurchmesser = 0,012—0,021 mm, ihre Schliesszellen sind meistens von zwei parallellaufenden Nebenzellen umgeben.

Vereinzelt treten dreizellige, durch feine Scheidewände getheilte Borstenhaare, sowie Korkwarzen auf der unterseitigen Epidermis auf.

Das Mesophyll ist bifacial gebaut; das Pallisadengewebe ist zweischichtig und ziemlich kurzgliederig, beide Schichten desselben enthalten typisch ausgebildete Armpallisadenzellen. Das Schwammgewebe enthält mässig grosse Intercellularräume. Die im Mesophyll auftretenden, zahlreichen Kalkoxalatdrusen haben einen Maximaldurchmesser = 0,018 mm.

An die Gefässbündel der grösseren Nerven ist oben und unten Hartbast gelagert.

Die Theinreaction trat nicht ein (Blatt 10 cm lang, 5 cm breit).

Uebersicht der anatomischen Merkmale des Blattes der Mate-liefernden *Ilex*-Arten.

Obere Epidermis einschichtig.

Ilex: Cassine, *glabra*, *diuretica*, *dumosa*, *Glazioviana*, *Vitis idaea*, *paltarioides*, *chamaedryfolia*, *Congonhinha*, *paraguariensis*, *cognata*, *caroliniana*, *theezans* (var. a *typica*), *cujabensis*, *symplociformis*, *conocarpa*, *Pseudothea*.

Obere Epidermis stellenweise oder durchweg zweischichtig.

Ilex: affinis (zweischichtig), *theezans* (var. f. *Riedelii*), (var. *fertilis*), (stellenweise zweischichtig).

Obere Epidermis mit sehr dicker Aussenwand (0,03—0,04 mm).

Ilex: Vitis idaea, *theezans* (var. a *typica*), *Pseudothea*.

Obere Epidermis mit dicker Aussenwand (0,012—0,024 mm).

Ilex: Cassine, diuretica, dumosa, Glazioviana, paltarioides, chamaedryfolia, Congonhinha, theezans (var. f. *Riedelii*), (var. *fertilis*), *cujabensis, affinis, symplociformis, conocarpa, amara.*

Obere Epidermis mit dünner Aussenwand (0,006—0,009 mm).

Ilex: glabra, dumosa (var. *Guaranina*), *paraguariensis, cognata, caroliniana.*

Obere Epidermiszellen auf dem Flächenbilde bei tiefer Einstellung polygonal, bei hoher Einstellung undulirt und getüpfelt.

Ilex: Cassine, glabra, cognata, caroliniana, theezans var. a *typica.*

Obere Epidermiszellen auf dem Flächenbilde dünnwandig, undulirt.

Ilex: dumosa (var. *Guaranina*), *Congonhinha.*

Obere Epidermis stark verschleimt.

Ilex: Cassine var. *myrtifolia, Congonhinha, caroliniana, theezans, affinis, symplociformis, conocarpa, amara* (var. a *longifolia,* forma *nigropunctata*), (var. b *latifolia*).

Obere Epidermis vereinzelte Schleimzellen enthaltend.

Ilex: Glazioviana, chamaedryfolia, paraguariensis, Pseudothea.

Obere und untere Epidermis Schleimzellen enthaltend.

Ilex: glabra, dumosa (var. *Guaranina*), *cujabensis.*

Untere Epidermiszellen polygonal und dickwandig.

Ilex: diuretica, cognata, theezans (var. a *typica*).

Untere Epidermiszellen polygonal und dünnwandig.

Ilex: dumosa (var. *Guaranina*), *Congonhinha, paraguariensis, caroliniana, theezans* (var. f. *Riedelii*) und (var. *fertilis*), *cujabensis.*

Untere Epidermiszellen dickwandig und getüpfelt.

Ilex: Cassine var. *myrtifolia, dumosa* (var. *montevideensis*), *conocarpa, Pseudothea.*

Untere Epidermiszellen dickwandig, mehr oder weniger slcerosirt und getüpfelt.

Ilex: Glazioviana, Vitis idaea, chamaedryfolia, amara, affinis.

Untere Epidermiszellen dünnwandig und undulirt

Ilex: glabra, Cassine L. (zwischen dünnwandigen, undulirten, auch sclerosirt und getüpfelte).

Cuticula auf der Blattoberseite gestreift.

Ilex: Vitis idaea, paltarioides, Congonhinha, conocarpa.

Cuticula auf der Blattober- und -unterseite gestreift.

Ilex: Cassine var. *myrtifolia, diuretica, dumosa* (var. *Guaranina*), *chamaedryfolia, paraguariensis, caroliniana, cujabensis, affinis, symplociformis, amara.*

Cuticula nur auf der Blattunterseite gestreift.

Ilex: Glazioviana, cognata, theezans (var. *fertilis*).

Spaltöffnungen von Leisten- oder Wall-artigen Verdickungen umgeben.

Ilex: Cassine var. *myrtifolia, glabra, theezans* (var. a *typica*), *conocarpa, amara, cognata.*

Korkwarzen treten in der unteren Epidermis auf.

Ilex: diuretica, dumosa (var. *montevideensis*), *Vitis idaea, symplociformis, conocarpa, Pseudothea, amara, Congonhinha* (Domatien).

Haare treten auf der oberen Epidermis auf.

Ilex: Cassine var. *myrtifolia, Vitis idaea, Pseudothea.*

Haare treten auf der oberen und unteren Epidermis auf.

Ilex: Cassine L.

Pallisadenparenchym kurzgliedrig.

Ilex: Cassine, glabra, dumosa (var. *Guarania*), *Glazioviana, Vitis idaea, paltarioides, chamaedryfolia, Congonhinha, cognata, caroliniana, theezans, cujabensis, symplociformis, conocarpa.*

Pallisadenparenchym langgestreckt.

Ilex: dumosa (var. *montevideensis*), *paraguariensis, affinis, Pseudothea, amara.*

Schwammgewebe grosse Intercellularräume enthaltend.

Ilex: Cassine, glabra, dumosa (var. *montevideensis*), (var. *Guaranina*), *Glazioviana, Vitis idaea, paltarioides, chamaedryfolia, paraguariensis, cognata, caroliniana, theezans* (var. *fertilis*), *cujabensis, affinis, conocarpa, Pseudothea, amara.*

Schwammgewebe kleinere Intercellularräume enthaltend.

Ilex: Cassine var. *myrtifolia, diuretica, chamaedryfolia, Congonhinha, theezans* (var. a *typica*), (var. f. *Riedelii*), *symplociformis.*

Gefässbündel der grösseren Nerven mit einer Hartbastsichel versehen.

Ilex: *Cassine*, *glabra*, *diuretica*, *Glazioviana*, *Vitis idaea*, *paltarioides*, *chamaedryfolia*, *caroliniana*, *theezans*, *amara*.

Gefässbündel der grösseren Nerven von einem Sclerenchymring umgeben.

Ilex: *dumosa*, *Congonhinha*, *paraguariensis*, *cujabensis*, *affinis*, *symplociformis*, *Pseudothea*.

Gefässbündel oben und unten mit Sclerenchym versehen.

Ilex: *cognata*, *conocarpa*.

Kalkoxalatdrusen von einem Maximaldurchmesser = 0,03—0,06 mm.

Ilex: *Cassine* var. *myrtifolia* (0,06), *Cassine*, *glabra*, *diuretica* (0,045), *Glazioviana*, *chamaedryfolia*, *Congonhinha*, *cognata*, *caroliniana*, *theezans* (var. f. *Riedelii*), (var. *fertilis*), *cujabensis*, *affinis*, *symplociformis*, *amara* (0,045).

Kalkoxalatdrusen, Maximaldurchmesser = 0,015—0,021 mm.

Ilex: *dumosa* (var. *Guaranina*), *Vitis idaea*, *paltarioides*, *conocarpa*, *paraguariensis*, *theezans* (var. a *typica*), *Pseudothea*.

Die Theinreaction trat deutlich ein.

Ilex: *paraguariensis*, *dumosa*, *Glazioviana*, *Vitis idaea*, *paltarioides*, *cognata*, *caroliniana*, *theezans*, *symplociformis*, *conocarpa*, *Pseudothea*, *amara*.

Die Theinreaction trat schwach ein.

Ilex: *Cassine* L., *Congonhinha*, *cujabensis*, *affinis*.

Die Theinreaction trat sehr schwach oder gar nicht ein.

Ilex: *Cassine* var. *myrtifolia*, *glabra*, *diuretica*, *chamaedryfolia*.

Botanische Gärten und Institute.

Istvanffi, Gy. de, Une visite au jardin botanique de l'université royale hongroise de Kolozsvár. 8°. 23 pp. 10 Fig. 1 Plan. Budapest 1900.

Müller-Thurgau, VIII. Jahresbericht der deutsch-schweizerischen Versuchsstation und Schule für Obst-, Wein- und Gartenbau in Wädensweil. 1897/98. 8°. 135 pp. Zürich 1900.

Notizblatt des königl. botanischen Gartens und Museums zu Berlin. Bd. III. No. 24. gr. 8°. p. 65—84. Leipzig (Wilhelm Engelmann) 1900. M. —.80.

Wiesner, J., Neues aus dem Wiener botanischen Garten. (Wiener Abendpost. 1900. No. 183, 184.)

Instrumente, Präparations- und Conservations-Methoden etc.

Rambousek, Jos., Vergleichende und kritische Studien betreffend die Diagnostik des *Bacterium typhi* und des *Bacterium coli*. (Archiv für Hygiene. Band XXXVIII. p. 382.)

Zur Isolirung von Typhusbacillen wird vor Allem ein Nährboden mit einem Säurezusatz verwendet; selbst bei der Holz-Elsner'schen Methode könnte der Säuregrad der Gelatine die Hauptrolle spielen. Ob dem so sei, suchte R. festzustellen. Durch genaue Bestimmung der Säuremengen in dem Kartoffelnährboden von Holz, sowie derjenigen in Fleischpeptongelatine konnte erwiesen werden, dass wirklich für das Gedeihen von *Coli* resp. Typhus die Acidität das entscheidende Moment sei. Vergleichende Versuche mit verschiedenem Jodkalizusatz ergaben, dass bei 1,5 Procent der Typhus-, bei 3 Procent Jodkalizusatz zur Fleischpeptongelatine auch das *Bacterium coli* nicht mehr wächst. Da nun die Holz-sche Gelatine bereits 0,27 Procent Säure enthält, so ist bei einem Zusatz von 1 Procent Jodkali zu derselben die Entwicklung der Typhuskeime bereits zweifelhaft. Andererseits hemmt sicherlich die Holz-Elsner'sche Jodkaligelatine das Wachsthum zahlreicher verflüssigender Mikroben, wie zu diesem Zwecke angestellte Versuche ergaben. Keinesfalls aber sind die mit ihr isolirten typhoïden Mikroben sicher Typhusbacillen; diese specielle Diagnose ist erst noch mit anderen Hilfsmitteln zu machen.

Dies gilt besonders dem *Bacterium coli* gegenüber, denn alle Isolationsmethoden, die sich auf den Säuregehalt des Nährbodens aufbauen, haben dieselbe Eigenschaft beider Mikroben, die diese nur in ungleichem Masse besitzen, zur Grundlage. Es handelt sich bei diesen Isolirungsmethoden also nur um quantitative, nicht aber um qualitative Unterschiede.

Zur Diagnostik müssen deshalb noch andere Merkmale herbeigezogen werden. Das verschiedene Wachsthum von Typhus und *Coli* auf Kartoffeln beruht auf ihrer ungleichen Resistenz gegen Säure, es ist mit der Neutralisation der Kartoffeloberfläche ausgeglichen. In der Indolproduction und der Reduction von Nitraten weisen beide Organismen auch nur quantitative Unterschiede auf, für das Verhalten in Milch, die vom *Coli*-Bacillus zur Gerinnung gebracht wird, vom Typhus- aber nicht, gilt auf den ersten Blick dieser rein quantitative Unterschied nicht. Indessen beruht die Gerinnung der Milch auf Säurebildung aus dem Milchzucker; diese Säurebildung hört aber auf, wenn der erreichte Säuregrad das Wachsthum der Bacillen hemmt und dieser Aciditätsgrad liegt beim *Coli*-Bacillus bei 0,6 Procent, beim Typhus-B. bei 0,4 Procent auf Milchsäure berechnet (nach Fermi). So erscheint denn auch hier wiederum ein quantitativer Unterschied, was auch daraus hervorgeht, dass Typhusbacillen in sterilisirte Milch geimpft und in die Thermostaten gebracht, die Milch zur Gerinnung bringen, wenn man sie hernach aufkocht und wieder erkalten lässt.

Die von Goldberger vorgeschlagenen gefärbten Nährböden (Safranin oder Neutralroth), die ein verlässliches diagnostisches Kriterium abgeben, beruhen in ihrer Eigenschaft, durch Coli entfärbt zu werden, durch Typhus nicht, ebenfalls auf einem quantitativ grösseren Reductionsvermögen des ersteren Bacillus gegenüber dem letzteren.

Anders verhält es sich nun mit dem Unterschied der beiden Organismen, der durch Gasbildung in zuckerhaltigen Nährböden resp. deren Ausbleiben bedingt ist. Hier haben auch bei Verwendung von Massen-Cultur die genauesten Methoden jede Gasbildung bei Typhus ausgeschlossen, so dass also in der Gasbildung nicht ein rein quantitativer Unterschied vorliegt, sondern eine ganz differente biochemische Eigenschaft ihren Ausdruck findet.

Der wesentlichste Unterschied zwischen dem *Bacterium typhi* und dem *Bacterium coli* ist daher, dass *Bacterium coli* in zuckerhaltigen Nährböden Gas bildet, was der Typhusbacillus nicht vermag.

Spirig (St. Gallen).

Müller, Paul, Ueber die Verwendung des von Hesse-Niedner empfohlenen Nährbodens bei der bakteriologischen Wasseruntersuchung. (Archiv für Hygiene. Bd. XXXVIII. p. 350.)

Nach Hesse v. Niedner hindert der Zusatz von Fleischbrühe in der zu Wasseruntersuchungen meist verwendeten Fleichinfus-Peptongelatine geradezu das Auskeimen der Wasserbakterien wesentlich, denn auf ihrem mit Wasser, Agar-Agar und Nährstoff-Heyden hergestellten Nährmedium sollen durchschnittlich etwa 20 Mal soviel Wasserkeime sich entwickeln, als auf der üblichen Gelatine. Da die bakteriologische Wasseruntersuchung heute eine rein empirische Bedeutung hat, so ist ein eventueller Vortheil des neuen Nährbodens für sie nur nach einem genauen Vergleich mit den Ergebnissen der alten Methode festzustellen, nicht aber schon von vornherein darin gelegen, dass in ihm mehr Keime zur Entwickelung gelangen.

Dieser vergleichenden Untersuchung gilt M.'s Arbeit. Im Grazer Leitungswasser erschienen in den Hesse'schen Platten in der That ca. 20 Mal so viele Keime als in gebräuchlichen Agarplatten; zwar musste diese Vermehrung auf eine grössere Mehrzahl verschiedener Bakterienarten zurückgeführt werden, weil Reinculturen im Verhältniss der Keimmengen angingen. Diese Vermehrung trat ein bei Culturen von Leitungswasser, das einige Zeit in der Leitung ruhig gestanden; liess man die Röhre vor Entnahme des Wassers offen fliessen, so wurde die zu Gunsten des Hesse-Nährbodens sprechende Verhältnisszahl immer geringer; es müssen demnach gerade jene Bakterien, welche beim Stehen des Wassers in den Leitungsröhren sich vermehren, im neuen

Nährboden besser gedeihen, als im gebräuchlichen. Bei den Untersuchungen von stark verunreinigten Wässern und von mit Koth oder zersetztem Urin vermischten Lösungen dagegen ergab sich die geringste Differenz in der auf beiden Nährböden erhaltenen Keimzahlen.

Da nach alledem der Hesse-Niedner'sche Nährboden gerade das Auskeimen der in unverdächtigem Wasser sich vermehrenden Bakterien begünstigt, Verunreinigungen dadurch eher verschleiert, so wird er die gebräuchlichen Nährböden nicht zu verdrängen vermögen.

Spirig (St. Gallen).

Barnstein, F., Ueber eine Modification des von Ritthausen vorgeschlagenen Verfahrens zur Eiweissbestimmung. (Landwirthschaftliche Versuchs-Stationen. LIV. 1900. p. 327—337.)

Dommergue, Gaston, Traité pratique d'analyse chimique, microscopique et bactériologique des urines. 16°. IX, 199 pp. Avec fig. et graphique. Paris (Maloine) 1901. Fr. 4.—

Epstein, Stanislaus, Ein vereinfachtes Verfahren zur Züchtung anaërober Bakterien in Doppelschalen. (Centralblatt für Bakteriologie, Parasitenkunde und Infektionskrankheiten. Erste Abteilung. Bd. XXVIII. 1900. No. 14/15. p. 443. Mit 1 Figur.)

Hassack, K., Die Unterscheidung der Gewebefasern. [Vortrag.] (Sep.-Abdr. aus Schriften des Vereins zur Verbreitung naturwissenschaftlicher Kenntnisse in Wien. Jahrg. L. 1900. Heft 3.) 8°. 28 pp. Mit 11 Abbildungen im Texte. Wien (Wilhelm Braumüller) 1900. M. —.70.

Herford, M., Untersuchungen über den Piorkowski'schen Nährboden. (Zeitschrift für Hygiene. Bd. XXXIV. 1900. Heft 2. p. 341—345.)

Huysse, A. C., Atlas zum Gebrauche bei der mikrochemischen Analyse für Chemiker, Pharmaceuten, Berg- und Hüttenmänner, Laboratorien an Universitäten und technischen Hochschulen. Anorganischer Teil in 27 chromolithographierten Tafeln. gr. 8°. gecart. 8 en 27 bl. tekst en 4 blz. reg. Leiden (E. J. Brill) 1900. Fl. 5.25.

Kohlbrugge, J. H. W., Étude critique sur le diagnostic bactériologique du Choléra. (Extr. du Bulletin de la Société de Médecine de Gand. 1900.) 8°. 16 pp. Gand 1900.

Moore, Varenus Alva, Laboratory directions for beginners in bacteriology: an introd. to practical bacteriology for students and practitioners of comparative and human medicine. 2 d. rev. enl. ed. 16, 143 pp. ill. Boston (Ginn) 1900. Doll. 1.05.

Procter, H. R., Leitfaden für gerbereichemische Untersuchungen. Deutsche Ausgabe, bearbeitet von **J. Paessler.** gr. 8°. XVI, 292 pp. Mit 30 Figuren. Berlin (Julius Springer) 1900. Geb. in Leinwand M. 8.—

Robey, W. H., Methods of staining flagella. (Journal of the Boston Soc. of Med. Scienc. Vol. IV. 1900. No. 10. p. 272—275.)

Simonetta, L., Le misure di profilassi in un laboratorio di bacteriologia [Proposte.] 8°. 28 pp. Siena (Tip. Bernardoni) 1899.

Sternberg, C., Zur Verwertbarkeit der Agglutination für die Diagnose der Typhusbacillen. (Zeitschrift für Hygiene. Bd. XXXIV. 1900. Heft 3. p. 349—368.)

Wunschheim, Oskar von, Ueber einen Apparat für Erregung von gesättigtem Wasserdampf und sterilem Wasser. (Centralblatt für Bakteriologie, Parasitenkunde und Infektionskrankheiten. Erste Abteilung. Bd. XXVIII. 1900. No. 14/15. p. 439—443. Mit 1 Figur.)

Referate.

Rosenvinge, L. Kolderup, Note sur une Floridée aérienne (*Rhodochorton islandicum* nov. sp.) (Botanisk Tidsskrift. Bd. XXIII. p. 61—78. Mit dänischem Résumé. p. 79—81. 4 Figurgruppen im Text.)

Der isländische Botaniker Helgi Jónsson fand 1897 an zwei Localitäten, nämlich auf der grössten der Inseln Vestmanøer und auf der Halbinsel Snæfellsnes eine eigenthümliche Alge, welche vom Verf. näher studirt wurde. Dieselbe bildete einen dichten, violett-rothen Filz auf den Wänden und Decken von luftfeuchten, lichtarmen Grotten, ohne von Wasser benetzt zu werden; die erste Localität lag ca. 150 m über dem Meeresspiegel. Es zeigte sich, dass diese Alge eine *Floridee* war, die habituell an *Rhodochorton Rothii* sehr erinnerte und thatsächlich auch zur Gattung *Rhodochorton* durch das Verhalten der Fructificationsorgane gehörte.

Sie wird unter dem Namen *Rh. islandicum* Rosenv. n. sp. folgendermaassen beschrieben:

Thalle formant un tapis étendu pourpre de 3 à 4 mm de hauteur composé de filaments dressés et horizontaux (stolons); les premiers, ordinairement simples à la base, portant depuis des rameaux souvent fasciculés, sont épais de 18 à 27 μ, et se composent de cellules cylindriques ou un peu renflées, dont la longeur égale la largeur 2 à 3 fois ($^1/_2$ à 4 fois). Les stolons sont en grande partie libres, épais de 10 à 15 μ, à longues cellules cylindriques, d'autres s'appliquant au support, se composent de cellules plus courtes et renflées; ils produisent tous des filaments dressés. Les tétrasporanges sont disposés en bouquets corymbiformes ou de forme plus irrégulière, terminaux sur des filaments plus ou moins longs; ils sont ordinairement sessiles, serrés, longs de 23 à 36 μ, larges de 18 à 22 μ. (Ils n'ont pas été observés à l'état de maturité parfaite.)

Alge terrestre, aërophile, croissant dans les cavernes de l'Islande où elle paraît n'être jamais mouillée par de l'eau coulante.

Die in der Beschreibung erwähnten „stolons" dienen nicht als Haftorgane, sondern lediglich als Ausläufer; dieselben scheinen das Licht zu fliehen, während die aufrechten Zellfäden auf der beleuchteten Seite der Ausläufer entstehen und positiv heliotropisch sind. Dagegen scheint Geotropismus keine Rolle zu spielen; wohl aber mögen Feuchtigkeitsverhältnisse vielleicht für die Richtung der Ausläufer von Bedeutung sein. Oft wurden Stecklinge beobachtet, welche neue Ausläufer trieben oder vielleicht mit ihrem Ausläufer losgerissen waren; mitunter hatten beide Enden des Stecklings Ausläufer entwickelt.

Im Centrum der Zellenquerwände wurden die für die *Florideen* charakteristischen Poren bemerkt. Jede Zelle enthielt einen Zellkern und viele kleine Chromatophoren. In den älteren Zellen der aufrechten Fäden war reichliche *Florideen*-Stärke vorhanden, welche dieselben Reactionen wie diejenige von *Rh. Rothii* zeigte. Die Exemplare der einen Localität trugen schlecht entwickelte Tetrasporangien; es schien Verf., als ob die Tetrasporen nie vollreif wurden, sondern vielmehr, dass ihr Inhalt von der Pflanze resorbirt wurde.

Da in der neueren Litteratur von terrestrischen *Florideen* nirgends die Rede ist, hat dieser Fund ein ziemlich bedeutendes Interesse. Es wurden jedoch schon früher ähnliche Fälle bemerkt. So beschrieb Lightfoot 1777 unter dem Namen *Byssus purpurea* eine Alge, welche er in Schottland am Fusse eines Leichensteins gefunden hatte. Diese Pflanze wurde 1809 von Dillwyn zu *Conferva* gezogen und neue Fundorte in der Nähe des Meeres angegeben. 1824 stellte C. A. Agardh sie zur Gattung *Trentepohlia*, eine Auffassung, der Harvey 1833 beipflichtete, während er 1841 die Alge als ein *Callithamnion* auffasste und in späteren Arbeiten schlechthin mit *C. Rothii* vereinte, indem die Lightfoot'sche Localität scheinbar in Vergessenheit gerathen war. So verblieb *Byssus purpurea* als Synonym zur *Callith. Rothii*, nur J. G. Agardh sprach 1851 die Vermuthung aus, dass sie zu einer besonderen borealen, von *C. Rothii* verschiedenen Art gehören möchte. In dem Herbar Agardh's existirt ein Exemplar von „*Byssus purpurea*", 1826 von Greville auf altem Gemäuer in Schottland gesammelt. Dieses Exemplar hatte Verf. zur Untersuchung, und da es recht gut mit den alten Beschreibungen passt, betrachtet Rosenvinge es als den echten *Byssus purpurea*, das ist also ein anderes terrestrisches *Rhodochorton*, welches jedoch von der isländischen Art specifisch verschieden ist.

Le *Rhodochorton purpureum* (Lightf.) Rosenv., qui est aussi une espèce terrestre et aërophile, diffère de l'espèce précédente surtout par ses filaments dressés plus courts et plus minces (8 à 12 μ) et par ses stolons de la même épaisseur ou plus épais que les filaments dressés. Fructification inconnue.

Zu dieser letzteren Art gehört vielleicht auch die 1849 von Kützing beschriebene terrestrische *Floridee Chantransia coccinea*, welche zweimal, bezw. in Holland und in Frankreich, beobachtet wurde, beide Male an ähnlichen Localitäten wie die isländische Art.

Diese terrestrischen *Florideen* scheinen offenbar von marinen Arten herzustammen; hierfür spricht auch der Umstand, dass die nahe verwandte Art, *Rh. Rothii*, oft oberhalb der obersten Fluthmarke oder in feuchten Küstengrotten wächst, wie es Verf. durch mehrere Beispiele erläutert. Auch trifft man sie oft an Stellen, wo süsses Wasser in's Meer sich ergiesst. Es stellt sich nun die Frage, ob diese Entwickelung von altem oder neuem Datum sei. Der Umstand, dass kaum eine einzige Anpassung ans Luftleben bemerkbar ist — es wäre denn, dass man die Stecklingsbildung als eine solche auffassen kann — deutet gerade nicht auf ein hohes Alter. Schliesslich weist Verf. darauf hin, dass, wenn man neuerdings die *Ascomyceten*, speciell die *Laboulbeniaceen*, von den *Florideen* ableiten will, die Möglichkeit dieser Abstammung durch die Vermittlung der terrestrischen *Florideen* leichter denkbar wird.

Morten Pedersen (Kopenhagen).

Peck, Charles H., New species of Fungi. (Bulletin of the Torrey Botanical Club. Vol. XXVII. 1900. p. 14 ff.)

In ziemlich ausführlichen englischen Beschreibungen werden folgende neue Arten vorgeführt:

Amanita calyptrata, *Am. crenulata*, *Lepiota rugulosa*, *Agaricus brunescens*, *Stropharia irregularis*, *Boletus caespitosus*, *B. subsanguineus*, dem europäischen *B. sanguineus* With. nahestehend, *B. excentricus*, *B. badiceps*, *B. crassipes*, *B. fulvus*; *Polyporus albiceps*, *Stereum pulverulentum*, dem *St. frustulosum* verwandt, *Guepinia biformis* (verwandt mit *G. cohaerens* Mig., *cochleata* B. et Br. und *palmiceps* Berk.), *Hypomyces volemi*, *Cordyceps nigriceps* (ähnlich der *C. capitata*), *Macrophoma curvispora* und *Fistulina hepatica monstrosa* n. var.

Geniessbar ist nach Mittheilungen Dr. Laue's die *Amanita calyptrata* Peck.

Wagner (Wien).

Arcangeli, G., I principali funghi velenosi e mangerecci. 8°. 16 pp. Mit 1 Tafel in gr. Folio. Pisa 1900.

Die in den letzten Jahren wiederholt aufgetretenen Fälle von Vergiftung nach Genuss von Schwämmen (vergl. des Verf. Mittheilung, Bot. Centralbl. LXXVIII. 132) haben den Verf. bewogen, sowohl in der botanischen Gesellschaft als auch beim Ministerium anzuregen, dass eine genauere Kenntniss der geniessbaren und der giftigen Schwämme dem Volke in den Schulen und dergleichen beigebracht werde.

Als ein Ergebniss der Angelegenheit, für welche der Verf. so eifrig eintrat, lässt sich auch die vorliegende Tafel betrachten, welche in Farbendruck 8 Hutpilzarten in natürlicher Grösse in ihrem Habitus und gespalten vorführt. Die 16 Textseiten dazu bringen zunächst eine allgemeine, dem Volke verständliche Orientirung über die einzelnen Theile der sogenannten „Schwämme", sodann die Beschreibung der in ganz Italien häufigeren Arten. Die Beschreibungen sind hauptsächlich darauf gerichtet, was der Laie bemerkt und unterscheiden kann; wissenschaftliche Details sind ganz ferngelassen. Bei den Schilderungen sind die ähnlichen Arten einander gegenüber gehalten, und zwar so, dass die giftigen die linke Hälfte des Blattes einnehmen, die geniessbaren hingegen die rechte.

So werden links *Amanita verna* Fr. und rechts die ihr ähnlichen aber nicht giftigen Arten mit jedesmaliger specieller Hervorhebung der Unterscheidungsmerkmale beschrieben:

A. ovoidea Bull., *Lepiota excoriata* Schff., *L. naucina* Fr., *Tricholoma Georgii* Fr., *Agaricus campestris* L., *Pholiota aegerita* Brig. Hierzu Fig. 1 u. Fig. 2; *Amanita phalloides* Fr., dagegen *A. caesarea* Fr., ferner *A. echinocephala* Vitt. gegenüber *A. strobiliformis* Vitt. — Zu Fig. 3, *A. muscaria* Fr. gegenüber *A. caesarea* Scp. — *Aman. pantherina* Fr., zu Fig. 4, gegenüber *A. rubescens* Prs. und *Amanitopsis vaginata* Roz. — *Pleurotus olearius* DC. (Fig. 5) wird verglichen mit *P. Eryngii* DC., *P. ostreatus* Jcq., *Armillaria mellea* Vahl und *Cantharellus cibarius* Fr. — Es folgt der Vergleich von *Entoloma lividum* Bull. mit *Agaricus campestris* L.; zu Fig. 6; sodann jener von *Russula rubra* Fr. (Fig. 7), *R. hemetica* Fr. und *R. furcata* Prs. mit *R. alutacea* Fr. und *R. virescens* Fr. — Zuletzt wird *Boletus Satanas* Lenz. (Fig. 8) deutlich unterschieden von *B. edulis* Bull., *B. fragrans* Vitt., *B. scaber* Bull., *B. luteus* L. und *B. granulatus* L.

Auch einige andere Pilze erfahren kurze Schilderungen, wie *Hydnum repandum* L., die *Clavaria*-Arten, *Lycoperdon* sp. etc. Ueberall sind jedoch die Vulgärnamen mit den Einzel-Bezeichnungen in verschiedenen Provinzen angewendet; die systematischen Namen sind in Klammern beigegeben.

Zum Schlusse werden noch als allgemeine Maassregeln empfohlen: Die volksthümlichen Erkennungsmerkmale (mit dem Messer, mit dem Silberlöffel, mit Knoblauch), sowie die Gegenwart (oder das Fehlen) des Ringes, von Milchsäften, das Nichtgefressenwerden von Schnecken, das Vorkommen und ähnliches sind gar nicht verlässliche Momente. Ebensowenig kann man sich gefahrlos auf eine Behandlung der Schwämme mit Essig oder mit Kochsalz verlassen. Die Versuche mit Hausthieren erfordern mindestens 48 Stunden nach Genuss der Schwämme, bevor man sicher bezüglich der Gefahrlosigkeit sein kann.

Solla (Triest).

Salmon, E. S., Bryological notes. (Revue bryologique. 1900. p. 59—61.)

In diesen durch eine Tafel Abbildungen veranschaulichten Notizen bespricht Verf. zwei Laubmoose:

1. *Cinclidotus pachyloma* sp. nov. Syrien: bei Zahleh (Plantae Coele-Syriacae ex Herb. Postian. apud colleg. Syriens. Protest. No. 781 in Herb. Kew).

Wenn auch nur steril bekannt, ist diese neue Art schon durch die Blattform höchst ausgezeichnet („foliis solidis rigidis ovatis nervo valido rufo excurrente plus minus longe cuspidatis"), da sie von den bis jetzt bekannten Arten die einzige mit eiförmigen Blättern ist. Verf. findet den Querschnitt des Blattnervs genau übereinstimmend mit den Abbildungen, welche Lorentz (Botan. Zeitung, 1869, p. 552) von den Rippenquerschnitten der 3 europäischen Arten von *Cinclidotus* veröffentlicht hat. Diese kleine Gattung war auf der ganzen Erde bis in die neueste Zeit durch nur drei Species vertreten, als Brotherus 1898 den mit *C. riparius* nächst verwandten *Cinclidotus acutifolius* von Kashmir beschrieb. Bezüglich der geographischen Verbreitung des *Cinclidotus aquaticus*, für welchen E. G. Paris (Index bryologicus) nur Europa und Africa (Algerien) angiebt, macht uns Verf. darauf aufmerksam, dass diese Art, nach Exemplaren des Kew-Herbariums, schon 1857 in Kurdistan und auch in Syrien beobachtet worden ist.

2. *Polytrichum aloides* Hdw.

Durch Vergleichung eines grossen Materials dieser Art, aus dem Kew-Herbarium, hat Verf. die Beobachtung gemacht, dass asiatische Exemplare, aus Japan und China, in dem Zellenbau der Blattlamellen eine kleine Abweichung zeigen, indem die Terminalzellen derselben im Querschnitt mehr oder weniger ausgerandet erscheinen.

Verf. ist geneigt, in diesen Formen eine werdende neue Art zu erblicken.

Geheeb (Freiburg i. Br.).

Heinricher, E., Zur Entwickelung einiger grüner Halbschmarotzer. (Berichte der deutschen botanischen Gesellschaft. Jahrg. XVII. General-Versammlungs-Heft. Theil II. p. 244—247.)

Nach den Untersuchungen Heinricher's stellen *Bartschia alpina* uud *Tozzia alpina* interessante Bindeglieder zwischen

Lathraea einerseits und den übrigen parasitischen *Rhinantaceen* andererseits dar. Der Entwickelungsgang von *Bartschia* ist ein sehr langsamer; bei den Versuchen trat die Keimung erst 1½ Jahre nach der Samenreife ein, dreijährige Pflanzen blühen noch nicht, und ihrer Entwickelung nach ist die Blüte nicht vor dem fünften oder sechsten Jahre zu erwarten. Noch mehr an die Verhältnisse bei *Lathraea* erinnert *Tozzia*. Die Früchtchen fallen noch grün, geschlossen und vom Kelche umgeben ab; die Samen, deren einer (seltener zwei) in jedem Früchtchen ist, reifen erst nach dem Abfallen der Früchtchen durch einen Nachreifungsprocess. Der Kelch und die weichen Theile der Frucht verwesen im Boden, während eine Hartschicht erhalten bleibt, innerhalb deren sich die Keimung vollzieht. Das Würzelchen tritt hervor und legt sich mit seinen Haustorien an die Wirthspflanze an, die anderen Theile des Keimpflänzchens bleiben vorläufig noch in der Hartschicht. Die Samen von *Tozzia* keimen nur bei Anwesenheit von Nährpflanzen; *Bartschia* dagegen bedarf zur Keimung keines Wirthes.

Die Keimung vollzieht sich unterirdisch; die Keimpflanze lebt längere Zeit parasitisch, wobei sie ausschliesslich Niederblätter bildet. Erst später, wenn sie in das Stadium der Blühreife tritt, treibt sie die oberirdischen, grünen, assimilirenden Sprosse.

Die vorliegende Arbeit stellt eine vorläufige Mittheilung dar, und werden eingehendere Daten in einem umfassenderen Werke in Aussicht gestellt.

Appel (Charlottenburg).

Moore, Spencer Le M., Alabastra diversa. Part. V. (Journal of Botany. Vol. XXXVII. 1899. p. 369 sqq. und p. 401 sqq. Tabb. 401 und 402.)

Enthält lateinische Diagnosen und Beschreibungen folgender Arten:

Pavetta Phillipsiae sp. nov. in den Waggabergen (Somaliland) bis 6000′ Höhe, von Mrs. Lort Phillips gesammelt, habituell der *P. abyssinica* Fres. ähnlich, doch wohl der *P. olivaceonigra* K. Schum. näher stehend. *Vernonia* (§ *Decaneuron*) *Randii* sp. nov., Salisbury in Rhodesia, leg. Dr. K. Frank Rand, ein mit der *V. amygdalina* Delile verwandter Strauch. *Detris smaragdina* sp. nov., erinnert stark an manche Formen der *Detris tenella* (*Felicia tenella* DC.), so an Schlechters No. 8327; von T. G. Een 1879 in Damaraland gefunden. *Helichrysum (Argyreia* § *Leptorhiza*) *marmarolepis* sp. nov. aus dem Namaqualand, leg. W. C. Scully, verwandt mit *H. expansum* Less. *Helichrysum* (*Chrysolepidea* § *Stoechadina*) *Danaë* sp. nov., von Gerrard im Zululand gesammelt, dem *H. floccosum* Klatt nahestehend. *Helichrysum* (*Lepicline* § *Plantaginea*) *homilochrysum* sp. nov., im Lydenburger District in Transvaal von Dr. F. Wilms gefunden, als „*Helichrysum affin. crassifolio*“

vertheilt, scheint indessen dem *H. crispum* D. Don und dessen Verwandten näher zu stehen. *Helichrysum* (*Lepicline* § *Aptera*) *Mimetes* sp. nov. ebendaher, als *H. petiolatum* DC. vertheilt, gehört in die Nähe des *H. revolutum* Less. *Metalasia Massoni* sp. nov., von Francis Masson in der Capkolonie gesammelt, eine habituell vor allen anderen auffallende Art. *Eenia damarensis* Hiern et S. Moore n. gen. n. sp., ein Halbstrauch (?) aus Damaraland; die Gattungsdiagnose mag hier mitgetheilt werden:

„*Eenia* Hiern et S. Moore. Compositarum e tribu Inuloidearum genus novum. Capitula homogama, discoidea, pleniflora, floribus omnibus hermaphroditis fertilibus. Involucrum late campanulatum, subhemisphaericum, bracteis pauciseriatis angustis exterioribus brevioribus. Receptaculum leviter elevatum, alveolatum, paleis membranaceis concavis deciduis flosculos omnes singillatim amplectentibus, onustum. Corolla actinomorpha, sursum ampliata, 5-loba. Antherae basi sagittato-caudatae. Styli rami leviter complanati, lineares, apice obtusi nequaquam truncati, dorso minute papillosi. Achaenia (non dum matura) teretiuscula. Pappus simplex, e paleis 5 brevibus varie laceratis et cupulam mentientibus compositus. Suffrulex? minute albide furfuraceo-tomentosus, deinde glaber. Folia alterna, sessilia plerumque triloba, summa miniata et nonnunquam integra. Capitula parva corymbosa. Corollae verisimiliter flavae vel aurantiacae."

Gehört zu den wenigen diskoiden Genera der *Inuleen*, und zwar in die Nachbarschaft von *Sphacophyllum* Bth., einer mit je einer Art in Madagascar (*Sph. Bojeri* Bth. in Hook. Ic. Plant. tab. 1135) und dem tropischen Afrika (*Sph. Kirkii* Oliv. l. c. tab. 451) vertretenen Gattung und der ausschliesslich in Südafrika vorkommenden, aus fünf Arten bestehenden Gattung *Callilepis* Sm. *Geigeria Eenii* sp. nov. aus Damaraland, wird vom Verf. mit *G. Luederitziana* O. Hoffm. und mit *G. ornativa* O. Hoffm. verglichen. *Geigeria Randii* sp. n. aus Buluwayo in Rhodesia, steht der *G. Eenii* S. Moore nahe. *Geigeria pubescens* sp. nov., ein aufsteigender Halbstrauch aus Buluwayo, mit *G. Eenii* S. Moore und *G. Randii* S. Moore verwandt. *Geigeria protensa* Harv. var. *pubigera* var. nov., wie wenige von Dr. R. Frank Rand bei Buluwayo gefunden. *Wedelia diversipapposa* sp. nov. ebendaher, der *W. menotricha* Oliv. et Hiern habituell sehr ähnlich. *Pentzia Eenii* sp. nov. aus Damaraland, erinnert an die aus den Icones Plantarum VII. p. 1340 bekannte *P. pinnatifida* Oliv. *Cineraria Eenii* sp. nov. aus Damaraland, mehrere Arten nahestehend, so der *C Schimperi* Sch. Bip., *C. abyssinica* Sch. Bip., *C. Kilimandscharica* Engl. und *C. bracteosa* O. Hoffm. *Senecio* (§ *Leptophylli*) *Randii* sp. n. eine ausgezeichnete Art, die in die Nähe des *S. Burchellii* DC. zu stellen ist und bei Salisbury in Rhodesia vorkommt. *Euryops Osteospermum* sp. nov. ebendaher, manchen Formen des *Osteospermum moniliferum* L. habituell ähnlich, steht sie der *E. Dreyeana* Sch. Bip. nahe. *Othonna ambifaria* sp. nov., vom Shashi Fluss in Rhodesia, eine eigenthümliche Art, der die sonst für diese Gattung charakteristischen centralen sterilen Blüten fehlen. *Cullumia Massoni* sp. nov., von Francis Masson in der Capkolonie gefunden, gehört in die Verwandtschaft von *C. pectinata* Less. und *C. ciliaris* R. Br. *Sonchus macer* sp.

nov. aus Salisbury in Rhodesia mit *C. Fischeri* O. Hoffm. zu vergleichen. *Convolvulus* (§ *Pannosi*) *omanensis* sp. nov., bei Oman in Arabien 1898 von Dr. A. S. G. Jayakar gesammelt, nahe verwandt mit *C. sericeus* Burm. und *C. Schimperi* Boiss. *Hildebrandtia undulata* sp. nov. von Mrs. Lord Philipps im Somaliland gefunden, der *H. africana* näher stehend und *Hildebr. obcordata* sp. nov. der *H. somalensis* Engl. nahestehend, aus der Sammlung des Dr. Donaldson Smith.

Den Schluss der 5. Abtheilung der „Alabastra diversa" bildet eine Uebersicht über die bisher bekannten Arten der interessanten Gattung *Hildebrandtia* Vatke. Wie Hans Hallier in Engler's botanischen Jahrb. Bd. XXV p. 510 nachgewiesen hat, ist die Gattung diöcisch, eine Eigenthümlichkeit, die innerhalb der *Convolvulaceae* sonst nur der Gattung *Cladostigma* Radlk. zukommt. Verf. theilt die Arten folgendermassen ein:

§ *Leptopoda*. Fl. foem. sepala exteriora utrinque rotundata; pedunculo exalato.
- Fl. foem. sepala exteriora integerrima, sericea antherae parvae — *H. africana* Vatke.
- Fl. foem. sepala exteriora undulato-crenulata, glabra: antherae omnino obsoletae — *H. undulata* S. Moore.

§ *Pteropoda*. Fl. foem. sepala exteriora deorsum attenuata; pedunculo sub flore alato.
- Folia angusta. Calyx fl. foem. oblongo-ovatus. Pedunculo modico 0,5 cm longo — *H. somalensis* Engler.
- Folia lata, obcordata. Calyx fl. foem. subcisculàris. Pedunculo modico 1,0 cm longo — *H. obcordata* S. Moore.

Der Abhandlung sind zwei lithographirte Tafeln mit Zweigen und Analysen von *Eenia damarensis* Hiern et S. Moore, *Pentzia Eenii* S. Moore, *Hildebrandtia obcordata* S. Moore, *H. undulata* S. Moore, sowie dem im nämlichen Bande in der Arbeit „New Somali-Land Plants" p. 63 beschriebenen *Haemacanthus coccineus* S. Moore beigegeben.

Wagner (Wien).

Matsumura, J., *Owatari, Gauttiferarum* genus novum e Formosa. (The Botanical Magazine. Tokyo. Vol. XIV. 1900. No. 155. p. 1.)

Verf. theilt eine lateinische Beschreibung eines kleinen Baumes mit, der, in die Verwandtschaft der Gattung *Rheedia* gehörend, ein neues nach dem Entdecker benanntes Genus repräsentirt; bisher wurde die *Owataria formosana* Mats. in Südformosa auf der Insel Schö (Liu-Kiu Gruppe) mehrfach gesammelt. Da die betr. Zeitschrift nicht sehr zugänglich ist, mag wenigstens die Gattungsdiagnose hier mitgetheilt werden:

Owataria Matsumura. Flores dioeci. Sepala 2, basi libera. Petala 3 vel 4, decussatim imbricata, externa sepalis alterna. Fl. masca: stamina numerosa, libera, supra discum carnosum inserta, filamentis linearibus, antheris oblongis basifixis, 2-locularibus, longitudinaliter dehiscentibus. Ovarii rudimentum nullum. Fl. fem.: staminodia minuta squamiformia circa ovarium 1-seriata. Discus nullus. Ovarium 3-loculare; stigma sessile, radiato 3-lobatum, rumis bifidis, recurvatis; ovulum anatropum in quoque loculo solitarium, pendulum, angulo superiore loculi insertum. Bacca 1—3-sperma, stigmate persistente coronata; semina . . ., tegmente crustaceo! Arbor glabra. Folio coriacea, alterna, integerrima subtus prominente penninervia. Flores parvi. Pedicelli fasciculati, oppositifolii.

Genus juxta *Rheediam* L. collocandum, a quo differt foliis alternis, floribus dioeciis, ovalis pendulis.

Wagner (Wien).

Macoun, James M., A list of the plants of the Pribilof Islands, Bering Sea. With notes on their distribution. (From the Fur-seals and Fur-seal Islands of the North Pacific Ocean. Pt. III. p. 559—587. Pl. 87—94.) Washington (Gouvernment Printing Office) 1899.

Diese Liste enthält die Pflanzen, die bis jetzt auf den Pribilof-Inseln gefunden sind, seit dieselben 1786 entdeckt worden sind. In Ledebours Fl. Ross. sind 35 Species angegeben. Im Jahre 1875 hat Charles Bryant eine ganze Anzahl Pflanzen gefunden. 1890 wurde die Gegend wieder besucht von Palmer, welcher 100 Species sammelte. Die Phanerogamen dieser Collection wurden von Holm bestimmt, die Moose von Kindberg, die Flechten von Calkins. 1895 wurde eine Collection von True und Prentiss gemacht, dieselbe wurde von Rose bestimmt. Macoun sammelte daselbst 1891, 1892, 1896 und 1897. Greene, John Macoun, Scribner, Bailey, Kükenthal, Wheeler, Eckfeldt, Branth, Warnstorf haben bei der Bestimmung der Pflanzen geholfen.

Auf den sandigen Ufern und Dünen der Pribilof-Inseln findet man nur sehr wenige Pflanzen, von denen die folgenden am gemeinsten vorkommen: *Cochlearia officinalis, Arenaria peploides* und *Elymus mollis*. *Lathyrus maritimus* und *Mertensia maritima*, obgleich nicht selten, kommen nicht häufig vor. Diese fünf Ufer-Pflanzen sind die einzigen, welche vorkommen. Einige Pflanzen, welche nicht allgemein verbreitet sind, kommen an den Klüften des Sees vor, z. B. *Draba hirta, Neosodraba grandis, Arabis ambigua, Sagina Linnaei* und *Saxifraga bracteata*. In der Nähe des Städtchen auf der St. Pauls-Insel und an niedrigen Stellen sind die Teiche und Seen mit „mud flats" umgeben. An diesen Stellen wachsen Pflanzen, die auf keinen anderen Stellen vorkommen, z. B. *Ranunculus hyperboraeus, R. reptans, Montia fontana, Stellaria humifusa* und *Potentilla anserina*. *Chrysanthemum arcticum* kommt hin und wieder vor, aber am häufigsten auf der Insel St.-George. Sumpf- und Marsch-Pflanzen sind nur wenige vorhanden, und zwar kommen *Rubus Chamaemorus, Saxifraga hirculus, Pedicularis sudetica* und *Petasites frigida* häufig in den Marschen vor, sind aber auch häufig in anderen Theilen der Inseln.

Auf den kahlen und windigen Stellen kommen die folgenden Pflanzen vor:

Silene acaulis, Arenaria macrocarpa, Eritrichium Chamissonis, Eutrema Edwardsii, Papaver radicatum, Geum Rossii, Potentilla villosa, Artemisia globularia,

Campanula lasiocarpa, *Pedicularis Langsdorfii*, *Pedicularis lanata*. An den offenen Stellen finden sich die folgenden: *Cardamine bellidifolia*, *Lychnis apetala*, *Chrysosplenium Beringianum*, *Saxifraga davurica*, *S. serpillifolia*, *Aster sibiricus* und *Gentiana glauca*. Grasebenen sind häufig und auf diesen wachsen viele Pflanzen: *Ranunculus altaicus*, *R. Eschscholtzii*, *Valeriana capitata*, *Taraxacum officinale* var. *lividum*, zwei Species von *Polemonium* und *Pedicularis verticillata*, *Claytonia sarmentosa*, *Viola Langsdorfii*, *Gentiana frigida* und *Primula eximia*.

Auf den sogenannten „Moss Bogs“ kommen keine echten Moor-Pflanzen vor; obgleich der Boden mit *Hypnum* und *Racomitrium* dick bedeckt ist, kommen die Pflanzen auch auf höherem und trockenerem Boden vor. *Empetrum nigrum* ist häufiger als auf anderen Stellen. Sehr werthvoll in dieser Arbeit ist das Capitel über die geographische Verbreitung der Pflanzen der Pribilof-Inseln. Dieser Theil wurde mit Holm zusammen bearbeitet. Holm hat nämlich von Grönland östlich nach Nova-Zembla gesammelt, Macoun von Labrador nach den Bering Straits und Kamchatka. Die Tabelle zeigt, dass die meisten Pflanzen der Pribilof-Inseln circumpolar sind. Auf den Commander-Inseln finden sich viel mehr asiatische Species. Die folgenden Pflanzen werden angegeben:

Phanerogamen:

Anemone Richardsoni, *Ranunculus trichophyllus*, *R. hyperboreus*, *R. pygmaeus*, *R. reptans*, *R. Pallassi*, *R. altaicus*, *R. Eschscholtzii*, *Coptis trifolia*, *Aconitum delphinifolium*, *Papaver radicatum*, *P. Macounii*, *Corydalis pauciflora*, *Nasturtium palulstre*, *Draba hirta*, *D. Wahlenbergii*, *Nesodraba grandis*, *Eutrema Edwardsii*, *Cochlearia officinalis*, *Cardamine bellidifolia*, *C. pratensis*, *C. umbellata*, *C. hirsuta*, *Arabis ambigua*, *Viola Langsdorfii*, *V. palustris*, *Silene acaulis*, *Lychnis apetala*, *Arenaria macrocarpa*, *Arenaria arctica*, *A. peploides*, *Stellaria media*, *S. borealis* var. *corallina*, *S. calycantha*, *S. longipes*, *Cerastium alpinum*, *Sagina Linnaei*, *S. nivalis*, *Claytonia sarmentosa*, *Montia fontana*, *Geranium erianthum*, *Lupinus nootkatensis*, *Lathyrus maritimus* var. *aleuticus*, *Rubus chamaemorus*, *R. stellatus*, *R. arcticus*, *Geum Rossii*, *Sibbaldia procumbens*, *Potentilla anserina*, *P. fragiformis*, *P. emarginata*, *Comarum palustre*. *Saxifraga hieracifolia*, *S. davurica*, *S. stellaris*, *S. Nelsonia*, *S. serpyllifolia*, *S. bracteata*, *S. hirculus*, var. *alpina*, *Chrysoplenium Beringianum*, *C alternifolium*, *Parnassia Kotzbuei*, *Hippuris vulgaris*, *Epilobium clavatum*, *E. Behringianum*, *E. spicatum*, *Ligusticum scoticum*, *Selinum Benthami*, *Coeloplureum gmelina*, *Cornus suecica*, *Galium trifidum*, *Valeriana capitata*, *Aster sibiricus*, *Achillea millefolium*, *Chrysanthemum arcticum*, *Artemisia globularia*, *A. norvegica* var. *pacifica*, *A. Richardsonii*, *A. vulgaris*, *Arnica unalaskensis*, *Petasitis frigida*, *Senecio pseudo-arnica*, *Taraxacum officinale*, *Campanula uniflora*, *C. lasiocarpa*, *Pyrola minor*, *Armeria vulgaris*, *Primula eximia*, *P. Macounii*, *Androsace villosa*, *Trientalis europaea*, *Gentiana tenella*, *G. frigida*, *G. glauca*, *Polemonium coeruleum* var. *grandiflorum*, *P. pulchellum*, *Eritrichium Chamissonis*, *Mertensia maritima*, *Veronica serpyllifolia*, *V. Stelleri*, *Pedicularis verticillata*, *P. sudetica*, *P. Langsdorfii*, *P. lanata*, *Euphrasia officinalis*, *Gynandra Gmelini*, *G. stellaris*, *Koenigia islandica*, *Polygonum viviparum*, *P. Macounii*, *P. Bistorta*, *Oxyria reniformis*, *Rumex acetosella*, *Salix arctica*, *S. arctica* var. *obcordata*, *S. phylicoides*, *S. reticulata*, *S. diplodictya*, *S. ovalifolia*, *S. rotundata*, *Empetrum nigrum*, *Streptopus amplexifolius*, *Fritillaria kamtchatcensis*, *Lloydia serotina*, *Juncus balticus*, *J. biglumis*, *Luzula arcuata* var. *unalaschkensis*, *L. confusa*, *L. campestris*, *Potamogeton filiformis*, *Eriophorum polystachyon*, *E. vaginatum*, *Carex leiocarpa*, *C. pyrenaica*, *C. norvegica*, *C. lagopina*, *C. lagopina* var. *longisquama*, *C. pribylovensis*, *Carex Gmelini*, *C. vulgaris*, *C. salina*, *C. cryptocara*, *C. macrochaeta*, *C. machrochaeta* var. *subrigida*, *C. membranopacta*, *C. rariflora*, *Hierochloa borealis*, *H. pauciflora*, *Alopecurus alpinus*, *A. Howellii* var. *Merriami*, *Phleum alpinum*, *Phippsia algida*, *Arctogrostis latifolia*, *A. latifolia* var., *Calamagrostis purpurascens*, *C. Deschamp-*

sioides, Deschampsia caespitosa, Trisetum subspicatum, Poa arctica, P. caesia, P. glumaris, Dupontia psilosantha, Arctophila effusa, Glyceria angustata, G. vilfoidea, Festuca rubra, Festuca ovina var. *violacea, Elymus mollis, Elymus villosissimus.*

Höhere Kryptogamen:

Equisetum arvense, E. scirpoides, E. variegatum, Botrychium lunaria, Phegopteris polypodioides, Asplenium filix-foemina, Aspidium spinulosum, A. filix-mas, Cystopteris fragilis, Lycopodium Selago, L. alpinum, L. annotinum.

Musci:

Sphagnum fimbriatum, S. Girgensohnii, S. Lindbergii, S. riparium, S. squarrosum, Dicranoweisia crispula, Oncophorus Wahlenbergii, Dicranella rufescens, D. molle, D. strictum, D. elongatum, Campylobus Schimperi, Ceratadon heterophylla, Didymodon Baden-Powellii, Desmatodon latifolius, D. systilius, Grimmia apocarpa, Racomitrium lanuginosum, R. microcarpum, R. macrocarpum var. *Palmeri, Orthotrichum laevigatum, O. microplephare, Tetraplodon mnioides, Splachnum Wormskioldii, Bartramia ithyphylla, B. pomiformis, Philinotis fontana, Webera polymorpha, W. microcaulon, W. nutans, W. cucullata, W. canaliculata* var. *microcarpa, W. cruda, W. albicans, Bryum arcticum, B. pendulum, B. inclinatum, B. Firoudei, B. brachyneuron, B. argenteum, B. obtusifolium, B. erythrophyllum, Mnium sublesum, Psilopilum arcticum, Pogonatum dentatum, P. alpinum, P. alpinum* var. *septentrionale, P. alpinum* var. *microdontium, Polytrichum strictum. P. boreale, Brachythecium albicans, B. rivulare, Eurhynchium Vaucheri, Plagiothecium pulchellum, Hypnum uncinatum, Calliergon cordifolium, Hylocomium splendens, H. alaskanum, H. squarrosum, H. triquetrum.*

Hepaticae:

Diplophyllum taxifolium, Herberta adunca, Gymnomitrium coralloides.

Lichens:

Ramalina cuspidata, R. polymorpha, Cetraria aculeata, C. arctica, C. islandica, C. cucullata, C. nivalis, C. fahlunensis, C. lacunosa, Alectoria jubata, A. divergens, A. thulensis, Theloschistes lychneus, Parmelia saxatilis, P. saxatilis var. *vittata, Umbilicaria rugifera, U. cylindrica, U. proboscidea, Sticta lineata, Peltigera aphtosa, P. canina, P. canina* var. *spongiosa, P. canina* var. *spuria, Solorina crocea, Pannaria brunnea, Plagodium elegans, Lecanora ventosa, L. tartarea, L. tartarea* var. *frigida, L. oculata, L. oculata* var. *gonatodes, L. saxicola, Pertusaria ?, P. panygyra, Stereocaulon corralloides, Pilophorus robustus, Cladonia alcicornis, C. decorticata, C. pyxidata, C. degenerans, C. gracilis, C furcata, C. furcata* var. *racemosa, C. furcata* var. *subulata, C. rangiferina, C. rangiferina* var. *sylvatica, C. rangiferina* var. *alpestris, C. uncinalis* var. *turgescens, C. cornucopioides, C. bellidiflora, Sphaerophorum globiferum, S. fragile, Thamnolia vermicularis, Normandia laetevirens, Heterothecium sanguinarium, Lecidea ?, Lecidea ?, Buellia geographica, B. alpicola, Buellia ?, Verrucaria ?, Cladonia furcata, Pycnothalia cladinoides, C. papillaria, Cladonia fimbriata, Lecanora thamnites.*

Fungi:

Clytocybe cyathiformis, C. diatreba, C. laccata, Russula nigrodisca, Flammula, fulvella, Cortinarius ?.

Die folgenden Species sind beschrieben:

Papaver radicatum, Nesodraba grandis, Cardamine umbellata, Saxifraga hirculus, Chrysosplenium Beringianum, Primula eximia, P. Macounii, Polygonum Macounii, Carex lagopina, C. pribylovensis, C. vulgaris, C. macrochaeta, Elymus villosissimus, Ceratadon heterophylla, Didymodon Baden-Powellii, Racomitrium microcarpum, Bryum Firoudei, Bryum brachyneuron, Russula nigrodisca und *Flammula fulvella.*

Pammel (Ames, Iowa).

Fernald, M. L. and **Sornborger, J. D.**, Some recent additions to the Labrador flora. (The Ottawa Naturalist. Vol. XIII. 1899. No. 4. p. 89 ff.)

Den Verfassern standen zwei umfangreiche Sammlungen zur Verfügung, die an der Labrador-Küste und speciell am Hamilton-Inlet gemacht wurden. Die erste, etwa 300 Nummern umfassende Collection wurde von den Mitgliedern der Bowdoin-College-Expedition zusammengebracht, welche im Jahre 1891 den schwierigen Marsch am Ufer des Hamilton oder Grand River hinauf bewerkstelligte und die geheimnissvollen Grand Falls wieder entdeckte, über deren Lage und Höhe nur sehr unbestimmte Angaben vorlagen. Näheres über diese Expedition findet sich bei Packard, The Labrador coast. New-York 1891. p. 507—513. Unglücklicherweise war es nicht durchführbar, Pflanzen aus dem oberen Flussthale mitzubringen. Ein anderer Theil der genannten Expedition sammelte reichlich am Lake Melville und der Küste nach weiter nach Norden bis zu dem etwas nördlich vom 53. Breitengrade gelegenen Hopedale. Die Pflanzen wurden vom Botaniker der Expedition, Professor Leslie A. Lee, an das Gray-Herbarium zur Bestimmung eingesandt.

Eine andere, noch umfangreichere Sammlung wurde in den Sommerhalbjahren von 1892 und 1897 von der Labrador-Küste nördlich bis zum Cap Chudleigh von J. D. Sornborger zusammengebracht, ferner hat dazu Rev. Adolf Stecker beigetragen, der zu einer Jahreszeit sammelte, wo Labrador sonst unzugänglich ist, und schliesslich Mrs. Hlawatscheck, die in dem weit nach Norden gelegenen Hebron sammelte.

James M. Macoun hat in dem Annual Reports of the Geological Survey of Canada. New-Series. Vol. VIII. (1895.) Part L. App. VI eine „List of plants known to occur on the coast and in the interior of the Labrador Peninsula“ veröffentlicht, die aber auch Pflanzen enthält, welche in den Thälern des Rupert und East Main River, sowie an der James-Bay gesammelt waren, also in Gegenden, die nach neueren Anschauungen, wie ihnen z. B. im achten Jahresbericht (1895) des Canadian Survey Ausdruck verliehen ist, nicht mehr zum eigentlichen Labrador gehören. Verff. definiren Labrador wie folgt: „ . . Labrador . . . is that portion of the Labrador Peninsule lying east of a line drawn directly north from Blanc Sablon to 54° N. lat., thence following the height of land to ce point on the mainland-shore nearly south of Port Burwell, Cape Chudleigh.“ Die von Macoun mitgetheilte Liste ist nun in erster Linie gegründet auf ein für Packard's Labrador coast bestimmtes Verzeichniss. Seit damals haben sich aber die geographischen Begriffsbestimmungen geändert, und manche für „Labrador“ gemachten Angaben basiren auf Funden, die aus Caribou Island und anderen jetzt zu Quebec gerechneten Oertlichkeiten stammen. Ferner liegen Mittheilungen vor, die auf die von John A. Aller und Anderen bei Bonne Espérance, auf der Eskimoinsel und an anderen westlich vom eigentlichen Labrador gelegenen Punkten gemachten Aufsammlungen basirt sind; einiges wurde auch von Lieut. C. M. Turner an der Ungava Bay gesammelt, aber zu den eigentlichen Labradorpflanzen dürfen diese Funde ohne Weiteres nicht gerechnet werden. In das von den Verff. aufgestellte Verzeichniss wurden auch einige Arten aufgenommen, welche sich in Rev. C. Waghorne's „Flora of New-Foundland, Labrador and St. Pierre et Miquelon" finden.

Die in Macoun's Verzeichniss fehlenden Arten sind mit einem Stern (*) bezeichnet. Verff. verzichten darauf, sämmtliche in den oben genannten Collectionen enthaltenen Arten in ihre Liste aufzunehmen, und erwähnen nur die bemerkenswertheren — und zwar in der Reihenfolge von Engler und Prantl — nämlich:

**Woodsia ilvensis* R. Br., **Asplenium Filix-foemina* Bernh., **Aspidium spinulosum* Sw. var. *dilatatum* Hook., welches die gewöhnlichste Form dieser Art in Labrador zu sein scheint, **Phegopteris polypodioides* Fée, *Pheg. Dryopteris* Fée, die schon durch S. R. Butler von Caribon Island bekannt war, **Equisetum variegatum* Schleich., **Lycopodium annotinum* L. var. *pungens* Spring, **Lycop. alpinum* L., **Lycop. complanatum* L., *Larix americana* Mich., die in Menge nördlich von Nain wächst und in Packard's Liste lediglich auf die Autorität Hooker's hin aufgenommen worden war; **Picea alba* Lk., **Picea nigra* Lk., *Triglochin maritimum* L., **Hierochloë borealis* R. et S., **Phleum alpinum* L., *Calamagrostis Langsdorffii* Trin., **Agrostis rubra* L., **Poa laxa* Haenke, **Poa glumaris* Trin., **Puccinellia angustata* Nash (*P. maritima* var. *minor* Watson), *Agropyron violaceum* Vasey, **Carex maritima* Mull, *Carex rariflora* Sm. (die in Packard's Liste erwähnte Pflanze Allen's stammte aus Bonne Espérance, Quebec), **Carex glareosa* Wahl., **Carex Nardiana* Fr., *Carex canescens* L. var. *alpicola* Wahl., **Luzula parviflora* Desv. var. *fastigiata* Buchenau vom Tub. Harbour, die in Amerika östlich der Rocky Mountains bisher nicht bekannt war. **Juncus balticus* W. var. *littoralis* Engelm., **Juncus trifidus* L., *Smilacina trifolia* Desf, die S. R. Butler früher schon auf Caribon Island gesammelt hatte, ebenso wie *Majanthemum canadense* Desf., *Streptopus amplexifolius* DC. und *Clintonia borealis* Raf., **Iris versicolor* L., *Habenaria obtusata* Rich. (Caribon Island); *Myrica Gale* L., **Salix Brownii* Bebb., *Betula glandulosa* Mchx., die schon von Hooker als an der Labrador-Küste vorkommend erwähnt wird, und später von J. A. Allen auf Square Island, sowie von S. R. Butler auf Caribon Island gesammelt wurde; **Betula nana* L. var. *flabellifolia* Hook., **Rumex Acetosella* L, **R. salicifolius* Weinm, **Polygonum islandicum* Meisn., das von Macoun als von Rupert River und den Küsten der James Bay vorkommend erwähnt wird. **Lychnis affinis* Wahl.. das schon früher ohne Standort von Labrador angegeben wurde. **Cerastium trigynum* Vill., **Cer. arvense* L., **Stellaria media* Cyrillo, **St. longipes* Goldie var. *laeta* Watson, **Arenaria ciliata* L. var. *humifusa* Hornem., *Arenaria verna* L. und deren var. *hirta* Watson, **Ar. uliginosa* Schleich., die noch nie in Amerika gesammelt worden war (cfr. B. L. Robinson in Bot. Gaz. Vol. XXV. p. 167. tab. 13. fig. 6), **Sagina procumbens* L., die bisher nicht mit Bestimmtheit nördlich von Neufundland nachgewiesen war, **S. nivalis* Fries, die A. P. Low längs des Ungava River schon 1896 gesammelt hatte, also östlich von unserem Gebiete; sie war in Amerika sonst nur aus Alaska und den höheren Rocky Mountains bekannt. **Thalictrum alpinum* L., früher schon von Cap Chudleigh von R. Bell gesammelt; **Ranunculus repens* L., **Draba stenoloba* Ledeb, bisher nicht östlich von der Rocky Mountains, des britischen Nordamerika, bekannt, **Draba hirta* L. var. *arctica* Watson, bisher aus Amerika nur von Grinnell Land bekannt, wo sie Lieutnant A. W. Greely gesammelt hat; **Draba alpina* L., früher schon durch R. Bell vom Cap Chudleigh bekannt, **Draba nivalis* Lilj, früher bei Okak durch Mitglieder der Brüdergemeinde gesammelt. **Lesquerella arctica* Watson; bisher war der nächste Standort Greely's Station auf Grinnell Land. **Thlaspi arvense* L., ist durch Waghorne von Capstane Island und dem Pixware River bekannt; **Braya purpurascens* Bunge, von den Hudsonf Straits durch R. Bell bekannt; *Cochlearia anglica* L., die schon verschiedentlich gefunden wurde; **Nasturtium terrestre* R. Br., **Cardamine bellidifolia* L.; *Drosera intermedia* Hayne var. *americana* DC., **Saxifraga stellaris* L.

var. *comosa* Poir., die von Okak, sowie von J. A. Allen von Whale Island bekannt war; **Ribes lacustre* Poir. (L'anse au Clair und L'anse au Mort, cfr. Waghorne); *Rubus strigosus* Mchx., *Dryas octopetala* L. var. *integrifolia* C. et S., Pursh sammelte diese Pflanze, wie die *Dr. Drummondii* schon auf Anticorti, **Potentilla nana* W., **Pot. Ranunculus* Lange, die zum ersten Male auf dem amerikanischen Continent gesammelt wurde. **Pyrus arbutifolia* C. f. var. *melanocarpa* Hook., **P. sambucifolia* C. et S.; *Lathyrus maritimus* Bigelow var. *aleuticus* Greene in White, Bull. Torr. Club. Vol. XXI. p. 450, wahrscheinlich eine gemeine Pflanze, die schon 1864 von B. Pickman Mann am Dumplin Harbar gesammelt worden war. **Erodium cicutarium* C'Her., **Viola Selkirkii* Pursh, die auch von Waghorne von Battle Harbor erwähnt wird, *Viola palustris* L., **Viola canina* L. var. *adunca* Gray, früher östlich vom Ottawa River nicht bekannt, **Epilobium Hornemanni* Rchb. (von Waghorne erwähnt), *Epil. anagallidifolium* Lam., *Epil lineare* Muhl. var. *oliganthum* Trelease, **Vaccinium ovalifolium* Smith, schon von J. A. Allen bei Chateau und auf dem Mt. Albest, sowie neuerdings von Waghorne an der White Bay in Neufundland gefunden. *Chiogenes serpyllifolia* Salisb., die schon von Packard auf die Autorität Hooker's hin von der Labradorküste angegeben wird. *Primula egaliksensis* Hornem., die Pflanze wurde früher schon als im nördlichen Labrador vorkommend angegeben, jedoch die von Lieutenant Turner gesammelten Exemplare, auf denen diese Angabe basirt, sind von der jetzt nicht mehr zum eigentlichen Labrador gerechneten Ungave Bay. *Pleurogyne carinthiaca* Grisb. var. *pusilla* Gray ist eine seltene Pflanze, die vorher nur durch Hooker aus Labrador bekannt war, dagegen mit Bestimmtheit aus Anticosti, Rivière du Loup und andern in der Nähe der Mündung des St Lawrence gelegenen Punkten. **Hallnia Brentoniana* Griseb., *Euphrasia latifolia* Pursh, **Galium tinctorium* L var. *labradoricum* Wiegand, *Viburnum pauciflorum* Pylaie, schon früher aus Okak und von Caribon-Island bekannt, **Aster longifolius* Lam. var. *villicaulis* Gray, früher nördlich des St. John und Restigouche-Thales in New Brunswick nicht bekannt. **Aster punicens* L. var. *oligocephalus* n. var., kommt in Labrador, Neufundland, Ontario und New Hampshire an einer Reihe von Standorten vor. **Antennaria hyperborea* Don, schon früher in Labrador gesammelt, **Artemisia borealis* Pall. var. *Wormskioldii* Besser, **Petasites sagittata* Gray, **Arnica alpina* Oliv. var. *Lessingii* T. et Gr., früher nur von der Nordwestküste Amerikas und dem benachbarten Asien bekannt. **Senecio vulgaris* L., **Sen. palustris* Hook., *Hieracium vulgatum* Fr., **Crepis nana* Richardson. Diese seltene Pflanze wurde von Sornborger an einem Bergabhange etwa 200 m über Meeresspiegel in einer Anzahl von Exemplaren gefunden, die zusammen kaum 3 Quadratmeter bedeckten. Vorher war sie aus British Amerika nur durch Richardson („on the Copper mine River“, cfr. Richardson in Franklin, 1. st. Journal ed. 2. 1823. App. VII. p. 757), Parry („Repulse Bay, Five Hawser Bay and Lyon Inlet“, cfr. Parry, 2 ed. Voyage. 1825. App. 379) und Drummond („on the slaty debris of the Rocky Mountains“, cfr. Macoun, Cat. Can. Pl. pt. II. p. 274) bekannt. **Taraxacum officinale* Weber; möglicherweise eingeschleppt; wird auch von Waghorne vom Buttle Harbor angegeben.

Ueberblickt man die hier aufgezählten Pflanzen, so sieht man — worauf auch die Verff. hinweisen — dass zehn davon, nämlich: *Phegopteris polypodioides* Fée, *Iris versicolor* L., *Sagina procumbens* L., *Nasturtium terrestre* R. Br., *Ribes lacustre* Poir., *Pyrus arbutifolia* L. f. var. *melanocarpa* Hook., *Viola Selkirkii* Pursh, *Galium tinctorium* L. var. *labradoricum* Wiegand, *Aster longifolius* Lam. var. *villicaulis* Gr. und *Aster puniceus* var. *oligocephalus* Fern. et Sornb., ihre bisher angenommenen Nordgrenzen beträchtlich überschreiten.

Einige Arten, wie *Phegopteris polypodioides* Fée, *Sagina procumbens* L., *Nasturtium terrestre* R. Br. und *Viola Selkirkii* Pursh sind die Pflanzen, die aus den arktischen Theilen von Europa, Asien und dem westlichen Amerika bekannt waren.

Im Gegensatze zu den ersterwähnten 10 Arten sind 6 andere erheblich südlich von ihrer bisherigen Südgrenze nachgewiesen worden, so war *Lychnis affinis* Wahl., *Sagina nivalis* Fries und *Braya purpurascens* Bge. südlich von der Hudson-Strasse nicht bekannt, ebenso wenig *Crepis nana* Richards. südlich von der Melville-Halbinsel oder *Draba hirta* L. var. *arctica* Wats. und *Lesquerella arctica* Wats. südlich von Grinnell-Land.

Einige bisher nur von der Westküste bekannte Pflanzen wurden auch für die atlantische Küste nachgewiesen, so *Lathyrus maritimus* Bigel. var. *aleuticus* Greene, eine an der Labradorküste augenscheinlich häufige Art, und *Arnica alpina* Oliv. var. *Lessingii* T. et Gr., die bisher nur aus dem äussersten Nordwesten Amerikas und aus den benachbarten Theilen Asiens bekannt war; ebenso waren *Luzula parviflora* Desv. var. *fastigiata* Buchenau und *Draba stenoloba* Ledeb. östlich von den Rocky Mountains noch nie beobachtet, *Petasites sagittatus* und *Senecio palustris* noch nie östlich von der Hudson Bay. *Poa glumaris* Trin., ein an der Küste von Alaska gemeines Gras, war zwar an der Mündung des St. Lawrence gesammelt, wurde aber erst neuerdings an der Labradorküste (bei Nain) gefunden. Das im nordwestlichen Amerika so häufige *Vaccinium ovalifolium* Sm. hatte seine östlichsten bekannten Standorte am Lake-Superior und auf der Halbinsel Gaspé; der äusserste Standort der *Viola canina* L. var. *adunca* Gray war bisher am Ottawa River.

Drei grönländische Arten, deren Vorkommen in Amerika erst sicher festzustellen war, sind das an der Labradorküste wahrscheinlich häufige *Polygonum islandicum* Meissn., *P. aviculare* L. var. *boreale* Lge., welches früher schon vom Rupert River und der James Bay angegeben wurde; *Arenaria uliginosa* Schleich. und *Potentilla Ranunculus* Lge. wurden je nur an einer Stelle gefunden.

Es ist eine eigenthümliche Thatsache, dass einige auf den höheren Gebirgen des atlantischen Nord-Amerika bezw. angrenzenden Canada, sowie in Grönland häufig vorkommende Arten in Labrador sehr selten sind; dahin gehören *Phleum alpinum* L., *Juncus trifidus* L., *Cardamine bellidifolia* L. und *Arenaria ciliata* L. var. *humifusa* Hornem.; auch die in Gröland und an verschiedenen Standorten in der Nähe der Mündung des St. Lawrence sowie (nach Pursh) auch auf den White Mountains in New Hampshire wachsende *Pleurogyne carinthiaca* Gris. var. *pusilla* Gr. scheint in Labrador ausserordentlich selten zu sein.

Fünf bisher von der Labradorküste nicht bekannte Arten sind zweifellos neuerdings aus Europa oder den stärker besiedelten Theilen Amerikas eingeschleppt worden; es sind das *Stellaria media* Cyrillo, *Thlaspis arvense* L., *Erodium cicutarium* L'Her., *Senecio vulgaris* L. und *Taraxacum officinale* Web. Wahrscheinlich gehören hierher auch *Rumex acetosella* L. und *Ranunculus repens* L.

Was die Baumgrenze anbelangt, so theilen Verff. mit, dass wahrscheinlich die Insel Takatak der nördlichste Punkt ist, an dem Fichten vorkommen, und dass hier augenscheinlich die Baumgrenze liegt. Nördlich von der Napartok Bay, in einer Entfernung von 10 englischen Meilen von der Mündung der Kangerdlaksoak Bay, erreichen die Weiden noch eine Höhe von 8 Fuss. Angaben über den Verlauf der Baumgrenze im Innern des Landes bezw. über den Verlauf der Nordgrenze der einzelnen Arten können, wie begreiflich, in zuverlässiger Weise noch nicht gemacht werden, da das Land noch zu wenig erforscht ist. Immerhin liegt in der eben besprochenen Arbeit ein sehr schätzbarer Beitrag zur Kenntniss dieses Landes, wie auch zur Pflanzengeographie der circumpolaren Länder vor.

Wagner (Wien).

Eriksson, J., Giftiges Süssgras, *Glyceria spectabilis*, von *Ustilago longissima* befallen. (Zeitschrift für Pflanzenkrankheiten. 1900. p. 15.)

Verf. theilt mehrere Fälle von Vergiftungserscheinungen bei Kühen mit, die *Glyceria spectabilis* gefressen hatten, das stark von *Ustilago longissima* befallen war. Dieser Pilz scheint nur in frischem Zustande giftig zu sein, da das getrocknete Gras ohne jede Nebenwirkung blieb.

Lindau (Berlin).

Shinia in Cyperus. (Royal Gardens, Kew. No. 132.)

In Cypern wächst die echte Mastix-Pflanze, *Pistacia lentiscus*, welche hier indessen keinen Mastix, sondern beim Anzapfen nur ein farb- und geruchloses Exsudat liefert. Sie kommt in zwei Varietäten vor; die eine heisst „Shinia“, die andere, breitblätterigere „Mastiches“. Von Producten kommen vorzugsweise die Shinia-Blätter in Betracht, und zwar ihrer Gerbe- und Färbekraft wegen. Sie werden im April bis September gesammelt, indem man die Zweige abschneidet, zum Trocknen aufstelltt und nach 4—5 Tagen die Blätter durch Abschlagen entfernt, nachdem man vorher die obersten Blätter, welche von der Sonne gebleicht sind, verworfen hat. Die trockenen Blätter kommen in Ballen gepresst in den Handel.

Der Hauptmarkt für Shiniablätter ist Palermo, wohin jährlich von Tunis ca. 10 000 Tonnen exportirt werden. Hier dienen sie besonders zur Verfälschung von Sumach (*Rhus Coriaria*), der in Sicilien in grosser Menge wächst und von hier nach England und Frankreich exportirt wird. Eine erhebliche Menge Shiniablätter wird auch in Lyon zum Färben von Seidenstoffen benutzt.

Aus dem Holze des Strauches wird eine gute Kohle gemacht; die Samen werden genossen, auch wird aus ihnen ein Brenn- und Speiseöl gepresst.

Siedler (Berlin).

Neue Litteratur.*)

Geschichte der Botanik:

B(ehrens), H(einr.), Domenico Cirillo, der neapolitanische Linné (Die Natur. Jahrg. IL. 1900. No. 17. p. 553—554.)

Nomenclatur, Pflanzennamen, Terminologie etc.:

Leimbach, G., Die Volksnamen unserer heimischen Orchideen. VIII. (Deutsche botanische Monatsschrift. Jahrg. XVIII. 1900. Heft 11. p. 169—171.)

Malinvaud, Ernest, Orthographe de quelques noms botaniques. — II. Nouveaux détails à propos de Pirus. — Doit-on écrire sylvestris ou silvestris. (Bulletin de la Société botanique de France. Sér. III. Tome VII. 1900. No. 7. p. 257—258.)

Allgemeines, Lehr- und Handbücher, Atlanten etc.:

Perrier, Edmond, Poiré, Paul, Joannis, Alex. et **Perrier, Remy,** Nouveau dictionnaire des sciences et de leurs applications. Avec la collaboration d'une réunion de savants, de professeurs et d'ingénieurs. Fasc. VII. 8°. p. 385—448. Avec fig. à 2 col. Paris (Delagrave) 1900.

Algen:

Foslie, M., Bemerkungen zu F. Heydrich's Arbeit „Die Lithothamnien von Helgoland". (Berichte der deutschen botanischen Gesellschaft. Bd. XVIII. 1900. Heft 8. p. 339—340.)

Pilze:

Among the mycologists. (The Asa Gray Bulletin. Vol. VIII. 1900. No. 5. p. 99—104.)

Chesnut, V. K., Poisonous properties of the green-spored Lepiota. (The Asa Gray Bulletin. Vol. VIII. 1900. No. 5. p. 87—93. Plate V.)

Lindroth, J. I., Om Aecidium Trientalis Tranzsch. (Botaniska Notiser. 1900. Háftet 5. p. 193—200. 2 Fig.)

Mattirolo, O., Gli ipogei di Sardegna e di Sicilia. Materiali per servire alla monografia degli ipogei italiani. (Malpighia. Anno XIV. 1900. Fasc. I—IV. p. 39—110. Tav. I.)

Petri, L., Descrizione di alcuni Gasteromiceti di Borneo. (Malpighia. Anno XIV. 1900. Fasc. I—IV. p. 111—139. Tav. II—IV.)

Rolland, L., De l'instruction populaire sur les champignons. (Congrès international de botanique, à l'Exposition universelle de 1900.) 8°. 8 pp. Lons-le-Saunier (imp. Declume) 1900.

Schwalbe, Ernst, Ueber Variabilität und Pleomorphismus der Bacterien. (Sep.-Abdr. aus Münchener medicinische Wochenschrift. 1900. No. 47.) 8°. 17 pp.

Flechten:

Minks, Arthur, Beiträge zur Erweiterung der Flechtengattung Omphalodium. (Mémoires de l'Herbier Boissier. 1900. No. 21. p. 79—94.)

Muscineen:

Dismier, G., Catalogue méthodique des Muscinées des environs d'Arcachon (Gironde), des bords de la Leyre à la pointe du sud, avec indication des localités où chaque espèce a été trouvée. (Bulletin de la Société botanique de France. Sér. III. Tome VII. 1900. No. 7. p. 227—240.)

---

*) Der ergebenst Unterzeichnete bittet dringend die Herren Autoren um gefällige Uebersendung von Separat-Abdrücken oder wenigstens um Angabe der Titel ihrer neuen Publicationen, damit in der „Neuen Litteratur" möglichste Vollständigkeit erreicht wird. Die Redactionen anderer Zeitschriften werden ersucht, den Inhalt jeder einzelnen Nummer gefälligst mittheilen zu wollen, damit derselbe ebenfalls schnell berücksichtigt werden kann.

Dr. Uhlworm,
Humboldtstrasse Nr. 22.

Holzinger, John M., A Polytrichum new to North America. (The Asa Gray Bulletin. Vol. VIII. 1900. No. 5. p. 95—99. Plate VI and 2 fig.)

Palacký, J., Studien zur Verbreitung der Moose. II. (Sep.-Abdr. aus Sitzungsberichte der königl. böhmischen Gesellschaft der Wissenschaften. Mathematisch-naturwissenschaftliche Classe. 1900.) gr. 8°. 15 pp. Prag (Fr. Rivnač) 1900. M. —.24.

Zschacke, Hermann, Bryologische Spaziergänge in der Umgebung von Mittweida in Sachsen. (Deutsche botanische Monatsschrift. Jahrg. XVIII. 1900. Heft 11. p. 163—165.)

Physiologie, Biologie, Anatomie und Morphologie:

Butkewitsch, Wl., Ueber das Vorkommen proteolytischer Enzyme in gekeimten Samen und über ihre Wirkung. II. Vorläufige Mittheilung. (Berichte der deutschen botanischen Gesellschaft. Bd. XVIII. 1900. Heft 8. p. 358—364.)

Dennert, E., Plant life and structure. 12mo. 6×3⁷/₈. 124 pp. (Temple Cyclopaedic Primers.) London (Dent) 1900. 1 sh.

Freidenfelt, T., Studier öfver örtartade vaxters rotter. [Förelopande meddelande.] (Botaniska Notiser. 1900. Häftet 5. p. 209—223.)

Giglio-Tos, Ermanno, Les problèmes de la vie: essai d'une interprétation scientifique des phènomènes vitaux. Partie I. (La substance vivante et la cytodiérese). 8°. VIII, 286 pp. Turin (impr. Pierre Gerboue) 1900.

Giltay, E., Plantenleven. Proeven en beschouwingen over eenige der voornamste levensverschijnselen van de plant. 1e dl.: De ontwikkeling van gewassen tot aan de voortplanting. (Geïllustreerde land- en tuinbouw-bibliotheek.) 16°. 4, 101 pp. Met 48 figuren, waarvan 46 naar de natuur geteekend door **L. Rademakers.**

Hildebrand, Friedrich, Ueber Haemanthus tigrinus, besonders dessen Lebensweise. (Berichte der deutschen botanischen Gesellschaft. Bd. XVIII. 1900. Heft 8. p. 372—385. Mit Tafel XIII.)

Kohl, F. G., Dimorphismus der Plasmaverbindungen. (Berichte der deutschen botanischen Gesellschaft. Bd. XVIII. 1900. Heft 8. p. 364—372. Mit Tafel XII.)

Kusano, S., The structure of the haustorium of Buckleya quadriala. (The Botanical Magazine, Tokyo. Vol. XIV. 1900. No. 163. p. 201—206.) [Japanisch.]

Meyer, G., Beiträge zur Anatomie der auf Java kultivirten Cinchonen. (Sep.-Abdr. aus Zeitschrift für Naturwissenschaften. 1900.) gr. 8°. 33 pp. Mit 8 Abbildungen und 1 Tabelle. Stuttgart (E. Schweizerbart) 1900. M. —.80.

Martel, Edouard, Observations sur les analogies anatomiques qui relient la fleur de l'Hypecoum à celle des Fumariacées et des Crucifères, note présentée au congrès international de botanique, à l'Exposition universelle de 1900. 8°. 8 pp. Avec fig. Lons-le-Saunier (imp. Declume) 1900.

Möbius, M., Das Anthophaeïn, der braune Blüthenfarbstoff. (Berichte der deutschen botanischen Gesellschaft. Bd. XVIII. 1900. Heft 8. p. 341—347.)

Nilsson, Herman, Några anmärkningar beträffande bladstrukturen hos Carex-arterna. (Botaniska Notiser. 1900. Häftet 5. p. 225—236. 22 fig.)

Palmieri, Gius., Contribuzione alla anatomia comparata del genere Eucalyptus. 8°. 19 pp. Napoli (tip. della Nuova Unione) 1900.

Pirotta, R. e Longo, B., Osservazioni e ricerche sulle Cynomoriaceae Eich. con considerazioni sul percorso del tubo pollinico nelle Angiosperme inferiori. (Estratto dall' Annuario del R. Istituto Botanico di Roma. Anno IX. 1900. Fasc. II.) 4°. 19 pp. Tav. IV, V. Roma 1900.

Schoenichen, W., Blutenbiologische Schemabilder. Ein Beitrag zur Methodik des naturkundlichen Unterrichtes. (Sep.-Abdr. aus Zeitschrift für Naturwissenschaften. 1900.) gr. 8°. 18 pp. Mit 12 Abbildungen. Stuttgart (E. Schweizerbart) 1900. M. —.40.

Shibata, K., On the anatomical structure of vegetative organs of Bamboo plants. (The Botanical Magazine, Tokyo. Vol. XIV. 1900. No. 163. p. 206—219. 4 Fig.) [Japanisch.]

Simon, Eug., Sur les conditions de végétation du gui. (Extr. du Bulletin de l'Académie Internationale de Géographie Botanique. 1900.) 8°. 4 pp. Le Mans (impr. de l'Institut de bibliographie) 1900.

Steinbrinck, C., Ueber die Grenzen des Schrumfelns. (Berichte der deutschen botanischen Gesellschaft. Bd. XVIII. 1900. Heft 8. p. 386—396.)

Terras, James A., Notes on the germination of the winter buds of Hydrocharis Morsus-Ranae. (Reprinted from „Transactions" of the Botanical Society of Edinburgh. 1900. June. p. 318—329.)

Terras, James A., The relation between the lenticels and adventitious roots of Solanum Dulcamara. (Reprinted from Transactions of the Botanical Society of Edinburgh. 1900. p. 341—353. 2 plates.)

Villani, Armondo, Dei nettarii delle Crocifere e di una nuova specie fornita di nettarii estranuziali. (Malpighia. Anno XIV. 1900. Fasc. I—IV. p. 167—171.)

Wieler, A. und **Hartleb, R.**, Ueber Einwirkung der Salzsäure auf die Assimilation der Pflanzen. (Berichte der deutschen botanischen Gesellschaft. Bd. XVIII. 1900. Heft 8. p. 348—358.)

Systematik und Pflanzengeographie:

Baldacci, A. e **Saccardo, P. A.**, Onorio Belli e Prospero Alpino, e la flora dell' isola di Creta. (Malpighia. Anno XIV. 1900. Fasc. I—IV. p. 140—163.)

Battandier, A., Résultats botaniques de la mission Flamand du 20 novembre 1899 au 20 mars 1900. (Bulletin de la Société botanique de France. Sér. III. Tome VII. 1900. No. 7. p. 241—253.)

Beauverd, Gustave, Sur quelques stations nouvelles ou intéressantes de la florule du Grand-Saint-Bernard. (Mémoires de l'Herbier Boissier. 1900. No. 21. p. 95—96.)

Camus, E. G., Les Saules de la vallée de l'Oise; localites nouvelles de plantes rares de la même région. (Bulletin de la Société botanique de France. Sér. III. Tome VII. 1900. No. 7. p. 253—256.)

Carbajal Delvalle, Lino, La Patagonia: studî generali. Serie II/III (Climatologia e storia naturale, economia, viabilità e risorse economiche). VI. Flora. 8°. S. Benigno Canavese (tip. Salesiana) 1900.

Chiovenda, Emilio, Contributo alla flora Mesopotamica. (Malpighia. Anno XIV. 1900. Fasc. I—IV. p. 3—38.)

De Wildeman, Ém. et **Durand, Th.**, Illustrations de la flore du Congo. Annales du Musée du Congo. Botanique. Série I. Tome I. 1900. Fasc. 6. p. 121—144. Planche LXI—LXXII. Bruxelles 1900.

Erikson, Johan, Om Sorbus scandia (L.) Fr. × Aucuparia L. (Botaniska Notiser. 1900. Häftet 5. p. 201—207. 1 Fig.)

Finet, E. Ach., Les Orchidées du Japon, principalement d'après les collections de l'Herbier du Muséum d'histoire naturelle de Paris. (Bulletin de la Société botanique de France. Sér. III. Tome VII. 1900. No. 7. p. 262—286. Planches VIII, IX.)

Fries, Rob. E., Beiträge zur Kenntnis der Süd-Amerikanischen Anonaceen. (Kongl. Svenska Vetenskaps-Akademiens Handlingar. Bd. XXXIV. 1900. No. 5.) 4°. 59 pp. Mit 7 Tafeln. Stockholm 1900.

Gross, L. und **Kneucker, A.**, Unsere Reise nach Istrien, Dalmatien, Montenegro, der Hercegovina und Bosnien im Juli und August 1900. (Allgemeine botanische Zeitschrift für Systematik, Floristik, Pflanzengeographie etc. Jahrg. VI. 1900. No. 11. p. 218—220.)

Heckel, Edouard, Sur l'Ilondo des M' pongués ou Enzémazi des Pahouins, nouvelle espèce du genre Dorstenia au Congo français. (Bulletin de la Société botanique de France. Sér. III. Tome VII. 1900. No. 7. p. 260.)

Ito, Tokutaro, Plantae Sinenses Yoshianae. VII. (The Botanical Magazine, Tokyo. Vol. XIV. 1900. No. 163. p. 116—119.)

Kawakami, Takiya, A list of plants collected in the island of Rishiri. [Continued.] (The Botanical Magazine, Tokyo. Vol. XIV. 1900. No. 163. p. 119—122.)

Kneucker, A., Bemerkungen zu den Cyperaceae (exclus. Carices) et Juncaceae exsiccatae. (Allgemeine botanische Zeitschrift für Systematik, Floristik, Pflanzengeographie etc. Jahrg. VI. 1900. No. 11. p. 221—228.)

Kuroiwa, H., A list of Phanerogams collected in the southern part of isl. Okinawa one of the Loochoo chain. [Continued.] (The Botanical Magazine, Tokyo. Vol. XIV. 1900. No. 163. p. 122—126.)

Marcowicz, B., Lappa Palladini sp. n. (Allgemeine botanische Zeitschrift für Systematik, Floristik, Pflanzengeographie etc. Jahrg. VI. 1900. No. 11. p. 220.)

Matsumura, J., Plantae arborescentes in provincia Hitachi, Japoniae mediae orientalis, collectae. (The Botanical Magazine, Tokyo. Vol. XIV. 1900. No. 163. p. 113—115.)

Meigen, Fr., Beobachtungen über Formationsfolge im Kaiserstuhl. [Fortsetzung.] (Deutsche botanische Monatsschrift. Jahrg. XVIII. 1900. Heft 11. p. 165—166.)

Murr, J., Beiträge zur Flora von Tirol und Vorarlberg. XII. (Deutsche botanische Monatsschrift. Jahrg. XVIII. 1900. Heft 11. p. 166—169.)

Nilsson, Herman N., Om några Carex-former. (Botaniska Notiser. 1900. Häftet 5. p. 237—238.)

Palanza, Alfonso, Flora della terra di Bari, pubblicata dopo la morte dell' autore da **A. Jatta.** (La Terra di Bari sotto l'aspetto storico, economico e naturale: pubblicazione della provincia di Bari per la esposizione universale di Parigi. 1900.)

Palla, E., Die Gattungen der mitteleuropäischen Scirpoideen. [Fortsetzung.] (Allgemeine botanische Zeitschrift für Systematik, Floristik, Pflanzengeographie etc. Jahrg. VI. 1900. No. 11. p. 214—217.)

Picquenard, C. A., Lettre sur quelques plantes du Finistère. (Bulletin de la Société botanique de France. Sér. III. Tome VII. 1900. No. 7. p. 259.)

Pucci, A., Musa japonica. (Bullettino della R. Società toscana di Orticoltura. Anno XXV. Ser. III. Vol. V. Firenze 1900. No. 5.)

Rottenbach, H., Zur Flora der Umgebung von Ratzes in Südtirol. (Deutsche botanische Monatsschrift. Jahrg. XVIII. 1900. Heft 11. p. 161—163.)

Schlechter, Rudolf, Monographie der Podochilinae. (Mémoires de l'Herbier Boissier. 1900. No. 21. p. 1—78.)

Schumann, K., Blühende Kakteen. (Iconographia Cactacearum.) Lief. 2. gr. 4°. 4 farbige Tafeln mit je 1 Blatt Text. Neudamm (J. Neumann) 1900. M. 4.—

Ugolini, G., Aggiunta all'Ilex (Agrifoglio) o meglio una gita a Moncioni. (Bullettino della R. Società toscana di Orticoltura. Anno XXV. Vol. V. Ser. III. Firenze 1900. No. 1.)

Zodda, Joseph, Nova Orchidacearum species. (Malpighia. Anno XIV. 1900. p. 183—185. Tav. VII.)

Phaenologie:

Millar, John M., April in Northern Michigan. (The Asa Gray Bulletin. Vol. VIII. 1900. No. 5. p. 93—95.)

Palaeontologie:

Capender, Giuseppe, Contribuzione allo studio dei Lithothamnion terziari. (Malpighia. Anno XIV. 1900. Fasc. I—IV. p. 172—182. Tav. VI.)

Teratologie und Pflanzenkrankheiten:

Henry, Lettre sur un Juniperus communis anomal. (Bulletin de la Société botanique de France. Sér. III. Tome VII. 1900. No. 7. p. 259—260.)

Jacobi, A., Der Schwammspinner und seine Bekämpfung. (Flugblätter des kaiserlichen Gesundheitsamtes, biologische Abtheilung für Land- und Forstwirthschaft. No. 6.) gr. 8°. 4 pp. Mit 2 Abbildungen. Berlin (Paul Parey, Julius Springer) 1900. M. —.05.

Kamerling, Z. en Suringar, H., Onderzoekingen over onvoldoenden groei en ontijdig afsterven van het riet als gevolg van wortelziekten. (Mededeelingen van het Proefstation voor Suikerriet in West Java te Kagok-Tegal. No. 48. — Overgedrukt uit het Archief voor de Java-suikerindustrie. 1900. Afl. 18.) 4°. 24 pp. 1 kaart. Soerabaia (H. van Ingen) 1900.

Montemartini, L. e Farneti, L., Intorno alla malattia della vite nel Caucaso (Physalospora Woronini n. sp.). (Estratto dagli Atti del R. Istituto Botanico dell' Università di Pavia Nuova Serie. Vol. VII. 1900.) 4°. 14 pp. Tav. I.

Noelli, Alberto, Sopra un' infiorescenza anomala di un' Orchis. (Malpighia. Anno XIV. 1900. Fasc. I—IV. p. 164—166. Tav. V.)

Medicinisch-pharmaceutische Botanik:

A.

Casale, Vinc., Sull'azione biologica del mirtolo: ricerche sperimentali. (Istituto di materia medica della r. università di Napoli). 8°. 38 pp. Napoli (tip. di Michele Gambella) 1900.

B.

Ascher, L., Ueber Rhodomyces erubescens nebst einem Beitrag zur Lehre von der Disposition. (Zeitschrift für Hygiene. Bd. XXXIV. 1900. Heft 3. p. 475—481.)

Cottet, J. et **Tissier, H.**, Sur une variété de streptocoque décolorée par la méthode de Gram. (Comptes rendus de la Société de biologie. 1900. No. 23. p. 627—628.)

Courmont, P. et **Cade**, Sur une septico-pyohémie de l'homme simulant la peste et causée par un strepto-bacille anaérobie. (Archiv. de méd. expérim. et d'anat. pathol. T. XII. 1900. No. 4. p. 393—418.)

Curtis, H. J., Essentials of practical bacteriology: Elem. laboratory book. 8 vo. $8^3/_4 \times 5^1/_2$. 308 pp. London (Longmans) 1900. 9 sh.

Klein, E., Ueber zwei neue pyogene Mikroben: Streptococcus radiatus und Bacterium diphtherioides. (Centralblatt für Bakteriologie, Parasitenkunde und Infektionskrankheiten. Erste Abteilung. Bd. XXVIII. 1900. No. 14/15. p. 417—419.)

Lubarsch, O., Ueber das Verhalten der Tuberkelpilze im Froschkörper. (Centralblatt für Bakteriologie, Parasitenkunde und Infektionskrankheiten. Erste Abteilung. Bd. XXVIII. 1900. No. 14/15. p. 421—430.)

Mayer, O., Experimentelle Untersuchungen über das Vorkommen von Tuberkelbacillen im Blute und der Samenflüssigkeit von an Impftuberkulose leidenden Tieren, besonders bei lokalisierter Tuberkulose. [Inaug.-Dissert.] 8°. 29 pp. Erlangen 1900.

McNair Scott, R. J., Notiz über eine Experimentaluntersuchung über die gegenseitige Wirkung zwischen Staphylococcus aureus und Hefe. (Centralblatt für Bakteriologie, Parasitenkunde und Infektionskrankheiten. Erste Abteilung. Bd. XXVIII. 1900. No. 14/15. p. 420—421.)

Middendorp, H. W., Die Bedeutung der Koch'schen Bacillen bei der Tuberkulose und dessen Heilverfahren. Offener Brief. 8°. 25 pp. Groningen (K. L. Noording) 1900.

Mosler, Zur Verhütung der Ansteckung mit Tuberkelbacillen in Schulen, auf öffentlichen Strassen, in Eisenbahnwagen. (Zeitschrift für Tuberkulose und Heilstättenwesen. Bd. I. 1900. Heft 2, 3. p. 105—108, 202—205.)

Musehold, P., Ueber die Widerstandsfähigkeit der mit dem Lungenauswurf herausbeförderten Tuberkelbacillen in Abwässern, im Flusswasser und im kultivierten Boden. (Arbeiten aus dem Kaiserl. Gesundheits-Amte zu Berlin. Bd XVII. 1900. Heft 1. p. 56—107.)

Neufeld, F., Ueber eine spezifische bakteriolytische Wirkung der Galle. (Zeitschrift für Hygiene. Bd. XXXIV. 1900. Heft 3. p. 454—464.)

Ollendorff, A., Ueber die Rolle der Mikroorganismen bei der Entstehung der neuroparalytischen Keratitis. [Inaug.-Dissert. Heidelberg.] 8°. 62 pp. Leipzig (Wilhelm Engelmann) 1900.

Otsuki, U., Untersuchungen über die Wirkung des Desinfektionsmittels auf die an verschiedenen Stoffen haftenden Milzbrandsporen. [Inaug.-Dissert.] gr. 8°. 38 pp. Halle 1899.

Posner, C. und **Cohn, J.**, Ueber die Durchgängigkeit der Darmwand für Bakterien. (Berliner klinische Wochenschrift. 1900. No. 36. p. 798—800.)

Remy, L., Contribution à l'étude de la fièvre typhoïde et de son bacille. (Annales de l'Institut Pasteur. Année XIV. 1900. No. 8. p. 555—570.)

Roger et **Josué**, Influence de l'inanition sur la résistance à l'infection colibacillaire. (Comptes rendus de la Société de biologie. 1900. No. 25. p. 696—697.)

Sammlung von Gutachten über Flussverunreinigung. [Fortsetzung.] XI. Gutachten über die Verunreinigung der Haase durch die Piesberger Grubenwässer und deren Folgen. (Sep.-Abdr. aus Arbeiten aus dem Kaiserlichen Gesundheitsamte. Bd. XVII. 1900. Heft 2. p. 215—280. Mit Tafel II.)

Stähler, F. und **Winckler, E.,** Sind die aus Vaginalsekret zu züchtenden Streptokokken eine besondere, von Streptococcus pyogenes unterscheidbare Art von Kettenkokken? (Monatsschrift für Geburtshilfe und Gynäkologie. 1900. Heft 6. p. 1027—1042.)

Sticker, G., Lungenblutungen, Anämie und Hyperämie der Lunge, Lungenödem, Schimmelpilzkrankheiten der Lunge. (Specielle **Pathologie** und Therapie, herausgegeben von **H. Nothnagel.** Bd. XIV. Theil II. Abth. IV.) gr. 8°. VI, 192 pp. Wien (Alfred Hölder) 1900. Subskr.-Preis M. 3.80, Einzel-Preis M. 4.40.

Valenti, G. L. e **Ferrari-Lelli, F.,** Osservazioni batteriologiche su una epidemia di cosidetto colera dei piccioni. 4°. 10 pp. Modena 1900.

Technische, Forst-, ökonomische und gärtnerische Botanik:

Balestra, Joseph, Les vins de la colline Saint-Valentin (Monts Parioli, faubourg de Rome): relation au jury de l'exposition universelle de Paris, 1900. 8°. 27 pp. Fig. Rome (impr. de la r. académie dei Lyncei) 1900.

Boppe, L. et **Jolyet, Ant.,** Traité pratique de sylviculture. Les forêts. Petit in 8° carré. XI, 488 pp. Avec 95 photograv. Paris (J. B. Baillière et fils) 1901.

Bordiga, Oreste, L'agricoltura e l'economia agraria della provincia di Bari. (La Terra di Bari sotto l'aspetto storico, economico e naturale: pubblicazione della provincia di Bari per la esposizione universale di Parigi. 1900.)

Clarin, S., Manière de repiquer les plantes; plantes repiqués et mis en place. (Bulletin hortic., agric. et apic. 1900. p. 86—87.)

Da Ponte, Mat., Distillazione delle vinacce e delle frutte fermentate; fabbricazione razionale del cognac; estrazione del cremore di tartaro e utilizzazione di tutti i residui della distillazione. Seconda edizione interamente rifatta. 16°. XI, 375 pp. Milano (Ulrico Hoepli) 1901.

Devenster, A., Les marantacées. (Moniteur hortic. belge. 1900. p. 135—137.)

Dormeyer, C., L'utilisation rationnelle de la levure de bière. (Revue univ. de la brasserie et de la malterie. 1900. No. 1264, 1265.)

Doyen, Une nouvelle propriété de la levure de bière et la théorie de Pasteur. (Revue univ. de la brasserie et de la malterie. 1900. No. 1270, 1271.)

Fournier, René, Notice sur Madagascar (histoire; géographie; voies de communication; commerce; industrie; agriculture; colonisation; main-d'oeuvre), d'après les publications antérieures et les derniers renseignements fournis par MM. les chefs de services, administrateurs, chefs de provinces et commandants de cercles. 8°. VI, 148 pp. Paris (Imprim. nationale) 1900.

Funbach, A., La transformation de nos idées sur la levure. (Petit journal du distillateur. T. III. 1900. p. 19—21, 25—26.)

Gaessler-Noirot, M., Les sousproduits de la brasserie; les levures. (Moniteur de la brasserie. 1900. No. 2110)

Galli, Enr., Concimazione dei terreni. 16°. 180 pp. Milano (Sonzogno) 1900. L. 1.50.

Goethe, W. Th., Die Ananaskultur in Florida. [Fortsetzung.] (Gartenflora. Jahrg. IL. 1900 Heft 22. p. 609—612.)

Hayes, F. C., Handy book of horticulture: Intro. to theory and practice of gardening. Cr. 8vo. $7^3/_4 \times 5^1/_2$. 238 pp. Illus. London (Murray) 1900. 2 sh. 6 d.

Hesdörffer, Mass., Köhler, Ern. e **Rudel, Reinoldo,** Album di fiori a stelo. Prima traduzione italiana a cura del **Lamberto Moschen.** Disp. 3/4.) 4°. 16 pp. Con otto tavole. Torino (Unione tipografico-editrice) 1900. L. 1.20 la dispensa.

Johnson, Harold, La valeur pratique du dosage des résines de houblon. (Petit journal du brasseur. 1900. p. 311—312.)

Jordan, W. H. and **Jenter, C. G.,** Inspection of concentrated commercial feeding stuffs during the spring of 1900. (New York Agricultural Experiment Station, Geneva, N. Y. Bulletin No. 176. 1900. p. 15—36.)

Labor, Les nouveaux procédés d'utilisation du maïs en brasserie. (Progrès brassic. T. IV. 1900. p. 936—937, 951—952.)

Marienhagen, G., Beiträge zur Bestimmung des Wassergehaltes in Körnerfrüchten. (Blätter für Gersten-, Hopfen- und Kartoffelbau. Jahrg. II. 1900. No. 9. p. 362—368. Mit 4 Figuren.)

Miédan, C., Notice sur les raisins exposés. (Exposition universelle de 1900, groupe VII, classe 36: Viticulture). Petit in 8°. 27 pp. Chalon-sur-Saône (Betrand) 1900.

Mineur, Edmond, L'été et le maïs. (Petit journal du brasseur. 1900. p. 340.)

Poiret, E., Les différentes sortes de terre à employer en horticulture. (Belgique hortic. et agric. 1900. p. 131—132.)

Sadones, Sur la pratique du contrôle microbiologique en brasserie. (Revue univ. de la brasserie et de la malterie. 1900. No. 1286, 1287.)

Tamaro, Dom., Orticoltura. Seconda edizione rifatta. 16°. XVI, 576 pp. fig. Milano (Ulrico Hoepli) 1901.

Thausing, Houblon séché défectueusement. (Moniteur de la brasserie. 1900. No. 2123.)

Werner, H., Die Verwertung der heimischen Flora, in reichem Farbendruck nebst einem vorbereitenden Teil für den Freihandzeichen-Unterricht an gewerblichen Lehranstalten, Seminarien, Präparandien, Gymnasien, Real-, höheren Mädchen-, Mittel-, Bürger- und Volksschulen. Serie 1. 2. Aufl. gr. 8°. 52 [40 farbige] Tafeln mit 1 Blatt Text. Elbing (Hermann Werner) 1900. In Mappe M. 20.—

Varia:

Coupin, Henri, A travers l'histoire naturelle. Bêtes curieuses et plantes étranges. (Bibliothèque illustrée.) 4°. 400 pp. Avec grav. dont 1 en coul. Tours (Mame & fils) 1901.

Anzeigen.

Inhalt.

Ausgegeben: 12. December 1900.

Druck und Verlag von Gebr. Gotthelft, Kgl. Hofbuchdruckerei in Cassel.

Band LXXXIV. No. 13. XXI. Jahrgang.

Botanisches Centralblatt.

REFERIRENDES ORGAN

für das Gesammtgebiet der Botanik des In- und Auslandes

Herausgegeben unter Mitwirkung zahlreicher Gelehrten

von

Dr. Oscar Uhlworm und **Dr. F. G. Kohl**

in Cassel in Marburg

Nr. 52. | Abonnement für das halbe Jahr (2 Bände) mit 14 M. durch alle Buchhandlungen und Postanstalten. | **1900.**

Die Herren Mitarbeiter werden dringend ersucht, die Manuscripte immer nur auf *einer* Seite zu beschreiben und für *jedes* Referat besondere Blätter benutzen zu wollen. Die Redaction.

An unsere verehrten Leser!

Vielfach geäusserten Wünschen nachkommend, haben wir uns entschlossen, von 1901 ab im Hauptblatte des „Botan. Centralblattes“, das wie bisher wöchentlich 2 Bogen stark und zu dem bisherigen Preise erscheinen wird,

nur noch Referate und Neue Litteratur

zu bringen, wogegen in Zukunft

die Originalartikel allein in den Beiheften

erscheinen werden, und zwar in zwanglosen Heften;

35—36 Bogen werden einen Band bilden.

Preis pro Band Mk. 14. — Wir hoffen, auf diese Weise ein wesentlich schnelleres Erscheinen der Referate und der Originalarbeiten zusichern zu können.

Cassel, im December 1900.

Redaction und Verlag
des Botanischen Central-Blattes.

Ein Beitrag zur Kenntniss der Moosflora des Harzes.

Von
stud. rer. nat. F. Quelle
in Göttingen.

Die folgenden Angaben stützen sich sämmtlich auf meine eigenen Beobachtungen, die ich auf zahlreichen Ausflügen von meiner Heimathstadt Nordhausen aus seit einer Reihe von Jahren während der Universitätsferien machte. Für die allermeisten angeführten Standorte liegen die Belegexemplare in meinem Herbarium und stehen Jedem, der sich dafür interessirt, zur Einsicht offen; für die wenigen sonst noch genannten Fundorte dienen an Ort und Stelle gemachte Notizen als Beleg.

Ich bemerke ausdrücklich, dass die folgenden Angaben, jedenfalls bei den verbreiteteren Arten, durchaus kein vollständiges Bild von der Verbreitung der betreffenden Moose im Gebiet der Flora von Nordhausen oder des Harzes überhaupt geben; es kam mir hier nur darauf an, bekannt zu machen, was ich bis jetzt Erwähnenswerthes gefunden habe. — Herr Warnstorf in Neu-Ruppin war so gütig, mir eine Anzahl schwieriger Formen zu bestimmen, wofür ich ihm auch an dieser Stelle meinen herzlichsten Dank sage.

Ein Sternchen, „*“, vorn oben am Namen bedeutet, dass das betreffende Moos in Hampe's „Flora Hercynica“ nicht aufgeführt wird, womit aber nicht gesagt sein soll, dass es nicht schon von anderer Seite für das Harzgebiet aufgefunden sein könne; steht ein ! hinter einem Standort, so soll das bedeuten, dass dieser zuerst von Herrn Vocke in Nordhausen, dem Verfasser der „Flora von Nordhausen“, nachgewiesen, von ihm mir gezeigt oder von mir nach seiner Beschreibung wieder gefunden wurde; „c. fr.“ bedeutet: mit entwickelter ungeschlechtlicher Generation; „N.“ ist die Abkürzung für Nordhausen; unter „Ilfelder Thal“, Abkürzung „I. Th.“, verstehe ich das Beerathal etwa von der Thalmühle bis hinab nach Ilfeld.

*Sphagnum medium Limpr. in einem Hochmoor beim Torfhaus im Oberharz, 800 m.

S. molluscum Bruch. mit vorigem beim Torfhaus.

*S. laricinum Spruce (= contortum (Schultz) Limpr.) über der Eisfelder Thalmühle im I. Th. nach Stiege zu, 450 m, mit Dicranella squarrosa und an einem Teichrande bei Walkenried. Diese Art ist, wie mir Warnstorf mittheilte, für das Harzgebiet neu.

S. subsecundum Nees bildet mit S. squarrosum, cymbifolium, acutifolium, Drosera rotundifolia und Salix repens ein kleines Moor dicht neben der Herreden-Hochstedter Strasse.

Andreaea petrophila Ehrh. auf Porphyritblöcken unter dem Sandlinz über Ilfeld.

Phascum curvicollum Ehrh. auf den Gypsbergen bei Krimderode!, über Steigerthal! und des Kohnsteins.

Astomum crispum Hpe. auf einem Kleeacker und am Waldrande der Südseite des Kohnsteins.

*Dicranoweisia crispula Lindb. auf Granitblöcken der Luisenklippe bei Torfhaus im Oberharz.

Cynodontium polycarpum Schimp. an Porphyritfelsen des Bielsteins über Wiegersdorf, über der Ilfelder Thalbrauerei und im Steinmühlenthal über Appenrode.

Dichodontium pellucidum Schimp. in einer Seitenschlucht des I. Th. bei der Thalbrauerei auf feuchtem Grus des Rothliegenden!

Dicranella squarrosa Schimp. über der Eisfelder Thalmühle nach Stiege zu bei 450 m; dies ist wohl der südöstlichste Standort dieser Pflanze am Harze; c. fr. über Schierke nach Oderbrück zu im Chausseegraben und im „Langen Thal" bei Klausthal.

D. rufescens Schimp. im Alten Stolberg an der Böschung des Weges vom Stein „No. 100" nach Stempeda.

Die Angabe in Hampe's Flora Hercynica. p. 346 über D. cerviculata Schimp.: „An den Gypsbergen, z. B. bei Sachswerfen, in ausgedehnten Polstern massenhaft" ist, meiner Meinung nach, entschieden falsch; dieses Moos kommt sicherlich auf keinem einzigen unserer Gypsberge vor; D. varia dagegen ist auf den Gypsbergen häufig.

Dicranum Bonjeani Not. an sumpfigen Stellen über der Eisfelder Thalmühle nach Stiege zu.

D. maius Sm. im Alten Stolberg bei der Grasburg über Rottleberode.

D. undulatum Ehrh. im Windehäuser Holz bei Steigerthal unter Gebüsch!, im Alten Stolberg, auf Porphyritgerölle über dem Netzkater im I. Th., oben auf dem Birkenkopf bei Hufhaus.

*D. montanum Hedw. an einem Baumstrunk am Gänseschnabel über Ilfeld

D. longifolium Ehrh. massenhaft bei Ilfeld auf Porphyrit und Grauwacke, im Steinmühlenthal über Appenrode, über Sülzhain.

Campylopus flexuosus Brid. auf dem ganzen Kamme des Bruchberges im Oberharze zwischen 800 und 900 m auf torfigem Waldboden; lässt sich gewiss auch auf dem „Acker" nachweisen.

Dicranodontium longirostre Schimp. auf faulem Holz und schattigen Granitfelsen am Rehberger Graben.

*Fissidens exilis Hedw. auf schattiger Erde an der Beera bei der Ilfelder Thalbrauerei.

F. adiantoides Hedw. im I. Th. an feuchten Felsen, massenhaft auf einer Sumpfwiese unterm Höllenstein bei Walkenried.

Leucobryum glaucum Schimp. im Oberharze auf dem Bruchberge südlich der Wolfswarte bei 900 m mit Dicranum undulatum.

Blindia acuta Bryol. Eur. an nassen Felsen des Rehbergs; vielleicht ist dies der Standort, der in der Flora Hercynica für dieses Moos angegeben wird; es scheint übrigens dieser Standort der einzige im Harze zu sein.

Ditrichum tortile Lindb. an der Nordseite des Herzberges am Fusswege von Ilfeld nach der Thalbrauerei.

*Tortella inclinata Limpr. auf den Gypsbergen bei Steigerthal und Krimderode, den Sattelknöpfen bei Hörningen.

Barbula Hornschuchiana Schultz auf Kies in der früheren Rennbahn auf dem Marktrasen bei N.

B. convoluta Hedw. im Kiesgebiet der Zorge bei N. verbreitet, auch auf den Gypsbergen bei Krimderode.

Aloina rigida Kindb. im Gypsgebiet bei Stempeda, Steigerthal und Krimderode.

Tortula papillosa Wils. an Chausseepappeln der Stolberger Chaussee, beim „Elsternest" und Krimderode.

Racomitrium aciculare Brid. auf Blöcken in dem Bache über der Eisfelder Thalmühle nach Stiege zu, 450 m.

R. canescens Brid. auch auf fast allen Gypsbergen häufig.

R. lanuginosum Brid. auf Gyps oben am Sachsenstein bei Walkenried, auf Moorboden bei Torfhaus.

Hedwigia albicans Lindb. im Hasselbachthale über Uftrungen, massenhaft im I. Th. und dessen Seitenthälern, im Steinmühlenthal über Appenrode.

Orthotrichum obtusifolium Schrad. an alten Weiden an der Zorge bei Krimderode, an Chaussebäumen bei Stolberg und in Schierke.

*O. Lyellii Hook. et Tayl. an Weissbuchen beim Stolberger Schützenhause, an Pappeln am Hartmannsdamm und der Stolberger Chaussee bei N., im I. Th. über dem Netzkater, in Schierke.

Encalypta contorta Lindb. auf den Gypsbergen des Alten Stolbergs und des Kohnsteins, den Sattelköpfen bei Hörningen, im I. Th. auf Grauwackefelsen, im Luppbodethal.

E. ciliata Hoffm. im Alten Stolberg über Stempeda, im I. Th. bei der Thalbrauerei und über der Thalmühle, im Steinmühlenthal über Appenrode.

Amphidium Mougeotii Schimp. im Steinmühlenthal über Appenrode, zwischen Sorge und Hohegeiss.

Tayloria tenuis Schimp. auf der Kuppe des Birkenkopfes bei Hufhaus 580 m; die Pflanze kommt also auch im Unterharz vor.

Leptobryum pyriforme Schimp. häufig an der Nordseite des Alten Stolberg!

Plagiobryum Zierii Lindb. am Sachsenstein bei Walkenried, 300 m, im October 1899 von mir entdeckt. So beherbergt dieser interessante Gypsberg ausser der alpinen Gypsophila repens mit diesem schönen Moose eine zweite alpine Pflanze, die sich nur noch an ganz wenigen Punkten im ausseralpinen Deutschland findet.

Webera elongata Schrgr. am Wege vom Sandlinz über Ilfeld nach dem Herzberge, am Bielstein über Wiegersdorf und dem Mühlberge bei Ilfeld über der Papierfabrik; überall auf Porphyrit.

W. cruda Bruch über dem Stolberger Schützenhause c. fr., an Porphyritfelsen unterm Gänseschnabel bei Ilfeld, zwischen Sorge und Hohegeiss.

Bryum alpinum Huds. an etwas feuchten, nicht beschatteten Grauwackefelsen bei Sorge, 450 m; Herr Lehrer Wehrhahn in Hannover hat die Pflanze hier entdeckt.

Mnium serratum Schrad. auf schattigen Gypsblöcken an der Nordseite des Kohnsteins, im I. Th. auf Blöcken an der Beera bei der Thalbrauerei und unterhalb Sophienhof, zwischen Elend und Schierke.

Mn. stellare Reich. am Wiesenbeker Teich bei Lauterberg auf schattigen Felsen, in Felsklüften des Steinmühlenthales über Appenrode, häufig im Bodethal unterhalb Treseburg.

Polytrichum gracile Dicks. in einem Sumpfe bei Salza an der Nordhausen-Northeimer Bahn!

P. strictum Banks. im „Meeseloch" bei Hochstedt mit Sphagnum acutifolium und cymbifolium.

Buxbaumia aphylla L. an der Nordseite des Kuhberges und in Wildes Hölzchen bei N., im Gottesgnadenthal über Wiegersdorf, am Herzberge bei Ilfeld.

Fontinalis squamosa L. in der Sieber über Königshof in fusslangen Rasen.

Neckera pumila Hedw. an Buchen über dem Stolberger Schützenhause in der forma subplana Warnst. und an Buchen und Bergahornen im I. Th. nach Sophienhof zu.

N. crispa Hedw. an der Nordseite des Kohnsteins, an Schieferfelsen im Ludethal über Stolberg, häufig im I. Th., im Steinmühlenthal über Appenrode

Leskea polycarpa Ehrh. sehr schön an alten Weiden am Rande des Hölzchens unter Antiquarseiche bei Krimderode.

Anomodon longifolius Bruch. mehrfach im Alten Stolberg, im nördlichen Theile des Kohnsteins, am Mittelberg bei Krimderode, im Ludethal über Stolberg, häufig an der Ruine Hohnstein, bei Ilfeld um die Thalbrauerei am Felsen.

Pterogonium gracile Swartz. an Porphyritfelsen des Bielsteins über Wiegersdorf und des Herzbergs bei Ilfeld.

Pterigynandrum filiforme Hedw. z. B. bei Stolberg, am Poppenberg über Ilfeld, über Stiege, am Stöberhai bei Wieda.

Heterocladium heteropterum Bryol. Eur. gegenüber der Thalmühle im I. Th., bei Sorge, auf Granitblöcken über Schierke, häufig an den Wänden des Rehberger Grabens.

H. squarrosulum Lindb. am Kuhberge bei N.!, verbreitet an den Südhängen des Herzbergs und Poppenberges von Ilfeld bis Neustadt auf Porphyrit, ausnahmsweise im Gypsgebiet auf Walderde an der Nordseite des Maienkopfes im Kohnstein.

Pylaisia polyantha Bryol. Eur. z. B. an alten Weiden unterm Kohnstein, an Pappeln am Hartmannsdamm, an Chausseebäumen im I. Th. oberhalb des Netzkaters.

*Cylindrothecium concinnum Schimp. auf den Gypsbergen bei Steigerthal und Krimderode, des Kohnsteins und des Sachsensteins bei Walkenried.

Camptothecium nitens Schimp. auf einer Sumpfwiese zwischen Neustadt und Ilfeld, im Ludethal über Stolberg, über der Eisfelder Thalmühle nach Stiege zu.

Brachythecium plumosum Bryol. Eur. an feuchtem Schieferfels der alten Strasse über dem Stolberger Schützenhause, massenhaft auf den Blöcken in der Beera bei der Ilfelder Thalbrauerei

B. reflexum Bryol. Eur. bei Rothesutte nach dem Giersberg zu, im Steinmühlenthal über Appenrode, am Sandlinz über Ilfeld, bei Hufhaus und über Stiege.

B. albicans Bryol. Eur. auf dem Kiese der Zorge bei N. häufig; in der hinteren Kiesausschachtung nach Bielen zu im Grase c. fr.

B. rivulare Bryol. Eur. an einem feuchten Gypsblock unterm Kohnstein, in Seitenschluchten des I. Th. bei der Thalmühle und unterhalb Sophienhof.

Eurhynchium piliferum Bryol. Eur. unterm Gehege, der Wilhelmshöhe und am Hartmannsdamm bei N., bei Stempeda, im Alten Stolberg, bei der Kukuksmühle, massenhaft unterhalb Antiquarseiche, zwischen Petersdorf und Rüdigsdorf, häufig im Kohnstein, bei Hörningen, Wiegersdorf und über Stiege.

E. Stockesii Bryol. Eur. in Wildes Hölzchen bei N., über dem Stolberger Schützenhause, im Alten Stolberg und Kohnstein, zwischen Petersdorf und Rüdigsdorf, im Gottesgnadenthale über Wiegersdorf, über Stiege, c. fr. in dem Hölzchen unter Antiquarseiche bei Krimderode.

Rhynchostegium murale Bryol. Eur. var. julaceum Bryol. Eur. auf schattigen Gypsfelsen bei Stempeda, Rüdigsdorf und am Kohnstein.

Thamnium alopecurum Bryol. Eur. an Schieferfelsen im Ludethale über Stolberg, an Porphyritfelsen der Ruine Hohnstein, im I. Th. an Felsen unterm Gänseschnabel und massenhaft auf Blöcken an der Beera bei der Thalbrauerei, hier auch c. fr., im Steinmühlenthale über Appenrode.

Plagothecium undulatum Bryol. Eur. ausserhalb der eigentlichen Harzberge in Wildes Hölzchen bei N.!

*P. elegans Sulliv. var. Schimperi Limpr. im Gottesgnadenthale über Wiegersdorf auf Porphyrit.

*Amblystegium confervoides Br. Eur. auf einem Dolomitblock am Ausgange des Gängerthales im Kohnstein.

A. subtile Br. Eur. im Höllenthal im Kohnstein, bei Hufhaus, in den Seitenthälern des I. Th. bei der Thalmühle und Sophienhof, zwischen Stiege und Treseburg.

*A. fallax Milde var. spinifolium Limpr. auf Steinen unter Wasser in der Salzaquelle bei Salza!

A. riparium Br. Eur. an der Zorge bei Krimderode und Wofleben.

Hypnum Sommerfeltii Myrin. auf Gypsblöcken im Alten Stolberg über Rottleberode, am Sachsenstein bei Walkenried.

*H. stellatum Schreb. an nassen Gypsfelsen am Kohnstein unter den Dreimönchsklippen.

*H. intermedium Lindb. in tiefen Polstern an einem Teiche westlich vom Ellricher Bahnhofe.

H. uncinatum Hedw. auf Gypsblöcken an der „kalten Wieda" unterm Kohnstein, häufig im I. Th, besonders auf den Blöcken am Ufer der Bäche, im Steinmühlenthal über Appenrode.

H. Crista Castrensis L. im I. Th. zwischen der Thalmühle und Tiefenbach c. fr.!, auf Felsblöcken am Rabenstein bei Ilfeld und über der Thalmühle nach Stiege zu, im Steinmühlenthale über Appenrode.

H. incurvatum Schrad. auf Porphyritgerölle unterm Bielstein über Wiegersdorf und im Steinmühlenthal über Appenrode.

*H. Mackayi Breidl. wurde am 9. 9. 1900 von mir im Bodethale unterhalb Treseburg bei 250 m entdeckt und als fragliches Limnobium an Warnstorf geschickt, der es erkannte und mit Originalen aus Irland verglich; bei einem zweiten Besuch des Standortes fand ich auch alte Kapseln. Dieses schöne Moos war bisher aus (dem politischen) Deutschland überhaupt noch nicht bekannt; der nächste ausserdeutsche Standort ist in Steiermark, wo es nach Limpricht (in Rabenhorst's Kryptogamenflora) von Breidler bei 450 und 500 m gesammelt wurde.

*H. giganteum Schimp. massenhaft an einem Teiche unterm Höllenstein bei Walkenried!, auf sumpfiger Wiese über der Eisfelder Thalmühle nach Stiege zu.

H. rugosum Ehrh. auf den Gypsbergen bei Steigerthal!, im Alten Stolberg, am Sachsenstein bei Walkenried.

Sarcoscyphus Funkii N. v. E. z. B. häufig zwischen Schwenda und Stolberg, im Gottesgnadenthale über Wiegersdorf und am Falkenstein, am Herzberge bei Ilfeld, bei Klausthal westlich vom „oberen Nassewieser Teiche" häufig an einem Waldwege.

Jungermannia Mülleri N. v. E. in den Schluchten des Windehäuser Holzes bei Steigerthal auf Gyps, an den Gypsbergen bei Rüdigsdorf, der Nordseite des Kohnsteins, der Sattelköpfe bei Hörningen, bei Ellrich und Walkenried.

J. acuta Lindenb. massenhaft und im Frühling reich c. fr. im Alten Stolberg, am Kohnstein unter den Dreimönchsklippen und bei Treseburg.

J. alpestris Schleich. zwischen Schwenda und Stolberg, am Gänseschnabel über Ilfeld, bei Forsthaus Hohne, am Rehberger Graben, zwischen Klausthal und dem Heiligenstock.

J. ventricosa Dicks. an der Nordseite des Kuhberges bei N.!, im Alten Stolberg, häufig an Felsen im I. Th. bei der Thalbrauerei und der Thalmühle, im Steinmühlenthale über Appenrode, im oberen „Grossen Mönchsthal" bei Klausthal.

J. bicrenata Lindenb. am Kuhberg bei N., am Birkenkopf über Hufhaus, auf Porphyrit bei Neustadt, über Wiegersdorf, im I. Th. und bei Appenrode, auch bei Petersdorf.

J. minuta Crantz. an Porphyritfelsen unterm Gänseschnabel bei Ilfeld, an schattigen Grauwackefelsen bei Sorge, auf den Gypsbergen (= J. gypsophila Wallr.) am Mittelberg bei Krimderode, an der Nordseite des Kohnsteins, den Sattelköpfen bei Hörningen und am Himmelberg bei Bischofferode.

J. exsecta Schmid. auf Porphyrit des Mühlberges über Ilfeld zwischen Webera nutans, der Südseite des Herzberges und des Poppenbergzuges bei Ilfeld, Wiegersdorf und Neustadt; am Alten Stolberg beim Ausgang der „Salix-hastata-Schlucht" auf Humus-Boden mit ♂ J. crenulata Sm., selten am Kuhberge.

J. incisa Schrad. am Nordhange des Alten Stolbergs bei Stempeda und des Höllensteins bei Walkenried.

J. inflata Huds. (= Cephalozia heterostipa Carr. et Spr.) in einer der J. hercynica Hüben. nahestehenden Form an der Nordseite des Mühlberges über der Ilfelder Papierfabrik auf Porphyritgrus.

J. Starkii N. v. E. (= Cephalozia byssacea (Roth) Heeg.) in einer Kiesausschachtung bei N. nach Bielen zu, auf Haideboden hinter

Neustadt, häufig am Herzberge und unterm Rabenstein bei Ilfeld, zwischen Tiefenbach und Hasselfelde, über Wieda nach Braunlage zu.

J. hyalina Hook. (= Nardia hyalina S. O. Lindb.) an schattigen Felsen des rechten Bodeufers unmittelbar bei Treseburg.

Lophocolea minor N. v. E. in Wildes Hölzchen bei N.!, im Hasselbachthale bei Uftrungen, am Sachsenstein bei Walkenried und auf Felsblöcken an der Bode unterhalb Treseburg.

Chiloscyphus polyanthus Corda auf Waldboden im Kohnstein, Alten Stolberg und oben am Sandlinz über Ilfeld.

Ptilidium ciliare N. v. E. im Alten Stolberg bei der Kalkhütte auf einem Fichtenstumpf, ein ♂ Rasen auf der Höhe des Poppenberges nach dem Falkenstein zu, auf Rinde unterhalb Sophienhof, westlich Sorge auf dem Grunde des Fichtenhochwaldes.

Scapania undulata M. u. N. an Steinen in Bächen über der Eisfelder Thalmühle nach Stiege und Sophienhof zu.

S. aequiloba N. v. E. auf schattigen Gypsblöcken im Alten Stolberg und an der Nord- und Nordwestseite des Kohnsteins.

Madotheca rivularis N. v. E. an nassem Gestein eines Bächelchen südwestlich unterhalb Sophienhof.

M. laevigata Dmrt. an Felsen über der Sägemühle unter der Ebersburg nach dem Heinfelde zu, unterm Gänseschnabel bei Ilfeld, sehr schön im Steinmühlenthal über Appenrode.

Mastigobryum trilobatum N. v. E. soll nach Hampe's „Flora Hercynica" auch im Unterharze „sehr gemein" sein, ich habe es hier nur im Bodethale gefunden.

Lejeunia serpyllifolia Lib. häufig im I. Th., im Steinmühlenthale, westlich Sorge und im Luppbodethal.

Frullania Tamarisci N. v. E. bei Steigerthal!, Krimderode und am Himmelsberge bei Bischofferode auf Gyps; im I. Th. am Rabenstein und über der Thalmühle, im Steinmühlenthal.

Metzgeria pubescens Raddi an Schieferfelsen des Ludethales über Stolberg, an der Ruine Hohnstein! und im Steinmühlenthale.

Fossombronia cristata Lindb. auf Waldboden und Stoppeläckern bei der Antiquarseiche hinter Krimderode!, an ähnlichen Orten zwischen Rüdigsdorf und Petersdorf, bei Appenrode.

Riccia ciliata Hoffm. auf einem Stoppelacker der Süd-Westseite des Kohnsteins mit Blasia pusilla und Linaria Elatine, sowie bei Nieder-Sachswerfen.

R. crystallina L. auf dem ausgetrockneten Grunde einer Kiesausschachtung zwischen N. und Bielen.

Obwohl diese Angaben gar nicht darauf berechnet sind, das Material für ein Vegetationsbild zu liefern, so lässt sich doch schon aus ihnen ein scharfer Unterschied zwischen der Moosvegetation der aus Schiefer, Grauwacke, Porphyrit und Gestein des Rothliegenden aufgebauten eigentlichen Süd-Harz-Berge und derjenigen der jenen nach Süden vorgelagerten, der Zechsteinformation angehörenden, Gypsberge erkennen, ein Gegensatz, der mit den entsprechenden Verhältnissen bei den Blütenpflanzen vollkommen übereinstimmt.

Bekanntlich sind diese Gypsberge zunächst dadurch ausgezeichnet, dass auf ihnen, und zwar vorwiegend, doch nicht ausschliesslich, an den schattigen und kühlen Nordhängen, eine Anzahl Blütenpflanzen vorkommt, die, weit und breit sonst fehlend, als spärliche Reste eines Pflanzenvereins angesehen werden müssen, der, heute die Alpen und den Norden Europas bewohnend, während der „Eiszeit“ oder, wenn man lieber will, jedenfalls während der letzten der Eiszeitperioden den Südharz occupirte; hierher haben wir vor allem zu zählen: *Gypsophila repens*, *Arabis alpina*, *petraea*, *Salix hastata*.

Zu diesen Blütenpflanzen bilden nun unter den Moosen ein Analogon: *Plagiobryum Zierii* und *Sauteria alpina*. *Plagiobryum Zierii*, wie schon oben angegeben, von mir am Sachsenstein bei Walkenried nachgewiesen, findet sich am Harz nur noch in dem durch so viele seltene Arten ausgezeichneten unteren Bodethale, bei 250 m, wo ich es auch selbst an einer Stelle mehrere Male beobachtet habe; im ausseralpinen Deutschland kommt es ausserdem nur noch vor (nach Limpricht, Die Laubmoose Deutschlands, Oesterreichs und der Schweiz): in Westphalen bei Ramsbeck, 650 m, um Malmedy in der Rheinprovinz, im Luxemburgischen bei Frahan, an einer Stelle im Fichtelgebirge bei 400 m und an einigen Punkten in den Sudeten. — *Sauteria alpina*, schon seit langer Zeit von den Gypsbergen bei Steigerthal bekannt und noch jetzt da vorkommend, hat hier, meines Wissens, überhaupt sein einziges Vorkommen in Deutschland ausserhalb der Alpen.

Die heissen. unbewaldeten Südhänge unserer Gypsberge dagegen sind in ihrer Vegetation durch eine Anzahl Blütenpflanzen merkwürdig, die nur damals zu uns gekommen sein können, als das Klima in Mitteleuropa bedeutend wärmer war, als wir es heute haben; das sind z. B. *Teucrium montanum*, *Oxytropis pilosa*, *Helianthemum Fumana*, die beiden *Stipa*-Arten, *Linosyris*. Von Moosen glaube ich hierher das von mir oben für den Harz nachgewiesene *Cylindrothecium concinnum* rechnen zu müssen; es ist, vorwiegend an den warmen Südhängen der Gypsberge, ziemlich verbreitet und, meines Wissens, in Deutschland noch nicht weiter östlich oder nördlich nachgewiesen worden, während es nach Süden und Westen hin, also in Thüringen und Westfalen, vielfach vorkommt.

Ausser diesen drei nach ihrer Verbreitung höchst interessanten Arten haben die Gypsberge vor den eigentlichen Südharzbergen voraus: *Phascum curvicollum*, *Hymenostylium curvirostre*, *Distichium capillaceum*, *Tortella inclinata*, *Aloina rigida*, *Amblystegium fallax*, *confervoides*, *Rhynchostegium murale* var. *julaceum*, *Hypnum commutatum*, *rugosum*, *Jungermannia acuta*, *Mülleri*, *Scapania aequiloba*, *Fimbriaria umbonata*; sie sind vor den anderen ausgezeichnet durch Massenvegetation von *Ditrichum flexicaule*, *Thuidium abietinum*, *Hypnum molluscum*, *chrysophyllum* und *Preissia commutata*.

Umgekehrt haben die theilweise der montanen Region angehörenden Südharzberge vor den Gypsbergen voraus: *Andreaea petrophila, Cynodontium polycarpum, Dichodontium pellucidum, Dicranum longifolium, montanum, Ditrichum homomallum, tortile, Racomitrium heterostichum, Hedwigia ciliata, Webera elongata, cruda, Mnium stellare, Pogonatum urnigerum, Pterogonium gracile, Pterigynandrum filiforme, Heterocladium heteropterum, squarrosulum, Thamnium, Plagiothecium elegans, Brachythecium reflexum, plumosum, Hypnum Crista Castrensis, Sarcocyphus Funkii, Jungermannia obtusifolia, exsecta, inflata, Scapania nemorosa, undulata, Madotheca laevigata, rivularis, Lejeunia serpyllifolia, Metzgeria pubescens. Heterocladium squarrosulum* und *Jungermannia exsecta* haben allerdings je einen Standort im Gypsgebiet, doch sind diese offenbar nur bedingt durch das grosse Verbreitungsgebiet der beiden Arten in der Nähe.

Gemeinsam sind schliesslich beiden Gebieten: *Dicranum undulatum, Tortella tortuosa, Racomitrium lanuginosum, canescens, Encalypta ciliata, contorta, Mnium serratum, Anomodon longifolius, Brachythecium rivulare, Hypnum uncinatum, Jungermannia minuta, Frullania Tamarisci* und *Fegatella conica.*

Göttingen, 20. Oct. 1900.

Gelehrte Gesellschaften.

De Letter, G., La société royale linnéenne de Bruxelles, son origine et son histoire. (Bulletin de la Société royale linnéenne de Bruxelles. 1900. No. 4, 5.)

Botanische Gärten und Institute etc.

Immendorff, H., Das landwirtschaftliche Versuchswesen und die Thätigkeit der landwirtschaftlichen Versuchsstationen Preussens im Jahre 1898. (Landwirtschaftliche Jahrbücher. Zeitschrift für wissenschaftliche Landwirtschaft und Archiv des königl. preussischen Landes-Oekonomie-Kollegiums. Herausgegeben von **H. Thiel.** Bd. XXIX. 1900. Ergänzungs-Bd. II.) Lex.-8°. VIII, 337 pp. Berlin (Paul Parey) 1900. M. 9.—

Instrumente, Präparations- und Conservations-Methoden.

Calt, H., Microscopy of the more commonly occurring starches. Illus. by 22 original microphotographs. Cr. 8 vo. $7^3/_8 \times 4^3/_4$. 116 pp. London (Baillière) 1900. 3 sh. 6 d.

Equeter, Ph., De l'analyse sommaire du vin. (Bulletin prat. du brasseur. 1900. p. 455.)

Giltay, E., Leitfaden beim Praktikum in der botanischen Mikroskopie, zugleich Grundriss der Pflanzenanatomie. 4°. 6, 68 pp. m. wit pap. doorsch. Leiden (E. J. Brill) 1900. Fl. 2.40.

Lamberti, Zanardi Manfredo, Sulla ricerca dell' acido salicilico nel vino. (Annuario della società chimica di Milano. V. 1899. Fasc. 5/6.)

Neue Litteratur.*)

Bibliographie:

Chamberlain, Charles J., Current botanical literature. (Journal of Applied Microscopy. Vol. III. 1900. No. 5—7. p. 871—874, 902—906, 937—939.)

Methodologie:

Martin, Geo. W., Biology in secondary schools. (Journal of Applied Microscopy. Vol. III. 1900. No. 5. p. 859—866.)

Nomenclatur, Pflanzennamen, Terminologie etc.:

Flahault, Ch., Projet de nomenclature phytogéographique. (Congrès international de botanique, à l'Exposition universelle de 1900.) 8°. 20 pp. Lons-le-Saunier (imp. Declume) 1900.

Allgemeines, Lehr- und Handbücher, Atlanten:

Fabre, J. H., La plante. Leçons à mon fils sur la botanique. 6e édition. 8°. 359 pp. Avec fig. Paris (Delagrave) 1900.

Algen:

De Toni, G. B. e Forti, A., Contributo alla conoscenza del Plancton del lago Vetter. II memoria. (Atti del reale istituto veneto di scienze, lettere ed arti. Anno accademico 1899/1900. Tomo LIX. Ser. IX. Tomo II. Disp. 9.)

Schmidt, A., Atlas der Diatomaceen-Kunde. Heft 56. Bearbeitet von **F. Fricke.** Fol. 4 Tafeln mit 4 Blatt Erklärungen. Leipzig (O. R. Reisland) 1900. M. 6.—

Pilze:

Dallas, Ellen M. and **Burgin, Caroline A.,** Among the mushrooms: a guide for beginners. 5, 175 pp. il. Philadephia (Drexel Biddle) 1900. Doll. 2.—

Harper, Robert A., Sexual reproduction in Pyronema confluens and the morphology of the ascocarp. (Annals of Botany. Vol. XIV. 1900. No. 55. p. 322—400. With plates XIX—XXI.)

Influence de la nature du sol et des végétaux qui y croissent sur le développement des champignons. (Congrès international de botanique, à l'Exposition universelle de 1900.) 8°. 14 pp. Lons-le-Saunier (imp. Declume) 1900.

Zapf, W., Oxalsäurebildung durch Bakterien. (Zeitschrift für Spiritusindustrie. Jahrg. XXIII. 1900. No. 46. p. 421.)

Muscineen:

Beleze, Marguerite, Liste de quelques mousses et hépatiques des environs de Montfort-l'Amaury et de la forêt de Rambouillet (Seine-et-Oise). (Extr. du Bulletin de l'Association française de Botanique. 1900.) 8°. 8 pp. Le Mans (impr. de l'Institut de bibliographie) 1900.

Gefässkryptogamen:

Christ, H., Die Farnpflanzen der Schweiz. (Beiträge zur Kryptogamenflora der Schweiz. Bd. I. Heft 2.) gr. 8°. 189 pp. Mit 28 Textfiguren. Bern (K. J. Wyss) 1900. M. 3.60.

Davenport, George E., Dicksonia pilosiuscula, var. cristata. (Rhodora. Vol. II. 1900. No. 23. p. 220—221.)

Scott, D. H. and **Hill, T. G.,** The structure of Isoetes Hystrix. (Annals of Botany. Vol. XIV. 1900. No. 55. p. 413—454. With plates XXIII and XXIV, and two figures in the text.)

---

*) Der ergebenst Unterzeichnete bittet dringend die Herren Autoren um gefällige Uebersendung von Separat-Abdrücken oder wenigstens um Angabe der Titel ihrer neuen Veröffentlichungen, damit in der „Neuen Litteratur" möglichste Vollständigkeit erreicht wird. Die Redactionen anderer Zeitschriften werden ersucht, den Inhalt jeder einzelnen Nummer gefälligst mittheilen zu wollen, damit derselbe ebenfalls schnell berücksichtigt werden kann.

Dr. Uhlworm,
Humboldtstrasse Nr. 22.

Physiologie, Biologie, Anatomie und Morphologie:

Baumann, J., Häckels Welträthsel nach ihren starken und schwachen Seiten mit einem Anhang über Häckels theologische Kritiker. 2. Aufl. gr. 8°. 102 pp. Leipzig (Dieterich) 1900. M. 1.25.

Bourquelot, E. et **Laurent, J.,** Sur la nature des hydrates de carbone de réserve contenus dans l'albumen de la fève de Saint-Ignace et de la noix vomique. (Journal de pharm. et de chim. Sér. VI. 1900. No. 12. p. 313—320.)

Chodat, R., Le noyau cellulaire dans quelques cas de parasitisme ou de symbiose intracellulaire. (Congrès internationale de botanique, à l'Exposition universelle de 1900) 8°. 6 pp. Lons-le-Saunier (imp. Declume) 1900.

Claypole, Agnes M., Cytology, embryology, and microscopical methods. (Journal of Applied Microscopy. Vol. III. 1900. No. 5, 6. p. 874—875, 906—909.)

De Vries, Hugo, Othonna crassifolia. (Overgedrukt uit het Botanisch Jaarboek. Twaafde Jaargang. 1900.) 8°. 20 pp. Met pl. I.

De Vries, Hugo, Variabilité et mutabilité. (Congrès international de botanique, à l'Exposition universelle de 1900.) 8°. 6 pp. Lons-le-Saunier (impr. Declume) 1900.

Doflein, F., Zell- und Protoplasmastudien. I. Zur Morphologie und Physiologie der Kern- und Zelltheilung. Nach Untersuchungen an Noctiluca und andern Organismen. (Sep.-Abdr. aus Zoologische Jahrbücher. 1900.) gr. 8°. 60 pp. Mit 23 Abbildungen und 4 Tafeln. Jena (Gustav Fischer) 1900. M. 7.—

Langlebert, J., Histoire naturelle (anatomie et physiologie animales; Anatomie et physiologie végétales; Géologie et paléontologie). 63e edition, tenue au courant des progrès de la science les plus récents. 16°. VI, 640 pp. Avec 683 grav. Paris (Delalain frères) 1901. Fr. 4.—

Ledien, Franz, Ueber die Keimung der Kokosnuss. (Gartenflora. Jahrg. IL. 1900. Heft 23. p. 636—639. Mit 1 Abbildung.)

Morgan, T. H., Fourther studies on the action of salt-solutions and of other agents on the eggs of Arbacia. (Archiv für Entwickelungsmechanik der Organismen. II. 1900. p. 489—524. 14 Fig. in text.)

Raskin, L'alimentation des plantes. 8°. 24 pp. non paginées. Renaix (impr. Courtin & J. Leherte) 1900. Fr. 1.—

Strasburger, E., Versuche mit diöcischen Pflanzen in Rücksicht auf Geschlechtsvertheilung. I. (Biologisches Centralblatt. 1900. No. 20. p. 657—665.)

Tischler, G., Untersuchungen über die Entwicklung des Endosperms und der Samenschale von Corydalis cava. (Sep.-Abdr. aus Verhandlungen des Naturhistorisch-Medizinischen Vereins zu Heidelberg. N. F. Bd. VI. 1900. Heft 4. p. 351—380. Mit 2 Tafeln) Heidelberg (C. Winter) 1900.

Tsvett, M., Ueber die Natur des Chloroglobins. Erwiderung an Herrn Monteverde. (Arbeiten der kaiserl. Naturforscher - Gesellschaft in St. Petersburg. XXI. 1900. Heft 1.) 8°. 8 pp. [Russisch mit französischem Resumé.]

Systematik und Pflanzengeographie:

Arthur, J. C., New station for the dwarf mistletoe. (Rhodora. Vol. II. 1900. No. 23. p. 221—223.)

Bailey, Wm. Whitman, The old-time flora of Providence. (Rhodora. Vol. II. 1900. No. 23. p. 213—220.)

Bailey, Wm. Whitman, Solidago tenuifolia a weed in Rhode Island. (Rhodora. Vol. II. 1900. No. 23 p. 226.)

Bissell, C. H., A new variety of Zizia aurea. (Rhodora. Vol. II. 1900. No. 23. p. 225.)

D'Ancona, G., Il trifoglio giallo delle sabbie (Anthyllis vulneraria L.). (Estr. dai Processi verbali della Società toscana di scienze naturali, adunanza del di 1. luglio 1900.) 8°. 12 pp. Pisa (tip. Nistri) 1900.

D'Ancona, G., Il Lotus corniculatus o ginestrino (Atti della Società toscana di scienze naturali, residente in Pisa. Memorie. Vol. XVII. 1900.)

De Wildeman, E. et **Durand, Th.,** Prodrome de la flore belge. Fasc. 10. Phanérogames, par **Th. Durand.** Tome III. 8°. p. 321—480. Bruxelles (Alf. Castaigne) 1899.

Engler, A. und **Prantl, K.**, Die natürlichen Pflanzenfamilien, nebst ihren Gattungen und wichtigeren Arten, insbesondere den Nutzpflanzen. Unter Mitwirkung zahlreicher hervorragender Fachgelehrten begründet von **Engler** und **Prantl**, fortgesetzt von **A. Engler.** Teil I. Abtlg. 1 a und b. gr. 8⁰. VI, 192 und 153 pp. Mit 1311 Einzelbildern und 422 Figuren, einem Specialregister, sowie Abteilungs-Registern. Leipzig (Wilhelm Engelmann) 1900. Subskr.-Preis M. 10.50, Einzelpreis M. 21.—, Einbd. in Halbfrz. M. 3.50.

Gallardo, Angel, La phytostatistique. (Congrès international de botanique, à l'Exposition universelle de 1900.) 8⁰. 4 pp. Lons-le-Saunier (imp. Declume) 1900.

Léveillé, H. et **Gillot,** Nouvelle classification des hybrides. (Congrès international de botanique, à l'Exposition universelle de 1900.) 8⁰. 4 pp. Lons-le-Saunier (imp. Declume) 1900.

Rouy, G. et **Foucaud, J.,** Flore de France, ou description des plantes qui croissent spontanément en France, en Corse et en Alsace-Lorraine. T. VI. Continuée par **G. Rouy** et **E. G. Camus.** (Société des sciences naturelles de la Charente-Inférieure.) 8⁰. 495 pp. Paris (E. G. Camus) 1900.

Sargent, Herbert E., A new Vicia for New England. (Rhodora. Vol. II. 1900. No. 23. p. 225.)

Schumann, K., Einige Bemerkungen über die Kakteengattung Ariocarpus Scheidw. (Gartenflora. Jahrg. IL. 1900. Heft 23. p. 617—623.)

Wittmack, L., Der wilde Kohl auf Helgoland. (Gartenflora. Jahrg. IL. 1900. Heft 23. p. 630—634. Mit 2 Abbildungen.)

Zunz, E., Contribution à l'tude de l'Euphorbia pilulifera. (Université libre de Bruxelles.) Bruxelles 1899.

Phaenologie:

Coe, M. A., Autumnal flowering of Vaccinium pennsylvanicum. (Rhodora. Vol. II. 1900. No. 23. p. 224—225.)

Palaeontologie:

Meunier, Fernand, Le copal fossile du landénien de Léau (Brabant). (Extr. des Annales des mines de Belgique. Tome V. 1900. Livr. 2.) 8⁰. 3 pp. Bruxelles 1900.

Teratologie und Pflanzenkrankheiten:

Bissell, C. H., Abnormal flowers in Leonurus Cardiaca. (Rhodora. Vol. II. 1900. No. 23. p. 223—224. 1 fig.)

Bertini, Guido, La fillossera devastatrice, Phylloxera vastatrix. 16⁰. 143 pp. Fig. Bari (tip. Avellino e C.) 1900. L. 1.—

Cassat, A. et **Deysson, J.,** Contribution à l'étude des phénomènes de tératologie végétale. (Extr. du Bulletin de l'Association française de Botanique. 1900.) 8⁰. 7 pp. Avec fig. Le Mans (impr. de l'Institut de bibliographie) 1900.

Cavazza, D., Ampelopatie: studio e osservazioni. (Estr. dagli Annali dell' ufficio provinciale per l'agricoltura. Vol. VI. 1900.) 8⁰. 51 pp. Fig. Bologna (tip. già Compositori) 1900.

Forbes, Stephen A. and **Hart, Charles A.,** The economic entomology of the sugar beet. (University of Illinois Agricultural Experiment Station, Urbana. Bulletin No. 60. 1900. p. 397—532. With plates I—IX and 97 fig.)

Laborde, J., Etude sur la cochylis et les moyens de la combattre par les traitements d'hiver. (Extr. de la Revue de viticulture. 1900.) 8⁰. 20 pp. Paris (impr. Levé) 1900.

La lotta contro la fillossera nella provincia di Bergamo: iniziative della r. scuola d'agricoltura di Grumello del Monte e del suo direttore prof. **D. Tamaro.** 16⁰. 8 pp. Bergamo (fratelli Bolis) 1900.

Trotter, A., I micromiceti delle galle. (Atti del reale istituto veneto di scienze, lettere ed arti. Anno accademico 1899/1900. Tomo LIX. Ser. IX. Tomo II. Disp. 9.)

Tubeuf, C., Freiherr von, Ueber die Biologie, praktische Bedeutung und Bekämpfung des Weymouthskiefern-Blasenrostes. (Flugblätter des kaiserl. Gesundheitsamtes, biologische Abtheilung für Land- und Forstwirthschaft

1900. No. 5.) gr. 8⁰. 4 pp. Mit 1 farbigen Tafel. Berlin (Paul Parey, Julius Springer) 1900. M. —,10.

Medicinisch-pharmaceutische Botanik:

A.

Carles, P., Pharmacologie des noix de kola fraîches ou de Béhanzin. 8⁰. 20 pp. Bordeaux (Feret & fils) 1900.

Dawbarn, Robert H. M., Opium in India — a medical interview with Rudyard Kipling (The Therapeutic Gazette. Vol. XXIV. 1900. No. 11. p. 721—723.)

B.

Grellety, Guerre aux microbes. Petit in 8⁰. 30 pp. Mâcon (impr. Protat frères) 1900.

Technische, Forst-, ökonomische und gärtnerische Botanik:

Baumhauer, H., Leitfaden der Chemie insbesondere zum Gebrauch an landwirtschaftlichen Lehranstalten. Teil II. Organische Chemie, mit besonderer Berücksichtigung der landwirtschaftlich-technischen Nebengewerbe. 3. Aufl. gr. 8⁰. VIII, 87 pp. Mit 16 Abbildungen. Freiburg i. B. (Herder) 1900. M. 1.—, Einbd. in Halbldr. M. —.35.

Bedinghaus, E., Le Pimèlia spectabilis Lindl. (Revue de l'hortic. belge et étrangère. 1900. p. 157—159.)

Bussard, L. et **Corblin, H.,** L'agriculture, comprenant l'agrologie, la météorologie agricole, les cultures spéciales, la zootechnie et l'économie rurale. 16⁰. VI, 516 pp. Avec 71 gravures. Paris (Delalain frères) 1900. Fr. 5.—

Buyssens, A., Multiplication des fougères. (Bulletin d'arboricult. et de floricult. potagère. 1900. p. 153—156.)

Chevalier, Charles, De l'arrosage des plantes en appartement. (Belgique hortic. et agric. 1900. p. 97—98.)

Chevalier, Charles, Gentiana acaulis. (Belgique hortic. et agric. 1900. p. 178.)

De Geyter, G., La saccharification continue et la diffusion méthodique appliquées à la brasserie. (Revue univ. de la brasserie et de la malterie. 1900. No. 1290, 1291.)

De Nobele, L., L'alkékenge à travers les âges. (Revue de l'hortic. belge et étrangère. 1900. p. 164—165.)

De Parville, Henri, De kruisdistel. (Bieënvriend. 1900. p. 103—104.)

Détrie, La végétation gourmande. La forme générale de l'arbre dans ses rapports avec la mode de traitement. (Extr. du Bulletin trimestriel de la Société forestière de Franche-Comté et Belfort. 1900.) 8⁰. 36 pp. Avec fig. Besançon (impr. Jacquin) 1900.

Dolabaratz, A., Vanille, thé, cultures diverses à la Réunion. 8⁰. 15 pp. et 1 planche. Paris (André) 1900.

Dujardin, P., Deux bonnes plantes alpines pour rocailles. (Revue de l'hortic. belge et étrangère. 1900. p. 155—156.)

Frizzati, Pa., Note sulla viticoltura dell'alto Lario. 8⁰. 47 pp. Milano (tip. Agraria) 1900.

Garsault, A. G., La culture du tabac à la Réunion. 8⁰. 44 pp. et 1 pl. Paris (André) 1900.

Goethe, W. Th., Die Ananaskultur in Florida. [Schluss.] (Gartenflora. Jahrg. IL. 1900. Heft 23. p. 624—626.)

Hordebise, Victor, Les plantes aquatiques de plein air. (Belgique hortic. et agric. 1900. p. 194.)

Knauer, F., Der Rübenbau. Für Landwirte und Zuckerfabrikanten bearbeitet. 8. Aufl., neubearbeitet von **M. Hollrung.** (Thaer-Bibliothek. Bd. XIX.) 8⁰. VI, 152 pp. Mit 35 Textabbildungen. Berlin (Paul Parey) 1900. Geb. in Leinwand M. 2.50.

Larbalétrier, Alb., Traité pratique de chimie agricole, à l'usage des écoles d'agriculture, écoles normales d'instituteurs et des cultivateurs praticiens. (Bibliothèque d'utilité pratique.) 18⁰. II, 267 pp. Paris (Garnier frères) 1900.

Laureys, Fr., De eerste bloemen en de bieën. (Bieënvriend. 1900. p. 102—103.)

Martin, J. B. et **Roy, Julien,** Agriculture et jardinage (principes scientifiques et applications). (Cours moyen et supérieur des écoles primaires. Ecoles pratiques d'agriculture.) 8°. VIII, 280 pp. Avec grav. Paris (Delalain frères) 1900. Fr. 1.80

Ménard, F., Marcottage de l'oeillet. (Nos jardins et nos serres. T. III. 1900. No. 10.)

Mottet, S., Obtention des hortensias bleus. (Bulletin hortic., agric. et apic. 1900. p. 149—150.)

Pacottet, P., La vinification en blanc. (Extr. de la Revue de viticulture. 1900.) 8°. 16 pp. Paris (impr. Levé) 1900.

Palmieri, Curcio Lu., La coltura della terra e degli alberi in Italia: note storiche. 16°. 12 pp. Torino (giornale L'Unione dei maestri e G. B. Paravia) 1900.

Pilters, J., Die Pflanze im neuen Stil. Studien und Compositionen für dekorative Kunst. [Schluss-]Abth. III. gr. Fol. 8 Lichtdruck-Tafeln. Plauen (Christian Stoll) 1900. M. 12.—

Prévost, L., Arboriculture fruitière. Vases et gobelets. 8° carré. 62 pp. et 14 planches en photogravure. Pont-l'Evêque (Bazin) 1900. Fr. 3.—

Rigaux, Félix, Valeur nutritive de l'herbe des prairies. (Journal de la Société royale agric. de l'est de la Belgique. 1900. p. 120.)

Rodigas, Em., Richardia africana; nouveau mode de culture. (Semaine hortic. 1900. p. 279.)

Rousse, Numa, La taille des rosiers. (Coopération agric. 1900. No. 9.)

Sani, Giovanni, Nuova utilizzazione delle sanse d'olivo nell'alimentazione del bestiame. (Annuario della Società chimica di Milano. VI. 1900. Fasc. 1—4.)

Sanson, A., Le blé dans l'alimentation du bétail. (Landbouwbl. van Limburg. 1900. p. 271—272.)

Schou, R., L'agriculture en Denmark. Text, planches et gravures. Imp. 8°. 11³/₈×9. 422 pp. London (Simpkin) 1900. 16 sh.

Shaw, T., Soiling crops and the silo: how to cultivate and harvest the crops: how to build and fill a silo, and how to use ensillage. 12, 366 pp. il. New York (Orange Judd Co.) 1900. Doll. 1.50.

Soins à donner au cidre. Maladies du cidre. (Société pomologique d'Ernée.) 8°. 8 pp Ernée (Crestey) 1900.

Theulier, H., Un bon légume à cultiver (scolyme d'Espagne). (Bulletin de la Société royale linnéenne de Bruxelles. 1900. No. 7.)

Vanden Bossche, Léon, Acacia lineata A. Cunn. (Revue de l'hortic. belge et étrangère. 1900. p. 145—147.)

Veitch's manual of Coniferae: cont. general review of order, synopsis of species cultivated in Great Britain, botanical history, economic properties, place, use in arboriculture, etc. Enl. ed. by **Adolphus H. Kent.** Roy 8°. 9⁷/₈×6¹/₈. 562 pp. London (Simpkin) 1900. 20 sh.

Vilmorin-Andrieux, L'Eremurus. (Belgique hortic. et agric. 1900. p. 193—194.)

Vilmorin-Andrieux, Phormium tenax. (Belgique hortic. et agric. 1900. p. 177—178.)

Wenck, P., La fermentation pratique de la crème en diverses saisons. (Laiterie belge. 1900. p. 83—86.)

Wendelen, Ch., La laitue du pôle nord. (Chasse et péche. T. XVIII. 1900. p. 604—605.)

Zum Anbau von Wintergerste. (Blätter für Gersten-, Hopfen- und Kartoffelbau. Jahrg. II. 1900. No. 9. p. 345—348.)

Personalnachrichten.

Ernannt: Der Kgl. Bezirksgeologe und Docent der Palaeophytologie an der Kgl. Bergakademie zu Berlin, Dr. **H. Potonié,** zum Professor.

Inhalt.

Ausgegeben: 19. December 1900.

Druck und Verlag von Gebr. Gotthelft, Kgl. Hofbuchdruckerei in Cassel.

Lightning Source UK Ltd.
Milton Keynes UK
UKHW020640201218
334296UK00007B/694/P